有色金属行业教材建设项目

新能源系列精品教材

新能源材料科学基础

主　编　李运姣

副主编　石西昌　贺振江　吴飞翔

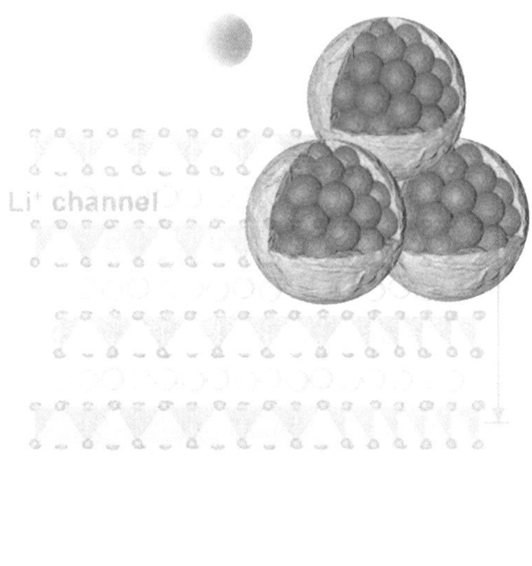

中南大学出版社 · 长沙

www.csupress.com.cn

内容简介

《新能源材料科学基础》是为适应新能源材料与器件专业人才培养需求而编写的大学本科教材。本书打破了传统的材料科学基础教材以金属/合金和硅酸盐玻璃体材料为主线的思路，全面介绍了与材料科学与工程相关的物理化学知识和材料科学基础。全书共分为8章，包括：晶体结构基础、晶体结构缺陷、界面基础、材料化学热力学基础、相图与相平衡、固相扩散、固相反应和相变等。全书在阐述材料科学与工程学科共性基础知识的同时，侧重介绍与新能源材料密切相关的理论基础及最新应用成果。

本书主要作为新能源材料与器件专业"材料科学基础"核心课程的教材使用，也可以作为化工、冶金、材料等相关专业的本科生、研究生以及相关工程技术人员的参考书。

图书在版编目(CIP)数据

新能源材料科学基础 / 李运姣主编. --长沙：中南大学出版社，2024.9.(2025.7 重印)

ISBN 978-7-5487-5883-9

Ⅰ. TK01

中国国家版本馆 CIP 数据核字第 2024RA5058 号

新能源材料科学基础

XINNENGYUAN CAILIAO KEXUE JICHU

李运姣　主编

□出 版 人　林绵优
□责任编辑　史海燕
□责任印制　李月腾
□出版发行　中南大学出版社
社址：长沙市麓山南路　邮编：410083
发行科电话：0731-88876770　传真：0731-88710482
□印　　装　湖南省众鑫印务有限公司

□开　　本　787 mm×1092 mm　1/16　□印张 20　□字数 510 千字
□版　　次　2024 年 9 月第 1 版　□印次 2025 年 7 月第 2 次印刷
□书　　号　ISBN 978-7-5487-5883-9
□定　　价　55.00 元

前言

Foreword

新能源材料学科是当今国内外十分活跃且发展迅猛的前沿学科，作为新能源材料产业支撑专业之一的新能源材料与器件专业是教育部于2010年正式发布设立的一个新专业。为贯彻习近平总书记就推动新能源生产和消费革命提出的"四个革命、一个合作"的能源安全新战略，"推动能源清洁低碳高效利用"，本书作者根据教育部冶金工程一级学科教育计划的要求，为适应新能源材料学科发展和我国新能源材料与器件专业人才培养的需求，在该专业从事教学实践十余年，并大胆尝试教学内容更新和教学方法改革的基础上编写了本教材，其内容涵盖了与新能源材料等学科相关的物理化学和材料科学基础知识，以及与之关联的新能源材料等应用基础知识。编写过程中，作者注重科学理论的严谨性、逻辑性，强调基础知识对实践的指导意义和应用价值，侧重于学生专业基础的传授，以及创新思维能力、综合能力与综合素质的培养。

全书共分为8章：第1章为"晶体结构基础"，介绍几何晶体学、晶体化学、典型晶体结构类型与性能；第2章为"晶体结构缺陷"，讲述点缺陷、线缺陷和面缺陷的基本类型及表示方法，同时介绍非化学计量化合物及固溶体的形成及其影响因素；第3章为"界面基础"，重点阐述表面与界面的概念、固体的表面结构、材料表面的电子结构、表面能的近似计算和表面行为等；第4章为"材料化学热力学基础"，介绍化学热力学计算基础和热力学平衡图的绘制基础，重点讲述艾琳汉姆图、E-pH图及其在新能源材料中的应用；第5章为"相图与相平衡"，简要介绍相图热力学、二元系相图及其在新能源材料中的应用，并对三元系相图进行了简要的介绍；第6章为"固相扩散"，讲述菲克扩散定律、固相扩散的微观机理和多元体系的扩散方程等；第7章为"固相反应"，阐述固相反应机理、固相反应动力学及其影响因素；第8章为"相变"，介绍相变的驱动力、晶核的形成与长大，以及固态相变的原理、特点及其应用。

纵观国内外各类材料科学基础教材，其共同特点是以金属、合金或硅酸盐材料为主要对象，既涉及晶体结构及晶体结构缺陷，也囊括了硅酸盐等非晶态玻璃体的结构与性质；既讲述相平衡等热力学，也介绍固相扩散、固相反应及相变等动力学知识(相变多局限于金属或合金材料的马氏体相变等)。而以锂离子电池正、负极材料为典型代表的新能源材料主要为复合金属氧化物(化合物)、半导体等晶体材料，其与金属、合金或非晶态硅酸盐相比，无论是材料制备还是充放电等实际应用过程，在材料结构、表面性能以及相变过程等方面都存在较大区别。此外，与新能源材料制备、液相包覆改性以及废旧电池的湿化学回收等息息相关的溶液体系化学平衡，以及与材料使用性能直接相关并伴随着氧化还原反应的化合物类材料的表面状态、结构转变等相关基础知识，在传统的材料科学基础教材中却少有提及，甚至没有介绍。本书在传统材料科学基础内容的基础上，结合新能源材料的制备、性能及应用特点，对教学内容作了重大调整。其与传统材料科学基础教材的不同之处在于，一方面引入了与新能源材料领域息息相关的物理化学知识，如界面基础、材料化学热力学等；另一方面也保留了材料科学基础的一些重要内容，如晶体结构、晶体结构缺陷、相平衡与相图、固相扩散、固相反应和相变等，同时，删除了与新能源材料关联性不强的非晶态、硅酸盐结构与性能等内容。此外，结合这些理论基础的重要知识点，引入了十余年来国内外新能源材料领域所取得的最新科研成果。

本书的特点在于：

1. 知识架构方面，强调“多学科、多要素、多系列、多层次”的动态组合。将数学、物理学、结构化学、物理化学、水溶液化学、固态化学、材料科学等基础学科与材料制备技术、材料表征手段等工程学科有机地融合在一起，既巩固了以往所学基础知识，又补充了新的理论，同时还拓宽了新的专业知识面。如第 6 章讲述菲克定律时，借助数学中的微积分知识，由菲克第二定律推导出恒电流间歇滴定法测定锂离子扩散系数的 GITT 模型，并进一步通过充放电曲线和 GITT 模型拟合，求解锂离子扩散系数。目的在于引导学生全面掌握各学科的基础知识，并学会灵活运用和拓展。

2. 内容组织方面，遵循“厚基础、宽口径、重实践”的原则。在介绍基础理论时，注重基础的宽、厚、实；讲述专业应用实例时，强调精、准、活，突出基础理论的相关知识点与新能源材料精准案例的相辅相成和紧密结合。如第 1 章在讲述晶体结构基础理论的基础上，列举并详细分析了几种典型新能源材料的晶体结构及其与性能的关系，同时指出材料的性能特点及不足之处与晶体结构的关系，引导学生深入思考问题，培养创新思维能力。

3. 理论和应用方面，强调“相依、相存、互补、互进”。讲述基础理论时，穿插新能源材料的实际应用说明或举例，使理论扎根于实践当中，并为实践提供理论指导，为工程问题提供解析依据；同时，应用实例又反过来验证理论的价值，为新理论的发展奠定基础。这在各章均有体现。这些应用实例使枯燥而又深奥的基础理论扎根落地，彰显了理论与实践相辅相成、相互促进的紧密关系。

本书内容丰富，适用面广，既可以作为新能源材料与器件等相关专业的教学用书，也可用作相关工程技术人员的参考书。不同专业选用本书作为教材时，在教学内容和教学深浅度等方面可根据教学课时数和教学要求自行取舍。

参加本书编写的有中南大学李运姣(内容简介，前言，第1、4章)、石西昌(第2、3、5章)、贺振江(第6、7章以及第2、3、5章部分应用实例)、吴飞翔(第8章及第2、3、5章部分应用实例)教授。中南大学谭周亮(第1章)、蒋世杰(第4章)、任勖纲(第4章)、唐唯佳(第6、7章)、罗玉红(第6、7章)、周金伟(第8章)、陈轩锋(第8章)博士及李悦(第6、7章)、雷昌龙(第6、7章)硕士等参与了本书的素材收集和初稿编写。全书由李运姣教授负责统稿。

本书的编写得到了中南大学冶金与环境学院李劼、王志兴、赖延清、刘芳洋等教授的特别关心和无私帮助，也得到了彭兵、何静、王云燕等教学督导专家的审阅和悉心指导，同时还得到了冶金与环境学院全体老师的大力支持和热切关注，作者在此一并表示衷心感谢。本书作为一本教材，引用了相关书籍的部分章节内容，被引用的书籍等均列在了参考文献中，作者在此对所有被引用的参考文献的作者表示衷心感谢。本书的出版得到了中南大学出版社和冶金与环境学院的全力支持，作者在此表示衷心感谢。

本书编写过程时间仓促，加之作者水平有限，书中不足和错误在所难免，恳请广大读者给予批评指正。

作 者

2024年8月

目录

Contents

第 1 章　晶体结构基础

1.1　概述

晶体学(也称结晶学)是研究晶体的形成、长大、形态、内部构造和性质的科学，其研究内容主要包括晶体生长学、几何结晶学、晶体结构学、晶体化学和晶体物理学。自然界中，大多数无机材料都是晶体材料，它们的质点在三维空间的排列都具有周期性和规则性。但不同的晶体由于其质点间的结合力不同，在空间的排列规则也不相同，不仅微观结构存在差异，而且宏观性质也截然不同。

1.1.1　晶体的概念

1895 年德国物理学家伦琴(W. C. Röntgen)发现了 X 射线。1912 年德国人劳厄(M. von Laue)通过实验发现了 X 射线在晶体中的衍射现象，并揭示了晶体内部质点(原子、离子或分子基团)在三维空间中有序排列的规律，由此得出严格的晶体定义：晶体(crystal)是物质的质点(分子、原子、离子)在三维空间做有规律的周期性重复排列所形成的物质。

晶体的内部质点在三维空间呈周期性重复排列这一本质特征，决定了晶体在宏观尺度上表现出来的一致性和规律性。因此，可以根据结构单位的大小来研究和判断晶体的排列规律和形态。从宏观上看，晶体都有自己独特的、对称的形状，如石英呈六角棱柱体，食盐呈立方体，磁铁矿呈八面体等(图 1-1)。晶体在不同方向上有不同的物理性质，即各向异性，如机械强度、导热性、热膨胀性、导电性等。晶体有固定的熔化温度，即熔点(或凝固点)。晶体的分布范围非常广泛，形态各异，涵盖了从地壳中的矿物到大气中的冰晶等各种形态。同时，气体、液体和非晶体物质在适当的条件下可以转变成晶体。

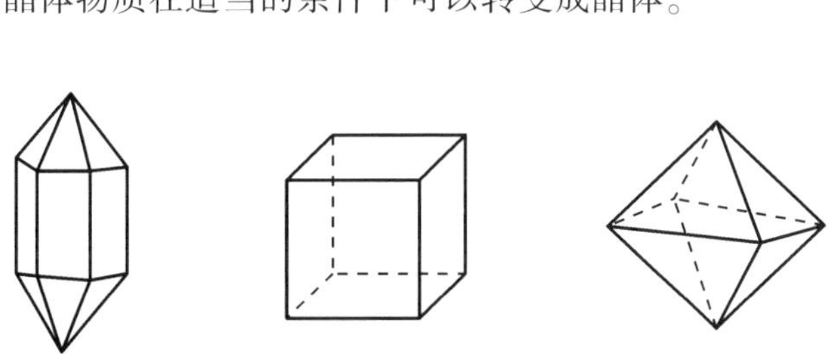

(a) 石英　　(b) 食盐　　(c) 磁铁矿

图 1-1　几种晶体的多面体外形

非晶体状态也是物质的一种结构状态，称为非晶态、无定形态或玻璃态，其分子或原子结构没有长程的周期性排列。与晶体不同，非晶体的结构是短程有序的，这意味着在小尺度上可能存在一些局部的有序性，但整体上没有明显的有序晶格结构。它们也没有一定规则的外形，如玻璃、松香、石蜡等。它们的物理性质在各个方向上都是相同的，即具有“各向同性”。它们也没有固定的熔点，所以有人把非晶体叫作“过冷液体”或“流动性很小的液体”。非晶态固体包括非晶态电解质、非晶态半导体、非晶态金属，它们具有特殊的物理和化学性质。例如金属玻璃(非晶态金属)比一般(晶态)金属的强度高、弹性好、硬度高、韧性强、抗腐蚀性好、导磁性强、电阻率高等。非晶体材料在一些应用领域，如电子器件、光学材料和耐磨材料中具有一定的优势。

准晶体是一种介于晶体和非晶体之间的固体。但是准晶体不具备平移对称性，这一点又和晶体不同。准晶体具有独特的属性，硬度高又有弹性，且表面非常平滑。与大多数晶体不同，准晶体的导电性和导热性通常较差。这是因为准晶体的结构中存在较大的局部有序性，但整体上没有完全的周期性结构，导致电子和热的传导受到一定的阻碍。

1.1.2 晶体的基本特征

基于晶体的周期性重复排列这一微观本质，晶体的基本特征包括以下五个方面：

(1)自限性：所有晶体均具有自发地形成封闭的几何多面体外形的能力，且外形上表现出不同程度的对称性。

(2)均一性：同一晶体的各个不同部分具有相同的性质。晶体的周期性重复排列，使得晶体不同部分的质点分布规律相同，这就决定了晶体的均一性。

(3)对称性：晶体中的相同部分在不同方向或不同位置上呈现有规律的重复排列，其周期性排列的几何特征体现在晶体的宏观对称性上。

(4)各向异性：不同方向上质点排列不同，造成晶体在不同方向上存在性质差异。

(5)稳定性：在相同的热力学条件下，具有相同化学组成的晶体与气态、液态及非晶态相比，具有最小的内能，因此晶体的结构最稳定。

1.2 几何晶体学基础

1.2.1 空间点阵

当组成晶体的原子、离子或分子在三维空间中有规律地排列时，这种有序排列的集合可以用点阵的形式表示，这些点的空间排列就称为空间点阵。晶体中重复出现的最小单元(粒子)，就称为结构基元。晶体中各个结构基元的化学组成必须完全相同，而且它们所处的环境也必须完全相同。每个结构基元可以用一个数学上的几何点来代表，称为阵点。于是，整个晶体就被抽象成了一组点，空间上的这样一组点就称为空间点阵。空间点阵是一种表示晶体内部质点排列规律的几何图形，是实际晶体结构的数学抽象，它突出了晶体结构中粒子周期性重复排列这一基本特征。

在晶体学中，空间点阵是一种数学上的抽象，用于描述晶体结构的有序性和对称性。空间点阵中的各个阵点，也叫结点或格点，代表晶体结构中结构基元的几何位置。这主要是为了避开晶体中原子、离子和分子的纷繁复杂的排布。将晶体抽象成结点、空间格子后，复杂晶体的重复规律就容易明了。在将晶体抽象成结点时需注意，每个结点周围的环境是一样的。结点可以是相应原子所处的位置，也可以不是；它仅表示相同的位置，不代表原子、离子或分子。图 1-2(a)表示 NaCl 结构中 Cl^- 和 Na^+ 的三维分布。由这些结点抽象出来的平面结构如图 1-2(b)所示。图 1-2(c)中的黑点表示结点，这些结点周围的环境是一样的。当然，在该图中，结点也可以选择在 Cl^- 或 Na^+ 的中心，但如果选在 Cl^- 中心，那么所有结点都得在 Cl^- 中心。总之，结点的选取是任意的，只要每个结点周围的环境是一样的即可。抽象出来的图 1-2(c)比图 1-2(a)更容易发现 NaCl 内部结构的重复规律。

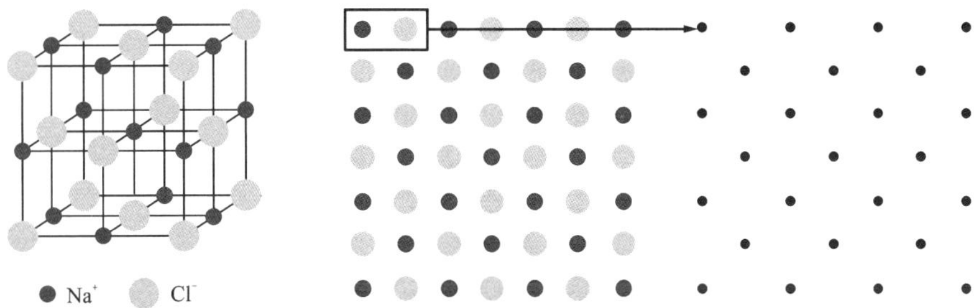

(a) 晶体结构　　(b) 平面结构　　(c) 平面点阵

图 1-2　NaCl 的结构示意图

空间点阵的排列具有周期性，这表示从一个阵点出发，无论向哪个方向延伸，都会在一定距离后遇到另一个阵点，而后再经过相同的距离就会遇到第三个阵点，如此反复。这种相同的距离称为平移周期。在不同方向上，有不同的平移周期。如果将空间点阵中的所有阵点都用三组互不平行的直线连接起来，空间点阵就被分割成无数个大小和形状都相同、无间隙排列在一起的平行六面体。如果从某一个平行六面体出发，向三个不同方向无限平移，可得到与之对应的整个空间点阵。这种可视为空间点阵最小重复单位的平行六面体，称为点阵单位。点阵单位中从一个顶点出发的三条棱边分别用 a、b 和 c 表示，三条棱边之间的夹角分别用 α、β 和 γ 表示(图 1-3)。

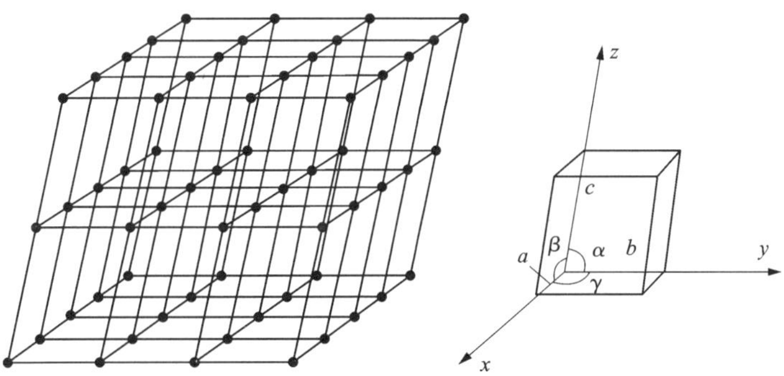

图 1-3　空间点阵与点阵单位

同一空间点阵，点阵单位取法可以不同。结晶学所选取的点阵单位须具备如下条件：

(1)能充分体现晶体的对称性；

(2)三条相交边棱应尽可能相等，或相等的数目尽可能多；

(3)三棱边的夹角应尽可能构成直角；

(4)体积应尽可能小。

将晶体点阵单位中的所有阵点用该晶体的结构基元取代，就可得到该晶体的晶胞结构。

晶胞(unit cell)是指能够充分反映整个晶体结构特征的最小重复单位。晶胞内物质的组成比、密度、熔点以及各原子的相对位置等性质，与整个晶体的这些性质完全一致。晶胞和点阵单位的关系为：

点阵单位+结构基元=晶胞

显然，由点阵单位(最小的平行六面体)的特性可知，晶胞是指能够充分反映整个晶体结构特征的最小结构单位，其具体形状和大小由它的三条棱长 a、b、c 及棱间夹角 α、β、γ(合称为"晶胞参数")来表征(图 1-4)，与空间点阵单位相对应。

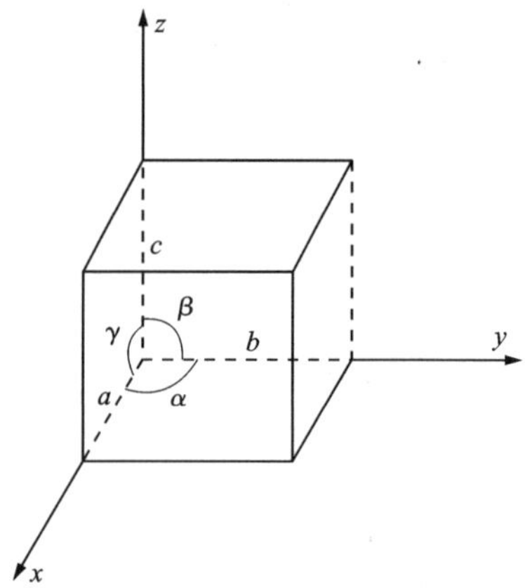

图 1-4　晶胞参数示意图

理想情况下，晶体的结构基元可以是单个原子，但大多数晶体的实际结构基元并不是单个原子，而是由多个原子组成。把晶体的结构基元置于阵点上就形成了晶体结构，即：

空间点阵+结构基元=晶体结构

可见，晶体结构和空间点阵是两个不同的概念，它们之间有着密切的联系，不可混淆。

1.2.2　布拉维法则与布拉维点阵

早在 17 世纪，学者们就已开始了对晶体内部构造的探索，并提出了不同的晶体结构理论，比如 Kepler、Hooke、Huygens 用球或椭球原子堆砌成晶体的假说。在研究晶体宏观对称性的过程中，Huygens 于 1690 年提出晶体中质点的有序排列会导致晶体具有某种多面体外形的理论。但晶体微观理论的巨大进步还是出现在 19 世纪中后期。这时，晶体的宏观理论已取得突破性进展，而且学者们认为宏观外形应是内部结构的体现。于是，宏观理论的成就促使人们再次思考晶体的内部构造。在物质构成具有始端这一深刻理念的引领下，结合古希腊的原子思想，科学家们进一步探索晶体的内部构造。19 世纪初，虽然 John Dalton(1766—1844)在化学领域提出了原子学说，但他没有把该学说用于晶体微观构造的解释。与此同时，以 Auguste Bravais(1811—1863)为代表的一批晶体学家发展了 Huygens 的理论。然而，没有确切的文献表明学者们当初是如何把构成晶体的基本单元想象成点的。他们可能把晶体看成是由球形刚性原子堆砌而成的，并在此基础上发挥想象力将这些原子抽象成数学上的点，进而构造出今天我们见到的空间格子。最后，Bravais 等提出了晶体的点阵结构学说。

1845 年左右，德国结晶学家 Moritz Ludwig Frankenheim(1801—1869)提出晶体构造是以点为单位在三维空间周期性重复排列而成的。他还推出了 15 种可能的空间格子形式。1848 年，Bravais 对其做了修正，并用数学方法推导出晶体结构的 14 种空间格子。按照

Bravais 空间点阵学说，晶体内部结构可概括为由一些相同的点在空间有规则地做周期性无限分布，即点阵。Bravais 的学说正确地反映了晶体内部结构的长程有序特征。这已被后来的晶体 X 射线衍射所证实。其后的空间群理论又充实了该学说，进而形成了近代关于晶体几何结构的完备理论。

以上在讨论划分单位平行六面体时，结点都处于平行六面体的 8 个顶角上。这些结点都分布在平行六面体顶角上的空间格子称为原始格子，用字母 P 来代表。三方菱面体格子不用 P 代表而用 R 来代表。空间格子的种类，除原始格子外，还可以有其他类型格子存在。这种选择非原始格子的结果完全满足单位平行六面体的选择原则。因此，单位平行六面体除原始格子外还有以下 3 种格子：

体心格子：在单位平行六面体中心还有一个结点时，即构成体心格子，用符号 I 代表。

面心格子：在单位平行六面体所有三对面的中心都有结点时，即构成面心格子，或称全面心格子，用符号 F 表示。

单面心格子：在单位平行六面体的某一对面的中心各有一个结点时，即构成单面心格子。由于单位平行六面体有三对面，因而单面心格子由于结点所在的面不同而分为：A 心格子，代表(100)面上有中心结点的格子，用符号 A 表示；B 心格子，代表(010)面上有中心结点的格子，用符号 B 表示；底心格子，或称 C 心格子，代表(001)面上有中心结点的格子，用符号 C 表示。

在单位平行六面体中，除上述 3 种非原始格子外，其他位置上存在结点的情况是不可能的。因为它们或是不符合单位平行六面体选择原则，或是违反空间格子规律。此外，对应于 7 个晶系，并非每个晶系中都同时存在以上 3 种格子。因为，有的可能不满足对称特点，有的则不符合选择原则。例如，立方底心格子就不能存在，因为从结点分布看，它不符合立方格子所固有的 4 个三重轴($4L^3$)的对称特点。这样，去掉了不符合对称特点和不符合选择原则的格子后，对应于 7 个晶系(表 1-1)，共有 14 种不同形式的空间格子，即通常所称的 14 种布拉维格子(图 1-5)。

表 1-1　7 大晶系和 14 种布拉维格子结构特征

晶系	点阵类型	点阵参数特点	主要对称特征
立方	简单立方 P 体心立方 I 面心立方 F	$a=b=c$ $\alpha=\beta=\gamma=90°$	4 个三次对称轴
斜方 (正交)	简单正交 P 体心正交 I 底心正交 C 面心正交 F	$a\neq b\neq c$ $\alpha=\beta=\gamma=90°$	3 个二次对称轴
四方 (正方)	简单四方 P 体心四方 I	$a=b\neq c$ $\alpha=\beta=\gamma=90°$	1 个四次对称轴
单斜	简单单斜 P 底心单斜 C	$a\neq b\neq c$ $\alpha=\gamma=90°$ $\beta>90°$	1 个二次对称轴

续表1-1

晶系	点阵类型	点阵参数特点	主要对称特征
三方 （菱方）	简单菱方 P	$a=b=c$ $\alpha=\beta=\gamma\neq 90°$	1 个三次对称轴
六方	简单六方 H	$a=b\neq c$ $\alpha=\beta=90°$ $\gamma=120°$	1 个六次对称轴
三斜	简单三斜 P	$a\neq b\neq c$ $\alpha\neq\beta\neq\gamma\neq 90°$	无

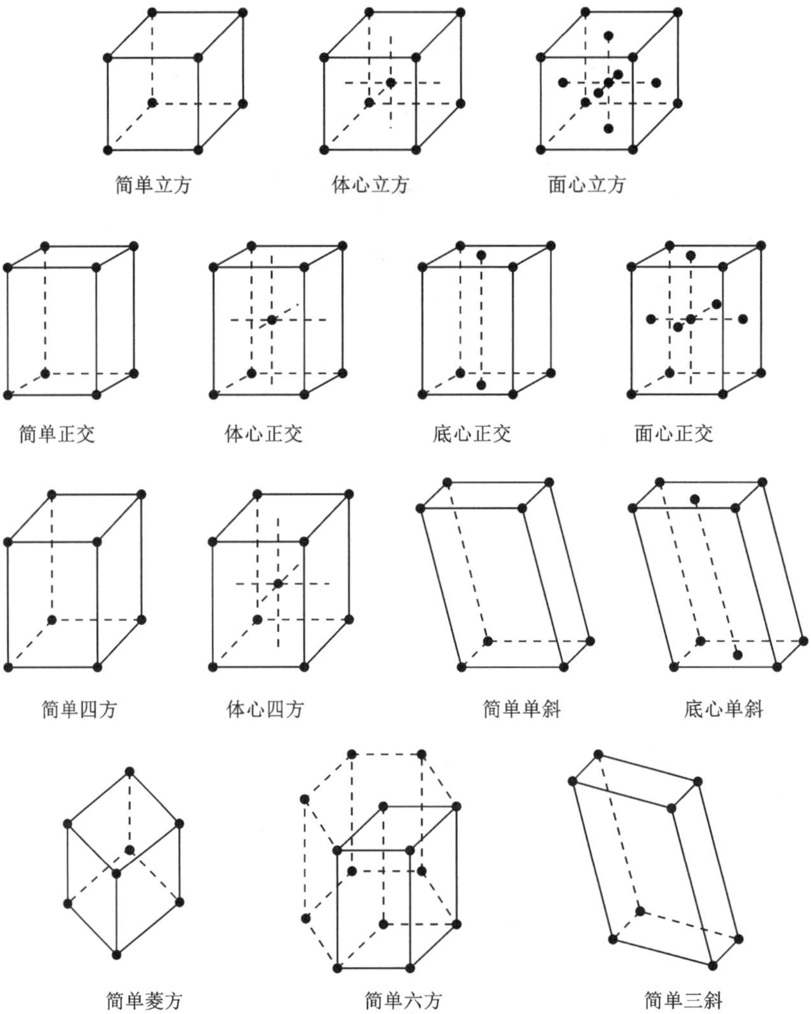

图 1-5　14 种布拉维格子

布拉维格子（Bravais lattice）是空间格子的基本组成单位，它是一种理想化的、无限延伸的点阵结构。布拉维格子是由空间点阵中所有可能的平移操作所形成的。每一个布拉维格子都具有一个特定的格子形式和单位平行六面体参数。只要知道了格子形式和单位平行六面体参数，就能够确定整个空间格子的一切特征，这包括晶胞的形状、晶体结构的周期性和对称性等。

1.2.3　结晶学指数

在材料科学中，当讨论有关晶体的生长、变形和固态相变等问题时，常常会涉及晶体中原子的位置、原子列的方向和原子构成的平面，这就涉及晶面和晶向的表示方法。

1. 晶面和晶面指数

我们将空间点阵中通过任意 3 个结点的平面称为晶面。点阵中一定有一系列间距相等、取向相同且相互平行的晶面。这些取向相同的晶面不仅相互平行、间距相等，而且结点的分布也完全相同。结晶学中，常用晶面指数(hkl)，亦称为米勒指数(Miller index)，来表征取向相同的一组平行晶面在晶体内的空间方位，它是英国学者米勒(W. H. Miller)于 1839 年提出来的。晶面指数即晶面在 3 个坐标轴(晶轴)上的截距的倒数比，化为最小整数比后所得到的 3 个整数，写在圆括号内，即(hkl)。

值得注意的是，每个晶体有多个晶面指数，每一个晶面指数(hkl)代表的是一组互相平行且面间距相等的晶面。在这些晶面上，结点的分布规律完全相同。立方晶系最典型晶面指数为(100)、(101)、(011)、(111)等，如图 1-6 所示。

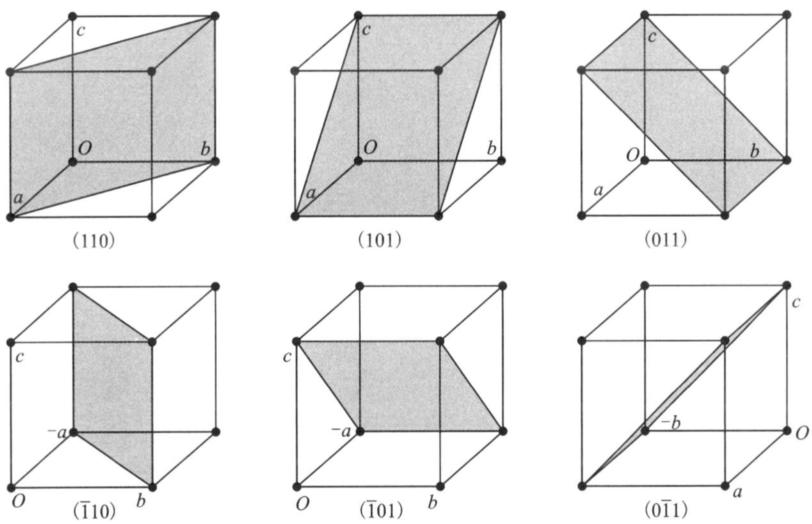

图 1-6　立方晶系的典型晶面指数

晶面指数的确定步骤如下：

(1) 在空间点阵中设定参考坐标系，选择任一结点为坐标原点 O，分别以布拉维晶胞(图 1-4)的三条棱边为 x、y、z 轴，并以三条棱边的长度 a、b、c 为晶轴单位；

(2) 确定待标晶面在 x、y、z 轴上的截距 pa、qb、rc，得截距系数 p、q、r；

(3) 将截距系数的倒数比化为互质整数比 $1/p : 1/q : 1/r = h : k : l$；

(4) 去掉比号，加上圆括号，即得晶面指数(hkl)。

例如，有一晶面 HKL（图 1-7），在 x、y、z 轴上的截距分别为 $2a$、$3b$、$6c$，截距系数 p、q、r 分别为 2、3、6，其倒数比为 1/2 : 1/3 : 1/6，化为最小整数比为 3 : 2 : 1，则其晶面指数为(321)。

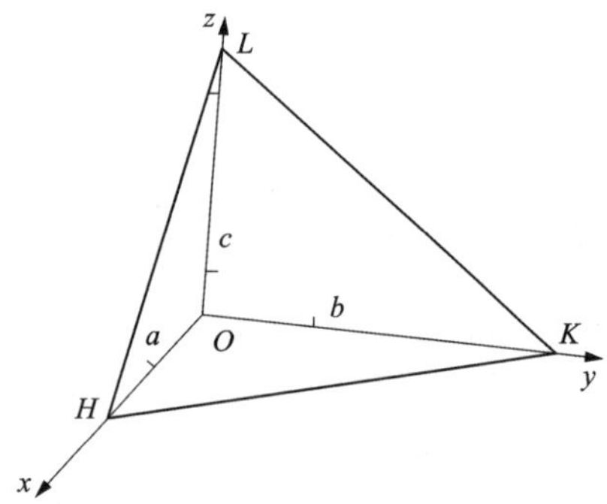

图 1-7　晶面 *HKL* 示意图

若某晶面平行于一晶轴，则截距系数为∞，截距系数的倒数为 0，该晶轴的晶面指数项即为 0。如果晶面与晶轴相交在负端，即截距为负值，则在相应的指数上部标注负号，如$(00\bar{1})$。

在对称性强的晶体（如立方晶系）中，往往有并不平行的两组以上的晶面，它们的原子排列情况是相同的，这些晶面构成一个晶面族。同一晶面族中，不同晶面的指数的数字相同，只是数序和正负号不同。通常将晶面族中某个最简便的晶面指数填在大括号{}内，作为该晶面族的指数，称为晶面族指数，用符号{hkl}表示。例如：晶面族{100}包括(100)、(010)、(001)、$(\bar{1}00)$、$(0\bar{1}0)$和$(00\bar{1})$6 个晶面。

【例 1-1】　已知某两个晶面在 x、y、z 轴上的截距分别为：

(1) $3a$、$4b$、$2c$；

(2) $a/3$、$b/2$、c。

试求这两个晶面的晶面指数。

【解】　(1) 该晶面的截距系数比为 3 : 4 : 2，它们的倒数比为 1/3 : 1/4 : 1/2，化为互质整数比，即 $h:k:l=4:3:6$。

故该晶面的晶面指数为(436)。

(2) 该晶面的截距系数比为 1/3 : 1/2 : 1，它们的倒数比为 3 : 2 : 1，其互质整数比为 $h:k:l=3:2:1$。

故该晶面的晶面指数为(321)。

2. 晶向和晶向指数

布拉维点阵的结点可以分列在一系列平行且等距的直线上，这些直线组可以把点阵中所有的结点囊括无遗。这些直线不仅相互平行，而且质点分布完全相同。同一点阵可以形成不同的平行直线组，每一个平行直线组定义一个方向，即晶向。结晶学中，常用晶向指数来表征取向相同的一组平行直线在晶体内的空间方位。晶向指数，即通过坐标原点的晶向上任一结点的 3 个坐标化为最小整数比，写在方括号内，即[uvw]。若坐标为负值，需在晶向指数上加一负号。立方晶系的常见晶向如图 1-8 所示。

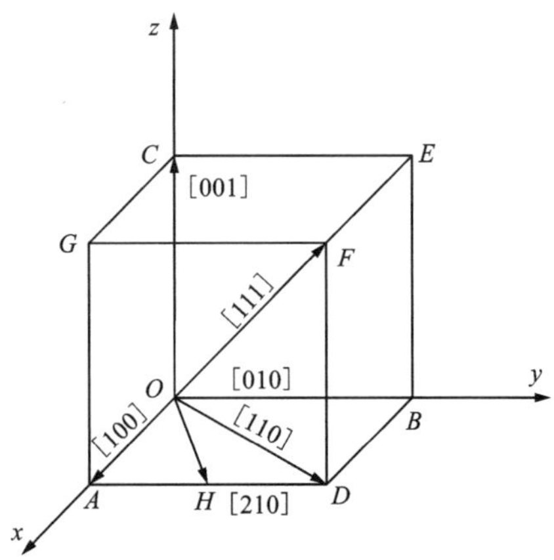

图 1-8　立方晶系常见晶向

值得注意的是，晶向指数的意义是表示晶体中粒子排列的空间方位取向，一般不涉及它的具体位置。

晶向指数(图 1-9)的确定步骤如下:

(1)在空间点阵中设定参考坐标系,选择晶向上的任一结点为坐标原点 O,以布拉维晶胞的 3 条棱边为 x、y、z 轴,并以三条棱边的长度 a、b、c 为轴单位;

(2)选择该晶向上距原点最近的一个结点 M,将其投影至 x、y、z 轴,得截距 U、V、W 的大小分别为 ka、mb、nc,即截距系数分别为 k、m、n;

(3)将截距系数比 $k:m:n$ 化为互质整数比,即 $u:v:w$;

(4)去掉比号,加上中括号,即得晶向指数[uvw]。

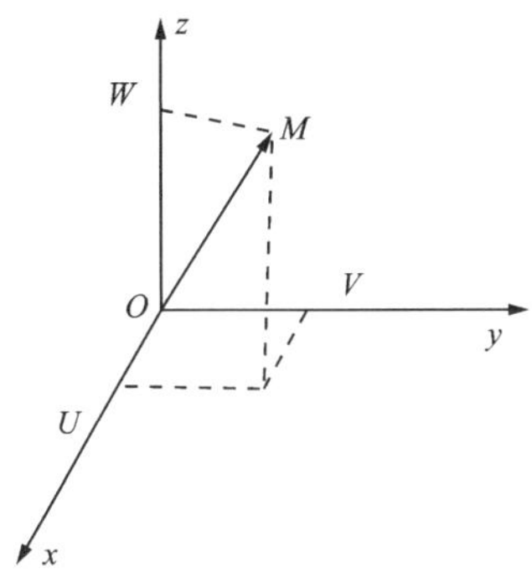

图 1-9　晶向指数示意图

晶向指数没有求倒数的步骤,但有正、负之分,负值的表示方法与晶面指数相同,如[$00\bar{1}$]。

在立方晶体中,同指数的晶向和晶面是相互垂直的,如简单立方晶体的[100]、[110]、[111]晶向分别与(100)、(110)、(111)晶面垂直。也就是说,[hkl]晶向是(hkl)晶面的法向。晶面和晶向之间存在相互依存且不可分割的关系,有晶面就有晶向,有晶向就有晶面。

与晶面族概念相似,晶体中原子排列周期相同而彼此不平行(在空间的位向不同)的晶向统称为晶向族,用<uvw>表示。例如。晶向族<100>包括[100]、[010]、[001]、[$\bar{1}00$]、[$0\bar{1}0$]和[$00\bar{1}$]6 个等同晶向。

3. 六方晶系的晶面指数和晶向指数

在使用三指数来表示六方晶胞的晶面时,晶体学上等价晶面的晶面指数不同,不能显示六方晶系的对称性。因此,为了显示六方晶系的对称性,常采用 4 个指数,即($hkil$)来表示晶面。标定指数时采用 a_1、a_2、a_3、c 四晶轴系统,a_1、a_2、a_3 之间的夹角为 120°,c 轴与 a_1、a_2、a_3 垂直(图 1-10)。标定程序与三指数的程序相同。

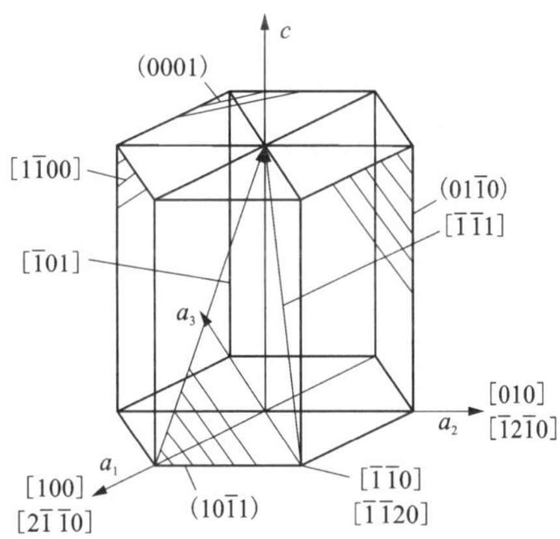

图 1-10　六方晶系四坐标下的晶向指数与晶面指数

由几何原理可知,对于四轴坐标($hkil$),在三维空间独立的坐标轴只能有 3 个,故在前 3 个指数中只有 2 个是独立的,可以证明三者之间的关系为

$$i=-(h+k) \tag{1-1}$$

或

$$i+h+k=0 \tag{1-2}$$

同样的原则可以用于标定六方晶体的晶向。晶向矢量 $\boldsymbol{OP}$ 可以沿 4 个晶轴分解成 4 个分矢量,晶向指数就用[$uvtw$]来表示。指数中必须满足:

$$-t=u+v \tag{1-3}$$

或

$$u+v+t=0 \tag{1-4}$$

标定六方晶系指数需要先在三坐标下标定，再转为四坐标下的晶体学指数。在三坐标下标定 U、V、W 3 个指数，然后按照下述公式替换

$$u=1/3(2U-V) \tag{1-5}$$

$$v=1/3(2V-U) \tag{1-6}$$

$$t=-1/3(U+V) \tag{1-7}$$

$$w=W \tag{1-8}$$

1.2.4 晶带定律

德国学者外斯(Weiss)在 1805—1809 年提出了晶体对称定律，随后又在 1813 年将晶体分类后提出了晶带定律。

我们先来了解一下晶棱的概念。晶棱是指晶体的晶面两两相交形成的一条直线。这种相交可以是实际存在的，也可以是实际并未相交，但延展晶面后可以相交。晶带是晶体中晶棱互相平行的一组晶面的组合，即在晶体上晶棱互相平行的一组晶面，如图 1-11 所示。由相互平行的 AE、BF、CG 和 DH 这 4 条晶棱形成的 4 个晶面 $ADHE$、$ABFE$、$BCGF$、$DCGH$ 就组成了一个晶带，这样晶面就可由平行晶棱表示。但由于平行晶棱的数量很多，在实际晶体中很难把握它们的规律。因此人们就用一根与这些晶棱平行并通过晶体中心的直线来表示或统辖这些晶棱，这根直线被称为晶带轴，即图 1-11 中所示的直线 $O'O$。晶带轴表示了晶带中各类晶面的分布特征，它平行于该晶带中各晶面的公共交棱，晶带轴的方向指数即表示该晶带的指数。

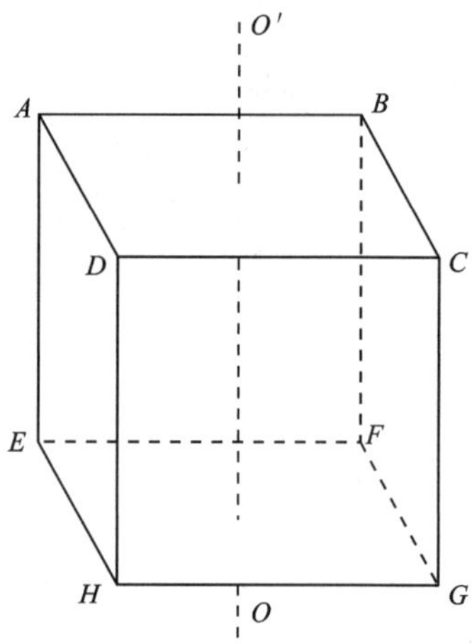

图 1-11 晶带示意图

一个晶面至少属于两个晶带，同时属于两个晶带的公共平面必定是晶体上的一个可能晶面，该定律叫作晶带定律，也叫外斯定律(Weiss zone law)。一个晶体无论其晶面数目是多少，都必定可以通过晶带的关系把所有晶面相互联系起来。

根据这一定律，我们可以由若干已知晶面或晶带推出晶体上一切可能的晶面位置。在晶体定向、投影和运算中，晶带和晶带定律得到了广泛应用。利用晶带轴的夹角可帮助我们确定晶系，如立方晶系主要晶带轴夹角一般为 90°、45°；三方、六方晶系为 90°、60°；四方晶系为 90°；正交晶系为 90°；单斜、三斜一般不等于 90°。

1.3 晶体化学基础

晶体中原子为什么聚集在一起，为什么聚集时表现出特定的周期性重复排列规律？大自然的奥秘吸引了人们探索和洞悉物质结构的兴趣。聚合要求原子间存在吸引力，或者说化学结合力；而当原子聚合到一个极短距离后就不能继续相互靠近，这又让我们认识到原子之间存在着排斥力。正是这种吸引力与排斥力的平衡，让原子相互聚集在一起，形成了能量最低、结构最稳定的晶体。

1.3.1　晶体中的结合键

1. 晶体中键的类型

19 世纪初，瑞典化学家 Jöns Jacob Berzelius(1779—1848)根据电学中正、负电荷相互吸引的原理提出：所有元素的原子都可分为带正电荷和负电荷的两种原子；原子间靠静电引力结合在一起。1834 年，Michael Faraday(1791—1867)根据熔融苛性碱能够电解，并在阴极获得金属 Na、K 的事实而提出阳离子(cation)和阴离子(anion)的概念。同时，Faraday 还认为化学作用就是电。这些概念使人们觉得似乎物质是由带相反电荷的两种成分结合而成的。在原子被证实、原子结构逐渐被揭开的情况下，德国科学家 Walther Ludwig Julius Kossel(1888—1956)于 1916 年提出离子键(ionic bond)理论。Kossel 认为原子通过得失电子成为正、负离子而相互吸引在一起。同年，美国化学家 Gilbert Newton Lewis(1875—1946)提出共价键(covalent bond)理论。对于金属，其原子中的价电子可自由地从一个原子流到另一个原子，即价电子被所有原子共用而将金属原子结合在一起。金属原子间的这种作用称为金属键(metallic bond)。离子键、共价键和金属键这三种键合理论后来在量子力学基础上都得到了进一步的发展。尤其是在 20 世纪 30 年代，Pauling 在化学键方面作出了卓越的贡献。

根据结合力的性质，把晶体中的结合力分成以下五种典型的类型，其中离子键、共价键和金属键为化学键，范德华键(Van der Waals bond)和氢键(hydrogen bond)为物理键。

1)离子键

离子键是由正电荷和负电荷之间的静电库仑力所产生的一种化学键，没有方向性和饱和性。离子键常产生于活泼金属元素(如 IA、ⅡA 和ⅢA 族和低价态的过渡元素)和活泼的非金属元素(如ⅥA、ⅦA 族)之间。NaCl 是典型的离子键化合物，其中钠原子失去一个价电子，而氯原子得到这一电子，二者形成“稳定电子结构”的正、负离子，两个异号离子相互吸引形成 NaCl 晶体。

离子键在一定条件下会通过电场的相互作用产生极化，从而产生一些显著的效应，如键能加强、键长缩短以及离子键向共价键过渡等现象。极化现象还能引起离子键向共价键过渡，使化合物中存在混合键型。这些对离子化合物的物理性质会产生显著影响，从而宏观性质表现为熔点高、硬度大和导电性差。

典型离子键化合物有碱金属的卤化物和氧化物，碱土金属的氧化物、硫化物和硒化物等，包括 AB 型离子化合物，以及以 CaF_2 型和金红石(TiO_2)型为代表的 AB_2 型结构；此外，也有以 BiF_3 型、ScF_3 型、UCl_3 型为代表的 AB_3 型结构，以及以刚玉(Al_2O_3)型为代表的 A_2B_3 型结构。

2)共价键

共价键是由原子之间共用电子对或电子云重叠而产生的键合，有方向性和饱和性。共价键可分为双原子共价键和多原子共价键。双原子共价键是两个原子共用若干成对电子而形成的，通常有单键、双键和三键。多原子共价键是多个原子共用若干个电子对形成的共价键。共价键按原子轨道作用方向的不同可分为 σ 键、π 键和 δ 键。

解释共价键的理论主要有价键理论、分子轨道理论和杂化轨道理论。价键理论认为，原子在未化合前都含有未成对电子，如果这些未成对电子的自旋方向相反，则两个原子间的两个自旋方向相反的电子可互相耦合，构成电子对。每个耦合形成一个共价键。因此，价键理论也称电子配对理论。它包括以下要点：

(1)未成对电子和共价键：如果原子 A 和原子 B 各有 1 个未成对电子，且它们的电子自旋方向相反，则构成 1 个共价单键；如果 A 和 B 各有 2 个或 3 个未成对电子，则可配对构成共价双键或三键。

(2)电子云重叠和键能：如果 A 有 2 个未成对电子，B 只有 1 个，那么 A 就能与 2 个 B 化合成 AB_2 分子。

(3)方向性：原子在形成共价键时，电子云重叠越多，键能越大，形成的共价键越稳固。因此，当形成共价键时，原子会尽可能利用电子云密度最大的方向，这就导致了共价键的方向性。

(4)共价键的饱和性：在共价键中，1 个电子与另 1 个电子配对后，不再与第 3 个电子配对。这表明共价键是饱和的，因为每个轨道只能容纳 1 对电子。

分子轨道理论是从另外一个角度来讨论共价键。该理论认为，当 2 个原子位于它们的平衡位置时，所有电子将处于由这 2 个原子的原子轨道新组成的分子轨道中，分子轨道分为成键轨道、反键轨道和非键轨道。按能级高低排列，成键轨道能级最低，反键轨道最高，非键轨道基本保持原子轨道的能级。电子首先填入能级最低的成键轨道，使体系整体能量降低。反键轨道虽然能级较高，但并不都处于排斥状态，有时也可以与其他轨道相互重叠形成化学键，也使体系能量降低。反键轨道是分子轨道的重要部分，它的参与可以解释许多共价键问题。

杂化轨道形成共价键也可以很好地解释许多共价键结合中的特殊取向问题。杂化轨道形成于原子中多种原子轨道参与成键的情况。这种情况下，原子轨道会发生“混合”，形成对称性和方向性不同于原始轨道的新轨道。如甲烷分子及其形成的四面体结构，就是碳原子以 4 价存在，原来的基态 $1s^22s^22p^2$ 电子排列形成由 1 个 s 轨道与 3 个 p 轨道重新“混杂”而成的 4 个新的在能量和空间分布上完全等同的 sp^3 杂化轨道。原子轨道杂化后，一般轨道数目不变，轨道在空间的分布方向和分布情况发生改变，在角度上较单纯的 s 轨道或 p 轨道在某一方向上更集中，可使它们在形成共价键时有更多的电子云重叠，从而使整个系统的能量降低。

在上述共价键理论中，价键理论只能对共价键的形成作定性的解释，分子轨道理论和杂化轨道理论则可以给共价键作出更好的解释。由于共价键属于强结合键，由共价键结合的晶体通常具有相对较强的化学键，要破坏共价键需要提供相当大的能量。因此，由共价键结合的晶体通常具有高熔点，使它们在高温下保持稳定。此外，共价键的强结合性质赋予了共价晶体高强度和高硬度的性能特点，以及较强的抵抗形变和外部应力的能力。

3)金属键

金属键是由失去价电子的金属原子核和自由电子组成的电子云之间的静电库仑力产生的键合。对金属键的解释目前主要有“电子云”模型和能带理论。“电子云”模型认为，金属元素的电负性小，电离能也小，外层价电子很容易摆脱原子核的束缚而成为近自由电子，并在失去电子的金属离子按紧密堆积方式构成的晶格势场中自由运动。这些近自由电子在三维空间中运动，离域范围很大，为所有金属离子所共有，像是金属离子浸没在近自由电子的云中，这种金属离子与近自由电子之间的相互吸引就构成了金属键。显然按照该模型，也可以认为金属键是多原子共价键的极限情况，但金属键与共价键的明显区别在于，前者不存在方向性和饱和性。应用这个模型可以很好地解释金属材料所具有的高导电性和导热性，自由电子吸收可见光波能量产生跃迁，使金属表现出光泽和不透明性等。另外，金属离子以球形紧密堆积方式堆叠，近自由电子在其间允许原子间滑动，故金属也表现出延展性，同时也说明金属键没有方向性和饱和性。

“电子云”模型在解释一些金属物理性质方面也暴露了一些不足，主要是忽视了电子的波动性以及电子与电子、电子与金属离子点阵势场间的相互作用，从而出现偏差。在这方面，固体的能带理论可以给出更好的解释。能带理论认为，当金属的外层电子的波函数发生重叠时，就使各个原孤立的电子能级发生简并，变成一个共有的能带。按照泡利不相容原理，能带从底部填起，一直填到费米能级的位置。金属材料的费米能级位置是处在导带中的，从而可以很好地解释金属的导电性、比热容以及材料间的接触效应等。金属的键合能主要由两部分构成，一部分是正离子与周围电子云的库仑引力，另一部分是近自由电子的动能。具体计算某种金属的键合能仍是相当复杂的问题，涉及电子的能带结构以及多电子体系相互作用的修正等。

金属键也存在不同的类型，如碱金属离子半径较小，而过渡金属离子半径较大。按电子密度的变化，可将金属键型分为丰满(full)型和开放(open)型两类。丰满型键合是指金属离子间距较小的一类，开放型是金属离子间距较大的一类，碱金属属于开放型键合，过渡金属则接近于丰满型键合。

4)范德华键

范德华键是一种通过“分子力”产生的键合。范德华键是一种作用于分子之间的弱作用键，其键能比化学键的键能低 1~2 个数量级，作用范围为 0.3~0.5 nm，没有方向性和饱和性。其主要来源于 3 种力：

(1)静电力

很多极性分子正、负电荷中心不重合，具有永久偶极矩，当一个偶极矩正端与另一个偶极矩负端靠近时便产生静电吸引。偶极子与偶极子之间的静电作用力就称为静电力。

(2)色散力

非极性分子偶极矩为 0，通常是指其核外电子云呈球形对称分布而不显示永久的偶极矩，这是从宏观统计的角度考虑的。但是由于正负电荷都在运动，在电子绕核运动过程中的某一瞬间，电子在空间的各个位置上的分布并非严格对称，这样就呈现出瞬间的正负电荷中心不重合，存在瞬间偶极矩。瞬间偶极矩会诱导邻近非极性分子产生诱导偶极矩，瞬间偶极矩之间以及与诱导偶极矩之间产生的静电作用力，称为色散力。

(3)诱导力

一般认为，非极性分子没有永久偶极矩，正负电荷中心是重合的。但在极性分子与非极性分子组成的体系中，当非极性分子与极性分子靠近时，受到极性分子偶极电场的作用而使正负电荷产生位移，正负电荷中心不再重合，被诱发产生一个诱导偶极矩，该诱导偶极矩与极性分子的偶极矩之间发生静电作用，产生诱导力。

5)氢键

氢键是氢原子同时与两个电负性很大而原子半径较小的原子 X(O、F、N 等)结合所形成的键。这是因为氢原子核外的 1s 电子很容易受到 X 原子的强烈吸引，而使氢原子部分呈正电性。在这种情况下，如果氢原子又受到另一个分子中电负性较大的原子 Y 的吸引，将形成以氢原子为中心的 X—H…Y 氢键。氢键的键长是指 X 和 Y 之间的距离。

氢键是分子间力的另一种表现，它与范德华键的不同之处在于，氢键具有方向性和饱和性。氢键的饱和性表现在X—H只与一个Y原子结合，而X—H的偶极矩与Y相互作用时，只有当X—H…Y在同一直线上时才有最强的作用力，这是氢键的方向性。氢键的强弱与X、Y的电负性差值有关，电负性差值越大，氢键越强。另外，还与Y的半径大小有关，当Y原子的半径较小时，Y离子的电子云更加接近氢离子，导致更强的相互吸引力，进而加强氢键的强度。相反，如果Y原子的半径较大，电子云离氢离子较远，相互吸引力减弱，氢键的强度相对较弱。大部分氢键是在分子间形成的，称为分子间氢键，还有一部分氢键是在同一分子内的不同部分之间形成的，称为分子内氢键。氢键虽然较弱，但它的形成对物质的物理性能的影响不可低估，对结构相似的同系物，若分子间存在氢键，其结合力比色散力强，会使熔点、沸点显著升高；若分子内生成氢键，熔点、沸点通常会降低。

水作为一种应用广泛的极性溶剂，主要是水分子之间可为生成氢键提供氢原子，又有孤对电子接受从其他分子中来的氢原子。因此，对于溶质分子来说，凡能为生成氢键提供与接受氢原子的，均和水相似，可通过氢键和水结合，在水中溶解度较大。一些没有极性的碳氢化合物不能与水生成氢键，在水中溶解度很小。水的表面张力很大，主要生成分子间氢键。另外，分子间生成氢键会使黏度增大，如甘油、磷酸、硫酸等分子都是黏度很大的液体。这主要是这些化合物的一个分子能和几个其他分子形成几个氢键所致。当晶体中含有氢键时，则氢键也是影响晶体物理性能的因素之一。

2. 晶体中键的表征

实际上很多晶体中的键合并不是单一类型的，而是包含多种成分，如晶体中的键既有离子键的成分又有共价键的成分。在复合材料中，由于不同种类的物质组合在一起，可能涉及多种键合，包括共价键、离子键、范德华键等。这种复杂的键合形式使得复合材料具有独特的性能和特点，如高强度、轻质、耐腐蚀等。

实际晶体中的键合作用可以用键型四面体来表示（图1-12），即将离子键、共价键、金属键和范德华键这四种典型的键分别置于四面体的四个顶点上，构成键型四面体。四面体的顶点表示单一键合作用，边棱上的点表示晶体中的键由边棱的两个顶点所代表的两种键的共同结合，侧面上的点表示晶体由该面上的三个顶点所代表的三种键共同结合，四面体内的任意一点表示晶体中的键由四种键共同结合。

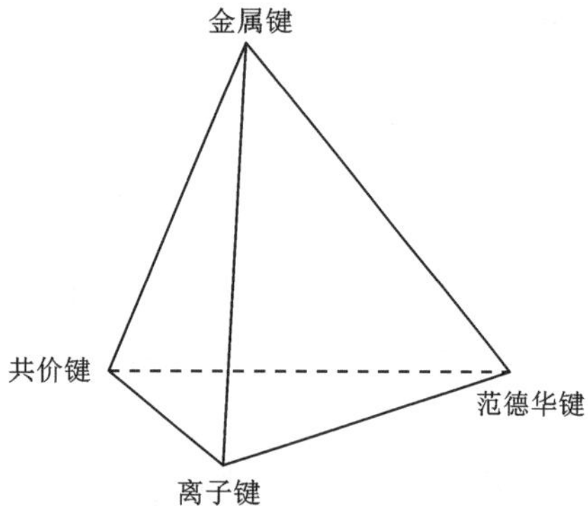

图1-12　晶体中键的表征

3. 晶体中离子键、共价键比例的估算

晶体的化学键中离子键所占的比例，可以借助元素的电负性这一参数来判断。当两种不同元素结合成晶体时，随着两元素电负性差值的增大，键的极性逐渐增强，离子键所占比例逐渐增大。离子键百分比（Ib）可由以下经验公式计算：

$$\mathrm{Ib}=\{1-\exp[-(1/4)\cdot(X_A-X_B)^2]\}\times100\% \tag{1-9}$$

式中：X_A、X_B 分别表示A、B元素的电负性值，参考图1-13。

H 2.18																
Li 0.98	Be 1.57											B 2.04	C 2.55	N 3.04	O 3.44	F 3.98
Na 0.93	Mg 1.31											Al 1.61	Si 1.90	P 2.19	S 2.58	Cl 3.16
K 0.82	Ca 1.00	Sc 1.36	Ti 1.54	V 1.63	Cr 1.66	Mn 1.55	Fe 1.83	Co 1.88	Ni 1.91	Cu 1.90	Zn 1.65	Ga 1.81	Ge 2.01	As 2.18	Se 2.55	Br 2.96
Rb 0.82	Sr 0.95	Y 1.22	Zr 1.33	Nb 1.60	Mo 2.16	Tc 1.91	Ru 2.20	Rh 2.28	Pd 2.20	Ag 1.93	Cd 1.69	In 1.78	Sn 1.96	Sb 2.05	Te 2.10	I 2.66
Cs 0.79	Ba 0.89	La-Lu 1.10~ 1.27	Hf 1.32	Ta 1.51	W 2.36	Re 1.93	Os 2.28	Ir 2.20	Pt 2.28	Au 2.54	Hg 2.00	Tl 1.62	Pb 2.33	Bi 2.02	Po 2.0	At 2.20

图 1-13　元素的电负性值

【例 1-2】　试计算 MgO 和 GaAs 晶体中离子键的百分比。

【解】　查元素电负性数据得到 $X_{Mg}=1.31$，$X_{O}=3.44$，$X_{Ga}=1.81$，$X_{As}=2.18$。

则由式(1-9)得

MgO 中 $Ib=\{1-\exp[-(1/4)\times(1.31-3.44)^2]\}\times100\%=67.8\%$

GaAs 中 $Ib=\{1-\exp[-(1/4)\times(1.81-2.18)^2]\}\times100\%=3.4\%$

由此可见，MgO 晶体的化学键以离子键为主，GaAs 晶体则是典型的共价晶体。

1.3.2　晶体的结合力与结合能

1. 晶体中质点的结合力

晶体中的原子之所以能结合在一起，是因为它们之间存在结合力，这种结合力主要分为吸引作用和排斥作用两大类。吸引作用主要由异性电荷之间的库仑引力引起，其主要在远距离起作用。而排斥作用来源有二：一是同性电荷之间的库仑斥力，二是泡利原理所引起的排斥力。在晶体中，吸引作用和排斥作用之间存在平衡。在适当的距离条件下，两者可以相互抵消，使晶体处于稳定状态。

晶体中两个原子之间的相互作用可以图 1-14 的曲线来表示，其中图 1-14(a)为两原子相互作用力(结合力)曲线，图 1-14(b)为两原子间的相互作用势能(结合能)曲线。两原子之间的相互作用力 $F(r)$ 可以通过它们之间的作用势能对原子距离求导获取，即

$$F(r)=-\frac{du(r)}{dr} \tag{1-10}$$

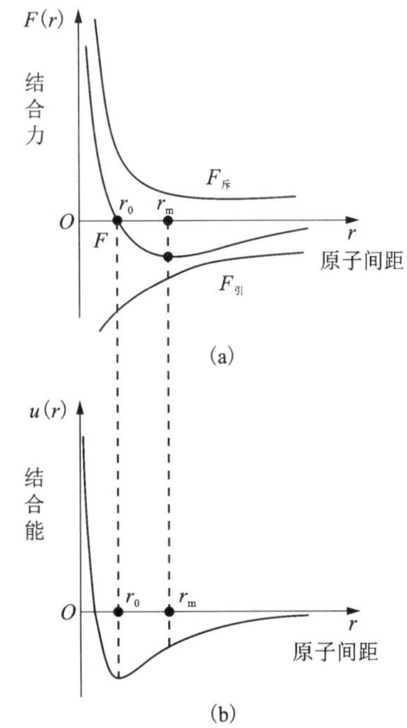

(a)相互作用力(结合力)和原子间距之间的关系；
(b)相互作用势能(结合能)与原子间距之间的关系。

图 1-14　原子间的相互作用

从图 1-14(a)中可以看出，当两原子相距很近时，斥力远大于引力，总作用力 F 为斥力($F>0$)。两原子相距比较远时，引力大于斥力，总作用力 F 表现为引力($F<0$)。在某一适当的距离 r_0，引力和斥力相互抵消，合力 F 为零，此时势能达到最小值，即

$$\left.\frac{\mathrm{d}u(r)}{\mathrm{d}r}\right|_{r_0}=0 \tag{1-11}$$

由此可以确定两个原子之间的平衡距离 r_0。

还有一个重要的参数，即合力 F(有效引力)最大时两个原子之间的距离 r_m，可由 $F(r)$ 求导确定

$$\left|\frac{\mathrm{d}F(r)}{\mathrm{d}r}\right|_{r_\mathrm{m}}=-\left.\frac{\mathrm{d}^2u(r)}{\mathrm{d}r^2}\right|_{r_\mathrm{m}}=0 \tag{1-12}$$

两原子间的相互作用势能通常可以用幂函数来表示：

$$u(r)=-\frac{a}{r^m}+\frac{b}{r^n} \tag{1-13}$$

式中：r 为两原子间的距离；a、b、m、n 皆为大于零的常数；第 1 项为库仑引力能，由电磁学知，库仑引力能 $u_1=\pm\frac{z_1z_2e^2}{4\pi\varepsilon_0 r}$；第 2 项为泡利排斥能。

为了求得晶体的总势能，经典物理学中常用的方法是，将晶体中原子相互作用的总势能视为各原子(离子)之间的相互作用势能之和，即先计算出各原子之间的相互作用势能，然后再综合考虑晶体结构的影响因素，即可求得晶体的总势能。另外，也可以通过量子力学的方法计算晶体的总势能。

2. 离子晶体的晶格能

晶体的结合能 E_b 定义为：组成晶体的 N 个原子处于“自由状态”时的总能量 E_N 与晶体处于稳定状态时的总能量 E_0 的差值，即 $E_\mathrm{b}=E_\mathrm{N}-E_0$，单位为 kJ/mol。

此处的“自由”是指各个原子间相距足够远，彼此之间没有相互作用力。

对于离子晶体而言，其晶格能 E_L 定义为：1 mol 离子晶体中的正、负离子，由无穷远距离逐渐靠近形成离子晶体的过程中释放出的能量。设离子晶体中两原子相互作用势能为 $u(r)$，则由 N 个原子组成的晶体，其总的相互作用势能为

$$u(r)=\frac{1}{2}\sum_i^N\sum_j^N u(r_{ij})\ (i\neq j) \tag{1-14}$$

式中引入 1/2 因子是由于 $u(r_{ij})$ 和 $u(r_{ji})$ 本是一对相互作用势能，故以第 i 个原子与第 j 个原子作参考点各自计算相互势能时，计算了两次。

另外，由于晶体表面层原子数目比晶体内部原子的数目少得多，可近似地忽略表面层原子对内部原子势能的贡献。这样上式可以简化为

$$u(r)=\frac{N}{2}\sum_j^N u(r_{1j}) \tag{1-15}$$

对于由 N 个正、负离子组成的 AX 型晶体，设正、负离子的电价分别为 z_1 和 z_2，根据式(1-13)和式(1-15)，其相互作用势能为

$$u=-\frac{N}{2}\sum_j^N\left(\pm\frac{z_1z_2e^2}{4\pi\varepsilon_0 r_{1j}}-\frac{b}{r_{1j}^n}\right) \tag{1-16}$$

括号中第一项的正、负号分别对应异号离子和同号离子之间的相互作用。

设离子间最小距离为 r_0，则 $r_{1j}=a_j r_0$，于是式(1-16)可以写成

$$u=-\frac{N}{2}\left(\frac{z_1 z_2 e^2}{4\pi\varepsilon_0 r_0}\sum_j^N \pm\frac{1}{a_j}-\frac{1}{r_0^n}\sum_j^N \frac{b}{a_j^n}\right) \tag{1-17}$$

令

$$A=\sum_j \pm\frac{1}{a_j},\ B=\sum_j \frac{b}{a_j^n}$$

则式(1-17)可表示为

$$u(r)=-\frac{N}{2}\left(\frac{z_1 z_2 e^2 A}{4\pi\varepsilon_0 r_0}-\frac{B}{r_0^n}\right) \tag{1-18}$$

其中，A 称为马德隆常数(Madelung constant)，是一个仅与晶体结构有关的常数。ε_0 是真空电容率(8.85419×10^{-12} F/m)，e 为基元电荷。不同类型结构晶体的马德隆常数如表 1-2 所示。

表 1-2　不同类型晶体结构的马德隆常数

晶体结构	CsCl	NaCl	立方 ZnS	六方 ZnS	萤石 CaF_2	金红石 TiO_2	刚玉 Al_2O_3
马德隆常数 A	1.7627	1.7476	1.6381	1.6413	2.5191	2.4080	4.171

B 值可通过晶体处于平衡状态时势能最小的条件来求得。

平衡时：

$$\left(\frac{\mathrm{d}u}{\mathrm{d}r}\right)_{r_0}=-\frac{N}{2}\left(-\frac{z_1 z_2 e^2 A}{4\pi\varepsilon_0 r^2}+\frac{nB}{r^{n+1}}\right)_{r_0}=0 \tag{1-19}$$

由此得出

$$B=\frac{z_1 z_2 e^2 A}{4\pi\varepsilon_0 n}r_0^{n-1} \tag{1-20}$$

则相互作用势能为

$$u_0=-\frac{N z_1 z_2 e^2 A}{8\pi\varepsilon_0 r_0}\left(1-\frac{1}{n}\right) \tag{1-21}$$

式中：n 称为波恩指数，其值大小与离子的电子层结构有关，如表 1-3 所示。

表 1-3　波恩指数

离子的电子层结构类型	He	Ne	Ar、Cu^+	Kr、Ag^+	Xe、Au^+
n	5	7	9	10	12

当正、负离子属于不同类型时，n 取其算术平均值，如 NaCl 的 n 为$(7+9)/2=8$。n 也可以通过晶体的体积弹性模量 E 由下式计算：

$$n=1+\frac{72\pi\varepsilon_0 r_0^4}{Ae^2}E \tag{1-22}$$

对于 1 mol 的 AX 型晶体，原子总数 $N=2N_A$（N_A 为阿伏伽德罗常数，$N_A=6.022\times10^{23}$）。于是，晶格能 E_L 可由下式计算：

$$E_L=|u_0|=\frac{N_0 z_1 z_2 e^2 A}{4\pi\varepsilon_0 r_0}\left(1-\frac{1}{n}\right) \tag{1-23}$$

【例 1-3】 试计算 NaCl 的晶格能（已知 $r_{Na^+}=0.110$ nm，$r_{Cl^-}=0.172$ nm）。

【解】 在 NaCl 晶体中，$z_1=z_{Na^+}=1$，$z_2=z_{Cl^-}=1$；

$r_0=r_{Na^+}+r_{Cl^-}=0.110+0.172=0.282(\text{nm})=2.82\times10^{-10}(\text{m})$。

由表 1-2 知，$A=1.7476$。

氯化钠的波恩指数 n 取其正负离子的算术平均值，即 $n=(7+9)/2=8$。

又 $\varepsilon_0=8.85419\times10^{-12}$F/m，$N_A=6.022\times10^{23}$，

代入式（1-23）可计算求得 $E_L=752.5$ kJ/mol。

1.3.3 晶体中质点的堆积

晶体的性质是由晶体的组成和结构决定的，而组成与结构之间又存在着密切的内在关系。研究晶体的对称性为研究晶体的结构提供了条件。此外，从晶体结构中质点的几何关系和质点间的物理、化学作用上考虑，存在着一些决定晶体结构的基本原理。

1. 原子半径和离子半径

按照波动力学的理论，电子已不再是具有固定位置的粒子，而是被视作波函数所描绘的概率分布。在原子或离子的内部，电子围绕原子核运动，并在空间中构建出一个球形的电磁场。这个球形的区域被视作原子或离子的体积，而球的半径则代表着原子半径或离子半径，以此刻画出这些微观粒子的空间尺度。

在晶体结构中，常采用原子或离子的有效半径。有效半径指的是离子或原子在晶体结构中相接触时的半径。此时，离子或原子间的静电吸引和排斥作用达到平衡。对于离子晶体，比如氯化钠（NaCl），相邻且相互接触的阴、阳离子的中心距离等于它们的离子半径之和。这是因为在离子晶体中，离子之间通过电荷相互作用形成离子键，使得静电吸引和排斥力平衡，形成了稳定的晶体结构。对于共价化合物晶体，比如二氧化硅（SiO_2），两个相邻的键合原子的中心距离即为它们的共价半径之和。在共价键形成的过程中，电子云的重叠使得两个原子之间形成了共价键，这也导致了晶体结构的形成。在金属单质晶体中，两个相邻原子中心距的一半就是金属的原子半径。原子或离子的有效半径能最大限度地与晶体中的实测键长相一致。

在晶体结构中，原子和离子半径具有重要的几何意义，它是晶体化学中最基本的参数之一。但必须注意，离子半径这个概念并不十分严格。因为在晶体结构中，总存在极化的影响。在离子晶体中，如果离子之间的相互极化作用很强，阴离子的电子云会向阳离子方向移动，其结果是阳离子的作用范围比正常离子半径的范围要大些，而阴离子作用范围要小些。但即使这样，原子和离子半径仍不失为晶体化学中的重要参数之一。

2. 球体紧密堆积原理

原子和离子都具有一定的有效半径，都占有一定的空间，因而可看成是具有一定大小的球体。在金属晶体和离子晶体中，金属键和离子键是没有方向性和饱和性的。因而，从几何

角度看，金属原子之间或离子之间的相互结合可以被形象地描述为球体间的相互堆积。这种堆积应遵循内能最小原则，以确保晶体中原子或离子之间的空间被充分利用，从而使晶体处于最稳定的状态。

1）等径球体的最紧密堆积及其空隙

等径球体的最紧密排列从一层平面内看，将形成图 1-15(a)所示的排列形式。各球体之间尽可能多地相互接触才是最紧密的，图 1-15(b)就不是一层球的最紧密堆积。在图 1-15(a)中，A 球的周围有 6 个球，每 3 个球围成一个空隙，其中一半是尖角向上的 1 空隙，另一半是尖角向下的 2 空隙，两种空隙相间分布。如图 1-15(c)所示，当考虑第二层紧密堆积叠加到第一层上时，第二层的每个球均与第一层中的 3 个球体相邻并接触，且要落在同一种三角形空隙(1 空隙或 2 空隙)位置上，其结果并无本质的差别。但第二层球存在两类不同的空隙(如图 1-16 所示的第二层)，一种是连续穿透两层的空隙，另一种是未穿透两层的空隙。再叠置第三层球体时，将有两种完全不同的堆积方式。一种是第三层的球体落在未穿透的空隙位置上，从垂直于图面的方向观察，此时第三层球的位置正好与第一层相重复。如果继续堆第四层，又与第二层重复，而第五层又与第三层重复，如此继续下去，这种紧密堆积方式即用“ABABAB…”的记号表示。另一种堆积方式是第三层的球体落在连续穿透两层的空隙位置上。这样第三层和第一、二层都不同。叠置的第四层才与第一层重复，第五层与第二层重复，第六层与第三层重复，这种紧密堆积方式用“ABCABC…”的记号表示。

(a)　　(b)　　(c)

扫一扫，看彩图

图 1-15　等径球体在平面内的最紧密堆积及其空隙

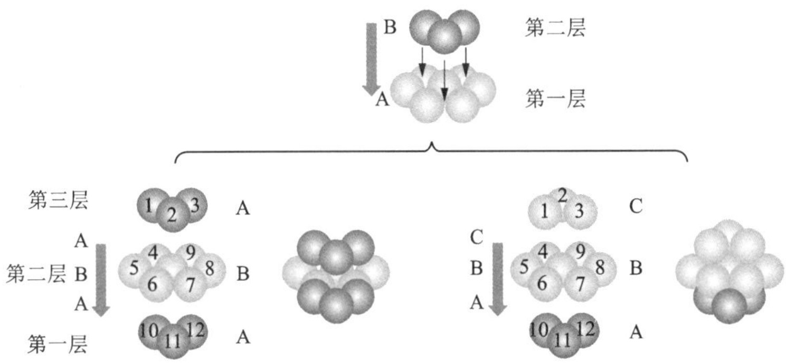

扫一扫，看彩图

图 1-16　等径球体的两种紧密堆积方式示意图

对于 ABAB…紧密堆积方式，其球体在空间的分布是与空间格子中的六方格子相对应的，因此称为六方最紧密堆积，其最紧密排列层平行于(0001)晶面，如图 1-17(a)所示。而

ABCABC…紧密堆积方式，其球体在空间的分布与空间格子中的面心立方格子相一致，因此称为面心立方最紧密堆积，其最紧密排列层平行于(111)晶面[图 1-17(b)]。除了上述两种堆积方式外，等径球体还有几种堆积方式，但不是最紧密堆积，如体心立方堆积、简单立方堆积、简单六方堆积、体心四方堆积、四面体堆积等。此外，从上述的球体紧密堆积方式看，还可能有诸如 ABCBABCB…系列的不同方式，但这在晶体构造中很少出现。六方紧密堆积和面心立方紧密堆积是晶体构造中最常见的两种方式。

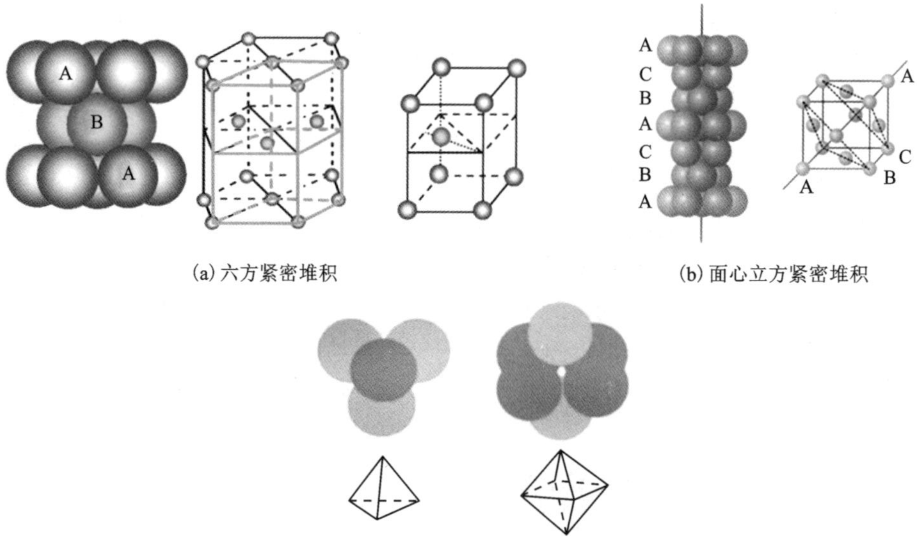

(a) 六方紧密堆积　　(b) 面心立方紧密堆积

四面体空隙　　八面体空隙

(c)

图 1-17　六方紧密堆积和面心立方紧密堆积及其空隙示意图

如图 1-17(c)所示，球体紧密堆积时存在两种空隙：四面体空隙和八面体空隙。第一种是当等径球体按最紧密堆积方式排列时，存在于 4 个相邻球体之间的空隙，这些球体中心形成的是四面体空隙。这个四面体空隙是由 4 个相邻的球体的中心之间的连线形成的四面体结构。这种空隙是比较常见的，尤其在面心立方(FCC)结构中。另一种空隙是存在于 6 个相邻球体之间的空隙，这些球体中心形成的是八面体空隙。这个八面体空隙是由 6 个相邻球体中心之间的连线形成的八面体结构。这种空隙也是在最紧密堆积结构中常见的，特别是在体心立方(BCC)结构中。显然八面体空隙的空间要大于四面体空隙的空间。

分析图 1-16 中间层的中心球周围的情况容易看出，在该球与第一层球之间有紧靠它的 3 个八面体空隙和 4 个四面体空隙。而六方紧密堆积的第三层与第一层相同，那么在该球的下部也有紧靠它的 3 个八面体空隙和 4 个四面体空隙。于是得出，每一个球的周围共有 6 个八面体空隙和 8 个四面体空隙。而八面体空隙是由 6 个球共有，四面体空隙由 4 个球共有。因此，属于 1 个球体的八面体空隙和四面体空隙数分别应为：$6\times1/6=1$ 个八面体空隙和 $8\times1/4=2$ 个四面体空隙。若有 n 个等径球体做六方最紧密堆积，将存在 n 个八面体空隙和 $2n$ 个四面体空隙。对于 ABCABC…型的面心立方紧密堆积，这一结果同样正确。

图 1-18 为常见的几种球紧密堆积方式及其晶胞示意图。可以看出，处于晶胞顶角处的原

子为几个晶胞所共有，而位于晶面上的原子也同时属于两个相邻的晶胞，只有在晶胞体内的原子才单独为1个晶胞所有。故3种典型金属晶体结构中每个晶胞所含有的原子数 n 分别为：

面心立方结构：$n=8\times1/8+6\times1/2=4$ 个。

体心立方结构：$n=8\times1/8+1=2$ 个。

密排六方结构：$n=12\times1/6+2\times1/2+3=6$ 个。

扫一扫，看彩图

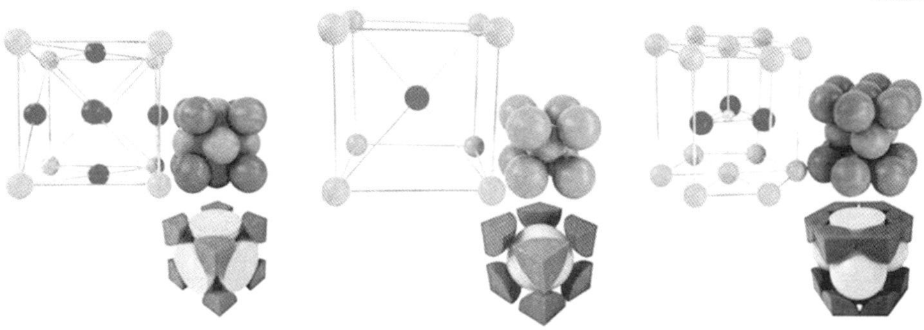

(a) 面心立方紧密堆积　　(b) 体心立方紧密堆积　　(c) 六方紧密堆积

图1-18　几种典型的球体紧密堆积方式及其晶胞示意图

同样地，根据图1-18所示的几何关系，不难求出3种典型晶体结构的点阵常数与质点半径之间的关系，即：

①面心立方结构点阵常数为 a，且 $\sqrt{2}a=4r$。

②体心立方结构点阵常数为 a，且 $\sqrt{3}a=4r$。

③密排六方结构点阵常数用 a 和 c 表示，在理想情况下，底面上的原子之间距离和上、下层间原子距离相等，可算得轴比 $c/a=1.633$，此时 $a=2r$；但实际测得的轴比常偏离此值，即 $c/a\neq1.633$，这时，$\sqrt{(a^2/3+c^2/4)}=2r$。

晶体中质点堆积的紧密程度（致密度）可用空间利用率来表示，即构成晶体的原子、离子或分子在整个晶体空间中所占有的体积百分比，可通过下式计算：

$$K=nv/V\times100\% \tag{1-24}$$

式中：K 为空间利用率；n 为晶胞原子数；v 为原子体积；V 为晶胞体积。

通过质点不同堆积方式的几何关系可计算得到面心立方和六方最紧密堆积、体心立方堆积和简单立方堆积的空间利用率。

【例1-4】 试计算面心立方最紧密堆积的空间利用率。

【解】 如图1-19所示，对面心立方最紧密堆积而言，每个顶角上包含有1/8个原子，每个面上有1/2个原子，1个晶胞有8个顶角和6个面，因此，每个晶胞包含的原子个数为：$n=8\times1/8+6\times1/2=4$。

设晶胞参数为 a，球的半径为 r，则

$$a=4r\sin45°，即\ a=2\sqrt{2}r$$

$$v=4\times\frac{4}{3}\pi r^3$$

$$V=a^3=(2\sqrt{2}r)^3=16\sqrt{2}r^3$$

由式(1-24)得

$$K=nv/V\times100\%=\frac{4\times\frac{4}{3}\pi r^3}{16\sqrt{2}r^3}\times100\%=74\%$$

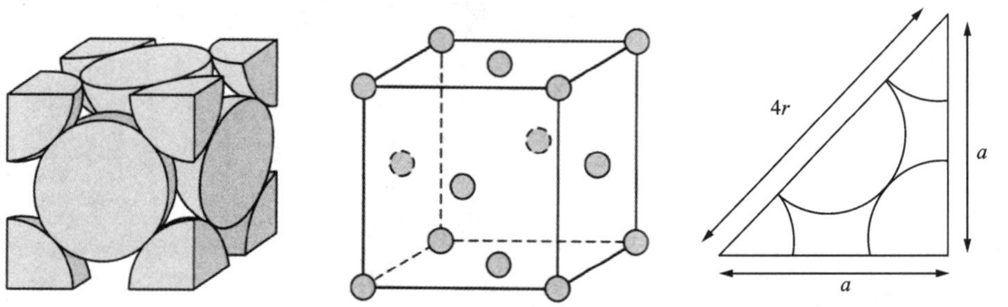

(a) 晶胞原子数示意图　(b) 晶胞质点模型　(c) 晶胞参数与原子半径的几何关系

图 1-19　面心立方晶胞结构示意图

理想的密排六方结构($c/a=1.633$)的配位数也是 12，同理可算出其空间利用率也是 74%。体心立方紧密堆积和简单立方紧密堆积的空间利用率分别为 68%和 52%。

2)不等径球体的紧密堆积

对于不等径球体堆积，如果球径差别较大，较小尺寸的球可以近似填充在八面体或四面体空隙中，这种情况可以看成较大的球做等径球最紧密堆积，较小的球按其本身的大小，填充在八面体或四面体空隙中，此时就形成了不等径球体紧密堆积的一种方式。这种堆积方式在离子晶体构造分析中经常使用，它相当于半径较大的离子(通常为阴离子)做最紧密堆积，半径较小的离子(通常为阳离子)充填于空隙中。在实际的晶体构造中，阳离子可能无法完全无缝地填充在阴离子的空隙中。当阳离子的尺寸稍大于空隙时，它们可能会对周围的阴离子产生一定的推开效应，导致阴离子之间的排列略微变形，这被称为“撑开”效应。相反，如果阳离子的尺寸较小，它们可能允许一定的位移偏差，这可能导致阴离子近似地形成最紧密堆积或出现一定程度的变形。

最紧密堆积只是在不考虑晶体中质点相互作用的物理化学本质的前提下，从纯几何角度对晶体结构的一种描述。实际上，晶体中的质点在结合时，其质点的相对大小对键性、键强、配位关系、质点间的交互作用等有着决定性的影响。因此，离子晶体的结构不能单从堆积方面考虑。

影响晶体结构的因素通常有内在因素和外在因素两个方面。内在因素主要是化学组成，包括质点的相对大小、配位关系、离子间的相互极化等；外在因素主要有温度、力等。

1.3.4　晶体的组成与结构

1. 结晶化学定律

挪威学者戈尔德施米特(Goldschmidt)在总结大量事实的基础上提出了有关晶体结构规

律的经验："晶体的结构取决于其组成质点结构基元的数量关系、大小关系与极化性能。"这就是戈尔德施米特结晶化学定律，简称结晶化学定律。

结晶化学定律定性地概括了影响晶体结构的三个主要因素：

(1)质点的数量关系。在无机化合物的结晶化学中，化学式不同意味着组成晶体的质点之间的数量关系不同，因而晶体结构也不相同。例如，TiO_2 和 Ti_2O_3 中阳离子和 O^{2-} 的数量关系分别为 1∶2 和 2∶3，前者为 AX_2 型化合物，具有金红石型结构；后者则为 A_2X_3 型化合物，具有刚玉型结构，所以两者的结构是不同的。

(2)质点的相对大小关系。晶体中组成质点的大小不同，阳、阴离子半径比值(r^+/r^-)不同，因而与阳、阴离子相邻的异性离子的数量也不同，即配位数和晶体结构不相同。

(3)质点的极化性能(离子极化)。晶体中组成质点的极化性能不同，反映各离子的极化率(α)不同，则晶体结构也不相同。

实际上，晶体结构组成中质点的数量关系、大小关系与极化性能，决定于晶体的化学组成。在这里，化学组成是指化学式所表示的质点的种类与数量的关系。

综上所述，在一般情况下，可以认为，离子晶体结构与离子的数量、离子半径比值(r^+/r^-)和离子的极化率(α)三个因素有关，其中哪个起决定性作用，视具体情况而定，不能一概而论。

2. 质点的相对大小

组成晶体的质点在一定条件下达到平衡时，质点间保持一定的距离。该距离反映了质点的相对大小。我们在前面用刚性球模拟了原子的堆积，但实际上原子不是刚性球，而且电子云也没有明确的界限，因此对原子大小的概念是模糊的。X 射线出现后，人们可根据晶体的 X 射线衍射测出晶胞参数。虽然这些质点不是刚性球，但为使问题简化并抓住主要问题，人们还是假设它们是刚性球，且最近邻质点相切。这样，最近邻质点间的距离就分别等于这两个质点的半径之和。

对离子晶体，一般采用阳、阴离子的半径 r^+、r^-表示离子的相对大小，但 X 射线衍射只能测出阳、阴离子的核间距 $r=r^++r^-$。比如用 X 射线可测得 NaCl 晶体晶胞的棱长是 564.02 pm。由 NaCl 晶体结构，我们知道这一距离是一个 Na^+ 与一个 Cl^- 中心间距的两倍，即 $r=2(r^++r^-)=564.02$ pm，即 $r^++r^-=282.01$ pm，但阳、阴离子的半径 r^+、r^-无法准确确定。1923 年，J. A. Wasastjerna 根据折射指数与离子相对体积的关系，计算出一些离子的半径。1927 年 Goldschmidt 采用 Wasastjerna 的数据，从离子晶体得出的平衡距离数据，推出了 80 多种离子的半径。Goldschmidt 和 Wasastjerna 采用的 O^{2-} 的半径都为 132 pm。后来，Pauling 在《化学键的本质》一书中提出基于有效核电荷的离子半径，给出的 O^{2-} 的半径为 140 pm。1976 年，Shannon 根据离子的配位数、自旋状态等提出 Shannon 离子半径。

尽管不同的学者给出了不同的离子半径，但这些半径都反映了质点间存在相对距离这一实质。原子和离子半径还与多种因素有关。配位数不同，原子或离子半径往往也不同。如 Si^{4+}，配位数为 4 时，$r^+=26$ pm；配位数为 6 时，$r^+=40$ pm。温度升高，质点间的距离增加，原子或离子半径增大；压力增加，质点间的距离减小，原子或离子半径也减小。

3. 配位数与配位多面体

配位数(coordination number，CN)指的是一个原子或离子在晶体结构中与其直接相邻而结合的所有其他原子或异号离子的个数。配位数是晶体结构中一个重要的几何特征，它描述了一个离子或原子周围的邻近环境。金属单质晶体可近似地当作等径球堆积。这样，其每个原子周围有12个原子与其紧密接触。因此，在等径球最紧密堆积的晶体结构中，每个原子的配位数是12。如果原子不做最紧密堆积，则其配位数一般小于12。在离子晶体结构中，较小的阳离子一般处于较大的阴离子做紧密堆积形成的四面体、八面体空隙中。阳离子的配位数是4或6。如果阴离子不做最紧密堆积，则阳离子还可能有其他配位数。对以共价键为主结合的晶体而言，原子的配位数不受球体最紧密堆积规则的支配。其配位数一般较低，且不大可能超过4。

无论是以哪种化学键结合的晶体，其原子周围总有与它直接相邻而结合的原子。我们把这些原子的中心用线连接起来，就会形成一个几何多面体。这种多面体被称为配位多面体。通常，较小的原子位于配位多面体的中心，而各配位原子的中心则位于配位多面体的顶角。图1-20给出了几种常见的配位方式及相应的配位多面体。需注意的是，配位数相同，配位多面体也可能不同。如CN=6时，配位多面体可以是八面体，也可以是三方柱。配位多面体有助于我们理解晶体的结构，如金红石TiO_2中，钛离子位于[TiO_6]八面体中心，硅酸盐结构中存在[SiO_4]四面体、[AlO_6]八面体和[MgO_6]八面体。

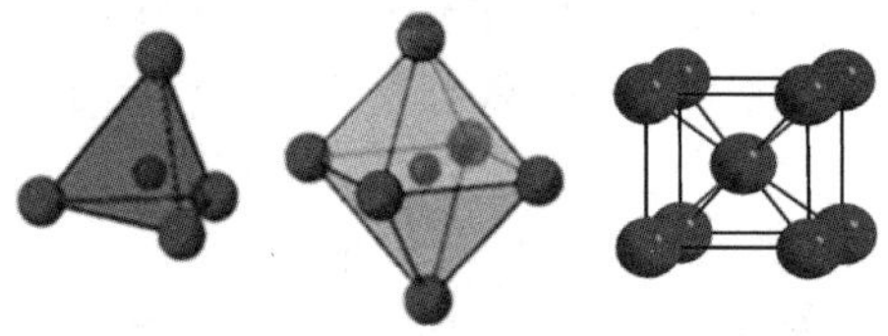
(a) 四面体　(b) 八面体　(c) 立方体

图1-20　常见配位多面体

图1-20所示的是理想情况下的常见配位多面体，即中心原子与配位原子刚好接触。若中心原子增大，则其配位原子被撑开，原来未与中心原子直接接触的原子会向中心原子靠近，这会引起中心原子的配位数增加。相反，若中心原子减小，原来的配位原子会因相互间的排斥力而远离中心原子，结果中心原子的配位数会下降。因此，中心原子与配位原子的相对大小对配位数、配位多面体均有影响。

如图1-21所示为配位数等于3时，晶体中阴、阳离子处于紧密接触状态，这是一种极限状态。

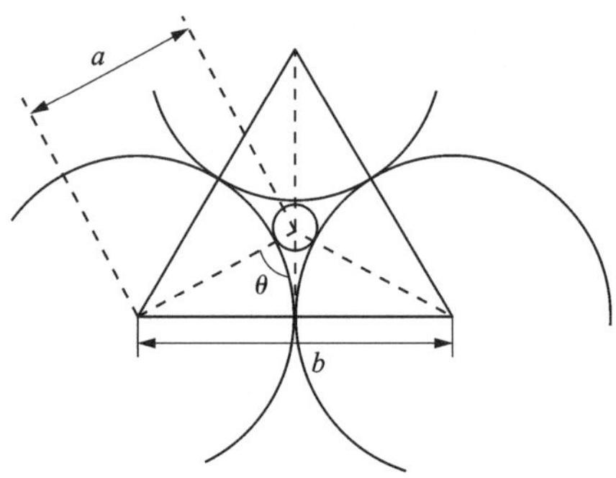

图1-21　三角配位构型

由图可知：

$b=2r^-$，$a=r^+ +r^-$

$r^-/a=r^-/(r^+ +r^-)=\sin\theta=\sin 60°$

$r^+/r^-=1/\sin 60°-1=0.155$

(1) $r^+/r^-<0.155$时，阳、阴离子不会相互接触，而阴离子相接触，静电引力小而斥力大，体系处于不稳定状态。

(2) $r^+/r^-\geqslant 0.155$时，阳、阴离子相互接触，而阴离子脱离接触，引力大而斥力小，能量低，体系稳定。由此看来，阳、阴离子半径比直接影响着体系的稳定性，对于配位数为3的必要条件应是：$r^+/r^-\geqslant 0.155$。

(3) r^+/r^-增大到0.225时，阳离子周围即可能配置4个阴离子。

依据同样的方法推理，可得出配位数为6和8时，阳、阴离子半径比的临界值分别为0.414和0.732，于是可得出阳、阴离子半径比和配位数的关系，如表1-4所示。

当r^+/r^-处于边界值附近时，同一阳离子的配位数可以不止一个，如Al^{3+}与O^{2-}离子配位时，CN可以是4，即[AlO_4]，也可以形成八面体配位，即[AlO_6]。

表 1-4　阳离子配位数与 r^+/r^- 之间的关系

r^+/r^-	阳离子配位数(CN)	配位多面体形状
0~0.155	2	直线或哑铃形
0.155~0.225	3	等边三角形
0.225~0.414	4	四面体
0.414~0.732	6	八面体
0.732~1	8	立方体
1	12	等径球体紧密堆积

4. 离子极化

在讨论离子半径时，通常使用的是球模型，将离子看作点电荷，其正、负电荷的重心重合于球心。然而，当外部电场存在时，离子的电荷分布可能发生变化，其正、负电荷的重心不再是重合的，这就会产生偶极现象(图 1-22)。此时离子的形状不再是球形，其大小也会发生变化。因此，离子的极化是指离子在外电场作用下改变其形状和大小的现象。

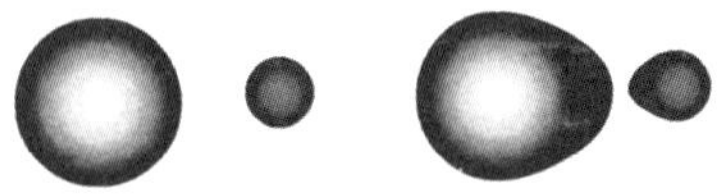

(a) 未极化　(b) 已极化

图 1-22　离子极化作用示意图

在离子晶体结构中，阴、阳离子都受到相邻异号离子电场的作用而被极化；同时，它们本身的电场又对邻近异号离子产生极化作用。因此，极化过程包括两个方面：

(1) 电子的位移：在外电场作用下，电子云会发生位移。电场施加力于电子，使得它们在原子核周围产生位移，导致正电荷和负电荷的分离。这种电子云的位移导致了电偶极矩的产生，从而形成了电极化。这个过程被称为电子位移极化。

(2) 原子核的位移：除了电子的位移，外电场也可以引起原子核的位移。在某些情况下，原子核的位置会发生变化，从而导致整个离子的电荷分布发生改变。这种原子核的位移也可以导致电极化，称为离子位移极化。

被极化程度的大小可以用极化率 α 来表示：

$$\alpha=\bar{\mu}/F \tag{1-25}$$

式中：F 为离子所在位置的有效电场强度；$\bar{\mu}$ 为诱导偶极矩，$\bar{\mu}=el$；e 为电荷；l 为极化后正负电荷中心的距离。

主极化能力的大小可用极化力 β 来表示：

$$\beta=z/r^2 \tag{1-26}$$

式中：z 为离子的电价；r 为离子半径。

离子晶体中，在电场的作用下，阴离子和阳离子的电子云会发生相对位移。其中，由于阴离子一般半径较大，其电子云相对容易变形，因此，阴离子在外电场的作用下容易发生极化。然而，由于其较大的尺寸，阴离子的主极化能力相对较低。相对而言，阳离子的半径较小，但当电价较高时，其主极化作用较大。由于较小的尺寸，阳离子在外电场中更容易受到较强的电场力作用，导致较大的位移。在离子晶体中，由于离子极化，电子云互相穿插，缩小了阴、阳离子之间的距离，使离子的配位数、离子键的键性以至晶体的结构类型发生变化。

离子的极化率和主极化能力有以下规律：

(1)离子所带的电荷越多，体积越小，产生的电场强度越大，其主极化能力越强；

(2)同价离子半径越大，极化率越高；

(3)当价态较低、半径又较大的正离子受价态较高的负离子作用时，这个正离子的极化率就会较高；

(4)含有 d 电子的正离子(如含有 d^{10} 的 Ag^+、Zn^{2+}、Cd^{2+})与半径相近的其他正离子相比，具有较大的极化率。

5. 鲍林规则

戈尔德施米特结晶化学定律指出，一个晶体的结构取决于其组成质点的数量、相对大小和极化性质。在此基础上，1928 年，鲍林(Pauling)根据对硅酸盐和大量含氧酸盐的结构研究，提出了离子化合物结构的五条规则，即鲍林规则(Pauling rule)。

1)配位多面体规则

晶体结构中，每个阴离子周围的阳离子形成一个配位多面体；阳、阴离子之间的距离由它们的半径之和决定；阳离子的配位数由阳、阴离子半径比决定。该规则表明，阳离子的配位数取决于阳、阴离子的半径比，而非它们本身的半径。图 1-23 示意了阳、阴离子半径比与配位数的情况。当阳、阴离子刚好接触时是稳定的。若阳离子过大，会撑开阴离子，使阳离子配位数增加，结构稳定性增强；若阳离子过小，阳、阴离子不能接触，阴离子之间的斥力使阳离子配位数下降，结构不稳定。

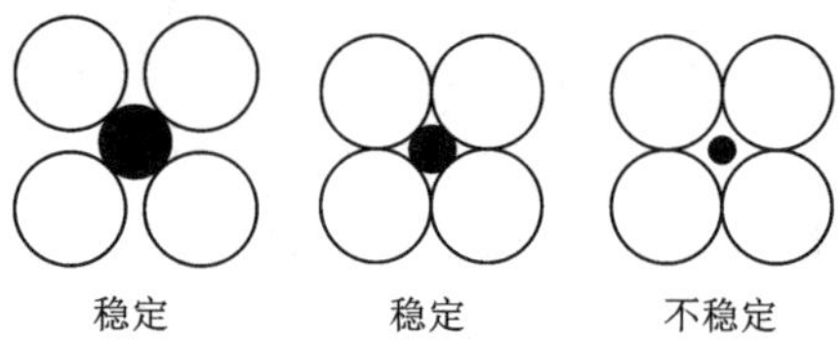

图 1-23　稳定与不稳定配位构型

大多数离子晶体的阳离子配位数 CN 在 4 至 8 之间，而且还不是一个定值，如铝离子，有[AlO_4]，也有[AlO_6]。由于晶体结构受多种因素影响，实际晶体结构还会出现不符合这一规则的情况。特别是阴离子不做最紧密堆积时，阳离子配位数 CN 可以是 5、7、9、11 等。

2)静电价规则

一个稳定的晶体结构，不仅在宏观上是电中性的，在原子尺度上也必须是电中性的。该规则是计算局部电中性的基础。阳离子价电荷数 z 除以其配位数 CN 得到的值定义为阳离子给予一个配位阴离子的静电键强度 S，即 $S=z/CN$。以萤石 CaF_2 为例，Ca^{2+}的 CN=8，即一个 Ca^{2+}周围有 8 个 F^-。一个 Ca—F 的静电键强度 $S=+2/8=+1/4$，即一个 Ca^{2+}分配到一个 F 的电荷为+1/4。而 F 的电荷为−1，因此，为保持电中性，一个 F 周围需要有 4 个 Ca^{2+}。该规则指出：在稳定结构中，从所有最近邻阳离子到一个阴离子的静电键强度 S 的总和等于该阴离子的电价。该规则对我们理解晶体结构有一定帮助。

如[SiO_4]，Si^{4+}给每个 O^{2-}的 $S=+4/4=+1$，而 O 呈−2 价，所以 O^{2-}还可与另一个[SiO_4]的 Si^{4+}结合，即两个[SiO_4]可共用一个 O(2 个配位多面体共用一个顶点)。在[AlO_6]中，Al^{3+}给每个 O^{2-}的 $S=+3/6=+1/2$，故一个[SiO_4]可与两个[AlO_6]共用一个 O(3 个配位多面体共用一个顶点)，这 2 个[AlO_6]称为二八面体。在[MgO_6]中，Mg^{2+}给 O^{2-}的 $S=+2/6=+1/3$，故一个[SiO_4]可与三个[MgO_6]共用一个 O(四个配位多面体共用一个顶点)，这三个[MgO_6]称为三八面体。

3) 配位多面体共顶、共棱和共面规则

所谓共有配位多面体的要素是指共顶、共棱和共面。在一个配位结构中，两个阴离子配位多面体以共棱特别是共面方式存在时，结构的稳定性降低。这种效应对于电价高而配位数小的阳离子(如 Si^{4+})较为明显。当阳、阴离子的半径比接近该配位多面体稳定的下限值时，此效应更显著。多面体共棱，特别是共面时，中心阳离子相距较近，斥力大，结构很不稳定。以四面体为例，图 1-24(a)表示 4 个四面体分别共 *A*、*B*、*C*、*D* 4 个顶点；图 1-24(b)表示两个四面体共 *AB* 棱；图 1-24(c)表示两个四面体共 *ABC* 面。在硅酸盐结构中，[SiO_4]只能共顶，而[AlO_6]可以共棱。刚玉结构中的[AlO_6]还可共面。

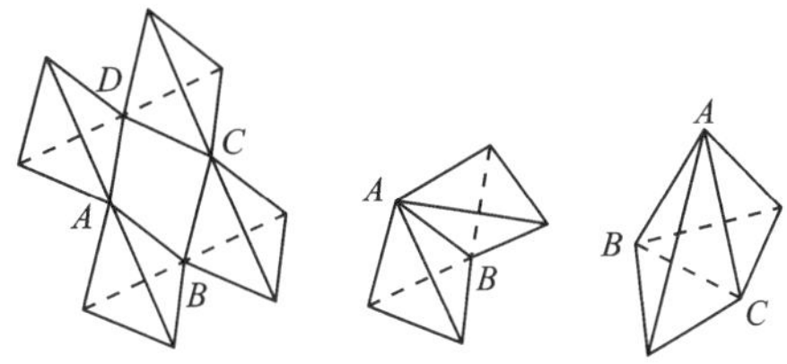

(a) 共顶　(b) 共棱　(c) 共面

图 1-24　四面体共顶、共棱、共面示意图

4) 不同配位多面体的连接规则

在一个含有不同阳离子的晶体中，较高价的阳离子(电价高)通常倾向于被较小的、高度配位的阴离子包围，而较低价的阳离子则倾向于被较大的、低度配位的阴离子包围，此规则称为不同配位多面体的连接规则。这条规则是第三条规则的延伸。如果在一种晶体结构中，有多种阳离子存在，则高电价、低配位数阳离子的配位多面体趋向于尽可能互不相连，至多也只能以共顶方式相连。如橄榄石结构有[SiO_4]和[MgO_6]两种多面体，Si^{4+}电价高、配位数小，因此[SiO_4]彼此之间无连接，它们由[MgO_6]隔开。

5) 节约规则

在形成晶体结构时，系统倾向于采用最少种类的配位多面体结构单元，以减少结构的复杂性，提高晶体的稳定性，此规则称为节约规则。例如在硅酸盐晶体结构中，不会同时出现[SiO_4]四面体和[Si_2O_7]双四面体结构单元，尽管它们符合鲍林其他四条规则。第五条规则是由晶体结构的周期性和对称性决定的。如果组成晶体结构的单元较多，每一种单元都要形成自己的周期性、对称性，则它们之间会相互干扰，这不利于晶体结构的形成。

鲍林规则是根据离子晶体结构归纳出来的，它符合大多数离子晶体的结构情况。但它不完全适用于过渡金属的离子晶体，更不适合非离子型晶体。过渡金属的离子晶体和非离子型晶体需要用晶体场、配位场理论来加以说明。

1.3.5　晶体场理论与配位场理论

1. 晶体场理论的基本概念

晶体场理论是一种理论框架，用于解释和预测过渡金属离子在晶体中的行为，特别是在配位化合物中的行为。这一理论通过引入晶体场的概念，推广了传统的离子成键模型，以更好地解释一系列过渡元素化合物的电子结构和性质。晶体场理论认为，晶体结构中的每个阳离子都处于一个晶体场中。所谓晶体场是指晶格中由阴离子或其他配位体(负极指向中心阳离子的偶极分子)形成的静电势场。这个势场会影响中心阳离子的电子结构和性质。中心阳离子处于该势场中，且与周围配位体同时存在静电相互作用，配位体都被视为点电荷。

已知过渡金属离子的核外电子排布为：$(n-1)s^2(n-1)p^6(n-1)d^{0\sim10}$。其中，d 电子层中有 5 个 d 轨道，它们的电子云在空间的分布如图 1-25 所示，其中 d_{xy}、d_{xz}、d_{yz} 轨道沿坐标轴的对角线方向伸展，$d_{x^2-y^2}$ 和 d_{z^2} 轨道则沿坐标轴方向伸展，每个轨道都可容纳自旋方向相反的一对电子。因此，当 5 个 d 轨道全填满时，其电子云在空间呈 m3m 对称。但是当 d 电子层的电子未填满时，电子云分布一般不符合 m3m 对称(不包括半充满的情况)。当一个过渡金属离子处于球形对称的势场中时，5 个 d 轨道能量相同，呈五重简并，电子分布遵循洪特规则。

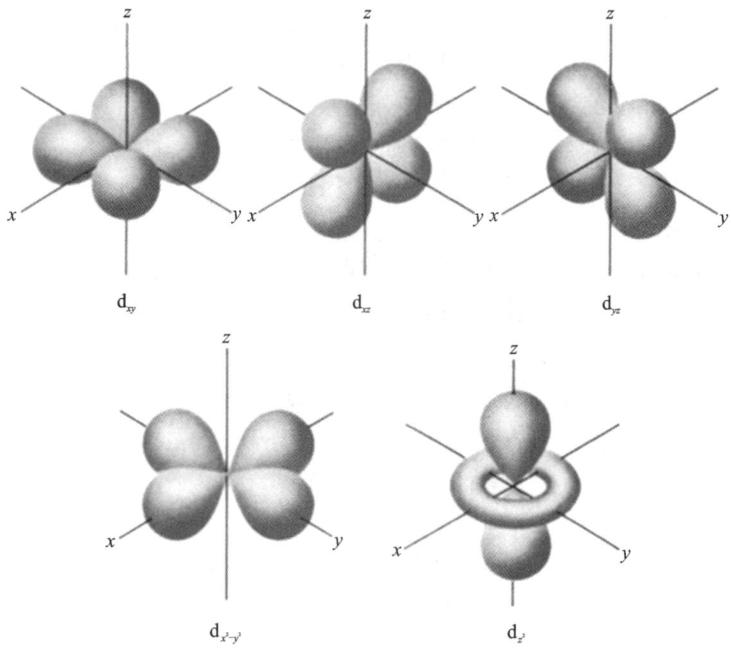

图 1-25　5 个 d 原子轨道的空间分布

但是，当一个过渡金属离子被周围的配位体包围时，其原本具有相同能量的 5 个 d 轨道会发生分裂。这一现象被称为晶体场分裂，其结果是一些 d 轨道的能量升高，而另一些 d 轨道的能量则降低。这个分裂的具体情况取决于晶体场的性质，即周围配位体的排布和性质。此外，配位体也将受到过渡金属离子的影响而发生变化，引起配位多面体的畸变。一般情况下，周围配位体对过渡金属离子的影响是主要的，相反的影响只对某些离子较为明显。

2. d 轨道的晶体场分裂

先考虑一个过渡金属离子在八面体晶体场中的情况。在八面体晶体场中，6 个带负电的配位离子分别沿$\pm x$、$\pm y$ 和$\pm z$ 坐标轴方向排列，形成八面体的配位环境。其中心离子沿坐标轴方向伸展的 d_{z^2} 和 $d_{x^2-y^2}$ 轨道与配位离子迎头相碰，这两个轨道上的电子将受到带负电荷的配位体的排斥，导致这两个轨道的能量升高。相反，d_{xy}、d_{xz} 和 d_{yz} 轨道的电子能够插入配位体的间隙中，导致这 3 个轨道的能量降低。由于上述相互作用，5 个原本具有相同能量的 d 轨道分裂成两组，即能量较高的 d_{z^2} 和 $d_{x^2-y^2}$ 轨道组，称为 e_g 组轨道，以及能量较低的 d_{xy}、d_{xz} 和 d_{yz} 轨道组，称为 t_{2g} 组轨道。这一分裂的现象被称为晶体场分裂，是晶体场理论中的一个基本概念。这种分裂不仅影响过渡金属离子的电子结构，还对物质的光学性质、磁性质等产生深远的影响。e_g 和 t_{2g} 轨道的分裂程度取决于晶体场的强度，不同的过渡金属化合物会表现出不同程度的晶体场分裂。图 1-26 展示出了这一晶体场分裂过程中的能量变化。

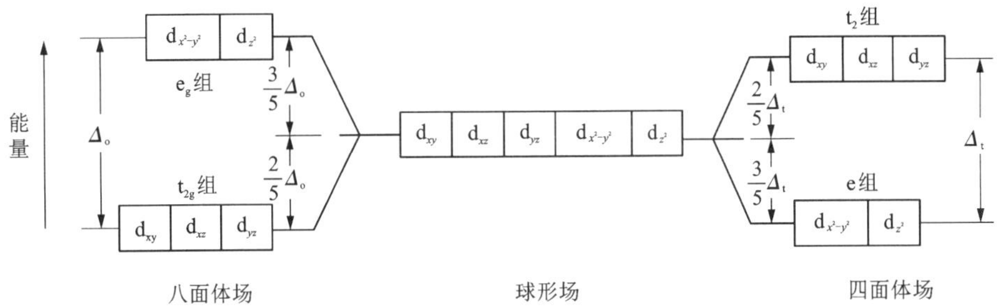

图 1-26　d 轨道能量在四面体和八面体晶体场中的分裂

e_g 轨道中的每个电子所具有的能量 $E(e_g)$ 与 t_{2g} 轨道中每个电子的能量 $E(t_{2g})$ 之差称为晶体场分裂参数，在八面体场中记为 Δ_o。

$$\Delta_o = E(e_g) - E(t_{2g}) \tag{1-27}$$

d 轨道在晶体场中的能量分裂服从所谓的“重心”规则，即 d 轨道在晶体场的作用下发生分裂的过程，总能量保持不变。如果将分裂前 d 轨道的能量视为零，则有

$$4E(e_g) + 6E(t_{2g}) = 0 \tag{1-28}$$

由上述两式可得

$$E(e_g) = 3/5\Delta_o,\ E(t_{2g}) = -2/5\Delta_o \tag{1-29}$$

如果过渡金属离子处于一个四面体配位的晶体场中，则 d_{z^2} 和 $d_{x^2-y^2}$ 轨道恰好插入配位体的间隙之中，而 d_{xy}、d_{xz} 和 d_{yz} 轨道与配位体靠得较近，结果产生了如图 1-26 右侧所示的能量变化，即 d_{xy}、d_{xz} 和 d_{yz} 这 3 个轨道能量增高，分裂出 t_2 组轨道；而 d_{z^2} 和 $d_{x^2-y^2}$ 两个轨道能量降低，产生 e 组轨道。相应的晶体场分裂参数为

$$\Delta_t = E(t_2) - E(e) \tag{1-30}$$

式中：$E(t_2)$ 和 $E(e)$ 分别为 t 组轨道和 e 组轨道中电子的能量。

同样，根据“重心”规则得到

$$E(t_2) = 2/5\Delta_t,\ E(e) = -3/5\Delta_t \tag{1-31}$$

根据静电模型的量子力学计算得知

$$\Delta_t = 4/9\Delta_o = 0.444\Delta_o \tag{1-32}$$

实际晶体中阳离子配位多面体的对称性往往低于八面体或四面体的对称性。在这样的晶体场中，原来是五重简并的 5 个 d 轨道，在能量上可以分裂成为 3 组、4 组甚至 5 组的分裂轨道。

3. 晶体场稳定化能

由式(1-29)可知，与处于球形场中的离子相比，在八面体晶体场中，t_{2g} 组轨道中的每一个电子将使离子的总静电能降低 $2/5\Delta_o$，即使离子的稳定程度增大 $2/5\Delta_o$；而 e_g 组轨道中的每一个电子，将使离子的总能量增加 $3/5\Delta_o$，从而使稳定程度减小 $3/5\Delta_o$。因此，当一个 d 轨道简并态的过渡金属离子进入八面体晶体场中，它的总静电能将改变 ε_o：

$$\varepsilon_o = -2/5\Delta_o \cdot N(t_{2g}) + 3/5\Delta_o \cdot N(e_g) \tag{1-33}$$

式中：$N(t_{2g})$和$N(e_g)$分别为t_{2g}组和e_g组轨道内的电子数目。

对于四面体场来说，基于完全相同的原理，其离子总静电能的改变为

$$\varepsilon_t = 2/5\Delta_t \cdot N(t_2) - 3/5\Delta_t \cdot N(e) \tag{1-34}$$

式中：$N(t_2)$和$N(e)$分别为t_2组和e组轨道内的电子数目。

对于任何其他的晶体场，都可按此原理类推。按照电子排布的规则，ε_o或ε_t不允许出现正值。

晶体场稳定化能是指离子总静电能的变化之负值，缩写为CFSE，数值上$CFSE = |\varepsilon|$。它代表位于配位多面体中的离子与处于球形场中的同种离子相比，在能量上的降低值，也就是代表晶体场所给予离子的一种额外的稳定化作用。一些过渡金属元素离子在八面体中的排布和晶体场稳定化能列于表1-5中。

表1-5　过渡金属离子在八面体场中的电子排布和晶体场稳定化能(CFSE)

离子	d电子数	弱场(高自旋)		强场(低自旋)	
		d电子排布	CFSE	d电子排布	CFSE
Sc^{3+}	0	$(t_{2g})^0(e_g)^0$	0	$(t_{2g})^0(e_g)^0$	0
Ti^{3+}	1	$(t_{2g})^1(e_g)^0$ ↑	$(2/5)\Delta_o$	$(t_{2g})^1(e_g)^0$ ↑	$(2/5)\Delta_o$
V^{3+}	2	$(t_{2g})^2(e_g)^0$ ↑↑	$(4/5)\Delta_o$	$(t_{2g})^2(e_g)^0$ ↑↑	$(4/5)\Delta_o$
V^{2+}, Cr^{3+}	3	$(t_{2g})^3(e_g)^0$ ↑↑↑	$(6/5)\Delta_o$	$(t_{2g})^3(e_g)^0$ ↑↑↑	$(6/5)\Delta_o$
Cr^{2+}, Mn^{3+}	4	$(t_{2g})^3(e_g)^1$ ↑↑↑↑	$(3/5)\Delta_o$	$(t_{2g})^4(e_g)^0$ ↑↓↑↑	$(8/5)\Delta_o$
Mn^{2+}, Fe^{3+}	5	$(t_{2g})^3(e_g)^2$ ↑↑↑↑↑	0	$(t_{2g})^5(e_g)^0$ ↑↓↑↓↑	$(10/5)\Delta_o$
Fe^{2+}, Co^{3+}	6	$(t_{2g})^4(e_g)^2$ ↑↓↑↑↑↑	$(2/5)\Delta_o$	$(t_{2g})^6(e_g)^0$ ↑↓↑↓↑↓	$(12/5)\Delta_o$
Co^{2+}	7	$(t_{2g})^5(e_g)^2$ ↑↓↑↓↑↑↑	$(4/5)\Delta_o$	$(t_{2g})^6(e_g)^1$ ↑↓↑↓↑↓↑	$(9/5)\Delta_o$
Ni^{2+}	8	$(t_{2g})^6(e_g)^2$ ↑↓↑↓↑↓↑↑	$(6/5)\Delta_o$	$(t_{2g})^6(e_g)^2$ ↑↓↑↓↑↓↑↑	$(6/5)\Delta_o$
Cu^{2+}	9	$(t_{2g})^6(e_g)^3$ ↑↓↑↓↑↓↑↓↑	$(3/5)\Delta_o$	$(t_{2g})^6(e_g)^3$ ↑↓↑↓↑↓↑↓↑	$(3/5)\Delta_o$
Zn^{2+}	10	$(t_{2g})^6(e_g)^4$ ↑↓↑↓↑↓↑↓↑↓	0	$(t_{2g})^6(e_g)^4$ ↑↓↑↓↑↓↑↓↑↓	0

4. 八面体择位能

由表1-5可知，对于任一给定的过渡金属离子来说，它在八面体场中的晶体场稳定化能总比在四面体场中大。将某一过渡金属离子在这两种晶体场中的八面体择位能缩写为OSPE。显然，离子的OSPE值越大，它优先选择进入晶格八面体配位的趋势越强，常见的第一过渡系列离子的八面体择位能的数值列于表1-6中。

表 1-6　氧化物中过渡金属离子八面体和四面体晶体场的稳定化能(CFSE)和八面体择位能(OSPE)

离子	d 电子数	CFSE/(J·mol^{-1})				OSPE/(J·mol^{-1})	
		八面体场		四面体场			
		A	B	A	B	A	B
Sc^{3+}	0	0	0	0	0	0	
Ti^{3+}	1	96.72	87.51	64.48	58.62	32.34	28.54
V^{3+}	2	128.54	160.36	120.17	106.77	8.37	52.34
V^{2+}	3	168.32	—	16.43	—	131.89	—
Cr^{3+}	3	251.22	224.84	55.609	66.99	195.53	157.85
Cr^{2+}	4	102.26	—	29.31	—	71.18	—
Mn^{3+}	4	150.31	135.66	44.38	40.20	105.93	95.46
Mn^{2+}	5	0	0	0	0	0	0
Fe^{3+}	5	0	0	0	0	0	0
Fe^{2+}	6	47.73	49.83	31.40	33.08	16.33	16.75
Co^{3+}	6	188.42	—	108.86	—	79.55	—
Co^{2+}	7	71.60	92.95	62.81	61.97	8.79	30.99
Ni^{2+}	8	122.68	122.26	27.22	36.01	95.46	86.25
Cu^{2+}	9	92.95	90.44	27.63	36.80	65.32	63.64
Zn^{2+}	10	0	0	0	0	0	0

注：数据 A、B 分别取自 McClure(1957)，Dunitz 和 Orgel(1957)。

5. 姜-泰勒效应

姜-泰勒效应(Jahn-Teller effect)是指在具有不完全填充的 d 轨道的过渡金属离子中，当电子占据的轨道形成不对称的电子云分布时，导致对应的配位体发生畸变。这个效应对六配位过渡金属离子的影响尤为显著。在六配位的过渡金属离子体系中，d^0、d^3、d^5 和 d^{10} 以及高自旋的 d^5 和低自旋的 d^8 离子的 d 层电子云分布符合 m3m 对称，使得它们在八面体配位中具有稳定性。但其他离子，如 d^4 和 d^9 离子，它们 d 层电子云的空间分布不符合 m3m 对称，因此，它们的八面体配位是不稳定的，从而导致 d 轨道的进一步分裂，并使配位体发生某种畸变，以使中心离子稳定。这种 d 电子云不对称分布与配位体的几何构型不相协调而导致后者发生畸变，并使中心阳离子的 d 轨道简并度降低的效应，称为姜-泰勒效应或称畸变效应。

现以 $Cu^{2+}(3d^9)$ 离子为例来说明上述效应。Cu^{2+} 离子在八面体晶体场中的电子构型为 $(t_{2g})^6(e_g)^3$，与呈 m3m 对称的 d^{10} 壳层相比，缺少 1 个 e_g 电子。如果所缺的为 $d_{x^2-y^2}$ 轨道中的 1 个电子，那么，与 d^{10} 壳层的电子云密度相比，d^9 离子在 xy 平面内的电子云密度就要变得小一些。于是，有效核电对位于 xy 平面内的 4 个带负电的配位体的吸引力就大于对 z 轴上的 2 个配位体的吸引力，从而形成 xy 平面内的 4 个短键和 z 轴方向上的 2 个长键，使配位八面体畸变成沿 z 轴拉长的配位四方双锥体。此时，原来是双重简并的 e_g 轨道便分裂为 2 个能级；同时，三重简并的 t_{2g} 轨道也将相应地发生进一步分裂，最终导致如图 1-27 所示的情况。由于能级最高的 $d_{x^2-y^2}$ 轨道中只有 1 个电子，因而与八面体场的情况相比，中心阳离子将额外得到(1/2)β 的稳定化能，从而得以在此畸变的四方双锥配位中稳定下来。如果上述所缺少的 1 个 e_g 电子不是 $d_{x^2-y^2}$ 轨道而是 d_{z^2} 轨道中的电子，则畸变的结果将形成由 4 个长键和 2 个短键所构成的扁四方双锥配位体。其他形式的畸变情况虽各不相同，但机理都是一样的。

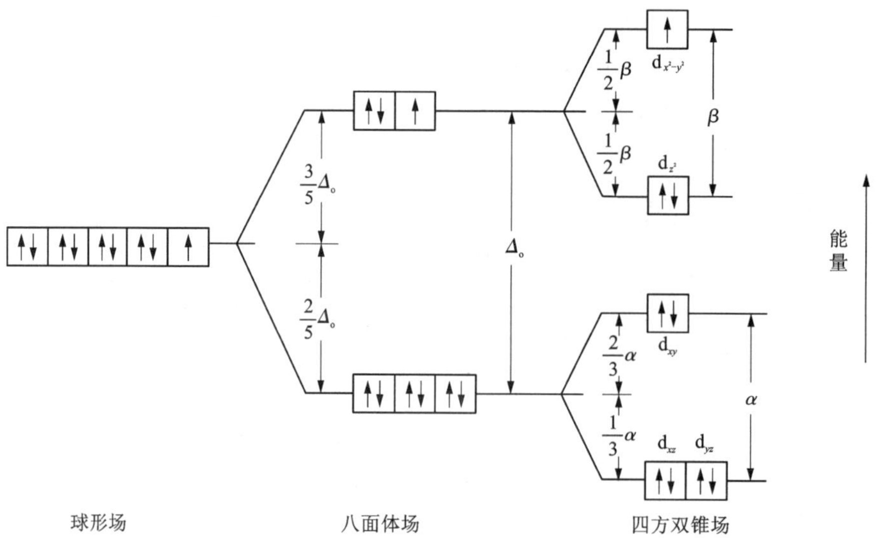

图 1-27　八面体配位发生四方畸变(c/d>1)的 Cu^{2+} 离子 d 轨道能级的分裂

6. 过渡元素离子有效半径的晶体场效应

对于同一周期中的同价阳离子而言，它们的价电子都是相同的，但随着原子序数 Z 的增大，离子的核电荷数与核外电子数都随之增加，相应核电荷对电子的吸引力以及电子本身相互间的斥力也都随之而增大。在通常情况下，上述吸引力增大的幅度要超过斥力增大的幅度，因而，同周期中同价阳离子的有效离子半径将随着原子序数 Z 的增大而单调地减小，镧系收缩就是一个典型的例子。

但是在过渡金属离子中，有效半径的变化趋势明显不符合上述模式。图 1-28 表示第一过渡系列的六配位二价阳离子的有效半径随 Z 的变化。其中高自旋态离子的曲线呈 W 形，两个鞍点分别在 V^{2+}(d^3)和 Ni^{2+}(d^8)处，峰点则在 Mn^{2+}(d^5)处；低自旋态离子的曲线则呈 V 形，鞍点在 Fe^{2+}(d^6)处。这样一种变化特点显然不能用上述模式进行解释。

运用晶体场理论可以对此现象作出合理的解释。这是因为过渡金属离子的 d 轨道在八面体场中分裂为 t_{2g} 和 e_g 两组轨道，其中 t_{2g} 的电子云插入配位体的间隙中。因此，对于配位体来说，当中心阳离子随着核电荷数的增加而增加 t_{2g} 轨道中的电子时，由于 t_{2g} 轨道电子所起的屏蔽作用较弱，有效核电荷的增加占优势。于是中心阳离子便吸引配位体向自己靠拢，从而导致中心阳离子本身的有效半径减小。但是，e_g 轨道由于与负电配位体处于迎头相碰的位置，因而增加它的电子时，中心阳离子的电子云对配位体的排斥作用占优势，从而增大了中心阳离子本身的有效半径。此外，t_{2g} 电子的增加，将使离子的晶体场稳定化能增加，而 e_g 电子的增加则产生相反的效果。因此离子半径的变化与 CFSE 的变化自然存在着良好的一致性

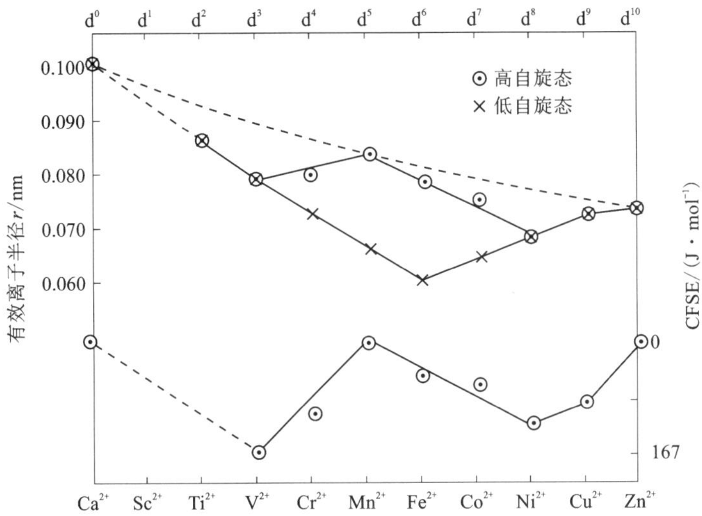

图 1-28　第一过渡系列二价金属阳离子八面体配位的有效离子半径及其 CFSE

(见图 1-28)。总之，过渡金属离子有效半径的变化，是在原子序数的增大使有效半径正常减小(如铜系收缩)的基础上，再加上晶体场稳定化作用所引起的半径的额外收缩，最终结果是两者的叠加。

7. 配位场理论的基本概念

晶体场理论假设的前提是：中心阳离子与配位体之间的化学键是离子键，彼此间不存在电子轨道的重叠，亦即没有共价键的成分；同时将配位体视为点电荷。但这种假定的前提条件对于共价性强的化合物，如硫化物、含硫盐及其类似化合物等显然不能适用。配位场理论就是基于上述问题而发展起来的，它除了考虑配位体的静电效应外，还考虑了共价键的效应，引用了分子轨道理论来考虑中心过渡金属原子与配位原子间的轨道重叠对于配合物能级的影响，但基本上依然采用晶体场理论的计算方法。

分子轨道理论强调分子是一个整体，其中的所有电子都属于整个分子，分子中电子的运动状态则由分子轨道来描述。分子轨道不仅与金属原子的电子轨道相关，而且还与配位体原子的电子轨道相关，分子轨道由它们按一定的规则共同组合而成，组合的具体方式则取决于这些电子轨道的空间分布及其对称性。

图 1-29 是由一个过渡金属原子与 6 个配位体所构成的八面体配合物的分子轨道能级图。对于第一过渡系列的金属原子而言，它参与组成分子轨道的有 5 个 3d 轨道、1 个 4s 轨道及 3 个 4p 轨道。其中沿坐标轴方向伸展的 d_{z^2} 与 $d_{x^2-y^2}$(e_g 组)以及 s、p_x、p_y、p_z 6 个轨道，与八面体的 6 个配位原子的 σ 轨道发生重叠。它们共同组成 6 个成键 σ 分子轨道和 6 个反键 σ^* 分子轨道。成键分子轨道代表了发生重叠的两个原子轨道的相加，它的能量比后两者单独存在时的能量要低，因而电子充填成键分子轨道可使配合物趋于稳定。反键分子轨道则代表了原子轨道间的相减，其能量相应地比原来原子轨道要高，因而不如组成它的原子轨道稳定。至于金属原子中 t_{2g} 组的 d_{xy}、d_{xz} 和 d_{yz} 轨道，因它们都是沿着坐标轴的对角线方向伸展的，不可能参与组成 σ 分子轨道，因而它们有可能保持非键状态，或者与配位体的 π 轨道共同组成

π 分子轨道，但图 1-29 没有涉及 π 键的情况。

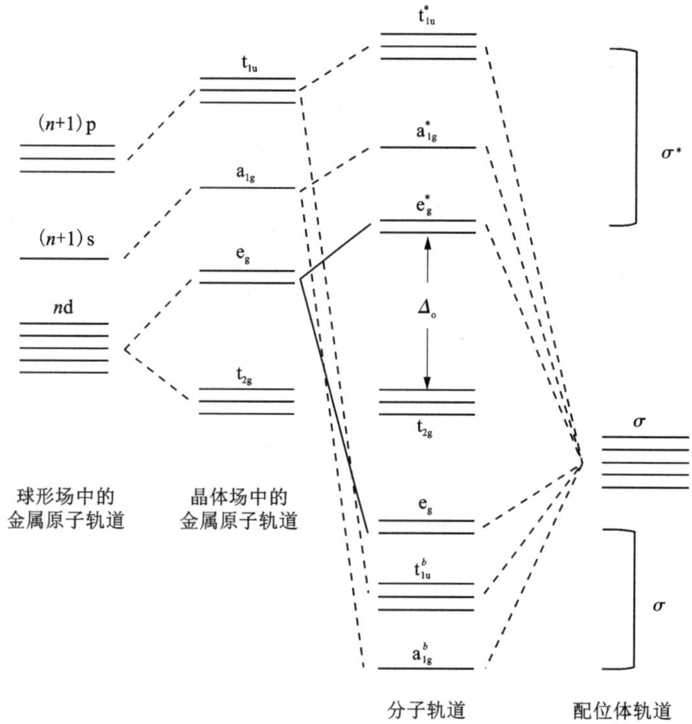

图 1-29　八面体配合物的分子轨道能级

按照量子力学的原理，一个分子轨道如果其能级接近于构成它的某一个原子轨道的能级，则此分子轨道就具有与该原子轨道特性相近的性质。因此在图 1-29 中，6 个成键 σ 分子轨道应具有较多的配位体原子轨道的特性，而反键 $σ^*$ 分子轨道则主要具有金属原子轨道的特性，至于非键的 t_{2g} 分子轨道，将保持原金属原子轨道的特性。于是，反键的 $σ^*$ 分子轨道与非键的 t_{2g} 分子轨道间的能量间距 $Δ_o$，便相当于晶体场理论中金属原子 d 轨道的晶体场分裂参数。但此时由于 e_g^* 分子轨道已掺杂有配位体原子轨道的特性，其能级已不同于金属原子中 e_g 原子轨道的能级，因而 $Δ_o$ 的数值也与相应的晶体场分裂参数不同。它的大小将取决于金属-配位体键的强度，而不是仅仅取决于金属原子中各 d 轨道电子与配位体间排斥能的相对大小。但它对于电子在 e_g^* 和 t_{2g} 分子轨道上的排布所起的控制作用则与晶体场理论中的情况完全相似，且同样也有弱场和强场以及高自旋态和低自旋态的区分，基本上仍然可以采用晶体场理论中相应的计算方法。此外，与晶体场理论中的 CFSE 相对应的稳定化能，在此称为配位场稳定化能，缩写为 LFSE。

综上所述，可以理解为配位场理论实际上相当于分子轨道理论与晶体场理论相结合的产物，但它比晶体场理论有更广泛的适应性。

1.4　晶体的结构类型与性能

晶体结构即晶体的微观结构，是指晶体中实际质点(原子、离子或分子)的具体排列情况。其结构中原子或离子的排列紧密度、键的类型以及键的强度对固态物质的物理、化学和力学性能起着决定性的作用。

1.4.1　单质的晶体结构

同种元素组成的晶体称为单质晶体，包括金属晶体和非金属单质晶体两大类。

1. 金属的晶体结构

金属晶体是指金属原子通过金属键形成的晶体。在金属晶体中，由于金属键没有方向性，金属原子彼此相切、紧密堆积成晶体。最常见的金属晶体结构有三种，即面心立方、体心立方和密排六方，分别用结构符号 A1、A2 和 A3 表示。若将金属原子看作刚性球，这三种晶体结构的晶胞和晶体学特点分别如图 1-30、图 1-31 和图 1-32 所示。这三种典型金属晶体结构中每个晶胞所含有的原子数 n 分别为 4 个、2 个和 6 个，理想紧密堆积状态下，它们的致密度分别为 74%、68%和 74%。

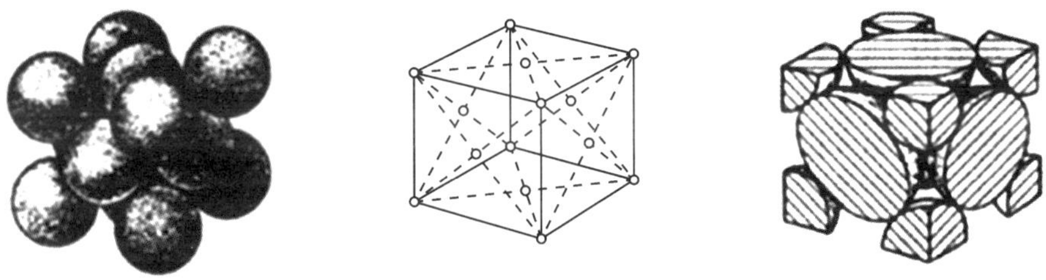

(a) 刚球模型　　(b) 质点模型　　(c) 晶胞中原子数示意图

图 1-30　面心立方结构

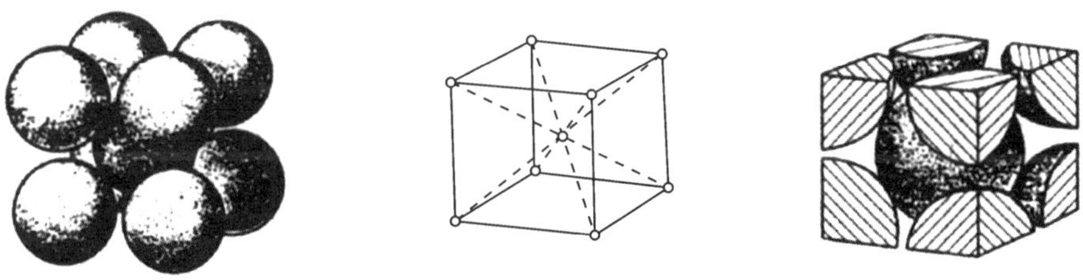

(a) 刚球模型　　(b) 质点模型　　(c) 晶胞中原子数示意图

图 1-31　体心立方结构

2. 非金属单质的晶体结构

非金属单质的晶体结构按分子中含有原子数目的多少可分成三类：第一类是由许多原子组成的巨型分子物质，如金刚石、石墨、单晶硅、灰硒、灰砷等；第二类是由多个原子组成的分子晶体，如斜方硫 S_8、红硒 Se_8、白磷 P_4、黄砷 As_4 等；第三类是由 1 个或 2 个原子组成的

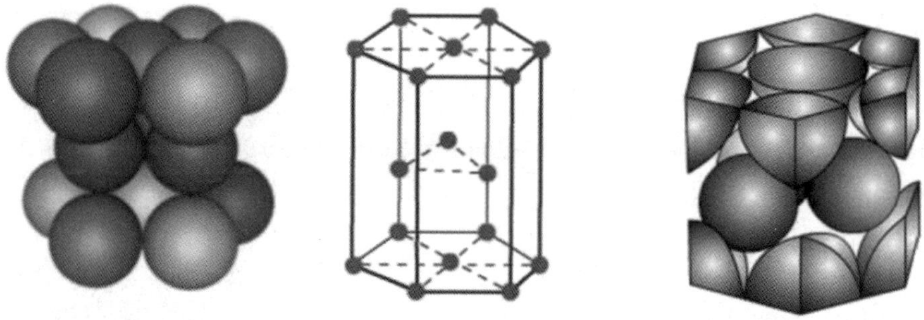

(a) 刚球模型　　(b) 质点模型　　(c) 晶胞中原子数示意图

图 1-32　密排六方结构

小分子物质，如卤素、稀有气体等分子晶体。本小节重点介绍新能源材料中应用较多的单质碳和单质硅的晶体结构。

1) 单质碳的晶体结构

单质碳是世界上神奇的物质之一，除了具有无定形碳之外，还具有石墨、金刚石、碳 60、石墨烯等从 0 维到 3 维的结构。虽然它们具有相同的化学组成，但结构类型却截然不同（图 1-33），这是由它们的生成热力学条件不同所致。

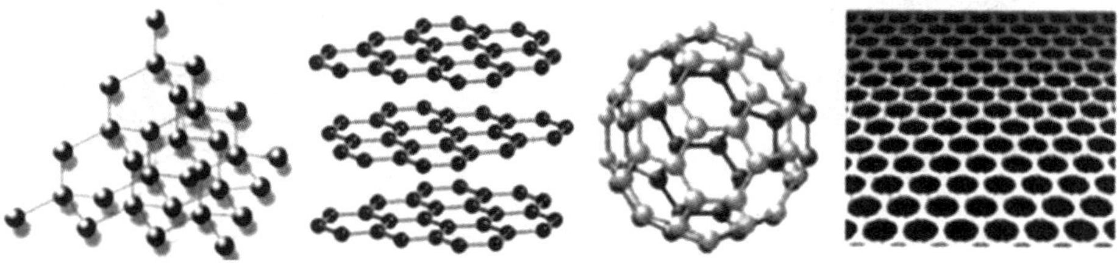

金刚石　　石墨　　C_{60}　　石墨烯

图 1-33　几种单质碳的晶体结构示意图

(1) 金刚石

金刚石属立方晶系，基本格子是面心立方格子，空间群符号为 Fd3m，晶胞参数 a_0 = 0.356 nm。图 1-34 是金刚石的晶胞示意图，此晶胞中共有 8 个 C 原子，位于 8 个顶角和 6 个面心的质点属于一套，构成面心立方格子，体内的 4 个质点属于一套。值得注意的是，不同套的等同点，必须具有相同的布拉维格子，一个晶胞中只能有一种布拉维格子。

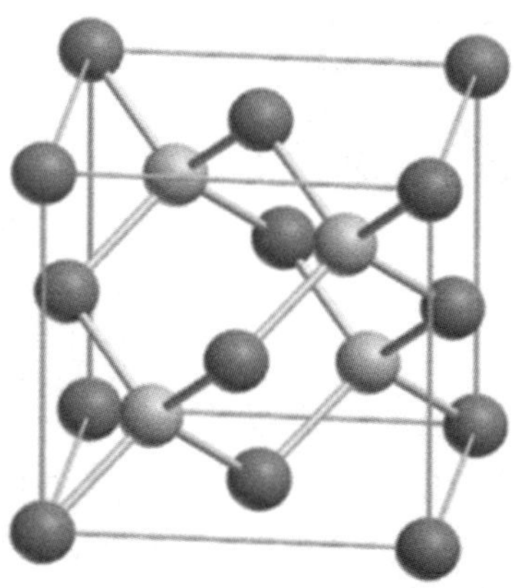

扫一扫，看彩图

图 1-34　金刚石的晶体结构

在金刚石晶体中，碳原子按四面体成键方式互相连接，组成无限的三维骨架，是典型的原子晶体。每个碳原子都以 sp^3 杂化轨道与另外 4 个碳原子形成共价键，构成正四面体。质点不做紧密堆积，加上 C 原子质量较轻，所以金刚石的密度较小。由于 C—C 之间形成很强的共价键，所以金刚石具有非常高的硬度和熔点，其硬度是自然界中天然存在的所有物质中最高的。由于其组成质点单一，有助于声子传导和热辐射，因此具有很好的导热性能。金刚石还具有半导体性能。因此，金刚石常被用作高硬切割材料、钻头、集成电路中散热片和高温半导体材料。

(2) 石墨

石墨是金刚石的同素异形体，具有二维层状结构，属六方晶系，六方原始格子 $P6_3/mmc$ 空间群，a_0 = 0.246 nm，c_0 = 0.670 nm。石墨的结构特征是 C 原子成层状排列，每一层中 C 原子排列成六方环状，每个 C 原子与周围 3 个 C 原子成共价键结合，键长 0.142 nm。层与层之间依靠分子键结合，层间距 0.335 nm。图 1-35 中的虚线范围内是单位晶胞。石墨的很多性质是与石墨的这种结构特点密不可分的。由于石墨层间结合力较弱，容易沿层间滑移，表现出良好的润滑性，因此在机械工业上常用作中低温固体润滑剂。C 原子有 4 个外层电子，但在层内只有 3 个电子参与成键，多余 1 个电子可在层内移动，类似于金属中的自由电子。因此，石墨在平行于层的方向具有良好的导电性，可以用作电极和气氛炉的高温发热体，石墨发热体最高使用温度可达 2000 ℃以上。石墨硬度低，易加工，在惰性气氛中熔点很高，可用作高温坩埚。

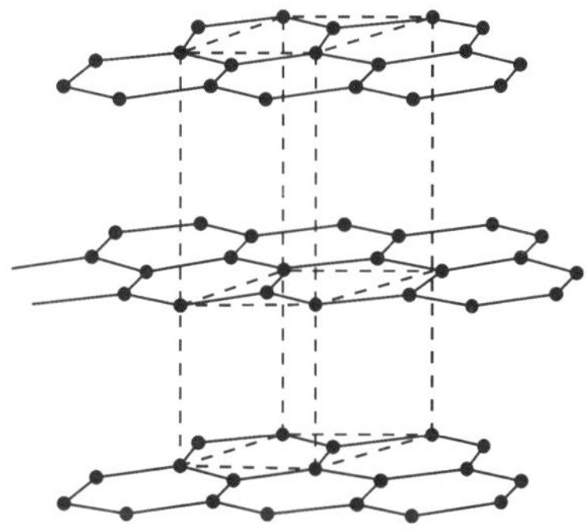

图 1-35　石墨的晶体结构

(3) 富勒烯

富勒烯是碳的一类空间有限的笼状结构的总称，除了 C_{60} 分子，还有 C_{70}，C_{84}，C_{90}…C_{240}，C_{540} 等，本节主要介绍 C_{60}。

C_{60} 又称巴基球、足球烯、足球碳族或巴克明斯脱富勒苯。它是一种由 12 个正五边形和 10 个正六边形镶嵌而成的，具有 32 个面和 60 个连接点的球形分子，直径约为 0.7 nm，被认为是 0 维碳。

C_{60} 晶体为面心立方结构，晶格常数为 1.417 nm。C_{60} 分子之间主要是范德华力结合，分子之间没有化学键存在。C_{60} 分子中的所有碳原子都分布在表面上，而球的中心是空的。C—C 之间的连接由相同的单键和双键组成，整个球形分子形成 1 个三维大 π 键，具有较高的反应活性。这种成键与平面分子不同，每个碳原子价都是饱和的，键结构可简单地表示为每个碳原子和周围的 3 个碳原子形成了 2 个单键和 1 个双键，组成五边形的边为单键，键长为 0.1455 nm，六边形与五边形所共有的边也为单键，而六边形所共有的边为双键，键长为 0.1391 nm。碳原子都处于等价位置，整个分子具有芳香性，如图 1-36 所示。

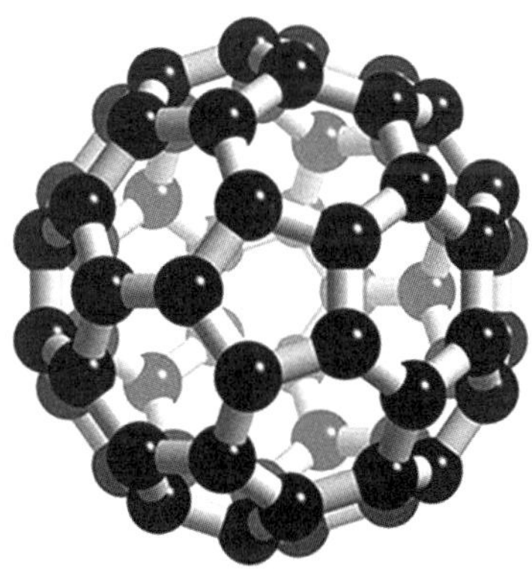

图 1-36　C_{60} 分子示意图

C_{60} 分子对称性很高，仅次于球对称。C_{60} 分子本身的对称性（五重对称轴）直接影响其堆积方式。理论计算表明，在不同温度下，C_{60} 晶体可以从一种取向转变为另一种取向。有研究表明，C_{60} 的晶体结构是可以改变的，并取决于结晶条件。此外，在压力作用下，C_{60} 的晶体结构也发生显著变化。

（4）碳纳米管

碳纳米管又称纳米碳管，是单质碳的一维结构形式。碳纳米管一般呈两端封闭的管状结构，直径在几纳米到几十纳米之间，长度可达到数微米。碳纳米管可以想象为由 C_{60} 或其他富勒烯分子拉长而成，封口的碳纳米管两端都是半笼形结构，为相应富勒烯球形分子的一半，管状的侧壁部分由一层六边形网络所组成（类似于一层石墨片卷曲而成），这就成为最简单的单壁碳纳米管（图 1-37）。

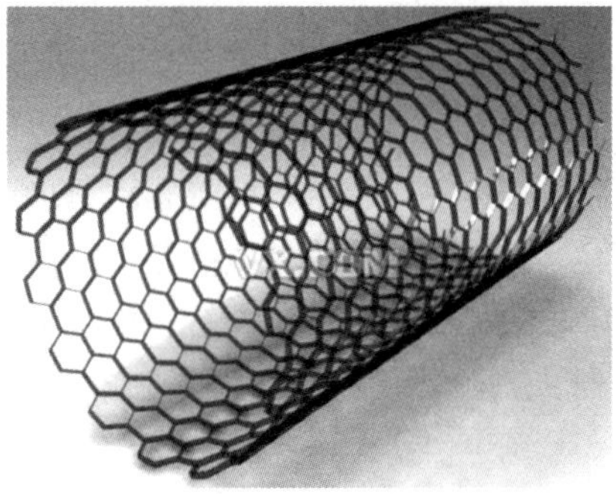

图 1-37　单壁碳纳米管的结构示意图

碳纳米管的结构主要涉及 sp^2 杂化，这与其六边形网络结构紧密相关。在六边形网络结构中，每个碳原子形成 3 个 σ 键，这些键对应于 sp^2 杂化。这使得碳纳米管具有特殊的电子结构和导电性质。然而，由于碳纳米管的弯曲和变形，可能引入一些 sp^3 杂化。当碳纳米管发生弯曲或变形时，部分碳原子可能会重新调整其杂化状态，形成一些 sp^3 杂化的 σ 键，从而改变碳纳米管的电子结构和性质。这种变化可以影响碳纳米管的机械性能、导电性和化学反应性。直径较小的单壁碳纳米管，曲率较大，因此 sp^3 杂化的比例也比较大。随着碳纳米管直径的增大，sp^3 杂化的比例逐渐减小。当碳纳米管发生变形时，也会改变 sp^2 与 sp^3 杂化的比例。

单壁碳纳米管之间通常以范德华力结合而集结成束。分子结构的完整性使单壁碳纳米管具有独特的电学、力学性能和化学稳定性。

除了单壁碳纳米管，还有双壁和多壁碳纳米管。多壁碳纳米管中的层状结构究竟是同心圆柱或是蛋卷状，还是二者的混合结构（图 1-38），目前仍无直接的实验证明。用高分辨电子显微镜观察发现，多壁碳纳米管的层数基本相同，层间距也基本一样，因而被认为是同心圆柱结构，层间距为 0.34 nm。

对于多壁碳纳米管来说，随着直径的增大和层数的增多，晶化程度就很难保证。在某些情况下，多壁碳纳米管和碳纳米纤维很难区分。

（5）石墨烯

石墨烯中的碳原子采用 sp^2 杂化，其中 3 个碳原子的 sp^2 杂化轨道形成 σ 键，而剩余 1 个未成键电子位于 pz 轨道上。近邻碳原子的 pz 轨道与平面垂直，形成 π 键。这些 π 键呈半填满状态，赋予石墨烯独特的电子结构。石墨烯中碳原子的配位数为 3，说明每个碳原子与 3 个相邻碳原子形成 σ 键，其相邻碳原子间的键长为 0.142 nm，键与键之间的夹角为 120°。除了 σ 键与其他碳原子连接成六角环的蜂窝式层状结构外，每个碳原子的 pz 轨道可以形成贯穿整个层的大 π 键，类似于苯环。

石墨烯是一种单层碳原子构成的二维材料，其理论杨氏模量达 1.0 TPa，固有的拉伸强度为 130 GPa。同时，由于其弯曲性质，石墨烯也具有很好的韧性。由于石墨烯薄片的特殊

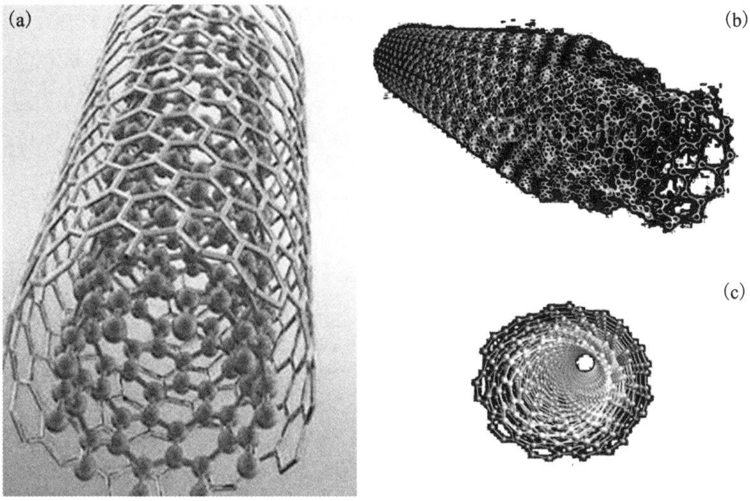

扫一扫，看彩图

图 1-38　多壁碳纳米管各种可能的管状结构示意图

结构，构成的石墨纸可能具有很多孔隙，使其显得脆弱。然而，通过氧化得到功能化石墨烯，再制成的石墨纸则表现出异常坚固和强韧的性质。石墨烯在电子迁移率方面表现出色，其室温下的载流子迁移率约为 15000 $cm^2/(V \cdot s)$。另外，石墨烯具有卓越的热传导性能，其导热系数高于单壁碳纳米管[3500 $W/(m \cdot K)$]和多壁碳纳米管[3000 $W/(m \cdot K)$]。这使得石墨烯在热管理领域有广阔的应用前景。石墨烯同时也具有非常好的光学特性，在较宽波长范围内吸收率约为 2.3%，看上去几乎是透明的。在几层石墨烯厚度范围内，厚度每增加一层，吸收率增加 2.3%。大面积的石墨烯薄膜同样具有优异的光学特性，且其光学特性随石墨烯厚度的改变而发生变化。

2)单质硅的晶体结构

晶体硅根据晶体取向不同又分为单晶硅和多晶硅。单晶硅和多晶硅的区别是：当熔融的单质硅凝固时，硅原子以金刚石晶格排列成许多晶核，如果这些晶核长成晶面取向相同的晶粒，则形成单晶硅；如果这些晶核长成晶面取向不同的晶粒，则形成多晶硅。

(1)单晶硅

单晶硅(monocrystalline silicon)是一种半导体材料，它的晶体结构是由八面体组成的六方晶系，其晶胞参数 $a_0 = 0.543$ nm，晶胞体积 $V = 0.2316$ nm^3。如图 1-39 所示，单晶硅的晶胞结构由 8 个硅原子组成，每个硅原子都有 4 个键，其中 2 个键是共价键，另外 2 个键是非共价键。每个硅原子都有 4 个邻居，每个邻居都有 1 个共价键和 1 个非共价键。这种晶体结构使得单晶硅具有良好的电学性能。

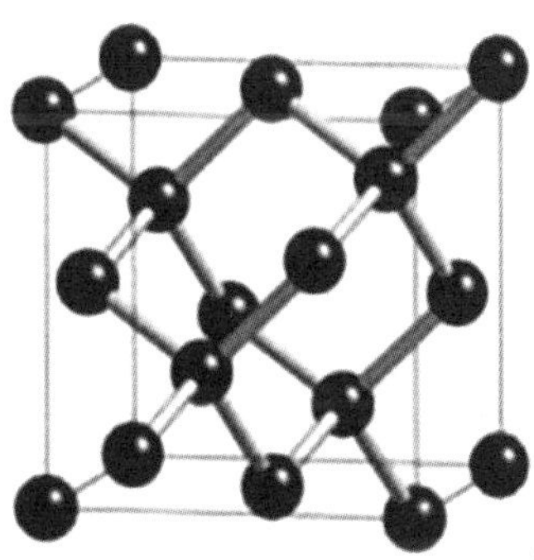

图 1-39　单晶硅的晶体结构示意图

单晶硅具有准金属的物理性质，有较弱的导电性，其电导率随温度的升高而增大；有显著的半导体特性。超纯的单晶硅是本征半导体。在超纯单晶硅中掺入微量的ⅢA 族元素，如硼等，可提高其导电性，形成P型硅半导体；如掺入微量的VA族元素，如磷或砷，也可提高导电程度，形成N型硅半导体。单晶硅是太阳能电池制造的主要原材料。通过在单晶硅片上进行不同的处理和添加涂层，制造出高效的光伏电池，用于太阳能发电。除了太阳能电池，单晶硅也是集成电路和半导体制造的基础材料。它的高纯度和晶格结构稳定性使其成为制造微处理器、存储器和其他电子元件的理想材料。

(2)多晶硅

多晶硅(polycrystalline silicon)是单质硅的另一种晶体形式，是由多个小的晶面取向不同的晶体颗粒组成的结构。它与单晶硅不同，后者具有一个大的连续的晶体结构(图1-40)。

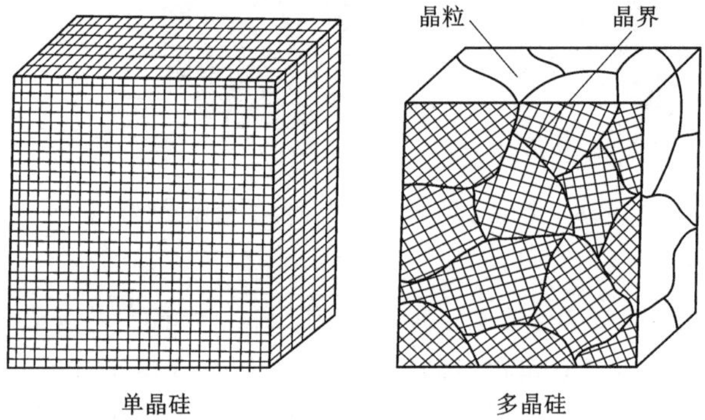

图1-40　单晶硅和多晶硅晶粒示意图

多晶硅分为太阳能级和电子级。太阳能级多晶硅作为太阳能产业链的原料，用于铸锭或先拉成单晶硅棒，再切成硅片，生产太阳能电池板，用于太阳能电站，也用作卫星、空间站上的太阳能帆板。电子级多晶硅则用于生产半导体材料，主要用于电子设备和芯片。

1.4.2　无机化合物的晶体结构

无机化合物大多数是对称性比较高的晶体，在科学研究、工业生产以及日常生活中都经常遇到。根据各种无机化合物晶体对称性的不同和晶胞内原子的配置差异，人们常把无机化合物晶体分为AX型、AX_2型、A_2X_3型、ABO_3型和AB_2O_4型等结构类型。以下将从结晶学角度对这几种典型无机化合物的晶体构型进行简要介绍，包括它们所属晶系、空间群、质点堆积方式、空间格子构造、配位数、配位多面体及连接方式和晶胞分子数等。

1. AX型

常见的AX型结构主要有NaCl、CsCl、NiAs、WC等类型的结构，其结合键主要是离子键，其中CsCl、NaCl是典型的离子晶体，NaCl晶体是一种透红外材料；ZnS带有一定的共价键成分，是一种半导体材料；NiAs晶体的性质接近于金属；WC为黑色六方晶体，有金属光泽，硬度与金刚石相近，为电、热的良好导体。

氯化钠晶体是AX型结构的代表，化学式为NaCl，属立方晶系，基本格子为面心立方格子，Fm3m空间群，$a_0=0.563$ nm，这种类型的结构都是以体积较大的阴离子做立方紧密堆积。对于NaCl晶体，根据$r_{Na^+}/r_{Cl^-}=0.102/0.181=0.56\in(0.414,\ 0.732)$可知，阳离子填充在八面体空隙中，阳、阴离子的配位数都是6。图1-41为NaCl晶胞示意图，该晶胞内共有4个Na^+和4个Cl^-，即该晶胞含有4个NaCl分子，记为$z=4$。根据紧密堆积原理，在NaCl单位晶胞中，8 个四面体空隙位于晶胞内 8 个小立方体的中心，全部空着，4 个八面体空隙正好全部被 4 个 Na^+ 占据。NaCl 晶体中有 2 套等同点。

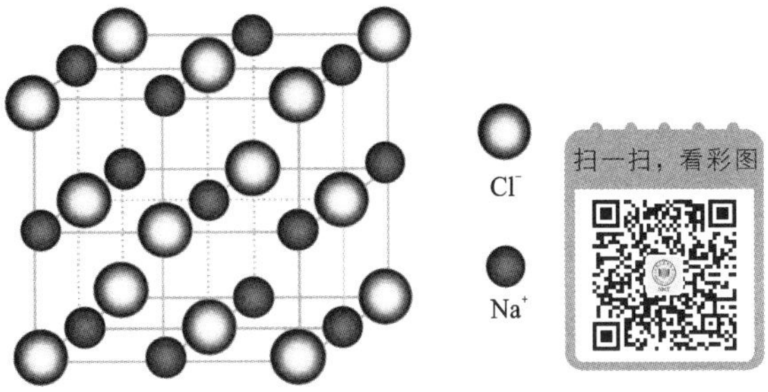

图 1-41　NaCl 的晶体结构

除了用上面介绍的方法描述晶体结构外，还可以采用配位多面体及其连接方式描述晶体结构。对于结构比较复杂的晶体，使用这种方法有利于认识和理解晶体结构。在 NaCl 晶体结构中，$CN_+ = CN_- = 6$，即 Na-Cl 构成八面体，这些八面体以共棱方式相连，形成 NaCl 结构。NaCl 型结构是离子晶体中很典型的一种，属于该类型的晶体很多，如表 1-7 所示。

表 1-7　NaCl 型结构晶体举例

化合物	晶胞参数 /nm	化合物	晶胞参数 /nm	化合物	晶胞参数 /nm
NaCl	0. 5628	SrO	0. 5150	FeO	0. 4332
NaI	0. 6462	BaO	0. 5523	NiO	0. 4168
MgO	0. 4203	CoO	0. 4250	CdO	0. 4700
CaO	0. 4797	MnO	0. 4435	TiC	0. 4320

2. AX_2 型

AX_2 型结构主要涵盖萤石（CaF_2，fluorite）型、金红石（TiO_2，rutile）型和方石英（SiO_2，cristobalite）型三种结构。其中 CaF_2 常用作激光基质材料、玻璃工业中的助熔剂和晶核剂，以及水泥工业中的矿化剂；TiO_2 常用作集成光学棱镜材料；SiO_2 常用作光学材料和压电材料。AX_2 型结构中还有一种层状的 CdI_2 和 $CdCl_2$ 型结构，其中镉离子（Cd^{2+}）位于六方紧密堆积的层间，而碘离子（I^-）或氯离子（Cl^-）则位于层内。这些材料常用作固体润滑剂。

CaF_2 晶体属立方晶系，面心立方格子，Fm3m 空间群，一个晶胞中有 4 个 CaF_2 分子，$z=4$。

根据鲍林第一规则，$r^+/r^- = 0.75 > 0.732$，$CN_+ = 8$，所以 Ca^{2+} 配位多面体形状是立方体，F^- 位于顶角，Ca^{2+} 位于体心。配位多面体以共棱方式连接。

根据鲍林第二规则，Ca^{2+} 静电键强度 $S = 2/8 = 1/4$，故每个 F^- 必须与 4 个 Ca^{2+} 形成静电键，即 F 应该位于 Ca^{2+} 的四面体中，$CN_- = 4$。

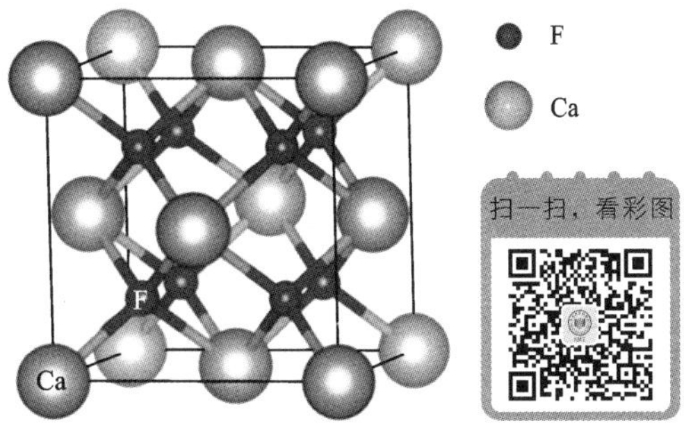

图 1-42　CaF_2 晶体结构

为了便于把 CaF_2 晶体的结构与对称特点显露出来，通常将 Ca^{2+} 看成“立方紧密堆积”，F^- 占据全部四面体空隙。由于 F^- 的离子半径大，Ca^{2+} 不可能相互接触。CaF_2 晶体中有 3 套等同点。图 1-42 按这种思路给出了 CaF_2 晶胞结构、正离子配位关系以及配位多面体连接方式。在 CaF_2 晶体结构中，由于以 Ca^{2+} 形成的“紧密堆积”中，全部八面体空隙都没有被填充，也就是说 8 个 F^- 之间形成了一个“空洞”，因此，结构比较开放，有利于形成负离子空隙，也为负离子扩散提供了条件。

3. A_2X_3 型

A_2X_3 型结构的典型代表是 $\alpha-Al_2O_3$，即刚玉(corundum)。刚玉在天然状态下形成的单晶体被称为白宝石，其中染成红色的被称为红宝石(ruby)，染成蓝色的被称为蓝宝石(sapphire)。$\alpha-Al_2O_3$ 晶体属于三方晶系，具有 R3c 空间群。其晶格参数为 a_0 = 0.514 nm，α = 55°17′，z = 2。CN_+ = 6，CN_- = 4，即每个 O^{2-} 与 4 个 Al^{3+} 形成静电键。$\alpha-Al_2O_3$ 晶体结构可以看成 O^{2-} 按六方紧密堆积排列(即 ABAB…二层重复型)，而 Al^{3+} 填充于 2/3 八面体空隙。由于 Al^{3+} 只填充于 2/3 八面体空隙，因此 Al^{3+} 的分布必须有一定的规律，其分布规则以鲍林规则为基础，在同一层和层与层之间，Al^{3+} 之间的距离应保持最远，宏观上呈均匀分布，以减少 Al^{3+} 之间的静电斥力，有利于结构的稳定。否则，由于 Al^{3+} 分布不当，会出现过多 Al－O 八面体共面的情况，对结构的稳定性会造成不利的影响。结合 Al、O 的排布，每 12 个 Al 和 O 层为一个周期，其晶体结构如图 1-43 所示。

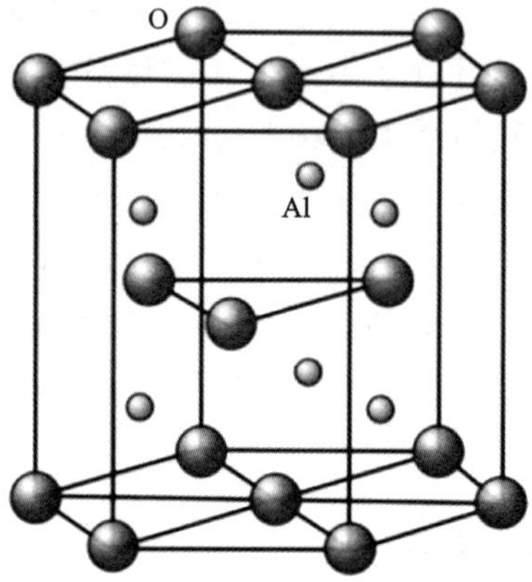

图 1-43　$\alpha-Al_2O_3$ 晶体结构

刚玉($\alpha-Al_2O_3$)因其优异的性能在多个领域得到广泛应用，主要有：①高硬度：刚玉具有极高的莫氏硬度，达到 9 级，是良好的耐磨材料，因此，常被用作磨料和磨具；②高熔点：刚玉的熔点约 2050 ℃，能够耐受高温，不易熔化或软化，在高温环境下具有稳定性；③高强度：由于 Al—O 键的牢固性，刚玉具有优异的力学性能，这使其在机械、化工和电子领域中得到广泛应用。

与刚玉同类型的结构还有 $\alpha-Fe_2O_3$、Cr_2O_3、Ti_2O_3、V_2O_3 等。

4. ABO_3 型

ABO_3 型化合物是一种含有两种正离子的多元素化合物，其结构基元分为两类：一是单个原子或离子，二是络阴离子。ABO_3 型结构中，如果 A 离子与氧离子尺寸相差较大，则形成钛铁矿($FeTiO_3$)型结构；而当 A 离子与氧离子尺寸大小相近或相同时，则形成钙钛矿($CaTiO_3$)型结构，其中 A 离子与氧离子一起构成 FCC 面心立方结构。

钙钛矿($CaTiO_3$)型结构是一种典型的 ABO_3 型结构，其中 A 通常是二价(或一价)金属离子，而 B 则是四价(或五价)金属离子。这种结构属于复合氧化物。在高温下，钙钛矿型结构为立方晶系，具有简单立方格子，其空间群为 Pm3m，晶格参数为 a_0 = 0.385 nm，晶胞中含有 1 个单位。在 600 ℃以下，钙钛矿型结构转变为正交晶系，具有简单正交格子，其空间群为 PCmm，晶格参数为 a_0 = 0.537 nm，b_0 = 0.764 nm，c_0 = 0.544 nm，晶胞中含有 4 个单位。图 1-44 是立方晶系 $CaTiO_3$ 的晶胞结构示意图，Ca^{2+} 占据立方体的 8 个顶角位置，O^{2-} 占据 6 个面心位置，Ti^{4+} 位于体心位置。配位数情况如下：$CN_{Ca^{2+}}$ = 12，$CN_{O^{2-}}$ = 6，$CN_{Ti^{4+}}$ = 6。为了便于记忆这个结构特点，可将 $CaTiO_3$ 结构视作由 O^{2-} 和半径较大的 Ca^{2+} 共同组成立方紧密堆积，Ti^{4+} 只填充在位于体心的八面体空隙中。

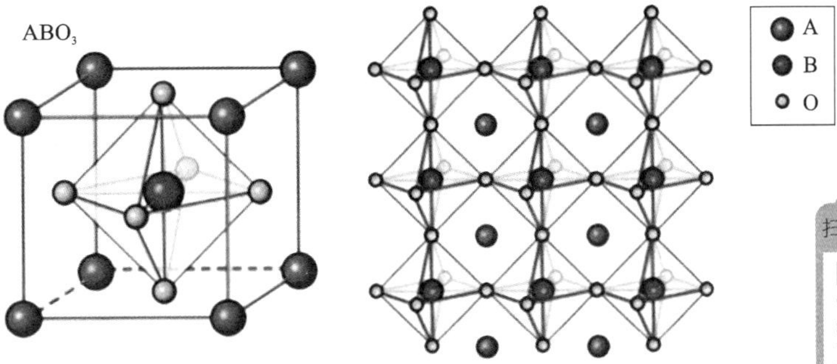

扫一扫，看彩图

图 1-44　$CaTiO_3$ 晶体结构示意图

分别以 r_A、r_B、r_O 代表 ABO_3 型结构中各离子的半径，当各离子都相互接触时，存在如下关系

$$r_A+r_O=\sqrt{2}(r_B+r_O) \tag{1-35}$$

但通过对实际晶体的测定发现，A、B 离子的半径可在一定范围内波动，只要满足下式，晶体结构仍然是稳定的。

$$r_A+r_O=t\sqrt{2}(r_B+r_O) \tag{1-36}$$

其中，t 为容差因子，其值在 0.77 至 1.10 之间，钙钛矿型结构都能稳定存在。当 $t\neq 1$ 时，有些钙钛矿型晶体因为结构产生畸变而变成非立方晶系，t 值偏离 1 越多，晶格畸变越严重。由于钙钛矿型结构中存在容差因子，加上 A、B 离子的价数有若干不同的组合方式(只要满足总价数为 6 即可)，因此，钙钛矿型结构所包含的晶体十分丰富。表 1-8 列出了一部分钙钛矿型结构的主要晶体。

表 1-8　不同阳离子组合的钙钛矿型结构晶体

阳离子价态(+1+5)	阳离子价态(+2+4)			阳离子价态(+3+3)	阳离子价态(+1+2)
$NaNbO_3$	$CaTiO_3$	$SrZrO_3$	$CaCeO_3$	$YAlO_3$	$KMgF_3$
$KNbO_3$	$SrTiO_3$	$BaZrO_3$	$BaCeO_3$	$LaAlO_3$	$KNiF_3$
$NaWO_3$	$BaTiO_3$	$PbZrO_3$	$PbCeO_3$	$LaCrO_3$	$KZnF_3$
	$PbTiO_3$	$CaSnO_3$	$BaPrO_3$	$LaMnO_3$	
	$CaZrO_3$	$BaSnO_3$	$BaHfO_3$	$LaFeO_3$	

钙钛矿型复合氧化物 ABO_3 具有独特而稳定的晶体结构、独特的电磁性能以及很高的氧化还原、氢解、异构化、电催化等活性，作为一种新型的功能材料，在环境保护和工业催化等领域具有很大的开发潜力；其经掺杂后形成的晶体缺陷结构和性能，使其在固体燃料电池、固体电解质、传感器及替代贵金属的氧化还原催化剂等诸多领域具有广阔的应用空间。

5. AB_2O_4 型

AB_2O_4 型即尖晶石型结构，晶体的化学式通式为 AB_2O_4，属于立方晶系，空间群 Fd3m。其中 A 为二价离子，如 Mg^{2+}、Mn^{2+}、Zn^{2+}、Co^{2+}、Ni^{2+}、Fe^{2+}等；B 为三价离子，如 Al^{3+}、Cr^{3+}、

Fe^{3+}、Ca^{3+}、Co^{3+}等，两种正离子的总价数必须等于 8。

$MgAl_2O_4$ 晶体是典型的尖晶石（$MgAl_2O_4$）型结构，属立方晶系，具有面心立方格子，其空间群为 Fd3m，晶胞参数 $a_0=0.808$，$z=8$。图 1-45 是尖晶石型晶胞结构示意图，O^{2-} 按立方紧密堆积，晶胞中含有 8 个尖晶石分子，即 $8MgAl_2O_4$。在这种结构中，晶胞中共有 64 个四面体空隙和 32 个八面体空隙。在晶格中，Mg^{2+} 离子填充在 1/8 的四面体空隙中，而 Al^{3+} 离子填充在 1/2 的八面体空隙中。

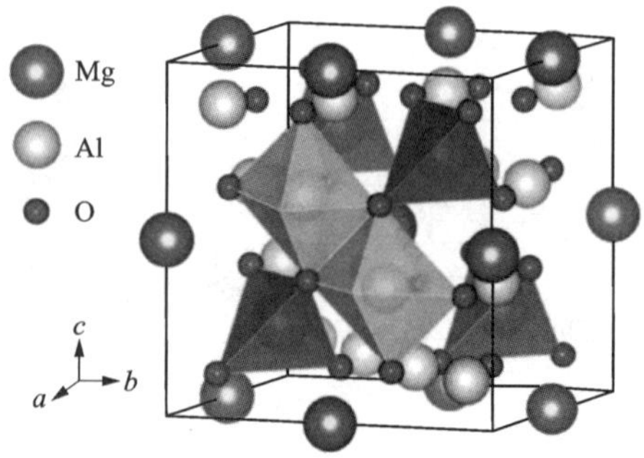

图 1-45　尖晶石晶体结构

扫一扫，看彩图

上述描述的尖晶石结构中，如果一半的三价离子与二价离子互换位置，使得一半的三价离子占据四面体空隙位置，而二价离子和另一半的三价离子占据八面体空隙位置，这种结构就称为反尖晶石结构。反尖晶石的化学式可表示为 $B(AB)O_4$。

尖晶石是正型还是反型取决于 A、B 离子的八面体择位能的大小。晶体场理论可以用来解释这一现象。如果 A 离子的八面体择位能小于 B 离子的八面体择位能，则形成正尖晶石结构；反之，如果 A 离子的八面体择位能大于 B 离子的八面体择位能，则形成反尖晶石结构。

尖晶石型结构包含了一百多种晶体。镁铝尖晶石是一种陶瓷材料，常用于一些耐火材料中。有一类氧化物铁氧体磁性材料具有反尖晶石结构，如磁铁矿 $Fe_3O_4(Fe^{2+}Fe_2^{3+}O_4)$ 就是反尖晶石结构。

1.4.3　同质多晶与类质同晶

1. 同质多晶

在不同的热力学条件下（如温度、压力、pH 等），相同的化学组成可以形成两种或更多不同结构的晶体。这些晶体称为同质多晶或同质异象。它们具有相同的化学成分但结构不同，因此表现出不同的物理和化学性质，如碳酸钙中的方解石和文石，碱式氯化铜中的阿尔法晶体和贝塔晶体等。这些晶体如果是单质，又称为同素异形体，如纯碳晶体中的金刚石和石墨等。

当外界条件改变到一定程度时，晶体会从一种变体变成另一种变体，这种现象称为多晶转变。

1）位移性转变和重建性转变

根据多晶转变前后晶体结构的变化程度和转变速度，多晶转变可分为位移性转变和重建性转变。

在位移性转变中，晶体结构的变化是通过原子或离子的移动和重新排列来实现的，而且转变前后的晶体化学成分基本保持不变。位移性转变通常发生在比较高的温度下，其转变速度相对较快。这种转变可以是可逆的，也可以是不可逆的。如 α-鳞石英、β-鳞石英、γ-鳞石英之间的转变。在具有位移性转变的硅酸盐中，高温型变体常常具有较高的对称性和较松散的结构，表现出较大的比容、热容和较高的熵。

在重建性转变中，晶体结构发生了重大变化，通常涉及化学成分的改变或者原子、离子重新排列形成全新的晶体结构。重建性转变通常发生在较低的温度下，其转变速度较慢，而且转变后的晶体结构可能与转变前截然不同，如 α-石英、α-鳞石英、α-方石英之间的转变。如果冷却速度过快的话，高温型变体经常以介稳态保留到低温而不会发生这种转变。如 α-鳞石英在温度升高到 1470 ℃转变为 α-方石英，而若冷却速度过快(过冷)，α-方石英在 1470 ℃不会转变为 α-鳞石英，而是过冷到 230 ℃才转变为 β-方石英。

2)可逆转变和不可逆转变

根据多晶转变的方向，多晶转变可分为可逆转变和不可逆转变。

可逆转变又称双向转变，指在一定条件下发生结构变化，但是当这些条件改变回原始状态时，晶体可以恢复到其初始结构，转变是可逆的。不可逆转变又称单向转变，指在转变温度下，晶体的结构发生了永久性的改变，转变后的晶体无法通过改变条件来回到原始的晶体状态。这种转变是一种永久性的结构变化，通常需要更大的外部能量或者不同的条件才能再次改变晶体的结构。

2. 类质同晶

在相同的热力学条件下，具有相似或相近化学组成的物质形成的晶体具有相同的结构，这种现象称为类质同晶现象，也称作异质同晶或类质同象，如氯化钾、氧化镁晶体都是氯化钠型晶体。

影响类质同晶的因素有：

(1)晶体结构：具有相同结构的晶体更有可能发生类质同晶现象，如半径相近、电价平衡、多配位体的对称性相同和化学键类型一致等。

(2)热力学条件：类质同晶现象发生在相同的热力学条件下，例如相同的温度、压力和溶剂环境。

(3)晶体生长条件：影响晶体形成的生长条件，如溶液浓度、pH、溶剂选择等，也会影响类质同晶现象的发生。

(4)结晶动力学：结晶动力学参数，如晶体生长速率、核化率等，对于晶体形成的过程也起着重要作用。

同一类质同晶系列中的一系列混晶是指具有连续变化的晶胞参数和物理性质参数的晶体，其特征是两种组分的含量比随着连续改变而呈线性变化。混晶的化学式通常用圆括号括起来，其中包含可以相互置换的离子或原子，这些离子或原子之间用逗号分隔。在化学式中，含量较高的组分通常写在前面。例如，镁橄榄石 $Mg_2(SiO_4)$晶格中，Mg^{2+}的一部分配位八面体位置可被介质中的 Fe^{2+}所占有，从而结晶成橄榄石$(Mg, Fe)_2(SiO_4)_2$。

在研究岩石成因和演化的过程中，类质同晶的现实意义在于：

(1)确定元素的共生组合。类质同晶规律揭示了微量元素和常量元素之间的共生关系，它们之间的制约和依赖关系对于理解岩浆岩中微量元素的含量变化及其规律至关重要。这种共生组合不仅有助于我们更准确地描述岩石的化学组成，还能揭示岩石成因和演化过程中的信息。

(2)决定元素在共生矿物间的分配。类质同晶现象决定了元素在岩石中各矿物之间的分配模式。这种分配模式受到结晶化学和热力学等多种因素的共同影响，但类质同晶规律在其中起到了关键作用。通过研究元素在矿物间的分配，可以更深入地了解岩石的矿物组成和岩石的成因。

(3)支配微量元素在交代过程中的行为。在岩石交代变质过程中，微量元素的行为受到类质同晶规律的支配。这有助于理解热液作用下岩石中元素的迁移和富集机制，进而揭示交代变质作用的本质和过程。

(4)作为地质作用过程和地质体成因的标志。类质同晶的元素比值(原子比)可以反映地质作用过程中的特定条件和岩石的成因。通过研究这些比值，可以推断出地质体的形成环境、岩浆演化过程以及热液活动的特征等信息。

(5)标型元素组合的应用。特定成因下矿物中富集的类质同晶元素组合被称为标型元素组合或指纹元素组合。这些组合对于推断矿物的形成环境具有重要意义，因为它们可以提供关于矿物成因、岩石类型和地质历史的关键信息。

(6)影响微量元素的集中和分散。类质同晶现象对微量元素在岩石中的分布和富集起着关键作用。通过研究类质同晶现象，我们可以更好地理解微量元素在岩石中的分布规律，预测和寻找与特定微量元素相关的矿产资源。

同样地，类质同晶现象在新能源材料的研究与开发中也具有重要的借鉴价值，如镍锰尖晶石（$LiNi_{0.5}Mn_{1.5}O_4$，LNMO）、磷酸锰铁锂（$LiMn_xFe_{1-x}PO_4$，LMFP）等正极材料中，$LiNi_{0.5}Mn_{1.5}O_4$(LNMO)是通过 Ni 取代 $LiMn_2O_4$ 中四分之一 Mn 形成，具有更高的工作电压(4.7 V)，理论比容量为 147 mA · h/g，实际可以达到 135 mA · h/g，是下一代高能量密度电池的首选正极材料。而 $LiMn_xFe_{1-x}PO_4$ 是 Mn 取代 $LiFePO_4$(LFP)中部分 Fe 形成的，其比容量与磷酸铁锂相近(171 mA · h/g)，相对于 Li^+/Li 的电极电势为 4.1 V，高于磷酸铁锂的 3.4 V。因此，LMFP 材料的理论能量密度比 LFP 高出 21%。研究这些元素之间的共生关系及其在晶体结构中的分配对开发高性能的锂离子电池正极材料具有重要的理论价值和应用价值。

1.4.4 典型新能源材料的晶体结构与性能

1. 层状结构正极材料

1)层状结构钴酸锂正极材料

1980 年，层状钴酸锂($LiCoO_2$，LCO)材料最早由 Goodenough 等研究者提出并推断其潜在应用价值。1990 年，SONY 公司推出第一款以 $LiCoO_2$ 为正极的新型锂离子电池材料体系，推动了 $LiCoO_2$ 材料的飞速发展。LCO 作为第一代商品化的锂离子电池正极材料，具有能量密度高、放电电压高、填充性好、循环性能好等优点，广泛应用于笔记本电脑、手机和数码相机等 3C 电子产品市场。

如图 1-46 所示，$LiCoO_2$ 材料主要存在 3 种晶型结构：$O_2-LiCoO_2$、$O_3-LiCoO_2$ 和 $O_4-LiCoO_2$。其中 $O_2-LiCoO_2$ 结构是亚稳态的，$O_3-LiCoO_2$ 结构是热力学稳定的，$O_4-LiCoO_2$ 是具有 $O_2-LiCoO_2$ 和 $O_3-LiCoO_2$ 共生结构的材料。当前商业化的层状 $LiCoO_2$ 材料主要是 O_3 结构的正极材料。$O_3-LiCoO_2$ 具有 $\alpha-NaFeO_2$ 层状岩盐晶体结构，属于六方晶系，$R\bar{3}m$ 空间群，其晶胞参数 $a_0=0.2816$ nm，$c_0=1.4056$ nm。O_3 结构 $LiCoO_2$ 中，氧离子在晶格的 6c 位(0, 0, z)，呈面心立方紧密堆积排列；Li^+ 与过渡金属离子 Co^{3+} 在(111)晶面上层状排列，交替占据八面体空隙 3a 位(0, 0, 0)和 3b 位(0, 0, 1/2)，形成二维平面结构的层状材料。

$LiCoO_2$ 理论比容量为 274 mA · h/g，理论密度为 5.06 g/cm^3，实际应用时压实密度可达到 4.2 g/cm^3。目前在已知正极材料中 $LiCoO_2$ 具有最高的理论密度和压实密度，也因此具有很大的体积能量密度优势。

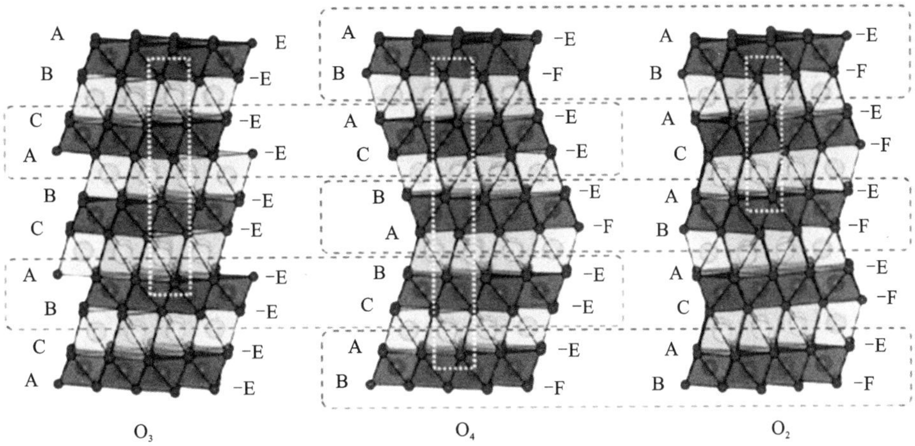

图 1-46　不同晶体结构的层状 $LiCoO_2$ 材料：$O_3-LiCoO_2$、$O_4-LiCoO_2$ 和 $O_2-LiCoO_2$

2)层状镍酸锂正极材料

1954 年，Dyer 等人首次报道了层状镍酸锂($LiNiO_2$，LNO)正极材料。$LiNiO_2$ 材料主要存在两种结构：立方结构的 $LiNiO_2$ 属于 Fm3m 空间群，六方结构的 $LiNiO_2$ 属于 R3m 空间群。立方结构 $LiNiO_2$ 没有电化学活性，六方结构 $LiNiO_2$ 与 $O_3-LiCoO_2$ 结构类似，具有电化学活性。六方结构 $LiNiO_2$ 中，氧离子(O^{2-})呈立方紧密堆积形成晶体骨架，锂离子(Li^+)和镍离子(Ni^{3+})则各自位于氧离子立方紧密堆积骨架中交替的八面体位置。但由于部分 NiO_6 八面体是扭曲的，故其晶体结构中存在着 2 个较长的 Ni—O 键和 4 个较短的 Ni—O 键。

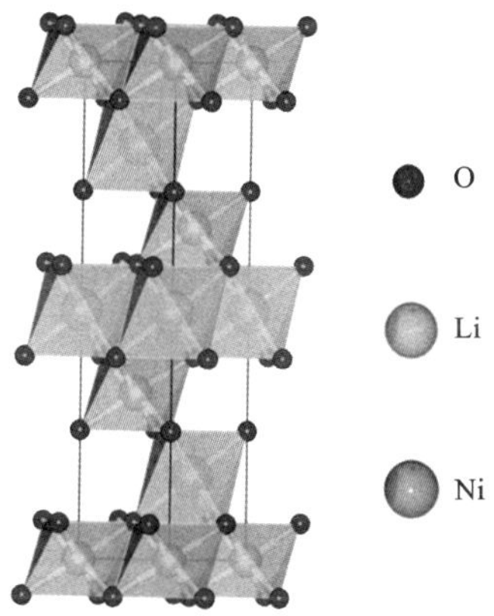

图 1-47　$LiNiO_2$ 晶体结构示意图

$LiNiO_2$ 材料的理论比容量约 274 mA · h/g，实际放电过程中约有 0.7 个 Li^+脱出，比容量为 190~210 mA · h/g。相比于 $LiCoO_2$ 材料，$LiNiO_2$ 中 Ni 资源丰富，毒性较低，且价格便宜，是高容量锂离子电池材料的候选材料之一。尽管如此，$LiNiO_2$ 材料仍然未能实现产业化，主要原因如下：①$LiNiO_2$ 材料合成条件苛刻，严重依赖于合成方法和合成条件(前驱体、形貌、气氛和温度等)。这主要是因为 Ni^{3+}在高温热处理条件下不稳定，合成过程中容易生成 $Li_{1-x}Ni_{1+x}O_2$ 尖晶石相。②$LiNiO_2$ 材料 Li/Ni 混排严重，Li^+扩散困难。如图 1-47 所示，由于镍和锂的离子半径相近，材料合成和循环过程中容易发生锂镍混排，从而阻碍充放电过程中 Li^+扩散。

为了改善 $LiNiO_2$ 材料的电化学性能，研究者通过用部分 Co 元素替代 Ni 元素，形成 $LiNi_xCo_yO_2$ 型二元正极材料；进一步引入 Mn 或 Al 制备成 $LiNi_xCo_yMn_{1-x-y}O_2$ 或 $LiNi_{1-x-y}Co_xAl_yO_2$ 型三元正极材料。

3)三元层状正极材料

三元层状正极($LiNi_xCo_yMn_{1-x-y}O_2$，NCM)材料与层状的 $LiCoO_2$、$LiNiO_2$、$LiMnO_2$ 三者晶体

结构相似，具有 α-$NaFeO_2$ 层状岩盐结构，属六方晶系，空间群为 R-3m。其中，锂原子占据着锂层八面体空隙的 3a 位置，Ni、Co 和 Mn 过渡金属原子占据过渡金属层八面体空隙的 3b 位置，而氧原子占据八面体中的6c 位置。在充放电过程中，Ni 参与主要的电化学反应，对应的氧化还原对为 Ni^{2+}/Ni^{3+} 和 Ni^{3+}/Ni^{4+}，因此，提高 Ni 的含量有利于提升 $LiNi_xCo_yMn_{1-x-y}O_2$ 材料的容量；Co 也参与电化学反应，对应的氧化还原对为 Co^{3+}/Co^{4+}，但 Co 的主要作用在于抑制材料的锂镍混排，提高结构稳定性和导电性；Mn 不参与电化学反应，在 $LiNi_xCo_yMn_{1-x-y}O_2$ 材料中主要起结构支撑和改善热稳定性的作用。典型的商业化复合层状 $LiNi_xCo_yMn_{1-x-y}O_2$ 材料依 Ni、Co 和 Mn 的原子配比不同，主要有 $LiNi_{1/3}Co_{1/3}Mn_{1/3}O_2$（NCM111）、$LiNi_{0.5}Co_{0.2}Mn_{0.3}O_2$（NCM523）、$LiNi_{0.6}Co_{0.2}Mn_{0.2}O_2$（NCM622）和 $LiNi_{0.8}Co_{0.1}Mn_{0.1}O_2$（NCM811）等，如图 1-48 所示。目前高镍（Ni 原子分数>0.6）三元正极材料大规模应用于新能源汽车行业，成为电动汽车的重要组成部分，促进了新能源汽车产业的发展。

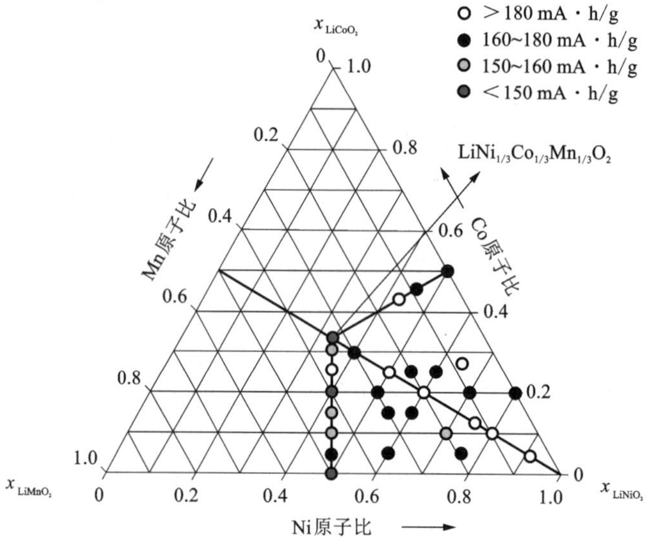

图 1-48　三元材料与 $LiCoO_2$、$LiNiO_2$ 和 $LiMnO_2$ 相组成关系图

4）层状富锂锰基正极材料

层状富锂锰基材料（$x$$LiMnO_3$ ·（1 − x）$LiMO_2$，M = Ni、Co、Mn 和 Al 等）主要由单斜相的 Li_2MnO_3（空间点群 C2/m）和六方相的 $LiMO_2$（空间点群 $R\bar{3}m$）组成，其中单斜相的 Li_2MnO_3 结构与六方相的 $LiMO_2$ 类似，可以认为是三分之一的 Li 占据了 $LiMO_2$ 中的过渡金属位形成的化合物。$LiMO_2$ 相属于 $R\bar{3}m$ 空间点群，所有 Li 都在锂层，二者均为层状 α-$NaFeO_2$ 型结构，其结构如图 1-49 所示，结构的相似性允许二者在原子级共存。

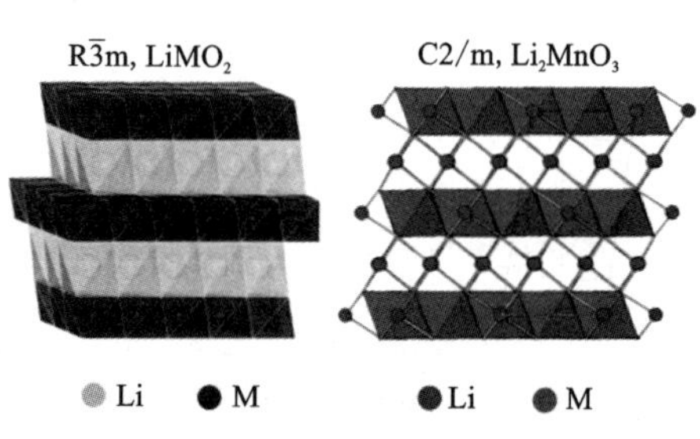

图 1-49　六方 $LiMO_2$($R\bar{3}m$) 和单斜 Li_2MnO_3(C2/m) 的晶胞单元结构

典型的 $0.5Li_2MnO_3 \cdot 0.5LiMn_{0.42}Ni_{0.42}Co_{0.16}O_2$ 富锂锰基正极材料理论比容量为 377 mA·h/g，实际放电比容量为 261 mA·h/g，首次不可逆比容量为 116 mA·h/g。在第一次充电过程中，主要分为两个较为明显的充电平台（Ⅰ和Ⅱ）。在 2.0~4.4 V 平台Ⅰ充电过程中，锂离子从 $LiMO_2$ 组分的 Li 层中脱出，并伴随着 $Ni^{2+} \rightarrow Ni^{4+}$ 和 $Co^{3+} \rightarrow Co^{4+}$ 的氧化过程，0.5 的 Li^+ 能从 $0.5LiMn_{0.42}Ni_{0.42}Co_{0.16}O_2$ 组分中脱出，释放的比容量约 126 mA·h/g。当充电电压提升至 4.4~4.8 V 平台Ⅱ时，Li^+ 从 Li_2MnO_3 组分中完全脱出，释放比容量约 251 mA·h/g，同时释放出 O_2，产生电化学活性的 MnO_2。然而，富锂锰基正极材料也存在以下问题：首次不可逆容量高、循环过程中电压/容量衰退快、倍率性能差等。

2. 尖晶石结构正极材料

1）尖晶石锰酸锂正极材料

尖晶石锰酸锂（$LiMn_2O_4$，LMO）属立方晶系，$Fd\bar{3}m$ 空间群，晶格常数 $a_0 = 0.8248$ nm，其结构如图 1-50 所示。1 个尖晶石晶胞中有 8 个 $LiMn_2O_4$ 分子，氧原子（O）为面心立方紧密堆积结构，32 个 O^{2-} 占据八面体间隙的 32e 位置，8 个 Li^+ 占据 8 个四面体间隙的 8a 位置，Mn 离子（Mn^{3+} 和 Mn^{4+} 各占 50%）占据 16 个八面体间隙的 16d 位置，没有原子占据八面体的 16c 位置。该结构中的 MnO_6 八面体以共棱相连，为 Li^+ 的扩散提供了一个由四面体晶格中的 8a、48f 和八面体晶格的 16c 共面形成的三维扩散通道。当 Li^+ 在这种结构中扩散时，会按照 8a—16c—8a 的顺序路径呈直线扩散。

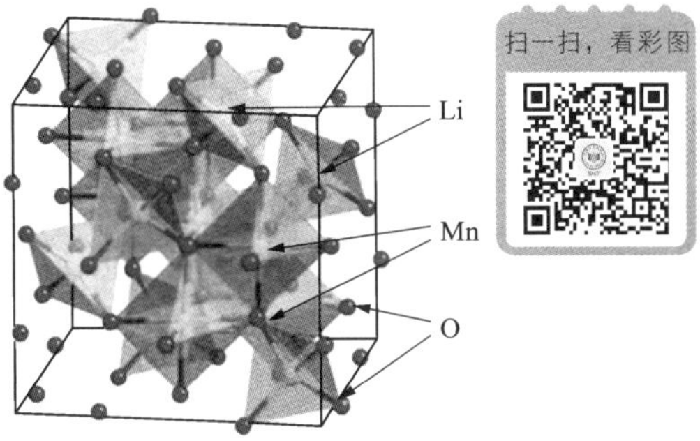

图 1-50　尖晶石 $LiMn_2O_4$ 晶体结构示意图

尖晶石 $LiMn_2O_4$ 的理论比容量是 148 mA·h/g，实际能达到 120 mA·h/g 左右，放电平台为 4.0 V（vs Li^+/Li）。原因主要是在放电过程中部分 Li 嵌入八面体位，使 Mn 的平均价态降低（$Mn^{4+} \rightarrow Mn^{3+}$）。高自旋态 Mn^{3+} 在二重简并的 e_g 轨道上仅有 1 个电子，其电子分布的不对称性导致其晶格沿轴向伸长，产生姜-泰勒畸变（图 1-51），从而使得 $LiMn_2O_4$ 晶体结构不

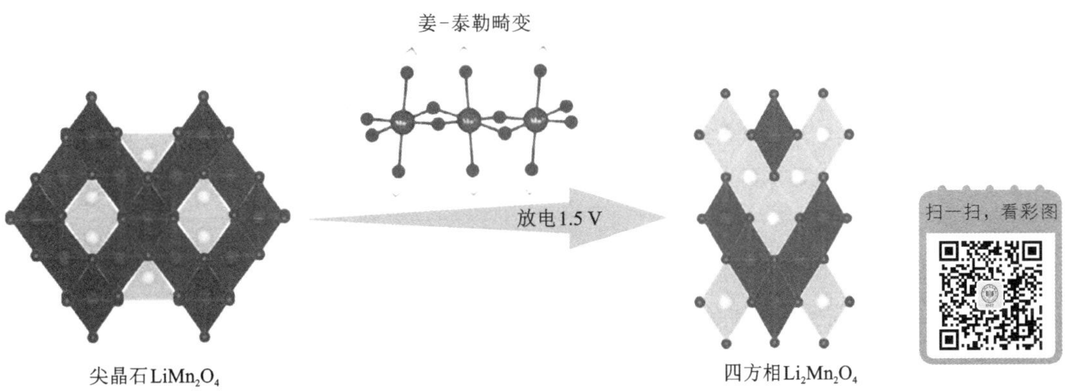

图 1-51　$LiMn_2O_4$ 的姜-泰勒效应结构示意图

可逆地从立方相向四方相转变，引发结构坍塌，最终导致其循环性能变差。另外，高温条件下，Mn^{3+}易发生歧化反应（$2Mn^{3+} \longrightarrow Mn^{2+} + Mn^{4+}$），生成的$Mn^{2+}$溶解，除了破坏材料的结构，还会使 Mn 在负极沉积，导致Li^{+}在负极的扩散通道受堵而使容量衰减。这严重限制了它的商业化应用。

2）尖晶石镍锰酸锂正极材料

尖晶石镍锰酸锂（$LiNi_{0.5}Mn_{1.5}O_4$，LNMO）正极材料可以分为有序 $P4_332$ 尖晶石结构和无序 $Fd\bar{3}m$ 尖晶石结构，图 1-52 是其两种结构示意图。有序 $P4_332$ 结构的 $LiNi_{0.5}Mn_{1.5}O_4$ 属于简单立方结构，晶格常数 a_0 = 0.8168 nm，Ni 位于 4a 位点，Mn 位于 12d 位点，Li 位于 8c 位点，O 位于 8c 和 24c 位点。无序 $Fd\bar{3}m$ 结构的 $LiNi_{0.5}Mn_{1.5}O_4$ 对称性较高，晶格常数 a_0 = 0.8173 nm，属于面心立方结构，Li 位于 8c 位点，O 位于 32e 位点，Ni 和 Mn 则随机分布于 16d 位点。

在有序 $P4_332$ 结构的 $LiNi_{0.5}Mn_{1.5}O_4$ 中，Mn 以+4 价存在，而在无序尖晶石结构的 $LiNi_{0.5}Mn_{1.5}O_4$ 中，Mn 以+4 和+3 价存在。研究表明，无序尖晶石结构的 $LiNi_{0.5}Mn_{1.5}O_4$ 材料的电子电导率较高，这是因为有序 $P4_332$ 结构的晶格对称性低于无序 $Fd\bar{3}m$ 结构，且无序 $Fd\bar{3}m$ 结构的晶格常数更大。在无序尖晶石结构中，8a、48f 和 16c 共同构成了三维通道，有利于Li^{+}在该结构中的快速脱嵌，因此无序 $Fd\bar{3}m$ 结构的电子电导率更大。充电时，Li 通过 8a—16c—8a 从晶格中的 8a 位点脱出，与此同时，部分Mn^{3+}和部分Ni^{2+}失去电子被氧化成为Mn^{4+}和 Ni^{4+}，形成稳定的 $Ni_{0.5}Mn_{1.5}O_4$ 骨架。放电过程则与之相反，结构转变回 $LiNi_{0.5}Mn_{1.5}O_4$。

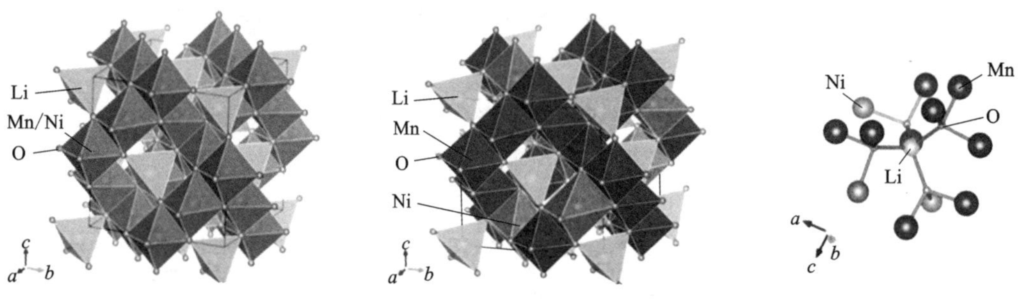

(a) $Fd\bar{3}m$空间群的无序尖晶石LNMO的晶体结构模型

(b) $P4_332$空间群的有序尖晶石LNMO的晶体结构模型

(c) 有序尖晶石LNMO的局部原子配位结构

图 1-52 $LiNi_{0.5}Mn_{1.5}O_4$ 的晶体结构示意图

3. 橄榄石结构正极材料

1）橄榄石结构磷酸铁锂正极材料

橄榄石结构磷酸铁锂（$LiFePO_4$，LFP）的晶体结构示意图如图 1-53 所示，属正交晶系，Pnma 空间群，其晶胞参数 a_0 = 1.0329 nm，b_0 = 0.6011 nm，c_0 = 0.4690 nm。$LiFePO_4$ 的结构骨架由 PO_4 四面体和 FeO_6 八面体共同构成。其中，Li^{+}和 Fe^{2+}分别占据氧八面体的 4a 和 4b 位，P^{5+}

占据氧的四面体点位，形成一维的 Li^+扩散通道。理论比容量为 170 mA · h/g，实际只能达到 130～160 mA · h/g，放电平台为 3.7 V(vs. Li^+/Li)。在充放电循环中，材料在 $LiFePO_4$ 以及 $FePO_4$ 两相之间不断进行转变。PO_4^{3-} 的键能很强，即便在完全脱锂的状态下，材料的结构稳定性依然很好。但是，一维的离子通道导致其 Li^+扩散系数低(10^{-13}～10^{-16} cm^2/s)，同时，$LiFePO_4$ 正极材料无法形成连续的 FeO_6 导电网络(四面体中的 O 原子将 FeO_6 八面体隔开)，导致其电子电导率较差。

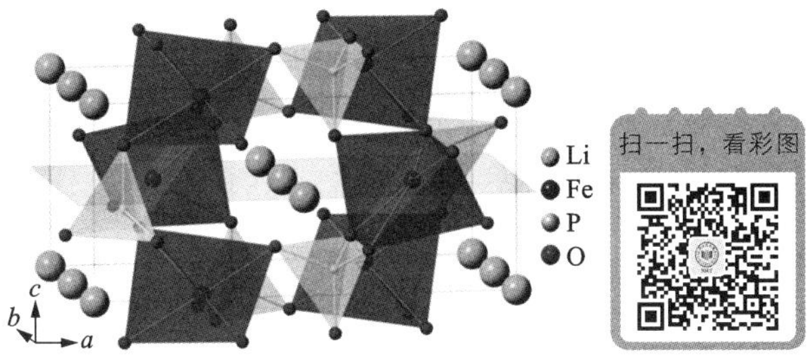

图 1-53　橄榄石结构的 $LiFePO_4$ 晶体结构图

$LiFePO_4$ 材料晶体结构稳定，热稳定性和安全性能高，是一种理想的动力电池正极材料；其制备原料资源丰富，无毒无害，且价格低廉。但该材料也有其不可弥补的缺点：①电压低，能量密度低；②离子和电子电导率小；③倍率性能差；④振实密度低等。

2)橄榄石结构磷酸锰铁锂正极材料

磷酸锰铁锂($LiMn_xFe_{1-x}PO_4$，LMFP)与磷酸铁锂的结构基本相同，仅仅是晶格参数不同(Fe^{2+}的半径为 0.092 nm，Mn^{2+}的半径为 0.097 nm)。它是 $LiFePO_4$ 中部分 Fe 被 Mn 替代而成的，其晶胞参数随着 Mn 含量的增加而增大。如图 1-54 所示，磷酸锰铁锂晶体具有六方紧密堆积结构(空间群为 Pnma)，Li、Fe(Mn)原子分别占据八面体 4a 和 4c 位点，P 原子占据四面体 4c 位点。其中 FeO_6(MnO_6)八面体和 PO_4 四面体交叉连接，这种结构最大的优势是稳定性好。因此，即使在充电的过程中锂离子全部脱出，也不会存在结构崩塌的问题。同时，材料中 P 原子通过 P—O 强共价键形成 PO_4 四面体，O 原子很难从结构中脱出，因此材料具有很高的安全性和稳定性。但是这种结构也存在着显著的缺点，由于材料中没有连续的 FeO_6(MnO_6)共棱八面体网络，而是通过 PO_4 四面体连接，因此无法像钴酸锂材料那样形成连续的 Co-O-Co 结构，材料导电性很差，从而导致材料的倍率性能差，进而阻碍 LMFP 材料进一步发展。若可以结合 $LiFePO_4$ 和 $LiMnPO_4$ 两者的优点，利用多元素的协同效应，优化合成工艺，从而获得集安全性高、能量密度高、循环寿命长、合成成本低等优点于一体的锂离子电池正极材料，即可迎合目前市场上对高能量密度正极材料的需求。因此，一系列 $LiFe_xMn_{1-x}PO_4$($0<x<1$)固溶体材料，尤其是 $LiMn_{0.5}Fe_{0.5}PO_4$ 材料受到人们越来越多的关注。

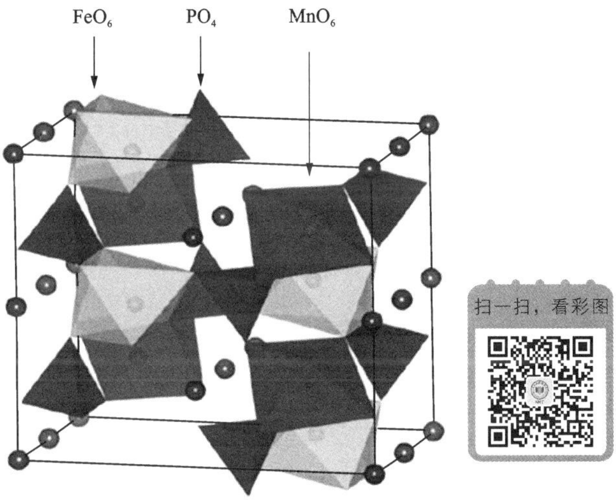

图 1-54　橄榄石型 $LiMn_{0.5}Fe_{0.5}PO_4$ 的结构示意图

4. 钙钛矿结构太阳能电池材料

钙钛矿型太阳能电池(perovskite solar cells)材料具有与 $CaTiO_3$ 相似的晶体结构，化学式用 ABX_3 表示，具有等轴晶体系结构，空间群为 Pm3m。其中，A 一般为 Cs^+、$CH_3NH_3^+$(MA^+)、$NH_2CH{=}NH_2{}^+$(FA^+)等，其占据立方体的 8 个顶点位置；B 为二价的金属阳离子，如常见的 Pb^{2+}、Sn^{2+} 等，位于图 1-55 正八面体(阴影部分)中心位置；X 为常见的卤素阴离子，如 I^-、Cl^-、Br^- 等，这些负一价阴离子位于正八面体的 6 个顶点处。也就是说，其主体是以共享八面体 BX_6 的顶角所构成的无机晶体框架。比较常见的高效钙钛矿材料为混合型结构，即多种一价阳离子混合(纯有机、纯无机、有机与无机阳离子混合)、多种 B^{2+} 阳离子混合，以及多种卤素阴离子混合等，进而构成了纯有机、纯无机或者有机-无机杂化钙钛矿材料。

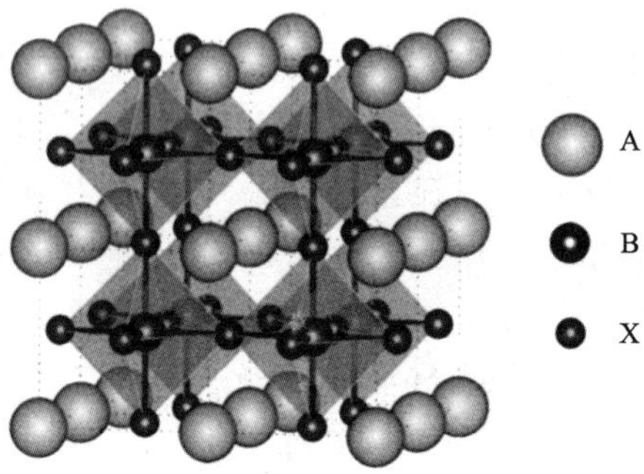

扫一扫，看彩图

图 1-55　立方相钙钛矿(ABX_3)晶体结构图

在接受太阳光照射时，钙钛矿层首先吸收光子产生电子-空穴对。由于钙钛矿激子束缚能的差异，这些载流子或者成为自由载流子，或者形成激子。而且，因为这些钙钛矿材料往往具有较低的载流子复合概率和较高的载流子迁移率，所以载流子的扩散距离和寿命较长。然后，这些未复合的电子和空穴分别被电子传输层和空穴传输层收集，即电子从钙钛矿层传输到等电子传输层，被导电玻璃(FTO)收集；空穴从钙钛矿层传输到空穴传输层，被金属电极收集。最后，通过连接 FTO 和金属电极的电路而产生光电流。当然，这些过程难免伴随着一些载流子的损失，如电子传输层的电子与钙钛矿层空穴的可逆复合、电子传输层的电子与空穴传输层的空穴的复合(钙钛矿层不致密的情况)、钙钛矿层的电子与空穴传输层的空穴的复合等。要提高电池的整体性能，这些载流子的损失应该降到最低。

目前仍有若干关键因素可能制约钙钛矿太阳能电池的发展，如电池的稳定性及吸收层中可溶性重金属 Pb 的影响等。随着钙钛矿太阳能电池技术的不断发展，它们有望成为可再生能源领域的重要组成部分。

习　题

1. 判断晶体类型的主要依据和方法有哪些？晶体一般有哪些特点？

2. 从结构、性能等方面描述晶体与非晶体的区别。

3. 简要分析离子键、共价键、分子键和金属键的特点，并解释金属键结合的固体材料的密度比离子键或共价键固体高的原因。

4. 分子键存在哪几种作用力？各在什么条件下存在？

5. 绘出面心立方格子的单位平行六面体，并标出所有结点的坐标。

6. 何谓离子的有效半径？举例说明它对晶体结构的影响。

7. 叙述周期表中金属离子半径的变化规律。

8. 试以 NaCl 晶胞为例，说明面心立方紧密堆积中的八面体和四面体空隙的位置和数量。

9. 氧化镁(MgO)与氯化钠(NaCl)具有相同结构。其中 $r_{Mg}^{2+}=0.078$ nm，$r_{O}^{2-}=0.132$ nm，求：(1)Mg 的晶格常数；(2)MgO 的密度。

10. 计算面心立方、体心立方、六方紧密堆积的空间利用率。

11. 计算立方体配位、八面体配位、四面体配位、三角形配位的临界半径比。

12. 晶面指数和晶向指数有什么不同？

13. 一个简单立方晶体，其晶格常数为 a_0，试判断以下晶向是否等同并属于同一个晶向族？

(1)[100]和[010]；

(2)[110]和[$1\bar{1}0$]；

(3)[111]和[$1\bar{1}\bar{1}$]。

14. 何谓配位数？何谓致密度？金属中常见的三种晶体结构(面心立方、体心立方和密排六方)中，原子排列紧密程度等方面有何异同？

15. 配位数与配位体的区别是什么？

16. 晶体场理论与配位场理论的区别是什么？

17. 锂离子电池负极材料 $Li_4Ti_5O_{12}$ 具有尖晶石结构，请问：(1)晶胞中有多少个八面体空隙和多少个四面体空隙？(2)Li 和 Ti 分别占据什么位置？(3)其与 $LiMn_2O_4$ 的晶体结构有何异同？

18. 在正极材料 $LiFePO_4$、$LiCoO_2$、$LiMn_2O_4$ 结构中，氧原子的堆积方式有何异同？

19. 归纳总结典型层状结构正极材料、尖晶石结构正极材料、橄榄石结构正极材料的晶体学特征。

20. $LiFePO_4$ 的晶胞结构示意图如图 1-53 所示。其中 O 围绕 Fe 和 P 分别形成正八面体和正四面体，它们通过共顶点、共棱形成空间链结构。每个晶胞中含有 $LiFePO_4$ 的分子数有多少个？

第 2 章　晶体结构缺陷

在实际晶体结构中，质点的排列并非完全规则的，只有当晶体材料处于 0 K 时，质点按理想的晶格点阵排列，属于理想的晶体状态，没有缺陷，其内部能量最低，为热力学最稳定状态。当温度高于 0 K 时，实际的晶体中质点由于热振动等原因，脱离平衡位置，在微小的范围内存在原子排列的不规则性和不完整性，原子进入间隙或者其他格点位置，而在原处留下一个空穴或间隙原子。与理想的晶体结构相比，此时晶体中质点不再按照严格的点阵排列，偏离了理想结构的规律周期排列，称为晶体结构缺陷。任何形式的偏离理想晶体周期点阵排列，包括原子中电子能态的改变，都属于结构缺陷。

晶体缺陷的出现，除与晶体的形成条件有关外，原子的热运动以及固态下的变形加工、热处理、辐射效应等均会让晶体产生缺陷，但是晶体中处于低能量结合状态的大量原子仍保持其整体排列的规律性。

结构缺陷影响着晶体材料的电学性质、力学性质、光学性质、磁学性质、化学反应性等物理化学性能，也对固体材料的扩散、相变、烧结、非化学计量组成产生重大影响。只有在理解了晶体结构缺陷的基础上，才能阐明涉及质点迁移的速度与过程，也才能阐明结构缺陷对材料各种性能产生影响的本质，利用结构缺陷知识可以帮助我们设计制造具有特殊性能的材料，所以掌握晶体结构缺陷的知识是掌握材料科学很重要的基础。

2.1　晶体结构缺陷的分类

晶体结构缺陷一般根据缺陷的几何形态和形成原因进行分类。按照几何形态分类有利于建立起有关缺陷的大小、方位、空间取向等概念；从形成原因上分类则有利于了解缺陷的形成过程，对缺陷的控制与利用具有指导意义。

缺陷按几何形态分为点缺陷、线缺陷、面缺陷和体缺陷四种类型。

1) 点缺陷

点缺陷亦称为零维缺陷，缺陷尺寸处于原子大小的数量级上，即三维方向上缺陷的尺寸都很小。点缺陷包括空位、间隙质点、杂质质点等。

2) 线缺陷

线缺陷也称为一维缺陷，是指在一维方向上偏离理想晶体中的周期性、规则性排列所产生的缺陷，即缺陷尺寸在一维方向较长，在二维方向上很短，如各种位错(dislocation)。线缺陷的产生及运动与材料的韧性、脆性密切相关。

3) 面缺陷

面缺陷又称为二维缺陷，是指在二维方向上偏离理想晶体中的周期性、规则性排列而产生的缺陷，即缺陷尺寸在二维方向上延伸，在第三维方向上很小，如晶界、表面、堆积层错、镶嵌结构等。面缺陷的取向及分布与材料的断裂韧性有关。

4）体缺陷

体缺陷也称为三维缺陷，是指在局部的三维空间偏离理想晶体的周期性、规则性排列而产生的缺陷，如第二相粒子团、空位团、孔洞等。体缺陷与物系的分相、偏聚等过程有关。

2.2　点缺陷

2.2.1　点缺陷的类型

点缺陷是指晶体内部质点有规则的周期性排列被破坏的范围仅限于一个或几个原子级大小，点缺陷可以分为若干种类，根据形成缺陷的原因不同分类也不同，不同的分类方法可能产生重叠交叉。

1. 按照位置和成分分类

按照缺陷的位置或成分分类，点缺陷包括空位、间隙质点、杂质质点等，如图 2-1 和图 2-2 所示。

空位（vacancy）：是指正常结点没有被质点占据，成为空结点。

间隙质点（interstitial particle）：也称为填隙质点，是指质点进入正常晶格的间隙位置，成为间隙质点。

杂质质点（foreign particle）：是指外来质点进入正常结点位置或晶格间隙，形成杂质缺陷。

点缺陷与材料的电学性质、光学性质、材料的高温动力学过程等有关。

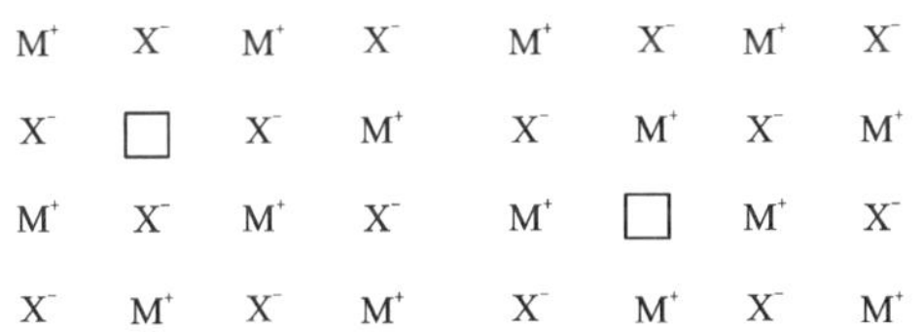

(a) 正离子空位　　(b) 负离子空位

图 2-1　空位

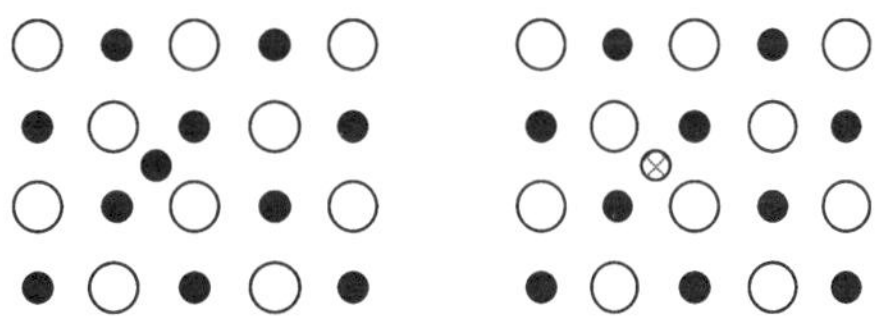

(a) 晶体自身质点进入间隙位置　　(b) 外来质点进入间隙位置

图 2-2　间隙原子

2. 按缺陷产生的原因分类

缺陷按其产生的原因可分为：热缺陷、杂质缺陷、非化学计量缺陷、电荷缺陷和辐照缺陷等。

1）热缺陷

热缺陷亦称为本征缺陷，是指由热起伏的原因所产生的空位和（或）间隙质点（原子或离子）。当温度在 0 K 以上时，晶体中的质点总是在其平衡位置附近振动，这种振动并不是单纯的谐振动。由于振动的非线性，一处的振动和周围的振动有着密切的联系，这使质点热振动的能量有涨落（起伏）。按照玻耳兹曼（Boltzmann）能量分布律，总有一部分质点的能量高于平均能量。当能量大到一定程度时，质点脱离正常格点，进入晶格的其他位置，失去多余的动能之后，质点就被束缚在那里，这样就产生了热缺陷(本征缺陷)。缺陷的产生和复合始终处于一种动态平衡。热缺陷浓度与温度有关，温度升高时，热缺陷浓度增大。

热缺陷包括肖特基缺陷(Schottky defect)和弗仑克尔缺陷(Frenkel defect)。肖特基缺陷是质点由正常格点所在表面位置迁移到新表面位置，同时在晶体内部留下空位。肖特基缺陷的特征是正负离子空位成比例出现。弗仑克尔缺陷是质点离开正常格点后进入晶格间隙位置，其特征是空位和间隙质点成对出现。热缺陷如图 2-3 所示。

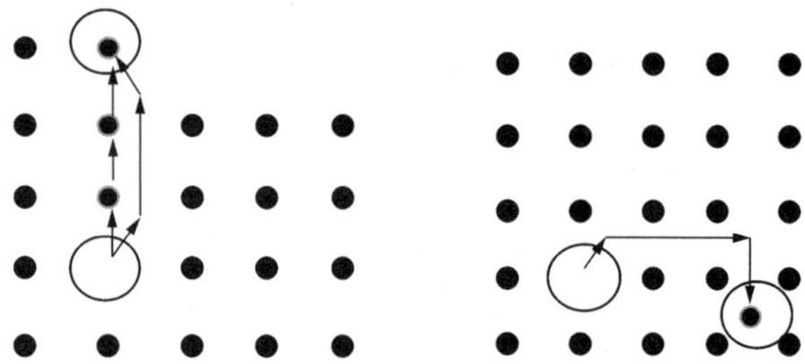
(a) 肖特基缺陷的形成　　(b) 弗仑克尔缺陷的形成

图 2-3　热缺陷产生示意图

2)杂质缺陷

杂质缺陷也称为组成缺陷，是由外加杂质的引入所产生的缺陷。其特征是如果杂质的含量在固溶体的溶解度范围内，则杂质缺陷的浓度与温度无关。杂质进入晶体中可有两种情况：取代基体原子的格点位置或进入间隙位置。虽然杂质的掺杂量一般比较小，但进入晶体中无论杂质位于何处，均因杂质质点和原有质点性质不同，使质点规则排列被破坏，而且使杂质质点周围的周期势场发生改变，因此形成一种缺陷。微量杂质缺陷的存在，会极大地改变基质晶体的物理性质，研究和利用这种缺陷的作用原理，对固溶体的形成、材料的改性、制备性能优越的固体器件等具有十分重要的意义。

如在 ZrO_2 中添加 CaO，Ca^{2+} 置换 Zr^{4+}，因二者电价不同，材料为了保持电中性，会形成大量的氧空位缺陷，可传导氧离子，制备出氧离子导电的固态电解质材料。

3)非化学计量缺陷

非化学计量缺陷是指在组成上偏离化学中的定比定律所形成的缺陷。它是由基质晶体与介质中的某些组分发生交换而产生，如 $Fe_{1-x}O$、$Zn_{1+x}O$ 等晶体中的缺陷。非化学计量缺陷的特点是其化学组成随周围气氛的性质及其分压大小而变化，这类化合物也是一种半导体材料。

4)其他缺陷

其他缺陷如辐照缺陷、电荷缺陷等。

辐照缺陷是指材料在辐照之下所产生的结构的不完整性。辐照可以使材料内部产生各种缺陷，如色心(color center)、位错环等。

电荷缺陷是指质点排列的周期性未受到破坏，但电子或空穴的产生，使周期性势场发生畸变而产生的缺陷。如非金属晶体在温度接近 0 K 时，其价带中电子全部排满，导带中全空，如果价带中的电子获得足够的能量越过禁带进入导带，则导带中的电子、价带中的空穴使晶体的势场畸变，从而产生电荷缺陷。

2.2.2　缺陷的表示方法

点缺陷是最简单的晶体缺陷，它是材料中普遍存在的一种缺陷，包括热缺陷、组成缺陷、非化学计量缺陷、色心等。点缺陷种类繁多，其产生与复合始终处于动态平衡，它们之间还会像化学反应似地相互反应。点缺陷的存在及其相互作用与半导体材料的制备、材料的高温动力学过程、材料的光学和电学性质等密切相关。本节主要介绍点缺陷的符号表征，反应方程式表述及浓度计算等。

材料的性质与其缺陷结构及缺陷的浓度有关。缺陷可以用同一般化学式类似的符号来表示，形成缺陷的过程也可以用类似于化学反应式的式子来表示。晶体中的点缺陷类型很多，表示方法也不尽相同，其中克罗格(Kroger)-文克(Vink)提出了一套缺陷化学符号，现已成为国际上通用的符号，这里就介绍这种缺陷符号表示方法。这种表示方法的核心是在晶体中加入或取出一个质点时，视为取出一个中性原子，这样可以避免判断键型的麻烦。对于离子晶体而言，则分别考虑加入或取出电子。

1. 克罗格-文克符号的基本表示方式

以 MX 型化合物为例，其中 M 为正 2 价离子 M^{2+}，X 为负 2 价离子 X^{2-}，点缺陷分别用下面的符号表示：

M：表示正电性高的组分。

X：表示负电性高的组分。

F：表示异类杂质。

V：表示空位。

i：表示间隙原子。

符号中的右下标表示缺陷所在的位置：

V_A：表示晶体格点 A 上的空位。

A_i：表示间隙原子 A。

F_A：表示晶格 A 的格点被杂质原子 F 占据。

A_A：表示格点 A 上的 A 原子。

V_i：表示未被占据的间隙。

2. 带电缺陷

带电缺陷在缺陷符号的右上角标记，“×”表示电中性，“·”表示带正电荷，“′”表示带负电荷。一个缺陷总共带几个有效电荷，则用几个这样的符号表示，有效电荷相当于缺陷及其四周的总电荷减去理想晶体中同一区域处的电荷之差。自由电子(free electron)与电子空穴(hole)分别用 e' 和 $h^{\cdot}$ 来表示，其中右上标中的一撇代表一个单位负电荷，一个圆点代表一个单位正电荷，有时候为了书写方便，自由电子 e' 和电子空穴 $h^{\cdot}$ 右上方的电荷符号可以省略。

如在 NaCl 晶体中，取出一个 Na^+，会在原来的位置上留下一个电子 e'，写成 V'_{Na}，即代表 Na^+ 空位，带一个单位负电荷。同理，Cl^- 空位记为 $V^{\cdot}_{Cl}$，带一个单位正电荷。即

$$V'_{Na} \longleftrightarrow V_{Na}+e',\ V^{\cdot}_{Cl} \longleftrightarrow V_{Cl}+h^{\cdot} \tag{2-1}$$

$CaCl_2$ 加入 NaCl 晶体时，若 Ca^{2+} 离子位于 Na^+ 位置上，其缺陷符号为 $Ca^{\cdot}_{Na}$，此符号含义为 Ca^{2+} 离子占据 Na^+ 位置，带有一个单位正电荷。

Ca^{2+} 离子占据 Zr^{4+} 离子位置，其缺陷表示为 Ca''_{Zr}，表示此缺陷带有 2 个单位负电荷。

其余的缺陷 V_M、V_X、M_i、X_i 等都可以加上对应原阵点位置的有效电荷来表示相应的带电缺陷。

3. 缔合中心

电性相反的缺陷距离接近到一定程度时，在库仑力作用下会缔合成一组或一群，产生一个缔合中心，V_M 和 V_X 发生缔合，记为(V_MV_X)。如

$$V_{Na}' + V_{Cl}^{\cdot} = (V_{Na}' V_{Cl}^{\cdot}) \tag{2-2}$$

2.2.3 缺陷反应表示法

1. 书写缺陷反应方程式的原则

对于杂质缺陷而言，缺陷反应方程式的一般式：

$$杂质 \xrightarrow{基质} 产生的各种缺陷 \tag{2-3}$$

对于热缺陷而言，缺陷反应方程式的一般式：

$$产生缺陷前状态 \longrightarrow 产生的各种缺陷 \tag{2-4}$$

与一般的化学反应类似，书写缺陷反应方程式时，应该遵循下列三个基本原则：①位置关系；②质量平衡；③电中性。

1)位置关系

如对于 M_aX_b 化合物来说，位置关系就是 M 的格点数与 X 的格点数保持正确的比例，在化合物 M_aX_b 中，无论是否存在缺陷，其正负离子位置数(即格点数)之比始终是一个常数 a/b，即 M 的格点数/X 的格点数 $\equiv a/b$。如 NaCl 结构中，正负离子格点数之比为 1/1，Al_2O_3 中则为 2/3。

这里需要注意的是：位置关系强调形成缺陷时，基质晶体中正负离子格点数之比保持不变，并非原子个数比保持不变；在上述各种缺陷符号中，V_M、V_X、M_M、X_X、M_X、X_M 等位于正常格点上，对格点数的多少有影响，而 M_i、X_i、e'、$h^{\cdot}$等不在正常格点上，对格点数的多少无影响。形成缺陷时，基质晶体中的原子数会发生变化，外加杂质进入基质晶体时，系统原子数增加，晶体尺寸增大；基质中原子逃逸到周围介质中时，晶体尺寸减小。

2)质量平衡

与化学反应方程式相同，缺陷反应方程式两边的质量应该相等。需要注意的是缺陷符号的下标表示缺陷所在的位置，对质量平衡无影响。

3)电中性

电中性要求缺陷反应方程式两边的有效电荷数必须相等。

2. 缺陷反应实例

1)杂质(组成)缺陷反应方程式

杂质进入基质晶体时，一般遵循杂质的正负离子分别进入基质的正负离子位置的原则，这样基质晶体的晶格畸变小，缺陷容易形成。在不等价替换时，会产生间隙质点或空位。

由于离子价态不同，基质和杂质的正负离子比例可能不同，在写缺陷反应方程式时有以正离子为基准和以负离子为基准两种写法。

【例 2-1】 写出 NaF 加入 YF_3 中的缺陷反应方程式。

【解】 首先以正离子为基准，Na^+占据 Y^{3+}位置，该位置带有 2 个单位负电荷，同时，引入的 1 个 F^-位于基质晶体中 F^-的位置上。按照位置关系，基质 YF_3 中正负离子格点数之比为 1/3，现在只引入了 1 个 F^-，所以还有 2 个 F^-位置空着，反应方程式为

$$NaF \xrightarrow{YF_3} Na_Y'' + F_F + 2V_F^{\cdot} \tag{2-5}$$

再以负离子为基准，假设引入的 3 个 F^-位于基质中的 F^-位置上，与此同时引入了 3 个

Na^+，根据基质晶体中的位置关系，只能有 1 个 Na^+ 占据 Y^{3+} 离子位置，其余 2 个 Na^+ 位于晶格间隙，反应方程式为

$$3NaF \xrightarrow{YF_3} Na_Y'' + 2Na_i^{\cdot} + 3F_F \tag{2-6}$$

上述两个方程式均满足书写缺陷反应方程式的 3 个原则，当然也可以写出其他形式的缺陷反应方程式，但上述 2 个方程式所代表的缺陷是最可能出现的。

【例 2-2】 写出 $CaCl_2$ 加入 KCl 中的缺陷反应方程式。

【解】 以正离子为基准，缺陷反应方程式为

$$CaCl_2 \xrightarrow{KCl} Ca_K^{\cdot} + Cl_{Cl} + Cl_i' \tag{2-7}$$

以负离子为基准，缺陷反应方程式为

$$CaCl_2 \xrightarrow{KCl} Ca_K^{\cdot} + V_K' + 2Cl_{Cl} \tag{2-8}$$

通过前两个实例，可以发现书写杂质缺陷反应方程式的基本规律为：

(1)低价正离子占据高价正离子位置时，该位置带有负电荷，为了保持电中性，会产生负离子空位或间隙正离子；

(2)高价正离子占据低价正离子位置时，该位置带有正电荷，为了保持电中性，会产生正离子空位或间隙负离子。

2)热缺陷反应方程式

【例 2-3】 写出 MgO 形成肖特基缺陷的反应方程式

【解】 MgO 形成肖特基缺陷时，表面的 Mg^{2+} 和 O^{2-} 离子迁到表面新位置上，在晶体内部留下空位，用方程式表示为

$$Mg_{Mg\ surface} + O_{O\ surface} = Mg_{Mg\ new\ surface} + O_{O\ new\ surface} + V_{Mg}'' + V_O^{\cdot\cdot} \tag{2-9}$$

该方程式中的表面位置与新表面位置无本质区别，故可以从方程两边消掉，以 0(零)代表无缺陷状态，则肖特基缺陷方程式可简化为

$$0 = V_{Mg}'' + V_O^{\cdot\cdot} \tag{2-10}$$

【例 2-4】 写出 AgBr 形成弗仑克尔缺陷的反应方程式。

【解】 AgBr 中半径小的 Ag^+ 进入晶格间隙，在其格点上留下空位，缺陷反应方程式为

$$Ag_{Ag} = Ag_i^{\cdot} + V_{Ag}' \tag{2-11}$$

对于热缺陷的生成过程来说，一般当晶体中剩余空隙比较小时，如 NaCl 型结构，容易形成肖特基缺陷；当晶体中剩余空隙比较大时，如萤石 CaF_2 型结构等，容易产生弗仑克尔缺陷。

3. 常见的热缺陷反应类型

热缺陷形成时，除了生成空位和间隙外，还会生成自由电子或电子空穴，以保持材料的电中性。常见的热缺陷反应有如下一些类型。

1)弗仑克尔缺陷反应

正常格点上的原子(或离子)进入晶格间隙位置，形成间隙原子(离子)，并在原格点位置形成一个空位，其缺陷的反应如下：

$$M_M^{\times} = M_i^{\cdot\cdot} + V_M'' \tag{2-12}$$

2)肖特基缺陷反应

正常格点的原子(或离子)迁移到晶体表面或空位中，在原格点位置形成空位，其缺陷的反应如下：

$$0 = V_{M''}+V_{X^{\cdot\cdot}} \tag{2-13}$$

3)结构错位缺陷反应

正常格点上的原子(或离子)互换了位置形成的缺陷称为结构错位缺陷，其反应如下：

$$M_M^{\times}+X_X^{\times} = M_X^{\times}+X_M^{\times} \tag{2-14}$$

例如在某些尖晶石型结构的化合物 AB_2O_4 中具有下述缺陷：

$$A_A^{\times}+B_B^{\times} = A_B^{\times}+B_A^{\times} \tag{2-15}$$

4)非化学计量化合物 $M_{1-y}X$(阳离子缺位)缺陷反应

$$\frac{1}{2}X_2(g) = V_M^{\times}+X_X^{\times}$$

$$V_M^{\times} = V_M'+h^{\cdot}$$

$$V_M' = V_M''+h^{\cdot}$$

如缺陷反应按上述过程充分进行，则有下式成立：

$$\frac{1}{2}X_2(g) = V_M''+2h^{\cdot}+X_X^{\times} \tag{2-16}$$

此类材料称为 P 型半导体材料，如 $Ni_{1-y}O$、$Fe_{1-y}O$、$Co_{1-y}O$ 等。

5)非化学计量化合物 MX_{1-y}(阴离子缺位)缺陷反应

$$X_X^{\times} = V_X^{\times}+\frac{1}{2}X_2(g)$$

$$V_X^{\times} = V_X^{\cdot}+e'$$

$$V_X^{\cdot} = V_X^{\cdot\cdot}+e'$$

如缺陷反应按上述过程充分进行，则有下式成立：

$$X_X^{\times} = V_X^{\cdot\cdot}+2e'+\frac{1}{2}X_2(g) \tag{2-17}$$

此类材料称为 N 型半导体材料，如 TiO_{2-y}、ZrO_{2-y}、Nb_2O_{5-y}、CeO_{2-y} 等。

6)非化学计量化合物 $M_{1+y}X$(阳离子间隙)缺陷反应

$$M_M^{\times}+X_X^{\times} = M_i^{\times}+\frac{1}{2}X_2(g)$$

$$M_i^{\times} = M_i^{\cdot}+e'$$

$$M_i^{\cdot} = M_i^{\cdot\cdot}+e'$$

如缺陷反应按上述过程充分进行，则有下式成立：

$$M_M^{\times}+X_X^{\times} = M_i^{\cdot\cdot}+2e'+\frac{1}{2}X_2(g) \tag{2-18}$$

可见，该类材料在一定条件下可制成 N 型半导体材料。如：$Zn_{1+y}O$ 在一定条件下可制成半导体气敏材料。

7)非化学计量化合物 MX_{1+y}(阴离子间隙)缺陷反应

$$\frac{1}{2}X_2(g) = X_i^{\times}$$

$$X_i^{\times} = X_i' + h^{\cdot}$$

$$X_i' = X_i'' + h^{\cdot}$$

如缺陷反应按上述过程充分进行，则有下式成立：

$$\frac{1}{2}X_2(g) = X_i'' + 2h^{\cdot} \tag{2-19}$$

可见，该类材料在一定条件下可制成 P 型半导体材料。如：TiO_{1+y}、VO_{1+y}、UO_{2+y} 等皆属于此种材料。

针对上述的缺陷反应，虽然写出了可能发生的缺陷反应方程式，但并不是每一种情况都必定会发生，这要根据缺陷反应条件以及基质晶体结构而定，正确严格判断它们的合理性需要根据固溶体的生成条件及固溶体研究方法，用实验来验证。但可以根据已经学过的晶体结构的基本知识，快速粗略地作出分析判断。

2.2.4　热缺陷浓度的计算

在离子晶体中，可以把每种缺陷看作化学物质来处理，这样，材料中的缺陷及其浓度就可以和一般的化学反应一样，用热力学数据(如反应热效应)来描述，质量作用定律也适用于缺陷反应。这对了解和掌握缺陷的产生及相互作用是很重要的。

在一定温度下，热缺陷处在不断地产生和消失的过程中，当单位时间产生和复合而消失的数目相等时，系统达到平衡，热缺陷的数目保持不变。因此，热缺陷的浓度可以通过热力学统计物理的方法或根据质量作用定律的方法计算。下面介绍用质量作用定律计算热缺陷浓度的方法。

1. MX_2 型晶体肖特基缺陷浓度

CaF_2 晶体形成肖特基缺陷反应方程式为

$$O \longrightarrow V_{Ca}'' + 2V_F^{\cdot} \tag{2-20}$$

因为 1 mol 的正常格点的 CaF_2 能生成 1 mol 的 Ca 空位(V_{Ca}'')和 2 mol 的 F 空位($V_F^{\cdot}$)，所以$[V_F^{\cdot}]=2[V_{Ca}'']$，上述缺陷反应的平衡常数为

$$K=\frac{[V_{Ca}''][V_F^{\cdot}]^2}{[O]}=\frac{4[V_{Ca}'']^3}{[O]} \tag{2-21}$$

生成肖特基缺陷反应的标准摩尔生成吉布斯自由能为

$$\Delta G^{\ominus}=-RT\ln K \tag{2-22}$$

由于相对于缺陷浓度，正常格点的数目很高，其活度可视为 1，即$[O]=1$。可以得到

$$[V_{Ca}'']=\frac{1}{\sqrt[3]{4}}\exp\left(-\frac{\Delta G^{\ominus}}{3RT}\right) \tag{2-23}$$

$$[V_F^{\cdot}]=\frac{2}{\sqrt[3]{4}}\exp\left(-\frac{\Delta G^{\ominus}}{3RT}\right) \tag{2-24}$$

在计算热缺陷浓度时，由形成缺陷而引发的周围原子振动状态的改变所产生的振动熵变，在多数情况下可以忽略不计；且形成缺陷时晶体的体积变化也可忽略，故热焓变化可近似地用内能来代替。所以，实际计算热缺陷浓度时，一般都用形成能代替计算公式中的标准摩尔生成吉布斯自由能变化。

2. 弗仑克尔缺陷浓度

以 AgBr 晶体为例，弗仑克尔缺陷的反应方程式为

$$Ag_{Ag} \longrightarrow Ag_i^{\bullet}+V'_{Ag} \tag{2-25}$$

因为 1 mol 的正常格点的 Ag 能生成 1 mol 的 Ag 空位(V'_{Ag})和 1 mol 的 Ag 间隙原子($Ag_i^{\bullet}$)，所以$[V'_{Ag}]=[Ag_i^{\bullet}]$，上述缺陷反应的平衡常数为

$$K=\frac{[Ag_i^{\bullet}][V'_{Ag}]}{[Ag_{Ag}]} \tag{2-26}$$

同样地，由于相对于缺陷浓度，正常格点的数目很高，其活度可视为 1，即$[Ag_{Ag}]=1$。

结合 $\Delta G^{\ominus}=-RT\ln K$，可以得到

$$[Ag_i^{\bullet}]=[V'_{Ag}]=\exp\left(-\frac{\Delta G^{\ominus}}{2RT}\right) \tag{2-27}$$

2.2.5 点缺陷对新能源材料性质的影响

在新能源材料中，缺陷的形成往往影响材料的电化学性质，所以在制备材料时，要在材料中产生一些缺陷，以提高材料的性能。

1. $LiCoO_2$ 材料中掺杂形成杂质离子缺陷

$LiCoO_2$ 被用作锂离子电池的正极材料，然而，在将 $LiCoO_2$ 充电至高于 4.35 V 的电压时，通常会发生阳离子/阴离子氧化还原引起的不稳定相变、氧逸出以及与电解质的副反应，导致严重的容量衰减。通过将 Mg 掺杂到 $LiCoO_2$ 的 Li 位点(图 2-4)，形成 Mg^{2+}替换 Li^+的杂质离子缺陷($Mg_{Li}^{\bullet}$)，可防止脱锂状态下的层滑移，从而抑制不利的相变。此外，Mg 掺杂的 $LiCoO_2$ 表面产生的 Li-Mg 混合结构有利于消除正极-电解质界面的过度生长以及接近表面区域的相变。

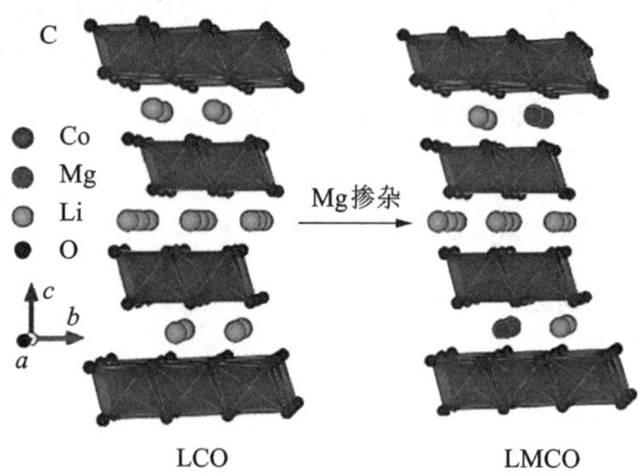

图 2-4 Mg 掺杂到 $LiCoO_2$ 结构示意图

扫一扫，看彩图

2. 富锂层状氧化物中的氧空位缺陷

在富锂层状氧化物材料中，氧离子不仅具有稳定晶体结构的作用，而且对电子和离子的迁移也具有重要的影响，并且富锂层状氧化物材料的额外放电比容量也与氧的氧化还原反应有关。离子掺杂和表面包覆都可以在主晶格中引入极少量的氧空位，但其目的是阻止过渡金属离子向锂层的迁移和减缓电解液对活性物质的腐蚀。表面氧空位修饰就是利用气固界面反应，在富锂层状氧化物材料表面形成一层表面氧空位，从而减少充放电过程中氧气的生成，提高氧晶格中氧的活性，最终实现富锂层状氧化物材料首次充放电效率和倍率性能的提高。因此，通过对富锂层状氧化物材料进行表面氧空位修饰，在材料表面形成一层氧空位，能显著提高材料的电化学性能。

例如一种简便的退火策略(图 2-5)，用于预先引入 $Li_{1.2}Mn_{0.457}Ni_{0.229}Co_{0.114}O_2$ 正极材料中

的氧空位($V_O^{\cdot\cdot}$)。引入的氧空位改变了局部的Mn配位环境，可增强结构稳定性，并抑制氧的释放。外位X射线光电子能谱证实了后退火正极经循环后增强了氧空位，抑制了氧的释放，并减少了正极-电解质界面层。结果表明，在热膨胀的作用下，氧空位的存在减少了加热过程中正极材料的相变。这些发现有助于通过氧空位工程开发下一代锂离子电池(LIBs)，以获得具有改进电化学性能的新型正极材料。

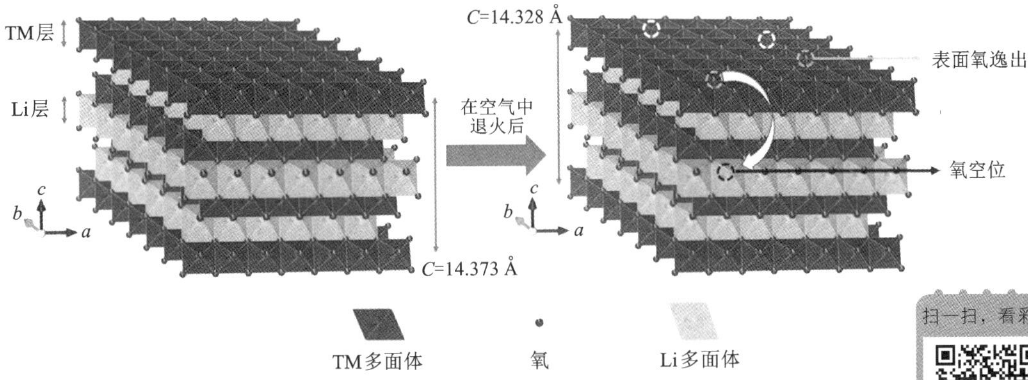

扫一扫，看彩图

图2-5 通过退火后处理形成表面氧空位的示意图

3. 三元正极材料中的氧空位缺陷

在三元正极材料中形成氧空位，也同样能增强材料的性能，如一种简便的气态硫处理方法(图2-6)，用于均匀地在富锂和富镍正极材料的表面区域用硫原子取代氧创建氧空位。将这种处理应用于典型的富锂或富镍材料，在三元材料$Li_{1.2}Ni_{0.13}Co_{0.13}Mn_{0.54}O_2$(LNCMO)、$Li_{1.2}Ni_{0.2}Mn_{0.6}O_2$(LNMO)和$LiNi_{0.8}Co_{0.1}Mn_{0.1}O_2$(NCM811)中渗入硫，在材料中形成氧空位($V_O^{\cdot\cdot}$)，可以显著提升它们的循环性能和倍率性能。研究表明，晶格表面部分用S取代O形成杂质离子缺陷($S_O^{\times}$)，显著降低了氧分压，同时增强了锂离子导电性，这为高能量和高功率密度的锂离子电池中过渡金属氧化物体系中氧活性的全面设计和控制提供了新的启示。

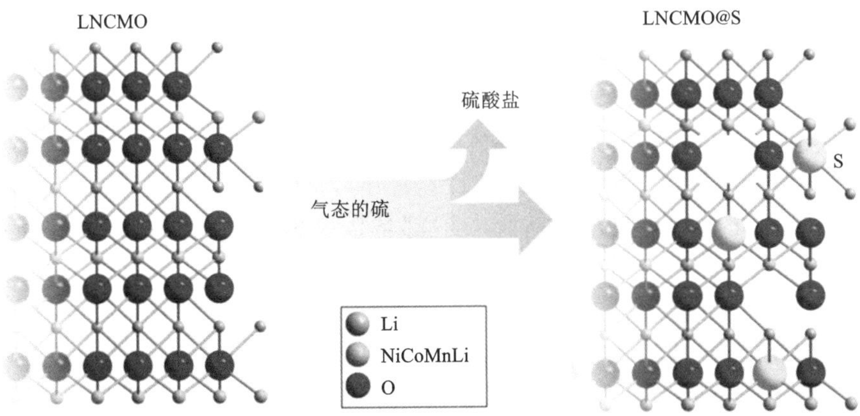

扫一扫，看彩图

图2-6 LNCMO晶格中S对O的部分置换以及产生氧空位的示意图

4. 三元材料掺杂形成间隙离子缺陷

有研究为了提高高镍正极材料 $LiNi_{0.85}Co_{0.10}Mn_{0.05}O_2$ 的电化学性能，进行掺杂 B 处理，采用密度泛函理论(DFT)对未掺杂和掺杂 B 的材料进行电子结构建模，结果表明因为 B 原子半径小，间隙位置是 B 掺杂剂的优先位置，形成 B 间隙离子缺陷($B_i^{\cdot\cdot\cdot}$)。

5. 其他电池材料通过掺杂调控电极材料的性能

电极材料掺杂是改善材料性能的重要方法之一，层状过渡金属氧化物由于其高能量密度和适当的工作电位，在钠离子电池中具有良好的正极材料应用前景。然而，结构稳定性较差是其广泛应用的主要障碍。为了解决这个问题，有研究成功地将 B^{3+} 引入 $Na_{0.67}Fe_{0.5}Mn_{0.5}O_2$ 的四面体位点，展示了小半径离子掺杂在改善电化学性能方面的有效性。中子粉末衍射、原位 X 射线衍射和 X 射线吸收光谱等研究揭示，由于 B^{3+} 在间隙位点的占位，成功地减轻了 Jahn-Teller 畸变及其引起的 P2-P2′相变，进而提升了电化学性能。

化学掺杂是一种有利的方法，可以从内在上调控电极材料的电化学性能。通过简便的水热法构建了一种间隙硼掺杂的隧道型 VO_2(B)。各种分析技术证明，硼存在于 VO_2(B)的间隙位置，这种间隙掺杂可以提高 VO_2(B)正极在循环过程中的锌储存动力学并提高结构稳定性。研究发现，2%硼掺杂的 VO_2(B)在 0.1 A/g 下表现出增强的锌离子储存性能，高储存比容量为 281.7 mA · h/g；在 20 A/g 下表现出优异的倍率性能，比容量为 142.2 mA · h/g；在 5 A/g 下循环稳定性长达 1000 个循环，比容量保持率为 133.3 mA · h/g。

2.3 固溶体

在晶体中引入外来组元，占据基质晶体质点位置或间隙位置的一部分，晶体仍保持一个晶相，相当于一种组分(溶剂)内“溶解”了其他组分(溶质)而形成的单一均匀的晶态固体，这种晶体称为固溶体。如果固溶体是由 A 物质溶解在 B 物质中形成的，一般将组分 B 称为溶剂(或主晶相、基质)，将组分 A 称为溶质(或掺杂质点、杂质)。如果两种组分可以互溶，那么就将含量高的那种称为溶剂，含量低的称为溶质。固溶体中不同组分之间的互溶是在原子尺度上相互混合的，生成固溶体后，并不破坏主晶相原有的晶体结构，但是晶胞参数可能有少许改变，因此基本保持了主晶相的特性。

固溶体可以根据溶质质点在基质(溶剂)中的位置和溶解度进行分类。

按照溶质质点在基质中的位置可以分为置换固溶体和间隙固溶体。

当溶质质点进入主晶相晶格后，占据原来晶体中正常格点位置，即将原来的质点看成被杂质所取代，所形成的固溶体称之为置换固溶体。无机固体材料中所形成的固溶体绝大部分属于这种类型，如金属氧化物中生成的固溶体一般都是金属离子之间的置换，在 MgO-CoO、MgO-CaO、$PbTiO_3$-$PbZrO_3$，Al_2O_3-Cr_2O_3 中固溶体等也都属此类。

如果杂质质点进入主晶相晶格后，占据间隙的位置就生成间隙型(或填隙型)固溶体。对于无机固体材料，间隙固溶体一般发生在阳离子进入阴离子所形成的间隙中，但是能生成此类固溶体的物质并不多见。生成阴离子填隙型固溶体则更加困难，唯独萤石型物质除外。在合金中，此类固溶体较为常见，金属和 H、B、C、N 等元素形成的固溶体都是间隙式的。

按溶质在溶剂中的溶解度来分类可以分为连续固溶体和有限固溶体。

连续固溶体(也称为无限固溶体、完全互溶固溶体)，由两个(或多个)晶体结构相同的组元形成，是指溶质和溶剂按任意比例相互固溶所生成的固溶体，任一组元的成分范围均为 0～100%。在这种固溶体中，溶质和溶剂是相对的，一般将占多数的组分作为溶剂，含量少的组分为溶质。例如，Cu-Ni 系、Cr-Mo 系、Mo-W 系等在室温下都能无限互溶，形成连续固溶体。由于形成固溶体的微观结构的限制，连续固溶体只能是置换型固溶体，间隙型固溶体由于当溶质原子量超过固溶度后会破坏基体的晶体结构而析出形成第二相，所以不可能形成连续固溶体。如 Cu 和 Ni 能形成连续固溶体，其相图如图 2-7 所示，从图中可以看出，在该固溶体中，Cu 和 Ni 的质量分数均可在 0 至 100%之间。

有限固溶体（也称为不连续固溶体、部分互溶固溶体），溶质只能以一定的固溶度溶入溶剂中，溶质的成分范围小于 100%；当溶质的含量增大超过最大固溶度后，溶质就会析出形成，从单相变成多相。如 MgO-CaO 系等只能生成有限固溶体，其相图如图 2-8 所示。可以看出，在 CaO 质量分数靠近 MgO 和 CaO 端时，能形成固溶体。在 CaO 质量分数靠近 MgO 端时形成的固溶体中，MgO 为溶剂，CaO 为溶质；在 CaO 质量分数靠近 CaO 端时形成的固溶体的溶剂和溶质互换，当溶质的量超过固溶度时，就会分解形成两个物相。和前面描述的一样，置换型固溶体和间隙型固溶体均有可能形成有限固溶体。

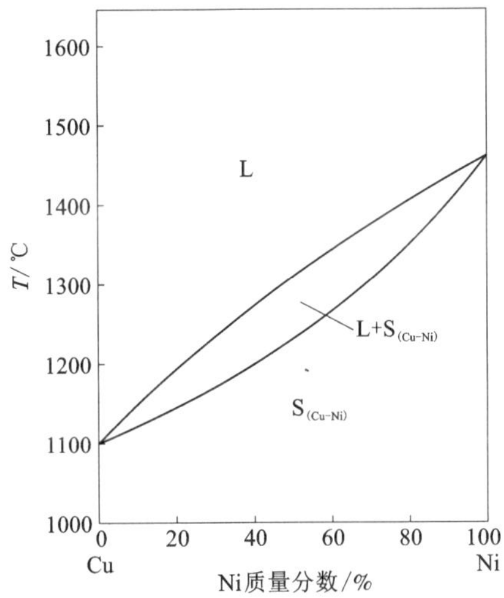

图 2-7　Cu-Ni 系统相平衡图
（形成连续固溶体相图）

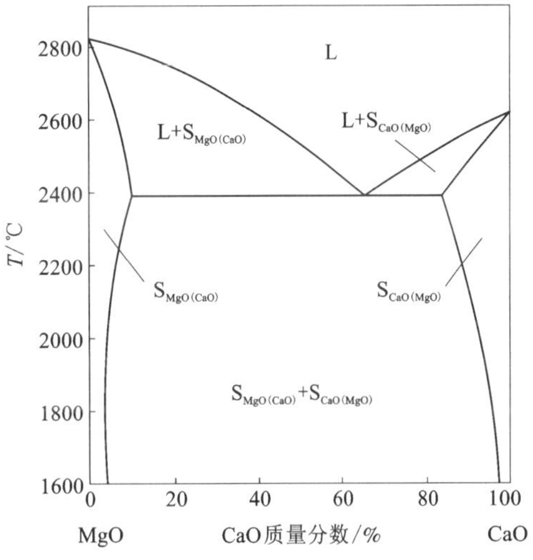

图 2-8　MgO-CaO 二元相图
（形成有限固溶体相图）

2.3.1　置换型固溶体的形成及影响因素

影响形成置换型固溶体的因素有质点的尺寸、晶体结构类型、离子类型和键性以及离子的电价等。

1. 质点的尺寸

生成置换型固溶体时，质点的大小对生成连续或者有限固溶体有直接的影响，是决定性因素。从晶体结构的稳定性观点来看，相互替代的质点的尺寸越接近，则形成的固溶体越稳定，固溶体的固溶度也越大。根据 Hume-Rothery 提出的经验规则，若以 r_1 和 r_2 分别代表溶剂(基质晶体)和溶质(杂质)质点的半径，以 $\Delta r=\frac{r_1-r_2}{r_1}$ 值的大小来推测溶质和溶剂之间能否形成连续固溶体或有限固溶体，该经验规则判断依据如下：

(1)当 $\Delta r<15\%$ 时，溶质和溶剂之间有可能形成连续固溶体，这个条件是形成连续固溶体的必要条件，而不是充分必要条件。

(2)当 $15\%<\Delta r<30\%$ 时，溶质和溶剂之间有可能形成有限固溶体。

(3)当 $\Delta r>30\%$ 时，溶质和溶剂之间难以生成固溶体，而容易生成中间相或化合物，在高温下有可能形成少量的固溶体。

根据 Hume-Rothery 经验规则，当 Δr 越小时，越容易生成固溶体，而且固溶度越大；当 Δr 越大时，越难形成固溶体，即使形成固溶体，其固溶度也越小。对于合金体系，形成何种固溶体主要取决于合金元素半径的大小；对于氧化物等离子晶体，则取决于阳离子半径的大小以及正负离子的结合能。

2. 晶体结构类型

溶质和溶剂的晶体结构因素对其能否形成连续固溶体也是有十分重要的影响的，若它们具有相同的晶体结构，就有可能形成连续固溶体，这是必要条件，如果晶体结构不同，最多只能形成有限固溶体。在一些二元系统中，如 MgO-NiO、Al_2O_3-Cr_2O_3、Cu-Ni、Mo-W、Ti-Zr 等系统中，正是由于它们具有相同的晶体结构，在满足尺寸因素的前提下，才能生成连续固溶体。MgO-NiO 都具有面心立方结构，且 $\Delta r<15\%$，可形成连续固溶体。MgO-CaO 因二者结构不同，只能形成有限固溶体或不形成固溶体。

一般常见的层状材料镍酸锂($LiNiO_2$)、钴酸锂($LiCoO_2$)和锰酸锂($LiMnO_2$)，都为 α-$NaFeO_2$ 晶体结构，属于六方晶系。从晶体结构上看，Li-O 八面体和 M-O 八面体(M 为过渡金属元素)层层交替、互相堆叠，故称为层状材料。它们具有相同的晶体结构，离子半径接近，容易形成连续固溶体。因此含有这些元素的二元或三元正极材料，实际上就是置换型固溶体材料。

在三元材料中，除了 Ni/Co/Mn(NCM)三元材料外，Ni/Mn/Fe(NMF)、Ni/Co/Al(NCA)等因晶体结构相似，离子半径接近，也能够形成置换型固溶体，原子可按任意比例混排。形成的固溶体材料，提高了电极材料的性能，Ni 含量上升会提升容量；Mn^{4+} 呈电化学惰性，主要起稳定结构的作用，Mn 含量上升会提升释氧温度，保障安全性；Co 既能稳定材料的层状结构，又能减少阳离子混排，有利于提升电池循环性能。目前电池能量密度方面 NCA>NCM811>NCM622>NCM523。随着能量密度的提升，三元材料作为新能源车的动力来源，使电动车的整车里程焦虑不断改善，另外单位瓦时的电池成本也将进一步降低。

一般情况下，如果二元体系不满足尺寸因素，即使晶体结构相同，也很难形成连续固溶体。如 Fe_2O_3 和 Al_2O_3，虽然它们都具有刚玉型结构，但由于它们之间半径差 $\Delta r=18.4\%$，只能形成有限固溶体。

3. 离子的类型和键性

离子类型是指离子外层的电子构型，相互置换的离子类型相同，容易形成固溶体。化学键性相近，即取代前后离子周围离子间键性相近，容易形成固溶体。

4. 电价

形成固溶体时，离子间可以等价置换也可以不等价置换。但是形成的固溶体的固溶度与它们各自的价态有关，且高价元素在低价元素中的固溶度大于低价元素在高价元素中的固溶度。只有原子价(或离子价)相同时，才能生成连续固溶体，对于多组元复合取代，则要求总价数相等，满足取代后结构中依然是电中性的要求。

5. 电负性

元素的电负性对固溶体形成也有一定影响，电负性相近，有利于形成固溶体，电负性差别越大，越倾向于生成化合物。

6. 温度

温度对固溶体的形成也有明显的影响，一般来说，温度升高有利于形成固溶体。

以上这些影响因素，并不一定是单独起作用或同时起作用，在某些条件下，有的因素会起主要作用，有的不起主要作用。

在以上讨论某个影响置换型固溶体的因素时，往往默认了其他因素是固定不变的，但实际上，固溶体的形成往往是几个因素共同相互作用的结果，目前还难以对具体系统从定量的角度进行热力学计算。在判断一个体系究竟是生成何种类型固溶体时，不能孤立片面地仅从某个因素来考虑，而必须把各个因素综合起来考虑。上述虽然是一些定性的观点，但对固溶体的分析仍然是很重要的，从逐条判据出发，再予综合归纳，作出综合性判断。

2.3.2　间隙型固溶体的形成及影响因素

如果杂质质点比较小，而晶体中空隙又较大，那么杂质质点就能进入晶格的间隙位置内形成间隙型固溶体。形成间隙型固溶体的固溶度仍然取决于离子尺寸、离子价、电负性、结构等因素。

1. 溶质质点大小和溶剂的晶体结构

溶质质点的半径小和溶剂晶格结构空隙大，容易形成间隙型固溶体。溶质质点越小，溶剂的晶格空间越大，结构越疏松，形成的固溶体的固溶度就可能越大。但是由于溶剂的晶格空隙有限，只能形成有限固溶体。

2. 电价

溶质原子进入间隙形成间隙型固溶体时，必然引起晶体结构中电价的不平衡，与置换型固溶体一样，也必须保持电价的平衡。这可以通过生成空位，部分取代或改变离子的价态来达到。

常见的间隙型固溶体有原子间隙、阳离子间隙和阴离子间隙。原子填隙到金属晶体中的缺陷是比较容易发生的，在金属中，常常存在原子半径较小的 H、C、B 等元素进入晶格间隙中形成间隙型固溶体，如钢就是 C 进入 Fe 的晶格间隙中形成的间隙型固溶体。一般情况下，大部分无机离子晶体中不太容易出现阳离子间隙，只有少数情况下才能够发生。如把 CaO 加入 ZrO_2 中，当其加入量小于 15%时，并且在 1800 ℃高温下才可发生下列反应，生成间隙型固溶体：

$$2CaO \xrightarrow{ZrO_2} Ca_{Zr}'' + Ca_i^{\cdot\cdot} + 2O_O \tag{2-28}$$

对于大部分无机离子晶体，阴离子填隙也是很不容易发生的，但它却是 CaF_2 型结构的主要缺陷类型。如将 YF 加入 CaF_2 中，形成固溶体，其缺陷反应式为

$$YF_3 \xrightarrow{CaF_2} Y_{Ca}^{\cdot} + F_i' + 2F_F \tag{2-29}$$

从上面的缺陷反应可以看出，当形成固溶体时，材料整体还是要保持电价平衡。形成间隙型固溶体时，由于原子或离子进入溶剂(基体)的间隙位置，一般都使晶格常数增大，增大到一定的程度，使固溶体不稳定而离解，所以间隙型固溶体不可能是连续固溶体。晶体中间隙是有限的，容纳杂质质点的能力一般≤10%。

2.3.3 固溶体对晶体性质的影响

固溶体可以看作是含有杂质原子的晶体，这些杂质原子的进入使基质晶体的性质(晶格常数、密度、电性能、光学性能、机械性能)发生很大变化，这就为研发新型材料提供了一个广阔的领域。

1. 稳定晶格

ZrO_2 的耐高温性能以及化学稳定性非常好，但是常温下是单斜晶系晶体，1150 ℃时转变为正方晶系，晶型转变时有7%~9%的体积变化，这对高温结构材料是致命的。为了解决这个问题，在 ZrO_2 中加入一定数量阳离子半径与 Zr^{4+} 相近的氧化物，如 CaO、MgO、Y_2O_3、Sc_2O_3 等，经高温煅烧后，它们与 ZrO_2 形成置换型固溶体。掺杂后的 ZrO_2 将变为萤石型立方晶系，不再随温度变化，称为稳定的 ZrO_2。掺入 CaO 的 ZrO_2 可记作 ZrO_2-CaO 或 ZrO_2(CaO)，其余类同。这种掺杂后的 ZrO_2 材料是一种高温结构材料，也可以用作高温固体电解质材料。

2. 活化晶格

形成固溶体后，晶格结构有一定畸变，处于高能量的活化状态，有利于进行化学反应。如，Al_2O_3 熔点高(2050 ℃)，不利于烧结，若加入 TiO_2，可使烧结温度下降到1600 ℃，这是因为 Al_2O_3 与 TiO_2 形成固溶体，Ti^{4+} 置换 Al^{3+} 后，$Ti_{Al}^{\cdot}$ 带正电，为平衡电价，产生正离子空位，加快扩散，有利于烧结进行。

3. 固溶强化

固溶强化是合金元素固溶于基体金属中造成一定程度的晶格畸变，从而使合金强度提高的现象。融入固溶体中的溶质原子造成晶格畸变，晶格畸变增大了位错运动的阻力，使滑移难以进行，从而使合金固溶体的强度与硬度增加。这种通过融入某种溶质元素来形成固溶体而使金属强化的现象称为固溶强化。在溶质原子浓度适当时，可提高材料的强度和硬度，而其韧性和塑性却有所下降。

强化的程度(或效果)不仅取决于它的成分，还取决于固溶体的类型、结构特点、固溶度、组元原子半径差等一系列因素。固溶强化的特点和规律如下：

(1)间隙式溶质原子的强化效果一般要比置换式溶质原子更显著；

(2)溶质和溶剂原子尺寸相差越大或固溶度越小，固溶强化越显著。

以 V-4Cr-4Ti 合金的氢致硬化为例。钒合金具有较强的吸氢能力，合金元素 Ti 能显著提高合金的吸氢量，在达到氢致脆性断裂前，氢致强化表现为典型的固溶强化，而其强化能力因 Ti 的存在而显著降低，是含 Ti 钒合金具有优良抗氢脆性能的主要原因。这是因为 H 在合金中是非常容易扩散的，其可以与位错发生交互作用，从而提高合金的强度，并使合金的塑性降低。H 引起合金的固溶强化，使合金的晶粒强度升高。而金属 Ti 是一种很好的吸气剂，在钒合金中，由于Ti 对间隙杂质原子 C、N、O 和 H 等具有很强的吸附作用，它能降低它们在合金中的扩散系数，减弱合金中 H 与位错的交互作用，使合金具有相对优良的抗氢脆性能。

$Na_4Fe(CN)_6/NaCl$ 固溶体(图 2-9)可作为钠离子电池的正极材料。纯 $Na_4Fe(CN)_6$ 和 NaCl 均不能作为钠离子电池的正极材料，而 $Na_4Fe(CN)_6/NaCl$ 的样品表现出显著提高的 Na^+ 嵌入/脱出能力和电化学性能，这归因于在固溶体结构中产生的阳离子空位和相互连接的结构。

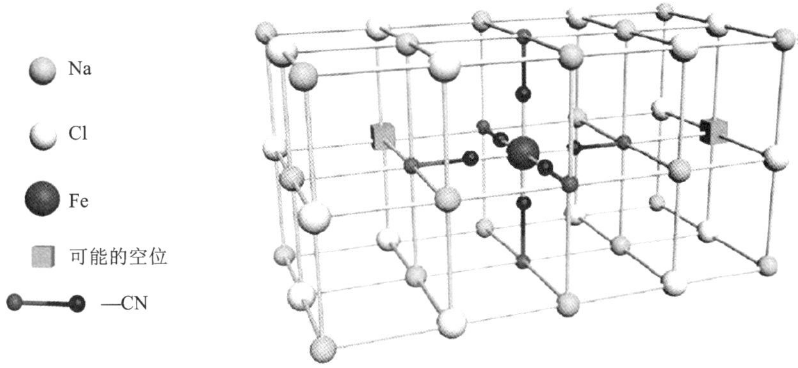

图 2-9　$Na_4Fe(CN)_6$ 和 NaCl 形成固溶体的结构示意图

扫一扫，看彩图

2.4　非化学计量化合物

按照化学中定比定律，即每一种化合物，不论它是天然存在的，还是人工合成的，也不论它是用什么方法制备的，它的组成元素的质量都有一定的比例关系，这一规律称为定比定律。换成另外一种说法，就是每一种化合物都有一定的组成，所以定比定律又称定组成定律。但在实际的化合物中，有一些化合物并不符合定比定律，其中负离子与正离子的比例并不是固定的比例关系，这些化合物称为非化学计量化合物(或非整比化合物)。这是在化学组成上偏离化学计量而产生的一种缺陷。在含有变价元素(Fe、Ti、Co)的人工合成材料中，甚至是天然晶体中，非化学计量化合物都是经常可以见到的，这种化合物可以看作是高价化合物与低价化合物的固溶体，也是一种点缺陷。

非化学计量化合物由于各种缺陷的存在，往往给材料带来了许多特殊的光、电、声、磁、力和热性质，使它们成为很好的功能材料。非化学计量化合物是由于化学组成偏离了化学计量关系而产生的一种缺陷，因此具有一些特点：非化学计量化合物本质上是高价化合物和低价化合物形成的固溶体；缺陷的产生及缺陷的浓度与合成条件有关系，如温度、气氛性质、气压大小。

由于非化学计量化合物是高价化合物和低价化合物形成的固溶体，为了保持材料整体的电中性，常常在材料中产生电子或电子空穴，因此，非化学计量化合物都是半导体，这为制备半导体元件和提高电池材料的导电性开辟了一个路径。非化学计量化合物可以分为四种类型：阳离子空位型、阴离子空位型、阳离子间隙型、阴离子间隙型。

1. 阳离子空位型

由于阳离子空位，使阴离子过剩，因此为了保持晶体材料整体的电中性，在阳离子空位的周围捕获电子空穴。

由于电子空穴在电场作用下发生迁移形成电子空穴导电，因此阳离子空位缺陷的晶体材料是 P 型半导体。以 FeO 为例，其化学式可以写成 $Fe_{1-x}O$，其缺陷反应式为

$$2Fe_{Fe}+\frac{1}{2}O_2(g)\xlongequal{}2Fe_{Fe}^{\cdot}+V_{Fe}''+O_o \tag{2-30}$$

可以简化成

$$\frac{1}{2}O_2(g)\xlongequal{}2h^{\cdot}+V_{Fe}''+O_o \tag{2-31}$$

这个非化学计量化合物可以看成是由于晶体中 1 个 Fe^{2+} 缺少，形成了 1 个空位 V_{Fe}''，为了保持电中性，迫使周边的 2 个 Fe^{2+} 变为 Fe^{3+}，相当于两个电子空穴被束缚在空位 V_{Fe}'' 的周围，形成一种 V-色心。电子空穴并不是永久属于某个铁离子，而是在空穴的周围运动。这种形成的点缺陷浓度也可以根据前面介绍的质量作用定律进行计算：

$$K=\frac{[O_o][h^{\cdot}]^2[V_{Fe}'']}{p_{O_2}^{1/2}} \tag{2-32}$$

由于晶体中正常格点的 O 含量很高，所以 $[O_o]\approx1$，根据方程式 $[h^{\cdot}]=2[V_{Fe}'']$，可以得到

$$[h^{\cdot}]=(2K\cdot p_{O_2}^{1/2})^{1/3}=K'\cdot p_{O_2}^{1/6} \tag{2-33}$$

即随着氧分压增大，电子空穴的浓度增大，电导率增大。

2. 阴离子空位型

阴离子空位会使金属离子过剩。如 TiO_2、ZrO_2 等，其分子式可以写成 TiO_{2-x}、ZrO_{2-x}，从分子式可以看出，环境的氧气压力减小或还原性气氛中容易产生阴离子空位型的非化学计量化合物。

从化学观点看，缺氧的 TiO_2 可以看成四价钛和三价钛氧化物的固溶体，其缺陷反应可以写成

$$2Ti_{Ti}+4O_o\xlongequal{}2Ti_{Ti}'+V_O^{\cdot\cdot}+3O_o+\frac{1}{2}O_2(g) \tag{2-34}$$

$Ti_{Ti}'\xlongequal{}Ti_{Ti}+e'$，因此上式可简写成

$$O_o\xlongequal{}2e'+V_O^{\cdot\cdot}+\frac{1}{2}O_2(g) \tag{2-35}$$

这个非化学计量化合物可以看成，在氧逸出的地方留下 1 个空位 $V_O^{\cdot\cdot}$，同时释放出 2 个电子，这 2 个电子被束缚在氧空位周围，以保持电中性。电子并不是固定属于某个钛离子，而是在电场的作用下在空位周围运动。由于是电子在电场的作用下迁移导电，因此这种缺陷的晶体材料是 N 型半导体。

缺陷反应的平衡常数表达式如下：

$$K=\frac{[V_o^{\cdot\cdot}][e']^2p_{O_2}^{1/2}}{[O_o]} \tag{2-36}$$

根据缺陷反应方程式，平衡时 $[V_O^{\cdot\cdot}]=\frac{[e']}{2}$，和前面分析一样，由于晶体中正常格点的 O 含量很高，所以 $[O_o]\approx1$，则

$$[e'] = \left(\frac{2K}{p_{O_2}^{1/2}}\right)^{1/3} = K' \cdot p_{O_2}^{-1/6} \tag{2-37}$$

上式表明电子或氧空位的浓度与氧分压的 1/6 次方成反比，氧分压越低，氧空位的浓度越高，电子的浓度越高，材料的导电性越好。

3. 阳离子间隙型

阳离子进入间隙，导致晶体中阳离子过剩，ZnO、CdO 等在阳离子元素的蒸气中加热，容易形成阳离子间隙型非化学计量化合物，它们的分子式写成 $Zn_{1+x}O$、$Cd_{1+x}O$ 等。如氧化锌在锌蒸气中加热，颜色逐渐加深，其缺陷反应为

$$ZnO \longrightarrow Zn_i^{\cdot\cdot} + 2e' + \frac{1}{2}O_2(g) \tag{2-38}$$

或

$$ZnO \longrightarrow Zn_i^{\cdot} + e' + \frac{1}{2}O_2(g) \tag{2-39}$$

按式(2-38)得到

$$[e'] = 2[Zn_i^{\cdot\cdot}] \propto p_{O_2}^{-1/6} \tag{2-40}$$

按式(2-39)得到

$$[e'] = [Zn_i^{\cdot}] \propto p_{O_2}^{-1/4} \tag{2-41}$$

实验测定出的氧化锌在锌蒸气中形成的材料的电导率和氧分压之间的关系见图 2-10，氧化锌电导率与氧分压的关系符合式(2-41)，说明单电荷模型式(2-38)是正确的。

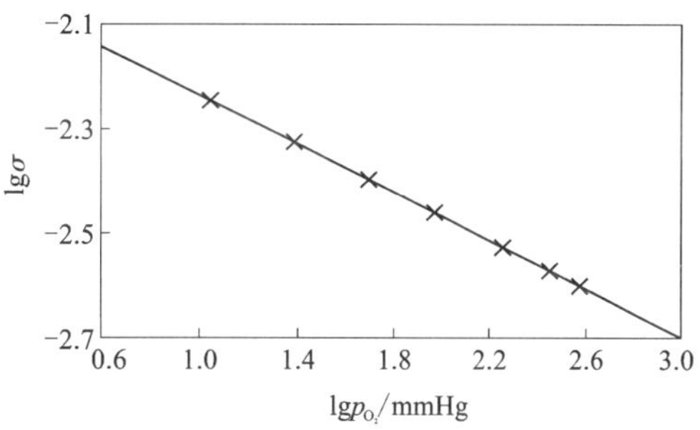

图 2-10　650 ℃下 ZnO 电导率 σ 与氧分压 p_{O_2}(mmHg①)的关系

在锂离子电池的正极材料中，所有富锂的正极材料，锂离子含量都超出了化学计量的数量，只能进入晶体的间隙位置，因此都属于阳离子间隙型的非化学计量化合物。如非化学计量的尖晶石型 $Li_{1.05}Ni_{0.5}Mn_{1.5}O_4$ 等正极材料在高电压、高能量密度的锂离子电池中具有更广阔的应用前景。

4. 阴离子间隙型

阴离子进入间隙，使晶体中阴离子过剩形成非化学计量化合物，目前只发现了 UO_2 晶体中有这种缺陷产生，可视为 U_2O_5 在 UO_2 中形成固溶体。由于阴离子进入间隙，为了保持电中性，迫使部分阳离子转变为高价，同时引入了电子空穴，电子空穴也不局限于特定的阳离子，而在间隙离子周围运动，在电场的作用下，电子空穴导电，是一种 P 型半导体。

这类缺陷反应方程式可表示为

$$\frac{1}{2}O_2(g) \longrightarrow O_i'' + 2h^{\cdot} \tag{2-42}$$

可以推导出

① 1 mmHg = 133.28 Pa。

$$[h^{\cdot}]=2[O_i'']\propto p_{O_2}^{1/6} \tag{2-43}$$

随着氧分压的增大，间隙氧浓度增大，电子空穴浓度增大，材料的导电性提高。

综上所述，非化学计量化合物的产生及其缺陷的浓度与气氛的性质及压力大小有密切的关系。此外，缺陷的浓度也与温度有关，这在平衡常数与温度的关系中反映出来。

2.5 线缺陷

晶体在结晶时受到杂质、温度变化或振动等产生的应力作用，或者晶体在使用时受到打击、切削、研磨等机械应力作用或高能射线辐照作用，使晶体内部质点排列变形，原子行列间相互滑移，不再符合理想晶格的有秩序的排列，形成线状的缺陷(line defect)，如各种位错(dislocation)等，线缺陷也称为一维缺陷。

位错的假说是1934年波拉尼(M. Polanyi)、奥罗万(E. Orowan)和泰勒(G. I. Taylor)为了解释金属的塑性变形而提出来的，20世纪50年代得到实验证实。位错的存在对晶体的生长、相变、扩散、形变、断裂以及其他许多物理化学性质都有重要影响。了解位错的结构及性质，对研究和了解金属尤为重要，对于了解多晶体中晶界的性质和烧结机理也是不可缺少的。

2.5.1 晶体在外力作用下的滑移

在外力的作用下，晶体的一部分沿着一定的晶面的一定晶向发生平移，使晶体上的原子从一个平衡位置平移到另一个平衡位置，这个过程称为晶体滑移，如图2-11所示。滑移导致晶体发生了塑性变形。晶体滑移在最密排晶面上的最密排晶向上进行，发生滑移的最密排晶面称为滑移面，发生滑移的晶向称为滑移方向。位错实际上就是晶体滑移导致的。

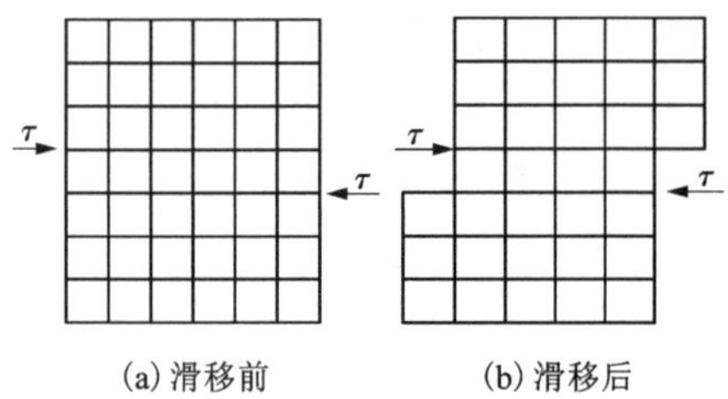

图2-11　外力作用下晶体滑移示意图

2.5.2 位错的基本类型

位错最主要、最基本的形态有刃型位错和螺型位错以及由它们组成的混合位错。

1. 刃型位错

刃型位错的结构如图2-12所示。设有一简单立方结构的晶体，在切应力τ的作用下发生局部滑移，晶体的滑移是在外力的作用下，晶体的一部分沿着一定的晶面的一定晶向发生平移，使晶体上的原子从一个平衡位置平移到另一个平衡位置的过程。发生局部滑移后晶体内在垂直方向出现了一个多余的半原子面*EFGH*，显然在晶格内产生了缺陷，这就是位错，这种位错在晶体中有一个刀刃状的多余半原子面，所以称为刃型位错(简称为刃位错)。多余半原子面与滑移面*ABCD*的交线*EF*称为刃位错线。从图中可以看出位错线的上部邻近范围受到压应力，而下部邻近范围受到拉应力，离位错线较远处原子排列正常。通常称晶体上半部多出原子面的位错为正刃位错，用符号“⊥”表示，反之为负刃位错，用“⊤”表示。当然这种正、负的规定只具有相对意义，而无本质的差别。

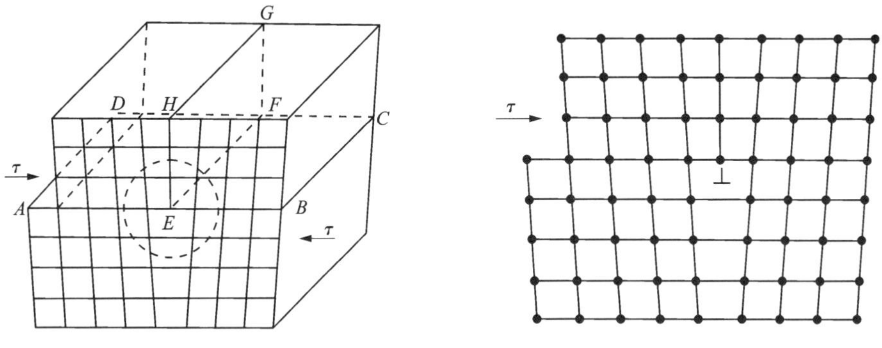

(a) 刃位错形成的立体示意图　　(b) 刃位错形成的平面示意图

图 2-12　刃位错形成示意图

刃位错的特征是：刃位错处有一定的弹性形变，在其四周存在一定的弹性应力场，位错是滑移的边界，位错的方向与滑移的方向垂直。

2. 螺型位错

晶体在外加切应力 τ 作用下(施力方式与刃位错中的不同)，沿 $ABCD$ 面滑移，如图 2-13 所示，图中 EF 线以右为已滑移区，以左为未滑移区，它们分界的地方就是位错存在之处。由于位错线周围的一组原子面形成了一个连续的螺旋形坡面，故称为螺型位错(简称为螺位错)。螺位错也是 EF 线附近一个半径为 3~4 个原子间距的管道。

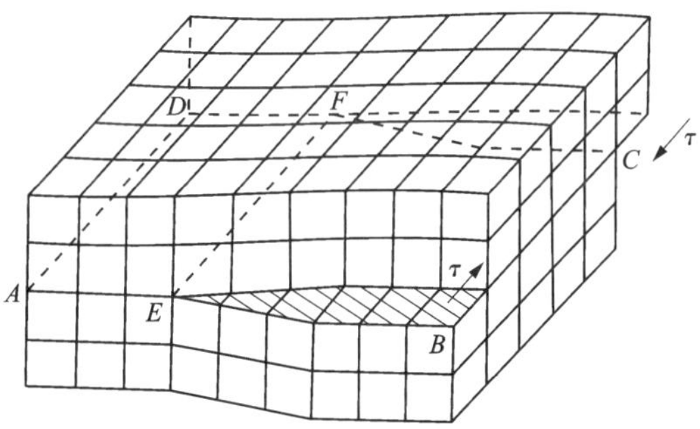

图 2-13　螺位错形成示意图

螺位错的几何特征是位错线与原子滑移方向相平行，位错线周围原子的配置是螺旋状的，即形成螺位错后，原来与位错线垂直的晶面，变成以位错线为中心轴的螺旋面，如图 2-14(a)所示。位错线附近，滑移面上、下两个原子面上的原子相对滑移的距离，随着与位错中心 OO'的距离的不同而变化，见图 2-14(b)。距离位错中心为 3~4 个原子间距的地方，原子从一个平衡位置移动到另一个平衡位置。此范围以外，原子位于正常格点上。

螺位错有左、右旋之分，分别以符号“↻”和“↺”表示。其中小圆点代表与该点垂直的位错，旋转箭头表示螺旋的旋转方向。它们之间符合左手、右手螺旋定则。

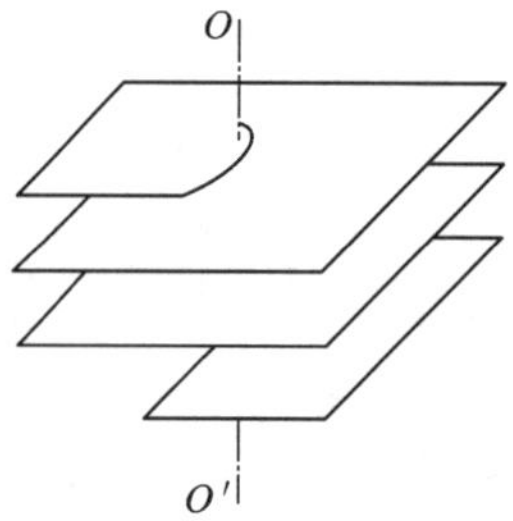

(a) 与螺位错垂直的晶面的形状

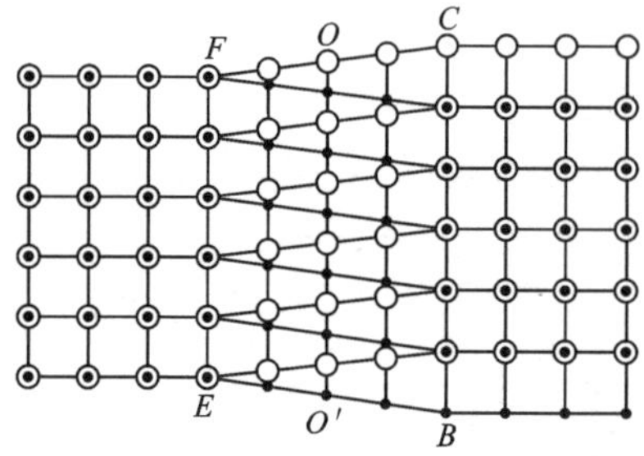

(b) 螺位错滑移面两侧晶面上原子的滑移情况

图 2-14　螺位错

3. 混合位错

实际的位错常常是混合型的，介于刃位错和螺位错之间，如图 2-15 所示。如果局部滑移从晶体的一角开始，然后逐渐扩大滑移范围，滑移区和未滑移区的交界为曲线 *EF*。在 *E* 处，位错线和滑移方向平行，是纯螺型位错；在 *F* 处，位错线和滑移方向垂直，是纯刃型位错。*EF* 上的其他各点，位错线和滑移方向既不垂直又不平行，原子排列介于螺型和刃型位错之间，所以称为混合位错。

位错线上任意一点，经矢量分解后，可分解为刃位错和螺位错分量。晶体中位错线的形状可以是任意的，但位错线上各点的伯格斯矢量相同，只是各点的刃型、螺型分量不同而已。

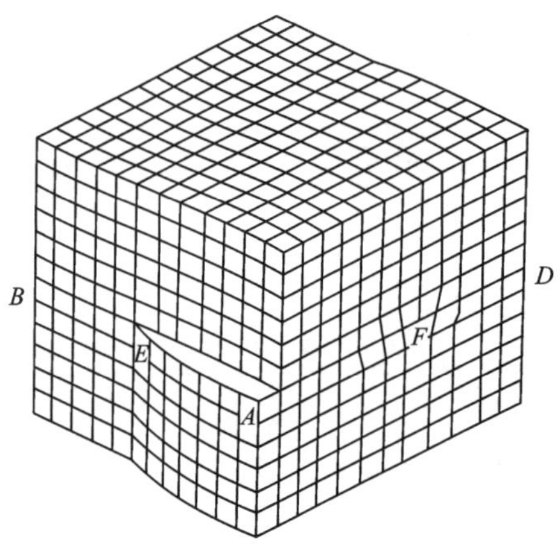

(a) 混合位错的立体模型

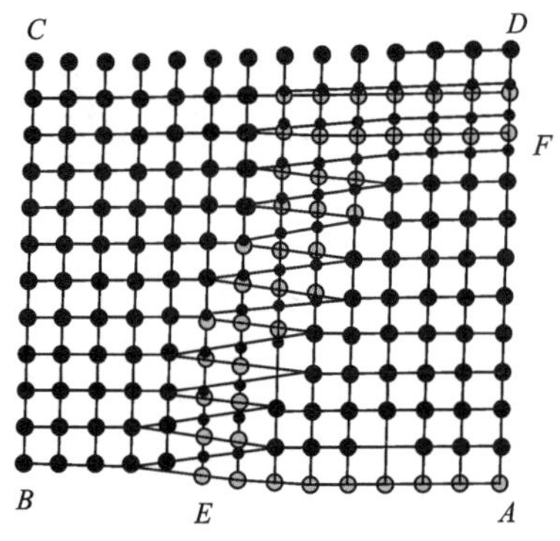

(b) 混合位错的原子错排结构

图 2-15　混合位错立体模型及其原子错排结构

2.5.3　位错的伯格斯矢量及位错的性质

前面介绍了位错的原子模型，为了便于进一步分析位错的特征，同时避免烦琐的原子模型，建立了一个简单的物理参量来描述位错区原子排列的畸变特征，这个描述位错特征的物理参量由伯格斯(Burgers)于 1939 年首先提出，故称为伯格斯矢量，简称为伯氏矢量。

位错线在几何上有两个特征：一是位错线的方向 ξ，它表明给定点上位错线的取向，由人们的观察方位来决定，是人为规定的；二是位错线的伯氏矢量 $\boldsymbol{b}$，它表明晶体中有位错存在时，滑移面一侧质点相对于另一侧质点的相对位移或畸变。伯氏矢量 $\boldsymbol{b}$ 的大小表征了位错的单位滑移距离，其方向与滑移方向一致，由伯格斯回路(简称为伯氏回路)来确定。

伯氏矢量是描述位错实质的重要物理量，反映出伯氏回路包含的位错所引起点阵畸变的总累积。通常将伯氏矢量称为位错强度，位错的许多性质如位错的能量、所受的力、应力场、位错反应等均与其有关。它也表示晶体滑移时原子移动的大小和方向。

1. 伯氏矢量的确定方法

先确定位错的方向(一般以位错线垂直于纸面时，由纸面向外为正)，按右手法则做伯氏回路，右手大拇指指位错正方向，回路方向按右手螺旋方向确定。从实际晶体中任一原子 M 出发，避开位错附近的严重畸变区做一闭合回路 $MNOPQ$，回路每一步连结相邻原子。按同样方法在完整晶体中做同样回路，步数、方向与上述回路一致，这时终点 Q 和起点 M 不重合，由终点 Q 到起点 M 引一矢量 $\boldsymbol{QM}$ 即为伯氏矢量 $\boldsymbol{b}$。伯氏矢量与起点的选择无关，也与路径无关。图 2-16 和图 2-17 表示刃位错和螺位错伯氏矢量的确定方法及过程。

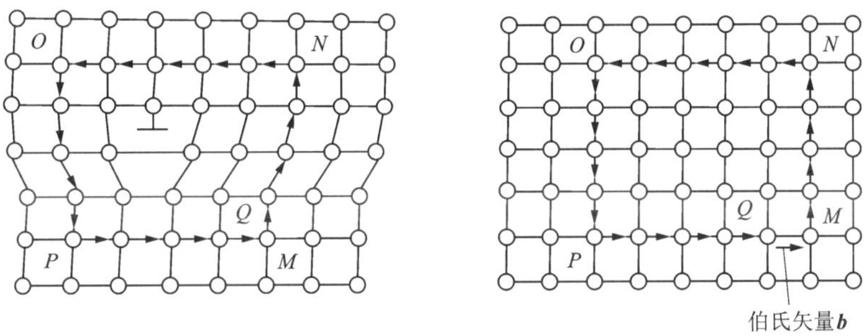

(a) 有位错的晶体　　(b) 完整晶体

图 2-16　刃位错伯氏矢量的确定

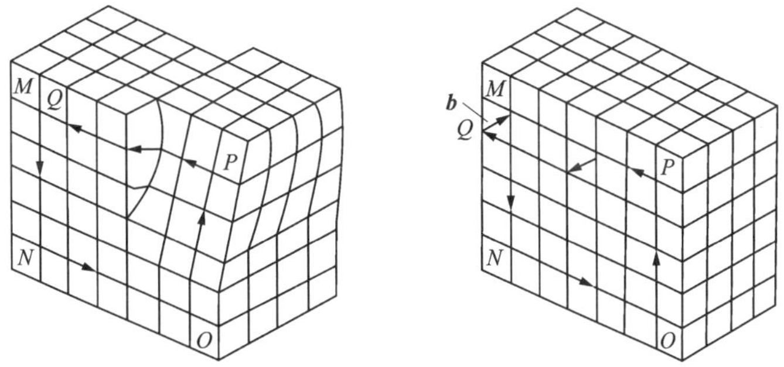

(a) 有位错的晶体　　(b) 完整晶体

图 2-17　螺位错伯氏矢量的确定

2. 伯氏矢量的表示方法

位错的伯氏矢量，即位错的单位滑移矢量。滑移矢量是指晶体滑移过程中，在滑移面的滑移方向上，任一原子从一个位置移向另一个位置所引出的矢量。一定的伯氏矢量或滑移矢量，可以用一个特定的符号 $\boldsymbol{b}=ka[uvw]$ 来表示，其中 a 是晶胞参数，$[uvw]$ 表示矢量的方向，它与表示晶体滑移方向的晶向符号相同。具体做法是：将某个滑移矢量在晶胞坐标轴 X、Y、Z 上的分量，提取公因数 k，使括号内数字成为最小整数，依次填入方括号[　]内即可。

【例 2-5】 面心立方晶体在$(1\bar{1}1)[110]$滑移系统滑移，试确定其伯氏矢量。

【解】 晶体在$(1\bar{1}1)[110]$滑移系统滑移时，其滑移矢量在[110]晶向上。从任一原子位置向前方另一原子位置引出的矢量，也就是从晶胞坐标原点[0, 0, 0]向(001)晶面的晶胞面心[1/2, 1/2, 0]所引出的矢量。该矢量方向在晶胞坐标轴 X、Y、Z 三轴上的分量依次为 $a/2$、$a/2$、0，因此，用它表示的伯氏矢量的符号为 $\boldsymbol{b}=\left[\frac{a}{2}\quad\frac{a}{2}\quad 0\right]=\frac{a}{2}[110]$，此即位错的单位滑移矢量。

对于面心立方晶体而言，其密排面的密排方向在面对角线方向，因此，晶体滑移时，每次滑移的距离即为面对角线的一半，即$\frac{\sqrt{2}a}{2}$。这与滑移矢量 $\boldsymbol{b}$ 的模的大小是一致的。

3. 伯氏矢量的物理意义及特征

从上述用伯氏回路确定伯氏矢量的方法可以看出，伯氏矢量是一个反映位错周围点阵畸变总累积的物理量，伯氏矢量与回路的起点及回路的途径的选择无关，在回路的任意扩大及缩小过程中，只要不与其他位错相遇，则回路包含的点阵畸变总累积量不会改变，因此说伯氏矢量就有守恒性，由此可引申出一个结论：一根不可分叉的任何形状的位错只有一个伯氏矢量。由此推断出两条规律：

(1)一条位错线只有一个伯氏矢量。一条位错线，不管其形状如何，其伯氏矢量是唯一确定的，当位错在晶体中运动或改变方向时，其伯氏矢量不变。

(2)如果几条位错线在晶体内部相交(交点称为节点)，则其中任一位错的伯氏矢量，等于其他各位错的伯氏矢量之和；或者说指向节点的各位错的伯氏矢量之和，必然等于离开节点的各位错的伯氏矢量之和，见图 2-18(a)，即 $\sum b_i=\sum b'_i$。

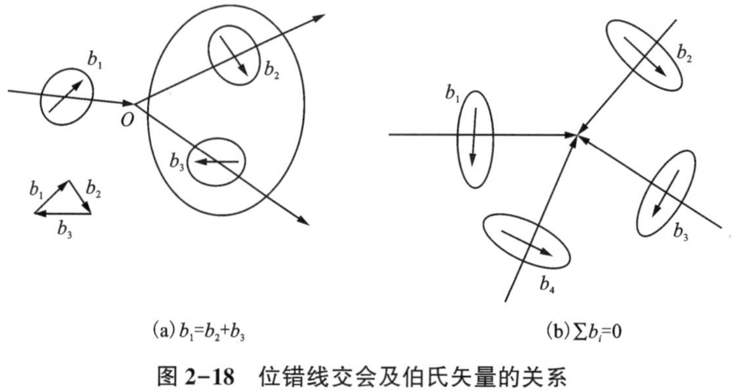

(a) $b_1=b_2+b_3$　　(b) $\sum b_i=0$

图 2-18　位错线交会及伯氏矢量的关系

4. 位错线的连续性及位错密度

1）位错线的连续性

位错线不可能中断于晶体内部。在晶体内部，位错线要么自成环状回路，要么与其他位错相交于节点，要么穿过晶体终止于晶界或晶体表面。此性质称为位错线的连续性。

2）位错密度

位错密度是衡量晶体中位错的多少、单晶质量的好坏、晶体变形性大小的一个物理量。定义单位体积内位错线的总长度为位错密度 ρ（单位为 cm^{-2}），即

$$\rho=\frac{L}{V} \tag{2-44}$$

式中：L 为位错线总长度，cm；V 为晶体体积，cm^3。

若位错线是直线，而且是平行地从晶体一面到另一面，则位错密度等于垂直于位错线的单位截面积中穿过的位错线的数目，即

$$\rho=\frac{n\cdot l}{S\cdot l}=\frac{n}{S} \tag{2-45}$$

式中：l 为晶体长度；n 为位错线数目；S 为晶体截面面积。

晶体中的位错密度可以通过透射电镜、X 射线、金相显微镜或其他方法测量。

2.5.4　位错的运动

晶体在外力作用下变形的过程，可以说是位错滑移区不断扩大的过程，这个过程是通过位错线的相应运动完成的。位错的运动是位错的重要性质之一，它与晶体的力学性能如强度、塑性、断裂等密切相关。位错运动包括位错的滑移和位错的攀移（爬移）两种形式。

1. 位错的滑移

位错的滑移是指在切应力的作用下，晶体中的位错线沿着滑移面所进行的运动，结果导致晶体永久变形。滑移是位错的主要运动方式。

1）刃位错的滑移

刃位错的滑移模型如图 2-19 所示。其中 HE（半原子面）表示位错中心原来的位置，在切应力作用下，该位错沿伯氏矢量滑移了一个原子的位置，处于 $H'E'$ 的位置。位错所进行的这种滑移运动是通过 HE 面及其附近原子的移动小于一个原子间距的微小距离实现的，即由“○”位置移动到了“●”处。

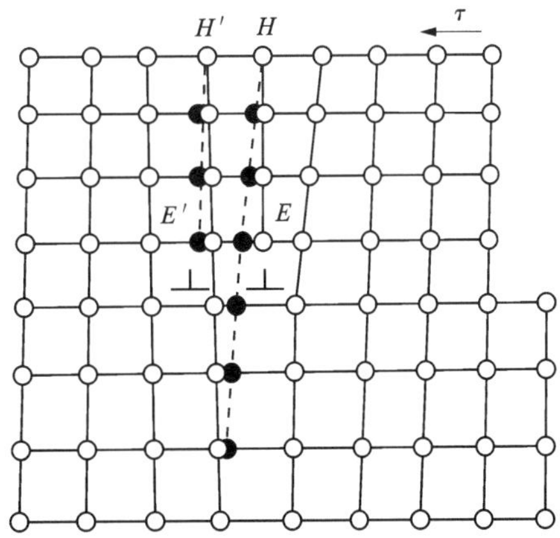

图 2-19　刃位错的滑移模型

当位错运动到晶体表面时，整个上半部晶体相对于下半部移动了一个伯氏矢量，晶体表面产生了高度为 b 的台阶。刃位错的伯氏矢量 $\boldsymbol{b}$ 与位错线 t 互相垂直，故滑移面为 $\boldsymbol{b}$ 与 t 决定的平面，它是唯一确定的。刃位错移动的方向与 $\boldsymbol{b}$ 方向一致，和位错线垂直。

2)螺位错的滑移

螺位错的滑移模型如图 2-20 所示，在外力 τ 作用下，原子从虚线位置移动到实线位置，位错线从 EF 移动到 $E'F'$，完成了一步滑移。外力继续作用，位错线逐步向左移动，直到位错线到达晶体表面为止。

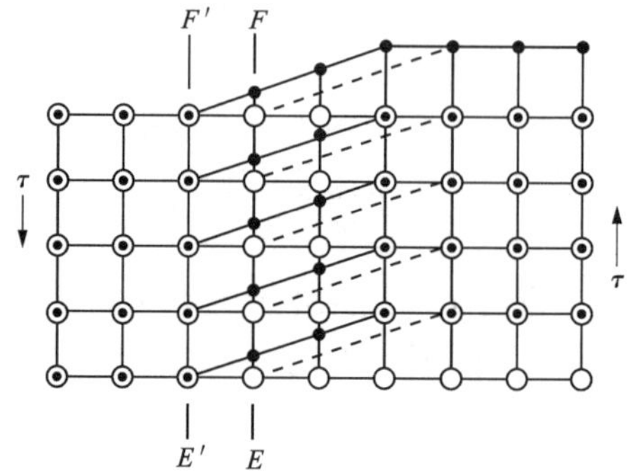

图 2-20 螺位错的滑移模型

3)位错的滑移特点

位错滑移面与晶体滑移面的关系：位错滑移是在其滑移面上进行的。位错线与其伯氏矢量构成的晶面称为该位错的滑移面，亦称可滑移面。晶体的滑移面通常是指晶体中的原子密排面，在密排晶面上，位错的滑移容易进行。所以，晶体的滑移面又叫位错的易滑移面。位错的可滑移面与晶体的滑移面是有区别的，因为晶体中的位错线并不一定刚好在晶体的滑移面上。

刃位错的位错线与其伯氏矢量 $\boldsymbol{b}$ 垂直，它们只能构成一个晶面，因此，对于给定的刃位错，只有一个确定的可滑移面。如果这个可滑移面正好与晶体的滑移面重合，则滑移在很小的外力作用下便很容易进行；如果可滑移面不是晶体的滑移面，则需要很大的外力推动才能进行滑移。

螺位错的位错线与其伯氏矢量 $\boldsymbol{b}$ 平行，因此，由它们构成的位错的可滑移面有无限多个。

但对于给定晶体，这些可滑移面中的易滑移面仍是有限的，因此，螺位错也只能在有限的晶面上滑移。

混合位错的滑移面就是位错线所在的晶面，即刃位错分量的可滑移面。

因此位错滑移的位错滑移方向、晶体滑移方向、外力方向及伯氏矢量 $\boldsymbol{b}$ 之间存在下列关系：

(1)刃位错滑移方向与外力 τ 及伯氏矢量 $\boldsymbol{b}$ 平行，正、负刃位错滑移方向相反；

(2)螺位错滑移方向与外力 τ 及伯氏矢量 $\boldsymbol{b}$ 垂直，左、右螺位错滑移方向相反；

(3)混合位错滑移方向与外力 τ 及伯氏矢量 $\boldsymbol{b}$ 呈一定角度(即沿位错线法线方向滑移)；

(4)晶体的滑移方向与外力 τ 及位错的伯氏矢量 $\boldsymbol{b}$ 相一致，但并不一定与位错的滑移方向相同。

2. 位错的攀移

晶体中的刃位错除了可以进行滑移运动外，还可以在垂直于滑移面的方向上发生攀移运动，位错攀移是指在热缺陷或外力作用下，位错线在垂直于其滑移面方向上的运动，结果导致晶体中空位或间隙质点的增殖或减少。刃位错除了滑移外，还可进行攀移运动。攀移的实质是多余半原子面的伸长或缩短。螺位错没有多余半原子面，故无攀移运动。图 2-21 为位错的攀移情况。

位错攀移是靠原子或空位的转移来实现的。当原子从多余半原子面下端转移到别处去，或空位从别处转移到半原子面下端时，位错线便向上攀移，即正攀移；反之，当原子从别处转移到多余半原子面下端，或空位从这里转移到别处去时，位错线就向下攀移，即负攀移。攀移矢量大小等于滑移面的面间距。

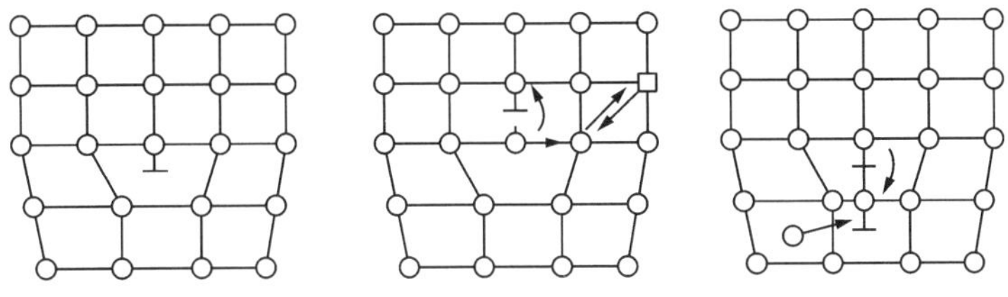

图 2-21　刃位错攀移示意图

攀移的实质是多余半原子面的伸长或缩短。螺位错没有多余半原子面，故无攀移运动。

由于位错攀移需要物质的扩散，因此不可能整条位错线同时攀移，只能一段一段(或者一个、几个原子)地逐段进行。这样，位错线在攀移过程中就会变成折线，出现割阶($C'C$)，如图 2-22 所示。图中刃位错 AB 的一段 AC，从滑移面 1 向上攀移到滑移面 2 上，使位错线变成了折线 $A'C'CB$。随着攀移的进行，$C'C$ 沿着位错线逐渐向 $B'B$ 运动，直到它移过整条位错线时，位错线 AB 才完成一个矢量的攀移，到达 $A'B'$。

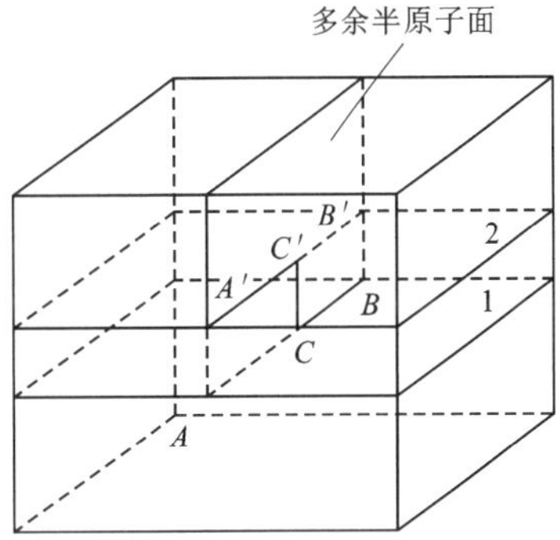

图 2-22　刃位错台阶式攀移示意图

推动位错发生攀移运动的力称为位错的攀移力，位错攀移力包括：

(1) 化学攀移力：是指不平衡空位浓度施加给位错攀移的驱动力。

(2) 弹性攀移力：是指作用于半原子面上的正应力分量作用下，刃位错所受的力。

2.5.5　位错的合成与分解

在实际晶体中，位错并不是一成不变的，位错间可以通过相互转化而形成组态不同的位错，如一条位错线可分解成几条伯氏矢量不同的位错线；反之，几条伯氏矢量不同的位错线也可以合并成一条位错线。通常，位错的合成与分解也称为位错反应。

位错能否发生合成或分解并不是任意的，必须满足一定的条件才能进行：

(1) 必须满足伯氏矢量的守恒性，即反应前后各位错的伯氏矢量之和相等，即 $\sum_i b_{i后} = \sum_i b_{i前}$。

(2) 必须满足能量条件，即反应后各位错的总能量应低于反应前各位错的总能量，即 $\sum_i |b_{i后}|^2 = \sum_i |b_{i前}|^2$。

同位错的合成与分解包括以下一些类型：

(1) 同一滑移面的两个异向位错：相互吸引、反应导致位错消失，变成完整晶体。

(2) 不同滑移面的两个异向位错：上下错开一个原子间距，反应结果生成一排空位。

(3) 不同滑移面的两个同向位错：当两者所成角度<45°时，压应力重叠，张应力重叠，结果互相排斥，导致远离；当两者所成角度>45°时，结果互相吸引，导致接近。

在新能源材料中，位错同样也会影响材料的性能，这里介绍两个例子说明位错对材料性能的影响。

在高镍三元正极材料中，由于应力场的积累，原始晶粒表面可能会产生位错。位错迁移进入晶粒，加速反位错的湮灭以及氧的损失，被认为是裂纹形核、相变和随后快速容量衰减的主要原因。因此，减少位错对于提高正极稳定性将是有效的方法。具体而言，大量氧空位可以聚集形成致密的晶粒表面位错层。由于位错的相互作用机制，表面预先形成的致密位错在循环过程中可以有效地固定新产生的位错。外位透射电子显微镜分析表明，由于这种固定效应，晶内裂纹和相变受到了阻碍，从而提高了高镍三元正极材料的结构稳定性和循环稳定性。

不含钴的高镍层状过渡金属氧化物是一种有前景的成本效益高的高能量锂离子电池正极材料，但在高倍率循环中会出现不良的倍率性能和迅速的容量衰减。迄今为止，快速电化学过程中潜在的结构变化仍不清楚。研究发现，高倍率循环后的相变与低倍率循环后的相变非常不同。低倍率循环的样品显示出典型的层状到岩盐相变。然而，高倍率循环的样品中发现了 O_1 型堆垛故障，这是由不可逆的 TMO_6 板块滑移引起的，这导致了严重的晶格畸变和结构位错。这些发现深化了对不含钴的高镍分层正极材料倍率依赖的结构退化机制的理解，并对改进当前材料以承受高倍率应用具有重要意义。

2.6　面缺陷

面缺陷通常包含几个原子层厚的区域，其原子排列及化学成分不同于晶体内部，可视为二维结构分布，也称为二维缺陷。

面缺陷是将材料分成若干区域的边界，每个区域内具有相同的晶体结构，区域之间有不同的取向，如表面、晶界、界面、层错、孪晶面等，这里只讨论晶界。根据区域间取向的几何关系不同，界面分为位错界面、孪晶界面和平移界面。根据界面上质点排列情况不同，有共格、半共格和非共格界面。

多晶体由许多晶粒组成，每个晶粒是一个小单晶。相邻的晶粒位向不同，其交界面叫晶粒界，简称晶界，如图 2-23 所示。多晶体中，每个晶粒内部原子也并非十分整齐，会出现位向差极小的亚结构，亚结构之间的交界为亚晶界。晶界的结构及性质与相邻晶粒间的取向差有关，当取向差小于 10°时，叫小角度晶界；当取向差大于 10°时，叫大角度晶界。晶界处，原子排列紊乱，使能量增高，即产生晶界能，使晶界性质有别于晶内。

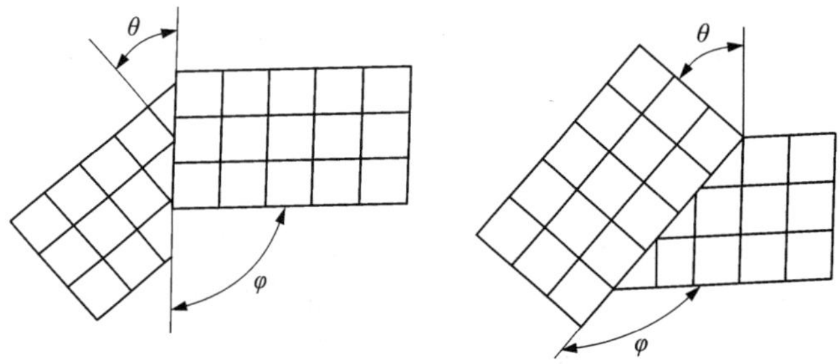

图 2-23　晶界示意图

2.6.1 小角度晶界

小角度晶界通常有两种：倾斜晶界和扭转晶界。倾斜晶界又包括对称倾斜晶界和非对称倾斜晶界两种。

1) 对称倾斜晶界

最简单的小角度晶界是对称倾斜晶界，对称倾斜晶界可以看成由同一晶体的两部分分别相互倾斜一定角度而构成的晶界，如图 2-24 所示。它由一系列伯氏矢量互相平行的同号刃型位错垂直排列而成，晶界两边对称。

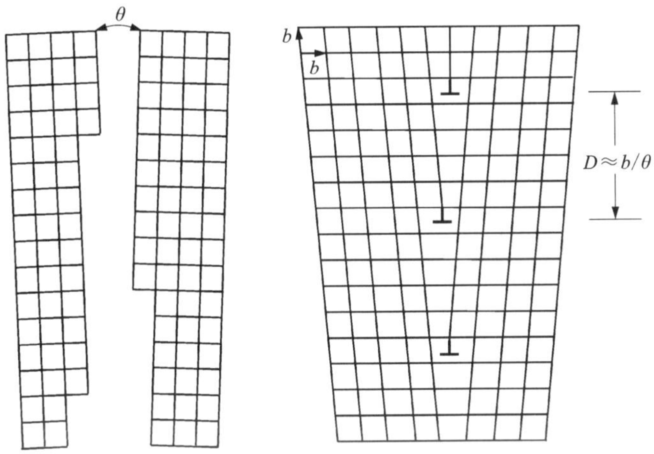

图 2-24　对称倾斜晶界结构模型图

两晶粒的位相差为 θ，晶界中的位错的间距为 D，伯氏矢量为 $\boldsymbol{b}$，它们之间的关系为

$$D=\frac{|\boldsymbol{b}|}{2\sin\dfrac{\theta}{2}} \tag{2-46}$$

当 θ 很小时，晶界中位错间距 $D=|\boldsymbol{b}|/\theta$。

若 $\theta=1°=0.0175$ rad，$b=0.25$ nm，则位错间距 D 为 14.3 nm。当 $\theta=10°$时，位错间距 D 仅为 1.42 nm，相当于间隔 5~6 个原子的距离存在一个位错，此时位错密度太大，这种结构不稳定，此模型已不适用，所以该模型只适用于 θ 较小的情况。对称倾斜晶界中同号位错垂直排列，刃型位错产生的压应力场与拉应力场可互相抵消，不产生长程应力场，其能量最低。

2) 非对称倾斜晶界

图 2-25 为非对称倾斜晶界的模型。该晶界是由两组伯氏矢量相垂直的刃位错交替分布所构成。两晶粒之间的位相差 θ 较小，晶界相对于两晶粒位相不对称，其倾斜角 φ 为晶界面偏离两晶粒位向对称面的角度。两组

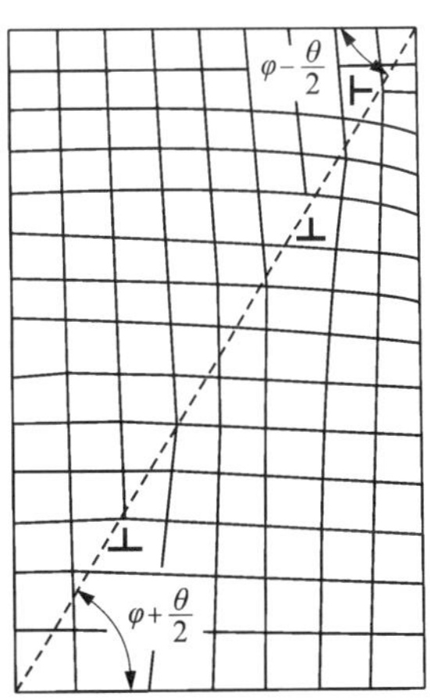

图 2-25　非对称倾斜晶界结构模型

刃位错各自的间距 $D_{\perp}$ 与 $D_{\vdash}$ 可根据几何关系分别求得，即：

$$D_{\perp} = \frac{b_{\perp}}{\theta \sin \varphi} \quad D_{\vdash} = \frac{b_{\vdash}}{\theta \cos \varphi} \tag{2-47}$$

3）扭转晶界

扭转晶界也是一种类型的小角度晶界，其形成模型如图 2-26 所示，相当于将一个晶体切开并围绕垂直于该切面的轴旋转一个角度而成，这种晶界是由两组相互垂直的螺位错交叉网络构成。

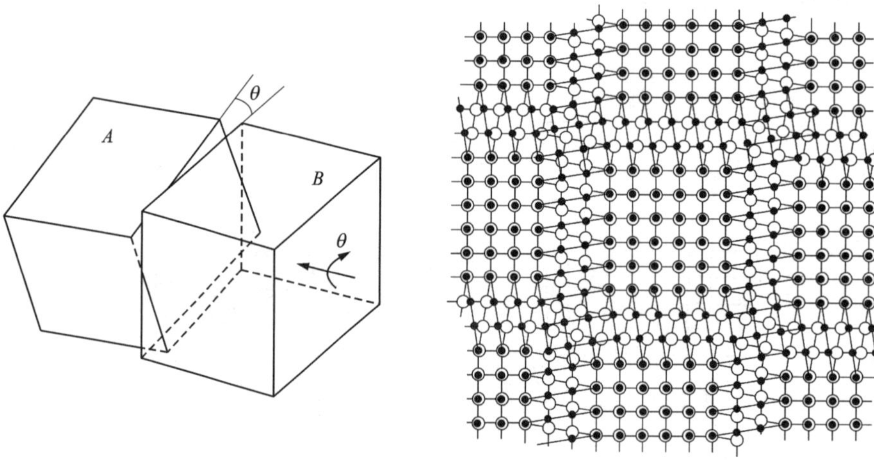

图 2-26　扭转晶界

以上介绍了小角度晶界的几种简单模型，一般的小角度晶界都是由刃型位错和螺型位错组合构成。小角度晶界的能量主要来自位错的能量，位相差越大，位错间距越小，位错密度越高，小角度晶界面能也越大。

2.6.2　大角度晶界

大角度晶界如图 2-27 所示，每个相邻晶粒的位向不同，由晶界把各晶粒分开。晶界是原子排列异常的狭窄区域，一般仅有几个原子间距。晶界处某些原子过于密集的区域为压应力区，原子过于松散的区域为拉应力区。与小角度晶界相比，大角度晶界的界面能较高，为 0.5~0.6 J/m^2，与相邻晶粒取向无关。但也发现某些特殊取向的大角度晶界的界面能很低。

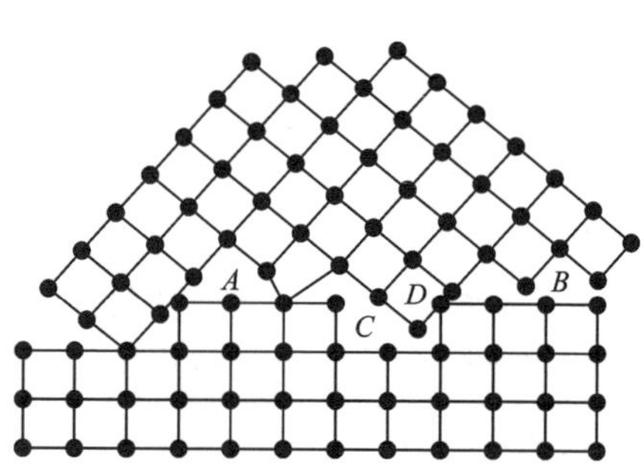

图 2-27　大角度晶界模型

也有人根据场离子显微镜的研究结果提出了大角度晶界的重合点阵模型，该模型主要基于当相邻量晶粒的位向差符合某种特殊角度时，部分晶界原子将处于相邻量晶体点阵的重合位置。如图 2-28 所示，由这种原子重合位置所组成的比原来晶体点阵大的新点阵，通常称为重合点阵。

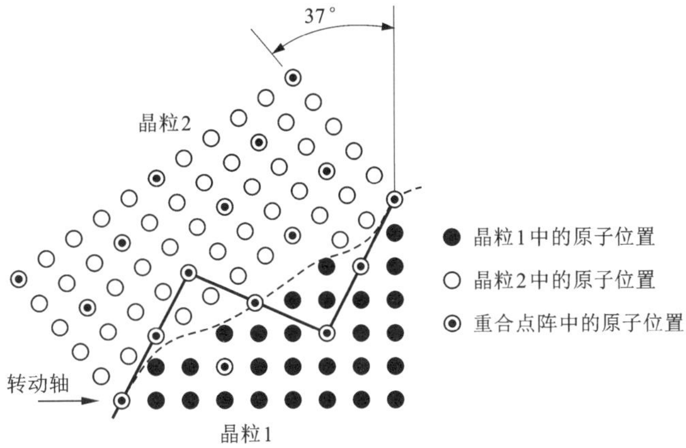

图 2-28　重合点阵模型

2.6.3　堆积层错

堆积层错(简称层错)是指正常堆积顺序中引入不正常顺序堆积的原子面而产生的一类面缺陷。层错有两种基本类型，即抽出型层错和插入型层错，如图 2-29 所示。

以面心立方结构为例，前者是在正常层序中抽去一原子层，相应位置出现一个逆顺序堆积层…ABCACABC…，即…△△△▽△△△…；后者是在正常层序中插入一原子层，相应位置出现两个逆顺序堆积层…ABCACBCAB…，即…△△△▽▽△△△…。△表示顺序堆积，即 AB—BC—CA 顺序时，用△表示；▽表示逆顺序堆积，即 BA—CB—AC 顺序时，用▽表示。

堆积层错通常发生在有层状结构的固体中，尤其是那些同时显示多型性的材料。二维或平面缺陷以及 CS 面都是堆积层错的实例。金属中同时显示多型性和堆积层错的是钴，它可以被制备成两种主要的形式(多型体)，其中金属原子排列是立方密堆积(…ABCABC…)或六方密堆积(…ABABAB…)的。在这两种多型体中，结构在两个维度上即各层内是相同的，不同仅在于第三维上，即在各层的次序上。当正常的堆积次序由于存在“错位”层而在不规则的间隔处中断，就发生了堆积无序，如可表示为…ABABAB BCA BABA…。石墨是呈现多型体(通常是碳原子的六方密堆积但有时是立方密堆积)或堆积无序(六方密堆积和立方密堆积的混合)的另一种单质。

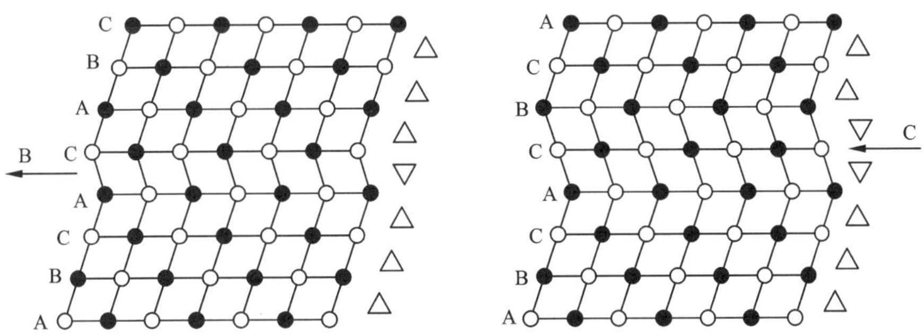

(a) 抽出型层错　　(b) 插入型层错

图 2-29　堆积层错示意图

2.6.4 孪晶界

当两个晶体(或一个晶体的两个部分)沿一公共面呈镜面对称关系时，这两个晶体或晶体的两个部分称为孪晶。它们的公共面为孪晶面或孪晶界。

孪晶界是低能量、大角度晶界的特例。孪晶界分为共格孪晶界和非共格孪晶界。共格孪晶界上的所有格点均为重位点阵。此处的原子为两个晶体所共有，且完全匹配。因此，晶格畸变程度很低，界面能很低(约为普通晶界界面能的 1/10)。共格孪晶界较为常见，如图 2-30(a)所示。在共格孪晶界的基础上，孪晶界旋转一定角度即得到非共格孪晶界，如图 2-30(b)所示。非共格孪晶界上的原子不完全匹配，只有部分原子属于晶界两侧的晶粒。所以非共格孪晶界上的原子错排程度高，晶格畸变程度也比共格孪晶界高。但非共格孪晶界的界面能与普通晶界界面能相比还是较低的，约为普通晶界界面能的 1/2。

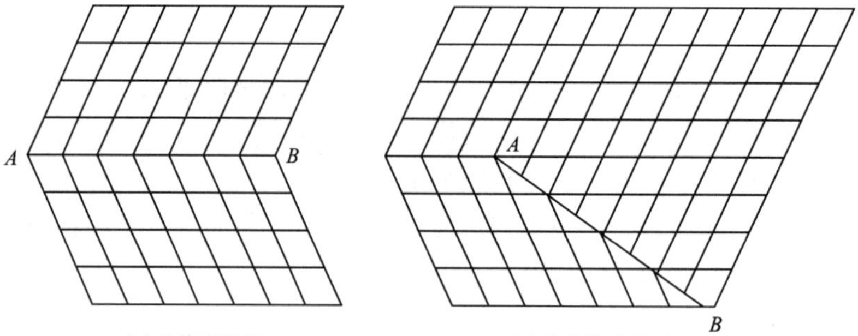

(a) 共格孪晶界　　(b) 非共格孪晶界

图 2-30　孪晶界示意图

习　题

1. 解释以下基本概念：

空位、间隙质点、杂质质点、肖特基缺陷、弗仑克尔缺陷、刃型位错、螺型位错、混合位错、伯氏矢量、位错密度、位错的滑移、位错的攀移、固溶体(置换型和间隙型固溶体)、非化学计量缺陷、色心、小角度晶界

2. 说明下列符号的含义：

$$V_{Ca}、V''_{Ca}、V^{\cdot}_{Cl}、(V'_{Na}V^{\cdot}_{Cl})、Ca^{\cdot}_{K}、Ca_{Ca}、Ca^{\cdot\cdot}_{i}$$

3. 写出 ZrO_2 中掺杂 CaO 形成缺陷的反应方程式。

4. 以 TiO_2 为例，写出形成阴离子间隙非化学计量化合物的缺陷反应方程式。

5. 非化学计量化合物有何特点？为什么非化学计量化合物都是 N 型或 P 型半导体材料？

6. 试分析形成固溶体后对晶体性质的影响。

7. MgO 晶体的肖特基缺陷生成能为 84 kJ/mol，计算该晶体在 1000 K 和 1500 K 的缺陷浓度。

8. 在 CaF_2 晶体中，弗仑克尔缺陷生成能为 2.8 eV，肖特基缺陷的生成能为 5.5 eV，计算在 25 ℃和 1600 ℃时热缺陷的浓度。

9. 一块金黄色的人造刚玉，化学分析结果认为，是在 Al_2O_3 中添加了 0.5%(物质的量浓度)NiO 和 0.02% Cr_2O_3。试写出缺陷反应方程(置换型)及化学式。

10. 从结构的角度论述，何谓固溶体、置换固溶体，并讨论置换固溶体的形成条件。

11. 图 2-31 是某晶体二维图形，内含有一个正刃位错和一个负刃位错。试问：

(1) 围绕两个位错伯氏回路，最后得伯氏矢量若干？

(2) 围绕每个位错分别做伯氏回路，其结果又是怎样？

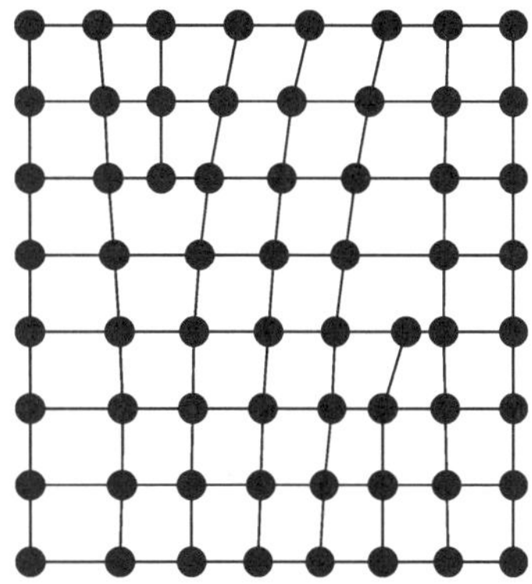

图 2-31　习题 11 的图

12. 对于 MgO、Al_2O_3 和 Cr_2O_3，其正、负离子半径比分别为 0.47、0.36 和 0.40，则 Al_2O_3 和 Cr_2O_3 形成连续固溶体。试问：

(1) 这个结果可能吗？为什么？

(2) 试预计，在 MgO-Cr_2O_3 系统中的固溶度是有限的还是无限的？为什么？

13. 试讨论点缺陷、线缺陷和面缺陷之间的关系。

14. 举例说明新能源材料中的缺陷对材料性能的影响。

第3章　界面基础

材料界面是材料科学基础研究的重要对象之一，材料科学所研究的界面是相邻两相的过渡区，它不是厚度为无穷小的几何面，而是厚度小到原子尺寸量级的二维相。因此，界面表现出许多不同于三维块体相的特性，但对整个块体的性能有重要影响。界面是晶体中的面缺陷，对晶体材料的性质有重要影响。界面能够阻止位错的运动，引起界面强化，提高材料的强度；界面阻碍变形，使变形分布均匀，提高材料的塑性；强度和塑性的提高相应地使材料韧性也得到改善。界面具有高的能量，影响材料的化学性能。结晶凝固和固态相变都是新晶核生成和晶粒长大过程，形核依附晶界，长大也是依附晶界迁移，因此，界面的结构和特性影响凝固和相变过程。许多材料制备工艺，如气相沉积、热压结合、粉末烧结、焊接、电镀等，其实质就在于获得高结合强度的同种或异种材料的界面。材料在储存和使用过程中，也存在一系列的界面问题，有的缘于内部作用，有的缘于材料与环境的交互作用，如氧化、腐蚀、断裂、黏结、催化等。以上情况表明，固体材料界面研究对材料科学与工程的发展具有重要意义。

晶体中的界面可按不同方法分类，一般可分为表面、晶界和相界面等。

1）表面

表面包括固-气界面和液-气界面，由于表面原子偏离平衡位置，表面原子间距与晶体内的原子间距有所变化，表面的结构和性质与晶体内部不同。固体物料之间的化学反应、溶质的浸润以及吸附等现象都在表面进行。

固体表面是指固体与真空之间的过渡层，实际上是指固-气两相界面，而固-液界面或固-固界面则称为固-液或固-固两相界面。在不同的技术学科中，人们对材料表面的尺度往往有不同的划分和理解，从结晶学和固体物理学角度考虑，表面是指晶体三维周期结构同真空之间的过渡层，它包括不具备三维周期结构特征的最外原子层。Honig 将表面定义为“键合在固体最外层的原子层”，Vickerman 进一步将其指定为固体外表 1～10 个单原子层。从实用技术学科角度考虑，表面是指结构、物性与体相不同的整个表面层。它的尺度范围常常随着客观物体表面状况的不同而改变，不同技术学科领域研究时所感兴趣的表面深度不同，也以不同尺度范围划分表面。技术科学为解决特定的工程问题，往往需要获得特定表面厚度内有关结构的信息。如半导体光电器件研究，很重视几纳米到亚微米尺度材料的表面特性；对于传统冶金、机械行业中的表面加工，化工中的腐蚀与保护等，人们关心并要求解决的则是微米厚度材料的表面问题；至于化工中吸附催化及各种沉积薄膜技术中的表面问题，人们研究的则是外来原子和分子同衬底最外层表面原子之间的相互作用，涉及的表面尺度往往为 1～10 nm。

2）晶界

晶界是晶体结构和组成成分相同，但取向不同的两部分晶体的界面，也就是晶粒之间的界面。晶界可以根据界面两边晶体的取向差角度分为小角度结界和大角度界；根据界面上原子排列情况和吻合程度分为共格晶界、半共格晶界和非共格晶界等。关于晶界，在面缺陷一节作了描述，在这里不再赘述。

3）相界面

相邻相之间的交界面称为相界面。相界面有三类：固相与固相的相界面（S/S）；固相与气相之间的相界面（S/V）；固相与液相之间的相界面（S/L）。

3.1　表面的理论模型

为了研究表面原子结构及其变化，提出了许多表面模型，如理想表面模型、真实表面模型等。真实表面从表面成分和表面结构考虑可分解为清洁表面、重构表面、弛豫表面以及吸附表面等。

表面的研究应首先建立参照晶面，通常选择材料本身低米勒指数晶面作为参照晶面。这种晶面的获得非常简单，把一个块状晶体置于超高真空系统，即在不暴露于大气的条件下完成样品的原位制备、处理及结构表征，以保证样品表面在研究的全过程中始终达到分子、原子水平上的“清洁”。当真空度低于 1.333×10^{-11} Pa 时，用机械的方法把晶体沿设定的晶面进行解理，得到两个半无限晶体。假设刚刚解理完的晶面，除了形成一个和真空相邻的边界外，其表面上的原子仍保持解理前的三维周期结构，这样的晶面称为理想晶面，如通常所讲的（100）、（110）、（111）晶面，理想表面是研究表面原子迁移扩散及由此发现、测量静态结构变化的参照与依据。

3.1.1　理想表面

理想表面实际上是忽略了晶体内部周期性势场在晶体表面中断的影响，忽略了表面原子的热运动、热扩散和热缺陷等，忽略了外界对表面的物理化学作用等。这种理想表面为半无限的，体内的原子的位置及其结构的周期性，与原来无限的晶体完全一样。当然，这种理想表面实际上是不存在的。图 3-1 是理想表面结构示意图。

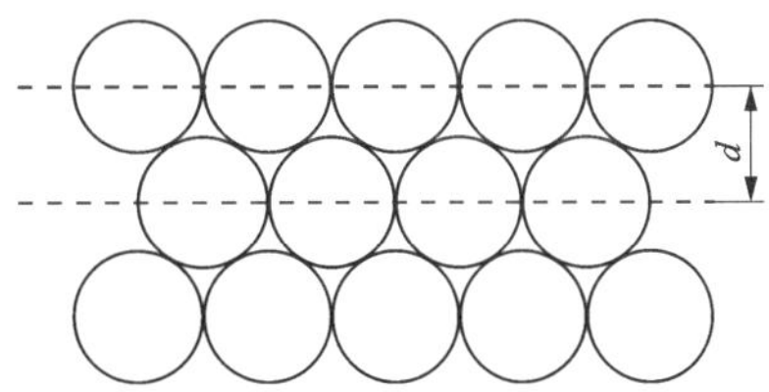

图 3-1　理想表面结构示意图

3.1.2　真实表面

实际上，解理后晶面上的原子不可能保持原始体相格点位置，因为表面原子在失去相邻原子后就等于失去了相互之间作用力的平衡，所以解理后的表面原子必然要发生弛豫以获得新的平衡位置进行重构，其结果会引起晶面上的原子或离子首先在法线方向上发生收缩或膨胀，表面结构一般表现为第 1、2 两个原子层之间的距离较体相有所收缩。表面结构和状态与体相内部不同。为了简化表面模型，可以分为清洁表面和吸附表面。

1. 清洁表面

清洁表面是指不存在任何吸附、催化反应、杂质扩散等物理化学效应的表面。这种清洁表面的化学组成与体内相同，但周期结构可以不同于体内。根据表面原子的排列，清洁表面又可分为台阶表面、弛豫表面、重构表面等。

1) 台阶表面

台阶表面不是一个平面，它是由有规则的或不规则的台阶的表面所组成，如图 3-2 所示。台阶的平面是一种晶面，台阶的立面是另一种晶面，二者之间由第三种晶体取向的原子所组成。实际的台阶表面相当复杂，在台阶表面台面最上层之间可以发生膨胀或压缩，有时还发生非均匀的等弛豫现象。例如图 3-2 所示的是台阶表面的各种不同的压缩情况。近年来，应用场离子显微镜和低能电子衍射研究晶体表面的结果证实很多晶体的邻位面是台阶化的。

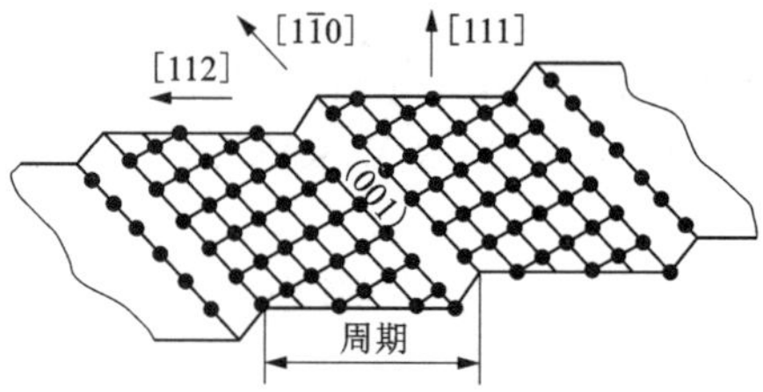

图 3-2　台阶表面模型示意图

2) 弛豫表面

由于固体体相的三维周期性在固体表面处突然中断，表面上原子的配位情况发生变化，相应的表面原子附近的电荷分布将有所改变，表面原子所处的力场与体相内原子也不相同。为使体系能量尽可能降低，表面上的原子常常会产生相对于正常位置的上、下位移，结果表面相中原子层的间距偏离体相内原子层的间距，产生压缩或膨胀。表面上原子的这种位移称为表面弛豫。也可以说，弛豫是指表面层之间以及表面和体内原子层之间的垂直间距 d 和体内原子层间距 d_0 相比有所膨胀和压缩的现象，如图 3-3 所示。

表面弛豫往往不限于表面上第 1 层原子，它可能涉及几个原子层，而每一层间的相对膨胀或压缩可能是不同的，而且离体内越远，变化越显著；愈深入体相，弛豫效应愈弱。例如 Al 的(110)面压缩 4%~5%，而其(111)面膨胀约 2.5%。在离子晶体中还往往出现正、负离子弛豫不一致的现象。例如 LiF(001)面上的 Li^+ 离子亚层和 F^- 亚层分别从原来的平衡位置向下移动 0.035 nm 和 0.01 nm，结果在(001)表面上两种离子不再处于同一平面内，而是相距 0.025 nm，如图 3-4 所示。同样情况在第 2、第 3 层也可能发生，但随着与表面距离的增加，弛豫现象迅速消失，因此一般只考虑第 1 层的弛豫效应。

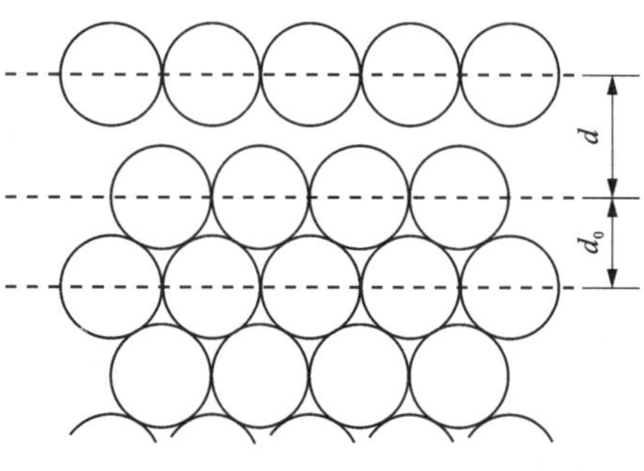

图 3-3　弛豫表面结构示意图

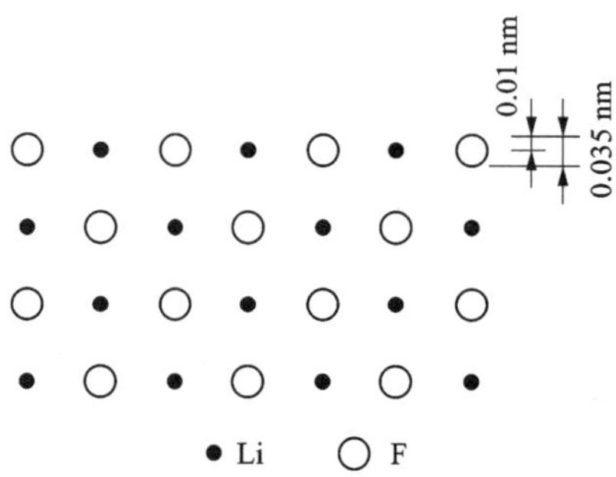

图 3-4　LiF(001)弛豫表面示意图

3）重构表面

重构是指表面原子层在水平方向上的周期性不同于体内，但垂直方向的层间距与体内相同。图 3-5 是六方密堆晶体的重构表面示意图。假设其表面只包括一个单原子层，在此层中表征原子排列的晶格基矢为 ***a***、***b***，其中至少有一个是不同于体内的晶格基矢 ***a***、***b***，例如图中是假设了 $a_s>a$。同一种材料的不同晶面以及相同晶面经不同加热处理后也可能出现不同的重构结构。例如 Si(100)面劈裂后表面原子的面间距 a 增大为之前的 3 倍，出现(2×1)结构(图 3-6)，它是亚稳态的。

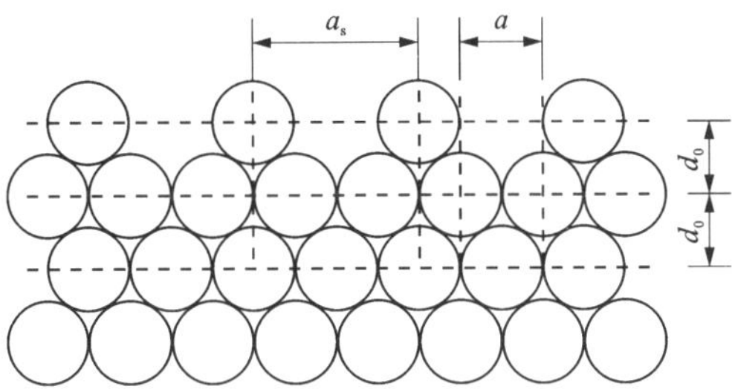

图 3-5　重构表面示意图

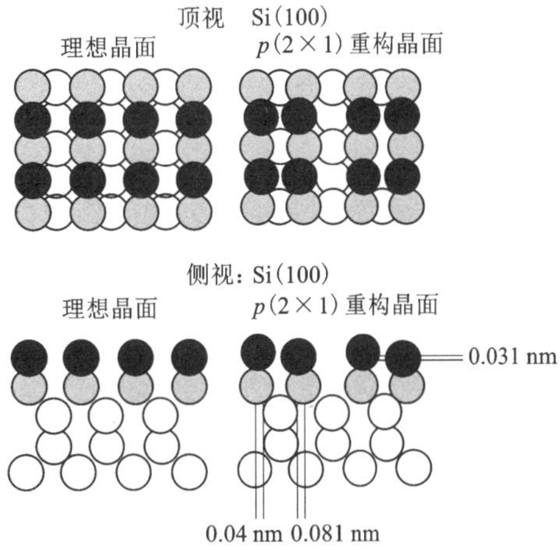

图 3-6　Si(100)晶面重构示意图

2. 吸附表面

吸附表面有时也称界面。它是在清洁表面上由来自体内扩散到表面的杂质和来自表面周围空间吸附在表面上的质点所构成的表面。根据原子在基底上的吸附位置，一般可分为四种吸附情况，即顶吸附、桥吸附、填充吸附和中心吸附等(图 3-7)。

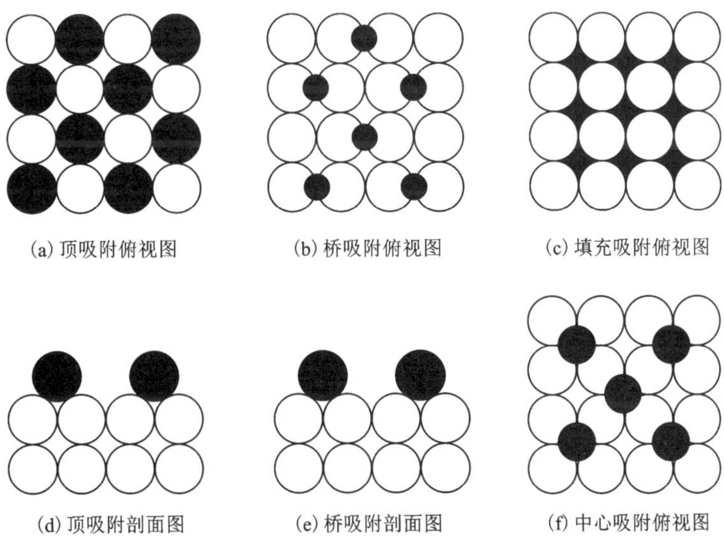

图 3-7　吸附表面结构示意图

3.2 固体材料的表面结构

通常所说的固体材料表面是指整个大块晶体的三维周期性结构与真空之间的过渡层，它包括所有与体相内三维周期性结构相偏离的表面原子层，一般是一到几个原子层，厚度为0.5~2.0 nm，可以把它看成一个特殊的相——表面相。表面结构就是指表面相中的原子组成与排列方式。由于表面原子相互作用以及表面原子与外来杂质原子的相互作用，若使体系的能量处于最小，表面相中的原子组成和排列与体相中将会有所不同，这种差别通常包括：表面弛豫、表面重构和表面台阶结构等。

由于固体表面质点的分布与内部不同，在表面力作用下表面层结构也不同于内部。固体表面结构可从微观质点的排列状态和表面几何状态两方面来描述，前者属于原子尺寸范围的超细结构，后者属于一般的显微结构。

表面力的存在使固体表面处于较高能量状态，但系统总会通过各种途径来降低这部分过剩的能量，这就导致表面质点的极化、变形、重排并引起原来晶格的畸变。液体总是力图形成球形表面来降低系统的表面能，而晶体由于质点不能自由流动，只能借助离子极化或位移来实现，这就造成了表面层与内部的结构差异。对于不同结构的物质，其表面力的大小和影响不同，因而表面结构状态也会不同。

固体材料包括晶体材料和非晶体材料，表面结构对材料性质有很大的影响，大块的晶体材料和粉状晶体材料的表面对材料性能的影响又不同。在新能源材料中，用得最多的固体材料是晶体材料，因此本节简单介绍大块晶体(简称为晶体)的表面结构和粉状晶体(简称为粉体)的表面结构。

3.2.1 晶体表面结构

威尔(Weyl)等人基于结晶化学原理，研究了晶体表面结构，认为晶体质点间的相互作用——键强是影响表面结构的重要因素。

对于离子晶体，表面力的作用影响如图3-8所示。处于表面层的负离子(X^-)只受到上下和内侧正离子(M^+)的作用，而外侧是不饱和的。电子云将被拉向内侧的正离子一方而变形，使该负离子诱导成偶极子，见图3-8(b)。这样就降低了晶体表面的负电场。接着，表面层离子开始重排以使之在能量上趋于稳定。为此，表面的负离子被推向外侧，正离子被拉向内侧，从而形成了表面双电层，如图3-8(c)所示。与此同时，表面层中的离子键性逐渐过渡为共价键性。结果，固体表面好像被一层负离子所屏蔽并导致表面层在组成上成为非化学计量的。一般来说，离子极化性能愈强，双电层愈厚，则表面能愈低。

图3-9是维尔威(Verwey)以氯化钠晶体为例所做的计算结果。由图3-9可以看到，在NaCl晶体表面，最外层和次层质点面网之间Na^+的距离为0.266 nm，而Cl^-的距离为0.286 nm，因而形成一个厚度为0.020 nm的表面双电层。

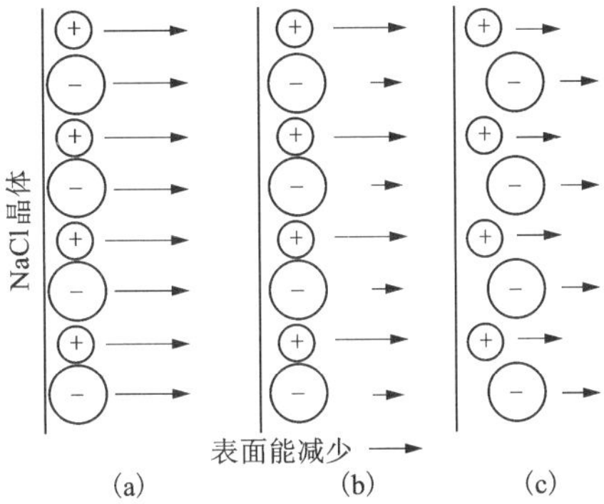

图 3-8　离子晶体表面的电子云变形和离子重排

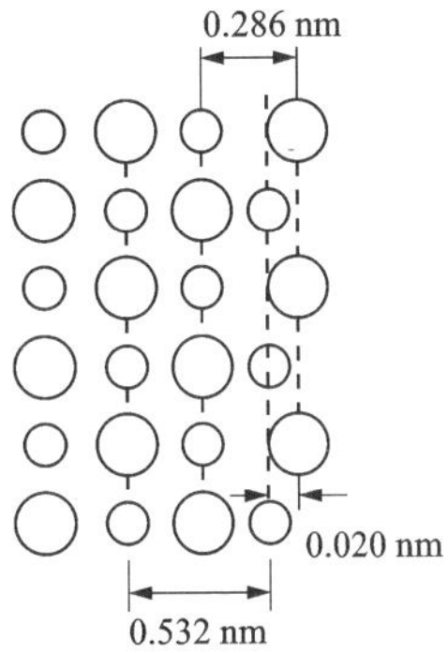

图 3-9　NaCl 晶体(100)面表面形成一个 0.020 nm 厚度的双电层

3.2.2　粉体表面结构

粉体一般是指微细的固体粒子集合体，它具有极大的比表面积，因此表面结构状态对粉体性质有着决定性影响。在新能源材料中使用的粉体，可以通过化学法制备，也可以通过破碎等方法得到，无论哪种方法制备得到的粉体，因为粒度小、表面积大，其表面相所占的比例大。表面层离子(或原子)的极化变形和重排使表面晶格畸变，有序性降低。因此，随着粒子的微细化，比表面增大，表面结构的有序程度受到愈来愈强烈的扰乱并不断向颗粒深部扩展，最后使粉体表面结构趋于无定形化。基于 X 射线、热分析和其他物理化学方法对粉体表面结构所做的研究，曾提出两种不同的模型：一种认为粉体表面层是无定形结构；另一种认为粉体表面层是粒度极小的微晶结构。

对粉体进行更精确的 X 射线和电子衍射研究发现，其 X 射线谱线不仅强度减弱而且宽度明显变宽。因此认为粉体表面并非无定形态，而是覆盖了一层尺寸极小的微晶体，即表面呈微晶化状态。由于微晶体的晶格是严重畸变的，晶格常数不同于正常值而且十分分散，因此才使其 X 射线谱线明显变宽。

3.3　固体材料表面的电子结构

3.3.1　从原子轨道分裂能级到固体能带

人们用严格的原子论来描述孤立原子的电子结构。按照经典的波尔模型，原子是由原子核及绕核运动的电子所组成。这些电子分别处于能量不等的 s、p、d 等轨道，即处于不同的分裂能级，如图 3-10 右侧所示。随着众多原子相互接近、原子间距接近而形成固体，每个原子的外壳层电子轨道相互重叠而形成能带，来自各原子相同轨道上的电子混合而形成“公有化”，并形成特定的电子状态密度分布。如图 3-10 左侧所示的是由大量共价元素原子(如 Si、Ge 等)的 s、p 轨道杂化所形成的能带结构。其中价带填满电子，导带则是空的，即在通常条件下不含电子。价带和导带之间有一大小等于 E_g 的能量间隔，称为带隙，它表示把价电子激发到导带所需要的最低能量。上述是对固体能带形成的定性理解，下面各节将以量子力学方式对能带形成作进一步说明。

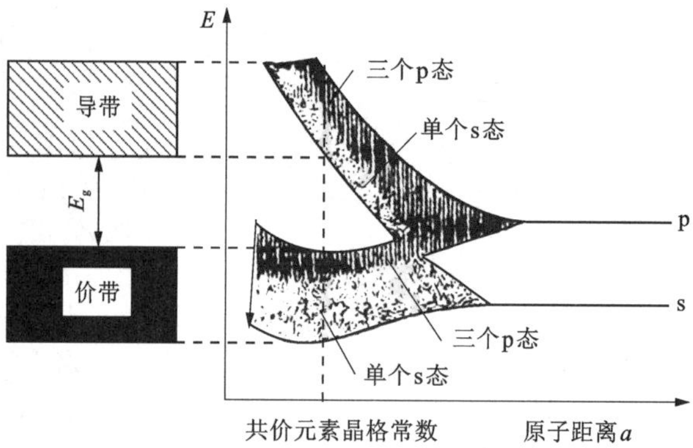

图 3-10　共价结合元素原子间距缩短导致分裂能级展宽形成能带

3.3.2　三维晶体电子结构和布洛赫波函数

布洛赫波函数是在周期性势场中运动的电子的薛定谔方程的解。布洛赫波函数是一种调幅平面波。布洛赫波函数反映了晶体电子运动的特点，即其中的指数部分反映了晶体电子的共有化运动，而其中的晶格周期函数部分反映了晶体电子围绕原子核的运动。它所描述的电子是所谓布洛赫电子（晶格周期势场中的电子），是晶体中的共有化运动的电子，故布洛赫电子的状态——布洛赫态是扩展态，这对应于能带电子的状态，即能带中的许多准连续的能级状态。只有晶体中的共有化电子的波函数才具有布洛赫波函数的形式，相应电子的能量呈现为能带，而不是能级。

在讨论固体表面电子结构前，首先有必要对三维完备晶体的电子结构特点进行简单介绍。一个三维无限晶体，其中原子按一定的空间点阵排布，形成三维周期结构。在这样的结构中，任何一个物理量，包括原子周围的电位都具有周期性特点，在这种周期势中运动的电子波函数及其相应的能量本征值通过解薛定谔方程求得：

$$[-\nabla^2+V(r)]\psi_{nk}(r)=E_{nk}(r)\psi_{nk}(r) \tag{3-1}$$

式中：∇^2 为电子动能；$V(r)$为电子势能；$\psi_{nk}(r)$为电子波函数；$E_{nk}(r)$为本征值。

作为无限的晶体，$V(r)$是周期势，满足平移对称操作：

$$V(r)=V(T+r) \tag{3-2}$$

$$\boldsymbol{T}=n_1a_1+n_2a_2+n_3a_3 \tag{3-3}$$

式中：$\boldsymbol{T}$ 为平移晶格矢量；n_1，n_2，n_3 为任意整数；a_1，a_2，a_3 为原胞基矢。

基于无限周期势这一特定条件，布洛赫证明式（3-1）的解有如下的特殊形式：

$$\psi_{nk}(r)=\exp(ikr)U_{nk}(r) \tag{3-4}$$

这个波函数称为布洛赫波函数。等号右边第一项 $\exp(ikr)$是平面波。布洛赫波函数表明，描述周期势中电子运动的波动方程，其特征波函数为一个平面波 $\exp(ikr)$乘上周期函数 $U_{nk}(r)$，故又称为被周期函数调制的平面波。这个方程描述了振幅随 r 做周期变化的平面波，其变化周期与晶格周期相同。总之，晶格中电子运动可以用被调幅的平面波描述，这个结论通常又称为布洛赫定理。

上述方程中的 k 为电子波矢，它是由边界条件决定的。对于无限晶体，k 只能取实数以使波函数有限。求解方程时发现，对于特定的 k 值，即当 $k=n\pi/a$ 时（其中 $n=\pm1, \pm2, \pm3, \cdots$；$a$ 为原子间距），没有行波解。电子的能量 E 为波矢 k 的周期函数，其周期为 $2\pi/a$，从而形成了如图 3-11 所示的能谱图，该图显示了能带和带隙结构。这些特定的 k 值，实际上对应晶体的布里渊区边界（在能带论中，固体的各种电子态按照它们的波矢分类。在倒易格子中取某一倒易阵点为原点，作所有倒格矢的垂直平分面，倒易格子被这些面划分为一系列的区域，这些区域就是布里渊区），这表明在布里渊区边界波函数无解，因为在布里渊区边界处发生了电子衍射。

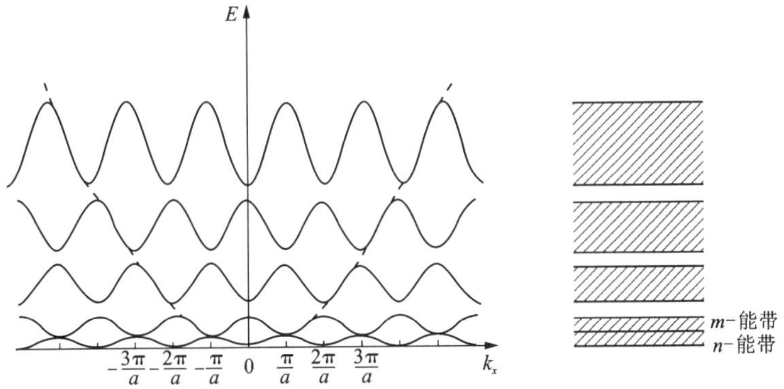

图 3-11　周期区内 E-k 函数关系曲线

能带理论的科学价值是巨大的。按照电子能带结构的差异，科学工作者将固体材料划分为导体、半导体和绝缘体，它们的能带结构特征可以用图 3-12 加以说明和区别。其中，金刚石的带隙宽度为 5.5 eV，是很好的绝缘体材料；碱金属和碱土金属镁的能带结构的共同特点是导带内电子是半满的，因此，在电场作用下能带中的电子可以自由流动，具有传输电子能力；从图 3-12(d) 中不难发现，它具有与金刚石相似的形式，即价带填满电子，导带则是空着的，两者之间唯一的差别是 Ge 的带隙只有 0.7 eV，所以价带电子比较容易被激发到导带。

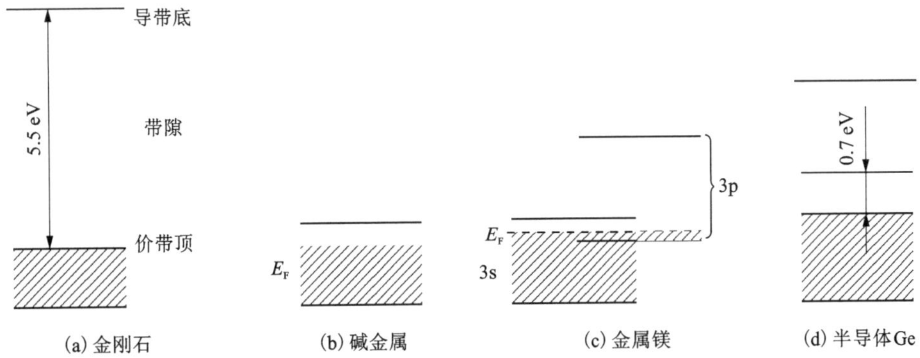

图 3-12　金属、半导体和绝缘体能带结构对比示意图

对于三维无限晶体，价电子在能带中按能级分布，称为状态密度(DOS)。既然在带隙中间没有行波解，也就没有对应能级的电子存在。问题是对于晶体表面，恰好有行波解，在带隙中间有对应能级的电子存在，形成了特殊的电子状态，称为表面态。显然，这种表面电子结构与三维晶体电子结构不同，其特点是：

(1)对应的电子能量位置处于带隙中；

(2)表面态中的电子只能做平行于表面的运动。

表面上这种特殊的电子结构与外界环境相互作用时，存在特殊的物理化学现象及规律，它是讨论所有表面问题的最重要的基础。值得强调的是，表面态概念的发现与提出直接导致了半导体的发现，因此它是表面物理一个重要的研究内容。关于表面态的理论分析和计算已远超出本书的内容，就表面电子结构的讨论，本章限定的内容仅为：

(1)介绍表面态有关的基本概念；

(2)就金属、半导体、金属氧化物和纳米材料的表面电子结构特点，分别进行简单讨论。

其目的，一方面有助于理解固体表面特殊的物理化学性质的起源，另一方面也有助于理解表面的元激发过程，获得阐释电子能谱的能力。

3.3.3 表面态的定性理解

通常情况下，可以根据材料表面原子结构的特点，对表面的电子结构作出定性的认识与判断。

1. 共价化合物表面肖克利表面态

历史上，威廉·肖克利所领导的贝尔实验室在研究金属-半导体 Ge 二极管整流特性时，遇到不能用肖特基势垒理论解释的现象。同时，理论物理学家巴丁提出了在半导体 Ge 表面存在表面态和空间电荷层的概念。他提出在带隙中间存在能级(表面态)，这种表面态俘获了大多数载流子并形成了势垒，构成空间电荷层。表面空间电荷层的尺度能延伸至体内几个微米，这样从理论上完美地解释了所遇到的矛盾。威廉·肖克利用场效应实验，不仅证明了表面态的存在，而且定量地测出表面态在带隙中间的位置以及半导体表面密度。这一发明，对早期固态电子学的发展作出了巨大的贡献。

Ge 是共价键结合的材料。对于一个共价半导体，由于三维晶格周期势在表面突然终止，表面上的原子价不饱和，而留下未配对电子形成悬挂键，人们把它视为表面态的起源，并将这类表面态以肖克利的名字命名，称为肖克利表面态。具有一个未配对电子的表面原子，可能提供成键的电子源或成为潜在的电子陷阱。由此人们很自然地提出一些与表面态相关的问题，例如：

(1)外来物在表面上的物理吸附、化学吸附甚至形成化合物是如何影响表面态的，反之，表面态的变化又将如何影响表面吸附及催化反应；

(2)表面上的吸附物或自身的氧化膜，是否会诱导并产生它们自己的表面或界面态；

(3)由表面电子所产生的空间电荷层，具有什么样的结构特点；

(4)不同材料，其表面电子结构会有什么样的差别，掺杂对表面电子结构会有什么样的影响等。

这些问题关系到工程学科中材料的许多技术特性，也是研究、理解表面现象的基础。以下将分别讨论不同材料表面电子结构的特点。

2. 离子型化合物表面塔姆表面态

对于离子特性较强的化合物半导体或绝缘体，其解理后的清洁表面也存在“离子表面态”，人们将其笼统地称为塔姆表面态。如对于金属氧化物 MO_x，以适当方式解理后，可以定性地看到不同表面态的存在。如果解理后的晶面裸露的主要是金属阳离子，这些金属阳离子因失去解理前的电中性环境，具有接受电子的能力，这样所形成的表面态称为受主型表面态。反之，如果解理后的表面裸露的主要是氧负离子，同样由于电中性要求，这些表面氧负离子有给出电子的能力，这样所形成的表面态称为施主型表面态。

3. 本征和非本征表面态

上述讨论清楚地表明，不论是共价型半导体还是离子型金属氧化物，真空解理后其裸露的清洁表面都会形成特定形式的表面电子结构。这种纯粹由于三维周期势突然终止而形成的表面态，称为本征表面态。事实上，解理后的晶面存在各种缺陷，晶面上的原子要发生重构，还可能发生元素偏析，表面上存在外来物的物理或化学吸附物等。人们自然要提出一个问题：对于这类非本征表面，是否会形成新的电子结构？答案是肯定的，下面以一些简单例子予以说明。

以 BI-V 族半导体化合物 GaAs 为例，刚刚解理完的新鲜表面，在体带隙中间分别存在由 As 和 Ga 两者所产生的表面态。但同时，因为 As 和 Ga 离子在表面法线方向上发生尺度不等的弛豫，出现了 As、Ga 两种表面态的分裂，结果导致 As 的表面态能级位置移到更靠近导带底，而 Ga 的表面态能级则更靠近价带顶。人们将这种现象称为弗兰克-康登分裂，并将弛豫后的表面态称为非本征表面态。

表面缺陷同样会产生新的表面态。金属氧化物解理后，表面会产生空位缺陷。如果表面有较多的阳离子空位，则会形成受主型表面态；反之，如果表面含有大量的氧离子空位，则表面易形成施主型表面态。

另一个值得注意的现象是离子束辐照损伤。对于具有多个价态的金属，如 Ti、Cr、Mo、Sn、Re 等，它们的氧化物经离子束辐照往往会产生非本征表面态。这是由于这些金属氧化物中的氧离子易被解析，使表面含有氧离子空位而出现“择优溅射效应”，由此产生表面态。

对于一个实际的晶体表面，还会因环境因素影响（如摩擦）而产生新的非本征表面态，从而影响表面物理化学性质。

3.3.4　费米能及费米分布函数

在讨论与材料电子结构相关的问题时，经常会遇到费米能 E_F 及费米分布函数 $F(E)$ 这些概念。费米能表示 0 K 时金属基态系统电子所占有的能级最高的能量。费米分布函数是热平衡体系中粒子按能量分布的一种规律，即表示一个电子占据能量为 E 的本征态的概率，其值为 0~1。

对于三维金属晶体，无数个原子外壳层轨道电子（平均每立方厘米中至少含有 10^{22} 个电子）发生“公有化”，电子由原子状态下的分裂能级演变成固体的能带结构。处于能带中的电子具有非定域特性，有一个按能级或状态的密度分布，且满足费米分布函数。图 3-13 中标出了费米能 E_F 的位置。E_F 是讨论电子能带结构的一个最重要的参数，材料的电子特性与能带中费米能 E_F 的位置密切相关。

对大量粒子(这里指能带中的电子)的能量分布及其随温度的变化，一般用统计力学方法计算。按照费米-狄拉克统计，能带中某一能级被电子占据的概率可用费米分布函数 $F(E)$ 表示：

$$F(E)=\frac{1}{\exp\left(\frac{E-E_F}{k_B T}\right)+1} \tag{3-5}$$

式中：E 为电子能量；E_F 为费米能，它被定义为热力学零度时金属基态系统电子所占有的能级最高的能量；k_B 为玻尔兹曼常数；T 为热力学温度，K。

式(3-5)的物理意义是：如一个能级 E 能完全被电子占据，则费米分布函数值为 1.0，而对于一个空着的能级，$F(E)=0$。式(3-5)的意义可以用图 3-13 直观地加以说明。图 3-13(a)表明，$T=0$ K 时，所有能量低于费米能 E_F 的能级完全被电子所填满，所有高于 E_F 的能量状态则完全是空的。由式(3-5)不难看出，$E=E_F$ 时分布函数 $F(E)$ 的值为 1/2，它通常被用来定义费米能 E_F。实践中，在测得费米能级附近电子状态密度分布曲线后，一般取过渡区的 1/2 峰值所对应的能量作为费米能 E_F。

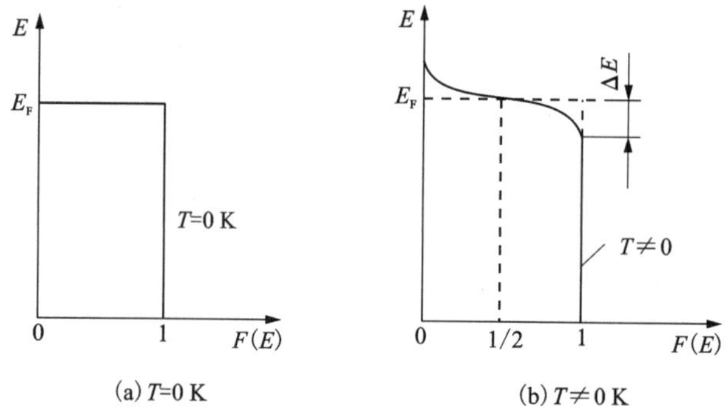

图 3-13　费米分布函数特征与温度关系

当 $T\neq0$ K 时，费米能级附近电子状态密度分布出现的变化可以用图 3-13(b)予以说明。由该图不难看出，在较高温度下，函数 $F(E)$ 从 1 降到 0 时的变化已不像 $T=0$ K 时那样是清楚的突变，即被拉长了一个能量距离 $2\Delta E$。需要注意的是，这个能量区间在图中已经被夸大了，以便看得更清楚一些；实际上室温条件下 ΔE 数值约为 E_F 值的 1%。在 $E>E_F$ 的高能量区间内，费米分布函数上端可以用经典的玻尔兹曼分布函数近似表示。实际上，由式(3-5)可见，当 E 很大时，方程右边的分母中指数项要比 1 大许多，这样式(3-5)分布函数可近似为

$$F(E)\approx\exp\left[-\left(\frac{E-E_F}{k_B T}\right)\right] \tag{3-6}$$

该式表示一定能量状态被电子占有的概率，并称为玻尔兹曼因子。

3.3.5　状态密度

讨论固体表面的电子结构时，还经常遇到另一个重要概念——状态密度(DOS)。这里借用三维状态下所引出的结论。在此，仅限于讨论价带较低部分，因为这里的电子和原子核仅有很弱的键合作用，基本上可视为是自由的。假设这些自由电子(或电子气)被限定在方势阱

中，即不能由此逃逸，其势阱尺度和所讨论的晶体尺度相同。如取势阱尺度为晶格常数 a 时，利用适当的边界条件，解薛定谔方程便得到电子能量 E_n：

$$E_n=\frac{\pi^2\hbar^2}{2ma^2}(n^2)=\frac{\pi^2\hbar^2}{2ma^2}(n_x^2+n_y^2+n_z^2) \tag{3-7}$$

式中：n 为主量子数，n_x、n_y、n_z 分别为 n 在 x、y、z 三坐标轴上的分量；a 为晶格常数；m 为电子质量。n 的3个分量 n_x、n_y、n_z 的任意组合就有一个特定的对应能级 E_n，称为能态。

因此能级可用量子数组成的空间的点来表示，如图3-14所示。在这个空间内，点(n_x、n_y、n_z)为半径等于 n 的球面上的点：

$$n^2=n_x^2+n_y^2+n_z^2 \tag{3-8}$$

在半径等于 n 的球表面上，能量 E_n 值相同。这样，球表面上所有的点就代表能量等于 E_n 的量子态，因此能量小于或等于 E_n 的量子态数就同球体积成比例。因量子数是正整数，所以 n 只能限定在 n 空间中的八角位。半径为 n 的球的1/8体积内，能量状态数 η 为

$$\eta=\frac{1}{8}\times\frac{4}{3}\pi n^3=\frac{\pi}{6}\left(\frac{2ma^2}{\pi^2\hbar^2}\right)^{3/2}E^{3/2} \tag{3-9}$$

将该式对能量微分 $\frac{\mathrm{d}\eta}{\mathrm{d}E}=D(E)$，便得到 $\mathrm{d}E$ 能量间距内，单位能量的能量状态数，其被定义为能量状态密度，简称状态密度，习惯用DOS表示。

$$\frac{\mathrm{d}\eta}{\mathrm{d}E}=D(E)=\frac{\pi}{4}\left(\frac{2ma^2}{\pi^2\hbar^2}\right)^{3/2}E^{1/2}=\frac{V}{4\pi^2}\left(\frac{2m}{\hbar^2}\right)^{3/2}E^{1/2} \tag{3-10}$$

式中：$V=a^3$，为晶胞的体积。绘制 $D(E)-E$ 图，可得到如图3-15所示的抛物线。

图3-15表明，能量越低，每单位能量的能级数越少，即状态密度越低。相反，在能量高端，每单位能量将有更多的能级被电子占据，即有更高的状态密度 $D(E)$。

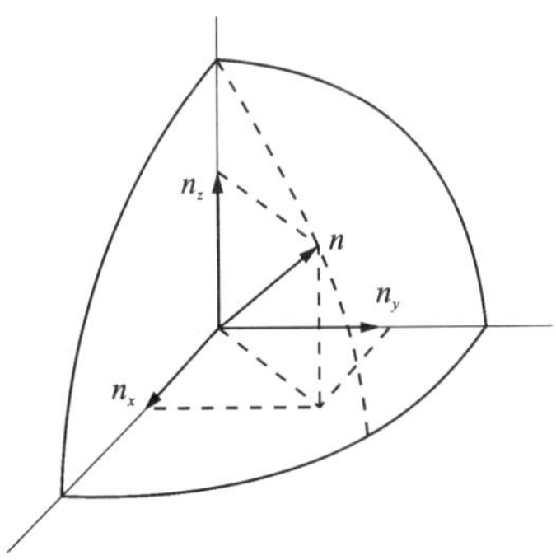

图3-14　能量状态密度在量子数空间的表示

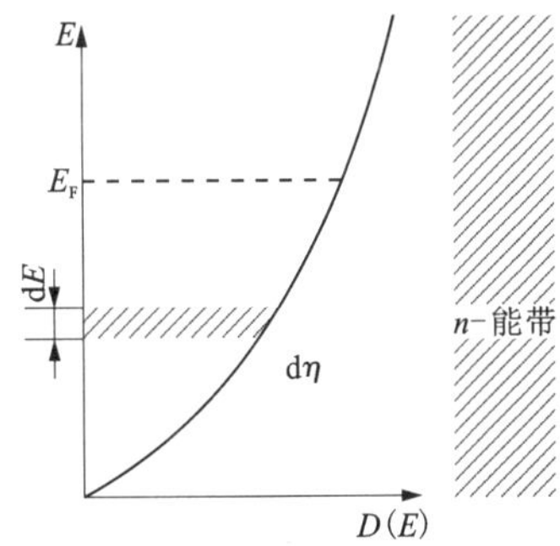

图3-15　能带中的状态密度

这样，有了状态密度 $D(E)$，有了每个能级被电子占有的概率 $F(E)$，便可求得在 $\mathrm{d}E$ 能量区间单位能量的电子数 $N(E)$。这里必须考虑泡利原理，即每个能量状态可被自旋方向相反的两个电子所占据，所以

$$N(E)=2D(E)F(E) \tag{3-11}$$

将式(3-5)和式(3-10)代入式(3-11)，可得

$$N(E)=\frac{V}{2\pi^2}\left(\frac{2m}{\hbar^2}\right)^{3/2}E^{1/2}\frac{1}{\exp\left(\frac{E-E_F}{k_BT}\right)+1} \tag{3-12}$$

$N(E)$称为电子分布密度，俗称能谱。由该式不难看出：当 $T\to0$ K 和 $E<E_F$ 时，$F(E)=1$，函数 $N(E)=2D(E)$；当 $T\neq0$ K 和 $E\approx E_F$ 时，因费米分布函数具有如图 3-13(b)所示的特征，因此 $N(E)$随能量分布表现出如图 3-16 所示的特点。

图 3-16 中曲线下的面积代表能量等于或小于 E_n 的电子数 N^*。在 E 到 $E+dE$ 能量区间内，其电子数 dN^*可表示为

$$dN^*=N(E)dE \tag{3-13}$$

可以利用式(3-12)和式(3-13)计算最简单情况下的费米能 E_F。设 $T\to0$ K，$E<E_F$，这时 $F(E)=1$，代入式(3-12)，所得结果代入式(3-13)，然后对式(3-13)积分得

$$N^*=\int_0^{E_F}N(E)dE=\int_0^{F_F}\frac{V}{2\pi}\left(\frac{2m}{\hbar^2}\right)^{3/2}E^{1/2}dE=\frac{V}{3\pi^2}\left(\frac{2m}{\hbar^2}\right)^{3/2}E_F^{3/2} \tag{3-14}$$

将式(3-14)重排，可得

$$E_F=\left(3\pi^2\frac{N^*}{V}\right)^{2/3}\frac{\hbar^2}{2m}=(3\pi^2n^*)^{2/3}\frac{\hbar^2}{2m} \tag{3-15}$$

令式(3-15)中$\frac{N^*}{V}=n^*$，定义为单位体积内的电子数，也称为平均电子密度。

需要指出的是，上式中的 N^* 在 $T\to0$ K 和 $E<E_F$ 的条件下求得，但这并不限制式(3-15)的实用价值，因为温度的升高并不能改变体系的电子总数。换言之，对于 $T\neq0$ K，即当温度在 0～∞范围内时，对式(3-14)积分也能得到类似式(3-15)的结果。实践中，人们常常采用紫外光电子谱等方法测得电子数按能量分布的曲线，即能谱，并以此研究材料表面电子状态密度分布、费米能级和其他电子结构特征变化。需要说明的是，上述讨论仅限于三维块体，由此引出能量状态数、状态密度的定量表达式，它们分别是式(3-9)和式(3-10)，由这两式不难看出，对于三维块体，它的状态数与能量的关系为 $N(E)\propto E^{3/2}$，而状态密度 $D(E)$与能量有 $D(E)\propto E^{1/2}$ 的关系。

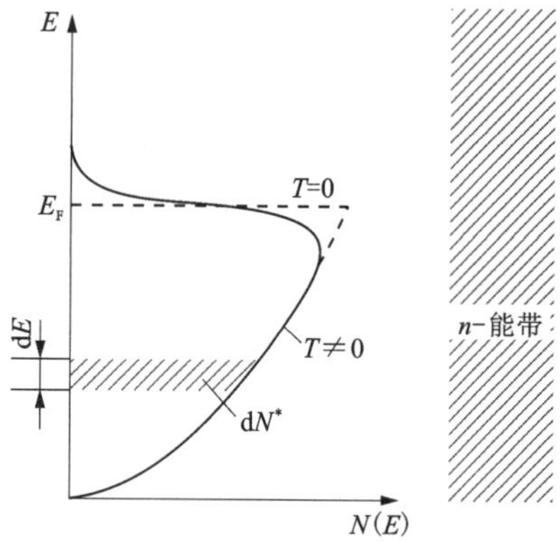

图 3-16　能带中自由电子分布密度函数

3.3.6　金属表面电子结构

接着讨论金属表面电子结构的特点。首先从概念上将价电子或传导电子与内壳层电子分开，前者在金属中可自由运动，后者则被离子紧紧地束缚住。为讨论方便起见，这里必须再强调两个概念：一是式(3-15)所表示的费米能，二是价电子作用的“有效半径”r_s，其定义式为

$$\frac{4\pi r_s^3}{3}=\frac{1}{n^*} \tag{3-16}$$

由式(3-16)可见，单位体积内价电子密度 n^* 越低，则价电子的有效半径 r_s 越大。r_s 的典型值在 0.1 nm 数量级。

1. 表面附近电荷密度分布

金属表面附近的电荷密度分布比较复杂。以下讨论有关理论模型及其处理的结果。实际上，从真空向着体内，已经观测到在表面附近电荷密度分布存在如图 3-17 所示的振荡，其振荡范围可用费米波长表示。费米波长的定义式为

$$\lambda_F = \pi^{2/3}\left(\frac{32}{9}\right)^{1/3} r_s \qquad (3-17)$$

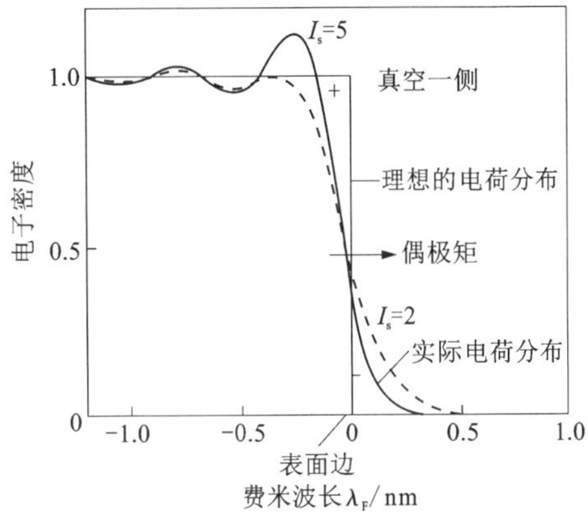

图 3-17　金属-真空界面处电荷密度分布

λ_F 的典型值为 0.5 nm。图中费米波长 $\lambda_F=0$ 处为表面边。从图 3-17 中和费米波长数值可以看出，电子被束缚在表面附近而朝向体内。但是电子可以通过隧道作用而进入真空一侧，外伸出表面的尺度 Δx 可用“测不准关系”式估算。如将 E_F(约 4 eV)等参数代入公式，得 $\Delta x=\dfrac{\hbar}{\Delta p}=\dfrac{\hbar}{(2m_eE_F)^{1/2}}=0.1$ nm。通常，金属表面电子经隧道作用外溢到真空一侧 0.1～0.3 nm，外溢的电荷形成的垂直于表面的正、负电荷瞬间分离，从而产生偶极矩，这是金属表面电子结构的最显著特点。

2. 逸出功

由图 3-18 不难看出，由隧道效应所引起的电荷密度分布，在外伸出表面一侧以指数方式迅速衰减到零。这种电子隧道效应使得表面外真空一侧出现负电荷过剩，在表面内侧则有等量的正电荷，这样在表面附近便出现了正、负电荷的分离，形成了偶极子，如图 3-18 所示。表面附近偶极子的强度(通常用符号 D 表示)是讨论金属表面逸出功及其变化的重要依据。

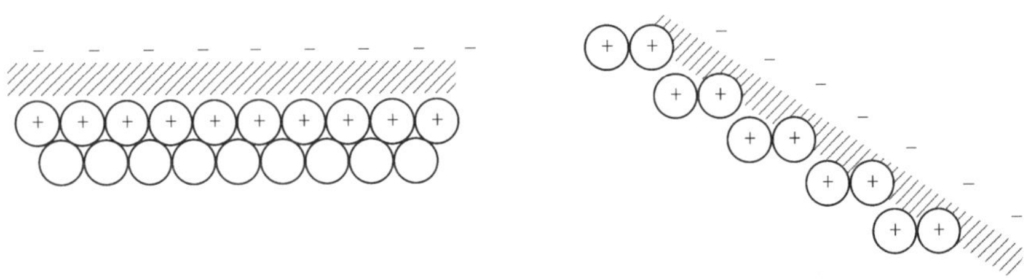

(a) 原子密堆积表面，存在大量的偶极子，产生较大的偶极矩 D

(b) 非原子密堆积表面，存在较少量的偶极子，产生较小的偶极矩 D

图 3-18　表面附近电荷密度及偶极层形成示意图

由图 3-18 不难看出，电子要能逃离固体表面必须具有一定的能量，克服由偶极层所形成的表面势垒。通常，将电子逃离固体表面时所必须具有的最低能量定义为逸出功，习惯用希腊字母 ϕ 表示。在表面科学中，逸出功是一个易于理解但难于准确测定的物理参数，它是

讨论许多表面现象时十分有用的概念，因此有必要对它进行比较详细的讨论。

1）逸出功的理论表述

由上述定义可以认为，逸出功是电子逃离表面时所必须克服的最低能量势垒。作为更接近实际的假设，金属表面势垒的高度是有限的，这个势垒高度就用逸出功表示，这样逸出功的理论定义关系式为

$$\phi=-eV-\mu \tag{3-18}$$

式中：eV 代表电子正好位于表面外的电势；μ 在热力学上被定义为固体内电子的电化学势。该式说明：逸出功 ϕ 是电子恰好位于金属表面之外的电势 eV 和电子恰好位于表面之内的电化学势 μ 之差。因为电化学势 μ 是温度的函数，因此它也被定义为 $T=0$ K 时金属填满电子状态的最高能量。所以可将电化学势视为绝对零度时的费米能，它是一个体相参数。

在讨论表面科学问题时，通常选择电子正好位于表面外真空一侧的电位作为能量参考零点，即令真空能级 $E_F=0$，所以有 $eV=E_F=0$。可将上述各参数之间的关系用图 3-19 表示。

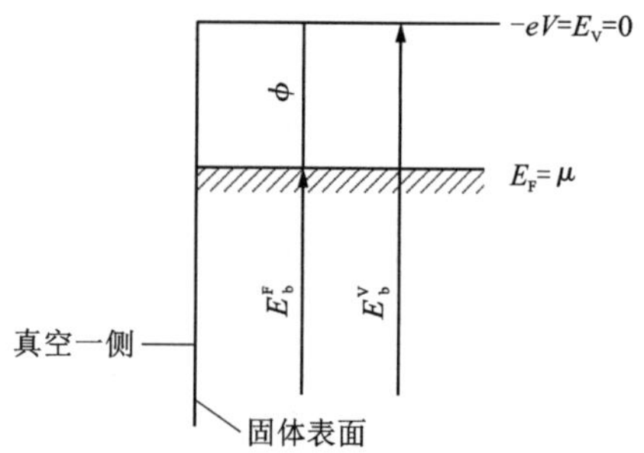

图 3-19　逸出功及相关能量关系图示

在对能量参考零点作出这样选择之后，式(3-18)可简化为

$$\phi=-\mu \tag{3-19}$$

即材料的逸出功在数值上就等于该材料的电化学势。图 3-19 中标出的位置分别代表以费米能级和真空能级为参考零点时内层轨道的结合能，因为在用 X 射线光电子谱测量原子内层轨道结合能，并与理论计算值进行比较时，必须清楚地知道 E_b^F 和 E_b^V 的差别。由图 3-19 写出 $\phi=E_b^V-E_b^F$，引出逸出功的另一定义式。但这种定义式只是能量上的相互关系，而不能反映表面结构状态和逸出功之间的内在联系。同样，式(3-19)中电化学势 μ 和费米能也都不能直接反映表面状况对逸出功的影响，最典型的就是这些定义公式，都不能解释同一晶体不同晶面逸出功。

实际上，逸出功是一个对表面状况非常敏感的物理量。因此在实践中提出了一个能反映受表面状况影响的逸出功表示式：

$$\phi=D-\mu \tag{3-20}$$

式中：D 为图 3-18 中的表面偶极矩；μ 为材料的体相特性参数，对每种金属它是一个常数。显然，这个方程中的 D 至少包含了表面偶极层内电子结构状况对逸出功的影响，这正是不同单晶表面的逸出功不同的物理起源。因此与式(3-20)相比，对于式(3-19)的理解应当是：当不存在表面偶极矩时，逸出功就等于体系的电化学势或等于绝对零度时的费米能。

2）逸出功经验方程

前面讨论了逸出功的基本概念，以及同其他能量参数的关系，但是通常情况下很难应用这些理论关系式去分析实际体系中的表面电现象。Gardy 等基于对实验测得的金属逸出功数据的分析，发现并建立起逸出功 ϕ 同相应金属原子电负性（χ_a 值）的关系，为

$$\phi\approx0.871\chi_a+0.34 \tag{3-21}$$

该式右边的两项中，第一项代表一个价电子移至无穷远处所需要的能量，第二项常数 0.34 反映金属表面电偶极层的影响。部分实测值与由式(3-21)所归纳的线性关系有一些偏

离，但有了式(3-21)经验方程，就可以根据周期表中元素的电负性大小方便地估算该元素固体表面的逸出功大小。

3.3.7　半导体表面电子结构

半导体表面和界面之所以具有不同于导体的电子结构和性质，主要是由于存在表面态或界面态。半导体表面态的形成主要有两个方面：第一，对于清洁表面，是来自表面的悬挂键；第二，对于吸附物覆盖的表面，是吸附质和半导体表面原子间的成键作用。

本小节只讨论半导体表面电子结构的主要特点，说明各种能量关系、空间电荷层结构及能带弯曲现象，不涉及半导体表面和界面电子结构的理论计算。

1. 表面附近电子的能级关系

半导体表面电子结构的最大特点是，它的能带由体内向着表面逐步发生弯曲，如图 3-20 所示。

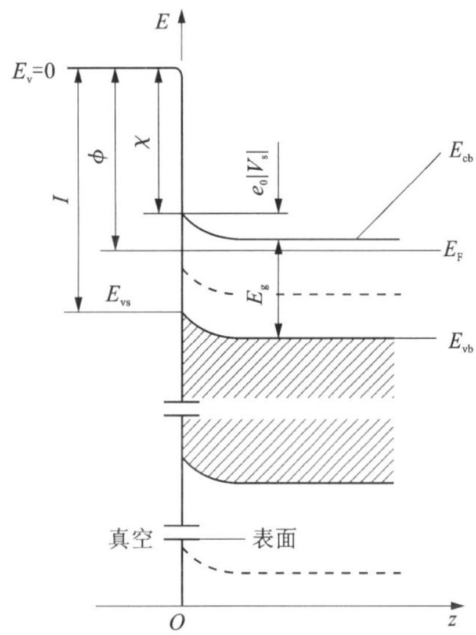

图 3-20　N 型掺杂半导体表面附近的能带结构及相关参数

由于表面态会形成一定的表面电位，因此相关的能量参数和体内有所不同。图 3-20 是典型的 N 型掺杂半导体表面附近的各种能量关系图，其中“O”为坐标原点，同时也代表半导体表面；E_v 为真空能级，通常它是进行理论计算时的能量参考点。χ 为 N 型半导体的电子亲和势；I 为 N 型半导体的电离能，与体内相比；χ 和 I 这两个参数因能带弯曲面出现有与平带结构不同的数值。E_{cb} 为导带底最低能级，而 E_{vb} 为价带顶的最高能级。E_F 为费米能级，对于 N 型半导体，它靠近导带底，通常规定 E_F 值恒定。ϕ 为逸出功；$e_0|V_s|$ 为表面电位（能带表面与体内平带的能量差）。表面最重要的电子特性之一是逸出功，它被定义为刚好位于表面外真空处静止时电子能量和刚好位于表面内费米能级处的电子能量之差。与前面所讨论的金属情况相似，逸出功可表述为

$$\phi=E_v-E_F \tag{3-22}$$

对于金属，费米能级是电子占有能级和空能级的分界线，因此可认为金属的逸出功就等于金属的电子亲和势χ 或它的电离能 I 与 E_F 之差。但是，对于半导体情况则不同，完全填满电子的价带和完全未被电子占据的导带之间被禁带隔开，带隙的能量为 E_F。这时半导体的亲和势$\chi=E_v-E_{cs}$，而电离能 $I=E_v-E_{vs}$，它们分别是导带底和价带顶相对于真空能级的能量差。因此半导体的电离能与亲和势两者之差，可用带隙宽度 $E_g=E_c-E_v$ 表示，这样半导体的逸出功可表示为

$$\phi=I-(E_F-E_{vs}) \tag{3-23}$$

参数下角标 s 表示对应的量必须取表面处的数值。从图 3-20 所示的 N 型半导体表面电子能量关系分析，可以看出半导体表面电子结构的基本特点如下：

(1) 与金属电子能带结构相比，半导体表面的能带不再是平的，而出现了向上或向下弯

曲的现象，表面上形成了一个高度为 eV_s 的势垒。习惯上将能带由表面过渡到体内平带的整个区域称为空间电荷区或空间电荷层，这是 Bardeen 1947 年提出的一个重要的概念。

(2)作为能量参照的基准，费米能级通常仍取体相数值。在半导体表面态中的电子和体内一样，也有一个分布，并服从费米统计。表面态中的费米能级 E_{Fs} 表征的是半导体表面态中电子填充的能级水平。在不发生与体内电子交换时，表面态的费米能级 E_{Fs} 可视为已填充电子和未填充电子的表面态能级的分界线。对于讨论能带弯曲和空间电荷层结构，这是一个非常有用的概念。

有了对半导体表面电子结构状态的初步认识，很自然地要提出并回答以下一些问题：空间电荷区是怎样形成的，什么因素决定了能带向上或向下弯曲，如何估计能带弯曲程度及空间电荷层的厚度范围，这种能带弯曲对半导体表面的电子传输特性会产生什么样的影响，等等。下面将对这些问题逐一进行讨论。

2. 逸出功和费米能

按照严格的理论，固体材料的逸出功 ϕ 是电子从费米能级到真空能级之间的能量差，即 $\phi=E_v-E_F$。对于清洁的金属表面，它的费米能级 E_F 为定值，因此它的逸出功也是一定的。对于半导体，情况就复杂了。对于本征半导体(未掺杂的半导体)，其本征费米能级可表示为

$$E_F=\frac{E_{cb}-E_{vb}}{2}+\frac{kT}{2}\ln\left(\frac{N_V}{N_C}\right) \tag{3-24}$$

式中：E_{cb} 和 E_{vb} 分别为导带底和价带顶的能量；N_V 和 N_C 分别代表价带顶和导带底的有效态密度；k 为玻尔兹曼常数；T 为热力学温度。室温下，GaAs 半导体的 N_V 为 $7.0\times10^{18}\ cm^{-3}$，$N_C=4.7\times10^{17}\ cm^{-3}$。将相关数值代入式(3-24)，会发现方程中的第一项远大于第二项，因此本征半导体的费米能级位于禁带中间。

实用半导体材料都要进行掺杂，如目前广泛使用的半导体材料 Si，其本征费米能级位于带隙中间，但是当掺入 As 元素后则形成 N 型半导体，其费米能级上移靠近导带底；如掺入 B 元素则形成 P 型半导体，它的费米能级则下移接近价带顶。这样，由于不同类型的掺杂物和不同的掺杂量，会分别形成 N 型和 P 型两种半导体，它们的费米能级则处于带隙中的不同位置。

室温下，对于只有浅施主掺杂能级 E_D、施主掺杂浓度为 N_D 的 N 型非简并半导体，设掺杂物全部电离(导带中的电子浓度就等于掺杂物浓度 N_D)，其费米能级为

$$E_{CB}-E_F=kT\ln\left(\frac{N_C}{N_D}\right) \tag{3-25}$$

而对于 P 型掺杂半导体，当受主掺杂浓度为 N_A 并全部电离时，室温下 P 型非简并半导体的费米能级可表示为

$$E_F-E_{vb}=kT\ln\left(\frac{N_V}{N_A}\right) \tag{3-26}$$

费米能级会因不同掺杂物种、不同掺杂量而改变，而真空能级是不变的，其结果是半导体的逸出功会因掺杂物种不同而改变。如对 Si 而言，它的 P 型半导体的逸出功必定大于 N 型半导体的逸出功。注意，通常的实验测定值反映的是表面逸出功，这里必须考虑受主掺杂和施主掺杂引起能带分别向下和向上弯曲的影响。图 3-21 为典型一例。清洁的 Si(111)晶

面在超高真空(UHV)条件下经热退火处理会形成(7×7)重构表面，不管体相掺杂的类型如何，室温下测得的逸出功为 4.6 eV。

如图 3-21 所示的实验结果还表明，这两个样品的逸出功对温度的变化很不敏感。

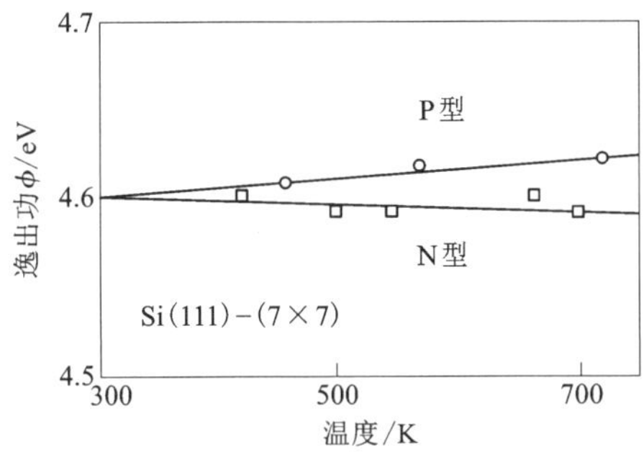

P型掺杂量$N_A=4\times10^{15}$ cm^{-3}

N型掺杂量$N_D=1.5\times10^{16}$ cm^{-3}

图 3-21　Si(111)-(7×7)表面逸出功和温度的关系

3. 吸附对表面费米能级的影响

通过解理、化学键断裂形成清洁的半导体表面，这些断开的化学键形成本征半导体表面态。当吸附气体时，吸附原子将与半导体表面原子共价键合，而消除清洁表面的本征表面态，这样原本征表面态被吸附质诱导的表面态所取代，其能级亦处于体相带隙中。气体吸附对半导体表面的污染是影响半导体器件性能的原因之一，这就产生了半导体制造业中一个重要的工艺环节——清洗。因此，研究吸附对半导体表面的电子结构，尤其是对费米能级的影响，是很必要的。

与金属相似，伴随着气体表面上的吸附，半导体表面的电子结构也将发生改变，这种变化主要表现为表面电离能 I 和亲和势 χ 的改变。如 Br_2 在 GaAs(110) 面上的吸附，随着 Br_2 覆盖度的增大，N 型 GaAs 和 P 型 GaAs (110)的费米能级相对于价带顶出现了不同的变化规律，如图 3-22 所示。

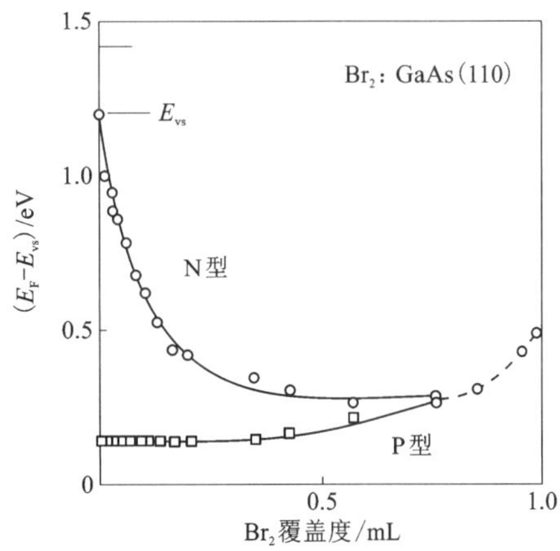

图 3-22　相对价带顶的费米能级位置随 Br_2 覆盖度的变化

图中的覆盖度是以单分子层为单位，对 GaAs(110)面，单层(1 mL)覆盖度意味着每平方厘米表面上约有 8.85×10^{14} 个 Br_2 分子。由图可知，P 型样品的能带基本保持平直；覆盖度小于 0.3 mL，费米能级和价带顶之间的差值保持在 0.2 eV。随着 Br_2 吸附量的增加，E_F-E_{vs} 的差值稍有提高，表明较高 Br_2 覆盖时所诱导的表面态使能带向下弯曲。

对于 N 型 GaAs，随着 Br_2 吸附量的增加，E_F-E_{vs} 这个差值从 1.25 eV 逐渐减小到约 0.3 eV，表明随着 Br_2 覆盖度的增大，诱导的表面态使能带向上弯曲越来越严重。当覆盖度在 0.2 至 0.75 mL 之间时，费米能级钉扎在价带顶上的 0.3 eV 处。

4. 费米能级的动态变化及钉扎

钉扎理论又称钉扎效应，是指费米能级不随掺杂等而发生位置变化的效应，费米能级钉扎效应是半导体物理中的一个重要概念。

理想的Ⅲ-Ⅴ和Ⅱ-Ⅵ族化合物半导体(110)面无本征表面态，具有平带电子结构的特征。但是，掺杂的表面存在缺陷都会诱导产生不同的表面态，从而影响费米能级相对于价带顶的距离(即费米能的数值)，改变费米能级的钉扎位置。除此之外，这些掺杂半导体解理后，电子结构都是不稳定的，表现为费米能级随时间的动态变化，最后趋于稳定才被钉扎在一个恒定数值。这种表面电子态的变化过程实际上反映了刚刚解理完的表面电子结构由不稳定到稳定的弛豫。

例如N型InP(磷化铟)和P型InP的(110)面解理后，测得如图3-23所示结果。图中横坐标代表分析次数，它是以连续分析的时间进行标定，每次分析时间为2 min。左侧纵坐标为In 3d轨道结合能，右侧纵坐标为相应费米能，图中的实测点代表In 3d轨道结合能和对应费米能级随检测时间的变化。

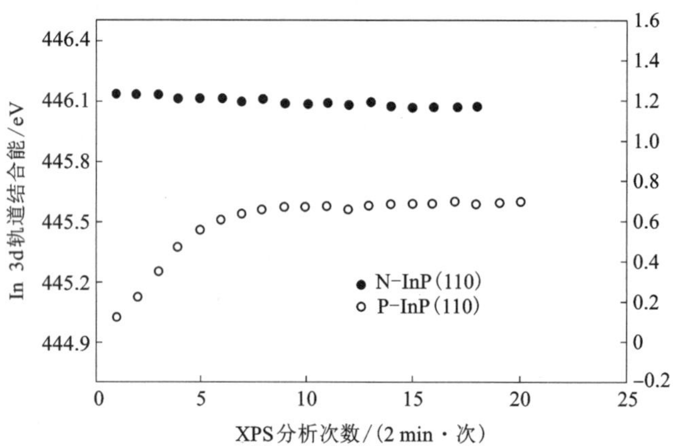

图3-23 N型和P型InP(110)表面费米能级随时间的动态变化及钉扎

不难看出，解理后的N型InP(110)面，费米能基本不随时间变化，在40 min内基本保持在1.2 eV，只有0.1 eV的微小降低，显示表面能带有微小向上弯曲。

但是，解理后的P型InP(110)面的情况则完全不同，刚刚解理完的费米能级相对于价带顶为零，随着时间的延长，所测得的费米能逐步提高，在大约20 min后费米能级钉扎在0.65 eV。这表明P型InP(110)面存在表面态，并由此引发了表面能带明显向下弯曲。

掺杂量的多少将影响载流子的密度，对费米能级动态变化特征也有影响。图3-24为N型和P型InP表面XPS分析结果。不难看出，对于N型InP(110)表面，载流子密度对费米能级没有明显影响，解理后也没有看到费米能级随时间的动态变化，掺杂和非掺杂的N型和InP样品，其费米能级最终都钉扎在1.2 eV。

然而，P型掺杂InP(110)表面情况略有不同，除了观测到解理后样品表面费米能级随时间的动态变化特征外，还可以看到载流子密度越高，解理后费米能级随时间变化的幅值越大，但费米能级的最终钉扎位置仍然保持相同，为0.65 eV。

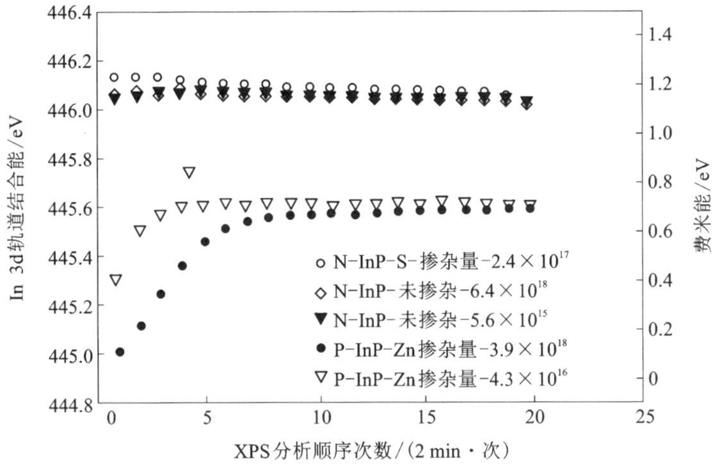

图 3-24　UHV 条件下解理 InP(110)样品 In 3d 轨道结合能及费米能级钉扎

5. 空间电荷层

由图 3-24 可以看出，金属表面自由电子通过隧道效应进入真空一侧，出现正负电荷分离，在真空—表面边界形成了空间电荷区。但是，由于金属的自由电子密度非常高，以致所形成的空间电荷区范围只限于表面最外单原子层，而表面以下的原子都被很高的自由电子密度有效屏蔽。对于半导体，其表面附近的电荷密度分布和金属大不相同，半导体表面附近的空间电荷区间可能向着半导体内扩展几十乃至几百个原子层。这里，我们只强调半导体表面势垒 V_s 的大小，表面势垒进入表面之下的深度范围 d，以及 V_s 与半导体特性(如载流子的体积密度 n_e)之间的关系，因为这些参数是认识、研究半导体表面空间电荷结构特性的关键。

图 3-25 是对 N 型半导体表面附近空间电荷层所做的定性表征的模型，事实上，当 N 型半导体表面吸附受主型气体分子后，分子将从表面取得电子从而形成负电荷区，这些负电荷来自半导体中施主掺杂物电离所产生的电子。为保持表面区电中性条件，从表面向着体内形成了与坐标方向相反、以指数方式衰减的表面电位，这种电位分布满足泊松方程：

$$\frac{d^2V}{dz^2}=-\frac{\rho_e(z)}{\varepsilon\varepsilon_0} \tag{3-27}$$

式中：V 为电位；$\rho_e(z)$ 为电荷密度；ε 和 ε_0 分别代表半导体介电常数及真空介电常数。

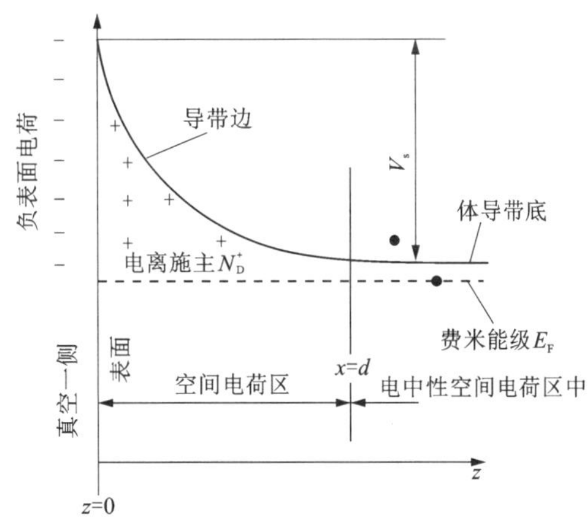

图 3-25　吸附受主型分子后 N 型半导体表面空间电荷结构示意图

在图示模型中，电荷密度 $\rho_e(z)=N_D^+$，N_D^+ 为电离的施主掺杂浓度。对式(3-27)进行两次积分得到电位分布：

$$V(z)=-\frac{e}{2\varepsilon\varepsilon_0}N_D^+(z-d)^2 \tag{3-28}$$

由式(3-28)不难看出：

(1)当 $z=d$ 时，$V(z)=0$，这表明空间电荷层的尺度在 d 值大小范围内，即从表面向体内 d 距离内，能带由弯曲恢复到正常的体相平带；

(2)当 $z=0$ 时，$V(z)=V_s$，V_s 右下角标注的 s 代表表面。由式(3-28)可得到表面电位 V_s：

$$V_s=\frac{e}{2\varepsilon\varepsilon_0}N_D^+d^2 \tag{3-29}$$

假设空间电荷区内的全部自由电子都被吸附气体俘获在表面，在表面之下电荷空间区则留下等量的正电荷。设掺杂半导体内的电子密度为 n_e^b，则在单位面积范围内有

$$en_e^bd=eN_D^+d \tag{3-30}$$

将式(3-30)代入式(3-29)，并重新排列，得

$$d=\left[\frac{2\varepsilon\varepsilon_0V_s}{en_e^b}\right]^{\frac{1}{2}} \tag{3-31}$$

d 为德拜长度，是表面静电效应的穿入深度。

由式(3-31)不难看出，半导体材料中自由载流子浓度越高，表面外电场进入介质中的深度越浅，有如图 3-26 所示特征。如载流子的浓度达到 $10^{22}/cm^3$ 以上，空间电荷区被限制在表面最外单原子层内，因为很高的自由载流子浓度将屏蔽由电荷不平衡引起的静电场穿入(对于金属及其合金，基本就是这种情况，其值和 d 值都很小；然而对于半导体和绝缘体，情况就不同了，在室温下它们的载流子浓度只有 $10^{10}\sim10^{16}/cm^3$，因此在材料表面就存在一定的势垒高度，穿入体内深度达几千个单原子层的空间电荷区)。这就是半导体器件对环境变化特别敏感的缘由。由此可见，表面形成空间电荷区导致能带弯曲是半导体表面电子结构的最基本特征。

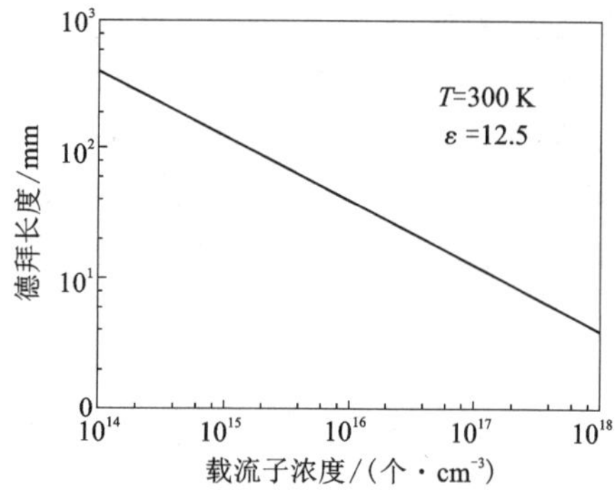

图 3-26 室温下本征德拜长度与载流子浓度关系图(设 $\varepsilon=12.5$)

对于金属氧化物半导体，表面同样也存在空间电荷层结构和能带弯曲现象。

3.4 固体表面能及表面张力

固体的表面能是描述和决定固体表面性质的一个重要物理量。但到目前为止，还没有一种能直接测量固体表面能或表面张力的可靠的实验方法。这给固体表面热力学的研究造成了很大困难，也是热力学在研究固体表面问题上还未能发挥更大作用的主要原因之一。

固体的表面能和表面张力的定义与液体的表面能和表面张力类似。对于固体表面，一般来说采用类似于液体表面能和表面张力的讨论仍然适用，但又有一定的差别。在液体中，由于液体原子(分子)间的相互作用力相对较弱，它们之间的相对运动较容易。因此，液体中产生新的表面的过程实质上是内部原子(分子)克服引力转移到表面上成为表面原子(分子)的过程。新形成的液体表面很快就达到一种动态平衡。液体的表面能与表面张力在数值上是一致的。但是，对固体来说，其中原子(分子、离子)间的相互作用力相对较强。就大部分固体

而言，组成它的原子(分子、离子)在空间按一定的周期性排列，形成具有一定对称性的晶格。即使对于许多无定形的固体，也是如此，只是这种周期性的晶格延伸的范围小得多(微晶)。在通常条件下，固体中原子、分子间的相对运动比液体中的原子、分子要困难得多。因此：

(1)固体在表面原子总数保持不变的条件下，由于弹性形变而使表面积增加，也就是说，固体的表面能中包含了弹性能。表面张力在数值上已不再等于表面能。

(2)由于固体表面上的原子组成和排列的各向异性，固体的表面张力也具有各向异性。不同晶面的表面能也不相同。若表面不均匀，表面能甚至随表面上不同区域而改变。在固体表面的凸起处和凹陷处的表面能是不同的。处于凸起部位的分子的作用范围主要包括气相，相反，处于凹陷处底部的分子的作用范围大部分在固相，显然在固体表面的凸起处的表面能与表面张力比凹陷处要大。

(3)实际固体的表面绝大多数处于非平衡状态，决定固体表面形态的主要不是它的表面张力大小，而是形成固体表面时的条件以及它所经历的。

(4)固体的表面能和表面张力的测定非常困难，可以说目前还没有找到一种能够从实验上直接测量的可靠方法。

3.4.1　固体表面张力的测定方法

固体表面张力可以通过实验测定或理论计算来确定。较普遍采用的方法是将固体熔化，测定液态的表面张力与温度的关系，作图外推到凝固点以下来估算固体的表面张力。

1. 利用同系物液体表面张力的关系测定固体表面张力

ZiSman 等发现，同系物液体在同一固体平面上的接触角(θ)随液体表面张力的降低而变小。以其 $\cos\theta$ 对液体表面张力作图，可得一条直线，将直线延长至 $\cos\theta=1$ 处，相应的表面张力称为此固体平面的临界表面张力。

图 3-27 是聚乙烯表面 ZiSman 曲线，由此图可知聚乙烯的表面张力为 31×10^{-3} N/m。

2. 利用高聚物液体或熔体的表面张力与温度的关系求固体的表面张力

因为液体(熔体)的表面张力与温度成正比，可以通过在不同温度下测定熔体的表面张力，作一条直线，然后把直线延长到室温，此时的表面张力可认为是该固体的表面张力。图 3-28 是一些高聚物表面张力的测定数据。

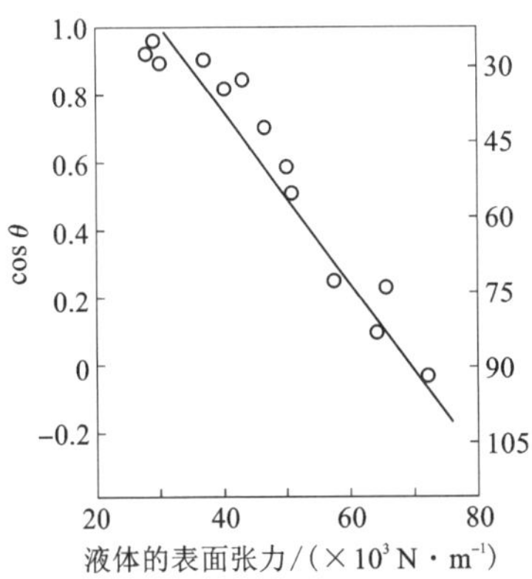

图 3-27　聚乙烯表面 ZiSman 曲线

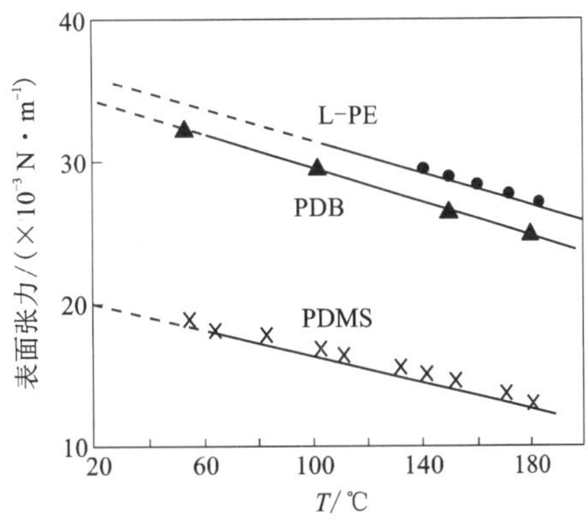

图 3-28　一些高聚物的表面张力的测定数据

3.4.2 固体表面能的近似计算

理论计算固体的表面能比较复杂，下面介绍几种近似的理论计算方法。

1. 纯金属表面能的计算

固体表面上的原子由于暴露在表面，只在半侧存在近邻，因此表面上原子的近邻数比内部的原子少。例如，面心立方结构(图3-29)体内原子的配位数为12，而(111)、(100)和(110)面上的表面原子，其近邻数分别减少了3、4和5，即最近邻数分别为9、8和7。

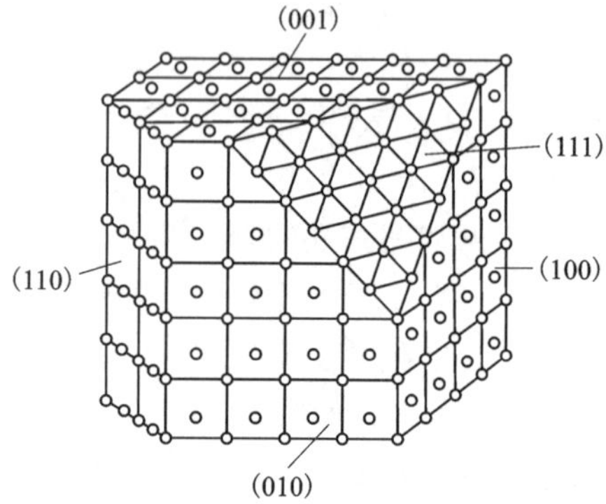

图 3-29　面心立方晶格的低指数面

一般孤立原子的能量定为零，因此键合能是负值。表面原子由于近邻键数的减少而增加了其能量，这个能量主要贡献给比表面能的增加，其增加量可表示为

$$\gamma=(\Delta E-T\Delta S)/A \tag{3-32}$$

式中：γ 为比表面能；ΔE 为材料内能变化；A 为表面积。

为了简化计算，设0 K时 $T\Delta S$ 为 γ_0。于是可以根据材料的摩尔升华热 L_s 来近似估算0 K时的比表面能 γ_0。为进一步简化，现只考虑最近邻间的相互作用，设每对原子间键能为 E，属于一个原子的键能即为 $E/2$，晶体的配位数为 Z，阿伏伽德罗常数为 N_A，则

$$L_s=N_A Z(\varepsilon/2) \tag{3-33}$$

表面的产生是通过断开表面上的原子键，设产生一个表面原子所需要断开的键数为 z_0，一个原子占有的面积为原子间距 a 的平方，则有

$$a^2\gamma_0=z_0(\varepsilon/2) \tag{3-34}$$

考虑到摩尔体积 $V_m=N_A a^3$，根据式(3-33)和(3-34)可得出

$$L_s=a_1\gamma_0 V_m^{\frac{2}{3}} \tag{3-35}$$

其中 $a_1=(z/z_0)N_A^{\frac{1}{3}}$。式(3-35)说明，对于某一晶体来说，$z_0$ 大的表面具有较高的比表面能。

2. 共价晶体表面能的计算

对于共价晶体，当不考虑长程力的作用时，表面能(u_s)仍然可按断开单位面积上的全部键所需能量之一半来考虑，即

$$u_s=\frac{1}{2}u_b \tag{3-36}$$

式中：u_b 为断开化学键所需的能量。

以立方晶系金刚石的表面能计算为例，在(111)面上，可以算出每平方米上有 1.83×10^{19} 个键，若取键能为376.6 kJ/mol，则可算出表面能：

$$u_s=\frac{1}{2}\times1.83\times10^{19}\times\frac{376.6\times10^3}{6.022\times10^{23}}\approx5.72\ \mathrm{J/m^2} \tag{3-37}$$

3. 离子晶体表面能的计算

离子晶体中，各种离子的配位数有时不同。考虑 0 K 下晶格中某 i 离子移到晶体表面时自由能的变化，这个变化等于该离子在这两种状态下的内能差 $(\Delta u)_{s,b}$。分别以 u_{ib} 和 u_{is} 表示其在晶格中和在表面上时与最邻近离子的作用能，用 n_{ib} 和 n_{is} 表示在晶格中和在表面上的最邻近离子的配位数，则 i 离子处于晶格中能量为 $u_{ib}\cdot n_{ib}/2$ 的位置，在表面则为 $u_{is}\cdot n_{is}/2$ 的位置，内能差为

$$(\Delta u)_{s,b}=\left[\frac{n_{ib}u_{ib}}{2}-\frac{n_{is}u_{is}}{2}\right] \tag{3-38}$$

进一步假设 $u_{ib}=u_{is}$，则式(3-38)写为

$$(\Delta u)_{s,b}=\frac{n_{ib}u_{ib}}{2}\left[1-\frac{n_{is}}{n_{ib}}\right] \tag{3-39}$$

上式是一个离子内能的变化。如果求表面能，则需要将单位面积上所有离子的情况进行加和。进一步做近似处理的话，即设 U_0 为晶格能，N_A 为阿伏伽德罗常数，则

$$(\Delta u)_{s,b}=\frac{n_{ib}u_{ib}}{2}\left[1-\frac{n_{is}}{n_{ib}}\right]=\frac{U_0}{N_A}\left[1-\frac{n_{is}}{n_{ib}}\right] \tag{3-40}$$

这样，如果用 X 表示 1 m^2 表面上的离子数，则可由式(3-40)得到

$$\frac{XU_0}{N_A}\left(1-\frac{n_{is}}{n_{ib}}\right)=(\Delta u)_{s,b}\cdot X=\gamma_0 \tag{3-41}$$

式中：γ_0 为 0 K 下的表面能。

实际上，0 K 下估算的表面能一般会比实验值高，例如 MgO 晶体 $U_0=3.93\times10^3$ J/mol，$X=2.26\times10^{19}$ 个/m^2，$n_{is}/n_{ib}=5/6$，由方程(3-41)算得 $\gamma_0=24.5$ J/m^2。在 77 K 下，真空中测得 MgO 的 γ_0 为 1.28 J/m^2。计算值比实测值高的原因除没有考虑熵以外，其他原因之一可能是没有考虑表面结构发生的变化。MgO 晶体具有大阴离子和小阳离子的特征，表面将由可极化的氧离子所屏蔽，实际上等于减少了表面上的离子数，根据方程(3-41)可知 γ_0 会降低。

3.4.3　晶体平衡形状与表面能

1. 晶面取向与表面能

对于任意具有(hkl)指数的表面，一般可将其描述为台阶结构。图 3-30 给出了一个简单立方晶体表面的台阶结构。现考虑台阶结构宏观单位面积上的断键情况，图中所标单位长度与垂直于纸面方向上单位长度构成的断键面内，有 $\left(\frac{1}{a}\cos\theta\right)\left(\frac{1}{a}\right)$ 个来源于水平表面的断键，另有 $\left(\frac{1}{a}\sin\theta\right)\left(\frac{1}{a}\right)$ 个来源于垂直面上原子的断键，如果每一个断键贡献 $\varepsilon/2$ 能量，则表面能

$$\gamma=(\cos\theta+\sin\theta)\varepsilon/2\alpha^2 \tag{3-42}$$

将上式作图得到表面能与位相角的关系，如图 3-31 所示，可以看出当台阶取向 $\theta=0°$ 时，表面能值最低，在图中出现尖点，此时对应低的(hkl)指数。由此可知，所有低指数表面一般都具有较低的表面能，这就是晶体外表面的晶面指数常取低指数的原因，实际上它对应紧密排列面。

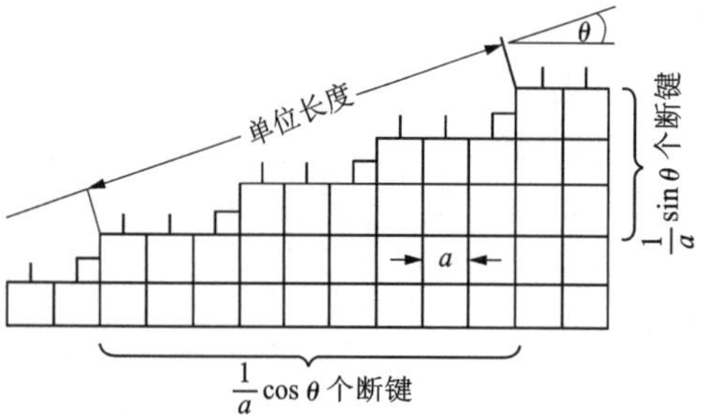

图 3-30　表面能的断键模型

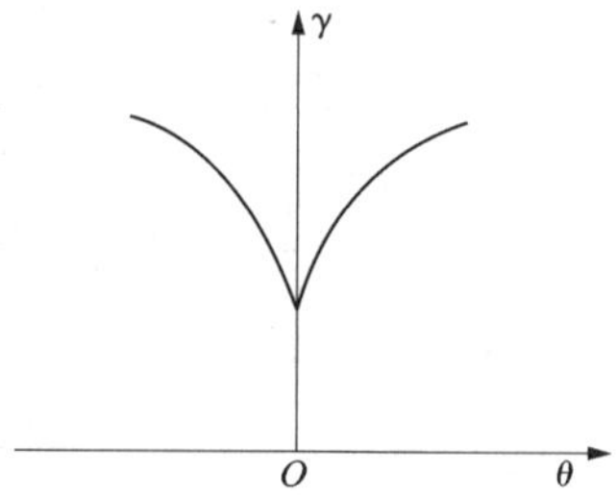

图 3-31　表面能与位相角的关系

2. γ 图和乌尔夫法则

γ 图是晶体表面能 γ 值在三维空间上取向分布的一种描述，其作图方法为：从一原点出发引矢径，令各矢径的长度正比于相应晶面的表面能大小，方向平行于该晶面的法线，诸矢径端点的连接轨迹形成一封闭曲面，该曲面即称为 γ 图。图 3-32(a)为单元素面心立方晶体 γ 图在(110)的投影截面。

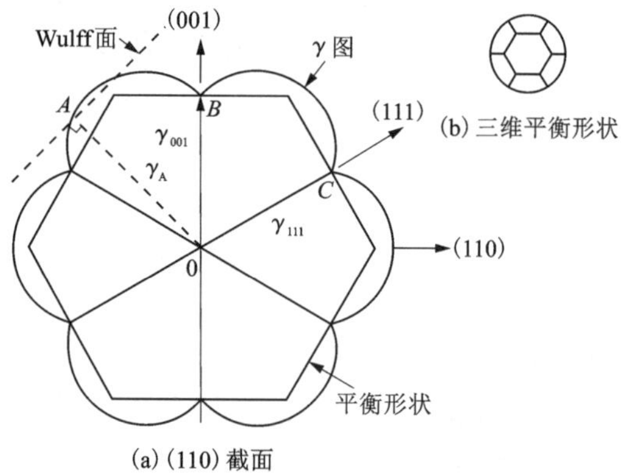

图 3-32　面心立方晶体的 γ 图及其平衡形状

利用 γ 图可以分析单晶体的理想平衡形状。对于一个孤立的单晶体，各面表面能分别表示为 γ_1，γ_2，…；相应面积分别为 S_1，S_2，…；它的总表面能为 $S_1\gamma_1+S_2\gamma_2+\cdots$。平衡状态下，设体自由能保持恒定，则表面自由能极小的条件为

$$\int\gamma\cdot \mathrm{d}S = 极小值 \tag{3-43}$$

若 γ 是各向同性的，满足上式积分极小值的平衡形态应为球形，这就是液体所取的外形。表面能为各向异性的晶体，可按下面的乌尔夫作图法得出平衡形状。在 γ 图上的每一点都作出垂直于矢径的平面，所有矢径平面围成的最小体积多面体，就是晶体的平衡形状，如图 3-32 所示。显然晶体的平衡形状中，γ_i 和原点至第 i 个晶面的距离 h_i 之比为常数，即

$$\frac{\gamma_1}{h_1}=\frac{\gamma_2}{h_2}=\cdots=\frac{\gamma_n}{h_n} \tag{3-44}$$

上式就是乌尔夫法则。晶体的理想平衡形状常常和实际生长出的晶体外形不相符，这主要是因为晶体生长是在非平衡状态下进行的，决定其外形的还有生长动力学的因素。此外，杂质含量等也影响晶体的实际形态。

3. 实际表面状态

实验表明，固体实际表面通常不是平坦的。应用精密干涉仪检测发现，即使是极完全解理的表面也存在着 2~100 nm 的台阶。因此，固体的实际表面是不规则和粗糙的，存在着无

数台阶、裂缝。这些几何状态的变化必然会对表面性质产生影响，其中最主要的是表面粗糙度和微裂纹。

表面粗糙度会引起表面力场的变化，进而影响其表面性质。从色散力的本质看，位于凹谷处的质点，色散力最大，位于峰顶处的最小。相反，静电力则是位于峰顶处最大，而凹谷处最小。于是，表面粗糙度将使表面力场变得不均匀，其活性及其他表面性质也随之变化。此外，粗糙度还关系到两种材料间的连接和结合界面间的结合强度。

表面微裂纹对材料的强度影响很大，其在材料中起着应力集中的作用，使位于裂纹尖端的实际应力远远大于所施加的外应力。根据 Griffith 理论，材料断裂应力（σ_c）与微裂纹长度（c）的关系为

$$\sigma_c = \sqrt{\frac{2E\gamma}{\pi c}} \tag{3-45}$$

式中：E 为弹性模量。

由上式可以看出，表面微裂纹长度的增大，会降低材料的断裂应力。

3.5　表面行为

固体表面行为对固体材料的物理化学性质和材料制备工艺过程具有重要意义。固体的表面行为包括润湿、黏附、吸附等。

3.5.1　润湿与黏附

固体与液体接触后能使体系的吉布斯自由能降低，发生润湿现象。润湿是一种流体从固体表面置换另一种流体的过程。最常见的润湿现象是一种液体从固体表面置换空气，如水在玻璃表面置换空气而展开。润湿是固液界面上的重要现象，也是很多工业技术的基础，例如机械润滑、金属焊接、电池电解液与电极材料的润湿等工艺和理论都与润湿有关系。

黏附是指两个固体表面直接接触，通过固体表面之间的吸引力或通过固体表面之间液体黏结把两固体紧密地连接在一起的作用。黏附是在润湿的基础上进行的。

1. 润湿的类型

润湿根据形式不同可分为附着润湿、铺展润湿及浸渍润湿，如图 3-33 所示。

1）附着润湿

附着润湿是指液体和固体接触后，将液-气界面和固-气界面变为固-液界面，如图 3-33（a）所示。设这三种界面的面积均为单位值，比表面吉布斯自由能分别为 γ_{SL}、γ_{LV}、γ_{SV}，则上述过程的吉布斯自由能变化为

$$\Delta G_1 = \gamma_{SL} - (\gamma_{LV} + \gamma_{SV}) \tag{3-46}$$

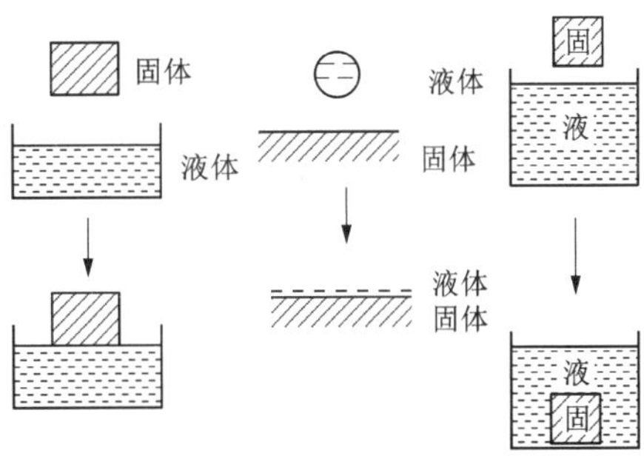

(a) 附着润湿　(b) 铺展润湿　(c) 浸渍润湿

图 3-33　润湿的三种形式

附着润湿的实质是液体在固体表面上的黏附，因此在讨论附着润湿时，常用黏附功这一概念。它的定义与液-液界面黏附功的定义完全相同，可用下式表示：

$$W_a = \gamma_{SV} + \gamma_{LV} - \gamma_{SL} = -\Delta G_1 \tag{3-47}$$

W_a 为黏附功，表示将单位面积的液-固界面分开所做的功。显然，此值越大表示固-液界面结合越牢，也即附着润湿越强。

2）浸渍润湿

浸渍润湿是指固体浸入液体中的过程，如图 3-33（c）所示。在此过程中，固-气界面被固-液界面所代替，而液体表面没有变化。当固体浸渍到液体中，自由能变化可由下式表示：

$$\Delta G=\gamma_{SL}-\gamma_{SV}=-\gamma_{LV}\cos\theta \tag{3-48}$$

若 $\gamma_{SV}>\gamma_{SL}$，则 $\theta<90°$，于是浸渍润湿过程将自发进行。若 $\gamma_{SV}<\gamma_{SL}$，则 $\theta>90°$，要将固体浸于液体之中必须做功。

3）铺展润湿

如图 3-33（b）所示，这是液滴落在清洁平滑的固体表面上的情况。当忽略液体的重力和黏度影响时，液滴在固体表面上的铺展是由固-气，固-液和液-气 3 个界面张力所决定，其平衡关系可由图 3-34 和下式确定：

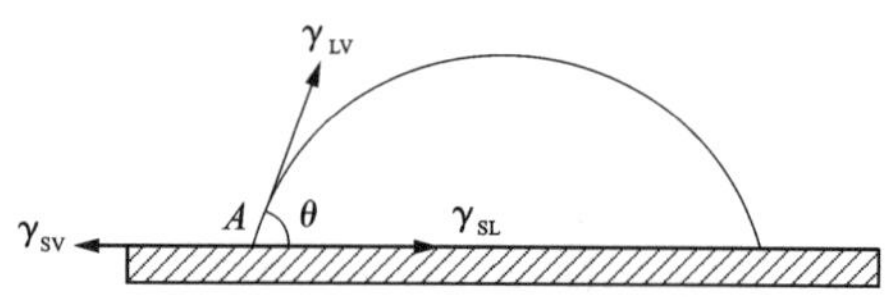

图 3-34　液滴在固体表面润湿力的平衡图

$$\gamma_{SV}=\gamma_{SL}+\gamma_{LV}\cos\theta \tag{3-49}$$

$$F=\gamma_{LV}\cos\theta=\gamma_{SV}-\gamma_{SL} \tag{3-50}$$

式中：θ 是润湿角；F 为润湿张力。显然，当 $\theta>90°$，则因润湿张力为负而不润湿；$\theta<90°$，则润湿；$\theta=0°$，润湿张力 F 最大，可以完全润湿，即液体在固体表面上自由铺展。

式（3-49）可以写成如下的形式：

$$\cos\theta=\frac{\gamma_{SV}-\gamma_{SL}}{\gamma_{LV}} \tag{3-51}$$

这就是著名的 Young 方程，可以根据润湿角（θ）的大小判断液体能否在固体表面润湿。

由式（3-50）可进一步得出，润湿的先决条件是 $\gamma_{SV}>\gamma_{SL}$。当固-液两相的化学性能或化学结合方式接近时，可满足上述情况。因此，同类（如氧化物-氧化物）固-液界面上一般会形成小的润湿角，甚至完全润湿。而在金属熔体与氧化物之间，由于键性和结构不同，界面能 γ_{SL} 较大，导致 $\gamma_{SV}<\gamma_{SL}$ 而不润湿。从式（3-50）中还可以看到 γ_{SL} 的作用是多方面的，在润湿的系统中（$\gamma_{SV}>\gamma_{SL}$），γ_{LV} 减小会使 θ 缩小；而在不润湿的系统中（$\gamma_{SV}<\gamma_{SL}$），γ_{LV} 减小使 θ 增大。

综上所述，可以看出三种润湿的共同点是：液体将气体从固体表面排开，使原有的固-气（或液-气）界面消失，而代之以固-液界面。铺展是润湿的最高标准，能铺展则必能附着和浸渍。

由式（3-50）还可以看出，改善润湿性取决于 γ_{SV}、γ_{LV} 和 γ_{SL} 的相对大小。在这三者中，改变 γ_{SV} 一般是困难的，实际上更多的是考虑改变 γ_{LV} 和 γ_{SL}。

2. 表面粗糙度对润湿的影响

真实固体表面的润湿还要考虑表面的粗糙和污染情况，这些因素对润湿过程会产生重要的影响。

当液滴滴在粗糙的表面上时，很难测定真实的润湿角，只能得到表观润湿角。如图 3-35 所示，图 3-35（a）中固体是光滑的表面，图 3-35（b）中固体是粗糙的表面，假设粗糙表面的真实面积是表观面积的 n 倍，即粗糙度为 n。设固-液界面在固体表面上从图中的 A

点推进到 B 点，这时，固-液界面积扩大 δS，而固体表面减小了 δS，液-气界面则增加了 $\delta S \cdot \cos\theta$。对光滑表面，平衡时则有

$$\gamma_{SL} \cdot \delta S + \gamma_{LV} \cdot \delta S \cos\theta - \gamma_{SV} \cdot \delta S = 0$$

$$\cos\theta = \frac{\gamma_{SV} - \gamma_{SL}}{\gamma_{LV}} \tag{3-52}$$

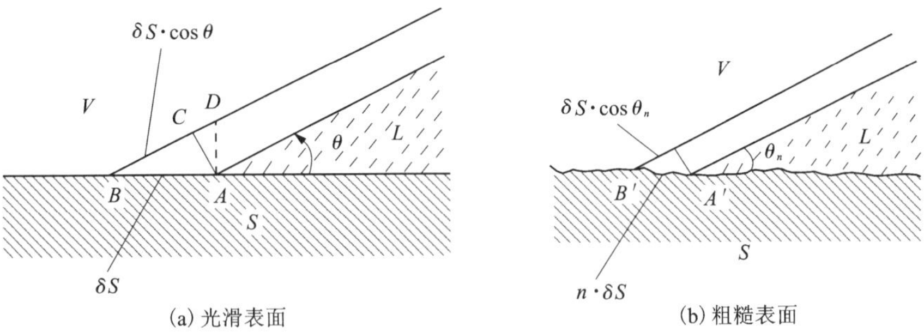

图 3-35　表面粗糙度对润湿的影响

平衡时，粗糙表面真正表面积较表观面积大(设大 n 倍)。界面位置同样由 A'点移至 B'点，真实固-液界面积增大了 $n\delta S$，固-气界面实际上也减小了 $n\delta S$，而液-气界面积则净增大了 $\delta S \cdot \cos\theta_n$，于是有

$$\gamma_{SL} \cdot n\delta S + \gamma_{LV} \cdot \delta S \cos\theta_n - \gamma_{SV} \cdot n\delta S = 0$$

$$\cos\theta_n = \frac{n(\gamma_{SV} - \gamma_{SL})}{\gamma_{LV}} = n \cdot \cos\theta_n \tag{3-53}$$

则$\frac{\cos\theta_n}{\cos\theta} = n$，$n$ 为表面的粗糙度(粗糙因子)，θ_n 是粗糙表面的表观润湿角。由于 n 值总是大于 1 的，故 θ 和 θ_n 的相对关系如图 3-36 所示。

即当 $\theta<90°$时，$\theta_n<\theta$；当 $\theta=90°$时，两者相等；当 $\theta>90°$时，$\theta_n>\theta$。因此，对于粗糙表面对润湿性能的影响，可以得到如下的结论：当真实接触角小于 90°时，粗糙度越大，表面接触角越小，越易润湿；真实接触角大于 90°时，粗糙度越大，越不易润湿。

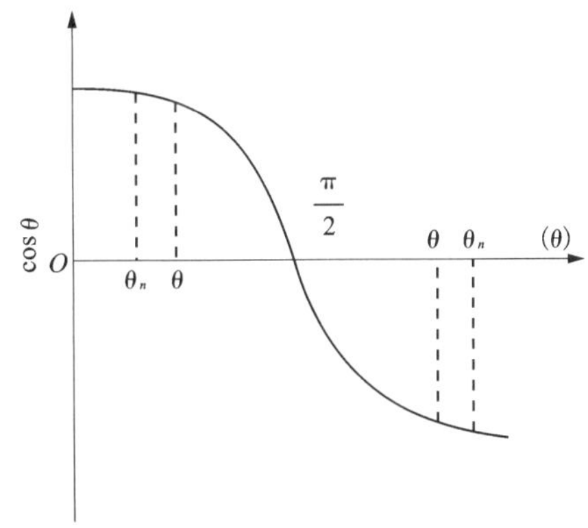

图 3-36　θ 和 θ_n 的关系

在电池的制造中，粗糙度对润湿性能的影响理论常常用来指导集流体的制作。集流体是电极极片制作过程中不可或缺的一部分，它不仅能承载活性物质，而且还可以将电极活性物质产生的电流汇集并输出，有利于降低锂离子电池的内阻，提高电池的库伦效率、循环稳定性和倍率性能。负极材料一般使用铜箔为集流体，其中铜箔集流体的表面粗糙度能显著影响溶液的润湿性。当接触角小于 90°时，铜箔表面愈粗糙，润湿性愈好；当接触角大于 90°时，铜箔表面愈粗糙，润湿性愈差。换言之，即随着表面粗糙度的增大，容易润湿的表面变得更

容易润湿，而难润湿的表面变得更难润湿。

3. 组合表面对润湿的影响

现以两种不同化学组成的表面组合而成的理想光滑平面进行讨论。不同成分在表面以小块的形式均匀分布。自由能的变化为

$$(\gamma_{SV}-\gamma_{SL})dA_{SL}=[x_1(\gamma_{S_1V}-\gamma_{S_1L})+x_2(\gamma_{S_2V}-\gamma_{S_2L})]dA_{SL} \tag{3-54}$$

x_1、x_2 分别为两种表面所占面积的分数，把上式两边除以 dA_{SL}，得到

$$\gamma_{SV}-\gamma_{SL}=x_1(\gamma_{S_1V}-\gamma_{S_1L})+x_2(\gamma_{S_2V}-\gamma_{S_2L}) \tag{3-55}$$

代入 Young 方程，得到

$$\cos\theta_c=x_1\cos\theta_1+x_2\cos\theta_2 \tag{3-56}$$

这就是 Cassie 方程。θ_c 为液体在组合表面上的接触角，θ_1 和 θ_2 为液体在纯 1 和纯 2 表面上的接触角。如果组合小块面积变大，而且分布不均匀，则出现接触角滞后现象。对于筛孔物质，x_2 为孔眼的面积分数，γ_{S_2V} 为零，γ_{S_2L} 即是 γ_{LV}，这时上式变为

$$\cos\theta_c=x_1\cos\theta_1-x_2 \tag{3-57}$$

对于孔性表面，若 x_2 增加，则表观接触角增大。实际接触角在 90°左右时，表观接触角可增至 150°。因此，如果需要防止水滴渗入织物，可适当地使 x_2 增加。

4. 吸附膜对润湿的影响

γ_{SV}实际上是固体露置于蒸气中的表面张力，因而表面带有吸附膜，它与除气后的固体在真空中的表面张力 γ_{SO} 不同，通常要低得多。就是说吸附膜将会降低固体表面能，其数值等于吸附膜的表面压 π，即

$$\pi=\gamma_{SO}-\gamma_{SV} \tag{3-58}$$

把 γ_{SV} 代入 Young 方程得

$$\cos\theta=\frac{(\gamma_{SO}-\pi)-\gamma_{SL}}{\gamma_{LV}} \tag{3-59}$$

该式表明，吸附膜的存在使接触角增大，起着阻碍液体铺展的作用。这种效应对于许多实际工作都是重要的。

对于实际固体表面，要改善液滴在固体表面的润湿性能，由 $\cos\theta=(\gamma_{SV}-\gamma_{SL})/\gamma_{LV}$ 可知，可以通过降低 γ_{SL}、去除固体表面吸附膜、提高 γ_{SV} 来改善润湿性能；也可以通过改变粗糙度来改善润湿性能。

在新能源材料的研制过程中，材料的润湿性能是必须考虑的因素，由于锂离子电池中有电解液的存在，电解液对电极和隔膜的润湿性将直接影响电池体系的阻抗和离子传输。一般而言，润湿性越好，阻抗越小，锂离子传输动力学更好。

通常情况下，隔膜的润湿性和其所用材料的性质特点有关，亲水性材料较疏水性材料润湿性好，而润湿速度则反映了隔膜在电解液中单位时间内被润湿的面积，这不仅和隔膜的材质(表面张力)有关，同时也受到隔膜的孔大小、孔隙率和曲折度等的影响。

对于电极而言，一般通过电解液与电极之间由于润湿而形成的接触角来判断电解液的优劣。当接触角小于 90°时，液体较容易润湿固体，浸润性好，即电解液与极片的浸润性好，其电化学性能会更佳；若接触角大于 90°，则浸润性较差，电化学性能受到的影响较大。一般而言，设计电解液时，接触角越小越好。

因为表面张力与温度有关，所以温度变化也能改变润湿性能。在锂金属电池中，构筑 3D 复合锂金属负极是抑制锂枝晶生长的重要策略之一，对于复合材料的选择，需要考虑其与锂的亲和性。有研究者选择了 6 种基底，测试了不同温度下锂负极的润湿效果。其测试结果如图 3-37 所示，结果表明，液态锂金属与基底的接触角均随着温度的升高而减小；且当温度为 215 ℃时，6 种基底的疏锂性相近，其接触角均大于 120°。这类研究为构筑稳定锂金属负极提供了简单高效的制备思路。

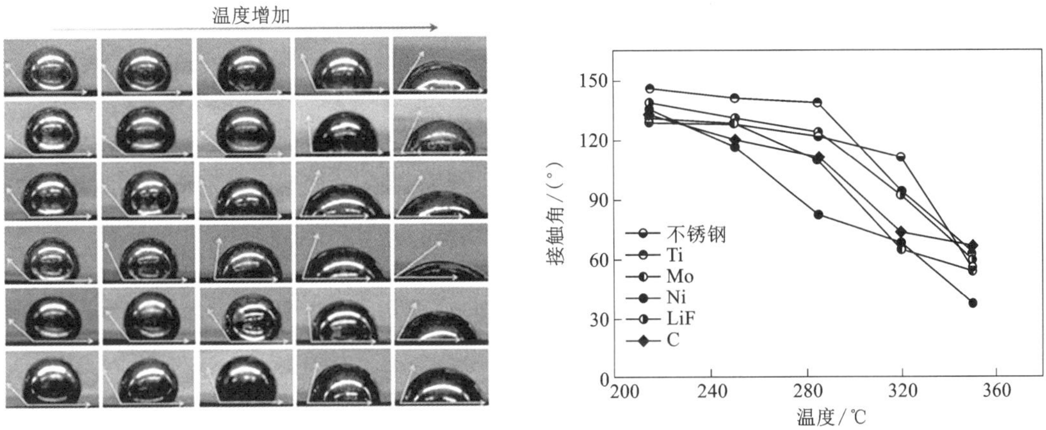

(a) 润湿实验照片　　(b) 温度与接触角的关系

图 3-37　温度对锂金属润湿性的影响及应用

5. 黏附

黏附(adhesion)对于薄膜镀层、电极材料在集流体上的黏结，不同材料间的焊接，以及玻璃纤维增强塑料、橡胶等复合材料的结合等工艺都有特殊的意义。

良好黏附的表面化学条件应是：①黏附体间要保证良好润湿；②黏附功要大，以保证牢固黏附；③黏附面的界面张力 γ_{SL} 要小，以保证黏附界面的热力学稳定；④黏附剂与被黏附体间相溶性要好，以保证黏附界面的良好键合和保持强度。

黏附性能还与以下因素有关：①固体表面的清洁度；②固体的分散度；③外力作用下固体的变形程度。

在电极制作过程中，因为活性物质、导电剂、溶剂不能直接黏结到金属电极，所以必须使用黏结剂。黏结剂将各种成分黏结到一起，形成具有黏附性的材料，然后再和金属箔(集流体)黏结在一起，形成电极极片。

一般而言，黏结剂有以下作用：①维持正负极活性材料在充放电过程中结构和体积变化，防止活性材料脱落，提升极片的循环稳定性；②改善电解液的润湿性，促进锂离子在电极/电解液界面的传输；③降低电池阻抗，减小电池循环过程中的极化，增强电极中的电子传导。

黏结剂按照分散介质的性质可分为油性黏结剂和水性黏结剂。目前，广泛应用的油性黏结剂主要为聚偏氟乙烯(PVDF)，水性黏结剂主要包括丁苯橡胶(SBR)乳液和羧甲基纤维素(CMC)。

尽管 PVDF 是工业上常用的正极黏结剂，但是也存在循环过程中不稳定的现象。根据上述问题，设计了一种氟化聚酰亚胺(FPI)新型高压黏结剂，与常规 PVDF 黏结剂相比，FPI 黏结剂具有优异的黏结能力，并且在正极结构形成了坚固的表面层。

3.5.2 表面吸附

固体表面吸附原理在工业中有很多应用。比表面的测定，纳米材料的粒细度测定，都可用氮吸附法测定。还有材料的表面处理或反应等与吸附有关。吸附是一种物质的原子或分子附着在另一物质表面的现象。

表面吸附分为物理吸附和化学吸附。

1. 物理吸附与化学吸附

物理吸附是范德华力的作用，由于范德华力一般较弱，所以物理吸附的分子在结构上变化不大。化学吸附的作用力主要是经典库仑力，其现象类似化学反应，吸附剂和吸附物的原子、分子间发生电子转移，改变了吸附分子的结构。在化学吸附中，如果发生了完全的电子转移，则称为离子吸附。物理吸附和化学吸附之间有以下区别：

(1)吸附热不同。化学吸附热与化学反应热同数量级，一般为几十千焦每摩尔，比物理吸附大一个数量级。

(2)吸附和脱附的速率不同。物理吸附一般不需要热激活，化学吸附需要一定的激活能，所以化学吸附的吸附及脱附速率比物理吸附缓慢。

(3)吸附的选择性不同。化学吸附具有很高的选择性，物理吸附则无选择性。

(4)吸附层的厚度不同。化学吸附只限于单原子层或单分子层，而物理吸附在低压下是单层，在高压下会变成多层。

(5)吸附态的光谱不同。物理吸附只能使吸附分子的特征吸收峰发生一些位移或使强度有所改变，化学吸附会在紫外或可见光区产生新的吸收峰。

2. 平衡吸附量

平衡吸附量是由吸附剂和吸附物本身的性质所决定，外部条件(如温度、压力)也有显著的影响。根据热力学第一、第二定律，可以得到吸附等温方程为

$$\mathrm{d}\gamma = -\sum \Gamma_i \mathrm{d}\mu_i$$

$$\Gamma_i = -\left(\frac{\partial \gamma}{\partial \mu_i}\right)_{T,\ \mu_{j(j\neq i)}} \tag{3-60}$$

式中：Γ_i 为单位表面吸附的第 i 种物质的量；γ 为表面能；μ_i 为第 i 种物质的化学势。如将表面平衡的蒸气看成理想气体，则

$$\Gamma_i = -\frac{1}{RT}\left[\frac{\partial \gamma}{\partial \ln p_j}\right]_{T,\ P_{j(j\neq i)}} \tag{3-61}$$

3.5.3 表面改性

表面改性是利用固体表面的吸附特性，通过各种表面处理来改变固体表面的结构和性质，以适应各种预期的要求。例如在复合材料制备中，无机填料经过表面改性，使其原来的亲水性改为疏水性，这样就提高了该物质对有机基质的润湿性和结合强度，从而改善复合材料的界面性能。能够降低体系表面(或界面)张力的物质称为表面活性剂。表面改性中最常

用的是各种有机表面活性剂。表面活性剂必须指明对象，表面活性剂不是对任何表面都适用，如钠皂是水的表面活性剂，硫、碳是液态铁的表面活性剂。水的表面活性剂分子一般由两部分组成，如图 3-38 所示。一端是具有亲水性的极性基，如—OH、—COOH、—SO_3Na 等；另一端是具有疏水性的非极性基，如碳氢基团、烷基、丙烯基等。适当地选择表面活性剂的这两个原子基团的比例就可以控制其油溶性和水溶性的程度。

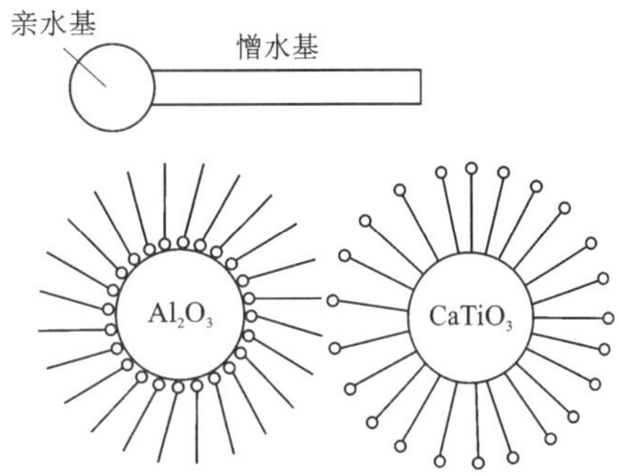

图 3-38　表面活性剂分子的构型

表面活性剂按化学结构分为离子型和非离子型。(1)离子型：在水中能电离为离子。如：①阴离子型：$RCOONa \rightarrow RCOO^-$。②阳离子型：$RNH_3Cl \rightarrow RNH_3^+$。③两性型：$R1NHR_2COOH \rightarrow R_1NHR_2COO^-$(或 $R_1NH_2R_2COOH^+$)。(2)非离子型：在水中不能电离为离子。如：$HOCH_2[CH_2OCH_2]_nCH_2OH$。(3)混合型：含有两种亲水基团，一个带电，一个不带电。如：$R(C_2H_4O)_nSO_4Na$。

在表面活性剂的应用中常常要注意到两个概念，一个是临界胶束浓度(CMC)：形成一定形状的胶束所需要的表面活性物质的最低浓度。等于临界胶束浓度时，表面活性物质在界面上定向单分子排列形成单分子膜；超过临界胶束浓度时，表面活性物质在溶液中形成胶束；继续增大活性剂浓度，表面张力不再降低，而体相中的胶束不断增多、增大。胶束的性质与原表面活性物质分子不同，导致在临界胶束浓度附近，溶液的性质发生改变。如：表面活性剂浓度大于 CMC 时，渗透压、表面张力几乎不变，但电导率却急剧增大；有些有机物难溶于水，但能溶于表面活性剂浓度大于 CMC 的水溶液中。

另一个概念是 HLB 值(hydrophile-lipophile balance，亲水亲油平衡)。对于非离子型表面活性剂：

$$HLB = \frac{\text{亲水基部分摩尔质量}}{\text{表面活性剂摩尔质量}} \times 100/5 \tag{3-62}$$

HLB 值在 0 至 20 之间，如石蜡无亲水基，所以 HLB=0；聚乙二醇全部是亲水基，HLB=20。其余非离子型表面活性剂的 HLB 为 0~20。HLB 越大，表面活性剂的亲水性越强。根据需要，可根据 HLB 值选择合适的表面活性剂。

除了使用表面活性剂进行表面改性之外，还有很多其他的方法，如激光束表面处理技术、电子束表面改性技术、材料表面热扩渗处理、等离子体扩散渗入方法等。在新能源材料制备中，尤其是化学电源材料制备中，除了上述改性方法外，常常还会用到表面包覆的方式对材料进行改性。这些表面改性方法，不在这里进行介绍，请参考相关专业书籍。

3.6　表面(界面)性质对新能源材料及器件性能的影响

3.6.1　材料表面的稳定性

新能源材料的表面性质在很大程度上能影响材料的性能，特别是对于尺寸小的纳米(正负极）材料。所以为了确保材料的稳定性，其表面的稳定性不容忽视。当表面能量高的时候，材料的势能也更大，性质更加活跃，只有降低材料表面能，材料表面才更稳定。例如，将表面电位从非零改为零时，降低了纳米颗粒之间的静电排斥电位等。常采用表面处理方法降低表面能，改善材料表面的润湿性能及材料的电化学性能。

1. 锂离子电池的表面稳定性问题

负极材料与电解液（质）之间的化学稳定性是决定负极表面稳定性的重要因素。负极的化学势应低于液体电解质的最低未占据分子轨道（LUMO），以防止电极和电解液（质）发生副反应以及固态电解质层（solid electrolyte interface，简称为 SEI）的形成。然而，石墨和其他负极材料的表面在循环过程中会不可避免地形成 SEI 层，该固态层在结构稳定且致密的情况下，一定程度上将抑制液体电解质与电极材料的直接接触，从而提高电极表面的稳定性。对于固态电解质，其化学势与负极之间的关系遵循相同的准则，即负极的化学势应低于固态电解质的导带，以避免电子跃迁到导带，否则负极与固态电解质之间的副反应可能会产生一些界面相（杂质）或在界面处发生离子交换，导致晶格不匹配，甚至电极表面产生裂纹。对于 Li 负极的表面改性，现最常见的方法是在 Li 表面原位形成人工 SEI 层，这层 SEI 具有高离子电导率和高杨氏模量，可以在保证锂离子传输的同时保证其足够坚硬不被锂枝晶破坏。

对于高压环境下的充放电过程，正极电解质界面（cathode electrolyte interface，简称为 CEI）通常会自发形成。人们普遍认为，类似于 SEI，CEI 含有无机成分和有机物质，这是由电解液（质）和电极之间复杂的化学表面反应引起的。CEI 的形成可以保护正极材料，防止电解质与正极之间的接触。然而，不连续和不均匀的 CEI 难以抑制正极损坏和容量损失。当使用电解液添加剂时，添加剂先于电解液之前在正极表面被氧化，会形成均匀和稳定的 CEI 膜。为了获得更均匀、更稳定的 CEI，常通过设计原子层沉积（ALD）、聚合物保护层、电解质工程等构建人工界面。

对于高比容量的转换型正极材料 FeF_3 而言，为了避免活性物质 FeF_3（纳米尺寸）与电解液直接接触发生化学反应，常在制备材料时设计一种核壳结构（C 为外壳，FeF_3 为内核）来减缓活性物质 FeF_3 与电解液的副反应，同时稳定了界面，有利于实现长寿命的转换型锂离子电池的制备。

2. 其他新能源材料的表面问题

对于光电子器件而言，超薄 Ag 薄膜的粗糙表面和较差的稳定性限制其应用，通过 Al 掺杂在 SiO_2/Si 衬底上制造超光滑和热稳定的 Ag 基薄膜，提高了薄膜的原子核密度。此外，在 Al 掺杂的 Ag 薄膜上自发形成的封端层抑制了 Ag 原子的表面扩散和质量运输。掺杂诱导可实现有高稳定性和超光滑表面形态的超薄 Ag 薄膜的合成。

当前，使用较多的提高材料表面稳定性的手段有：表面包覆、表面掺杂和表面改性（官能团修饰）。

3.6.2 材料的表面包覆

随着锂离子电池的不断发展，正极材料除了已经成熟的锂过渡金属氧化物（如钴酸锂，$LiCoO_2$）、尖晶石锰酸锂（$LiMn_2O_4$）和磷酸铁锂（$LiFePO_4$）外，三元复合正极材料（镍钴锰酸锂，$LiNi_{1/3}Mn_{1/3}Co_{1/3}O_2$；镍钴铝酸锂，$LiNi_{0.8}Co_{0.15}Al_{0.05}O_2$）和硫正极等高比能的正极材料也逐渐崭露头角。而石墨负极材料仍然是商业锂离子电池的主要电极材料。为了获得上述材料理想的电池特性，最直接和有效的策略是通过各种包覆技术对其表面进行设计。表面包覆（如图 3-39）有以下优点：①保证材料在长循环下的结构完整性，特别是对于高容量材料；②提高材料离子/电子电导率，有利于提升电池倍率性能。

1. 负极材料的包覆

石墨类负极具有高比容量、低平台电压的优点，但在充放电过程中大体积溶剂分子与锂离子容易发生共嵌入，造成石墨膨胀和层间滑移，不可逆容量增加。同时，石墨表面具有不均匀性，也同样会造成低的循环性能。因此，在实际生产应用中，先进行表面包覆，能够有效解决上述问题。包覆材料以无定形碳、金属和金属氧化物为主。无定形碳具有更大的层间距，不仅有利于锂离子的扩散，还能阻止溶剂分子的共嵌入，提高石墨与电解液的相容性。目前主要的包覆路线为煤基可纺沥青和石油基可纺沥青。通过将石墨粉末与包覆剂（沥青、树脂）等混合，经固化—热解—炭化—粉碎，最终筛选得到粒度合适的负极材料。金属（Ag、Ni、Sn、Zn、Al 等）、金属氧化物（NiO、CuO、Fe_2O_3、MoO_3 等）在石墨负极表面沉积实现包覆，能够有效增强锂离子的扩散，抑制电解液与负极持续性消耗，减少不可逆容量。

硅在常温下能够和锂合金化，理论比容量高达 3572 mA · h/g，但硅在循环过程中会发生较大的体积膨胀，极大地阻碍其实际应用。在活性物质硅表面包覆碳层，能够增加导电性，减缓体积变化。根据包覆结构和硅颗粒形貌，包覆结构可分为核壳型、蛋黄-壳型以及多孔型。另一种典型的负极是钛酸锂（$Li_4Ti_5O_{12}$），其界面活性高，电解质容易与其发生反应，分解产生气体，造成电池鼓包。通过在其表面包覆热解碳、氟化铝（AlF_3）和氧化物，能够有效解决上述问题。

2. 正极材料的包覆

电动汽车的长续航和快速充电需要高性能的锂离子电池来实现，而正极材料是其中最重要的组件之一。但正极在循环过程中易破裂，与电解质之间存在持续的副反应，严重损害电池的倍率性能和影响电池的循环寿命。表面包覆能够减小应力，增强液体电解质的润湿性并降低界面电荷转移阻力，减少副反应，从而有效优化正极材料。表面包覆的要求包括：①薄而均匀；②具有离子和电子导电性；③机械性能高，并在充/放电循环后保持稳定；④包覆过程简便且可扩展。

扫一扫，看彩图

图 3-39　正极材料表面包覆示意图

正极材料表面包覆作用：①物理屏障，抑制副反应；②清除 HF，防止电解质的化学侵蚀，减轻过渡金属溶解；③提升电子和离子导电性；④表面化学改性，促进界面离子电荷转移；⑤稳定结构，减小相变应力。

表面包覆材料的状态分为三种(图 3-40)：①薄的均匀包覆层。正极颗粒的完全覆盖将保护正极免受电解质侵袭，抑制副反应。此外，薄包覆层能加强界面处的动力学，改善电池性能。②较厚的包覆层。厚包覆在正极和电解质之间提供了良好的物理屏障。然而，包覆较厚会阻碍锂在脱嵌过程中的扩散，可能在高温运行中有良好的效果。③岛状或不均匀的包覆层。使用干涂和湿涂工艺很难在整个材料上获得均匀且薄的包覆。这些过程形成的包覆层是粗糙且不均匀的。

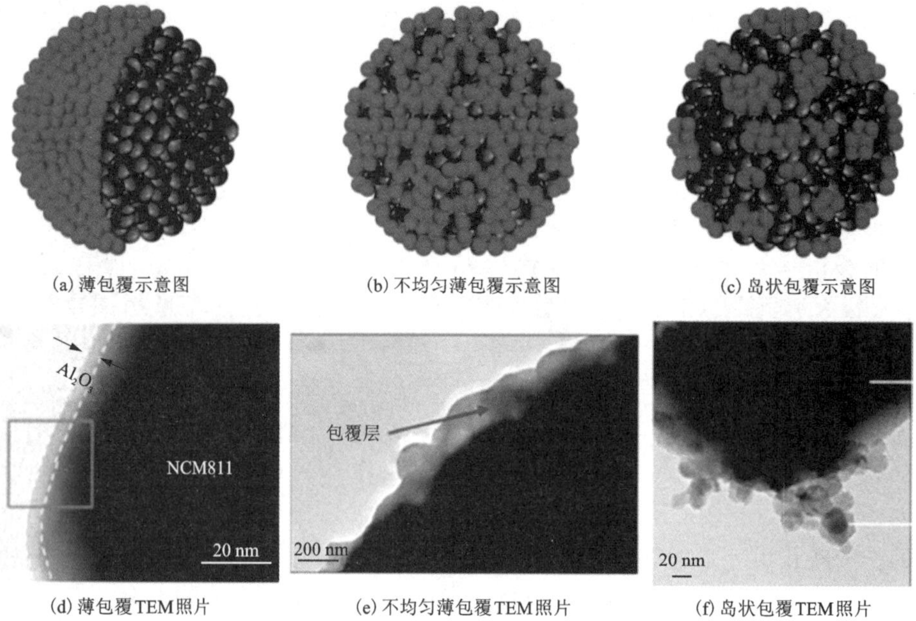

(a) 薄包覆示意图　(b) 不均匀薄包覆示意图　(c) 岛状包覆示意图

(d) 薄包覆TEM照片　(e) 不均匀薄包覆TEM照片　(f) 岛状包覆TEM照片

扫一扫，看彩图

图 3-40　表面包覆材料的三种形态

3. 包覆材料类型

1) 金属氧化物

金属氧化物包覆充当正极材料和电解质之间的物理屏障，不参与电化学反应，缺点是锂离子传导性差。在某些情况下，金属氧化物包覆的正极材料倍率性能下降。这是由阻抗(R_{ct})增大引起的。但是，很少有这类惰性金属氧化物包覆可以改善电荷转移的报道。

2) 磷酸盐

磷酸盐包覆可以改善正极材料的离子传输性能。富镍层状氧化物不良的循环和安全问题阻碍了它们的大规模使用。表面包覆是解决富镍正极问题的有效方法。NCM 表面上的 Li_3PO_4 包覆可防止 NCM 正极表面与电解质直接接触，从而抑制副反应和电阻性表面膜的形成。

3) 电极材料

电极材料已被用作正极包覆材料。通常，应将较稳定的材料涂覆在较不稳定的材料上，以提高材料的整体稳定性和性能。好处在于，在正极和电解质之间提供了物理阻挡层，抑制了副反应，改善了电荷转移动力学，使正极材料具有更好的电化学性能。然而，很难实现均匀且薄的电极材料包覆。而且，需要较高的热处理温度以形成良好的包覆，这可能导致正极材料分解。对于这类包覆，需要选择最佳的包覆材料和包覆条件。例如，超薄尖晶石($LiMn_2O_4$)包覆的富锂层状氧化物 $Li_{1.2}Mn_{0.6}Ni_{0.2}O_2$(USMLLR)改善了电化学和热性能。其优点是既保证了富锂层状氧化物材料的高容量又保证了较高的倍率性能，同时 $LiMn_2O_4$ 优异的 Li^+ 电导率改善了表面处的电荷传输。

4)固体电解质和其他离子导体

固体电解质在室温下具有高离子电导率，适合作为正极包覆层，但电子电导率低。其高离子电导率，有望改善正极/电解质界面的电荷转移。此外，固体电解质包覆提供了物理屏障，抑制了副反应。在 $LiNi_{0.6}Co_{0.2}Mn_{0.2}O_2$(NCM)上包覆钛酸锂镧(LLTO)能够提高倍率性能，归因于 LLTO 包覆层的高离子电导率并抑制了副反应。然而，包覆厚度的增加会抑制充/放电期间电子转移过程。

5)导电聚合物

导电聚合物包覆可以形成具有高电子电导率的均匀薄膜，改善正极/电解质界面的电荷转移。这类聚合物可以适应体积变化，减少裂纹形成。如聚苯胺-聚乙二醇(PANI-PEG)包覆 $LiNi_{0.8}Co_{0.1}Mn_{0.1}O_2$(NCM-811)，PANI-PEG 具有高离子电导率和电子电导率，包覆后倍率性能和循环性能均得到了提高，倍率性能提高可归因于电子电导率和电荷转移速率的提高，循环性能也有所提高，归因于副反应被抑制。

对于某些导电性差的正负极材料，可以对其颗粒表面进行导电碳和导电聚合物等包覆，从而提高电极材料的导电性。常见的导电碳材料一般都是由有机碳源经过碳化得到，这里的有机碳源一般是聚多巴胺、间苯二酚-甲醛树脂、葡萄糖和聚乙烯吡咯烷酮等。由于磷酸铁锂正极材料本身的导电性较差，所以以葡萄糖为有机碳源，将磷酸铁、氢氧化锂与葡萄糖通过球磨的方式均匀混合，然后通过喷雾干燥的方式造粒，最后在氮气气氛下进行煅烧，制备出了碳包覆的 $LiFePO_4$。这种碳包覆的磷酸铁锂的导电性得到了大幅提升，有利于容量的释放。

3.6.3　表面张力和表面能对电池性能的影响

1. 表面张力的影响

在锂离子电池的电极浆料涂布过程中，也涉及了许多表面张力和表面能等问题。涂布过程是非牛顿流体与固态基材接触、流动、固化的过程。与固态之间的接触不同，锂离子电池浆料在涂布头喷出瞬间，涂覆在铜箔、铝箔之上，会出现液态的动态变化，包括附着、润湿、流平、回弹等微观变化，动态变化往往在短时间内完成，然后涂布烘箱，经过一定温度和时间的烘烤，逐渐固化，形成锂离子电池的电极极板。

在这些短时间动态的变化过程中，表面张力对极片的最终形态有着较大的影响。表面张力引起的缺陷主要有：厚边、橘皮、针孔、凹坑等。

1)厚边

涂布厚边是指在涂布的起始处、结束处或者两侧边缘处，出现比中间位置厚度要厚的现象，这种异常主要是由表面张力引起的。涂布的厚边异常，造成的主要影响是极片收卷时外观异常，辊压时由于边缘较厚，在相同的辊压轧制下，铝箔会产生明显的延展，造成辊压极耳处褶皱不合格。若厚边严重，会出现辊压断带频繁现象，极大地影响合格率和生产效率。

2）橘皮

橘皮也是涂布过程中出现的一种典型缺陷，这种缺陷主要体现为电极极片表面不平整，像橘子皮一样坑坑洼洼，用肉眼可以观察到，外观不良。在电池性能的理解上就是基材表面附着的正负极材料厚度各处不均，体现为负极若出现凹坑，则容易析锂。

橘皮缺陷的产生机理是，在锂电池浆料涂覆在基材上后，由于极片表面张力不同，液体在张力的驱使下出现内部的流动，随着极片经过烘箱，逐步干燥。由于液态在流动中干燥、固化，就出现了凹凸不平的现象。

为防止橘皮缺陷的出现，需要注意烘烤速率，减少极片在湿膜状态下的快速干燥，因为此时的浆料还处于流动调整过程，降低烘烤速率，或者添加表面活性剂可以有效减少橘皮缺陷的发生。

3）针孔、凹坑

由表面张力引起的针孔、凹坑缺陷，形成机理是在基材或浆料中有灰尘、杂质等。若灰尘、杂质存在于浆料中，其周围的液体在表面张力的作用下，会向外边迁移，形成缩孔点状缺陷。

2. 表面能对电池性能的影响

水系锌离子电池以高安全性和低成本而受到人们的广泛关注。然而，其大规模应用受到金属锌负极易自发形成不均匀以及粗糙的锌电沉积物的特性的限制，易在电池循环中出现电池的短路、失效等问题。研究者们通过调控锡晶面织构表面重构金属锌负极的表面结构策略，实现了低的电压滞后和长循环寿命，更好地稳定了金属锌负极并提高了可逆性。其中，平均表面能较高的锡晶面织构表面电极可确保沉积物具有更好的润湿性，从而促使金属锌的平面生长。此外，与纯金属锌相比，Sn 的高亲和力以及丰富的 Zn 结合位点保证了低的沉积能垒，从而改善了沉积动力学。

习　题

1. 解释以下的基本概念：

清洁表面、台阶表面、弛豫表面、重构表面、导带、价带、费米能级、逸出功、表面张力、表面能、吸附、润湿、黏附、表面改性、HLB、CMC

2. 何谓表面张力和表面能？对固态和液态而言这两者有何差别？

3. 材料表面的粗糙度对材料的润湿性能有什么影响？为什么？

4. 将 $MgO-Al_2O_3-SiO_2$ 系统的低共熔物放在 Si_3N_4 陶瓷片上，在低共熔温度下，液相的表面张力为 0.9 J/m^2，液体与固体的界面能为 0.6 J/m^2，测得接触角为 70.52°。求 Si_3N_4 的表面张力。

5. 当用焊锡来焊接铜丝时，用锉刀除去表面层，可使焊接更加牢固，请解释这种现象。

6. 高温将某金属熔于 Al_2O_3 片上：

（1）若 Al_2O_3 的表面能估计为 1 J/m^2，此熔融金属的表面能也与之相似，界面能约为 0.3 J/m^2，接触角是多少？

（2）若液相表面能只有 Al_2O_3 表面能的一半，而界面能是 Al_2O_3 表面张力的 0.7 倍，试估计接触角的大小。

7. 在真空下的氧化铝表面张力约为0.9 J/m^2，液态铁的表面张力为1.72 J/m^2，同样条件下的表面张力(液态铁–氧化铝)约为2.3 J/m^2，试问接触角有多大？液态铁能否润湿氧化铝？

8. 氧化铝瓷件表面上涂银后，当烧至1000 ℃时，已知$\gamma_{(Al_2O_3,固)}$ = 1 J/m^2；$\gamma_{(Ag,液)}$ = 0.92 J/m^2，$\gamma_{(Ag,液/Al_2O_3,固)}$ = 1.77 J/m^2，试问液态银能否润湿氧化铝瓷件表面？如果不能润湿，可以采取什么措施使其能润湿？

9. 20 ℃时，乙醚–水、汞–乙醚及汞–水的界面张力分别为0.0107 N/m、0.379 N/m及0.375 N/m，在乙醚与汞的界面上滴一滴水，试求其接触角。

10. 试用材料表面的基础知识，说明如何提高电解液对电极材料的润湿性能。

11. 在电极材料涂布时，如何保证电极材料与极片有良好的黏附？

12. 试分析材料表面行为对电池材料性质的影响及进行表面处理的必要性。

第 4 章　材料化学热力学基础

4.1　概述

经典热力学主要研究平衡态或准平衡态，以及可逆过程的性质，因此又称为平衡态或可逆过程热力学。但实际上自然界中的体系大多是开放的，其所涉及的过程通常也是不可逆的，因此研究非平衡态或不可逆过程又成为热力学的一个重要发展方向，以期形成完整的热力学理论体系。由于化学热力学是基于热力学的基本原理研究化学变化和相变化最普遍的规律，因此可以说，一切客观物质实体及其变化过程都是化学热力学的研究对象。

在材料领域，通过研究参与材料制备的相关反应物和生成物的热力学数据，再根据制备过程中相关反应的化学平衡参数，可以确定期望产物稳定存在的热力学条件，从而为材料制备提供理论指导。这其中包括固相反应体系(如层状钴酸锂和尖晶石锰酸锂的高温固相合成)和水溶液反应体系(如三元前驱体的共沉淀法制备，以及锰酸锂、钴酸锂、磷酸铁锂等正极材料的湿法制备及液相包覆改性等)。因此，研究材料制备过程凝聚态体系的热力学平衡图对于新能源材料的合成与改性具有重要的理论指导意义和实际应用价值。

4.1.1　经典热力学应用的局限性

将经典热力学理论和方法应用于凝聚态体系需注意以下局限性：

(1)根据经典热力学理论，可以通过计算过程的自由能差 ΔG 来判断其方向性。需要强调的是，自由能差 ΔG 仅在决定过程相对速度时才具有一定的比较意义。在一般情况下，过程的实际速度并不一定与自由能差 ΔG 存在确定的关系。事实上，热力学上认为可能发生的过程实际是否发生，以及如何进行，都将受到体系动力学因素的影响。因此，自由能差 ΔG 在指导过程进行方面的作用有限，而过程的实际发生与进行取决于体系的动力学特征。

(2)过程自由能变化 ΔG 通常基于原始热力学数据计算得到，因此原始热力学数据的准确性和精确度直接关系到热力学计算结果的可靠性，进而影响到对过程能否进行及其产物稳定与否作出判断的准确性。由此可见，在热力学分析和研究过程中，原始热力学数据的正确选用和计算就显得非常重要，使用计算结果对过程进行分析研究时，应特别慎重。

4.1.2　热力学在凝聚态体系中的应用特点

凝聚态体系，一般包括固相反应体系和液相反应体系，其中，固相反应体系包括晶体和玻璃体，液相反应体系包括高温熔体、水溶液和有机溶液。与气态均相反应体系不同，一般的变温或变压过程不会对凝聚态体系的体积产生太大的影响，体积变化可近似为零，即 $\Delta V\approx 0$，则体积功 $W\approx 0$，此时，恒压热容 $C_p\approx$ 恒容热容 C_V。

由于凝聚系统的多相性以及凝聚相中质点扩散速度很小，凝聚态体系中所进行的物理化学过程往往难以达到热力学意义上的平衡，过程的产物也常处于介稳状态，如玻璃体(无定形体)或胶体状态。因此，在将经典热力学理论应用于凝聚系统时，应充分考虑以下特点。

1. 化学反应过程的方向性

对于纯固相之间的化学反应，只要系统的 $\Delta G_{T,p}<0$，且有充分的反应动力学条件，反应就可以逐渐进行到底，而无须考虑从化学平衡常数的计算中得到化学平衡浓度及反应产率。即对于反应

$$aA+bB=\!=\!=cC+dD \tag{4-1}$$

其反应的自由能 $\Delta G_{T,p}$ 为

$$\Delta G_{T,p}=\sum(\Delta G_{T,p})_{\text{生成物}}-\sum(\Delta G_{T,p})_{\text{反应物}} \tag{4-2}$$

对于气相或液相参与的固相反应，在计算 $\Delta G_{T,p}$ 时必须考虑气相或液相中与反应有关的物质的活度，即

$$\Delta G_{T,p}=\Delta G_{T,p}^{\ominus}+RT\ln\frac{a_C^c\cdot a_D^d}{a_A^a\cdot a_B^b} \tag{4-3}$$

2. 反应产物的热力学稳定序和动力学生成序

假设一固相反应在一定的热力学条件下可能生成一系列反应产物 A_n，若将其反应自由能 ΔG_i 从小到大依次排列为：ΔG_1，ΔG_2，ΔG_3，…，ΔG_n，则其对应的反应产物排序为：A_1，A_2，A_3，…，A_n。根据能量最低原理，反应产物的热力学稳定性取决于其对应的反应自由能 ΔG_i，反应自由能越低，相应的反应生成物热力学稳定性越高。但是由于种种动力学因素，反应产物的生成序并不完全等同于稳定序，众多研究表明，就产物 A_i 的生成序与稳定序之间的关系而言，可存在如下三种情况：

(1)热力学稳定序与动力学生成序正向一致

随着 ΔG 的下降，反应产物的生成趋势增大，稳定性增强，同时产物生成的动力学速率也增大。即反应产物的生成趋势与反应产物的生成速率正相关，也即 ΔG 最小(ΔG_1)的反应产物(A_1)的热力学稳定性最大，生成速率也最快。在这种情况下，热力学稳定序和动力学生成序完全一致，反应初始产物与最终产物均是 A_1。这便是米德洛夫－别托杨(Мидлов－Биетоян)规则。

(2)热力学稳定序与动力学生成序反向一致

随着 ΔG 的下降，反应产物的生成趋势增大，稳定性增强，但产物生成的动力学速率却减小。此时，反应产物的生成趋势与反应产物的生成速率负相关，热力学稳定序与动力学生成序完全相反。在这种情况下，反应体系最先出现的反应产物必然是生成速率最大，但稳定性最小的 A_n，进而较不稳定的产物将依 ΔG 下降的方向逐渐向较稳定的产物(A_1)转化，最终得到的产物类型与相对含量取决于转化反应的动力学特征。仅当具备良好的动力学条件下，最终反应产物才是反应自由能最小的 A_1。这便是奥斯特瓦德(Ostward)规则。

(3)热力学稳定序与动力学生成序无明显规律

此时产物生成序完全取决于动力学条件，反应体系中最先出现的是生成速率最大的产

物，而最终能否得到反应自由能最小的产物 A_1，则完全取决于反应系统的动力学条件。

4.1.3 化学反应过程的方向性及热力学判据

恒温恒压无非体积功时($\delta W'=0$，$\Delta G_{T,p}\leqslant 0$)，化学反应的自动过程总是向着吉布斯自由能减少的方向进行，直至此体系的吉布斯自由能不再改变。即：

$\Delta G_{T,p}<0$ 时，反应可以自动进行；

$\Delta G_{T,p}=0$ 时，反应达到平衡。

除了恒温恒压过程，其他条件下的热力学判据同样可以用于判断化学反应自动进行的方向，如表 4-1 所示。

表 4-1　热力学判据

过程进行的条件	状态函数	自动过程进行的方向	平衡状态
恒内能恒容	ΔS	$\Delta S>0$(向 S 增加方向进行)	S 变为最大值
恒温恒压	ΔG	$\Delta G<0$(向 G 减少方向进行)	G 变为最小值
恒温恒容	ΔA	$\Delta A<0$(向 A 减少方向进行)	A 变为最小值
恒熵恒容	ΔU	$\Delta U<0$(向 U 减少方向进行)	U 变为最小值
恒熵恒压	ΔH	$\Delta H<0$(向 H 减少方向进行)	H 变为最小值

4.1.4 化学热力学与材料制备及新材料研究的关系

一方面，通过化学热力学研究可以在理论上判定一个化学反应能否进行，或者判断一个反应产物在实际反应体系中是否存在稳定区域，从而为材料的合成提供热力学依据；另一方面，也可以通过化学热力学计算，得到一个反应进行所需的最低反应温度，以及最适宜的气氛或活度(浓度)、pH、电位等工艺参数。

前面提到，绝大多数材料是在固相反应体系或者水溶液反应体系中合成的，通过研究反应体系中的化学平衡热力学关系，可以得到某种物质能够稳定存在的化学环境，进而通过控制适宜条件选择性地制备所需材料。

4.2 化学热力学计算基础

18 世纪中叶，人们在热功转换研究的基础上总结出热力学第一定律和第二定律，揭示了热能与机械能(或其他形式能量)的转换过程中存在的能量守恒定律和各种形式的能量在本质上的差异。1878 年，吉布斯在前人研究的基础上，总结出描述体系平衡的热力学函数之间的关系并提出了相律。19 世纪初，能斯特发现了热定理并进一步研究使其完善，形成了热力学第三定律。经典热力学由于不涉及物质的结构和变化过程的细节，因而具有普适性；随着热力学向其他各学科的渗透，相继产生了化学热力学、溶液热力学、冶金热力学、化工热力学和材料热力学等。

4.2.1　物质的热力学性质

1. 热力学定律

人们通过对客观过程的观察与不断总结，在热力学研究的基础上，总结出了热力学三大定律，加上热平衡定律，就形成了经典的热力学四大定律，这些热力学定律和相应的热力学函数共同建立起了热力学大厦。

热力学第零定律(the zeroth law of thermodynamics)：若两个热力学系统均与第三个系统处于热平衡状态，那么这两个系统也必互相处于热平衡。该定律阐明了热平衡的特点，指出温度必须达到平衡才可测量，热力学函数温度(T)是体系冷热程度的量度。

热力学第一定律(the first law of thermodynamics)：物体内能(U)的增加等于物体吸收的热量(Q)和环境对物体所做的功(W_T)的总和，即 $\Delta U=Q+W_T$，或 $dU=dQ+dW_T$。热力学第一定律是涉及热现象领域中能量守恒与转化的定律，它表明热量可以从一个物体传递到另一个物体，也可以与机械能或其他能量互相转化，但是在传递和转化过程中，能量的总值保持不变。热力学第一定律通过内能(U)将两种传递方式的能量热(Q)和功(W_T)联系在一起，反映了不同形式的能量在传递与转化过程中的守恒。

热力学第二定律(the second law of thermodynamics)：以克劳修斯表述为例，热量可以自发地从温度高的物体传递到温度低的物体，但不可能自发地从温度低的物体传递到温度高的物体。热力学第二定律揭示了大量分子参与的宏观过程的方向性，使人们认识到自然界中进行的涉及热现象的宏观过程都具有方向性，指出了自动过程的不可逆性，并引出了热力学函数熵(S)、亥姆霍兹自由能(A)和吉布斯自由能(G)。

热力学第三定律(the third law of thermodynamics)：热力学系统的熵在温度趋近于绝对零度时趋于定值，而对于完整晶体，这个定值为零。由于这个定律是由瓦尔特·能斯特归纳得出的，因此又常被称为能斯特定理。热力学第三定律认为热力学零度(绝对零度)不可达到但可以无限趋近。

以上四个热力学定律是整个热力学的基础，它不仅为人们研究物质能量的变化提供了一个统一的框架，而且使人们能够更好地理解物质能量变化的本质，并更好地控制物质能量的变化过程。

2. 热力学性质

1)过程热(Q)和功(W)

热和功是体系状态变化时，体系与环境进行能量交换的两种形式。

热(Q)：体系与环境之间由于存在温度差而进行的能量交换，这种能量被称为热。

$Q>0$：体系吸热，接受环境的能量，定义为正值。

$Q<0$：体系放热，对环境放出能量，定义为负值。

$Q=0$：体系与环境的温度相等，达到热平衡状态，此时体系与环境之间不再有热传递。

需要注意的是，热不是体系的一种属性，不是状态函数，而是由过程特征所决定的，是一种过程函数。实验证明，体系沿不同路径从相同始态出发到达相同末态时，体系与环境的热交换值一般不同。因为热(Q)与体系状态变化“过程”相关，只能说体系与环境交换了多少热，而不能说体系在某一状态时具有多少热。

功(W)：功(W)等于强度因素与容量因素变化量的乘积，它是体系在变化过程中与环境交换能量的又一种形式。功的形式是多种多样的，根据系统是否由于体积改变而与环境交换能量，将功分为体积功(W)和非体积功(W')。体积功(W)也称为膨胀功，指的是由于体系反抗外力作用发生体积变化而与环境交换的功。在恒压条件下进行的化学反应如果有体积变化，那么就要做体积功。体积功的计算公式为：

$$W = -p(V_2 - V_1) \tag{4-4}$$

如果体系膨胀即 $V_2>V_1$，则体积功为负值，$W<0$，即体系对环境做功，此时体系失去能量(能量降低)；如果体系收缩即 $V_2<V_1$，则体积功为正值，$W>0$，即环境对体系做功，此时体系获得能量(能量升高)。

2)热力学能(U)

热力学第一定律是包含热量交换在内的能量转化和守恒定律，反映了不同形式的能量在传递与转化过程中守恒，其本质就是著名的能量守恒定律。

一个体系做整体运动时具有整体动能，在外力场作用下具有整体势能。我们把一个体系内部所具有的能量称为内能，也称为热力学能(U)。它包括体系内部大量分子做剧烈的无规则热运动而具有的动能，体系内部各分子相互作用的势能，分子内部各种粒子的运动及粒子间相互作用所具有的能量等。

热力学能是体系温度和体积的函数，即 $U=f(T, V)$。由于热力学能是体系内部质点所具有的动能和势能等能量的总和，不涉及任何过程，故热力学能是状态函数。一个体系的内能可以通过功和热与环境进行能量交换。在实际研究过程中，并不需要知道体系热力学能的绝对值，只需要知道体系的热力学能变化值 ΔU。假设通过某一过程使体系由始态 U_1 变化到终态 U_2，体系从环境吸热 Q，环境向体系做功 W_T，则有如下关系：

$$\Delta U = U_2 - U_1 = Q + W_T \tag{4-5}$$

其中，W_T 为总功，是体积功 W 与非体积功 W' 的总和，即 $W_T = W + W'$，则上式又写为

$$\Delta U = Q + W + W' \tag{4-6}$$

3)焓(H)

(1)焓的概念

若体系只做体积功($W=0$)，恒压条件下有 $W=-p(V_2-V_1)$，由式(4-6)可得

$$(U_2+pV_2)-(U_1+pV_1)=Q \tag{4-7}$$

定义 $H=U+pV$，则 $Q=H_2-H_1$。我们将 H 称为焓，其为状态函数。在无非体积功的条件下，体系在恒压过程中所吸收的热 Q 全部用于增加体系的焓 H。

(2)热容的概念

在不发生相变和化学变化的前提下，体系与环境所交换的热与由此引起的温度变化之比，称为体系的热容，用 C 表示，其单位是 J/K。一般情况下，物质的热容会随着温度的变化而变化，因此热容(C)是温度(T)的函数，即 $C=f(T)$。常用的两种表达式为

$$C = a + bT + cT^{-2} + \cdots \tag{4-8}$$

$$C = a + bT + c'T^2 + \cdots \tag{4-9}$$

其中，a、b、c 和 c' 均为经验常数，可以通过已知的几组数值代入而得到。

热容一般可以分为恒压热容和恒容热容。恒压热容是指一定量的物质在恒压条件下，温度升高 1 K 所吸收的热，用 C_p 来表示。恒容热容是指一定量的物质在恒容条件下，温度升高 1 K 所吸收的热，用 C_V 来表示。

若无 W'，体系经过恒压变化过程，则 $dH=\delta Q_p=C_p dT$，积分得

$$\Delta H=\int_{T_1}^{T_2} C_p dT=Q_p \tag{4-10}$$

若无 W，体系经过恒容变化过程，则 $W=0$，有 $dU=\delta Q_V=C_V dT$，积分得

$$\Delta U=\int_{T_1}^{T_2} C_V dT=Q_V \tag{4-11}$$

对于凝聚态体系而言，体积变化 ΔV 可视为 0，则 $W=0$，且 $C_p \approx C_V$。

(3)标准生成焓的概念

标准生成焓($\Delta_f H_m^{\ominus}$)一般是指标准摩尔生成焓。在给定温度 T(一般是 298 K)及标准压强($p^{\ominus}=101325$ Pa)下，由稳定单质生成 1 mol 某种化合物的反应焓变，即反应热效应，称为该化合物的标准生成焓，用 $\Delta_f H_m^{\ominus}(T)$ 表示，单位为 J/mol 或 kJ/mol。对于一个化学反应，若已知反应物和生成物的标准生成焓，就可以计算出反应的标准焓变。以反应式(4-1)为例，其在 298 K 和 $p^{\ominus}$ 下的反应焓变为：

$$\Delta_r H_m^{\ominus}(298\ \text{K})=[c\Delta_f H_m^{\ominus}(C,\ 298\ \text{K})+d\Delta_f H_m^{\ominus}(D,\ 298\ \text{K})]-[a\Delta_f H_m^{\ominus}(A,\ 298\ \text{K})+b\Delta_f H_m^{\ominus}(B,\ 298\ \text{K})] \tag{4-12}$$

【例 4-1】　试求 298 K 下 $CO(g)+H_2O(g)=\!=\!=CO_2(g)+H_2(g)$ 的反应焓变。

【解】　查得上述反应相关物质的 $\Delta_f H_m^{\ominus}(298\ \text{K})$，列于表 4-2。

表 4-2　物质的热力学参数

物质	$CO(g)$	$H_2O(g)$	$CO_2(g)$	$H_2(g)$
$\Delta_f H_m^{\ominus}(298\ \text{K})/(\text{kJ}\cdot\text{mol}^{-1})$	-110.54	-241.81	-393.51	0

根据题目给出的反应式有：

$$\Delta_r H_m^{\ominus}(298\ \text{K})=[\Delta_f H_m^{\ominus}(CO_2(g),\ 298\ \text{K})+\Delta_f H_m^{\ominus}(H_2(g),\ 298\ \text{K})]-[\Delta_f H_m^{\ominus}(CO(g),\ 298\ \text{K})+\Delta_f H_m^{\ominus}(H_2O(g),\ 298\ \text{K})]=-41.16\ (\text{kJ/mol})$$

值得注意的是，$\Delta_r H_m^{\ominus}(298\ \text{K})$ 与实际的反应焓变 $\Delta_r H_m(298\ \text{K})$ 并不相同。但当压强较低时，压强对反应焓变的影响可以忽略不计，即 $\Delta_r H_m^{\ominus}(298\ \text{K})\approx\Delta_r H_m(298\ \text{K})$。

由于各种手册上一般只能查到各物质在 298 K 和 $p^{\ominus}$ 下的标准生成焓 $\Delta_f H_m^{\ominus}(298\ \text{K})$，而实际上许多反应并不是在这种条件下进行的，因此，如何利用物质在 298 K 下的标准生成焓 $\Delta_f H_m^{\ominus}(298\ \text{K})$ 来计算其他温度下的生成焓 $\Delta_f H_m^{\ominus}(T)$ 具有重要的理论和实际意义。1858 年 Kirchhoff 首先提出了焓变与温度的关系式，称为基尔霍夫(Kirchhoff)定律，即

$$\Delta_r H_m^{\ominus}(T_2)=\Delta_r H_m^{\ominus}(T_1)+\int_{T_1}^{T_2}\Delta C_p dT \tag{4-13}$$

$$\Delta C_p=\sum v_i C_p(i) \tag{4-14}$$

式中：v_i 为反应式(4-1)中物质 i(i 代表 A、B、C、D)的化学计量数，对反应物取负值，产物取正值。

若已知反应各物质的 C_p 与温度的函数关系和 298 K 下的 $\Delta_r H_m^{\ominus}(298\ \text{K})$，则其他温度 T 下的化学反应焓变 $\Delta_r H_m^{\ominus}(T)$ 为

$$\Delta_r H_m^\ominus(T) = \Delta_r H_m^\ominus(298\ \text{K}) + \int_{298\ \text{K}}^{T} \Delta C_p \mathrm{d}T \tag{4-15}$$

4）熵（S）

（1）热温商与熵函数的概念

热力学第二定律是热力学基本定律之一，它有不同的表述方法。克劳修斯表述为：热量可以自发地从高温物体传递到低温物体，但不可能自发地从低温物体转移到高温物体。开尔文表述为：不可能从单一热源取热使之完全转换为有用功而不产生其他影响。熵增原理表述为：在自然过程中，一个孤立系统的熵（总混乱度）总是不会减小。相比之下，熵增原理更为概括地指出了不可逆过程（irreversible process）进行的方向，而克劳修斯和开尔文表述则相对较为具体。同时，熵增原理更深刻地指出了热力学第二定律是大量分子无规则运动所具有的统计规律，因此只适用于由大量分子构成的宏观系统，而不适用于单个分子或少量分子构成的微观系统。

在恒温过程中的热除以温度所得的商值，称为热温商，其数学表达式为 $\delta Q/T$，表示热量转化为功的程度。实践证明，体系由状态 A 经过某一可逆途径 α 达到状态 B 的热温商之和，等于由状态 A 经过另一可逆途径 β 达到状态 B 的热温商之和。即，状态 A 与状态 B 的变化值是某一状态函数的变化值，与所选过程无关。克劳修斯称这个状态函数为熵（entropy），用 S 表示，单位为 J/K，则

$$\Delta S = S_B - S_A = \int_A^B (\delta Q/T)_r \tag{4-16}$$

如果 A、B 两种平衡状态十分接近，即体系的状态发生一微小的变化时，则

$$\mathrm{d}S = (\delta Q/T)_r \tag{4-17}$$

也就是说，当体系变化时，其熵的变化值等于由其始态到末态的任一可逆过程（reversible process）的热温商之和。

如果由状态 A 经某不可逆过程达到状态 B，此过程中的热温商的总和小于体系的熵变化值 ΔS，由此可得克劳修斯不等式

$$\Delta S_{A\to B} \geqslant \left(\sum \delta Q/T\right)_{A\to B} \tag{4-18}$$

对于无限小的过程，有

$$\mathrm{d}S \geqslant \delta Q/T \tag{4-19}$$

其中，等号用于可逆过程，大于号用于不可逆过程。T 表示环境的温度；δQ 为可逆过程中体系与环境所交换的热。

（2）标准摩尔熵（$S_m^\ominus$）与化学反应的标准摩尔熵变（$\Delta_r S_m^\ominus$）

1 mol 纯物质在温度 T 时的规定熵值称为标准摩尔规定熵，简称为标准摩尔熵 $S_m^\ominus$。一般在热力学手册中可以查到 298 K 时纯物质的标准摩尔熵 $S_m^\ominus(298\ \text{K})$；温度为 T 且物质无相变时，$S_m^\ominus(T)$ 可用下式计算

$$S_m^\ominus(T) = S_m^\ominus(298\ \text{K}) + \int_{298}^{T} \frac{C_p}{T}\mathrm{d}T \tag{4-20}$$

同样以反应式（4-1）为例，可以得到

$$\Delta S_m^\ominus(T) = \Delta S_m^\ominus(298\ \text{K}) + \int_{298}^{T} \frac{\Delta C_p}{T}\mathrm{d}T \tag{4-21}$$

其中

$$\Delta_r S_m^{\ominus}(298\ \mathrm{K}) = \sum v_i S_m^{\ominus}(i,\ 298\ \mathrm{K}) \tag{4-22}$$

3. 吉布斯自由能(G)

在自然界中，很多过程都是在恒温恒压下进行的。例如冶金、化工及材料制备过程中的某些化学反应等，所以讨论恒温恒压过程的热力学判据尤为重要。

将一组状态函数的组合值定义为一个新的状态函数，用符号 G 表示，即定义 G 为

$$G = H - TS \tag{4-23}$$

G 为吉布斯自由能，又称为自由焓或自由能，单位为 kJ/mol。体系的吉布斯自由能可以理解为在恒温恒压条件下体系做非体积功的本领，通过计算体系的吉布斯自由能可以判断反应过程的可逆性。当体系在恒温恒压条件下且无非体积功($\Delta W'=0$，$\Delta G_{T,\ p}\leqslant 0$)时，自动过程总是向着吉布斯自由能减少的方向进行，直至体系的吉布斯自由能不再改变。即当 $\Delta G_{T,\ p}<0$ 时，该反应可以自动进行，直到 $\Delta G_{T,\ p}=0$，体系达到平衡状态。由此可见，ΔG 可作为在恒温恒压条件下自动过程进行的方向及体系是否处于平衡状态的判据。

物质的标准摩尔生成自由能 $\Delta_f G_m^{\ominus}(T)$ 是指在标准压力(即常压)下，由稳定单质生成 1 mol 该物质时反应的吉布斯自由能变化，单位为 kJ/mol。其中最稳定单质及水合氢离子的标准摩尔生成自由能 $\Delta_f G_m^{\ominus}(T)$ 为 0 kJ/mol。

化学反应的标准吉布斯自由能变化 $\Delta_r G_m^{\ominus}(T)$ 是指反应产物与反应物都处于标准状态下的化学势之差。它只是温度的函数，只要温度一定，它的值就是确定的。然而，在实际中许多化学反应往往是在非标准状态下进行的，此时反应的吉布斯自由能变化 $\Delta_r G_m(T)$ 则是指反应产物与反应物处于非标准状态下的化学势之差。为了求出非标准状态下的吉布斯自由能，可以使用范特霍夫等温公式：

$$\Delta_r G_m(T) = \Delta_r G_m^{\ominus}(T) + RT\ln J \tag{4-24}$$

式中：$\Delta_r G_m^{\ominus}(T)$ 为同一温度下的化学反应标准吉布斯自由能；R 为气体常数；J 为该反应的反应商。由于当反应产物与反应物处于固态或液态时，其是否处于标准状态对于反应的吉布斯自由能影响较小，因此，这里只举例考虑气体反应的反应商计算过程。同样以反应式(4-1)为例，其反应商可以按照下式计算：

$$J = \frac{(p_C/p^{\ominus})^c (p_D/p^{\ominus})^d}{(p_A/p^{\ominus})^a (p_B/p^{\ominus})^b} \tag{4-25}$$

从某一反应的吉布斯自由能变量可以判断反应能否自发进行：

$\Delta_r G_m(T)<0$，反应物自动向产物转变；

$\Delta_r G_m(T)>0$，反应物不能自动向产物转变；

$\Delta_r G_m(T)=0$，反应处于平衡状态。

从式(4-24)可以看出，反应的标准吉布斯自由能变化 $\Delta_r G_m^{\ominus}(T)$ 只是一个唯一点；而反应的吉布斯自由能变化 $\Delta_r G_m(T)$ 则是变化中的任意点。

4.2.2 热力学计算基本方法

1. 经典法计算吉布斯自由能

以反应式(4-1)为例，在恒温恒压条件下，反应的标准吉布斯自由能可由下式计算得到：

$$\Delta_r G_m^\ominus(T)=\Delta_r H_m^\ominus(T)-T\Delta_r S_m^\ominus(T) \tag{4-26}$$

在298 K、标准压力下，将基尔霍夫方程式(4-15)和(4-21)代入上式，便得到反应式(4-1)的吉布斯自由能变化 $\Delta_r G_m^\ominus(T)$ 的熵法计算公式：

$$\Delta_r G_m^\ominus(T)=\Delta_r H_m^\ominus(298\ \text{K})-T\Delta_r S_m^\ominus(298\ \text{K})+\int_{298}^{T}\Delta C_p \mathrm{d}T-T\int_{298}^{T}\frac{\Delta C_p}{T}\mathrm{d}T \tag{4-27}$$

通过该公式计算 $\Delta_r G_m^\ominus(T)$ 需要知道参与化学反应各物质的 $\Delta_f H_m^\ominus(298\ \text{K})$、$\Delta_r S_m^\ominus(298\ \text{K})$ 及 $C_p\sim T$ 的关系式。常见物质的这些数据可以从热力学数据手册或者文献中查到。值得注意的是，在298 K~T 之间，如果有物质发生相变，每个定积分均应按温度区间分段进行。

【例4-2】 试求 $Ag_2O(s)$ 分解反应的 $\Delta_r G_m^\ominus(T)$ 与温度的关系式。

【解】

(1)写出 $Ag_2O(s)$ 的分解反应：

$$2Ag_2O(s)=\!=\!=4Ag(s)+O_2(g)$$

(2)查得298 K各物质的热力学数据 $\Delta_f H_m^\ominus(298\ \text{K})$ 和 $S_m^\ominus(298\ \text{K})$(见表4-3)及其 C_p 与 T 的函数关系式。

表4-3 物质的热力学数据(298 K)

热力学参数	$Ag_2O(s)$	$Ag(s)$	$O_2(g)$
$\Delta_f H_m^\ominus(298\ \text{K})/(\text{J}\cdot\text{mol}^{-1})$	-30543	0	0
$S_m^\ominus(298\ \text{K})/(\text{J}\cdot\text{mol}^{-1}\cdot\text{K}^{-1})$	121.75	42.55	205.04

$C_p(Ag_2O,\ T)=59.329+40.794\times10^{-3}T-4.184\times10^5T^{-2}$

$C_p(Ag,\ T)=21.297+8.535\times10^{-3}T-1.506\times10^5T^{-2}$

$C_p(O_2,\ T)=29.957+4.184\times10^{-3}T-1.674\times10^5T^{-2}$

(3)求得反应在298 K下的热力学数据：$\Delta_r H_m^\ominus(298\ \text{K})$、$\Delta_r S_m^\ominus(298\ \text{K})$ 和 $\Delta C_p(T)$。

$\Delta_r H_m^\ominus(298\ \text{K})=-2\Delta_f H_m^\ominus(Ag_2O,\ s)=61086(\text{J/mol})$

$\Delta_r S_m^\ominus(298\ \text{K})=4S_m^\ominus(Ag,\ s)+S_m^\ominus(O_2,\ g)-2S_m^\ominus(Ag_2O,\ s)=131.74[\text{J/(mol}\cdot\text{K)}]$

$\Delta C_p(T)=4C_{p,\text{m}}(Ag,\ s)+C_{p,\text{m}}(O_2,\ g)-2C_{p,\text{m}}(Ag_2O,\ s)=-3.513-43.264\times10^{-3}T+0.67\times10^5T^{-2}$

(4)求得反应的热力学数据 $\Delta_r H_m^\ominus(T)$ 和 $\Delta_r S_m^\ominus(T)$ 与温度 T 的关系。

$$\Delta_r H_m^\ominus(T)=\Delta_r H_m^\ominus(298\ \text{K})+\int_{298}^{T}\Delta C_p\mathrm{d}T$$

$$=(64279-3.513T-21.632\times10^{-3}T^2-0.67\times10^5T^{-1})(\text{J/mol})$$

$$\Delta_r S_m^\ominus(T)=\Delta_r S_m^\ominus(298\ \text{K})+\int_{298\ \text{K}}^{T}\frac{\Delta C_\text{p}}{T}\mathrm{d}T$$

$$=(165.024-3.513\ln T-43.264\times10^{-3}T-0.335\times10^5T^{-2})[\text{J/(mol}\cdot\text{K)}]$$

(5)最后求得反应的 $\Delta_r G_m^{\ominus}(T)$ 与温度 T 的关系。

$\Delta_r G_m^{\ominus}(T) = \Delta_r H_m^{\ominus}(T) - T\Delta_r S_m^{\ominus}(T)$

$=(64279-168.537T+3.513T\ln T+21.632\times10^{-3}T^2-0.335\times10^5 T^{-1})$ (J/mol)

2. Φ(T) 函数法计算吉布斯自由能

$\Phi(T)$ 函数法是基于 1955 年 Margrave 提出的热力学势函数 Φ 而建立起来的一种计算方法。其定义为

$$\Phi(T) = -\frac{G_m^{\ominus}(T) - H_m^{\ominus}(T_r)}{T} \tag{4-28}$$

式中：$G_m^{\ominus}(T)$ 为物质在温度为 T 时的标准自由能；$H_m^{\ominus}(T_r)$ 为物质在某一参考温度 T_r 下的焓，通常取绝对零度或 298 K 为参考温度。若取 $T_r = 298$ K，则上式可写成

$$\Phi(T) = -\frac{G_m^{\ominus}(T) - H_m^{\ominus}(298\ \mathrm{K})}{T} \tag{4-29}$$

由于热力学函数 G 和 H 都是状态函数，G 函数在相变点具有连续性，所以 $\Phi(T)$ 也是一连续的状态函数，因此对于任一物质，其形成热力学势 $\Delta_f\Phi(T)$ 可由式(4-30)计算得到：

$$\Delta_f\Phi(T) = -\frac{\Delta_f G_m^{\ominus}(T) - \Delta_f H_m^{\ominus}(298\ \mathrm{K})}{T} \tag{4-30}$$

对于任一反应过程，有

$$\Delta_r\Phi(T) = -\frac{\Delta_r G_m^{\ominus}(T) - \Delta_r H_m^{\ominus}(298\ \mathrm{K})}{T} \tag{4-31}$$

由上式可以得出

$$\Delta_r G_m^{\ominus}(T) = \Delta_r H_m^{\ominus}(298\ \mathrm{K}) - T\Delta_r\Phi(T) \tag{4-32}$$

其中，$\Delta_r\Phi(T)$ 为反应势函数变化，与其他反应热力学状态函数变化计算一样，$\Delta_r\Phi(T)$ 可按照式(4-33)计算得到：

$$\Delta_r\Phi(T) = \sum \Delta_f\Phi(T)_{生成物} - \sum \Delta_f\Phi(T)_{反应物} \tag{4-33}$$

因此，可以通过查找参与反应的各个物质对应温度的 $\Delta_f\Phi(T)$ 值，计算得到对应温度条件下的 $\Delta_r\Phi(T)$ 值，再根据式(4-32)求得 $\Delta_r G_m^{\ominus}(T)$。

【例 4-3】 试采用 $\Phi(T)$ 函数法求解 $CaCO_3(s)$ 分解反应的摩尔吉布斯自由能与温度的关系式。

【解】

(1)首先写出 $CaCO_3(s)$ 的分解反应，并查得各物质的 $\Delta_f H_m^{\ominus}(298\ \mathrm{K})$ 与 $\Delta_f\Phi(T)$(见表 4-4)。

$$CaCO_3(s) = CaO(s) + CO_2(g)$$

表 4-4　物质的热力学数据(298 K)

热力学函数	$CaCO_3(s)$	$CaO(s)$	$CO_2(g)$
$\Delta_f H_m^{\ominus}(298\ \mathrm{K})/(\mathrm{kJ\cdot mol^{-1}})$	-1207.53	-634.74	-393.79
$\Delta_f\Phi(800\ \mathrm{K})/(\mathrm{J\cdot mol^{-1}\cdot K^{-1}})$	124.52	56.866	229.32

续表4-4

热力学函数	$CaCO_3(s)$	$CaO(s)$	$CO_2(g)$
$\Delta_f\Phi(900\ K)/(J\cdot mol^{-1}\cdot K^{-1})$	132.68	60.63	232.84
$\Delta_f\Phi(1000\ K)/(J\cdot mol^{-1}\cdot K^{-1})$	140.31	64.27	236.19
$\Delta_f\Phi(1100\ K)/(J\cdot mol^{-1}\cdot K^{-1})$	147.80	67.70	239.45
$\Delta_f\Phi(1200\ K)/(J\cdot mol^{-1}\cdot K^{-1})$	154.92	70.97	242.55

(2)计算 298 K 下的反应热 $\Delta_r H_m^\ominus(298\ K)$ 及各温度下反应 $\Delta_r\Phi(T)$。

$\Delta_r H_m^\ominus(298\ K) = -634.75-393.79+1207.53 = 178.99\ (kJ/mol)$

$\Delta_r\Phi(800\ K) = 56.866+229.32-124.52 = 161.66[J/(mol\cdot K)]$

$\Delta_r\Phi(900\ K) = 60.63+232.84-132.68 = 160.79[J/(mol\cdot K)]$

$\Delta_r\Phi(1000\ K) = 64.27+236.19-140.31 = 160.15[J/(mol\cdot K)]$

$\Delta_r\Phi(1100\ K) = 67.70+239.45-147.80 = 159.35[J/(mol\cdot K)]$

$\Delta_r\Phi(1200\ K) = 70.97+242.55-154.92 = 158.60[J/(mol\cdot K)]$

(3)依据式(4-32)计算得到各相应温度下的 $\Delta_r G_m^\ominus(T)$，如表 4-5 所示。

表 4-5　不同温度下的 $\Delta_r G_m^\ominus(T)$

T/K	800	900	1000	1100	1200
$\Delta_r G_m^\ominus(T)/(kJ\cdot mol^{-1})$	49.67	34.29	18.84	3.70	−11.13

(4)通过表 4-5 的数据绘制 $\Delta_r G_m^\ominus(T)$ 与 T 的关系图(图 4-1)并对其进行线性回归，求得 $\Delta_r G_m^\ominus(T)$ 与 T 的关系式为

$$\Delta_r G_m^\ominus(T) = -0.1522T+171.26$$

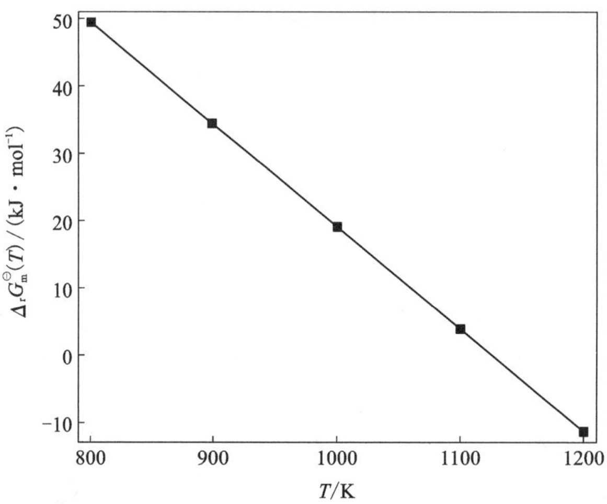

图 4-1　$CaCO_3(s)$ 分解反应的 $\Delta_r G_m^\ominus(T)-T$ 关系图

4.2.3 热力学参数的估算

虽然在文献或手册中已有许多数据，但自然界中物质的种类太多，而且还要考虑不同温度、压力下热力学参数的变化，还有些物质的参数很难通过实验测得，如临界温度之前就已分解的物质的临界参数测定等，因此实测数据远远不能满足需要，这也就使经典法计算某些物质的吉布斯自由能变得难以实现，因此，对其热力学参数进行估算就显得十分必要。

目前，实用的热力学参数估算方法主要是对应状态法和基团贡献法，此外还有参考物质法和物性间的相互估算法。近年来，郭培民、赵沛等提出了估算复合氧化物标准生成焓与标准熵的双参数模型，此方法在热力学参数的估算上具有较高的准确度。

1. 双参数模型估算复合氧化物标准生成焓

二元复合氧化物 $a\mathrm{M}_m\mathrm{O}_x \cdot b\mathrm{N}_n\mathrm{O}_y$ 可以看成是两个简单氧化物 $\mathrm{M}_m\mathrm{O}_x$ 与 $\mathrm{N}_n\mathrm{O}_y$ 按下述反应复合而成，a 和 b 分别为它们的计量系数：

$$a\mathrm{M}_m\mathrm{O}_x + b\mathrm{N}_n\mathrm{O}_y = a\mathrm{M}_m\mathrm{O}_x \cdot b\mathrm{N}_n\mathrm{O}_y \tag{4-34}$$

上述反应的摩尔焓变 $\Delta_r H_m^{\ominus}$ 为

$$\Delta_r H_m^{\ominus} = \Delta_f H_m^{\ominus} - a\Delta_f H_{\mathrm{M}_m\mathrm{O}_x}^{\ominus} - b\Delta_f H_{\mathrm{N}_n\mathrm{O}_y}^{\ominus} \tag{4-35}$$

式中：$\Delta_f H_m^{\ominus}$、$\Delta_f H_{\mathrm{M}_m\mathrm{O}_x}^{\ominus}$ 与 $\Delta_f H_{\mathrm{N}_n\mathrm{O}_y}^{\ominus}$ 分别为 $a\mathrm{M}_m\mathrm{O}_x$、$b\mathrm{N}_n\mathrm{O}_y$、$\mathrm{M}_m\mathrm{O}_x$ 和 $\mathrm{N}_n\mathrm{O}_y$ 的标准生成焓。大部分简单氧化物的标准生成焓都可以从相关热力学数据手册中查到。表 4-6 列出了 32 种常见简单氧化物的标准生成焓。若已知复合氧化物的标准摩尔生成焓 $\Delta_f H_m^{\ominus}$，则可由式(4-35)来计算二元复合氧化物的反应摩尔焓变 $\Delta_r H_m^{\ominus}$。

表 4-6　298 K 时 32 种氧化物的标准生成焓　　kJ/mol

氧化物	生成焓	氧化物	生成焓	氧化物	生成焓	氧化物	生成焓
Li_2O	-589.730	SrO	-592.036	PbO	-219.283	ZrO_2	-1097.463
Na_2O	-419.982	BaO	-553.543	B_2O_3	-1270.430	HfO_2	-1113.195
K_2O	-363.171	MnO	-384.928	CO_2	-393.505	Cr_2O_3	-1129.680
Rb_2O	-330.118	FeO	-272.044	Al_2O_3	-1675.274	Fe_2O_3	-825.503
Cs_2O	-317.566	CoO	-238.906	SiO_2	-876.130	MoO_3	-745.170
BeO	-598.730	NiO	-240.580	P_2O_5	-1504.943	WO_3	-842.909
MgO	-601.241	ZnO	-348.109	SeO_2	-225.099	UO_3	-1230.096
CaO	-634.294	CdO	-259.408	TiO_2	-944.747	V_2O_5	-1557.703

而事实上，许多复合氧化物的标准生成焓未知，特别是一些与新材料相关的复合氧化物，如一些锂离子电池正极材料 $LiMn_2O_4$、$LiNiO_2$、Li(Ni，Co，Mn)O_2、$LiFePO_4$ 等。关于复合氧化物标准生成焓，可以采用不同方法进行估算。迄今为止，双参数模型法是经实践检验认为较为可靠的一种方法。

(1)当$|\Delta_r H_m^{\ominus}|>100$ kJ/mol 时，采用下述线性双参数模型对二元复合氧化物标准生成焓 $\Delta_f H_m^{\ominus}$ 进行估算：

$$\Delta_f H_m^{\ominus}=aA+bB+\frac{ab}{a+b}(A'+B') \tag{4-36}$$

式中：A、A'为 M_mO_x 的参数；B、B'为 N_nO_y 的参数。由于每个氧化物均含有 2 个参数，因此将此模型称为“双参数模型”。常见的 32 种氧化物在 298 K 条件下的参数如表 4-7 所示(α 代表 A 或 B，α'代表 A'或 B')。

表 4-7　298 K 时对应式(4-36)的 32 种氧化物的 α、α'参数表

氧化物	α	α'	氧化物	α	α'
Li_2O	-80.09	-29.11	PbO	10.54	34.10
Na_2O	-122.55	-115.66	B_2O_3	-10.05	-151.32
K_2O	-206.15	-121.66	CO_2	-130.00	0
Rb_2O	-192.20	-124.30	Al_2O_3	-37.44	78.86
Cs_2O	-304.50	-63	SiO_2	-31.59	-67.22
BeO	45.81	-92.67	P_2O_5	313.51	-1241.06
MgO	56.44	-45.81	SeO_2	-108.00	0
CaO	-0.74	-111.35	TiO_2	5.44	-63.35
SrO	-35.92	-141.96	ZrO_2	9.60	0
BaO	-14.70	-221.67	HfO_2	5.05	0
MnO	107.01	-226.4	Cr_2O_3	-18.89	0
FeO	47.68	-94.86	Fe_2O_3	-51.91	175.42
CoO	58.49	-145.46	MoO_3	-3.05	-193.89
NiO	31.48	-49.71	WO_3	-30.73	-110.30
ZnO	88.65	13.62	UO_3	-66.00	0
CdO	7.91	0	V_2O_5	149.39	-531.39

(2)当$|\Delta_r H_m^{\ominus}|<100$ kJ/mol 时，采用以下对数双参数模型对二元复合氧化物标准生成焓进行估算：

$$\ln(20-\Delta_r H_m^{\ominus})=aC+bD+\frac{ab}{a+b}C'+\frac{ab}{a+b}D'+E \tag{4-37}$$

式中：C、C'为 M_mO_x 的参数；D、D'为 N_nO_y 的参数；E 为常数(4.282)。常见的 32 种氧化物在 298 K 条件下的参数如表 4-8 所示(α 代表 C 或 D，α'代表 C'或 D')。

表 4-8　298 K 时对应式(4-37)的 32 种氧化物的 α、α' 参数表

氧化物	α	α'	氧化物	α	α'
Li_2O	0.256	0.473	PbO	-0.07	-0.614
Na_2O	0.09	1.294	B_2O_3	0.07	0.742
K_2O	1.518	-0.61	CO_2	-0.002	1.397
Rb_2O	1.25	-0.372	Al_2O_3	-0.029	-0.331
Cs_2O	-0.87	4.339	SiO_2	0.120	0.634
BeO	0.072	-1.177	P_2O_5	-1.823	5.191
MgO	-0.08	-0.345	SeO_2	0.80	0
CaO	0.088	0.015	TiO_2	0.017	0.125
SrO	0.20	0.582	ZrO_2	-0.24	0
BaO	0.089	1.136	HfO_2	-0.24	0
MnO	0.273	-1.195	Cr_2O_3	0.015	0
FeO	-0.01	-0.922	Fe_2O_3	0.47	-1.772
CoO	-0.431	0.439	MoO_3	0.148	0.62
NiO	0.92	-3.636	WO_3	0.88	-0.555
ZnO	0.249	-1.693	UO_3		
CdO	-0.415	0	V_2O_5	-0.52	2.079

【例 4-4】 试根据双参数模型估算 Li_2TiO_3、$Li_4Ti_5O_{12}$、Li_4TiO_4、$Li_2Ti_3O_7$ 的标准摩尔生成焓。

【解】 对于 Li_2TiO_3、$Li_4Ti_5O_{12}$、Li_4TiO_4、$Li_2Ti_3O_7$，可以分别将其看作 $Li_2O \cdot TiO_2$、$2Li_2O \cdot 5TiO_2$、$2Li_2O \cdot TiO_2$、$Li_2O \cdot 3TiO_2$ 二元复合氧化物。

(1)选择双参数模型计算公式。

假设上述复合氧化物的标准摩尔生成焓$|\Delta_r H_m^\ominus|>100$ kJ/mol，则可选用式(4-36)估算其标准摩尔生成焓，即

$$\Delta_f H_m^\ominus = aA+bB+\frac{ab}{a+b}(A'+B')$$

根据表 4-7 分别查得 Li_2O 和 TiO_2 的 α、α'值分别为：

Li_2O：$A=\alpha=-80.09$，$A'=\alpha'=-29.11$

TiO_2：$B=\alpha=5.44$，$B'=\alpha'=-63.35$

代入式(4-36)则可计算得到上述 4 种复合氧化物的标准摩尔生成焓 $\Delta_f H_m^\ominus$(kJ/mol)。以 Li_2TiO_3 为例，$a=1$，$b=1$，则

$$\Delta_f H_m^\ominus(Li_2TiO_3)=1\times(-80.09)+1\times5.44+\frac{1\times1}{1+1}\times(-29.11-63.35)=-120.88(\text{kJ/mol})$$

同理可计算得到：

$\Delta_f H_m^\ominus(Li_4Ti_5O_{12}) = -265.07$ kJ/mol

$\Delta_f H_m^\ominus(Li_4TiO_4) = -216.38$ kJ/mol

$\Delta_f H_m^\ominus(Li_2Ti_3O_7) = -133.12$ kJ/mol

(2)校核标准摩尔生成焓$|\Delta_r H_m^\ominus|$。

将步骤(1)中估算获得的Li_2TiO_3、$Li_4Ti_5O_{12}$、Li_4TiO_4、$Li_2Ti_3O_7$的标准摩尔生成焓$\Delta_f H_m^\ominus$代入式(4-35)，可计算其相应的标准摩尔生成焓。以Li_2TiO_3为例：

$$\Delta_r H_m^\ominus = \Delta_f H_m^\ominus - a\Delta_f H_{M_mO_x}^\ominus - b\Delta_f H_{N_nO_y}^\ominus$$
$$= \Delta_f H_m^\ominus(Li_2TiO_3) - 1\times\Delta_f H_m^\ominus(Li_2O) - 1\times\Delta_f H_m^\ominus(TiO_2)$$
$$= -120.88 - (-589.730) - (-944.747) = 1413.60(\text{kJ/mol})$$

同理可以计算得到$Li_4Ti_5O_{12}$、Li_4TiO_4、$Li_2Ti_3O_7$的标准摩尔生成焓均满足$|\Delta_r H_m^\ominus| > 100$ kJ/mol，说明步骤(1)的计算结果有效。

2. 双参数模型估算物质的熵

1)离子熵的估算

(1)对于单原子离子，采用式(4-38)估算其离子熵：

$$S_m^\ominus = \frac{3}{2}R\ln M + 37 - 270\frac{|Z|}{r_e^2} \tag{4-38}$$

式中：M为相对原子质量；$|Z|$为离子所带电荷的绝对值；r_e为离子的有效半径，单位为Å。

值得注意的是，由于水分子的正、负电荷中心并不重合，是偶极子，具有很强的氢键作用，因此，当盐类溶于水中形成电解质溶液之后，离子所带的静电力会破坏水原来的结构，导致在离子周围形成一定的水分子层，这一过程称为水化。由于水化作用的影响，采用的阴离子有效半径为晶体离子半径加2.00 Å，阳离子有效半径为晶体离子半径加1.00 Å。

(2)对于含氧阴离子，采用式(4-39)估算其离子熵：

$$S_m^\ominus = 43.5 - 46.5(|Z| - 0.28n) \tag{4-39}$$

式中：n为离子中含有的氧原子数。对含有OH^-的阴离子，在计算n时，不考虑OH^-中含有的氧原子数。例如，在计算$HOCO_2^-$和$(HO)_2PO_2^-$时，按XO_2^-类型计算，即$n=2$。

上述熵是在假设$S_{m,H^+}^\ominus = 0$的基础上的计算值，而在吉布斯自由能计算过程中，电子的熵变化也是不可忽略的。因此，对于离子物质，要考虑熵的绝对值。由$S_{m,H^+(abc)}^\ominus = -20.93$ J/(mol·K)可得离子绝对熵的计算式：

$$S_{m,(abc)}^\ominus = S_m^\ominus - 20.93 \tag{4-40}$$

(3)对于离子化合物，在计算其熵的时候，通过查表分别得到其阴离子成分和阳离子成分所对应的熵(经验值)，将阴离子熵的经验值乘以该化合物分子中的阴离子数，而后与阳离子熵相加，即可得到该化合物的整体熵。表4-9和表4-10分别列出了部分常用的阳离子和阴离子的熵(经验值)。

表 4-9　298 K 时离子化合物中元素的熵　J/K

元素	$S_m^\ominus$	元素	$S_m^\ominus$	元素	$S_m^\ominus$	元素	$S_m^\ominus$	元素	$S_m^\ominus$
Ag	53.6	Cl	(36.8)	In	54.4	Pd	53.1	Ta	62.3
Al	33.5	Co	44.4	Ir	63.6	Pr	57.7	Tb	59.8
As	47.9	Cr	42.7	K	38.5	Pt	63.6	Te	(56.1)
Au	64.0	Ca	56.9	La	57.7	Ra	66.1	Th	66.5
B	20.5	Cu	45.2	Li	14.6	Rb	49.8	Ti	41.0
Ba	57.3	Er	60.7	Lu	61.9	Re	62.8	Tl	64.4
Be	18.0	Eu	59.0	Mg	31.8	Rh	52.3	Tm	61.1
Bi	65.3	F	(28.9)	Mn	43.1	Ru	52.3	U	66.9
Br	(49.0)	Fe	43.5	Mo	51.5	S	35.6	V	42.3
C	21.8	Ga	46.0	N	24.3	Sb	55.2	W	62.8
Na	31.4	Ca	38.9	Ge	47.3	Nd	58.2	Se	(48.5)
Y	50.2	Nb	51.0	Hg	64.4	Ni	43.9	Si	33.9
Yb	61.5	Cd	54.0	Ho	60.7	Os	63.2	Sn	54.8
Zn	45.6	Ce	57.7	I	(56.1)	Pb	64.9	Sr	50.2
Zr	50.6								

注：(　)内数据为推测值。

表 4-10　298 K 时离子化合物中阴离子的熵　J/K

阴离子	对应的阳离子价数				阴离子	对应的阳离子价数			
	+1	+2	+3	+4		+1	+2	+3	+4
F^-	(23.0)	19.7	(16.7)	20.9	VO_3^-	83.7	(75.3)		
Cl^-	41.8	33.9	28.9	33.9	MnO_4^-	133.1	(117.2)		
Br^-	54.4	45.6	(37.7)	41.8	O^{2-}	9.6	2.1	2.1	4.2
CN^-	30.1	(25.1)			S^{2-}	34.3	20.9	5.4	10.5
OH^-	(20.9)	18.8	12.6		Se^{2-}	(66.9)	47.7	(33.5)	
ClO^-	(58.6)	(41.8)	(33.5)		Te^{2-}	69.0	50.6	(37.7)	
ClO_2^-	80.3	(71.1)	(58.6)		CO_3^{2-}	63.6	47.7	(33.5)	
ClO_3^-	104.2	(83.7)			SO_4^{2-}	92.0	72.0	57.3	50.2
ClO_4^-	83.7	92.0			SO_3^{2-}	(79.5)	62.3	(46.0)	
BrO_3^-	110.9	95.8	79.5		$H_2PO_4^-$	95.4	(75.3)		
NO_2^-	74.5	62.8	0.0		PO^{3-}	(100.4)	71.1	(50.2)	
NO_3^-	90.8	74.1	(62.8)	(58.6)	$H_2AsO_4^-$	105.0	(87.9)		

注：(　)内数据为推测值。

例如，$Al_2(SO_4)_3$ 的标准熵估算经验公式如下：

$$S_m^{\ominus}=2\times33.5+3\times57.3=238.9(J/K)$$

2)复合氧化物标准摩尔熵的估算

对于二元复合氧化物 $a\mathrm{M}_m\mathrm{O}_x\cdot b\mathrm{N}_n\mathrm{O}_y$，其标准摩尔熵的双参数模型估算表达式可以表示为

$$S_m^{\ominus}=aA+bB+\frac{ab}{a+b}(A'+B')+D \tag{4-41}$$

式中：A、A'和 B、B'分别为 $\mathrm{M}_m\mathrm{O}_x$ 与 $\mathrm{N}_n\mathrm{O}_y$ 的参数；D 为常数，$D=-8.932$ J/(mol·K)。与复合氧化物标准摩尔生成焓的估算式(4-36)相比，其标准摩尔熵的估算式中，方程式的右边多了一个常数项 D。

同样，对于三元复合氧化物 $a\mathrm{M}_m\mathrm{O}_x\cdot b\mathrm{N}_n\mathrm{O}_y\cdot c\mathrm{L}_l\mathrm{O}_z$，其标准摩尔熵表达式为

$$S_m^{\ominus}=aA+bB+cC+\frac{a(b+c)}{a+b+c}A'+\frac{b(a+c)}{a+b+c}B'+\frac{c(a+b)}{a+b+c}C'+D \tag{4-42}$$

表 4-11 列举了 298 K 时用于复合氧化物标准摩尔熵估算的 38 种简单氧化物的双参数 α、α'值(α 代表 A、B、C，α'代表 A'、B'、C')。

表 4-11　298 K 时对应于式(4-41)和式(4-42)的 38 种氧化物的 α、α' 参数表　J/(mol·K)

氧化物	α	α'	氧化物	α	α'	氧化物	α	α'
Li_2O	31.845	37.304	SrO	55.987	3.452	PbO	70.169	21.605
Na_2O	77.255	21.972	BaO	73.195	6.739	B_2O_3	39.039	34.581
K_2O	103.44	20.01	MnO	80.347	−51.354	CO_2	13.112	67.976
Rb_2O	126.773	6.384	FeO	66.106	−22.446	Al_2O_3	52.414	31.285
Cs_2O	157.916	0	CoO	75.359	−42.999	SiO_2	36.089	11.159
SO_3	54.678	33.288	NiO	25.756	35.944	P_2O_5	120.659	−17.386
MgO	27.861	8.106	ZnO	45.252	11.556	SeO_2	60.400	0
CaO	40.282	13.967	CdO	65.835	0	TiO_2	46.434	11.478
ZrO_2	55.077	0	HfO_2	59.360	0	Cr_2O_3	109.911	−40.25
Fe_2O_3	68.036	69.989	MoO_3	78.799	15.067	WO_3	97.732	−22.719
UO_3	99.535	0	V_2O_5	132.684	20.448	Ag_2O	132.80	0
CuO	28.36	49.29	N_2O_5	148.518	0	SO_2	68.461	0
BeO	19.579	−21.056	CrO_3	96.656	0			

例如，对于 $Li_4Ti_5O_{12}$、Li_4TiO_4、$Li_2Ti_3O_7$，可以分别将其看作是 $2Li_2O\cdot5TiO_2$、$2Li_2O\cdot TiO_2$、$Li_2O\cdot3TiO_2$ 二元复合氧化物，通过表 4-11 分别查得 Li_2O 和 TiO_2 的 α、α'值，代入式(4-41)计算得到上述三种复合氧化物的标准摩尔熵 $S_m^{\ominus}$。以 $Li_4Ti_5O_{12}$ 为例：

$$S_m^{\ominus}(Li_4Ti_5O_{12})=2\times31.845+5\times46.434+\frac{2\times5}{2+5}\times(37.304+11.478)-8.932$$
$$=356.617[J/(mol\cdot K)]$$

同理可计算得到

$$S_m^{\ominus}(Li_4TiO_4)=133.71[J/(mol\cdot K)]$$
$$S_m^{\ominus}(Li_2Ti_3O_7)=198.80[J/(mol\cdot K)]$$

3)利用 Connick 经验公式估算未知的阴离子聚合物的标准熵

(1)对于含氧络阴离子 XO_n^{z-} 的 $S_m^{\ominus}(298\ K)$，国内外都广泛使用 Connick 经验公式估算：

$$S_m^{\ominus}(298\ K)=43.5-46\times(|Z|-0.28n) \tag{4-43}$$

式中：$|Z|$为离子价数的绝对值；n 为离子中扣除 OH^- 所含的氧原子之后含有的氧原子数目。

例如 $HCoO_2^-$ 的熵可以根据公式(4-43)计算如下

$$S_m^{\ominus}(HCoO_2^-,298\ K)=43.5-46\times(1-0.28\times2)=23.26[J/(mol\cdot K)]$$

(2)具有 m 价电荷的金属阳离子 M^{m+} 与一价阴离子 X^- 形成的络阴离子 MX_n^{m-n} 的标准摩尔熵 $S_m^{\ominus}$ 计算如下

$$S_m^{\ominus}(MX_n^{m-n})=S_m^{\ominus}(M^{m+})+184.933n-168.197\frac{n}{r_X^-} \tag{4-44}$$

式中：$S_m^{\ominus}(M^{m+})$是金属阳离子的熵；r_X^- 为一价阴离子 X^- 的离子半径，单位为 Å；n 为络阴离子中一价阴离子的数量。

例如 298 K 下 $Mn(OH)_4^{2-}$ 的熵值计算，从手册查得 $S_m^{\ominus}(Mn^{2+})=-83.68\ J/(mol\cdot K)$；$n=4$；$r_{OH^-}^-=1.4$ Å；根据式(4-44)，得

$$S_m^{\ominus}[Mn(OH)_4^{2-},298\ K]=-83.68+184.933\times4-168.197\times\left(\frac{4}{1.4}\right)$$
$$=175.489[J/(mol\cdot K)]$$

3. 双参数模型估算二元复合氧化物的比热容

同样的，对于复合氧化物 $aM_mO_x\cdot bN_nO_y$，假定它的比热容由两部分组成：一部分为简单氧化物的贡献比热容，另一部分为简单氧化物之间的相互作用比热容。根据双参数模型，其比热容的估算表达式为：

$$C=aA+bB+\frac{ab}{a+b}(A'+B') \tag{4-45}$$

其中，A、A'和 B、B'分别为 M_mO_x 与N_nO_y 的参数。常见的简单氧化物在 298 K 条件下的参数如表 4-12 所示(α 代表 A 或 B，α'代表 A'或 B')。

表 4-12　298 K 时对应于式(4-45)的简单氧化物的 α、α'参数表

氧化物	α	α'	氧化物	α	α'	氧化物	α	α'
Ag_2O	71.12	0	CuO	42.76	0	PbO	52.00	-14.00
Al_2O_3	76.81	7.34	FeO	49.48	-10.70	Rb_2O	80.00	20.00
As_2O_3	104.49	0	Fe_2O_3	104.69	0.79	SO_2	48.78	0

续表4-12

氧化物	α	α′	氧化物	α	α′	氧化物	α	α′
B_2O_3	59.72	1.12	Ga_2O_3	96.92	0	SO_3	52.97	14.46
BaO	49.69	−11.59	GeO_2	60.28	0	SeO_2	53.33	0
BeO	25.00	0	K_2O	75.12	4.25	SeO_3	52.21	0
Bi_2O_3	109.80	0	Li_2O	54.38	−1.34	SiO_2	57.45	−23.01
CO_2	48.26	−14.83	MgO	40.06	−7.433	SrO	45.54	−2.74
CaO	43.75	−2.33	MnO	42.58	5.72	TiO_2	53.71	4.23
CdO	44.49	0	MoO_3	76.76	−3.91	UO_3	80.13	0
Cl_2O_7	146.73	0	N_2O_5	112.29	0	V_2O_5	137.51	−15.48
CoO	41.22	0	Na_2O	73.18	−8.77	WO_3	73.82	9.41
Cr_2O_3	73.06	50.66	NiO	62.35	−37.04	ZnO	38.00	15.00
CrO_3	75.20	−8.50	Nb_2O_5	139.20	0	ZrO_2	55.69	0
Cs_2O	105.48	−50.61	P_2O_5	119.50	−26.43			

4.3 热力学平衡图绘制基础

4.3.1 概述

热力学平衡图又称为优势区域图(predominant region diagram)或稳定区域图(stability diagram),它是在已有热力学数据的基础上,采用热力学计算方法绘制而成的,用来表示系统处于平衡状态时物质的稳定存在形态与热力学参数之间的关系。实际上,凡是描述处于热力学平衡的单元或多元体系中不同相稳定存在区域的几何图形,都可以称为热力学平衡图。

从热力学平衡图中可以清楚地知道为制取某种产品所需的条件或如何创造这种条件。其特点是:

(1)直观,能在较小篇幅内概括较大量的平衡信息,直接得到有关体系的热力学性质等;

(2)用热力学数据进行计算,推算反应的平衡数据,以及反应体系的其他有关性质,两者互为补充。

热力学平衡图的种类较多,根据不同用途选取不同状态参数分别作纵坐标和横坐标,可以得到各种形式的热力学平衡图。根据热力学平衡图所描述的对象以及参与反应的物质状态的不同,材料领域常见的热力学平衡图主要有以下几种:

(1)艾琳汉姆(Ellingham)图,即化学反应标准吉布斯自由能变化 ΔG 与温度 T 的关系图,包括化学反应平衡常数的对数 $\lg K$ 与温度的倒数 $1/T$ 关系图、$\lg(p_{O_2}/p^{\ominus})-T$(或 $1/T$)图等;

(2)波拜(Pourbaix)图,即水溶液体系中的电位-pH 图;

(3)$\lg(Me^{n+})$-pH 图,即金属离子活度(或浓度)的对数与 pH 的关系图。

4.3.2 热力学平衡图绘制理论基础

1. 相律

1) 相

选择的研究对象称为“系统”，系统以外的一切物质都称为“环境”。当外界条件不变时，如果系统的各种性质不随时间而改变，则这个系统就处于平衡状态。对于没有气相或者虽然有气相但其影响可以忽略不计的系统，称为“凝聚系统”。系统中具有相同物理与化学性质的完全均匀部分的总和称为“相”。这里的均匀是指一种微观尺度的均匀，一个相不一定只含有一种物质，例如水和乙醇可以互溶并形成各部分物理化学性质均相同且完全均匀的系统。相与相之间存在“界面”；但相与物质的数量无关，与物质是否连续也没有关系。

对于几种固态物质形成的机械混合物，不管粉磨得多细，都不可能达到相所要求的微观均匀，因而不能视为单相。对于固溶体而言，其晶格上各物质的化学质点是随机均匀分布的，其物理性质和化学性质符合相的均匀性要求，因而几个物质间形成的固溶体为一个相。总之，气相只能是一个相，不论多少种气体混合在一起都只能形成一个气相；液体可以是一个相，也可以是两个相(相互不互溶或互溶程度有限)；固体间如果形成连续固溶体则为一个相，其他情况下一种固体物质只能是一个相。

一个系统中所拥有的相的数目，叫作相数，以符号 φ 或 P(phase)表示。根据相数的不同，系统可以分为单相系统($\varphi=1$)、二相系统($\varphi=2$)、三相系统($\varphi=3$)；对于两个相以上的系统，统称为多相系统。

2) 独立组元

系统中每一个单独分离出来并能独立存在的化学纯物质称为组元。足以表示形成平衡系统中各相组成所需要的最少数目的物质(组元)称为独立组元，它的数目称为独立组元数，以符号 C(component)表示。通常把具有 n 个独立组元的系统称为 n 元系统，可分为单元系统($C=1$)、二元系统($C=2$)、三元系统($C=3$)等。若系统中存在化学反应，则每一个独立化学反应都要建立一个化学反应平衡关系式，就有一个化学反应平衡常数 K。当体系中有 n 种物质并且存在一个化学平衡，于是由($n-1$)个物质的组成，可以任意指定余下一个物质的组成，即由化学平衡常数 K 来确定，不能任意改变，也就是说，在这个体系中可以任选($n-1$)个物质作为独立组元。

3) 自由度

在一定范围内，可以任意改变而不引起旧相消失或新相产生的独立变量称为自由度，平衡系统的自由度数用 f(freedom)表示。这些变量主要指组成(组分的浓度)、温度和压力等。一个系统有几个独立变量就有几个自由度。按照自由度同样可以对系统分类，如无变量系统($f=0$)、单变量系统($f=1$)、双变量系统($f=2$)等。

影响系统平衡状态的外界因素包括：温度、压力、电场、磁场、重力场等。外界影响因素的数目，用符号 n(number)表示。一般情况下只考虑温度和压力对系统平衡状态的影响，即 $n=2$。对于凝聚系统，主要是液相和固相参与相平衡，可以忽略压力对相平衡的影响。因此影响凝聚系统平衡状态的外界影响因素主要是温度，即 $n=1$。

相律是研究相平衡的基本规律，它确定了多相平衡系统中，系统的自由度数(f)、独立组元数(C)、相数(φ)和对系统的平衡状态能够发生影响的外界影响因素数(n)之间的关系。

相律的数学表达式为

$$f=C-\varphi+n \tag{4-46}$$

相律的主要作用是确定系统中各稳定区域、平衡线以及交点上应有的凝聚态物质的种类。当影响系统平衡状态的外界因素为温度和压力时，$n=2$；此时相律可表示为

$$f=C-\varphi+2 \tag{4-47a}$$

对于凝聚系统，若仅需考虑温度的影响，即 $n=1$，则

$$f=C-\varphi+1 \tag{4-47b}$$

由相律可知，系统中的组分 C 越多，则自由度 f 就越大；相数 φ 越多，自由度 f 越小；自由度为零时，相数最大；相数最小时，自由度最大。应用相律可以很方便地确定平衡体系的自由度。

2. 化学平衡原理

1)同时平衡原理

“同时平衡”是指在体系中有一种或几种组分同时参与两个以上的化学反应，而这些反应都达到平衡时，体系才达到平衡。如 CH_3Cl 与 H_2O 反应生成 CH_3OH，而 CH_3OH 又继续分解为 $(CH_3)_2O$，即有如下反应同时进行：

$$CH_3Cl(g)+H_2O(g)=\!=\!=CH_3OH(g)+HCl(g) \tag{4-48}$$

$$2CH_3OH(g)=\!=\!=(CH_3)_2O(g)+H_2O(g) \tag{4-49}$$

其中 $H_2O(g)$ 与 $CH_3OH(g)$ 都是同时参与式(4-48)和式(4-49)的反应。当体系达到平衡时，两个反应都存在 $\Delta_r G_m^{\ominus}=-RT\ln K_p^{\ominus}$。而同一个体系中，一种物质只能有一个平衡分压，并同时满足参与的全部反应的平衡关系式。即

$$\begin{gathered}\Delta_r G_{m,1}^{\ominus}=-RT\ln K_{p,1}^{\ominus}\\ K_{p,1}^{\ominus}=p_{CH_3OH}p_{HCl}/p_{CH_3Cl}p_{H_2O}\end{gathered} \tag{4-50}$$

$$\begin{gathered}\Delta_r G_{m,2}^{\ominus}=-RT\ln K_{p,2}^{\ominus}\\ K_{p,2}^{\ominus}=p_{(CH_3)_2O}p_{H_2O}/p_{CH_3OH}^2\end{gathered} \tag{4-51}$$

又如三元前驱体 $Ni_xCo_yMn_{1-x-y}(OH)_2$ 在制备过程中，Ni^{2+}、Co^{2+}、Mn^{2+}离子会和 NH_3 发生络合反应，而 NH_3 又会和 H_2O 发生反应：

$$Ni^{2+}+mNH_3=\!=\!=[Ni(NH_3)_m]^{2+} \tag{4-52}$$

$$Co^{2+}+nNH_3=\!=\!=[Co(NH_3)_n]^{2+} \tag{4-53}$$

$$Mn^{2+}+lNH_3=\!=\!=[Mn(NH_3)_l]^{2+} \tag{4-54}$$

$$NH_3+H_2O=\!=\!=NH_4OH \tag{4-55}$$

其中 NH_3 同时参与了式(4-52)~(4-55)多个反应，需同时满足这些反应的平衡关系式。

在材料、冶金及化工领域中，经常遇到凝聚相(固相或液相)中发生多种反应，生成多种固态(或溶液态)化合物的复杂情况。同时平衡原理可用于研究复杂体系中凝聚相与气相的平衡情况，以及气相内组分之间的平衡情况。

当凝聚相与气相存在多种反应生成不同气态化合物时，体系中各种反应都同时平衡存在。例如固体碳与空气中的氧气反应时，气相中存在 O_2、CO_2、CO 等多种气体，并同时存在如下反应

$$C(s)+1/2O_2(g)=\!=\!=CO(g) \tag{4-56}$$

$$CO(g)+1/2O_2(g)=\!=\!=CO_2(g) \tag{4-57}$$

CO 同时参与式(4-56)和(4-57)两个化学反应，因此，同时满足这两个反应的平衡关系。

此外，同时平衡原理不仅是绘制热力学平衡图时计算气相成分的理论依据之一，也是计算溶液中平衡成分的理论依据。

2)逐级转变原理

逐级转变原理即当系统中存在多种价态或多种成分的凝聚态化合物时，往往是相邻的两级化合物能平衡共存。例如 Fe-O 系中存在如下反应：

$$6Fe_2O_3=\!=\!=4Fe_3O_4+O_2 \tag{4-58}$$

$$2Fe_3O_4=\!=\!=6FeO+O_2 \tag{4-59}$$

$$2FeO=\!=\!=2Fe+O_2 \tag{4-60}$$

根据逐级转变原理可知：Fe-O 系中 $Fe_2O_3-Fe_3O_4$、Fe_3O_4-FeO 能共存，但不存在 Fe_2O_3 与 FeO 的平衡共存。因此，在计算平衡线时，可将大量不存在的无效反应删去。但应当注意的是，在某些系统中某些化合物不稳定，即低于某个温度后，它不再存在。例如 Fe-O 系中低于 843 K 后，FeO 相不存在。此时 Fe-O 系的有效反应为

$$6Fe_2O_3=\!=\!=4Fe_3O_4+O_2 \tag{4-61}$$

$$Fe_3O_4=\!=\!=3Fe+2O_2 \tag{4-62}$$

3)化学等温方程式

在介绍化学等温方程式之前，首先引入化学势的概念：在保持温度、压力和体系中其他组成不变的条件下，体系的吉布斯自由能 G 随物质 i 的物质的量 n_i 的变化率，称为化学势，也叫作偏摩尔吉布斯自由能，用 μ_i 表示。

$$\mu_i=\left(\frac{\partial G}{\partial n_i}\right)_{T,\ p} \tag{4-63}$$

通俗地说，化学势就是 1 mol 化学纯物质的吉布斯自由能。在相变过程中，由于物质在不同相间的转移是在恒温和恒压下进行的，故可以通过比较两相中物质化学势的大小来判断物质在各相间转移的方向和限度，即物质总是从化学势较高的相转移到化学势较低的相。当物质在两相中的化学势相等时，则相变过程停止，系统达到平衡状态。

根据化学势的概念，可以反推得到吉布斯自由能与化学势之间的关系式：

$$(\Delta_r G_m)_{T,\ p}=\sum v_i\mu_i \tag{4-64}$$

对于一个反应来说，若该反应为理想液态混合物系统中的反应，则其系统中的任一组分的化学势可近似表示为

$$\mu_{i(l)}=\mu_{i(l)}^{\ominus}+RT\ln x_i \tag{4-65}$$

式中：x_i 为物质 i 在系统中的摩尔分数。

将式(4-65)代入式(4-64)，即得到理想溶液中的化学反应等温方程式：

$$(\Delta_r G_m)_{T,\ p}=\sum v_i\mu_i=\sum v_i\mu_{i(l)}^{\ominus}+\sum v_iRT\ln x_i=\Delta_r G_m^{\ominus}(T)+RT\ln\prod_i x_i^{v_i} \tag{4-66}$$

对于非理想溶液，只需要将相对活度 a_i 代替摩尔分数 x_i，即

$$(\Delta_r G_m)_{T,\ p}=\Delta_r G_m^{\ominus}(T)+RT\ln\prod_i a_i^{v_i} \tag{4-67}$$

当化学达到平衡时，$(\Delta_r G_m)_{T,p}=0$，且有

$$\Delta_r G_m^{\ominus}(T)=-RT\ln K^{\ominus} \tag{4-68}$$

$K^{\ominus}$称为热力学平衡常数，它是温度的函数。

根据化学反应等温方程式(4-66)和(4-67)可以判断反应的方向和限度。当$\prod_i x_i^{v_i}(a_i^{v_i})<K^{\ominus}$时，$\Delta_r G_m<0$，反应能自发地向右进行；当$\prod_i x_i^{v_i}(a_i^{v_i})>K^{\ominus}$时，$\Delta_r G_m>0$，反应不能自发地向右进行；当$\prod_i x_i^{v_i}(a_i^{v_i})=K^{\ominus}$时，$\Delta_r G_m=0$，反应处于平衡。通过改变$\prod_i x_i^{v_i}(a_i^{v_i})$与$K^{\ominus}$的相对大小，可以控制反应向着需要的方向进行。

如果一个反应为理想气体混合物系统中的反应，此时系统中任一组分的化学势可表示为

$$\mu_i(T,p)=\mu_i^{\ominus}(T)+RT\ln p_i/p^{\ominus} \tag{4-69}$$

代入式(4-64)，即得到理想气体混合系统中的化学等温方程式：

$$(\Delta_r G_m)_{T,p}=\sum v_i\mu_i=\sum v_i\mu_i^{\ominus}(T)+\sum v_iRT\ln p_i/p^{\ominus}=\Delta_r G_m^{\ominus}(T)+RT\sum v_i\ln p_i/p^{\ominus} \tag{4-70}$$

令

$$\sum v_i\ln p_i/p^{\ominus}=\ln J_p \tag{4-71}$$

J_p称为标准压商，与化学势一样仅是温度的函数。可以看出，J_p的值取决于参与反应的气体压力。将式(4-71)代入式(4-70)得到

$$(\Delta_r G_m)_{T,p}=\Delta_r G_m^{\ominus}(T)+RT\ln J_p \tag{4-72}$$

同样地，仅需要比较$K^{\ominus}$与J_p的大小，就可以判断反应进行的方向。

3. 吉布斯自由能与化学平衡

当参加化学反应的各物质均处于标准状态时，由热力学函数关系式(4-26)可得

$$\Delta_r G_m^{\ominus}(T)=\Delta_r H_m^{\ominus}(T)-T\Delta_r S_m^{\ominus}(T)$$

因此，通过$\Delta_r G_m^{\ominus}(T)$可以进行化学平衡计算。由于

$$\Delta_r G_m^{\ominus}(T)=\sum v_i\mu_i^{\ominus}=-RT\ln K^{\ominus} \tag{4-73}$$

对于理想气体反应，$K^{\ominus}=K_p^{\ominus}$，对凝聚相反应，$K^{\ominus}=K_a^{\ominus}$，因此，由$\Delta_r G_m^{\ominus}(T)$可以计算化学反应的平衡常数$K^{\ominus}$；反之，由$K^{\ominus}$也可计算$\Delta_r G_m^{\ominus}(T)$。

例如在2000 K时，固体MgO按下式分解：

$$MgO(s)=\!=\!=Mg(g)+1/2O_2(g) \tag{4-74}$$

已知上述反应的$\Delta_r G_m^{\ominus}=320942$ J/mol，代入(4-73)得出

$$\Delta_r G_m^{\ominus}(T)=-RT\ln K^{\ominus}=320942\ \text{J/mol}$$

计算可得：$K^{\ominus}=4.145\times10^{-9}$。

$\Delta_r G_m^{\ominus}(T)$同样可以用于比较同类型反应在相同条件下的反应趋势的大小。如Al和V同时在1400 ℃下和O_2进行反应：

$$2Al+3/2O_2(g)=\!=\!=Al_2O_3 \tag{4-75}$$

$$\Delta_r G_m^{\ominus}=-1142.3\ \text{kJ/mol}$$

$$2V+3/2O_2(g)=\!=\!=V_2O_3 \tag{4-76}$$

$$\Delta_r G_m^{\ominus}=-897.5\ \text{kJ/mol}$$

在相同温度和压强条件下，根据化学反应等温方程式可知，反应(4-75)比反应(4-76)的 $\Delta_r G_m^\ominus$ 更负，即反应(4-75)正向进行的趋势比反应(4-76)的大，或者说 Al_2O_3 比 V_2O_3 的热稳定性更好。

4.4　艾琳汉姆图及其应用

1994 年艾琳汉姆(Ellingham)首先将氧化物的标准生成自由能对温度作图，然后又对硫化物、氯化物、氟化物等作了类似的图。艾琳汉姆图以消耗 1 mol 氧气生成氧化物的标准吉布斯自由能变化作为标准来对温度 T 作图，即将氧化物的标准生成吉布斯自由能数值折合成该元素与 1 mol 氧气反应的标准吉布斯自由能变化，即

$$\frac{2x}{y}M+O_2 = \frac{2}{y}M_xO_y \tag{4-77}$$

$$K^\ominus = 1/p_{O_2}$$

$$\Delta_r G_m^\ominus(T) = -RT\ln K^\ominus = 2.303RT\lg p_{O_2} \tag{4-78}$$

把上式的 $\Delta_r G_m^\ominus(T)$ 与温度 T 的二项式关系绘制成图，即为艾琳汉姆图，也称为自由能-温度($\Delta_r G_m^\ominus - T$)图，其中的 $\Delta_r G_m^\ominus - T$ 曲线称为氧势线。它不仅反映了反应的标准吉布斯自由能 $\Delta_r G_m^\ominus$ 与温度 T 的关系，还反映了反应达到平衡时的氧分压 p_{O_2} 与温度 T 的关系，因此又称作氧势图。常见的氧化反应的艾琳汉姆图如图 4-2 所示。

从图中可以看出，$\Delta_r G_m^\ominus$ 与 T 的变化曲线均符合一次线性函数的关系，即

$$\Delta_r G_m^\ominus = a+bT \tag{4-79}$$

将标准吉布斯自由能函数 $\Delta_r G_m^\ominus$ 对温度 T 求偏微分，则

$$\left(\frac{\partial \Delta_r G_m^\ominus}{\partial T}\right)_p = b \tag{4-80}$$

由热力学函数关系式(4-26)

$$\Delta_r G_m^\ominus(T) = \Delta_r H_m^\ominus(T) - T\Delta_r S_m^\ominus(T)$$

计算得到

$$\left(\frac{\partial \Delta_r G_m^\ominus}{\partial T}\right)_p = b = -\Delta_r S_m^\ominus \tag{4-81}$$

由此可以看出，在 $\Delta_r G_m^\ominus - T$ 图中，斜率是反应熵变的相反数。即对于熵增反应来说，斜率小于 0，体现在图中呈斜向下的趋势；对于熵减反应，斜率大于 0，体现在图中呈斜向上的趋势。

图中有几条特殊斜率对应的反应，需要引起注意：

(1)斜率小于零的反应：

$$2C+O_2 = 2CO \tag{4-82}$$

(2)斜率等于零的反应：

$$C+O_2 = CO_2 \tag{4-83}$$

(3)斜率发生突变的反应。若某一个反应在温度 T_1 点所对应的斜率发生突变，相应地，参与反应的反应物或者生成物必定在该温度点发生了相变。如果反应物在 T_1 发生了相变，

则在 T_1 点之后直线的斜率变大；相反地，如果是生成物在 T_1 发生了相变，则在 T_1 点之后直线的斜率变小。

$\Delta_r G_m^{\ominus}-T$ 图作为直观的氧化还原反应的热力学判断依据，在火法冶金及金属粉体材料的制备过程中发挥着关键作用。从图 4-2 的 $\Delta_r G_m^{\ominus}-T$ 图中可以看出如下规律：

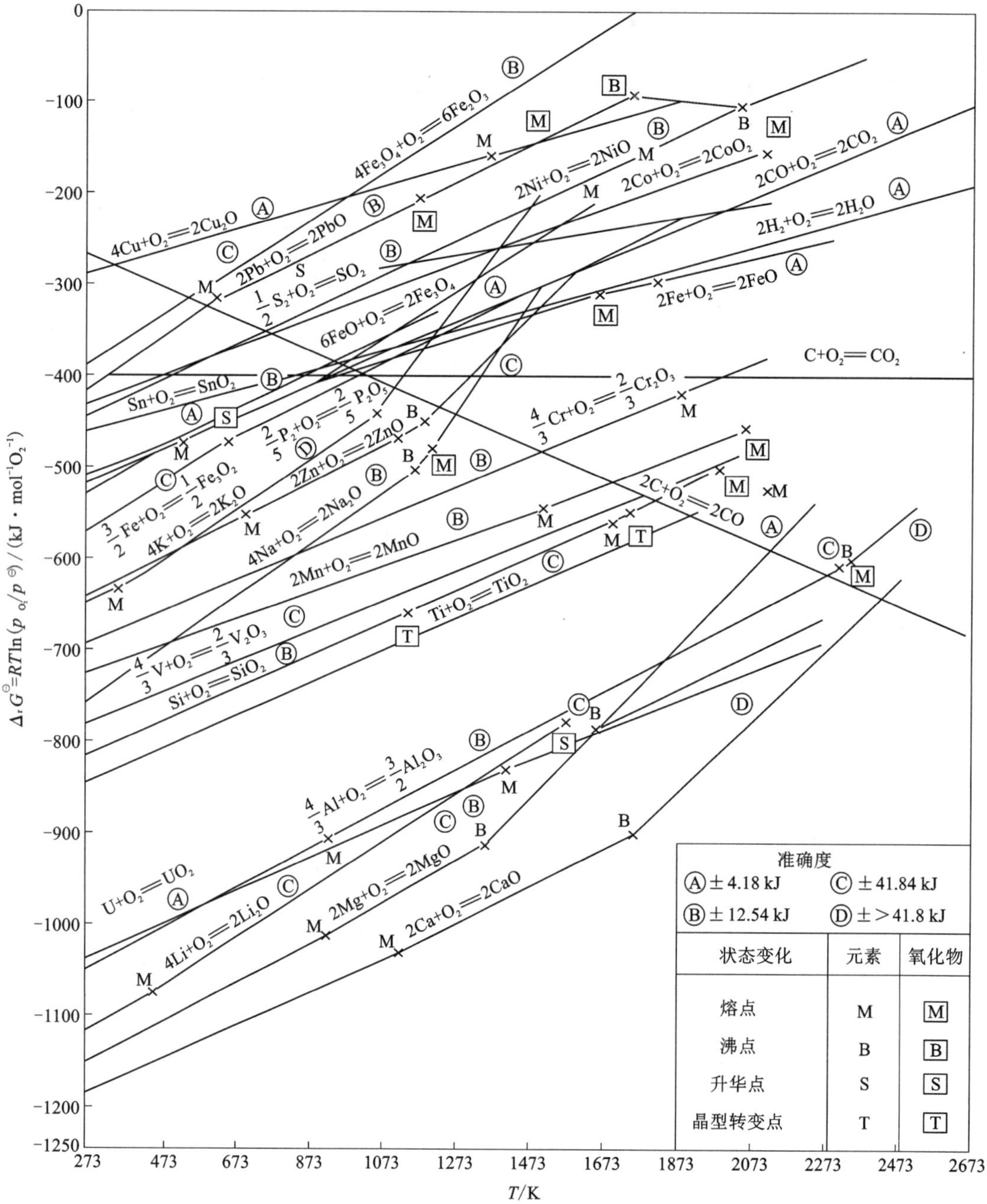

图 4-2 某些氧化物的 $\Delta_r G_m^{\ominus}-T$ 关系图

(1)金属氧化物的 $\Delta_r G_m^\ominus - T$ 关系曲线在图中位置越低，其 $\Delta_r G_m^\ominus$ 值越小，说明此金属对氧的亲和势越大，其氧化物就越稳定。因此在标准状态下，图中位置低的金属可将位置较高的金属氧化物还原，如 Al 可将 FeO 还原成金属铁，氢可将 FeO、CuO、PbO 等还原成相应的金属；钙、镁、铝则是较强的还原剂。同理，位置较高的氧化物可作为氧化剂将位置较低的金属氧化。

(2)所有金属氧化物的氧势均随温度的升高而呈直线增加，说明金属氧化物的稳定性(即金属对氧的亲和势)随温度的升高而降低。同时，氧势线在金属或氧化物的相变点(特别是沸点和升华点)发生转折，在金属的相变点向上转折，即高于金属的相变点后氧势随温度升高而增加的趋势比相变前更大，而在氧化物的相变点则相反。

(3)将金属氧化物的氧势线与 CO_2、CO 的氧势线进行比较，可发现三者间有明显的差别。对金属氧化物而言，其氧势随温度的升高而增加，即温度越高，金属对氧的亲和势越小；在金属及其氧化物均为固相的温度范围内，不同金属氧化物的氧势线接近于平行。对 C 的反应，CO_2 的氧势线接近于水平，CO 的氧势则随着温度的升高而下降，即温度越高，C 与 O_2 作用生成 CO 的亲和势越大。金属氧化物与 CO 的这种差别使得碳在一定的条件下几乎可以还原所有金属氧化物。

此外，金属氧化物的 $\Delta_r G_m^\ominus - T$ 关系曲线在新能源材料的制备中发挥着至关重要的作用，对于理解和优化新能源材料的性能具有重要意义，它直接影响到材料的合成路径、结构稳定性以及电化学性能。通过分析金属氧化物的 $\Delta_r G_m^\ominus - T$ 关系曲线，可以帮助研究人员设计和制备出更高效、更稳定的能源转换和存储器件。以下是几个常见的例子：

(1)金属空气电池中的氧还原反应(ORR)催化剂：在金属空气电池中，ORR 是一个关键的反应过程，其效率直接影响电池的性能。通过分析金属氧势线，可以优化催化剂的电子结构，从而提高对 ORR 的催化活性。例如，高价态的钴(Co)被证实是许多高效 ORR 催化剂的活性位点，通过调控 Co 的氧化态，可以显著提高催化剂的性能。

(2)固体氧化物燃料电池(SOFC)的电解质材料：SOFC 的电解质材料需要在高温下保持稳定的氧离子传导性。金属氧势线的变化可以帮助研究人员理解材料在不同温度下的氧离子迁移机制，从而设计出在宽温度范围内保持高效传导性的电解质材料。

(3)氢氧化反应(HOR)催化剂：在阴离子交换膜燃料电池(AEMFC)中，HOR 是一个关键的阳极反应。通过调控金属氧势线可以设计出在碱性介质中具有高活性和稳定性的非贵金属 HOR 催化剂。

(4)金属氧化物的合成与改性：金属氧化物是一类重要的新能源材料，被广泛应用于催化、电池和光电领域。通过分析金属氧势线，控制合成过程中的温度和气氛，可以有效地引入氧空位等缺陷，从而激活材料的某些特殊性能。

4.5　电位-pH 图及其应用

波拜(M. J. N. Pourbaix)等人于 1948 年提出用图解法研究水溶液体系化学反应的平衡关系，并首次绘制了电位-pH 图(E-pH 图)，因此也称作 Pourbaix 图。E-pH 图是在指定温度、压力和组分活度(或气体分压)情况下，将水溶液中的化学反应转换为电位与 pH 的函数关系，并以电位 E 为纵坐标、pH 为横坐标绘制而成的反应体系的平衡电极电位与 pH 关系图。

它可以使抽象的化学热力学原理图像化、直观化，从而变得简明易懂。通过 E-pH 图可以查明反应各组分间平衡共存的条件，判断体系的稳定物态或平衡物态，也可以判断在给定条件(电位和 pH)下反应进行的可能性，还可以阐明物质在水溶液中稳定存在的区域和范围。作为湿化学过程的重要理论基础，E-pH 图在水溶液体系的材料制备、湿法冶金、金属腐蚀、废水处理等领域中得到广泛应用。在新能源材料领域，E-pH 图可以为镍钴锰三元前驱体的共沉淀法制备以及废旧电池的湿化学综合回收等过程提供可靠的热力学理论基础，并为其技术路线和工艺参数的选择提供理论指导。

图 4-3 为 25 ℃下 Zn^{2+}活度为 1 时的 $Zn-H_2O$ 系 E-pH 图，图中Ⅰ、Ⅱ、Ⅲ、Ⅳ区分别对应于 Zn^{2+}、Zn、ZnO、ZnO_2^{2-} 的稳定区，各区域之间的分界线为相关物质的平衡线，如线①为 Zn^{2+}活度为 1 时，Zn^{2+}与 ZnO 之间反应的平衡线：

$$ZnO+2H^+ = Zn^{2+}+H_2O \tag{4-84}$$

从图 4-3 中可以看出，在 25 ℃下，当 Zn^{2+}的活度为 1 时，为使 Zn^{2+}以 ZnO 的形态进入沉淀，控制 pH 为 8 左右时，溶液体系的电位应该高于-0.9 V。

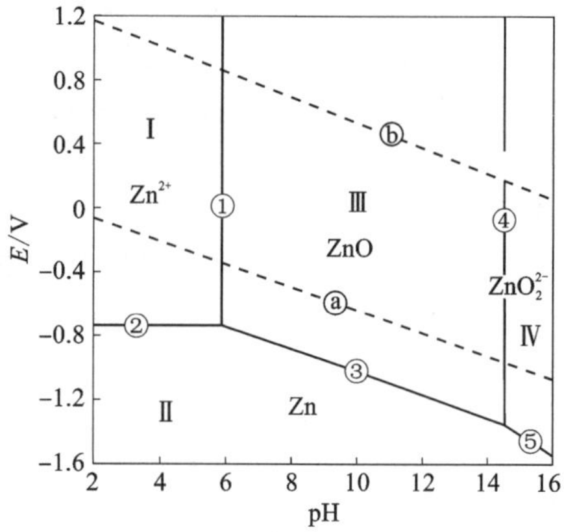

图 4-3　$Zn-H_2O$ 系 E-pH 图

E-pH 图是基于金属-水溶液体系中相关反应的电极电位、pH、活度之间的函数关系图，在指定温度、压力等条件下，将该体系中各反应的电极电位与溶液 pH 的函数关系曲线绘制在一张图(二维平面图、三维立体图或多维图)上，用以表明该体系中所发生的各种反应自动进行所必须具备的条件，或者判断某些物质在水溶液中稳定存在的区域。它表征了金属-水溶液体系中各种化合物与离子的平衡状态、氧化还原电位和 pH 的关系，可为材料的湿化学制备及沉淀分离等过程提供热力学依据。

4.5.1　反应吉布斯自由能变化与原电池电动势的关系

热力学原理已经指出，在恒温恒压条件下，体系经历一可逆过程，其吉布斯自由能的减少值等于其对外所做的最大有效功。即

$$-\Delta_r G_{T,p} = -W'_{max} \tag{4-85}$$

如果此过程能在始、末态相同的原电池中可逆进行，其所做的最大有效功即为最大电功 nEF，则上式可改写为

$$\Delta_r G_{T,p} = -nEF \tag{4-86}$$

式中：n 表示电池输出的电荷量，mol；E 为可逆原电池的电动势，V；F 为法拉第常数，96485.3 C/mol。如果该可逆电池按电池反应式进行，当反应进度 $\xi=1$ mol 时，其吉布斯自由能变化值为

$$(\Delta_r G_m)_{T,p} = -nEF/\xi = -zEF \tag{4-87}$$

式中：z 表示电极的氧化或还原反应式中电子的计量系数。式(4-87)是将热力学量与电化学量联系起来的重要公式。因此，如果知道某个反应的 $\Delta_r G_m$，并将其设计成可逆原电池，即可

求得此可逆原电池的电动势。

4.5.2　原电池电动势与浓度的关系

假设有一个反应在指定温度下按下列反应式进行：

$$mM+nN \xlongequal{} xX+yY \tag{4-88}$$

根据化学反应等温方程式(4-67)，即可得到该反应的物质活度与吉布斯自由能的关系式：

$$(\Delta_r G_m)_{T,p}=\Delta_r G_m^{\ominus}(T)+RT\ln\prod_i a_i^{v_i}=\Delta_r G_m^{\ominus}(T)+RT\ln(a_X^x a_Y^y/a_M^m a_N^n) \tag{4-89}$$

式中：$R=8.314\ \text{J/(mol·K)}$。再根据吉布斯自由能与电动势的关系式(4-87)，即可得到电动势与活度的关系式：

$$E=E^{\ominus}-\frac{RT}{zF}\ln(a_X^x a_Y^y/a_M^m a_N^n) \tag{4-90}$$

该式称为能斯特(Nernst)公式。其中，$E^{\ominus}$为参加电池反应的各物质都处于标准状态时的电动势，称为原电池的标准电动势。

根据式(4-87)可知，反应式(4-88)达到平衡时，$(\Delta_r G_m)_{T,p}=-zEF=0$，则由式(4-90)可得

$$E^{\ominus}=-\Delta_r G_m^{\ominus}/zF \tag{4-91}$$

因此可得电极电位的通式为

$$E=-\Delta_r G_m^{\ominus}/zF-\frac{RT}{zF}\ln(a_X^x a_Y^y/a_M^m a_N^n) \tag{4-92}$$

水溶液中存在 H_2O、H^+ 和 OH^-，在不同的氧化还原条件下，水可以被分解析出 H_2 或 O_2。这就是 E-pH 图上存在的两条特殊的线，即“氢线”和“氧线”。

a 氢线：

$$2H^+ +2e^- \xlongequal{} H_2 \tag{4-93}$$

$$E_a=-0.0591\text{pH}(\text{氢分压为 101 kPa})$$

b 氧线：

$$4H^+ +O_2+4e^- \xlongequal{} 2H_2O \tag{4-94}$$

$$E_b=1.23-0.0591\text{pH}(\text{氧分压为 101 kPa})$$

因此，在 a 线与 b 线之间的区域为 H_2O 的热力学稳定区，在 a 线以上为 O_2 的热力学稳定区，b 线以下为 H_2 的热力学稳定区。也就是说，所有在水溶液中进行的反应，其氧化还原电位应在 a 线与 b 线之间，否则将导致水分解析出 H_2 或 O_2。

值得注意的是，当 $p(O_2)\neq p^{\ominus}$时，氧线会有所变动。当 $p(O_2)>p^{\ominus}$时，氧线向上平移；当 $p(O_2)<p^{\ominus}$时，氧线向下平移。相反，$p(H_2)>p^{\ominus}$时，氢线向下平移；$p(H_2)<p^{\ominus}$时，氢线向上平移。也就是说，当平衡压力大于 $p^{\ominus}$时，水的稳定区域会扩大；当平衡压力小于 $p^{\ominus}$时，水的稳定区域会缩小。

通过调整氢线和氧线的位置以拓宽水的稳定区域，对于水系电池具有重要的意义。对于水系电池而言，其工作电压通常受到水分解反应的限制，导致其稳定窗口较窄(约 1.23 V)。通过调整氢线和氧线的位置，拓宽水的稳定区域，可以实现更高的电压输出，进而增加电池的能量存储能力。此外，通过抑制析氢与析氧反应的发生，也可以减少能量损失，从而提高

电池的效率和循环稳定性。

4.5.3 E-pH 图上平衡线的类型

水溶液的化学反应都可以用下列通式表示：

$$\alpha A+nH^{+}+ze^{-}=\!=\!=\beta B+\gamma H_2O \tag{4-95}$$

式中：α、n、z、β 和 γ 表示各组分的化学计量系数；e^{-}表示电子。

在金属与水所组成的电化学体系中，有三类典型的反应。现在分别讨论这三类反应的电极电位和溶液 pH 之间的关系（a 表示离子的活度）。

（1）有 H^{+}参与，但没有电子转移（没有氧化还原反应）的反应，即

$$\alpha A+nH^{+}=\!=\!=\beta B+\gamma H_2O \tag{4-96}$$

根据式（4-89），其吉布斯自由能变化：

$$(\Delta_r G_m)_{T,\,p}=\Delta_r G_m^{\ominus}+RT\ln(a_B^{\beta}/a_A^{\alpha}a_{H^+}^{n}) \tag{4-97}$$

当反应处于平衡状态时，$(\Delta_r G_m)_{T,\,p}=0$，即

$$\Delta_r G_m^{\ominus}+RT\ln(a_B^{\beta}/a_A^{\alpha}a_{H^+}^{n})=\Delta_r G_m^{\ominus}+RT\ln(a_B^{\beta}/a_A^{\alpha})+2.303nRT\mathrm{pH}=0 \tag{4-98}$$

$$\mathrm{pH}=-\Delta_r G_m^{\ominus}/2.303nRT-\frac{1}{n}\lg\frac{a_B^{\beta}}{a_A^{\alpha}} \tag{4-99}$$

当 $a_A^{\alpha}=a_B^{\beta}=1$ 时，pH 定义为 $\mathrm{pH}^{\ominus}$，即

$$\mathrm{pH}^{\ominus}=-\Delta_r G_m^{\ominus}/2.303nRT \tag{4-100}$$

此时，

$$\mathrm{pH}=\mathrm{pH}^{\ominus} \tag{4-101}$$

此类反应的平衡线是与 E-pH 图纵坐标（E）平行的一条垂直线。

（2）有电子转移，但没有 H^{+}参与的反应，即

$$\alpha A+ze^{-}=\!=\!=\beta B \tag{4-102}$$

此时，根据式（4-90）可得

$$E=E^{\ominus}-\frac{2.303RT}{zF}\lg(a_B^{\beta}/a_A^{\alpha}) \tag{4-103}$$

当温度为 298 K 时：

$$E(298\ \mathrm{K})=E^{\ominus}(298\ \mathrm{K})-\frac{0.0591}{z}\lg(a_B^{\beta}/a_A^{\alpha}) \tag{4-104}$$

当 $a_A^{\alpha}=a_B^{\beta}=1$ 时，$E=E^{\ominus}$，其值可由式（4-91）求得。

此时，

$$E(298\ \mathrm{K})=E^{\ominus}(298\ \mathrm{K}) \tag{4-105}$$

此类反应的平衡线是与 E-pH 图横坐标（pH）平行的一条水平线。

（3）有电子转移，同时有 H^{+}参与的电极反应，即反应式（4-95）。

此时，根据式（4-92）有

$$E=-\Delta_r G_m^{\ominus}/zF-\frac{2.303RT}{zF}\lg(a_B^{\beta}/a_A^{\alpha})-\frac{2.303nRT}{zF}\mathrm{pH} \tag{4-106}$$

当温度为 298 K 时：

$$E(298\ \mathrm{K}) = E^{\ominus}(298\ \mathrm{K}) - \frac{0.0591}{z}\lg(a_{B}^{\beta}/a_{A}^{\alpha}) - \frac{0.0591n}{z}\mathrm{pH} \tag{4-107}$$

当 $a_{A}^{\alpha}=a_{B}^{\beta}=1$ 时，有

$$E(298\ \mathrm{K}) = E^{\ominus}(298\ \mathrm{K}) - \frac{0.0591n}{z}\mathrm{pH} \tag{4-108}$$

此类反应的平衡线是 E-pH 图中斜率为 $-0.0591n/z$ 的一条斜线。

4.5.4　*E*-pH 图的绘制

1. *E*-pH 图绘制步骤

E-pH 图的绘制一般包括以下几个步骤：

①确定此体系可能发生的各种反应，包括各种电极反应及与 pH 有关的非氧化还原反应；

②查出参与每一反应的各物质的热力学数据，计算反应的 $\Delta_r G_m^{\ominus}$；

③求出各反应的电极电位 E 与 pH 的关系式；

④指定温度下，利用上述关系式推导出指定离子活度或气相分压下各反应的 E 和 pH 关系式，然后将 E 对 pH 作图，即得指定离子活度或气体分压下的恒温 E-pH 图。

2. *E*-pH 图绘制举例

以绘制 Mn-H_2O 系在 25 ℃、活度 $a=1$ 条件下的 E-pH 图为例。首先列出 Mn-H_2O 系可能存在的独立反应，通过查阅热力学数据手册或相关文献，找出 25 ℃下该体系中各物质的 $\Delta_f G_m^{\ominus}$(见表 4-13)；计算各反应的 $\Delta_r G_m^{\ominus}$；根据不同反应类型的计算公式，即式(4-100)、(4-104)、(4-107)，导出各个反应在 25 ℃和活度 $a=1$ 条件下的电极电位 E 与 pH 的关系式。

表 4-13　Mn-H_2O 系热力学数据(25 ℃，$a=1$)

物质	$\Delta_f G_m^{\ominus}/(\mathrm{kJ\cdot mol^{-1}})$	物质	$\Delta_f G_m^{\ominus}/(\mathrm{kJ\cdot mol^{-1}})$
Mn^{2+}	-228.10	MnO_4^-	-440.28
MnO_4^{2-}	-500.80	$Mn(OH)_4^{2-}$	-902.93
Mn	0.00	MnO_2	-465.20
Mn_2O_3	-881.20	Mn_3O_4	-1283.20
$Mn(OH)_2$	-616.70	MnOOH	-567.13
H_2	0	O_2	0
H_2O	-237.14	H^+	0

下面针对三类反应各举一例，推导 Mn-H_2O 系的 E-pH 关系式。

(1)有 H^+参与，但没有电子转移(没有氧化还原反应)的反应：

$$Mn(OH)_2 + 2H^+ = Mn^{2+} + 2H_2O \tag{4-109}$$

查表 4-13 得到反应式(4-109)中各物质的热力学数据 $\Delta_f G_m^{\ominus}$，计算该反应的吉布斯自由能：

$$\Delta_r G_m^{\ominus} = -228.10 + 2\times(-237.14) - 0 - (-616.70) = -85.68(\mathrm{kJ/mol})$$

当活度 $a=1$ 时，将计算得到的 $\Delta_r G_m^\ominus$ 代入式(4-100)中，得到

$$pH^\ominus=-\Delta_r G_m^\ominus/2.303nRT=85.68\times1000/(2.303\times2\times8.314\times298)\approx7.5081$$

即得表 4-14 中线 1 的平衡方程：

$$pH=7.5081 \tag{4-110}$$

(2)有电子转移，但没有 H^+ 参与的反应：

$$Mn^{2+}+2e^-=\!=\!=Mn \tag{4-111}$$

同样地，首先查表 4-13 得到反应式(4-110)中各物质的热力学数据并计算该反应的吉布斯自由能：

$$\Delta_r G_m^\ominus=0-(-228.10)=228.10\ (kJ/mol)$$

将计算得到的 $\Delta_r G_m^\ominus$ 代入式(4-91)：

$$E^\ominus=-\Delta_r G_m^\ominus/zF=-228.10\times1000/(2\times96485.3)=-1.1820(V)$$

当活度 $a=1$ 时，根据式(4-105)即得表 4-14 中线 2 的平衡方程：

$$E=-1.1820 \tag{4-112}$$

(3)有电子转移，同时有 H^+ 参与的反应：

$$MnO_2+4H^++2e^-=\!=\!=Mn^{2+}+2H_2O \tag{4-113}$$

同样地，首先查表 4-13 得到反应式(4-113)中各物质的热力学数据并计算该反应的吉布斯自由能：

$$\Delta_r G_m^\ominus=-228.10+2\times(-237.14)-(-465.20)=-237.18\ (kJ/mol)$$

将计算得到的 $\Delta_r G_m^\ominus$ 代入式(4-91)：

$$E^\ominus=-\Delta_r G_m^\ominus/zF=-(-237.18)\times1000/(2\times96485.3)\approx1.2291(V)$$

当活度为 1 时，将计算得到的 $E^\ominus$ 代入式(4-108)：

$$E=E^\ominus-\frac{0.0591n}{z}pH=1.2291-\frac{0.0591\times4}{2}pH=1.2291-0.1182pH$$

即得表 4-14 中线 3 的平衡方程：

$$E=1.2291-0.1182pH \tag{4-114}$$

类似地，可以求出 Mn-H_2O 系在 25 ℃、活度 $a=1$ 条件下，其他反应的 E 与 pH 关系式，一并列于表 4-14 中。

表 4-14　Mn-H_2O 系热力学平衡式(25 ℃，$a=1$)

序号	反应	$E\sim pH$
1	$Mn^{2+}+2H_2O=\!=\!=Mn(OH)_2+2H^+$	$pH=7.5081$
2	$Mn^{2+}+2e^-=\!=\!=Mn$	$E=-1.1820$
3	$MnO_2+4H^++2e^-=\!=\!=Mn^{2+}+2H_2O$	$E=1.2291-0.1182pH$
4	$Mn(OH)_2+2H^++2e^-=\!=\!=Mn+2H_2O$	$E=-0.7390-0.0591pH$
5	$Mn(OH)_4^{2-}+4H^++2e^-=\!=\!=Mn+4H_2O$	$E=0.2365-0.1182pH$
6	$Mn_3O_4+2H_2O+2H^++2e^-=\!=\!=3Mn(OH)_2$	$E=0.4800-0.0591pH$
7	$Mn_3O_4+8H^++2e^-=\!=\!=3Mn^{2+}+4H_2O$	$E=1.8120-0.2365pH$
8	$3MnOOH+H^++e^-=\!=\!=Mn_3O_4+2H_2O$	$E=0.5813-0.0591pH$

续表4-14

序号	反应	E~pH
9	$Mn_3O_4+8H_2O+2e^-$ ══ $3Mn(OH)_4^{2-}+4H^+$	$E=-2.4436+0.1182pH$
10	$MnO_2+H^++e^-$ ══ $MnOOH$	$E=1.0564-0.0591pH$
11	$MnOOH+2H_2O+e^-$ ══ $Mn(OH)_4^{2-}+H^+$	$E=-1.4353+0.0591pH$
12	$MnOOH+3H^++e^-$ ══ $Mn^{2+}+2H_2O$	$E=1.4018-0.1773pH$
13	$MnO_4^-+4H^++3e$ ══ MnO_2+2H_2O	$E=1.7246-0.0788pH$
14	$MnO_4^{2-}+4H^++2e^-$ ══ MnO_2+2H_2O	$E=2.2733-0.1182pH$
15	$MnO_4^-+e^-$ ══ MnO_4^{2-}	$E=0.6273$
16	$Mn(OH)_2+2H_2O$ ══ $Mn(OH)_4^{2-}+2H^+$	$pH=16.4793$
17	$2H^++2e^-$ ══ H_2	$E=0.0591pH$
18	$4H^++O_2+4e^-$ ══ $2H_2O$	$E=1.23-0.0591pH$

利用表 4-14 中的 E-pH 关系式，绘制得到 Mn-H_2O 系在 25 ℃，活度 $a=1$ 条件下的 E-pH 图，如图 4-4 所示。

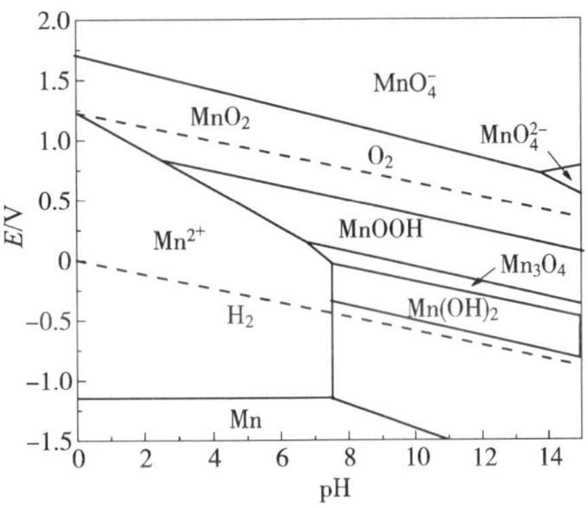

图 4-4　Mn-H_2O 系的 E-pH 图
(25 ℃、活度 $a=1$)

图 4-4 只描述了简单的 Mn-H_2O 系的情况，仅反映在特定温度(25 ℃)和特定活度($a=1$)条件下，两个参数(E、pH)对 Mn-H_2O 系平衡反应的影响，它无法体现更多参数的影响，也无法反映实际复杂体系中，物质的种类、活度及反应温度等条件发生变化时，体系中化学平衡规律的变化。为了对实际溶液体系进行分析和比较，找出不同体系的平衡差异，人们尝试了对各种系列的 E-pH 图进行叠加处理，包括不同体系 E-pH 图的叠加和不同参数(温度、活度等)E-pH 图的叠加等，以期解决实际复杂体系的相关热力学问题。这些内容将在下一节，结合 E-pH 图在新能源材料中的应用予以详细介绍。

4.5.5　E-pH 图在新能源材料中的应用

前已述及，E-pH 图是根据某一体系中各种反应的平衡电位和溶液 pH 的函数关系绘制而成的平衡图，它可以形象地描绘出某一体系在给定条件下，水溶液中存在的一系列化学反应。根据该 E-pH 图，可以方便、快捷地判断该反应体系中所存在反应进行的可能性及生成物的稳定性，确定溶液中的化学平衡条件、反应进行的方向及某种组分的优势区域与范围，为探明溶液体系的化学反应提供热力学依据。目前新能源领域的三元正极材料($LiNi_xCo_yMn_{1-x-y}O_2$)的制备工艺主要有固相反应法、共沉淀法、溶胶-凝胶法、喷雾干燥法、燃烧法和喷雾热解法等。其中共沉淀法是目前国内外生产三元前驱体的主要方法。它首先将溶液中的镍、钴、锰等金属离子共沉淀合成镍钴锰三元氢氧化物前驱体，该三元氢氧化物前驱体再通过固相法或液相法与锂盐反应生成锂离子电池层状正极材料 $LiNi_xCo_yMn_{1-x-y}O_2$。其中，水溶液中的沉淀反应对三元正极材料的制备有着不可忽略的作用。基于湿化学反应的特点和国内外对三元正极材料的市场需求，李运姣等学者针对新能源材料制备水溶液体系，绘制了一系列 Me-H_2O、Li-Me-H_2O 和 Li-Me-CO_3^{2-}-H_2O(Me=Ni、Co、Mn、Ti)系的 E-pH 图，可为新能源材料的制备和废旧电池的湿化学回收提供可靠的理论和技术指导。目前湿化学法合成 $LiMn_2O_4$、$LiNi_xCo_yMn_{1-x-y}O_2$ 和 $LiFePO_4$ 已取得成功并正在走向产业化，对新能源材料产业的发展起到了积极的推动作用。

下面就以 Me-H_2O、Me-CO_3^{2-}-H_2O(Me=Ni, Co, Mn)、Li-Me-H_2O、Li-Ti-H_2O、Li-Fe-P-H_2O 等体系的 E-pH 图及其叠加图为例，重点阐述 E-pH 图在新能源材料中的实际应用。

1. Me-H_2O 系 E-pH 图(Me=Ni、Co、Mn)

图 4-5(a)~(c)分别是简单体系 Ni-H_2O、Co-H_2O 和 Mn-H_2O 系在 50 ℃和不同离子活度(a=0.01、0.10、1.00)下的 E-pH 叠加图。从图 4-5(a)中可以看出，a=1 时，图的左侧中部在电位高于-0.3 V、pH<5.5 时存在一个较大的 Ni^{2+}稳定区域，说明在酸性溶液中，镍主要以 Ni^{2+}的形式存在；而随着溶液 pH 从 5.5 降至 0，Ni^{2+}氧化所需要的电位越来越高。在 $Ni(OH)_2$ 的稳定区的 pH 范围内(pH>5.5)，若升高电位，则可以轻易地将 $Ni(OH)_2$ 氧化，随电位的升高依次转换成 Ni_3O_4、Ni_2O_3 和 NiO_2 3 种不同价态的镍氧化物。这表明在碱性条件下 Ni^{2+}氧化成高价镍氧化物比酸性条件下更容易进行，即氧化的热力学趋势更大。因此，如果需要制备高价态的镍，应尽可能地提高溶液的 pH。在图的下方存在一个较大的金属单质 Ni 稳定区，即降低电位，溶液中的 Ni^{2+}将被还原形成金属镍。此时可以发现，在低 pH 条件下，将 Ni^{2+}还原为单质 Ni 所需的还原电位比较低，仅为 0.2 V；而在较高 pH 的条件下，从 $Ni(OH)_2$ 还原得到单质 Ni 的难度加大，需要更负的还原电位，这表明碱性条件并不利于高价镍的还原。因此如果需要制备金属镍，应尽可能地降低溶液的 pH。此外，离子活度对各物质的稳定区域也有较大的影响，随着离子活度的升高，Ni^{2+}/$Ni(OH)_2$ 平衡线向低 pH 方向移动，$Ni(OH)_2$ 的稳定区向低 pH 方向扩大。当离子活度为 0.01 时，Ni^{2+}/$Ni(OH)_2$ 平衡 pH 为 6.71；当离子活度增大到 1.00 时，其平衡 pH 降低为 5.71。这是因为溶液中离子的活度高，与 OH^-作用的 Ni^{2+}的有效浓度也高，就容易形成 $Ni(OH)_2$。

从图 4-5(b)和(c)中可以看出，Co-H_2O 系、Mn-H_2O 系与 Ni-H_2O 系具有类似的规律，在酸性溶液中，都存在一个较大的 Co^{2+} 或 Mn^{2+} 稳定区。随着 pH 的增大，溶液中的 Co^{2+}、Mn^{2+}都可以水解，分别形成 $Co(OH)_2$ 和 $Mn(OH)_2$ 沉淀，且可稳定存在于碱性溶液中。但其水解的平衡 pH 是有差异的，相比之下，离子活度相同时，Ni^{2+}和 Co^{2+}的水解平衡 pH 较接近，而 Mn^{2+}水解平衡 pH 更高(a=1 时，pH~7)。当离子活度从 0.01 增大到 1.00 时，Co^{2+}/$Co(OH)_2$ 和 Mn^{2+}/$Mn(OH)_2$ 平衡线分别从 6.76、7.90 降低为 5.76 和 6.90。这表明，增加离子活度同样可以使 $Co(OH)_2$ 和 $Mn(OH)_2$ 稳定区域增大。

将相同温度下、离子活度为 1.00 的 Ni-H_2O、Co-H_2O 和 Mn-H_2O 简单体系的 E-pH 图叠加，可得到 Ni-Co-Mn-H_2O 复杂体系的 E-pH 图，如图 4-6 所示。图中的阴影部分表示 $Ni(OH)_2$、$Co(OH)_2$ 和 $Mn(OH)_2$ 的重叠区域，即在 Ni-Co-Mn-H_2O 系中存在 $Ni(OH)_2$、$Co(OH)_2$ 和 $Mn(OH)_2$ 的共同稳定区域，即$(Ni_xCo_yMn_{1-x-y})(OH)_2$ 共沉淀区。与单一体系类似，溶液中 Ni^{2+}、Co^{2+}和 Mn^{2+}在较高 pH 下可转化成 $Ni_xCo_yMn_{1-x-y}(OH)_2$ 沉淀，即在水溶液中，通过共沉淀法可以制备得到$(Ni_xCo_yMn_{1-x-y})(OH)_2$ 共沉淀。共沉淀稳定区域 pH 范围和电位上

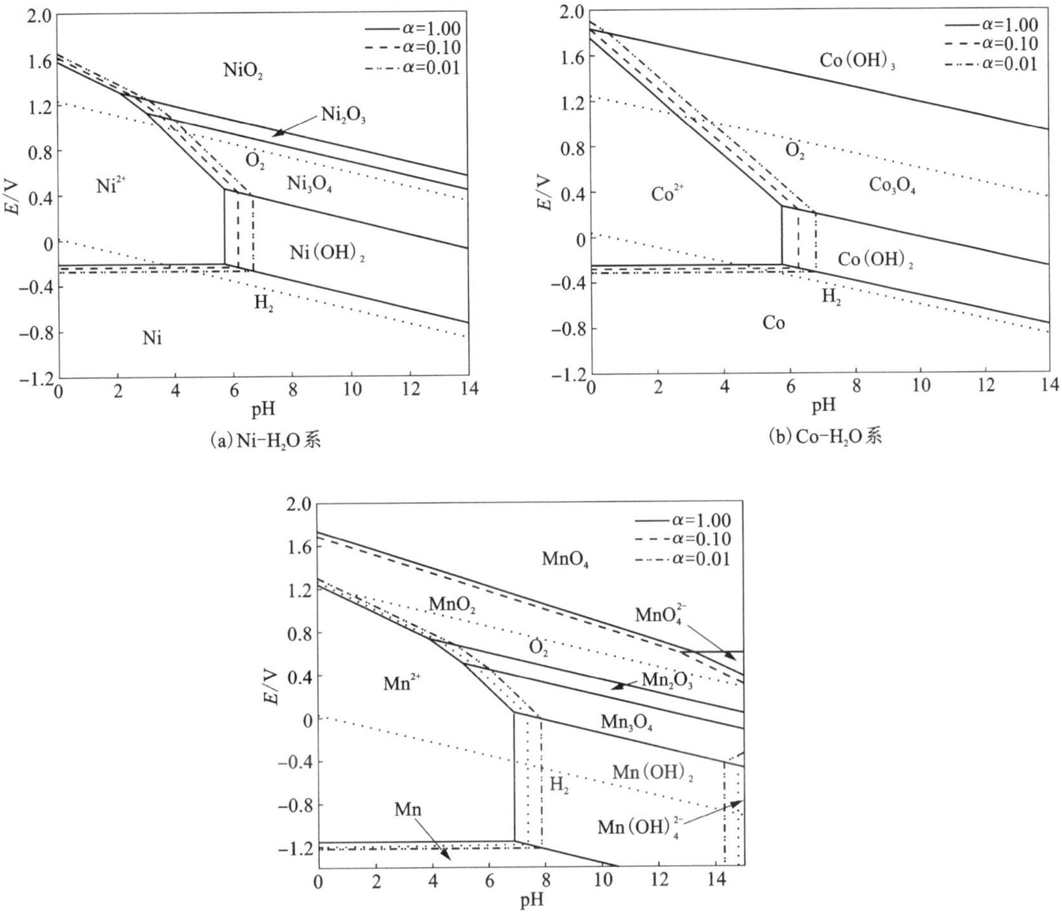

(a) Ni-H_2O 系　(b) Co-H_2O 系　(c) Mn-H_2O 系

图 4-5　Me-H_2O 系在 50 ℃不同活度(a=0.01、0.1、1)下的 E-pH 图

限主要由 $Mn(OH)_2$ 的稳定区决定，而电位下限则由 $Ni(OH)_2$ 决定。$Ni_xCo_yMn_{1-x-y}(OH)_2$ 稳定区域的 pH 范围在 25 ℃和 100 ℃下分别为 7.51~14 和 5.92~13.35，说明温度升高，其稳定区的 pH 向低碱度方向移动，使 $Ni_xCo_yMn_{1-x-y}(OH)_2$ 稳定区域的 pH 范围增大。显然，温度升高有利于在低碱度条件下发生共沉淀反应获得 $Ni_xCo_yMn_{1-x-y}(OH)_2$。

综上，通过绘制并观察 Me-H_2O 系的 E-pH 图，可以清楚地得到体系中某一物质能够稳定存在的电位、pH、活度、温度等条件，不仅可以为金属粉末、氧化物或氢氧化物(如 $Ni(OH)_2$)的制备提供可靠的理论依据，还可以为废旧电池等废料的回收以及溶液的净化除杂等提供理论指导。例如废旧三元电池的酸性浸出液中富含 Ni、Co、Mn 离子，对应于 Me-H_2O 系的 E-pH 图中最左侧的区域；通过适当调整 pH 以及电位至相应区域，可以得到所需金属的氢氧化物沉淀，实现废料中镍钴锰的回收。同理，溶液的净化除杂也是通过将 pH 与电位调整至杂质沉淀的对应区域，而其他元素仍以离子形式存在于溶液中，这样便可将溶液中的相关杂质除去。

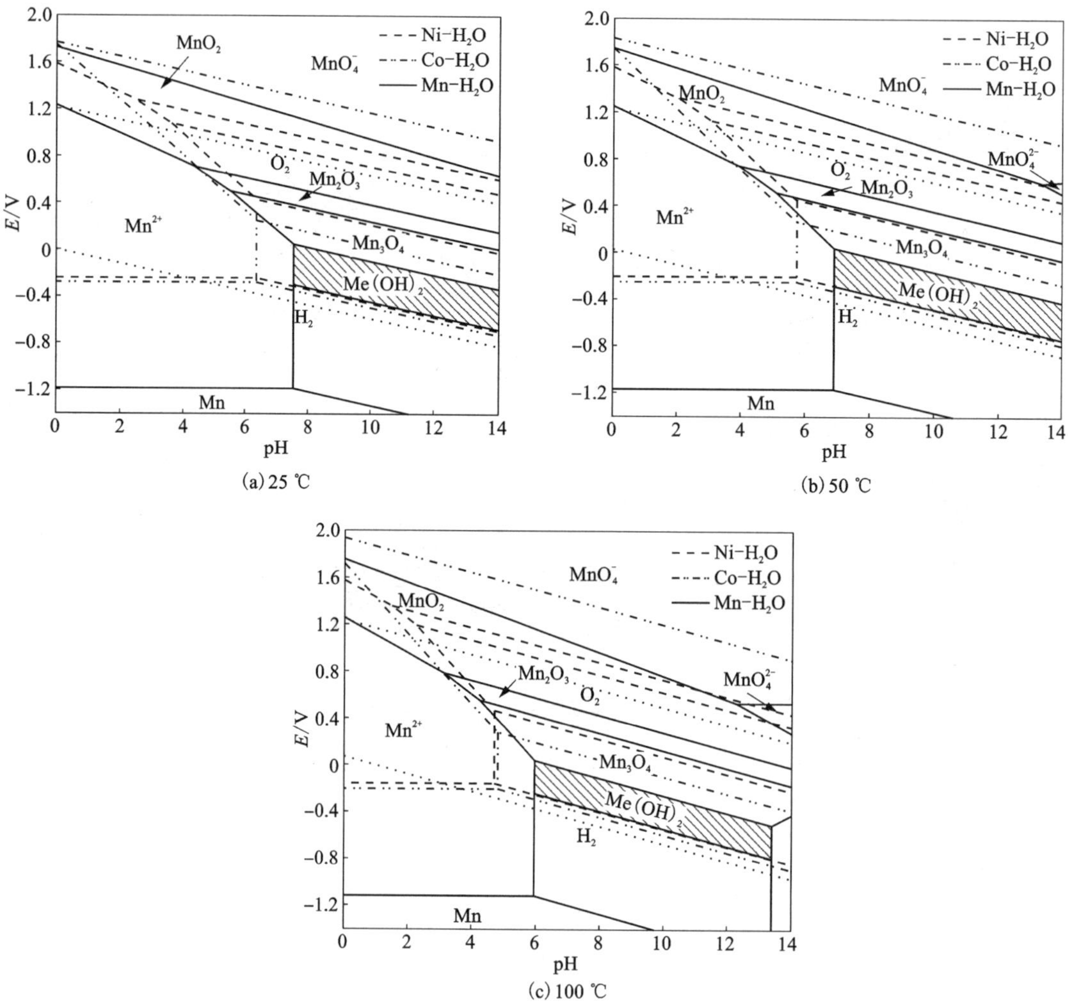

图 4-6　Ni-Co-Mn-H_2O 系在离子活度为 1.00 时的 E-pH 图

2. Me-CO_3^{2-}-H_2O 系 E-pH 图(Me=Ni、Co、Mn)

图 4-7 为 25 ℃下，[Me^{2+}]=0.1 mol/kg(Me=Ni、Co、Mn)时 Me-CO_3^{2-}-H_2O 系的 E-pH 图。从图中可以看出，Ni、Co、Mn 的碳酸盐在通常的 pH 范围内均存在 $MeCO_3$ 的稳定区。稳定区的大小顺序依次为：$NiCO_3$<$CoCO_3$<$MnCO_3$。例如，Ni^{2+}离子在 pH=6.48 时开始沉淀为 $NiCO_3$，并在 pH=8.17 时结束；相应的电压范围为-0.376~0.600 V。对于 Co^{2+}，$CoCO_3$ 沉淀的 pH 窗口为 5.22~10.52，E 为-0.526~0.581 V。类似地，$MnCO_3$ 在 pH 为 5.12~12.00，E 为-1.445~0.692 V 时稳定存在。

从 Me-CO_3^{2-}-H_2O 系的 E-pH 叠加图(图 4-8)中可以看出，25 ℃下，最适合这 3 种金属离子共沉淀的 pH 和电位范围分别为 6.48~8.17 V 和-0.376~0.503 V。当温度上升到 55 ℃，$MeCO_3$ 的稳定区明显减小(pH 为 6.24~7.10，E 为-0.341~0.411 V)，表明 $MeCO_3$ 的稳定区随着温度升高而减小，提高温度对 $MeCO_3$ 共沉淀的制备是不利的。

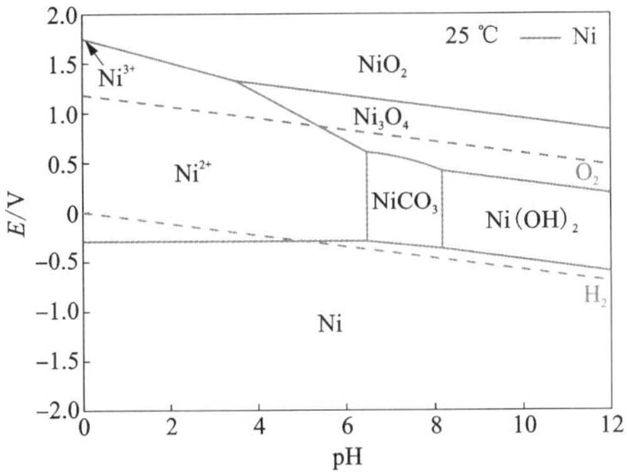

(a) Ni-CO_3^{2-}-H_2O

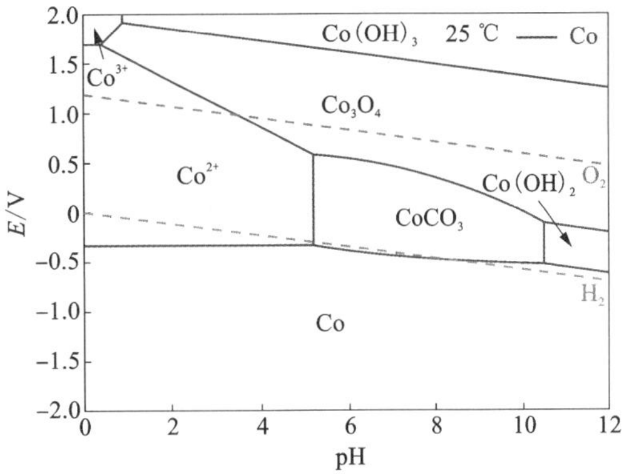

(b) Co-CO_3^{2-}-H_2O

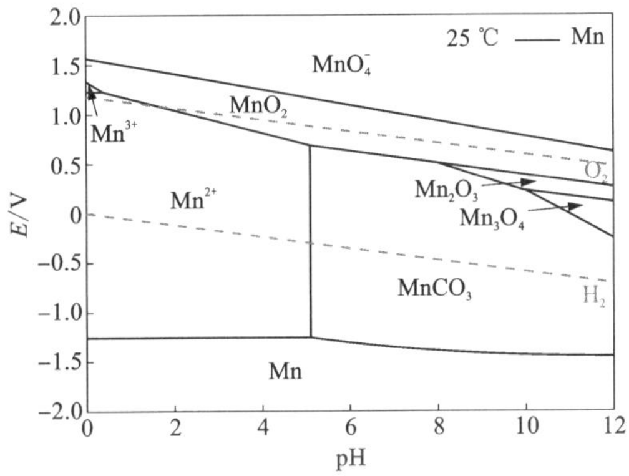

(c) Mn-CO_3^{2-}-H_2O 系

扫一扫，看彩图

图 4-7　25 ℃，[Me^{2+}] = 0.1 mol/kg 时 Me-CO_3^{2-}-H_2O 的 *E*-pH 图

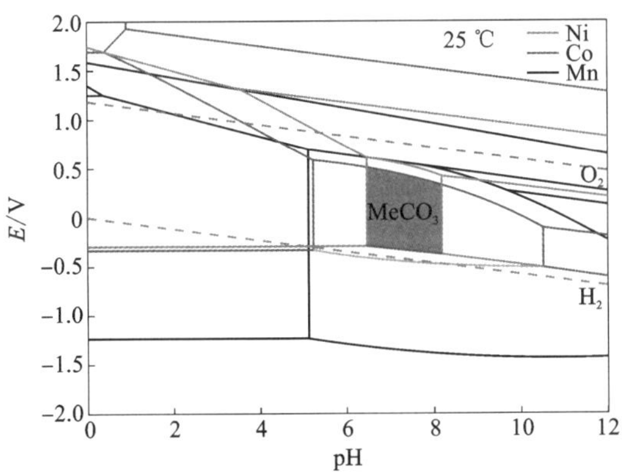

(a) 25 ℃

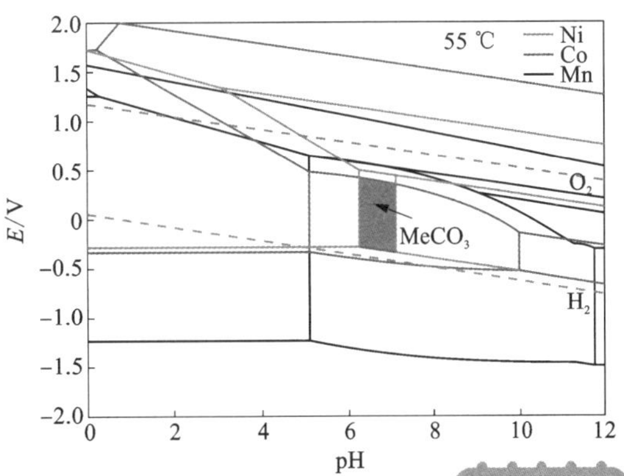

(b) 55 ℃

扫一扫，看彩图

图 4-8　Me-CO_3^{2-}-H_2O 系在[Me^{2+}] = 0.1 mol/kg 时的 *E*-pH 图

3. Li–Me–H_2O 系 *E*–pH 图(Me=Ni、Co、Mn)

图 4–9 分别为 200 ℃下简单的 Li–Ni–H_2O、Li–Co–H_2O 和 Li–Mn–H_2O 系在不同活度(a=0.01、0.10、1.00)下的 *E*–pH 叠加图。显然，活度对各物质的优势区域有着较大影响。从图 4–9(a)中可以看出，水溶液中存在一个较大的 $LiNiO_2$ 稳定区，表明采用湿化学法制备 $LiNiO_2$ 具有较大的热力学可能性。随着活度的升高，$Ni(OH)_2$ 和 $LiNiO_2$ 的稳定区域都会扩大。当活度从 0.01 增加到 1.00 时，$Ni^{2+}/Ni(OH)_2$ 的平衡线从 pH=4.26 移动到 3.26，而 $Ni(OH)_2/HNiO_2^-$ 的平衡线则向相反方向移动(从 pH=9.72 到 11.72)。这表明提高活度有利于扩大 $Ni(OH)_2$ 的稳定区，提高其热力学稳定性。此外，随着活度的增加，$Ni_3O_4/LiNiO_2$ 和 $Ni(OH)_2/LiNiO_2$ 的平衡线都向更低的 pH 或更低电位方向移动，$HNiO_2^-/LiNiO_2$ 向低电位方向移动，而 $Ni_2O_3/LiNiO_2$ 和 $NiO_2/LiNiO_2$ 平衡线则分别向低 pH 和高电位方向移动。所有这些都导致了 $LiNiO_2$ 稳定区的扩大，对采用湿化学法制备 $LiNiO_2$ 有利。

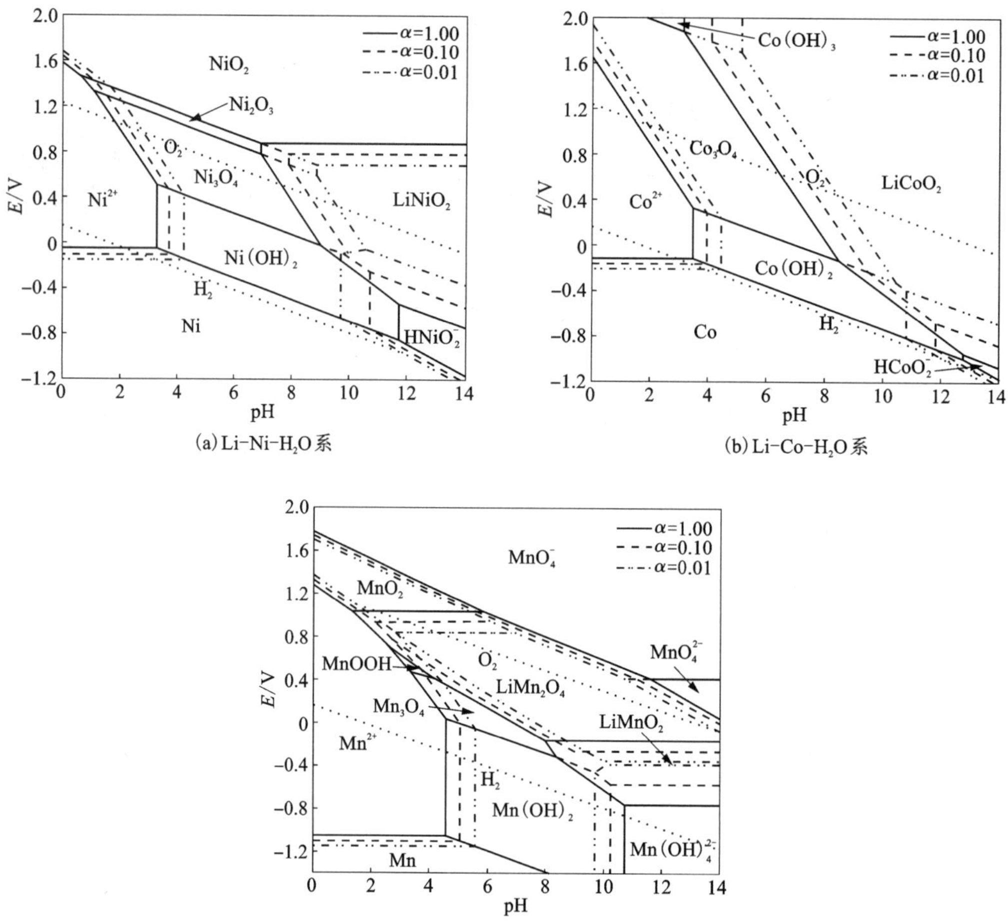

(a) Li–Ni–H_2O 系

(b) Li–Co–H_2O 系

(c) Li–Mn–H_2O 系

图 4–9　200 ℃不同活度(a=0.01、0.1、1)下 Li–Me–H_2O 系的 *E*–pH 图

Li-Co-H_2O[图 4-9(b)]和 Li-Mn-H_2O[图 4-9(c)]系的 E-pH 图与 Li-Ni-H_2O 相似。水溶液中均存在 $LiCoO_2$ 和 $LiMnO_2$ 复合氧化物的热力学稳定区。从图 4-9(b)中可以看出，$LiCoO_2$ 的稳定区占据了右上角一个较大的三角形区域，表明 $LiCoO_2$ 可以在较宽的 pH 和较大的电位范围内存在。与 $LiNiO_2$ 和 $LiCoO_2$ 的稳定区相比，$LiMnO_2$ 的稳定区相对较小，位于图的右下角。图 4-9(c)的中部存在一个较大的尖晶石 $LiMn_2O_4$ 稳定区，从热力学上考虑，在 200 ℃、活度 $a=1$ 条件下，控制 pH 为 1.0~14，电位为 0.0~1.0 V，通过湿化学法制备锂离子电池正极材料 $LiMn_2O_4$ 具有较大的可能性；而制备层状结构的 $LiMnO_2$ 所需 pH 较高，难度相对要大一些。

图 4-10 为在 100 ℃和 200 ℃下，活度为 1 时，Li-Ni-H_2O、Li-Co-H_2O 和 Li-Mn-H_2O 3 个体系的 E-pH 叠加图。图的右下部均存在一个 $LiNiO_2$、$LiCoO_2$ 和 $LiMnO_2$ 共存的稳定区，即 $LiNi_xCo_yMn_{1-x-y}O_2$ 共沉淀区(阴影部分)。

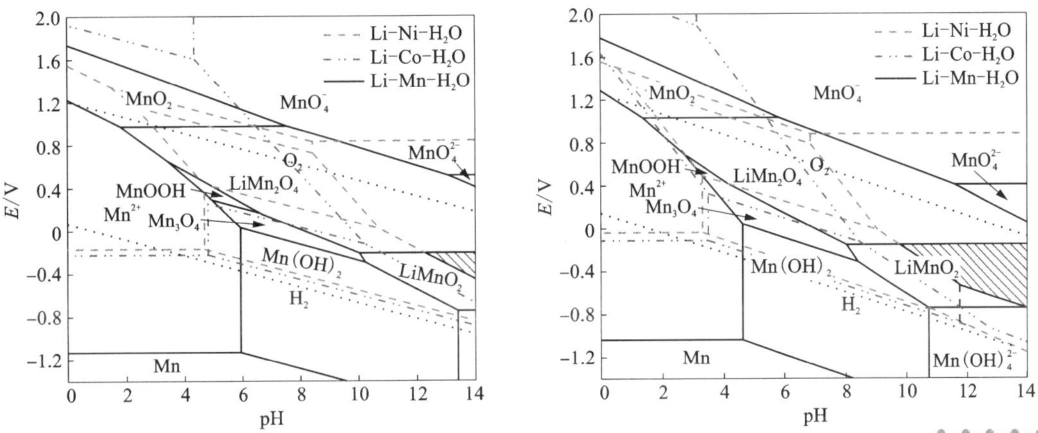

(a) 100 ℃　　(b) 200 ℃

图 4-10　高温下 Li-Ni-Co-Mn-H_2O 系的 E-pH 图

扫一扫，看彩图

如图 4-10(a)所示，100 ℃时 $LiNi_xCo_yMn_{1-x-y}O_2$ 的优势区仅为一个小三角形(pH>12.27、$-0.45\ V<E<-0.20\ V$)，温度升高至 200 ℃后，该稳定区明显扩大(pH>9.75、$-0.752\ V<E<-0.23\ V$)[图 4-10(b)]，表明在水溶液中制备 $LiNi_xCo_yMn_{1-x-y}O_2$ 是有可能的，且升高温度对 $LiNi_xCo_yMn_{1-x-y}O_2$ 的形成有利。例如 200 ℃下，将 Li、Ni、Co、Mn 盐溶液进行水热反应，将体系的 pH 和电位控制至 E-pH 图中 $LiNi_xCo_yMn_{1-x-y}O_2$ 稳定区，在热力学上完全有可能得到所需的 $LiNi_xCo_yMn_{1-x-y}O_2$ 目标正极材料。

图 4-10 同时提供了 Ni^{2+}、Co^{2+} 和 Mn^{2+} 共同稳定区以及 $Ni_xCo_yMn_{1-x-y}(OH)_2$ 共沉淀区等诸多信息，不仅可以为三元前驱体 $Ni_xCo_yMn_{1-x-y}(OH)_2$ 及其湿化学锂化制备三元正极材料 $LiNi_xCo_yMn_{1-x-y}O_2$ 提供理论指导，同时可以为废旧三元电池的回收提供热力学依据。

4. Li-Ti-H_2O 系 E-pH 图

图 4-11 分别为 Li-Ti-H_2O 系在 60 ℃、90 ℃、120 ℃与 150 ℃，不同活度下的 E-pH 图。

六价钛在低 pH 和高电位下以 TiO_2^{2+}的形式存在，并随着 pH 的升高转化为 $TiO_3 \cdot 2H_2O$。四价钛以 TiO^{2+}的形式出现在低 pH 区一个很窄的区间，随着 pH 的升高，可变成水合二氧化钛。水合 TiO_2 在酸性条件下有较大的稳定区，因此其可稳定存在于酸性溶液中，这也是冶金化工领域的很多湿法设备采用钛防酸腐蚀的原因。三价钛在低 pH 和低电位时以 Ti^{3+}的形式存在，在高 pH 和低电位条件下转变为水合 Ti_2O_3。二价钛以 TiH_2 的形式可以在低 pH 和低电位条件下产生。在 Li^+存在的情况下，随着 pH 的进一步增大，$Li_4Ti_5O_{12}$、Li_2TiO_3 和 Li_4TiO_4 的优势区域依次出现并且彼此相邻。其中 $Li_4Ti_5O_{12}$ 在弱酸至弱碱的温和 pH 范围内存在一个很大的稳定区，且随着活度的升高，$Li_4Ti_5O_{12}$ 的稳定区向低 pH 方向平移，表明从热力学上考虑，在水溶液中制备锂离子电池负极材料 $Li_4Ti_5O_{12}$ 可能性很大。同样地，固态氚增殖剂 Li_2TiO_3 在水溶液中较高 pH 下也存在热力学稳定区。

5. Li-Fe-P-H_2O 系 E-pH 图

图 4-12 为不同温度下 Li-Fe-P-H_2O 系在不同活度条件下的 E-pH 叠加图。可以看出，水溶液中存在一个较大的 $LiFePO_4$ 稳定区，说明采用湿化学法制备 $LiFePO_4$ 也是可能的。随着温度的升高，$LiFePO_4$ 稳定存在的区域逐渐变大，对制备 $LiFePO_4$ 有利。例如 25 ℃下，当离子浓度$[Me]_a=0.1$ mol/L 时[图 4-12(a)]，$LiFePO_4$ 稳定存在的条件是 pH 为 2~8，$E<-0.4$ V；温度升高至 200 ℃时，$LiFePO_4$ 稳定存在的条件扩大到 pH 为-3~12.5，E 为 1.0 V 以下。

从湿化学法回收磷酸铁锂废旧电池中有价金属的角度而言，当 pH 较低时，$LiFePO_4$ 中的各物质可全部溶于水溶液。控制不同的电位，可以使铁以 Fe^{2+}或 Fe^{3+}的形式浸出进入溶液中，而锂和磷则分别以 Li^+ 和 H_3PO_4 的形式进入溶液。随着 pH 的升高，P 和 Fe 分别以 $Fe_3(PO_4)_2 \cdot 8H_2O$、$FePO_4 \cdot 2H_2O$ 和 $LiFePO_4$ 等形态存在。当 pH 进一步增大时，稳定相转变为 Li_3PO_4、$Fe(OH)_2$ 或 $Fe(OH)_3$ 固体。显然，水溶性物质 Li^+、Fe^{2+}、Fe^{3+}和 H_3PO_4 的存在形态及稳定区与 pH 和电位直接相关。

6. Me^{2+}-NH_3-H_2O 系 lg[Me]-pH 图

图 4-13 为不同氨浓度下 Me^{2+}-NH_3-H_2O(Me=Ni、Co、Mn)系的 lg[Me]-pH 图。通过分析体系中金属离子浓度与 pH 的关系，可以对该体系中 Me^{2+}共沉淀的趋势进行判断，对所需制备的 $Me(OH)_2$ 材料的组成、形貌和粒度等进行严格控制。从图中可以看出，由于 NH_4^+ 对 Mn^{2+}的络合能力较弱，因此氨水浓度对 Mn^{2+}的浓度基本没有影响；而对于 Ni^{2+}和 Co^{2+}，随着氨水浓度的升高，lg[Ni^{2+}]-pH 和 lg[Co^{2+}]-pH 两条曲线均逐渐变得平缓，说明氨水浓度的升高有利于降低 Ni^{2+}和 Co^{2+}的沉淀率。从图中还可以看出，金属离子的浓度随 pH 的升高均出现了一个拐点，即随着 pH 的升高，金属离子的浓度先降低，而后又逐渐升高。当 pH 较低时，溶液中主要以金属离子和金属氨络离子的形式存在；随着 pH 的升高，金属离子逐渐以氢氧化物的形式沉淀下来，从而使金属离子的浓度降低；当 pH 继续升高时，溶液中的金属主要以氨络离子形式存在。

迄今为止，国内外生产镍钴锰三元正极材料基本上都是采用共沉淀法制备三元前驱体，首先将镍、钴、锰的硫酸盐配制成可溶性的混合溶液，然后与氨、碱混合，通过控制反应体系的温度、浓度、pH(通常为 60 ℃，氨浓度约为 0.5 mol/L，pH 为 11~12)等条件形成类球形镍钴锰氢氧化物，反应方程式如下：

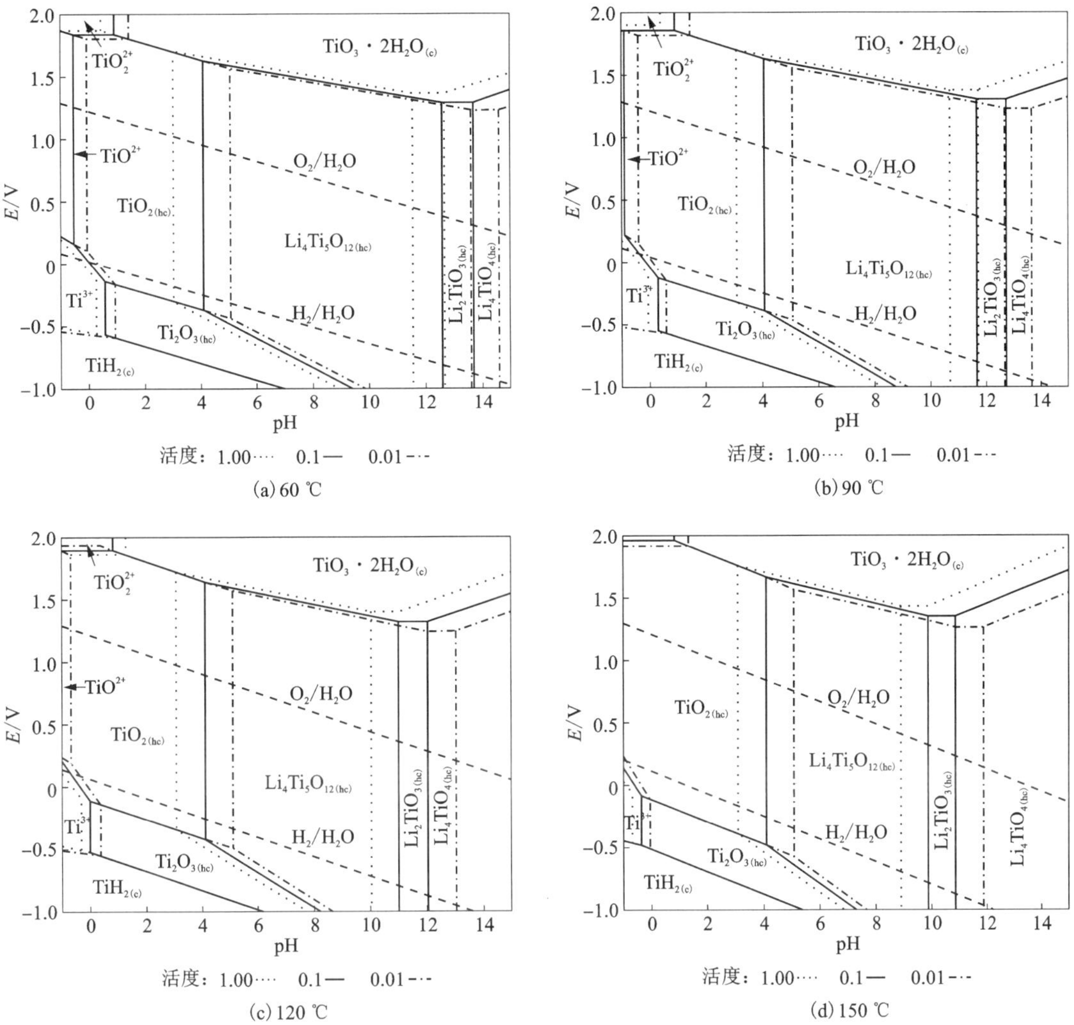

［下标“(c)”代表化合物，compound；“(hc)”代表水合物，hydrate compound］。

图 4-11　Li-Ti-H_2O 体系在不同温度和不同活度下的 *E*-pH 图

$$Me+nNH_3 = [Me(NH_3)_n]^{2+} \tag{4-115}$$

$$[Me(NH_3)_n]^{2+}+2OH^- = Me(OH)_2+nNH_3 \tag{4-116}$$

其中，Me 代表 Ni、Co、Mn 等金属元素。从以上方程式可以看出，金属盐首先与氨络合形成络合物，然后氢氧根将氨置换形成氢氧化物。由此可见，采用共沉淀法制备三元前驱体时，需要控制适宜的氨浓度和 pH，使得 Ni^{2+}、Co^{2+}、Mn^{2+} 以适当的速度共同沉淀下来，从而制备得到具有合适摩尔比(Ni : Co : Mn)且成分均匀的三元氢氧化物前驱体。

E-pH 图可用于预测材料在不同电位和不同 pH 条件下的稳定性，在新能源材料领域中被广泛应用。通过绘制 *E*-pH 图，确定在特定电位和 pH 条件下体系中氧化还原反应和水解反应等化学反应路径，可为材料的设计和制备提供技术指导，为新能源材料的发展提供重要的理论支撑。

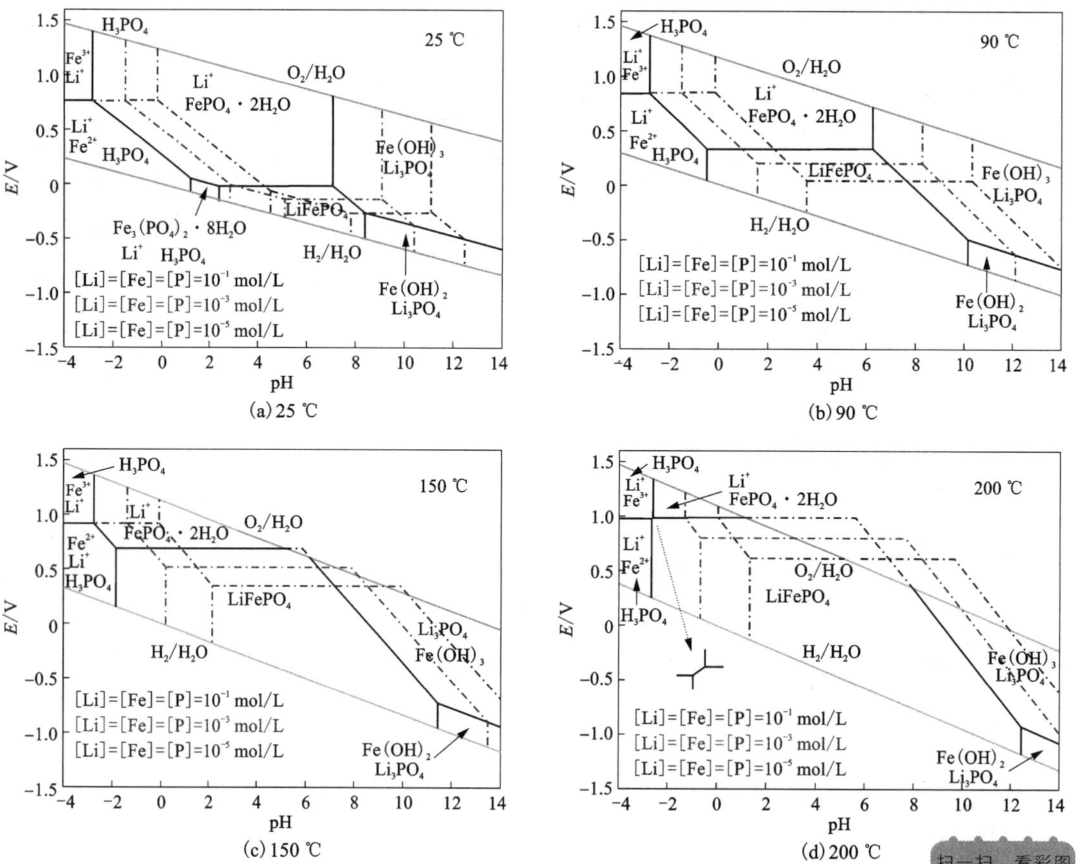

图 4-12 Li-Fe-P-H_2O 系在不同温度和不同活度下的 E-pH 图

扫一扫，看彩图

习 题

1. 用 ΔG 作为恒温恒压过程的判据时，ΔG 与温度及压强无关。此说法对吗？为什么？

2. 吉布斯自由能变化 ΔG 是恒温恒压过程方向的判据，而吉布斯-亥姆霍兹恒压方程式是描述 ΔG 随温度变化的关系式。如此求出的 ΔG 能否再作为自动过程的判据呢？

3. 指出下列过程 ΔU、ΔH、ΔS、ΔA 及 ΔG 何者为零。

(1) 理想气体恒温过程；

(2) 理想气体绝热可逆过程；

(3) 1 mol H_2 和 1 mol Cl_2 在绝热钢管内生成 HCl(g)；

(4) 非理想气体节流膨胀；

(5) 液体水在 373.15 K 和 $p^{\ominus}$ 的压强下蒸发。

4. 设有 0.1 kg N_2，温度为 273.15 K，压强为 101325 Pa，分别进行下列过程，求 ΔU、ΔH、Q 及 W。

(1) 恒容加热至压强为 151987.5 Pa；

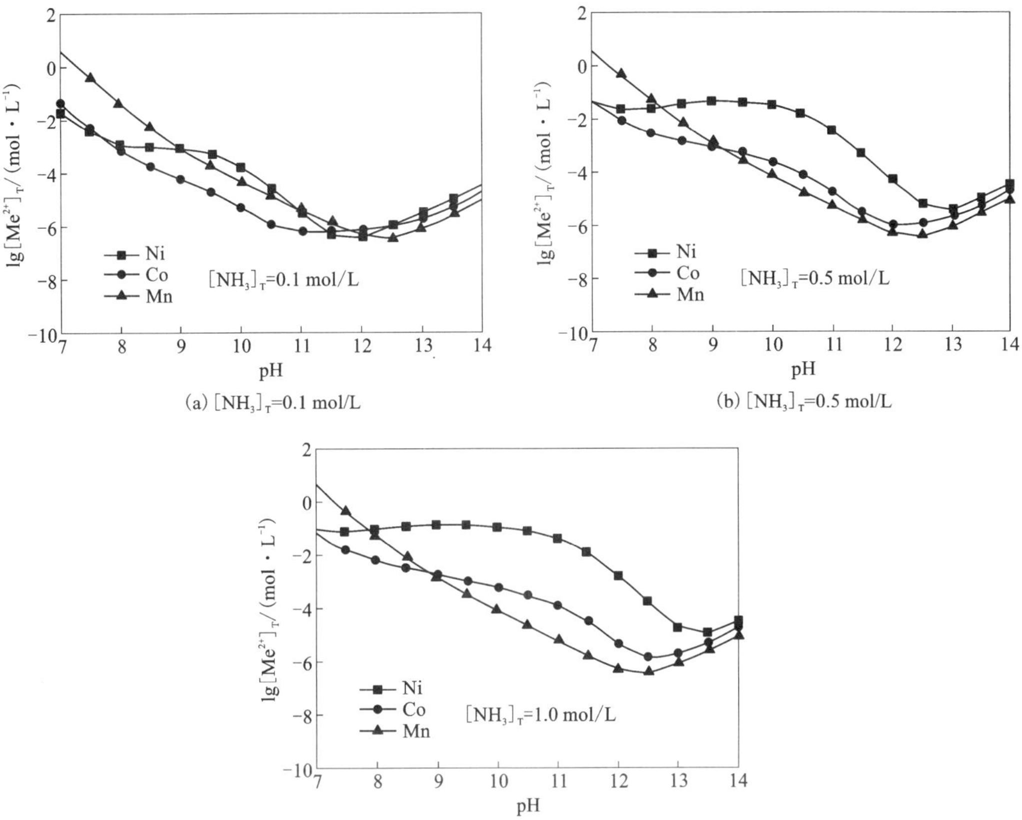

(a) [NH$_3$]$_T$=0.1 mol/L　(b) [NH$_3$]$_T$=0.5 mol/L　(c) [NH$_3$]$_T$=1.0 mol/L

图 4-13　不同氨浓度下 Me^{2+}-NH_3-H_2O(Me=Ni、Co、Mn)系 lg[Me]-pH 图

(2)恒压膨胀至原体积的 2 倍；

(3)恒温可逆膨胀至原体积的 2 倍；

(4)绝热可逆膨胀至原体积的 2 倍。

5. 在 298.15 K、101325 Pa 下，1 mol H_2 与 0.5 mol O_2 生成 1 mol H_2O(l)，放热 285.90 kJ。

(1)设 H_2 及 O_2 在此条件下均为理想气体，求 ΔU；

(2)如果该反应在相同的始、末态条件下改在原电池中进行，做电功为 187.82 kJ，求 ΔU、Q 及 W。

6. 利用 $\Delta_f H_m^\ominus$(298 K)数据，计算下列反应的 $\Delta_r H_m^\ominus$(298 K)。

(1)C(石墨)+2H_2O(g)$=\!=\!=$$CO_2$(g)+2$H_2$(g)；

(2)2H_2S(g)+SO_2(g)$=\!=\!=$3S(s)+2H_2O(g)；

(3)SO_2(g)+2OH^-(aq)$=\!=\!=$$SO_3^{2-}$(aq)+$H_2O$(l)。

7. 1 mol 理想气体，温度为 298.15 K，压强为 p，经恒温可逆膨胀至体积增加 1 倍，求 ΔS。如改为恒温自由膨胀，其 ΔS 又为多少？

8. 已知经典电池材料 $LiCoO_2$ 一般采用二段式烧结法制备，其中第一段烧结温度约为

800 K，第二段烧结温度约为 1300 K。其中，第一段烧结过程可以概括为如下反应式：

$$6LiOH(s)+2Co_3O_4(s)+1/2O_2(g)=\!=\!=6LiCoO_2(s)+3H_2O(g)$$

请分别用经典法和 $\Delta\Phi(T)$ 函数法计算 $LiCoO_2$ 的吉布斯自由能，比较这两种计算方法的使用场景和计算结果的差异性。

9. 什么叫双参数模型？双参数模型可用于估算哪些热力学函数？

10. 试采用双参数模型估算下述复合氧化物的标准生成焓和标准摩尔熵：

(1) $Li_2V_2O_6$；(2) Li_2WO_4；(3) Li_2MoO_4。

11. 甲醇合成反应：$CO+2H_2=\!=\!=CH_3OH$，$\Delta_rG_m^\ominus=-90642+221.3T$(J/mol)，同时存在一个重要的副反应：

$CH_3OH+H_2=\!=\!=CH_4+H_2O \qquad \Delta_rG_m^\ominus=-115508-6.7T$(J/mol)

若无高选择性催化剂存在，在 700 K 条件下进行上述反应，此体系平衡时产物是什么？提高反应体系的压强，对此体系有何影响？

12. 将组成为 30% CO、10% CO、10% H_2 和 50% N_2（均为体积分数）的混合气体置于 1200 K 的反应器中，当反应器内总压强为 101.325 kPa 时，气体混合物的平衡组成是什么？

已知：

$$C(s)+1/2O_2(g)=\!=\!=CO(g) \qquad \Delta_rG_m^\ominus=-111713-87.86T\text{(J/mol)}$$

$$C(s)+O_2(g)=\!=\!=CO_2(g) \qquad \Delta_rG_m^\ominus=-394133-0.84T\text{(J/mol)}$$

$$H_2(g)+1/2O_2(g)=\!=\!=H_2O(g) \qquad \Delta_rG_m^\ominus=-246438-54.39T\text{(J/mol)}$$

13. 一个可大规模制 H_2 的方法是使 CH_4 和 H_2O 的混合气体通过热的催化床。设用 CH_4 和 H_2O 的摩尔比为 5∶1 的混合气体，$T=873$ K，$p=101.325$ kPa，若只有下列反应发生：

$$CH_4(g)+H_2O(g)=\!=\!=CO(g)+3H_2(g) \qquad \Delta_rG_m^\ominus=4435\text{(J/mol)}$$

$$CO(g)+H_2O(g)=\!=\!=CO_2(g)+H_2(g) \qquad \Delta_rG_m^\ominus=-6633\text{(J/mol)}$$

求放出干的平衡气体[即除去 $H_2O(g)$ 后的气体]的组成。

14. 已知下列反应的标准吉布斯自由能变化与温度的关系为：

$$Cu_2O(s)=\!=\!=2Cu+1/2O_2 \qquad \Delta_rG_m^\ominus=184576-78.00T\text{(J/mol)}$$

$$2CuO(s)=\!=\!=Cu_2O(s)+1/2O_2 \qquad \Delta_rG_m^\ominus=146091-112.75T\text{(J/mol)}$$

（注：为了简化，方程式已作直线化处理）

试以 $\lg p_{O_2}$ 和 $1/T$ 为坐标，绘制 Cu-O 系的热力学平衡图，并进行分析说明（温度范围取 400~1200 K）。

15. 试根据氧势图（图 4-2）分析：

(1) 分别在 1000 ℃和 1800 ℃标准状态下将 MgO 还原成金属镁时可供选择的还原剂；

(2) 600 ℃时将金属锌氧化成 ZnO 时可供选择的氧化剂。

16. 试解释氧势图（图 4-2）上 NaO、MgO 的 $\Delta_fG_m^\ominus-T$ 线上各转折点的原因。

17. 什么叫 E-pH 图？E-pH 图绘制的基本原理是什么？

18. 试根据表 4-13 中 Mn-H_2O 系的热力学数据，推导下述反应的 E-pH 关系式：

$$MnO_2+4H^++2e^-=\!=\!=Mn^{2+}+2H_2O$$

$$MnO_4^-+e^-=\!=\!=MnO_4^{2-}$$

$$Mn(OH)_2+2H_2O=\!=\!=Mn(OH)_4^{2-}+2H^+$$

19. 试根据图 4-10 拟定湿法合成 $LiNi_xCo_yMn_{1-x-y}O_2$ 的技术方案和技术条件。

20. 试根据图 4-10 分析湿法回收三元正极材料的可能途径，并提出可行的研究方案。

21. 试根据图 4-6 和图 4-8 比较分析水溶液中采用共沉淀法制备 $Me(OH)_2$ 及 $MeCO_3$（Me＝Ni、Co、Mn）的优势与不足。

22. 试根据图 4-11 分析温度对 TiO_2、$Li_4Ti_5O_{12}$、Li_2TiO_3 稳定区的影响，阐明水溶液中制备这些钛化合物的可能性及所需要的工艺条件。

23. 图 4-14 为 25 ℃下，$a=0.1$ 时，Li-Fe-P-H_2O 系 E-pH 图。

（1）根据该图示箭头，拟定从磷酸铁锂废旧电池中回收 Li、Fe、P 的三条技术路线，写出相关反应式，并注明反应条件；

（2）指出图中的错误或不合理之处，并分析导致错误的原因。

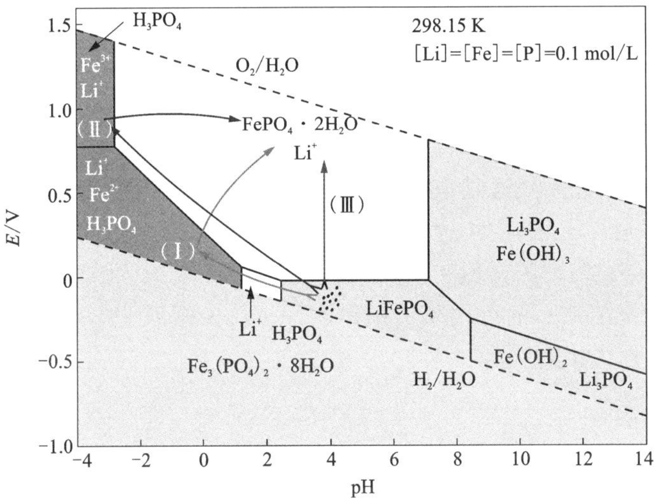

图 4-14　Li-Fe-P-H_2O 系 E-pH 图（25 ℃，$a=0.1$）

第 5 章 相图与相平衡

相图是用于描述给定材料系中材料的成分、温度(压力)与其组织状态之间关系的图形，由于所指示的一般均为平衡状态，因此相图也是平衡图。在外界条件相同时，相图给出不同组成所呈现的平衡状态，所以有时也把相图称为组成图。依据相图，可以了解材料系在熔化或凝固过程中的组织变化，相图对研究相变具有举足轻重的作用。

5.1 相图热力学

从理论上讲，相平衡的问题属于热力学范畴；从研究方法上讲，相平衡的研究属于物理化学分析范畴。物理化学分析是借物理、物理化学和几何学的方法研究平衡体系的组成与性质之间的依赖关系，根据体系的物理和物理化学性质的变化判断体系中所发生的相转变和化学变化。物理化学分析的实验结果一般可用几何图形表示，其中组成-温度图、组成-压力图、组成-温度-压力图等通称为相图。

5.1.1 相平衡的研究方法

1. 一般原理

在相平衡中常用的基本原理有 4 个，分别是相律、连续原理、对应原理和统一性原理。前面已经介绍了相律，下面介绍其他几个原理。

1) 连续原理

当决定体系状态的变量(如压力、温度、浓度等)作连续变化时，如果体系相的数目和特点没有改变，则整个体系的性质也是连续变化的，假如体系内有新相出现或旧相消失或溶液中有配合物生成，则整个体系的各种性质将发生跳跃式的变化。例如，奇异点就是确定化合物生成或发生相变的几何特征。

2) 对应原理

体系中每一个化学个体或每一个可变组成的相都和相图上一定的几何图像相对应，在体系中所发生的一切变化都反映在相图上。图上的点、线、面都是与一定的平衡关系相对应的。组成和性质的连续变化反映在图上的曲线也是连续的。

3) 化学变化的统一性原理

不管是水盐体系、有机物体系，还是熔盐、硅酸盐、合金、高温材料体系，只要在体系中所发生的变化相似，它们的几何图形就相似。所以从理论上研究相图时，往往不是以物质分类，而是以发生什么变化来分类。

2. 相图的研究方法

相图主要是根据实验数据绘制得来的。目前，通过理论计算来建立相图还只限于一些简单体系，或者作为建立相图的一种辅助方法。

为了得到一个准确的相图，往往需进行多种组成-性质研究，并需配合以结构分析。选用哪些性质需视其对组成和结构变化的灵敏性而定。

为建立高温体系相图，可以采取动态法和静态法两大类方法。典型的动态法是差热分析法和示差扫描量热法，它是通过体系在加热和冷却过程中产生热效应时的温度来研究相平衡。

静态法是在一定条件下使试样在某一温度下达到平衡，然后在该温度下用高温 X 射线衍射仪或高温显微镜等研究相的组成和结构，或迅速将试样冷却至室温，在室温下进行相分析和结构分析及性质测定来研究相平衡的。在很多情况下研究相平衡需将动态法和静态法结合起来。

1) 动态法

最普通的动态法是热分析法，这种方法是记录样品在加热或冷却过程中的时间-温度关系曲线。如果体系在加热或冷却过程中无任何转变发生，则时间-温度曲线呈有规律连续变化；如果体系有某种转变发生，伴随放热或吸热现象，则在加热或冷却曲线上将出现转折或水平部分。根据这些转折点或停顿点就可确定转变发生的温度。其中，冷却曲线法是观察体系自高温逐渐均匀冷却的过程中温度与时间之间的变化关系；加热曲线法与冷却曲线法不同，此时物质不是逐渐均匀冷却的，而是从低温(一般为室温)逐渐均匀加热的。

(1) 冷却曲线法

因为当体系自熔融状态冷却时，按照能量的变化规律析出的晶相是有次序的，因此，在相平衡的研究中，冷却曲线法是重要的研究方法。

冷却曲线法是将一系列经预先处理的不同组成的试样，加热到液相线温度以上，然后使其按接近平衡的速度冷却，并记录体系的温度随着时间的变化，绘制不同组成试样的冷却曲线。当熔融体系在均匀冷却过程中无相变化时，其温度将连续均匀下降，得到一条平滑的冷却曲线；当体系内发生相变时，则因体系产生的相变热与自然冷却时体系放出的热量相抵消，步冷曲线就会出现转折或水平线段，转折点所对应的温度，即为该组成体系的相变温度。对纯物质来说，水平段温度为其熔点温度；对混合物来说，水平段对应的是低共熔温度或转熔温度。利用冷却曲线所得到的一系列组成和所对应的相变温度数据，以温度为纵坐标，组成为横坐标，将冷却曲线上转折点和停顿点相应的温度转移到组成-温度图上，把各相同意义的点连接成线，就得到了该体系相应的相图，如图 5-1 和图 5-2 所示。

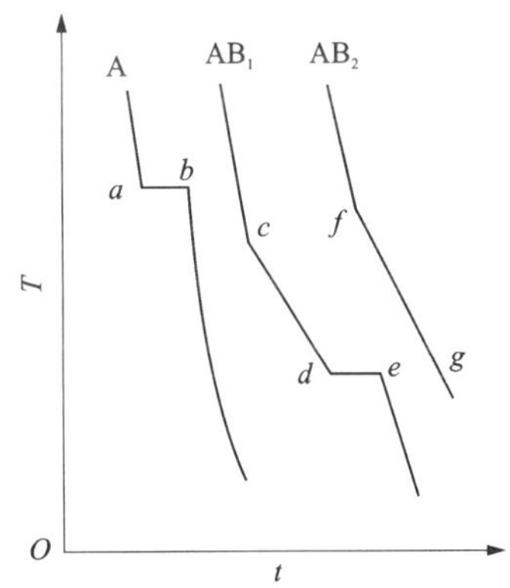

A—纯物质 A，AB_1—二元组分富 A，AB_2—二元固溶体。

图 5-1　不同组成的冷却曲线

(2) 差热分析法

差热分析法(DTA)的特点是灵敏度较高，能把系统中热效应甚小、用普通热电偶已难以察觉的物理化学变化测出来。由于差热分析法对于加热过程中物质的脱水、分解、相变、氧化、还原、升华、熔融、晶格破坏及重建等物理化学现象都能精确地测定和记录，所以被广泛地应用于材料、地质、化工、冶金等各个部门的研究及生产之中。

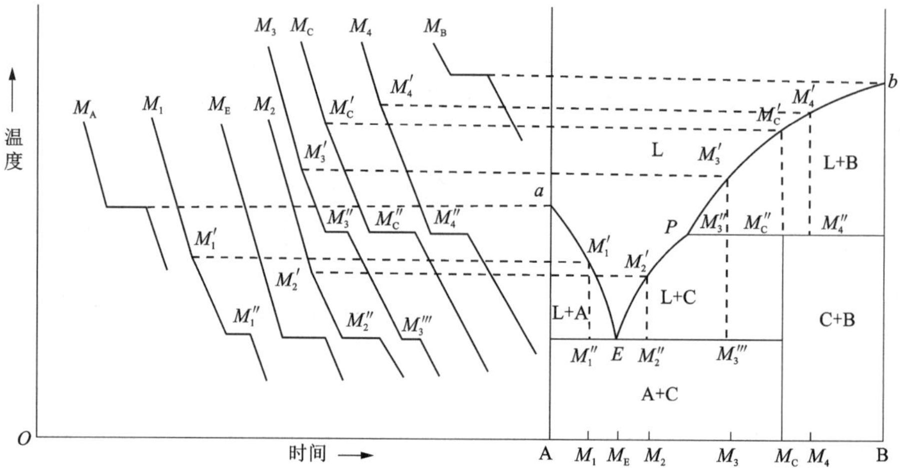

图 5-2　具有不一致熔融化合物的二元系统的冷却曲线和相图

差热分析是测定在程序控温下，样品和参比样之间的温度差的热分析方法，参比样选在测试温度范围内不会发生相变或化学变化的物质，一般在试样没有热效应时，试样和参比样的温度相同，没有温差；当样品发生相变或化学反应时，就会和参比样有温差，曲线上则有吸热峰和放热峰出现。根据差热曲线上峰或谷的位置，可以判断试样中相变发生的温度(图 5-3)。

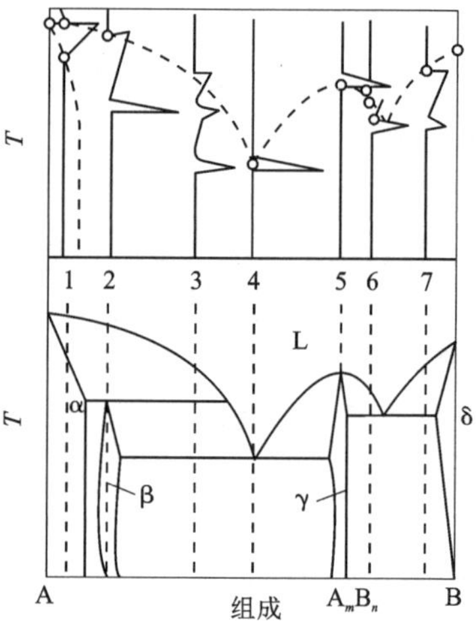

图 5-3　差热分析测定相图示意图

用差热分析法测定热效应时，加热升温速度要掌握适当，以保证结果的准确性。此外还应当注意：试样的形状和质量、粉料的颗粒度等均会对峰的准确位置产生影响。

差热分析不仅可以用来准确地测出物质的相变温度，而且也可以用来鉴定未知矿物，因为每一矿物都具有一定的差热分析特征曲线。在研究相图时如果采用差热分析、X 射线衍射、显微镜观察等几种分析技术配合，将会获得更好的结果。

(3)热膨胀曲线法

材料在相变时常常伴随着体积变化(或长度变化)。如果测量试样长度 L 随温度变化的膨胀曲线，就可以通过曲线上的转折点找到相应的相变点。假如有一系列不同组成试样的膨胀曲线，就可以根据曲线转折点找到相图上一系列对应点，把相图上同类型的点连接起来就得到相图(图 5-4)。

用热膨胀法研究相平衡时常出现过冷和过热现象，因此一般采用低速率加热和冷却以减小误差。用膨胀曲线测定固态相区的界限，特别是测定固态相变效果较好，所以常和差热分析配合使用。

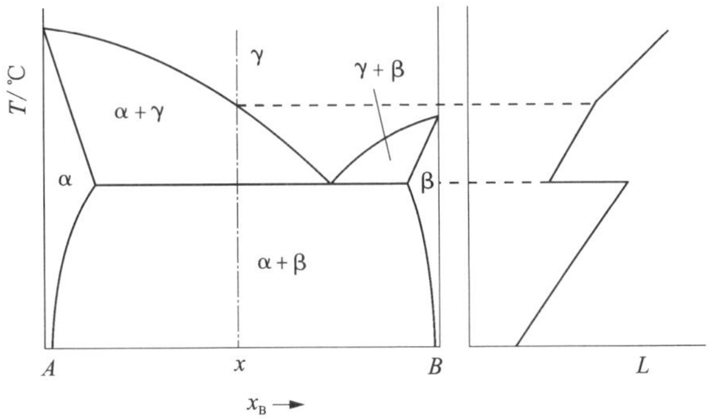

图 5-4 热膨胀曲线测定相图示意图

2) 静态法(淬冷法)

对相变速度很慢或有相变滞后现象的体系，应用动态法常常不易准确测定出真正的转变温度，从而产生很大的误差，在这种情况下适宜用静态法。静态法的原理是将待研究体系一系列不同组成的试样各准备多份，分别加热至预定的一系列不同的温度，长时间保温，使相变或其他变化充分进行，达到平衡状态，然后进行高温观察或将试样迅速投至(或用其他方法)淬冷剂中淬冷。由于相变来不及进行，因而冷却后的试样就保持了高温下的平衡状态。

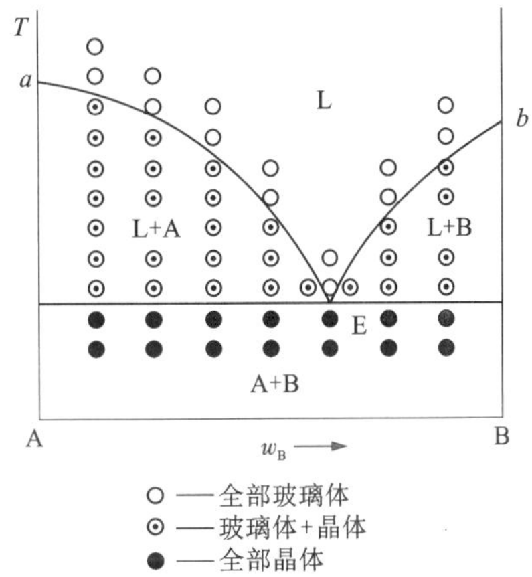

图 5-5 淬冷法测定相图示意图

淬冷后的试样经过处理后，可用 X 射线衍射、显微镜观察和电子探针等进行微结构分析，在必要时再配合组成-性质的研究，就可以确定相的数目、特点等在不同温度下与组成的关系。将测定结果记入相图中的对应位置上，即可绘制出相图，如图 5-5 所示。若淬冷试样全为玻璃体，则表示在试验温度下，试样全部熔化为液相，故必定处于液相线以上；如淬冷试样全部为晶体，则试验时的温度必在固相线以下。如此即可确定结晶开始和结晶结束温度，以及多晶转变、包晶点等温度。

淬冷法对试样要求很严格，原料纯度及试样的均匀性都直接影响试验的准确性，因此原料越纯越好。

5.1.2 相图的推测与校验

由于热力学性质和相图二者之间存在着内在的联系，因此热力学性质常可用来校验用直接实验法测定的相图是否正确，特别是在怀疑某些平衡是否真正到达时更为有用。例如固溶体分解线、包晶反应等，以及在高温时因固相挥发保温时间不能太长，测定高温相区的界限比较困难的样品，都可用热力学数据辅助或独立判断。热力学数据还可以用外延或内插等方式来预示相区的界限，如对低温很难达到平衡的反应，就可用外延法求相区的界限。

对三元、四元等多组分体系，完全由实验来确定相图是很困难的，但可用各相的热力学数据来辅助确定。

在研究相图时，常以自由能是随着温度、压力和组成的变化而变化这一基本的热力学原理为基础，在恒温、恒压下，研究组成-自由能关系图。任意一个体系，在一定的组成范围内，自由能低的相为稳定的相，自由能高的相为不稳定相。如图5-6所示，在不同的组成范围内，各相的自由能不同，自由能最低的相为此组成的稳定相；两个稳定相区之间则为两相共存区。图中所示在η相的组成范围内，它的自由能最高，所以它永远是不稳定的。

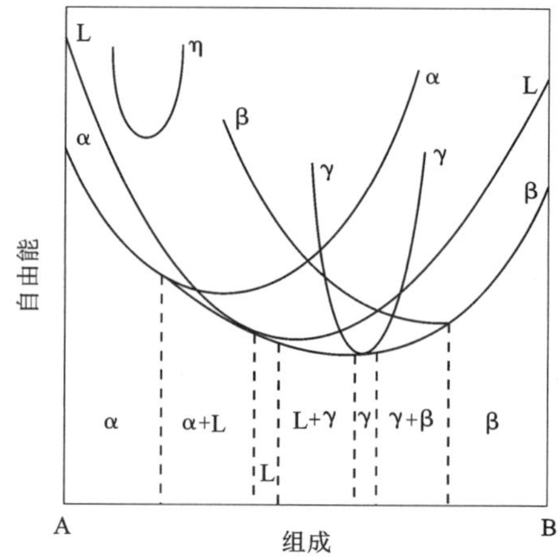

图5-6 组成-自由能关系图

1. 组成-自由能曲线的绘制

目前在实际中应用最多的是二元体系的组成-自由能曲线，今以此为例加以说明。

在一定温度和压力下，若由纯物质A(摩尔分数为x_A)和纯物质B(摩尔分数为x_B)形成一溶液，对于理想溶液，A和B的偏摩尔混合自由能分别为

$$G_A^M = G_A - G_A^{\ominus} = RT\ln x_A \tag{5-1}$$

$$G_B^M = G_B - G_B^{\ominus} = RT\ln x_B \tag{5-2}$$

式中：G_A和G_B分别表示溶液中A和B的偏摩尔自由能，即化学势μ_A和μ_B；$G_A^{\ominus}$和$G_B^{\ominus}$分别表示该温度下的纯物质A和B的摩尔自由能，在恒温、恒压下为常数。此理想溶液的全摩尔混合自由能G^M为

$$G^M = (x_A G_A + x_B G_B) - (x_A G_A^{\ominus} + x_B G_B^{\ominus}) \tag{5-3}$$

或

$$\begin{aligned} G^M &= x_A(G_A - G_A^{\ominus}) + x_B(G_B - G_B^{\ominus}) \\ &= x_A RT\ln x_A + x_B RT\ln x_B \\ &= RT(x_A\ln x_A + x_B\ln x_B) \end{aligned} \tag{5-4}$$

对于理想溶液，偏摩尔混合热皆等于0。

$$H^M = \sum_{i=1}^{n} x_i H_i^M = 0 \tag{5-5}$$

而偏摩尔和全摩尔混合熵分别为

$$S_A^M = -R\ln x_A \tag{5-6}$$

$$S_B^M = -R\ln x_B \tag{5-7}$$

$$S^M = -R\sum_{i=1}^{n} x_i \ln x_i \tag{5-8}$$

对于实际溶液

$$G_A^M = G_A - G_A^{\ominus} = RT\ln a_A = RT\ln x_A + RT\ln\gamma_A \tag{5-9}$$

式中：$RT\ln x_A$相表示在同温、同压和同组成下，假定溶液是理想溶液时，A的偏摩尔混合自由能，以G_A^{id}表示。式中$RT\ln\gamma_A$项表示A的过剩偏摩尔自由能，以G_A^{ex}表示，则

$$G_A^M = G_A^{id} + G_A^{ex} \tag{5-10}$$

即

$$G_A^{ex} = G_A^M - G_A^{id} \tag{5-11}$$

对于组分 B 可做同样的推导。

实际溶液的全摩尔过剩自由能为

$$G^{ex} = \sum_{i=1}^{n} x_i G_i^{ex} = RT\sum_{i=1}^{n} x_i \ln\gamma_i \tag{5-12}$$

实际溶液的全摩尔混合自由能为

$$G^M = G^{id} + G^{ex} \tag{5-13}$$

或

$$G^M = RT\sum_{i=1}^{n} x_i \ln x_i + RT\sum_{i=1}^{n} x_i \ln\gamma_i \tag{5-14}$$

即对 A、B 二元系，有

$$G^M = RT(x_A \ln x_A + x_A \ln\gamma_A + x_B \ln x_B + x_B \ln\gamma_B) \tag{5-15}$$

或

$$G^M = RT(x_A \ln a_A + x_B \ln a_B) \tag{5-16}$$

二元溶液的混合热和混合熵如下：

$$H^M = \sum_{i=1}^{2} x_i (H_i - H_i^{\ominus}) \tag{5-17}$$

$$S^M = \sum_{i=1}^{2} x_i (S_i - S_i^{\ominus}) \tag{5-18}$$

由前面的推导式可以看出，在一定的温度下，溶液的全摩尔混合自由能是组成的函数，因此可作组成-混合自由能曲线，如图 5-7 所示，图中混合自由能简称为自由能，以 G 表示。

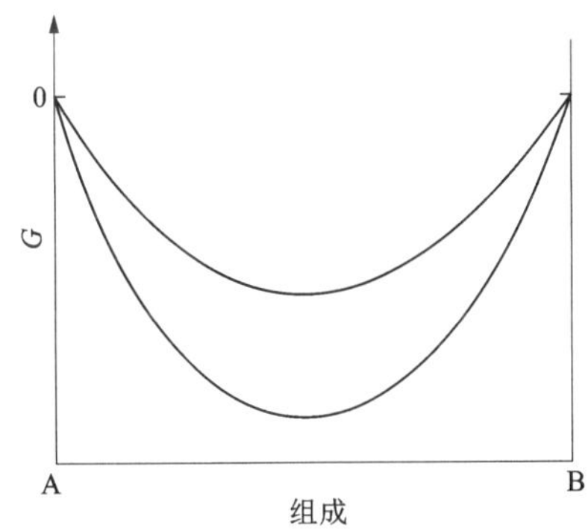

图 5-7　溶液的组成-混合自由能示意图

在恒温下，混合自由能、混合热和混合熵存在下面关系：

$$G^M = H^M - TS^M \tag{5-19}$$

和一般的 G、H、S 关系相似，按照 H^M 和 S^M 的不同情况，由上式能得出各种不同类型的组成-自由能曲线。

现在来研究一般的溶液在靠近二元体系两端的组成-自由能曲线的一般形状。因为无限稀的溶液趋近于理想溶液，这时混合自由能将如下式所示。由于 $x_A = 1 - x_B$，可将式(5-16)改写成

$$G^M = RT[(1-x_B)\ln(1-x_B) + x_B \ln x_B] \tag{5-20}$$

在恒温恒压下，将 G^M 对 x_B 微分，在 x_B 值足够小时，$\left(\dfrac{\partial G^M}{\partial x_B}\right)$ 常为负值。

同理，若考虑组分 A 在 B 中的稀溶液，在 x_A 值足够小时，$\left(\dfrac{\partial G^M}{\partial x_B}\right)$ 常为正值。

因此，在组成-自由能图(图 5-7)中在靠近二元体系两端，自由能曲线都低于纯组分的自由能。这说明在纯物质(溶剂)中加入溶质，将使体系的自由能降低。

2. 相平衡组成图解求法

体系的自由能最低为稳定状态，自由能最低的相为稳定相。在一个封闭的多相体系中，相与相之间可以有热的交换、功的传递和物质的交换。对具有多相体系的热力学平衡，实际上包含了如下四个平衡条件：

(1) 热平衡：设体系有 α，β，…，φ 等相，达到平衡时，各相具有相同温度：$T_\alpha = T_\beta = \cdots = T_\varphi$。

(2) 压力平衡：达到平衡时各相的压力相等：$p_\alpha = p_\beta = \cdots = p_\varphi$。

(3) 相平衡：任一物质在各相中的化学势相等，相变达到平衡：$\mu_i^\alpha = \mu_i^\beta = \cdots = \mu_i^\varphi$。

(4) 化学平衡：化学变化达到平衡。

1) 化学势的图解求法

在某固定的温度下，由 A、B 两组元构成的某一相 α，其自由能与成分之间的关系可以用图 5-8 的组成-自由能关系图表示。成分 x_B 组成的自由能在 $G(x)$ 曲线上的位置 M，由化学势的定义 $\mu_A = \dfrac{\partial G}{\partial x_A}$ 和 $\mu_B = \dfrac{\partial G}{\partial x_B}$ 可知，过 M 作曲线 $G(x)$ 的切线交坐标两端于 P、Q 点，截距即为这时 A、B 组元的化学势。

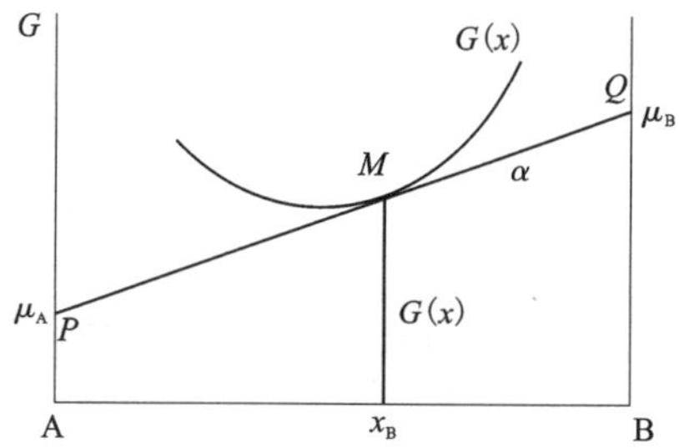

图 5-8　化学势图解求法示意图

2) 图解求相平衡组成——公切线法则

在二元体系中，温度 T 一定时，若 AB 组元可能形成 α、β 两种相，其自由能与成分的关系曲线如图 5-9 所示。当组成的成分为 x 时，以单一的 α 相存在，自由能在 1 点；以单一的 β 相存在，自由能在 2 点；作 G_α、G_β 的公切线，切点分别为 P、Q，延长线交坐标轴于 a、b。a 点为组元 A 在 α 和 β 的化学势，b 点为组元 B 在 α 和 β 的化学势，显然二者相等，所以 P 点的 α 相成分为 x_1；Q 点的 β 相成分为 x_2；它们是平衡相。两相的数量满足杠杆定律，以这两相混合的自由能在 M 点。这时的自由能最低，它们才是这个温度下的平衡相。

同理，三个相平衡共存的条件是在给定的温度下，公切线能同时切过三条自由能曲线，或者说这三个相的自由能曲线有公切线。这三个切点的成分坐标值便是这三个相在给定温度下的平衡成分。如图 5-10 所示，在该体系中存在 α、β 和 L 相，在给定温度下，该三相的自由能曲线有公切线，则说明在给定温度下，这三相平衡存在，其组成分别为 x_1、x_2 和 x_3。

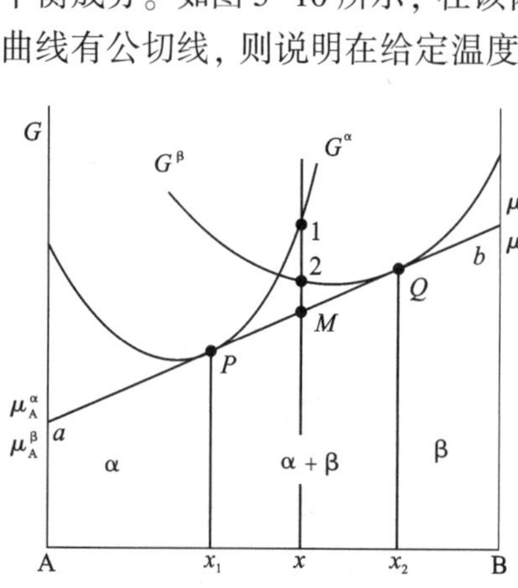

图 5-9　公切线法则求两相平衡组成示意图

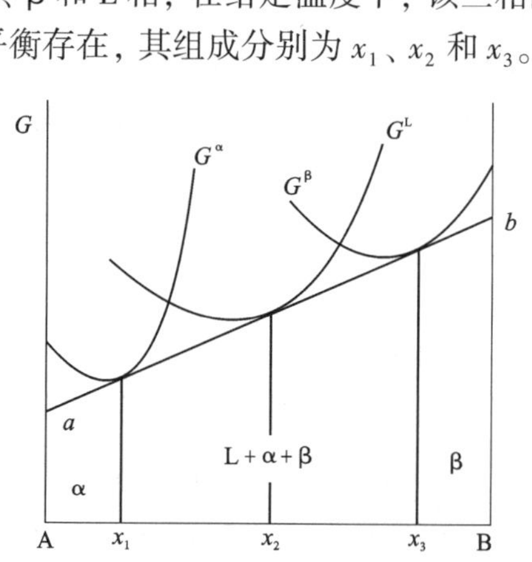

图 5-10　公切线法则求三相平衡组成示意图

3. 从自由能曲线推断相图

如前所述的方法，在一定条件下，若能根据物质的热力学性质作出体系中所有可能存在的各个相，如液相、固相(包括各种固溶体相)的组成–自由能曲线，则在这些曲线中，在一定组成范围内，根据自由能最低的相就是最稳定相的原理，就可从组成–自由能曲线推断体系的相图。

以下介绍几个二元体系基本类型相图的推测。

1) 固态完全不互溶具有低共熔类型的二元相图

当组分 A 和 B 在液态时完全互溶，固态完全不互溶，形成低共熔物时，形成的固相是纯 A 和纯 B 的混合物。

用如前所述的方法绘制溶液的组成–自由能曲线。计算溶液的自由能是以液态的纯 A 和纯 B 为标准态的，则计算固态混合物的自由能也应以液态的纯 A 和纯 B 为标准态。

此种体系的组成–自由能曲线和相应的相平衡图见图 5–11。在温度 T_1 时，液相稳定。在低于纯 B 的熔点 T_2 时，B 的固态较液态稳定，因此固态的自由能较液态的小，如图 5–11(b) 中的 1 点所示。与固态平衡的液相组成相当于通过 1 点向 L 曲线作切线的切点 2 的组成，此时组分 B 在固相时的自由能等于组分 B 在液相时的化学势。在温度 T_3 时，在组成–自由能图上用上述方法作切线，得到两条切线，切点分别为 3 和 4，切点 3 的组成即相当于相图中和组分 A 成平衡的液相线上点 3 的组成，液相中组分 A 的化学势和成平衡的纯组分 A 的自由能相等。

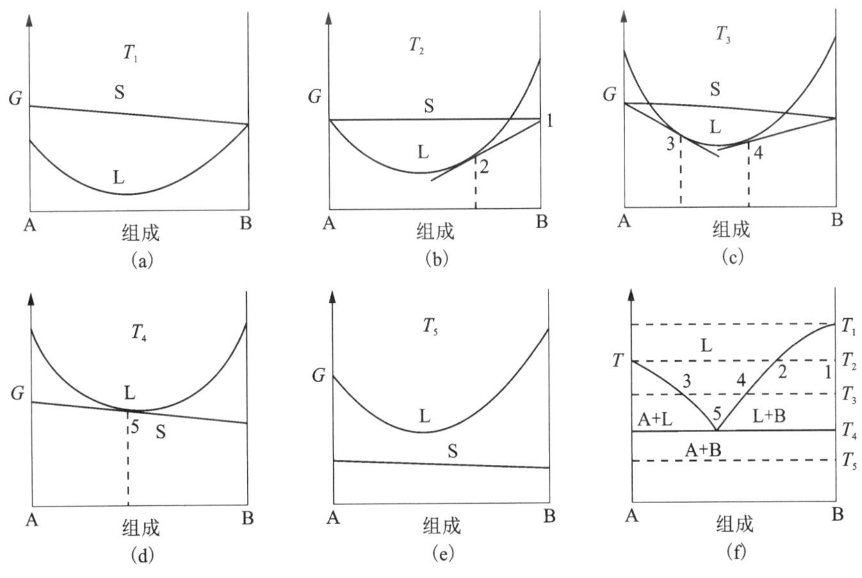

图 5–11　固态完全不互溶并具有低共熔点类型的相图及其组成–自由能曲线

同理，可推断切点 4 和相图中液相线上点 4 的关系。在低共熔温度 T_4 时，固相自由能曲线与液相自由能曲线相切于点 5，这就是低共熔点的组成，此时液相与两固相 A 及 B 三相共存。在低于 T_4 的温度，例如 T_5 时，在整个组成范围内，液相的自由能曲线位于固相线之上，所以液相就不再存在。

2）固态部分互溶具有低共熔类型的二元相图

当组分 A 和 B 部分互溶时，固相能形成两种固溶体，这时体系可能存在三个相：液相 L、固溶体 α 及固溶体 β。

此种体系的组成–自由能曲线和相应的相图见图 5–12。在组分 A 的熔点 T_1 时，α 固溶体自由能曲线与液相 L 的自由能曲线有公切点 1，此点 α 相与液相的自由能相等，故纯 A 的固相与液相能平衡共存。其他全部组成范围内，由于 L 自由能曲线在 α 相及 β 相自由能曲线之下，所以只有液相能够存在。在组分 B 的熔点 T_2 时，β 相自由能曲线与液相 L 自由能曲线有公切点 2，这时纯 B 的固相与液相平衡共存；同时 α 相自由能曲线的一部分在液相 L 自由能曲线的下面，其公切线的切点为 3 和 4，表示共存的两个相为组成为点 3 的 α 相和组成为点 4 的液相。在温度 T_3 时，α 相及 β 相的自由能曲线都有一部分在液相 L 自由能曲线之下，这时就有两条公切线，表示在整个组成范围内有两对共存的相。在低共熔温度 T_4 时，三条曲线具有一条公切线，这时 α 相、β 相及 L 相三相共存。由于液相 L 自由能曲线的切点 10 位于其他两切点 9 与 11 之间，就形成了低共熔类型的相图，点 10 就是低共熔点。当低于低共熔温度时，液相 L 自由能曲线位于 α 相及 β 相自由能曲线的公切线上面，这时在两切点的组成之间，共存的是 α 相和 β 相的混合物。将组成–自由能曲线上的这类切点的组成转移到组成–温度图上，将有关的点相连，就得到固态不完全互溶，并具有低共熔点的二元相图[图 5–12(f)]。

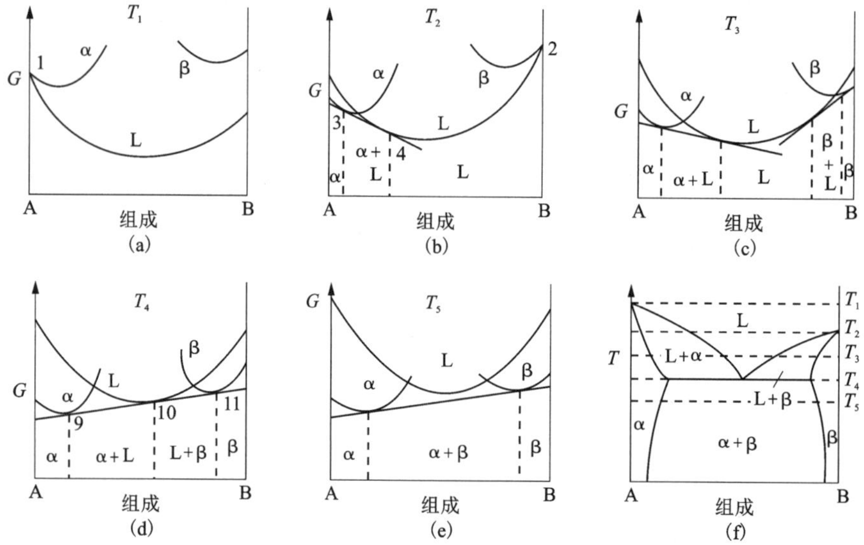

图 5–12　固态部分互溶并具有低共熔点的相图及其组成–自由能曲线

3）固态、液态完全互溶的二元相图

这类体系的组成–自由能曲线和相应的相图见图 5–13。在温度 T_1 时，任何成分的液相都比相同成分的固相自由能低，所以在整个组成范围内，液相是稳定的。在温度 T_2、T_3 与 T_4 时，液相和固相的自由能曲线相交，在两曲线之间作公切线，在两切点之间的成分范围内为固液两相平衡，两平衡相的组成分别由两切点的组成决定。平衡液相中 A（或 B）的化学势与平衡固相中 A（或 B）的化学势相等，即 $\mu_A^L=\mu_A^S$，$\mu_B^L=\mu_B^S$。液体溶液或固体溶液单相区在公切点范围之外。在温度 T_5 时，固相的自由能曲线位于液相的之下，所以在整个组成范围内固相稳定。

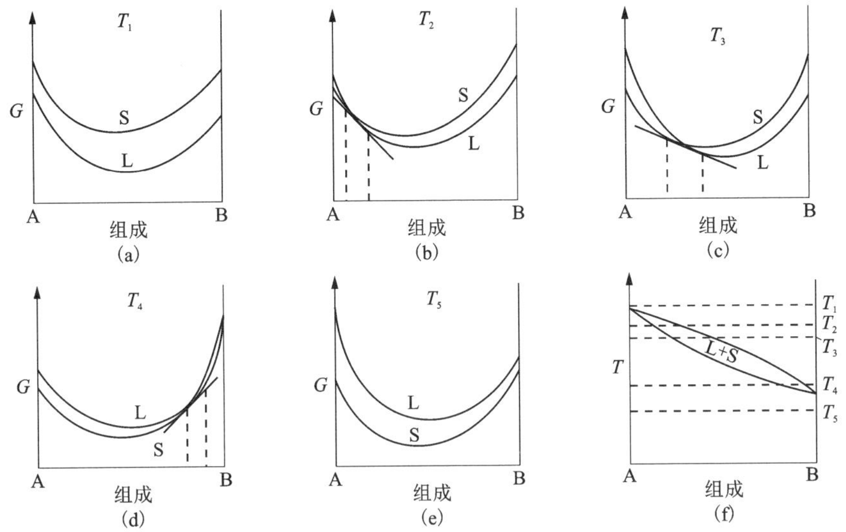

图 5-13　固态、液态完全互溶的相图及其组成-自由能曲线

4)具有包晶转变的二元相图

这类体系的组成-自由能曲线和相应的相图见图 5-14。在温度 T_3 时，α、β 及 L 三条自由能曲线具有一条公切线，这时发生包晶反应，α、β 及 L 三相共存。其他温度下的情况可按上述讨论的几种类型进行分析。

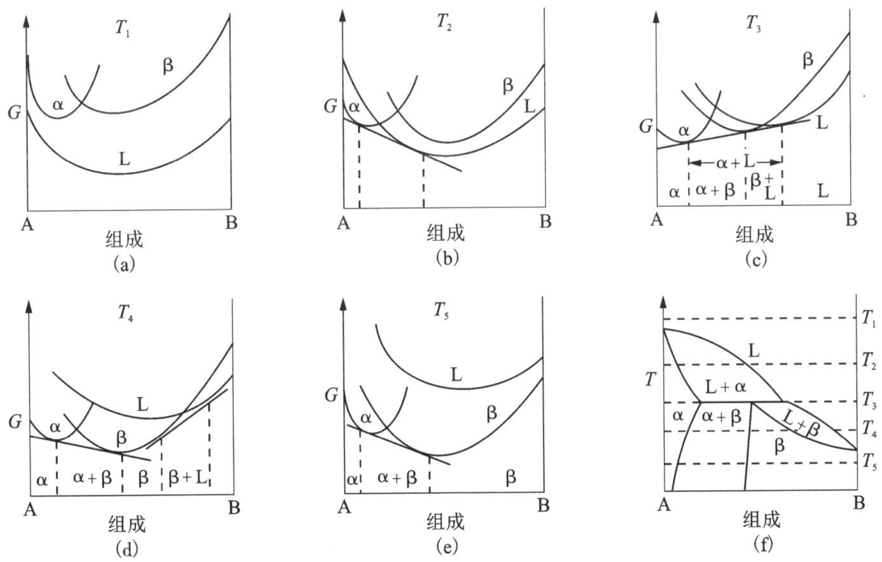

图 5-14　具有包晶转变的相图及其组成-自由能曲线

根据独立组元数的不同，相图可以分为单元系相图、二元系相图、三元系相图等，因为单元系相图在物理化学等教材中有介绍，因此在本章中不再介绍。二元系相图虽然在物理化学中也有介绍，但是在物理化学中主要分析相的平衡，对相图的应用分析较少，因此在本教材中介绍一些常用的二元相图。三元相图系相图在新能源材料的制备中用得比较少，因此本章只对三元系相图作简单的介绍。

5.2 二元系相图

二元系统是含有两个组元($c=2$)的系统，根据相律$f=C-\varphi+2=4-\varphi$，由于所讨论的系统至少应有一个相，所以系统最大自由度为3，即独立变量除温度、压力外，还要考虑组元的浓度。对于三个变量的系统，必须用三个坐标的立体模型来表示。

但是，在通常情况下，对于凝聚系统，体系的分压很小，可以看作常数，因此可以不考虑压力的改变对系统相平衡的影响，此时相律可用$f=C-\varphi+1=3-\varphi$表示。当$\varphi=1$时，$f=2$；当$f=0$时，$\varphi=3$。可见，在二元凝聚系统中平衡共存的相数最多为3，最大自由度数为2，因此二元凝聚系统相图可以用平面图来表示，即以温度-组成图表示。

5.2.1 二元系相图的基本类型

1.具有一个低共熔点的二元系相图

这类系统的特点是：两个组元在液态时能以任意比例互溶，形成单相溶液；固相完全不互溶，两个组元各自从液相分别结晶；组元间不生成化合物。这种相图是最简单的二元系统相图。

1)相图分析

如图5-15所示，图中的a点是纯组元A的熔点，b点是纯组元B的熔点。aE线是组成不同的高温熔体在冷却过程中开始析出A晶相的温度的连线，在这条线上液相和A晶相两相平衡共存。bE线是不同组成的高温熔体冷却过程中开始析出B晶相的温度的连线，线上液相和B晶相两相平衡共存。aE线、bE线都称为液相线，分别表示不同温度下的固相A、B和相应的液相之间的平衡，实际上也可以理解为由于第二组元加入而使熔点(或凝固点)变化的曲线。根据相律，在液相线上$\varphi=2$，$f=1$。通过E点的水平线GH称为固相线，是不同组成的熔体结晶结束温度的连线。

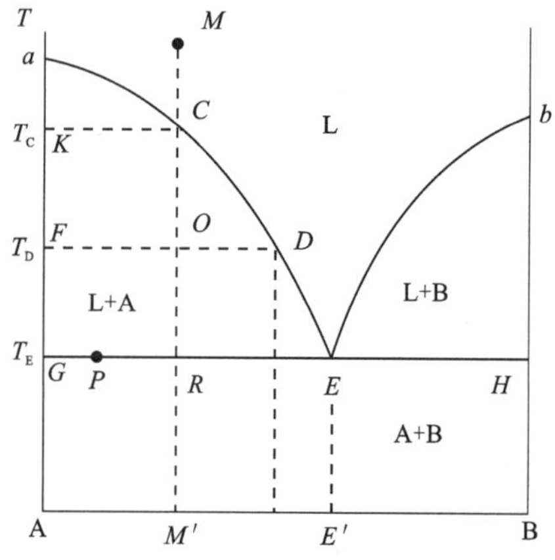

图5-15 具有一个低共熔点的二元系相图

两条液相线和固相线把整个相图分为四个相区。液相线以上的区域是液相的单相区，用L表示，在单相区内$\varphi=1$，$f=2$。液相线和固相线之间的两个相区aEG和bEH分别为A晶相和液相平衡共存(L+A)以及B晶相和液相平衡共存(L+B)的二相区，在该两个区域内的液相组成可用结线(等温线)与对应曲线的交点决定。图中FD线表示温度在T_D时的A晶相与该温度下组成为D的液相平衡。固相线以下的区域是A晶相和B晶相平衡共存(A+B)的相区。在两相平衡共存的相区内$\varphi=2$，$f=1$。两条液相线与固相线的交点E称为低共熔点(也可以称为共晶点)。在这点上组成为E的液相与A晶相、B晶相三相平衡共存，其平衡关系为$L_E \rightarrow A+B$。就是说，冷却时液相在E点，按E点的A、B比例同时析出A晶相和B晶相；

加热时按 E 点的 A、B 比例，A 晶相和 B 晶相共同熔融成为 E 的液相。这是系统加热时熔融成液相的最低温度，称为低共熔点，在该点析出的固体混合物称为低共熔混合物。在 E 点相数 $\varphi=3$，自由度 $f=0$，表示系统的温度和液相的组成都不能变，故 E 点是二元无变量点。在此点，当系统被加热或冷却时，只是引起液相和固相质量比例的变化，温度和组成没有变化。

2)熔体的冷却析晶过程

所谓熔体的冷却析晶过程是指将一定组成的二元混合物加热熔化后再将其平衡冷却而析晶的过程。通过对平衡冷却析晶过程的分析可以看出系统的平衡状态随温度的改变而变化的规律。以组成为 M' 的熔体的冷却析晶过程为例，组成为 M' 的二元混合物加热成为高温熔体后处于液相区内的 M 点，将此高温熔体进行平衡冷却。在温度下降到 T_C 以前，系统为双变量，说明在系统组成已确定的情况下，改变系统的温度不会导致新相的出现。由于系统组成已定，故系统的状态点只能沿着等组成线(MM')变化。当熔体温度下降到 T_C 时，液相开始对组元 A 饱和，从液相中开始析出 A 晶相(L→A)，系统由单相平衡状态进入二相平衡状态。由于析出的是纯 A，所以固相的状态点应在 K 点。同时因 A 的析出，液相的组成发生变化。随着温度的下降，液相组成沿着 aE 线由 C 点向 E 点变化，也就是说，向液相中组分 B 含量增加的方向变化。这时，$\varphi=2$，$f=1$。当温度达到 T_E 时，液相组成到 E 点，固相的状态点由 K 点到达 G 点，此时液相不仅对 A 晶相饱和而且对 B 晶相也达到饱和，因而将从液相中按 E 点组成中 A 和 B 的比例同时析出 A 晶相和 B 晶相(L→A+B)。由于系统中三相平衡共存，$\varphi=3$，$f=0$，因此，系统的温度和液相的组成都不能变。但随着析晶过程的进行，液相量在不断地减少。由于有 B 晶相析出，固相的组成不再停在 G 点，而由 G 点向 R 点变化，当最后一滴液体消失时，固相组成到达 R 点，与系统的状态点重合。液相消失，析晶过程结束，析晶产物为 A 和 B 两个晶相。由于系统中只剩下 A、B 两种晶相，$\varphi=2$，$f=1$，温度又可以继续下降了。

上述析晶过程中固、液相的变化途径可用下列式子表示：

液相点：$M \xrightarrow[f=2]{\mathrm{L}} C \xrightarrow[f=1]{\mathrm{L\to A}} E_{f=0}(\mathrm{L\to A+B})$。

固相点：$K \xrightarrow{\mathrm{A}} G \xrightarrow{\mathrm{A+B}} R$。

固液相变化途径写法中，液相点变化式中箭头表示液相点变化方向，箭头上面写液相析出晶体的表达式，箭头下面表示自由度，对于无变量点，相的变化就用括号括起。固相点的变化只要在箭头上面写固相组成，多个固相用“+”号连接即可。

由以上的冷却析晶过程可以看出，在这类最简单的二元系统中：凡是组成在 AE′范围的熔体，冷却到析晶温度时首先析出 A 晶相；凡是组成在 BE′范围内的熔体，冷却到析晶温度时首先析出的是 B 晶相。所有的二元熔体冷却时都在 E 点结晶结束，产物都是 A 晶相和 B 晶相，只是 A、B 的比例不同而已。在整个析晶过程中，尽管组元 A 和组元 B 在固相与液相间不断转移，但仍在系统内，不会逸出系统外，因而系统的总组成是不会改变的，系统总的状态点沿着原始熔体的等组成线变化，而且成平衡的两相的状态点始终与总状态点在一条水平线上，并分别在其左右两边。

3)冷却析晶过程中各相含量的计算

在图 5-15 所给出的最简单的二元系统相图中，M 熔体冷却到 T_D 时，系统中平衡共存两相是 A 晶相和液相，系统的总状态点在 O 点，A 晶相的状态点在 F 点(简称为固相点)，液相的状态点在液相线上的 D 点(简称为液相点)。

根据杠杆规则

$$\frac{固相(A)量}{液相量}=\frac{OD}{OF} \tag{5-21}$$

则系统中

$$w_A=\frac{OD}{FD}\times100\% \tag{5-22}$$

$$w_L=\frac{OF}{FD}\times100\% \tag{5-23}$$

冷却过程中当液相点刚到 E 点，固相点为 G 点时，由于 B 晶相尚未析出，系统中仍然是 A 晶相和液相两相平衡共存，此时，根据杠杆规则

$$w_A=\frac{RE}{GE}\times100\% \tag{5-24}$$

$$w_L=\frac{RG}{GE}\times100\% \tag{5-25}$$

当液相在 E 点消失后，系统中平衡共存的是 A 晶相和 B 晶相，这两相的含量则分别为：

$$w_A=\frac{M'B}{AB}\times100\% \tag{5-26}$$

$$w_B=\frac{M'A}{AB}\times100\% \tag{5-27}$$

当液相点在 E 点，在固相点从 $G\to R$ 过程中，如固相点到了 P 点存在 3 个相，需运用二次杠杆($w_{S_{A+B}}$ 表示固相 A 和 B 混合物的质量)：

$$w_{S_{A+B}}=\frac{RE}{PE}\times100\%;\ w_L=\frac{PR}{PE}\times100\%$$

$$w_{S_A}=\frac{PH}{GH}\times w_{S_{A+B}}\times100\%;\ w_{S_B}=\frac{GP}{GH}\times w_{S_{A+B}}\times100\%$$

根据杠杆规则，我们可以应用相图确定配料组成已定的制品在不同的状态下所具有的相组成及其相对含量，以预测和估计产品的性能。这对指导生产和研制新产品具有重要意义。

2. 具有一个一致熔融化合物的二元系相图

一致熔融化合物是一种稳定的化合物，化合物有固定的熔点，且熔化时，固相与液相具有相同的组成。具有一个一致熔融化合物的相图如图 5-16 所示。

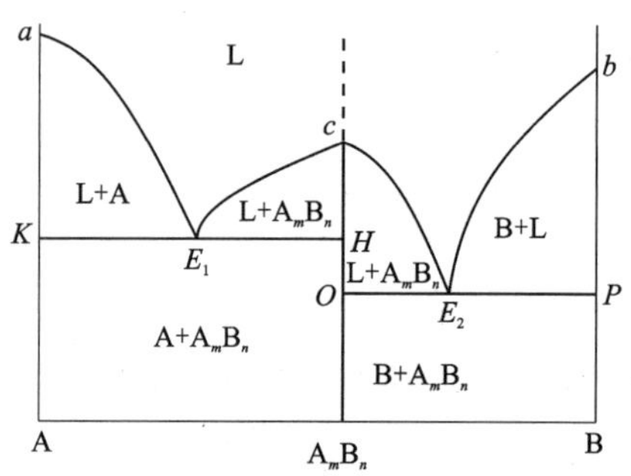

图 5-16 具有一个一致熔融化合物的二元系相图

该相图中 A_mB_n 为 A 和 B 形成的一个二元化合物，c 点为 A_mB_n 的熔点。相图中有 4 条液相线(aE_1、E_1c、cE_2、E_2b)，两条固相线(KH、OP)。液相线和固相线把相图分为 8 个区域，液相线上面为液相区(L)，液相

线和固相线之间为两相区，共有 4 个两相区（L+A、2 个 L+A_mB_n、B+L），固相线下面为固相区（A+A_mB_n、B+A_mB_n）。有两个低共熔点（E_1、E_2）。这种相图可以分为两个二元系相图 A-A_mB_n 和 B-A_mB_n，两个低共熔点分别属于两个相图。每个相图的分析和前面介绍的具有一个低共熔点的相图一样。

3. 具有一个不一致熔融化合物的二元系相图

不一致熔融化合物是一种不稳定的化合物，加热这种化合物到某一温度便发生分解，分解产物是一种液相和一种晶相，二者组成与原来化合物组成完全不同，它只能在固态中存在，不能在液态中存在。这种系统的相图如图 5-17 所示。

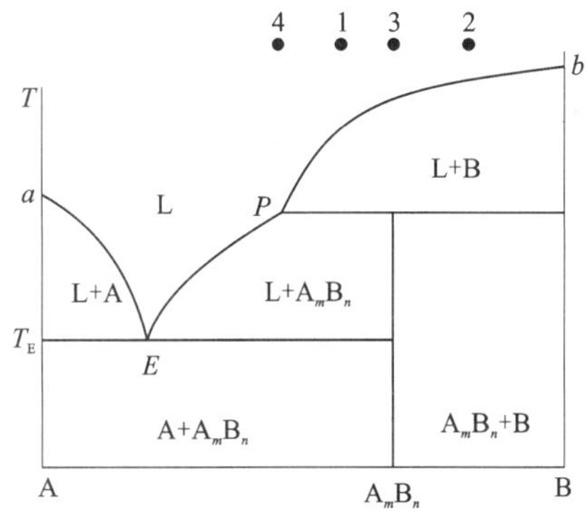

图 5-17　具有一个不一致熔融化合物的二元系相图

A_mB_n 是一个不一致熔融化合物，当温度升到 T_p 时，A_mB_n 会分解为 P 点组成的液相和 B 晶相。

图中 aE 是与晶相 A 平衡的液相线，bP 是与晶相 B 平衡的液相线，PE 是与化合物 A_mB_n 平衡的液相线。无变量点 E 是低共熔点，在 E 点发生的相变化为 L_E→A+A_mB_n。另一无变量点 P 称为转熔点（也可称为包晶点、回吸点），在 P 点发生的相变化是 L_P+B→A_mB_n。就是说，冷却时组成为 P 的液相要回吸 B 晶相（B 溶解于液相），结晶析出 A_mB_n 晶相；加热时化合物 A_mB_n 要分解为液相 P 和 B 晶相，这一过程称转熔过程，故 P 点为转熔点。

由于在 P 点是三相平衡共存，$\varphi=3$，$f=0$，所以温度不能变，液相的组成也不能改变。

下面以图 5-17 中 4 个组成为例分析冷却析晶过程。

（1）组成 1：

1 点位于 P 和 D 之间（图 5-18）。当熔体 1 冷却到 T_K 温度时，液相点下降到 K（液相线上），开始析出晶相 B，晶相的状态点位于 M 点。当温度继续下降到转熔温度 T_P，液相点沿着液相线下降到 P 点时，固相点降到 F 点，此时发生 L_P+B→A_mB_n 的转熔过程，即原先析出的 B 晶相又溶入 L_P 液相（或者说被液相回吸）而结晶出化合物 A_mB_n。在转熔过程中，系统温度保持不变，液相组成保持在 P 点不变，但液相量和 B 晶相量不断减少，A_mB_n 晶相量不断增加，因而固相的状态点离开 F 点向 D 点移动。当固相点到达 D 点时，混合物中的 B 晶相消失，晶相中只有 A_mB_n，转熔过程结束，系统温度下降，液相点离开 P 点沿着 PE 下降。当系统温度降低到低共熔温度 T_E 时，液相点到达 E 点，固相点到达 J 点，此时发生 L_E→A+A_mB_n 的低共熔过程。固相点从 J 点向 H 点移动，当最后一滴熔体消失时，固相点和系统组成点重合，析晶过程结束，最后的析晶产物为 A 晶相和 A_mB_n 晶相。在组成 1 冷却析晶过程

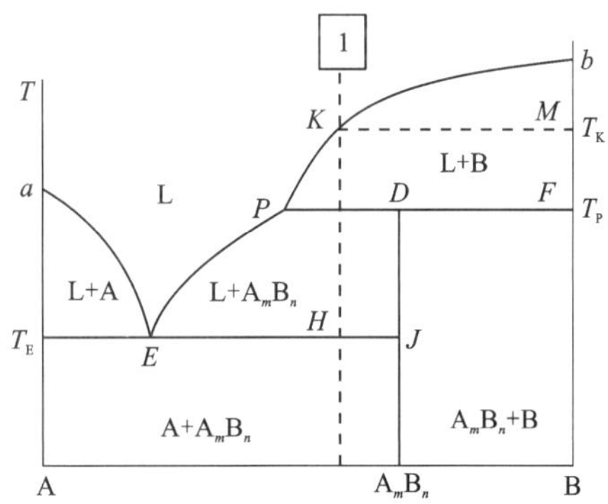

图 5-18　组成 1 的冷却析晶过程分析

中，析晶终点为低共熔点 E，转熔点 P 为回吸点，不是析晶终点。上述析晶过程可以用下面的式子表示：

液相点：$1 \xrightarrow[f=2]{L} K \xrightarrow[f=1]{L\rightarrow B} P_{f=0}(L_P+B\rightarrow A_mB_n) \xrightarrow[f=1]{L\rightarrow A_mB_n} E_{f=0}(L\rightarrow A+A_mB_n)$。

固相点：$M \xrightarrow{B} F \xrightarrow{B+A_mB_n} D \xrightarrow{A_mB_n} J \xrightarrow{A+A_mB_n} H$。

（2）组成 2：

2 点位于 A_mB_n 和 B 之间（图 5-19）。当熔体 2 冷却到 T_K 温度时，液相点下降到 K（液相线上），开始析出晶相 B，晶相的状态点位于 M 点。当温度继续下降到转熔温度 T_P，液相点沿着液相线下降到 P 点时，固相点降到 F 点，此时发生 $L_P+B\rightarrow A_mB_n$ 的转熔过程，同样，原先析出的 B 晶相又回吸入 L_P 液相而结晶出化合物 A_mB_n。在此过程中，系统温度保持不变，液相组成保持在 P 点不变，但液相量和 B 晶相量不断减少，A_mB_n 晶相量不断增加，因而固相的状态点离开 F 点向 H 点移动。当固相点到达 H 点时，混合物中的液相 L_P 消失，晶相中为 B 和 A_mB_n，析晶过程结束。在组成 2 冷却析晶过程中，析晶终点为转熔点 P，因此 P 既是回吸点，又是析晶终点。上述析晶过程可以用下面的式子表示：

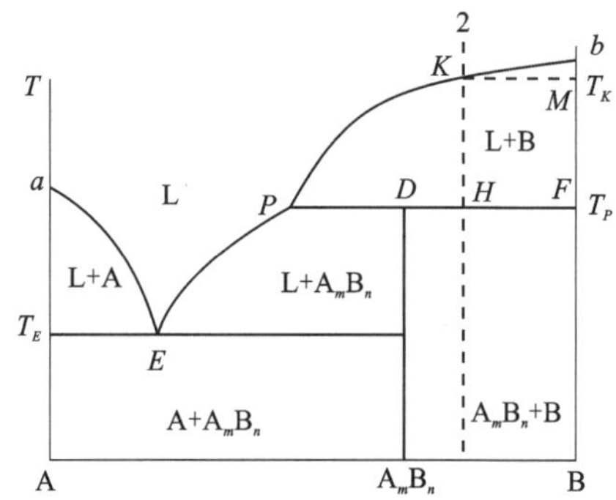

图 5-19　组成 2 的冷却析晶过程分析

液相点：$2 \xrightarrow[f=2]{L} K \xrightarrow[f=1]{L\rightarrow B} P_{f=0}(L_P+B\rightarrow A_mB_n)$。

固相点：$M \xrightarrow{B} F \xrightarrow{B+A_mB_n} H$。

（3）组成 3：

3 点和 A_mB_n 重合（图 5-20）。当熔体 3 冷却到 T_K 温度时，液相点下降到 K（液相线上），同样开始析出晶相 B，晶相的状态点位于 M 点。当温度继续下降到转熔温度 T_P，液相点沿着液相线下降到 P 点时，固相点降到 F 点，此时发生 $L_P+B\rightarrow A_mB_n$ 的转熔过程，也是原先析出的 B 晶相又回吸入 L_P 液相而结晶出化合物 A_mB_n。在此过程中，系统温度保持不变，液相组成保持在 P 点不变，但液相量和 B 晶相量不断减少，A_mB_n 晶相量不断增加，因而固相的状态点离开 F 点向 D 点移动。当固相点到达 D 点时，混合物中的 B 晶相和液相 L_P 同时消失，晶相中只有 A_mB_n，析晶过程结束。在组成 3 冷却析晶过程中，析晶终点为转熔点 P，因此 P 既是回吸点，又是析晶终点。上述析晶过程可以用下面的式子表示：

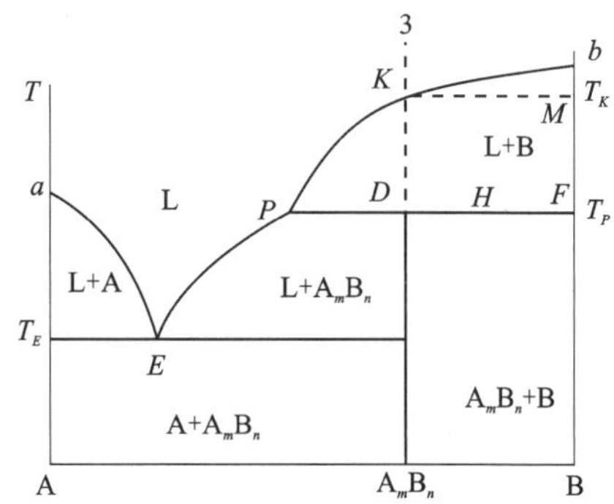

图 5-20　组成 3 的冷却析晶过程分析

液相点：$3 \xrightarrow[f=2]{L} K \xrightarrow[f=1]{L\rightarrow B} P_{f=0}(L_P+B\rightarrow A_mB_n)$。

固相点：$M \xrightarrow{B} F \xrightarrow{B+A_mB_n} D(A_mB_n)$。

(4)组成 4：

4 点和 P 点的组成重合(图 5-21)。当熔体 4 冷却到转熔点 T_P 时，液相点到达 P 点，应该发生转熔过程 $L_P+B \rightarrow A_mB_n$，但是由于系统中没有 B 析出，因此只发生 $L_P \rightarrow A_mB_n$ 的转变，生成晶相 A_mB_n，系统的温度也不会在此停留，液相点沿着 PE 下降，固相点沿着 DJ 下降。当系统的温度下降到 T_E 时，发生共熔过程 $L_E \rightarrow A+A_mB_n$。析晶终点为 E 点。

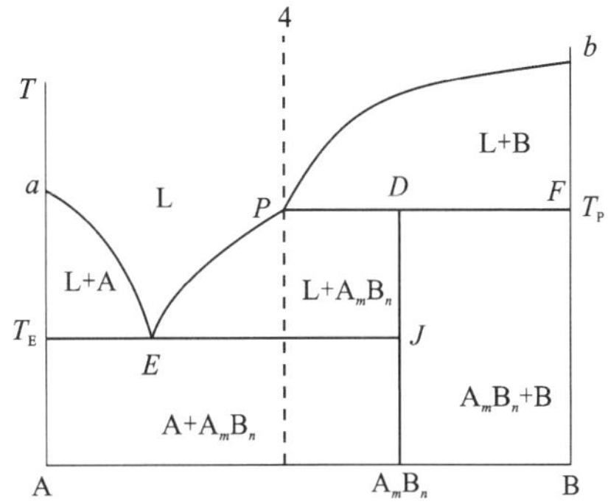

图 5-21　组成 4 的冷却析晶过程分析

4. 固相中有化合物生成与分解的二元系相图

图 5-22 中化合物 A_mB_n 不能直接从二元溶液中结晶析出。从液相中只能析出 A 晶相和 B 晶相。A、B 通过固相反应形成化合物 A_mB_n。这类化合物只能存在于某一温度范围内(如 $T_1 \sim T_2$)，超出这个范围，化合物 A_mB_n 便分解为晶相 A 和晶相 B。

在 T_1 发生的固相反应：$mA(s)+nB(s) \underset{加热}{\overset{冷却}{\rightleftharpoons}} A_mB_n$。

在 T_2 发生的固相反应：$mA(s)+nB(s) \underset{冷却}{\overset{加热}{\rightleftharpoons}} A_mB_n$。

若二元化合物在低共熔温度下只有在高温下分解，在低温下稳定，其相图如图 5-23 所示。T_D 为化合物的分解温度，在 T_D 以上没有化合物存在，T_D 时发生如下变化：

$$A_mB_n \underset{冷却}{\overset{加热}{\rightleftharpoons}} mA(s)+nB(s)$$

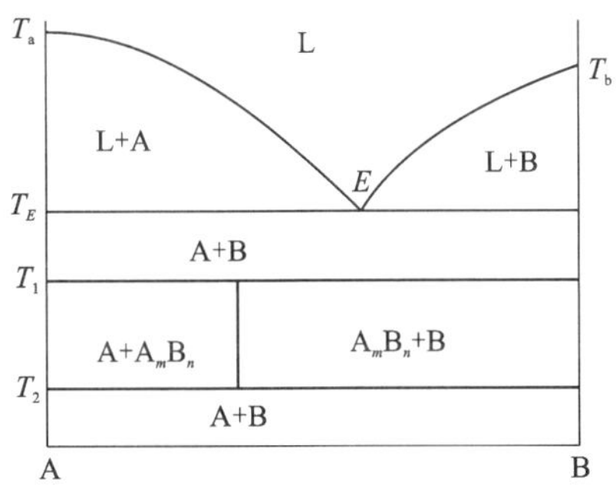

图 5-22　化合物固相分解发生在两个温度的二元系相图

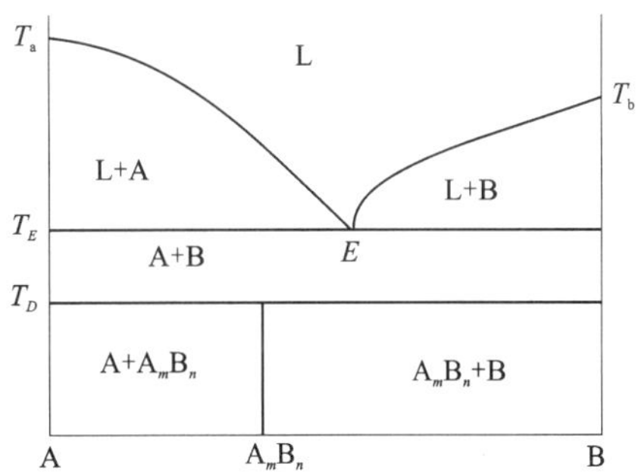

图 5-23　化合物固相分解发生在一个温度的二元系相图

5. 具有多晶转变的二元系相图

二元系中某组元或化合物具有多晶转变时，相图上该组元或化合物所对应的相区内便会出现一些新的界线，把同一种物质的不同晶型稳定存在的范围划分开，使该物质的每一种稳定晶型都有其存在的相区。根据晶型转变温度(T_P)与低共熔温度(T_E)的相对高低，此类相图又可分为两种类型。

（1）$T_P>T_E$，多晶转变温度高于低共熔温度，说明多晶转变是在有液相存在时发生的（图 5-24）。图中组元 A 有 α 和 β 两种晶型，其中 A_α 相在 T_P 温度以上稳定，而 A_β 相在 T_P 温度以下稳定，发生晶型转变的温度为 T_P。P 点称为多晶转变点，在这个点上进行的平衡过程为 $A_\alpha \xleftrightarrow{L} A_\beta$。

由于系统中三相平衡共存，$f=0$，所以多晶转变点也是二元无变量点。通过多晶转变点 P 的水平线 DP，称为晶型转变的等温线，它把 A_α 和 A_β 的稳定区划分开来。

（2）$T_P<T_E$，多晶转变温度低于低共熔温度，说明多晶转变是在固相中发生的（图 5-25）。图中 P 点为组元 A 的多晶转变点，显然在 A-B 二元系统中的纯 A 晶体在 T_P 温度下都会发生晶型转变，因此 P 点发展为一条晶型转变等温线。在此线以上的相区，A_α 晶态稳定存在，此线以下的相区，则以 A_β 形态存在。在 T_P 等温线上进行的平衡过程为 $A_\alpha \longleftrightarrow A_\beta$，此时 $\varphi=3$，$f=0$，为无变量过程。

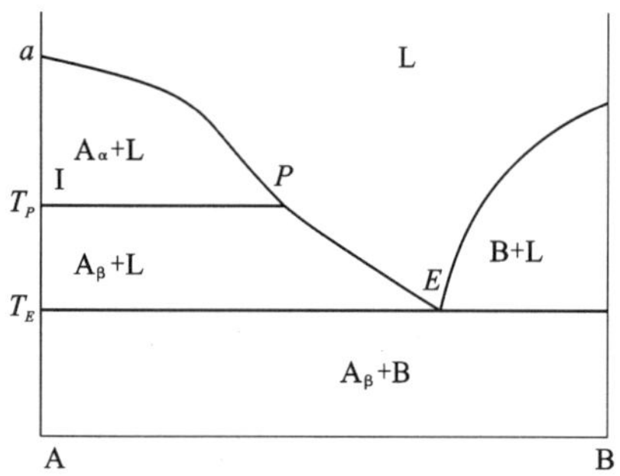

图 5-24　低共熔点温度以上发生多晶转变的二元系相图

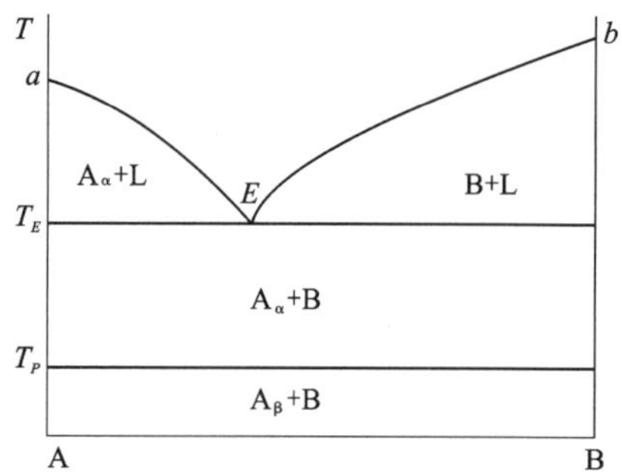

图 5-25　低共熔点温度以下发生多晶转变的二元系相图

6. 形成连续固溶体的二元系相图

溶质和溶剂能以任意比例相互溶解的固溶体称连续（也称完全互溶或无限互溶）固溶体。形成连续固溶体的二元系相图如图 5-26 所示。由于组元 A 和 B 在固态和液态下都能以任意比例互溶而不生成化合物，在相图中没有低共熔点也没有最高点，因而液相线和固相线都是平滑连续曲线。A 和 B 形成的连续固溶体用 S 表示。整个相图分为 3 个相区。图中曲线 aL_1b 是液相线，曲线 aS_3b 是固相线，液相线和固相线上都是液相和固溶体两相平衡共存，$\varphi=2$，$f=1$。液相线以上的相区是高温熔体单相区，固相线以下的相区是固溶体的单相区，处于液相线与固相线之间的相区则是液相与固溶体平衡共存的二相区。在单相区内 $f=2$，在二相区内 $f=1$。由于此系统内只有液相和固溶体两相，不可能出现三相平衡状态，因此，这种类型相图的特点是没有一般二元相图上常常出现的二元无变量点。

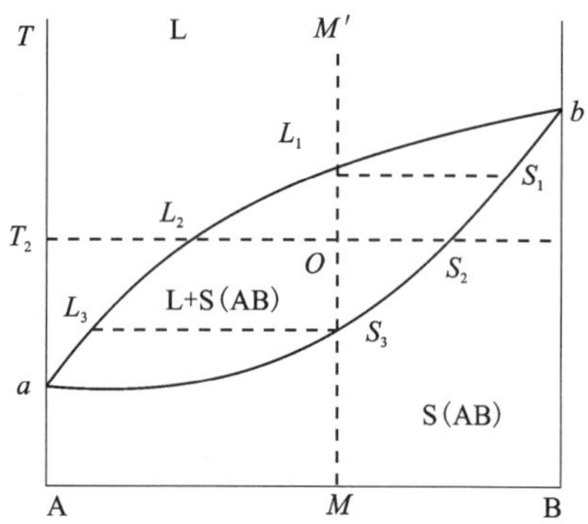

图 5-26　形成连续固溶体的二元系相图

高温熔体 M' 冷却到 $T_1(L_1-S_1)$ 温度时开始析出组成为 S_1 的固溶体，随后液相组成沿液

相线向 L_3 变化，固相组成沿固相线向 S_3 变化。冷却到 T_2 温度，液相点到达 L_2 点，固相点到达 S_2 点，系统的状态点则在 O 点。根据杠杆规则，此时液相量：固相量 $= OS_2 : OL_2$。冷却到 T_3 温度，固相点 S_3 与系统的状态点重合，意味着最后一滴液相在 L_3 消失，液相消失，结晶结束。所以熔体 M 的结晶结束点在 L_3 点，结晶产物是单相的固溶体。

在液相从 L_1 到 L_3 的析晶过程中，固溶体的组成从 S_1 变化到 S_3，连接同一温度下成平衡的两相组成点的线段称为结线，如图中的 L_1S_1 线、L_2S_2 线等。由结线可以看出，在互成平衡的两相中，液相总是含有较多的低熔点组元，而固相则含有较多的高熔点组元。由于在析晶过程中固溶体要不断地调整组成以便与液相保持平衡，而固溶体是晶体，原子的扩散迁移速度很慢，不像液态溶液那样容易调节组成。可以想象，若冷却过程足够缓慢，则析出固溶体和液相处于平衡状态，且固溶体有足够的时间进行内部扩散使整个固相均匀一致；若冷却过程不是足够缓慢，则很容易发生不平衡析晶，即产生偏析现象。

冷却过程用下式表示：

液相点：$M \xrightarrow[f=2]{L} L_1 \xrightarrow[f=1]{L\to S_{(AB)}} L_2 \xrightarrow[f=1]{L\to S_{(AB)}} L_3$。

固相点：$S_1 \xrightarrow{S_{(AB)}} S_2 \xrightarrow{S_{(AB)}} S_3 \xrightarrow{S_{(AB)}} M$。

7. 形成不连续固溶体的二元系相图

溶质只能以一定的限量溶入溶剂，超过限度便会出现第二相，这种固溶体称为不连续（也称部分互溶或有限互溶）固溶体。在 A、B 两组元形成的有限固溶体系统中，以 $S_{A(B)}$ 表示 B 组元溶解在 A 晶体中所形成的固溶体，$S_{B(A)}$ 表示 A 组元溶解在 B 晶体中所形成的固溶体，根据无变量点性质的不同，这类相图又可以分为具有低共熔点的和具有转熔点的两种类型。

1）具有低共熔点的有限固溶体的二元系统相图

如图 5-27 所示，图中 aE 线是与 $S_{A(B)}$ 固溶体平衡的液相线，bE 线是与 $S_{B(A)}$ 固溶体平衡的液相线。aC 和 bD 是两条固相线。E 点是低共熔点，从 E 点液相中将同时析出组成为 C 的 $S_{A(B)}$ 和组成为 D 的 $S_{B(A)}$ 固溶体，其相平衡方程为：$L_E \longleftrightarrow S_{A(B)}+S_{B(A)}$。$C$ 点表示组元 B 在组元 A 中的最大固溶度。D 点则表示组元 A 在组元 B 中的最大固溶度。CF 是固溶体 $S_{A(B)}$ 的溶解度曲线，DG 则是固溶体 $S_{B(A)}$ 的溶解度曲线。从这两条溶解度曲线的走向可以看出 A、B 两个组元在固态互溶的溶解度是随温度下降而下降的。相图中的 6 个相区里有 3 个单相区和 3 个二相区。

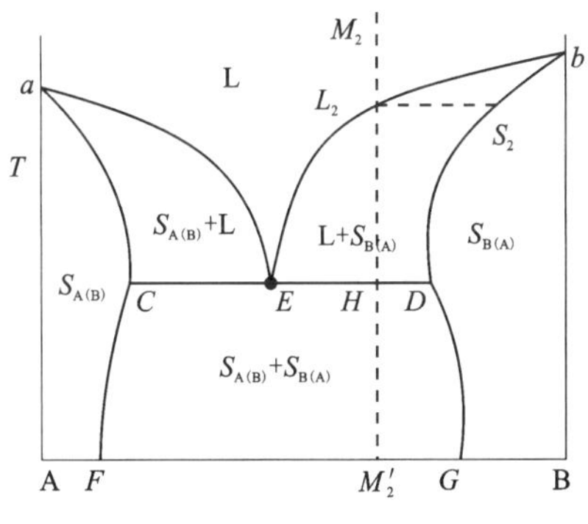

图 5-27　具有低共熔点的有限固溶体的二元系相图

组成 M_2 的冷却析晶过程为：

液相点：$M_2 \xrightarrow[f=2]{L} L_2 \xrightarrow[f=1]{L\to S_{B(A)}} E(L_E \to S_{A(B)}+S_{B(A)})$（$f=0$）。

固相点：$S_2 \xrightarrow{S_{B(A)}} D \xrightarrow{S_{B(A)}+S_{A(B)}} H \xrightarrow{S_{B(A)}+S_{A(B)}} M_2'$。

2）具有转熔点的有限固溶体的二元系相图

如图 5-28 所示，固溶体 $S_{A(B)}$ 和 $S_{B(A)}$ 之间没有低共熔点，而有一个转熔点 P。在 P 点进行的平衡过程为：$L_P+S_{A(B)} \longleftrightarrow S_{B(A)}$。在这类相图中，组成在 $P \sim F$ 范围内的原始熔体冷却到 T_P 温度时都将发生上述转熔过程，但是只有组成在 $F \sim G$ 范围内的熔体在 P 点液相消失，结晶结束。组成在 $P \sim G$ 范围内的熔体是 $S_{A(B)}$ 先消失，转熔过程结束，但结晶并没有结束，它们和组成在 $P \sim b$ 范围的熔体都是在与 $S_{B(A)}$ 平衡的液相线上的某一点结晶结束。

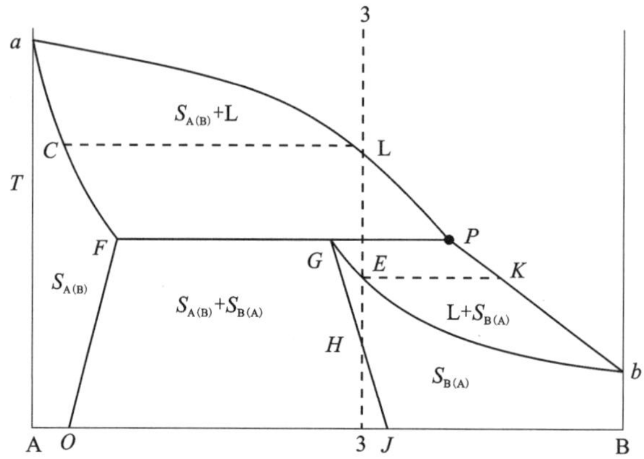

图 5-28　具有一个转熔点的不连续固溶体的相图

组成 3 的熔体的冷却析晶过程为：

液相点：$3 \xrightarrow[f=2]{L} L \xrightarrow[f=1]{L \to S_{A(B)}} P_{f=0}(L_P+S_{A(B)} \to S_{B(A)}) \xrightarrow[f=1]{L \to S_{B(A)}} K$。

固相点：$C \xrightarrow{S_{A(B)}} F \xrightarrow{S_{A(B)}+S_{B(A)}} G \xrightarrow{S_{B(A)}} E \xrightarrow{S_{B(A)}} H \xrightarrow{S_{B(A)}+S_{A(B)}} 3'$。

8. 二元系相图的分析步骤

(1)首先看该系统中是否有化合物生成(一致熔融化合物、不一致熔融化合物、固相中生成或分解)，是否存在晶型转变、液相分层或形成固溶体等现象；

(2)以一致熔融化合物的等组成线为分界线，将整个系统划分成若干个简单的分二元系统；

(3)逐一分析各分二元系统；

(4)分析各分二元系统中点、线、区所表达的相平衡关系；

(5)分析熔体的冷却析晶过程或混合物的加热过程；

(6)确定系统状态点、液相点、固相点的变化路线；

(7)确定析晶终点和析晶产物；

(8)在析晶的各阶段，应用杠杆规则计算系统中平衡的两相的相对含量。

5.2.2　二元系相图在新能源材料中的应用

在新能源材料的制备中，无论是材料制备中用的熔盐介质的选择，还是新型材料的选取或制备，相图都可以提供指导或依据。在新能源材料中能够用到的相图很多，这里列举几个二元相图来说明相图在新能源材料中的应用。

1. LiCl-LiOH 二元系相图

图 5-29 为 LiCl-LiOH 二元系相图。该体系有一个中间化合物 Li_2OHCl，在 LiOH 含量为

0.65(摩尔分数)时，有一个低共熔点(277 ℃)，这是常用的低温熔盐制取锂离子电池材料的熔盐体系之一。在 LiOH 的摩尔分数为 0.4~0.8 时，熔盐的熔点基本上低于 400 ℃。

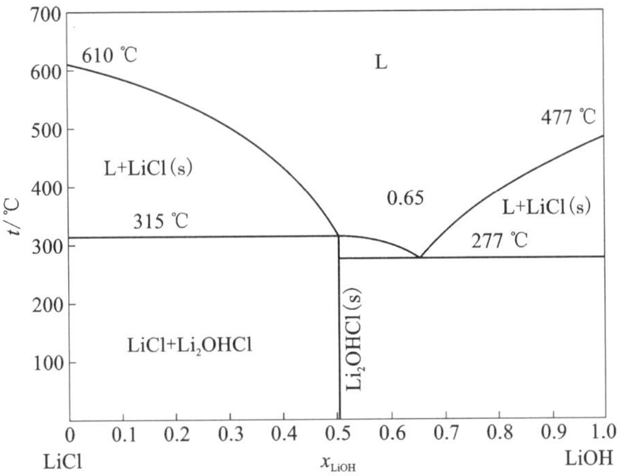

图 5-29　LiCl-LiOH 二元系相图

Gleb 等人报道了一种低熔点的固态电解质 $Li_{1.9}OHCl_{0.9}$(熔点小于 300 ℃)，通过低温加热熔融的方法将固态电解质熔化成液体，使其浸润至正极颗粒中，降至室温后形成了均匀的正极/电解质混合相。这种方法制备的固态电池不仅减小了极化，而且适用于低成本的大规模制造。

2. LiCl-$LiNO_3$ 二元系相图

图 5-30 是 LiCl-$LiNO_3$ 二元系相图，该二元体系是一个具有一个简单低共熔点的二元系相图，其低共熔组成在 $LiNO_3$ 摩尔分数为 0.874 处，低共熔温度为 248 ℃，低于 $LiNO_3$ 的熔点(255 ℃)。这个体系也是常用的合成锂离子电池材料的低温熔盐体系。

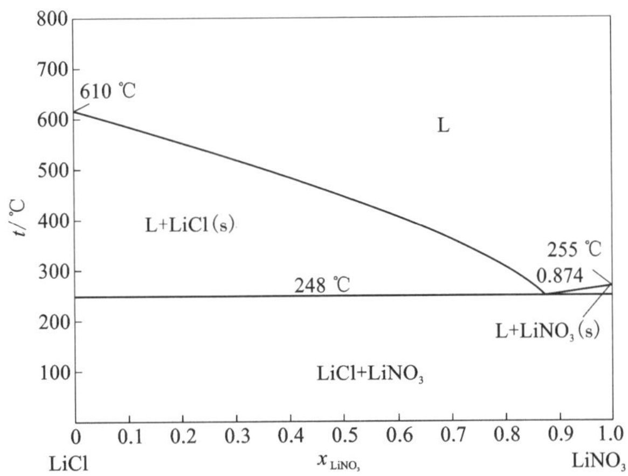

图 5-30　LiCl-$LiNO_3$ 二元系相图

Tan K 为了提高钴酸锂在循环过程中的可逆容量，选择共晶熔盐 LiCl-$LiNO_3$ 作为锂源和氧化剂进行钴酸锂的高温(650~850 ℃)固相合成。通过 XRD、SEM 等表征和电化学测试得知，850 ℃下合成的钴酸锂含有足量的锂，在 30 mA/g 的电流密度下循环 80 圈表现出 167 mA·h/g 的比容量，几乎没有容量衰减。

3. $LiNO_3$-LiOH 二元系相图

$LiNO_3$-LiOH 二元系相图如图 5-31 所示。该相图是一个具有一个不一致熔融化合物的相图，该化合物分子式为 Li_2OHNO_3，是一个固相不稳定的化合物。该相图的低共熔点组成处于 LiOH 的摩尔分数为 0.4 之处，低共熔温度为 183 ℃。当 x_{LiOH} 为 0.45 时，熔盐的熔点也只有 191 ℃。

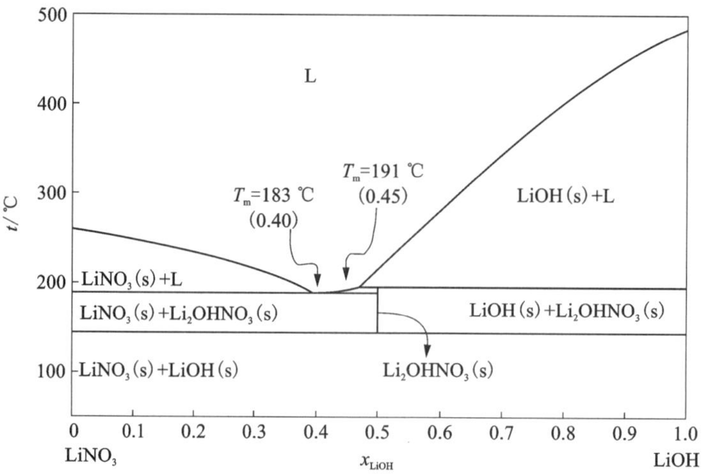

图 5-31 $LiNO_3$-LiOH 二元系相图

4. Li_2O-TiO_2 二元系相图

Li_2O-TiO_2 二元系相图如图 5-32 所示。

Li_2O-TiO_2 体系中共生成 4 种化合物：Li_4TiO_4、Li_2TiO_3、$Li_4Ti_5O_{12}$ 和 $Li_2Ti_3O_7$，其中 Li_2TiO_3 为固溶体，在温度低于 1155 ℃时为 β-Li_2TiO_3，当温度高于 1155 ℃时转变为 γ-Li_2TiO_3，温度高于 1533 ℃时熔解为液相。Li_4TiO_4 为不一致熔融化合物，当温度高于 1200 ℃时，会分解生成 γ-Li_2TiO_3 和液相。$Li_2Ti_3O_7$ 在温度高于 957±20 ℃且低于 1300±10 ℃时稳定存在，当温度低于 957±20 ℃时分解为 $Li_4Ti_5O_{12}$ 和 TiO_2，当温度高于 1300±10 ℃时分解生成液相和 TiO_2。

钛酸锂材料($Li_4Ti_5O_{12}$)是一种锂离子电池负极材料，理论比容量为 175 mA·h/g，实际比容量大于 160 mA·h/g。它是一种"零应变材料"，锂离子具有很好的迁移性，这种零应变性使其在锂电池负极材料中备受关注。$Li_4Ti_5O_{12}$ 有独特的优势：①循环寿命长，具有高稳定性；②放电平台电压可达 1.55 V，且平台非常平坦等。$Li_4Ti_5O_{12}$ 可用 TiO_2 和 Li_2CO_3 一起加热至约 950 ℃来制取。

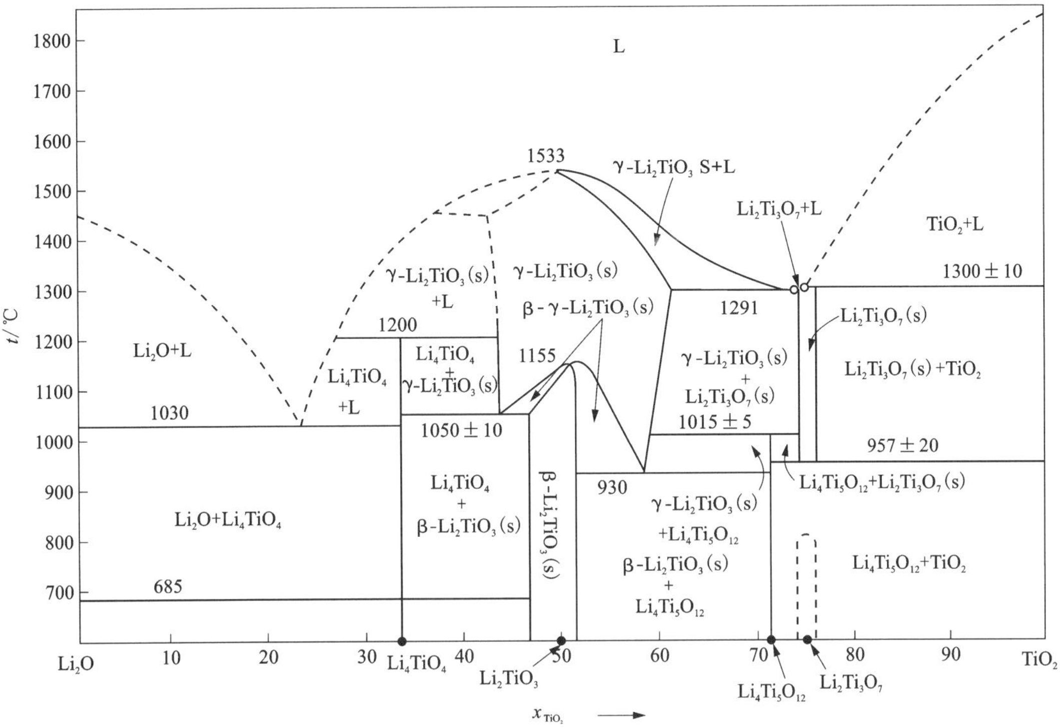

图 5-32　Li_2O-TiO_2 二元系相图

5. Li-Si 二元系相图

Li-Si 二元系相图如图 5-33 所示。

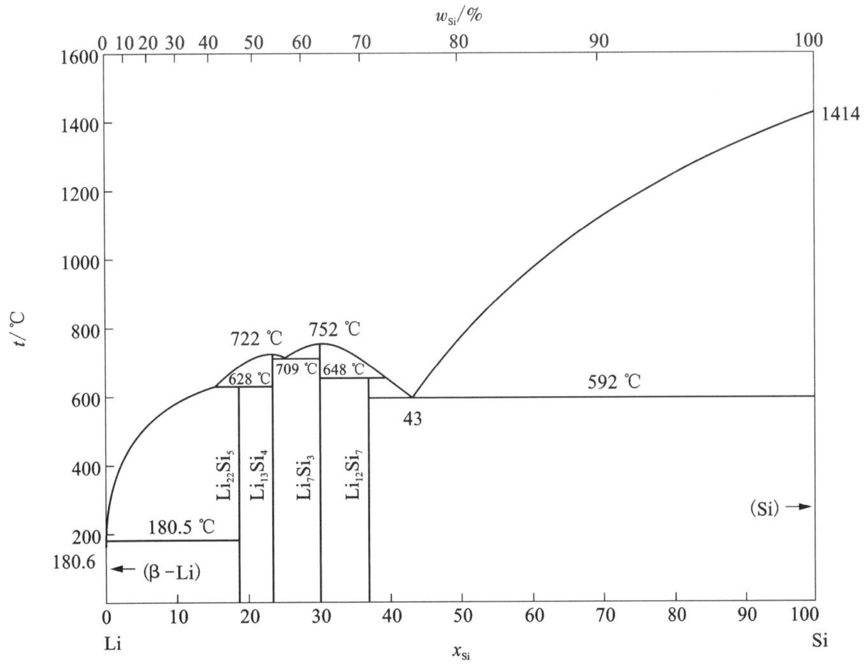

图 5-33　Li-Si 二元系相图

Li-Si 二元系相图生成 4 种化合物：$Li_{22}Si_5$、$Li_{13}Si_4$、Li_7Si_3 和 $Li_{12}Si_7$。其中 $Li_{13}Si_4$（熔点 722 ℃）和 Li_7Si_3（熔点 752 ℃）为稳定化合物（一致熔融化合物），$Li_{22}Si_5$ 和 $Li_{12}Si_7$ 为不一致熔融化合物。当温度超过 628 ℃时，$Li_{22}Si_5$ 分解为 $Li_{13}Si_4$ 和液相；当温度超过 648 ℃时，$Li_{12}Si_7$ 分解为 Li_7Si_3 和液相。

目前石墨负极材料的可逆比容量已接近理论比容量 372 mA・h/g。因此为提升锂电池的能量密度，需开发更高比容量的负极材料。硅负极材料储锂机理与石墨负极材料不同，其主要是通过与锂形成 $Li_{12}Si_7$、$Li_{13}Si_4$、Li_7Si_3、$Li_{22}Si_5$ 等多种合金相来储锂的，其中最高锂含量的合金相为 $Li_{22}Si_5$，硅和锂完成合金化反应，一个硅原子可以和 4.4 个锂进行合金化，其理论比容量高达 4200 mA・h/g，是石墨负极的 10 倍左右，是目前已知比容量最高的锂离子电池负极材料。采用硅基负极材料的锂电池质量能量密度可以提升 8%以上，同时每千瓦时电池的成本可以下降至少 3%。但是硅在锂化时的严重体积效应是硅基材料商业化的最大限制。

6. $BaO-TiO_2$ 二元系相图

$BaO-TiO_2$ 二元系相图如图 5-34 所示。该系统相图对于 $BaTiO_3$ 铁电体及以 $BaTiO_3$ 为主晶相的铁电陶瓷制备有着重要的指导意义。

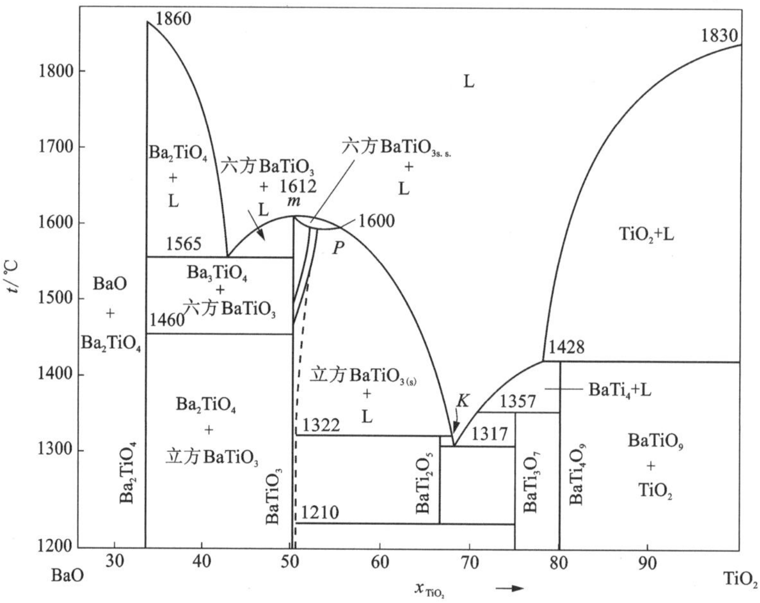

图 5-34　$BaO-TiO_2$ 二元系相图

$BaO-TiO_2$ 二元系相图有 5 种化合物：Ba_2TiO_4、$BaTiO_3$、$BaTi_2O_5$、$BaTi_3O_7$、$BaTi_4O_9$。其中 Ba_2TiO_4 和 $BaTiO_3$ 为一致熔融化合物，熔点分别为 1860 ℃和 1612 ℃。$BaTiO_3$ 具有六方和立方两种晶型，晶型转变温度为 1460 ℃，进一步研究表明立方 $BaTiO_3$ 将在 120 ℃（居里点）下转变为四方 $BaTiO_3$（图中未示出），四方 $BaTiO_3$ 具有良好的铁电性能。从相图中还可以看出，在高温下 $BaTiO_3$ 对 TiO_2 有一定的溶解度，能形成有限互溶固溶体。$BaTi_2O_5$、$BaTi_3O_7$、$BaTi_4O_9$ 都是不一致熔融化合物。$BaTi_2O_5$ 稳定存在的温度范围是 1210～1322 ℃，在 1322 ℃分解为组成为 K 的液相和 $BaTiO_3$ 固溶体，在 1210 ℃分解为 $BaTiO_3$ 固溶体和 $BaTi_3O_7$。$BaTi_3O_7$ 于 1357 ℃下分解为 $BaTi_4O_9$ 和液相。$BaTi_4O_9$ 在 1428 ℃分解为 TiO_2 和液相。

5.3　三元系相图简介

三元系相图指独立组元数为 3 的体系，该体系最多可能有 4 个自由度，即温度、压力和两个浓度项，用三维空间的立体模型已不足以表示这种相图。对于凝聚体系，可以忽略压力的影响，则自由度最多等于 3，即描述三元系统的状态，需要有 3 个独立变量，其完整的状态图应是一个三坐标的立体图，其坐标分别用温度和相的组成表示。表示组成时让 3 个组分的总量为 100%，则可用 3 个组分中任意两个的浓度来表示。这样表示组成的底面为一个三角形，以其 3 个顶点表示 3 个纯组元；3 个边各定为 100%，分别代表 3 个二元素 A—B、B—C 和 C—A 的成分；位于三角形内部的点代表三元系的成分。此三角形称为成分三角形或浓度三角形。最常用的浓度三角形为等边三角形，也有等腰直角三角形等表示方式。因立体模型比较复杂，三元相图常用投影在浓度三角形上的平面投影图或某些有用等温截面图来表示。

5.3.1　浓度三角形及其性质

1. 浓度三角形

与二元系一样，三元系的组成既可以用质量分数，也可以用摩尔分数表示。通常采用 3 条边被均分成一百等份的等边三角形的浓度三角形来表示三元系的组成，如图 5-35 所示。

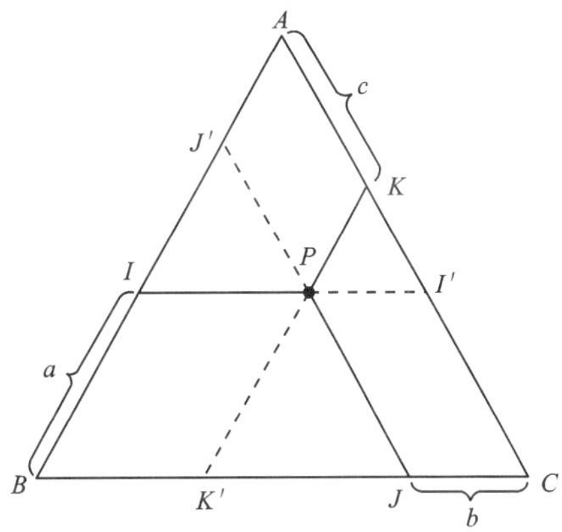

图 5-35 正三角形表示的浓度三角形

设三元系中任一体系的组成为图 5-35 中的 P 点，则该体系中 3 个组分的含量可用下述方法求得：通过 P 点分别作 BC、AC 和 AB 边的平行线 II'、JJ' 和 KK'，按逆时针（或顺时针）方向读取平行线在各边所截取线段的长度 a、b 和 c，则 P 点所表示的体系中组分 A、B、C 的质量分数分别为 a%、b%和 c%。根据等边三角形的几何性质，不难证明所截 3 条线段的长度 a、b、c 之和等于该等边三角形的边长，即

$$a+b+c=AB=BC=CA=100 \tag{5-28}$$

2. 浓度三角形的性质

1）等含量规则

根据浓度三角形的定义可知，在浓度三角形中平行于某一边的任一直线上，其所有体系点中对面顶点组分的含量均相等，这就是所谓的等含量规则。例如，在图 5-36 中，直线 KK' 平行于 AB 边，因此根据上述三元系的组成表示法可知，KK'线上诸体系点中组分 C 的含量相等，均为 c。依此类推，II'线上所有体系点中组分 A 的含量均为 a，JJ'线上所有体系点中组分 B 的含量均为 b。

2）等比例规则

等比例规则指出，在三角形某一顶点到其对边的任一直线上，各体系点中所含另两个顶点所表示的组分的量之比为一定值。例如在图 5-37 中，在从顶点 A 到 BC 边的任一直线 AF 上，物系 P_1、P_2、P_3 中 B 组分的含量分别为 b_1、b_2、b_3，C 组分的含量分别为 c_1、c_2、c_3，根据相似四边形原理可知，这些含量之间存在如下的比例关系：

$$b_1/c_1=b_2/c_2=b_3/c_3=\text{常数} \tag{5-29}$$

3）背向规则

在浓度三角形 ABC 中任取一物系点 P，如图 5-38 所示。假定当物系点 P 冷却至其初晶温度（即物系点到达液相面）时首先自液相中析出固相 A，则当体系继续冷却时，由于只析出固相 A，而剩余液相中 B、C 两组分含量的比值不变，故根据等比例规则可知，剩余液相的组成点 L 必定在 AP 连线或其延长线 AS 上变化。随着冷却结晶过程的进行，液相中 A 组分的含量不断减少，因此 L 点将沿着 AS 线，朝着背向顶点 A 的方向移动。很显然，析出固相 A 的量越多，液相组成点 L 离顶点 A 越远。这一规律称为背向规则，在分析冷却结晶过程的方向时非常重要。

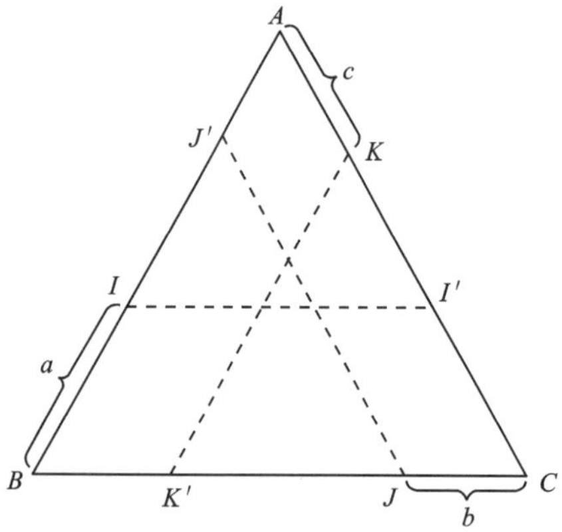

图 5-36　等含量规则示意图

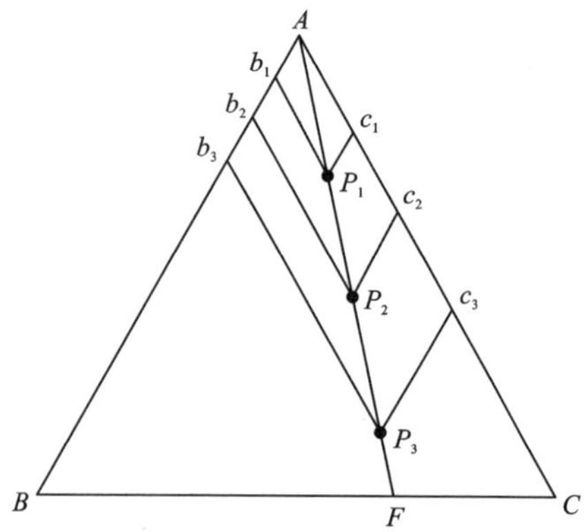

图 5-37　等比例规则示意图

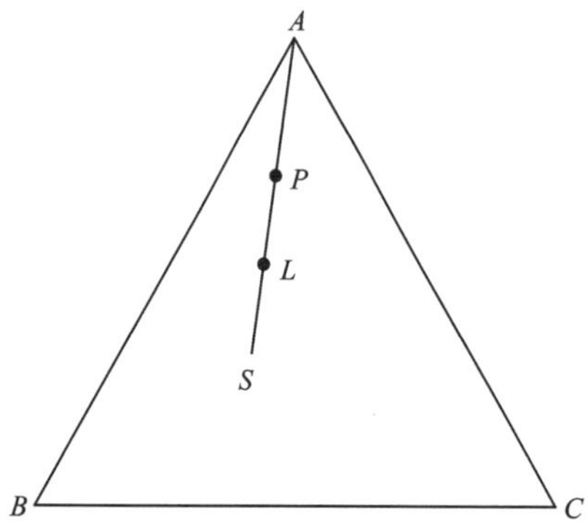

图 5-38　背向规则示意图

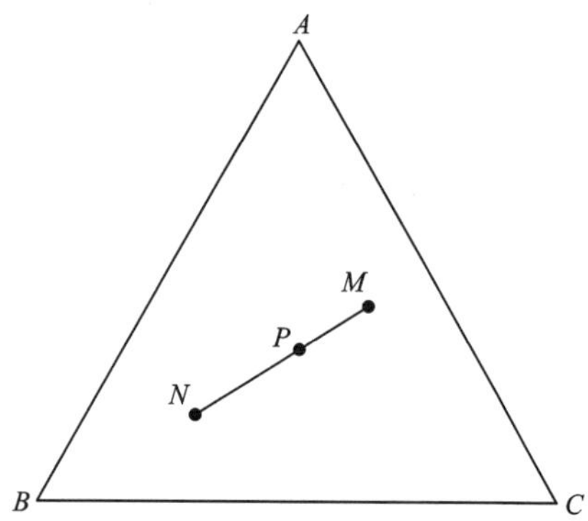

图 5-39　杠杆规则示意图

4）杠杆规则

如图 5-39 所示，在浓度三角形 ABC 内任取 M 和 N 两个物系点，它们可能是单相的也可能是多相的混合物。当由 M 和 N 两个物系混合成一个新物系 P 时，可以证明，物系 P 的组

成点必落在 MN 连线上，这就是直线规则。

P 点的具体位置可根据杠杆原理确定。设物系 M、N、P 的质量分别为 W_M、W_N、W_P，则根据质量守恒定律及杠杆原理有

$$W_M+W_N=W_P \tag{5-30}$$

$$W_M/W_N=NP/PM \tag{5-31}$$

$$W_M/W_P=NP/NM,\ W_N/W_P=PM/NM \tag{5-32}$$

直线规则同样适用于一个物系分解为两个新物系的情形，即当物系 P 分解成 M 和 N 两个新物系时，M 和 N 的组成点必定落在通过 P 点的直线上，而且 M 和 N 两点分别位于 P 点的两侧。当原始物系 P 的组成和质量以及新物系 M 和 N 的组成已知时，可由杠杆原理确定 M 和 N 的质量，即

$$W_M=\frac{NP}{NM}\times W_P,\ W_N=\frac{PM}{NM}\times W_P \tag{5-33}$$

5）重心原理

在浓度三角形 ABC 中，当由物系 M、N 和 Q 构成一新物系 P 时，则物系 P 的组成点必定落在三角形 MNQ 的重心位置上，这就是重心原理，如图 5-40 所示。

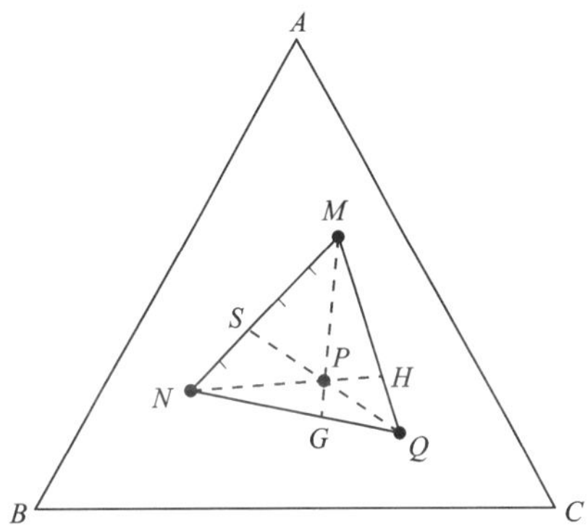

图 5-40　重心原理示意图

需要强调的是，这里所讲的重心是 3 个原始物系的物理重心，而不是浓度三角形的几何重心。只有当 3 个原始物系的质量相等时，这 2 个重心才会重合。

P 点的具体位置可以通过两次运用直线规则和杠杆原理来确定。

6）交叉位规则

设处于平衡的四相（即 4 个物系）组成分别为 M、N、Q 和 P，但 P 点不在三角形 MNQ 的重心位置上，而是位于三角形 MNQ 之外。如在图 5-41 中，P 点位于三角形 MNQ 一条边（MN）的外侧，而且在另外两条边（QM 和 QN）的延长线范围内，P 点所处的这种位置叫作交叉位。

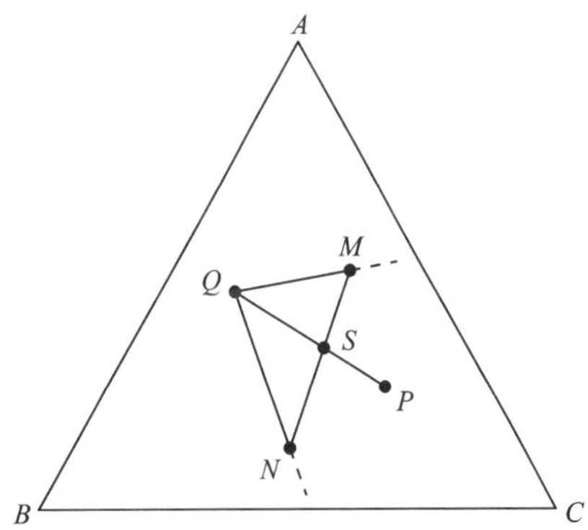

图 5-41　交叉位示意图

连接 QP 二点，交 MN 连线于 S 点。根据直线规则，平衡的四相 M、N、Q、P 与中间物系 S 之间存在以下的质量关系：

$$W_M+W_N=W_S;\ W_Q+W_P=W_S$$

故有

$$W_M+W_N=W_Q+W_P \tag{5-34}$$

即由 M 和 N 二相可以得到 P 和 Q 相；反之，也可以由 P 和 Q 二相得到 M 和 N 相。

式（5-34）也可以改写成如下形式：

$$W_P=W_M+W_N-W_Q \tag{5-35}$$

上式表明，当由物系 M 与 N 混合成新物系 P 时，必须从 M 与 N 的混合物中取出若干量的 Q 才行；反之，若想从物系 P 中分离出物系 M 和 N，则必须向 P 中加入一定量的 Q。这就是所谓的交叉位规则。

根据交叉位规则，若在浓度三角形 ABC 中物系点 M、N、Q 和 P 构成一个四边形，则一对角线上的两个物系(如 M 和 N)必生成另一对角线上的两个物系(如 Q 和 P)。这一结论在涉及转熔反应的冷却过程分析中经常用到。

7)共轭位规则

与交叉位的情形类似，在处于平衡的 M、N、Q 和 P 四个物系中，物系 P 的组成点也位于三角形 MNQ 之外。但不同的是，P 点位于三角形 MNQ 一个顶点(如 Q 点)的外侧，即在形成该顶点的两条边(MQ 和 NQ)的延长线范围内，如图 5-42 所示。P 点所处的这种位置叫作共轭位。

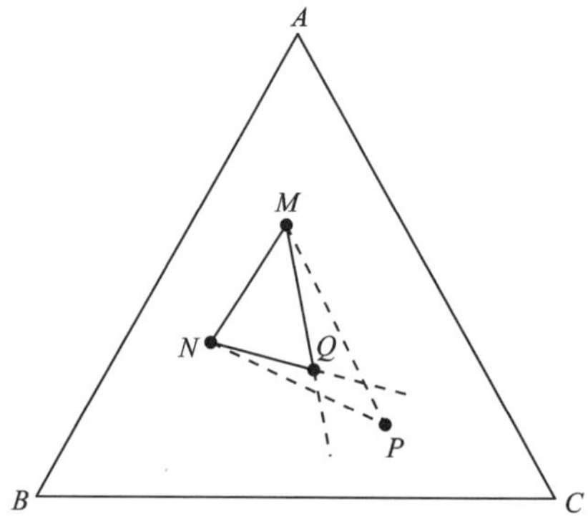

图 5-42　共轭位示意图

如果连接 M、N 和 P 构成三角形 MNP，则 P 的组成点位于该三角形之内。根据重心原理可知，平衡的 M、N、Q 和 P 四个物系之间存在如下的质量关系：

$$W_Q = W_M + W_N + W_P \tag{5-36}$$

上式可以改写成如下形式：

$$W_P = W_Q - W_M - W_N \tag{5-37}$$

上两式表明，若要由物系 Q 得到新物系 P，必须从物系 Q 中取出若干量的物系 M 和 N；反之，若想从物系 P 中分离出物系 Q，则必须向物系 P 中加入一定量的物系 M 和 N，这就是共轭位规则。

3. 新能源材料中的浓度三角形

浓度三角形能够直观地表示三元体系的组成，在新能源材料的表示中常用到浓度三角形表示一个三元体系。

1)Li-Mn-O 系

Li-Mn-O 三元组成体系可以用图 5-43 的浓度三角形表示。从图中可以清晰看出这三种元素组成的化合物之间的关系。

从图中可以看出，由 Mn、O 元素组成的化合物有 MnO、Mn_2O_3、MnO_2 等。由 Li、Mn、O 组成的化合物有 Li_2MnO_3、$Li_{6.5}Mn_5O_{12}$、$Li_4Mn_5O_{12}$、$Li_2Mn_4O_9$、$Li_7Mn_5O_{12}$、$Li_5Mn_4O_9$、$LiMnO_2$、$LiMn_2O_4$ 等。图中阴影部分代表有缺陷的尖晶石和岩盐相区。T 代表四方晶系(tetragonal symmetry)，C 代表立方晶系(cubic symmetry)，$Li_{6.5}Mn_5O_{12}$ 和 $LiMn_2O_4$ 间的虚线为两种晶系的边界线。其中，$LiMnO_2$ 中的 Mn 为+3 价，在 $Li_{6.5}Mn_5O_{12}$-$LiMn_2O_4$ 线上的 Mn 为+3.5 价，而在 λ-MnO_2-$LiMnO_{2.5}$-Li_2MnO_3 线上的 Mn 则均为+4 价，由此图可以知道这些锂锰化合物之间的转换趋势，进而制备相应的化合物。在 $LiMnO_{2.5}$-$LiMnO_2$ 线左侧部分的物质 Li/Mn 摩尔比相对较高，称为“富锂”，也即理论上对锂的容量就更大。

2)Li-Ni-O 系

由元素 Ni 和 O 形成的化合物主要有 NiO、Ni_3O_4、Ni_2O_3 和 NiO_2 等，Ni 的化合价分别为

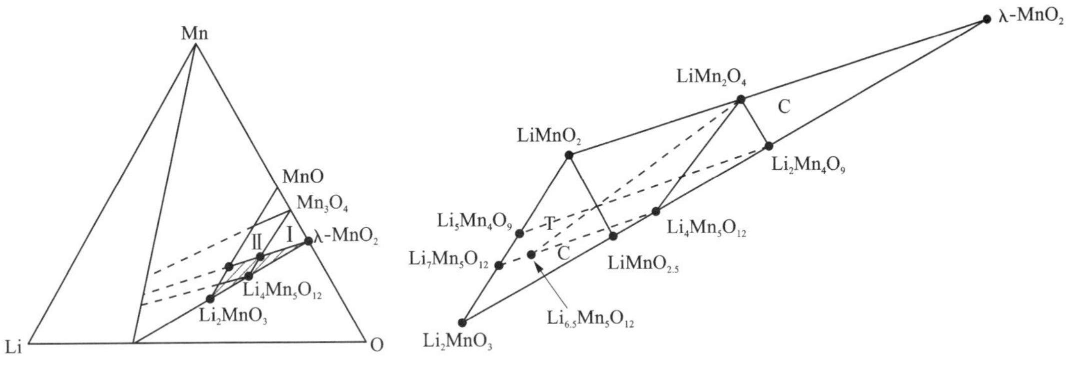

(a) Li-Mn-O 体系浓度三角形　　(b) 图 (a) 中阴影部分的放大图

图 5-43　Li-Mn-O 系浓度三角形

+2、+2.67、+3 和+4；Li、Ni、O 组成的化合物有 $LiNi_2O_4$、$LiNiO_2$、Li_2NiO_2 等(图 5-44)，越靠近 Li 一侧，化合物中 Li 的含量越高，物质含有相对高的 Li/Ni 摩尔比，称为“富锂”，也即理论上对锂的容量就更大。

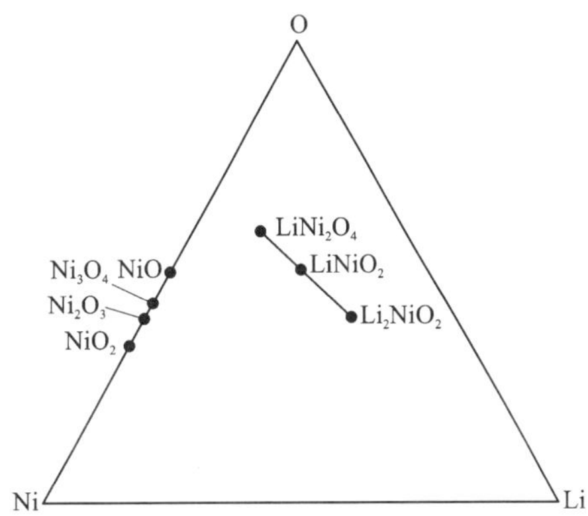

图 5-44　Li-Ni-O 系浓度三角形

这里就主要介绍一下较为常见的 $LiNiO_2$ 和 Li_2NiO_2。$LiNiO_2$ 是一种层状结构的锂离子电池正极材料，然而，尽管进行了这么多年的深入研究，$LiNiO_2$ 由于其制备条件非常苛刻，且热稳定性差，并没有成为商业现实。尤其是由 $LiNiO_2$ 高温煅烧所产生的阳离子混合，使得锂层中 Ni^{2+} 的位置被占据，导致对材料的整体电化学性能产生严重的有害影响。此外，锂化/脱锂过程中在高压区发生的相变使得晶胞体积发生突然变化，导致晶体结构不稳定，因而材料的循环稳定性差。为了解决这些问题，已经通过对 $LiNiO_2$ 进行掺杂开发出了二元和三元等正极材料，并且其已成为主流的锂离子电池正极材料。Li_2NiO_2 是一种富锂的镍酸锂材料，由于其容量高，可逆性极差，常被用作锂离子电池正负极的补锂剂。邓孝龙等人将 Li_2NiO_2 用作钴酸锂正极材料的补锂剂，研究发现正极补锂材料 Li_2NiO_2 的加入显著提升了电池容量及循环性能，同时降低了循环过程中直流内阻增长率，当添加量达到 6.5% 时电池容量提升了 8.0%，常温循环 400 圈后容量保持率增长了 13.3%，高温循环 300 圈后容量保持率增长了 7.2%。

3) $LiNiO_2$-$LiCoO_2$-$LiMnO_2$ 系

在锂离子电池的正极材料中，如 NCM 三元材料即含有 Ni、Co、Mn 的材料，因三种元素的含量不同，电池材料的性能也不一样。镍钴锰正极的常见比例配置有 NCM111(也可以表示为 NCM333)、NCM523、NCM622、NCM811 等，NCM 后面的数字表示这三种元素含量的比值，但分子结构仍然还保持 $LiNiO_2$ 结构。这个体系的组成可以用图 5-45 浓度三角形表示。

在该三元正极材料中，镍、钴、锰是过渡金属元素，形成固溶体，原子可按任意比例混排。镍含量增加会提升容量，但高镍材料会缩短循环寿命和降低稳定性。锰呈电化学惰性，锰含量增加会提升结构稳定性和安全性能，但含量过高容易出现尖晶石形态，而破坏材料的层状结构，降低容量。钴既能稳定材料的层状结构，又能减少阳离子混排，有利于提高电池循环性能和材料导电性，但含量过高会使可逆嵌锂容量下降，成本增加。

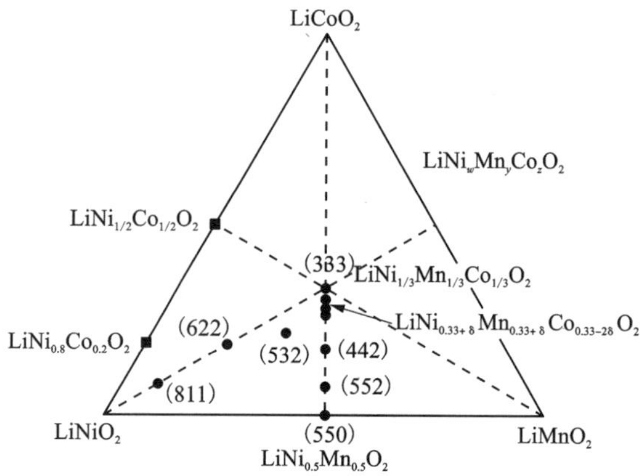

图 5-45　$LiNiO_2-LiCoO_2-LiMnO_2$ 系浓度三角形

三种过渡金属的配比决定了材料的各项性能。首次放电容量、容量保持率、比容量和热稳定性等性能无法同时达到最优，需要取舍，以尽可能优化配置。此外，钴资源相对匮乏，供应链脆弱，价格高昂且波动大，不利于成本控制。因此，如图 5-46 所示，三元材料已经由最开始的低镍高钴的 NCM333 发展到了中镍高钴的 NCM523 和 NCM622，随着社会对高比能电池体系的追求，三元材料正逐步向高镍化的 NCM811 发展，未来还将继续向着高镍低钴甚至无钴化方向发展。目前，NCM 三元体系中，在电池能量密度方面，NCM811>NCM622>NCM523，能量密度越大，越有利于提升整车的续航里程。

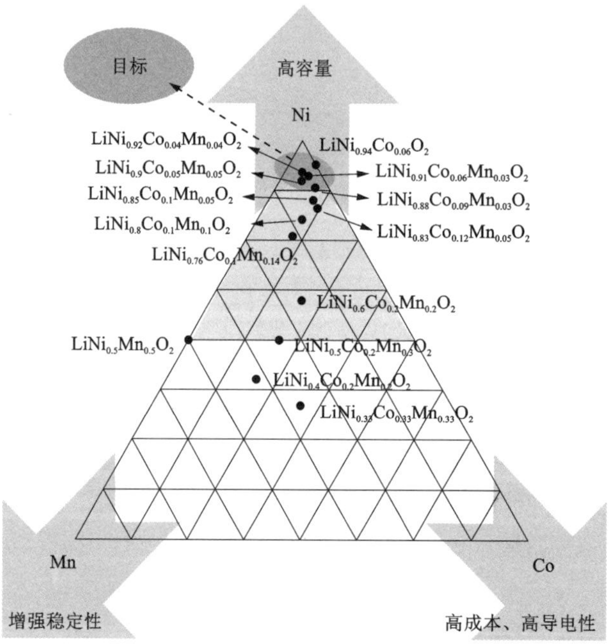

图 5-46　三元正极材料的发展历程和发展趋势

5.3.2　三元系相图的表示方法

如前所述，三元系相图必须用立体图形来表示。它是一个以浓度三角形为底面，以垂直于底面的纵坐标表示温度的三方棱柱体。在实际应用中，一般采用平面投影图和等温截面图来描述三元系的相平衡。

1. 立体相图

图 5-47 是具有一个低共熔点的简单三元低共熔体系的立体状态图，图中三个侧面分别表示 $A-B$、$B-C$ 和 $C-A$ 三个具有低共熔点的简单二元系相图，e_1、e_2 和 e_3 为相应的二元低共熔点。该体系的特点是，三个组分 A、B、C 在液态时完全互溶，而在固态时完全不互溶；体系中不生成化合物，只形成一个三元低共熔混合物。下面我们结合图 5-47 来分析三元系立体相图中面、线、点及空间区域的意义。

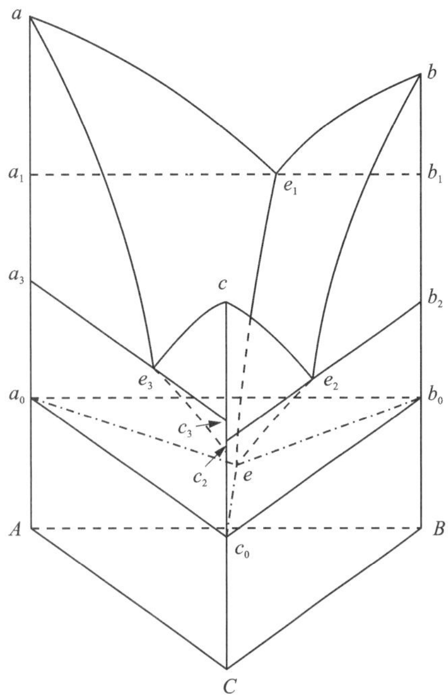

图 5-47　简单三元低共熔体系的立体状态图

1）液相面

三元立体状态图中的液相面是液相与一个固相组分达到平衡的曲面，如图 5-47 中的 ae_1ee_3a、be_1ee_2b 和 ce_2ee_3c 三个曲面均为液相面。液相面是由二元系中的液相线发展而来的，如液相面 ae_1ee_3a 是由 A 组分在 $A-B$ 二元系中的液相线 ae_1 和在 $A-C$ 二元系中的液相线 ae_3 发展而来的，因此该液相面本质上是一个对组分 A 饱和的饱和曲面，任何富 A 的三元熔体冷却到该液相面上的温度时，即开始对 A 饱和，析出 A 的晶体，即 $L\to A$，故此液相面也是组分 A 从液相中开始析出的曲面，亦称作组分 A 的初晶面。

液相面代表了一种两相平衡状态，根据相律可知，在液相面上体系的自由度为 $f=3-2+1=2$，即是说，只有当温度和一个组分的浓度确定之后，才能够确定体系的平衡状态。

同理，曲面 be_1ee_2b 是组分 B 的液相面（初晶面），析晶反应为 $L\to B$；而曲面 ce_2ee_3c 是组分 C 的液相面（初晶面），析晶反应为 $L\to C$。

2）界线

两个液相面相交得到的空间曲线称为界线，如图 5-47 中 e_1e、e_2e 和 e_3e 三条曲线均为界线。界线上的液相同时被两个晶相所饱和，例如，界线 e_1e 上任一点的液相对组分 A 和 B 同时饱和，体系冷却时同时析出 A 和 B 两个固相，即发生所谓的低共熔反应：$L\to A+B$。在这种情况下，界线 e_1e 又被称作组分 A 和 B 间的低共熔线。

界线代表了体系的三相平衡状态。由相律可知，在界线上体系的自由度为 $f=3-3+1=1$，即当温度一定时，体系的平衡状态便是确定的。

同理，界线 e_2e 是组分 B 和 C 间的低共熔线，析晶反应为 $L\to B+C$；而界线 e_3e 为组分 C 和 A 间的低共熔线，析晶反应为 $L\to C+A$。

3）无变量点

三元无变量点是三条界线（或三个液相面）的交点，亦称作三元零变点，因为在该点体系处于四相平衡状态，即一个液相与三个固相平衡共存，体系的自由度为零（$f=3-4+1=0$），如图 5-47 中的 e 点。由于 e 点的液相同时对 A、B、C 三个组分饱和，体系冷却时将同时析出 A、B、C 三种晶体，即发生低共熔反应：$L\to A+B+C$。在此情况下，e 点亦被称作该体系的三元低共熔点，其所表示的温度是三元熔体冷却时全部析出为固相的温度，也是加热三元混合物时出现液相的最低温度。

2. 平面投影图

三元体系的立体相图虽然有助于帮助读者建立三元相图的立体概念，但不便于实际应用，为此人们把立体相图向浓度三角形底面投影成平面图形，图 5-48 即为图 5-47 的简单三元低共熔体系的平面投影图。在平面投影图上，立体图上的三个空间曲面（液相面）分别投影为相应的平面区域，即三个初晶区 A、B 和 C；三条空间界线 e_1e、e_2e 及 e_3e 相应地投影为平面界线 E_1E、E_2E 及 E_3E，并且用箭头表示其温度下降的方向。E_1、E_2 及 E_3 分别为三个二元低共熔点 e_1、e_2 及 e_3 在平面上的投影，E 则是三元低共熔点 e 的投影。

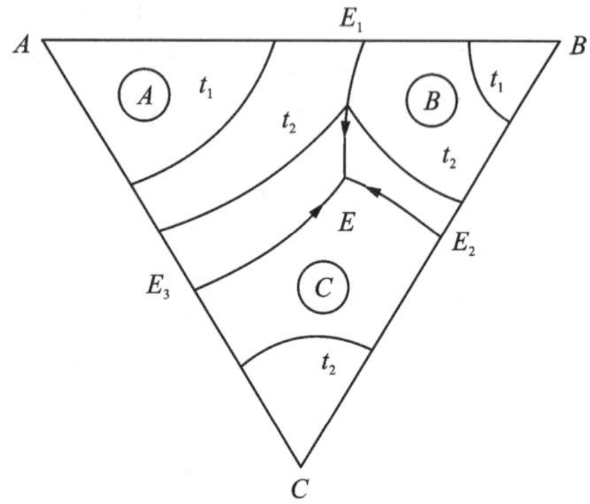

图 5-48　简单三元低共熔体系的平面投影图

为了能在平面投影图上表示温度，还需要在投影图中标出等温线。三元相图中的等温线类似于地图中的等高线，是利用等温截面得到的。

习　题

1. 在相图研究中常用的四个基本原理是什么？
2. 热分析法研究相图的原理是什么？
3. 静态法研究相图的原理是什么？
4. 用热力学数据推测相图的基本原理是什么？
5. 当 A 物质的固相和液相达到平衡时，它们的化学势是什么关系？
6. A-B 二元体系的成分与自由能关系如图 5-49 所示，请绘制出 A-B 二元系相图。

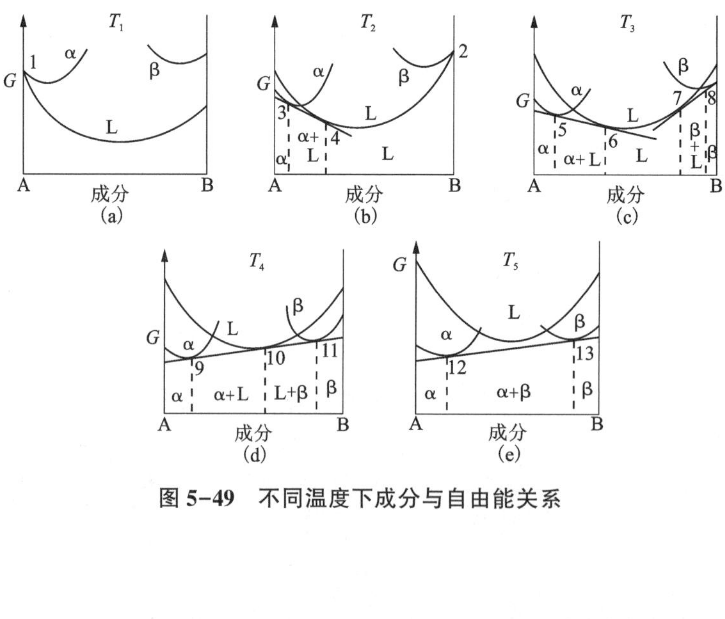

图 5-49　不同温度下成分与自由能关系

7. 温度为 T_1 时，由 AB 组元可形成 α、β 两种相，其自由能与成分的关系曲线如图 5-50 所示，请在图中绘出平衡时 α、β 两相的组成和化学势，并简要说明如何根据自由能-成分的关系图绘制温度-成分相图。

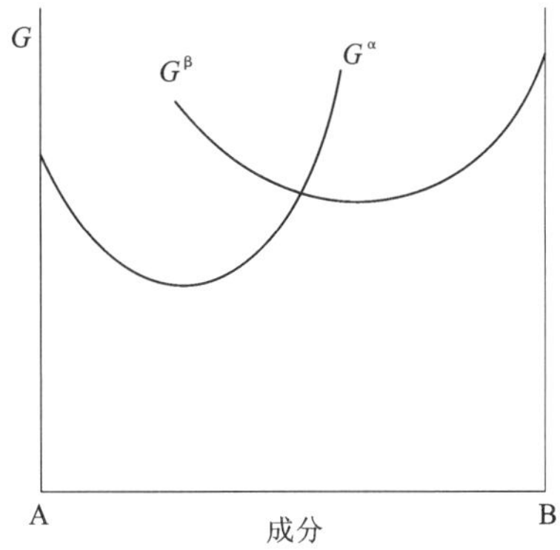

图 5-50 自由能与成分关系

8. 解释下列基本概念：

相、组元数、独立组元数、自由度、相图、相平衡、凝聚系统、低共熔点、转熔点

9. 请应用相律论证下列结论的正确性：

(1) 纯物质在一定压力下的熔点为定值；

(2) 纯液体在一定温度下有一定的蒸气压。

10. 分析下面相图(图 5-51)中 m 组成的冷却析晶过程。

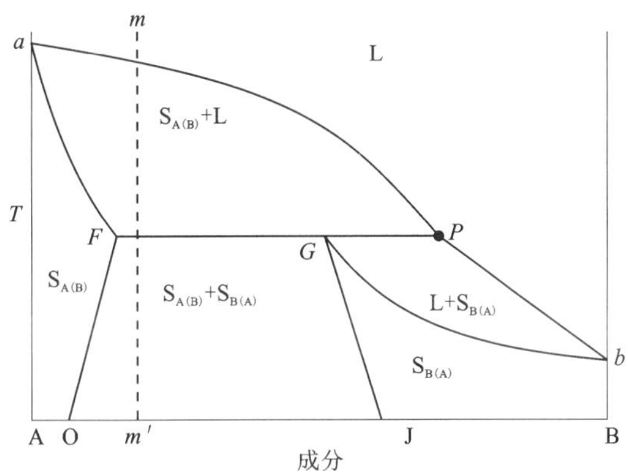

图 5-51 A-B 二元相图

11. 图 5-52 为 Pb-Sn 合金相图，现有含 Sn 40%的 Pb-Sn 合金。

(1) 分析含 Sn 40%合金熔体的冷却结晶过程；

(2) 求温度为 150 ℃时，其体系的组成？

(3) 如何得到含 Sn 50%的合金？

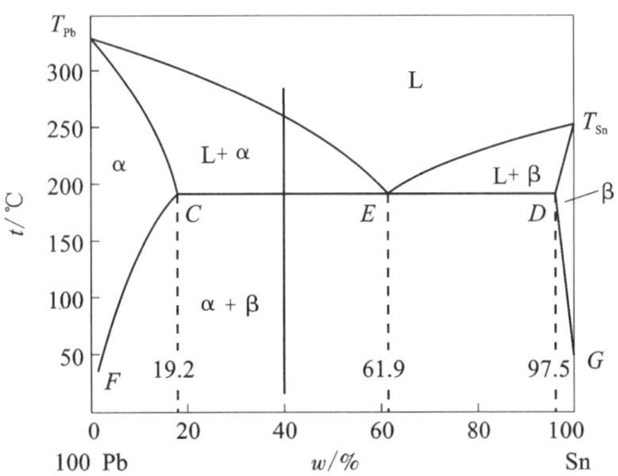

图 5-52 Pb-Sn 二元合金相图

12. 写出图 5-53 浓度三角形中，C、D、E、F、G、H 各组成点的成分。它们在浓度三角形中所处的位置有什么特点？

13. 在图 5-54 的浓度三角形中：

(1) 写出点 P、R、S 的成分；

(2) 设有 2 kg P、4 kg R、2 kg S，求它们混熔后的液体成分点 X；

(3) 定出 $w_C=8\%$，A、B 组元浓度之比与 S 相同的合金成分点 Y；

(4) 若有 2 kg P，问需要多少种成分的合金 Z 才能混熔得到 6 kg 的成分为 R 的合金？

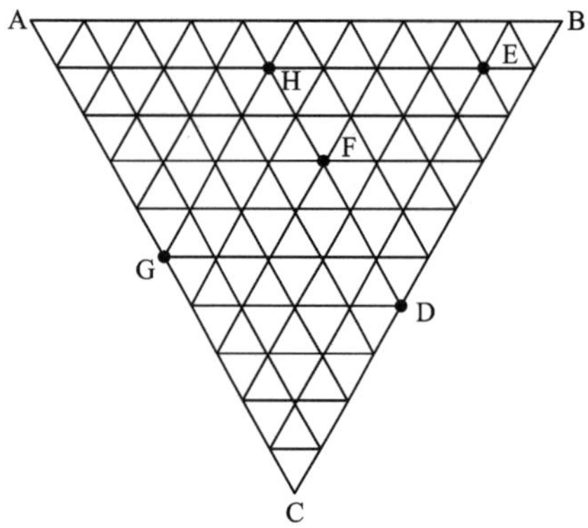

图 5-53　第 12 题浓度三角形

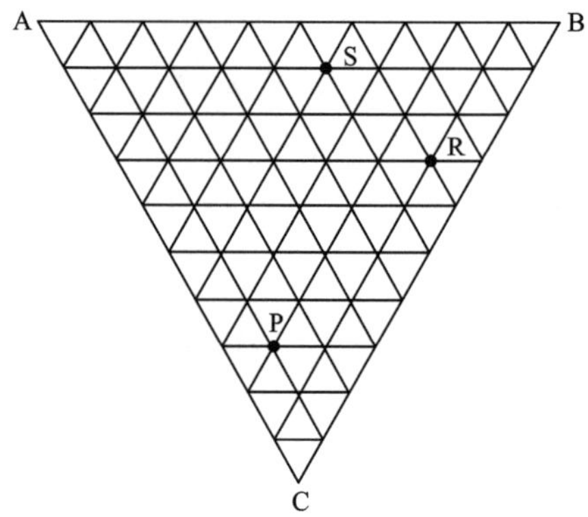

图 5-54　第 13 题浓度三角形

第 6 章　固相扩散

原子(或分子、离子)在晶体中不断在平衡位置附近做周期性振动，当外界提供一定的能量时，原子(或分子、离子)可以从点阵中的一个平衡位置跳跃到另一新的位置(每秒约跳跃 10^8 次)。这种原子的短距离或长距离迁移的微观过程以及由大量原子的迁移引起的物质的宏观流动，称为“扩散”。扩散是物质内质点运动的基本方式，当温度高于绝对零度时，任何物系内的质点都在做热运动。因为固体不能像气体或液体那样通过流动来实现物质的传输，所以扩散往往是固体中物质传输的唯一方式，一般具有低扩散速率和各向异性的特点。

在新能源材料的生产和使用过程中，许多关键现象都与扩散过程密切相关，例如，在锂离子电池正极材料的合成过程中，锂离子通过扩散作用进入晶体结构。在电池充放电循环中，电池性能依然依赖于锂离子在正负极之间的嵌入与脱出过程，其中锂离子的扩散速率对电池的电化学性能具有重要的影响。在进行锂离子电池正极材料的掺杂改性时，改性粒子的引入也是通过原子层面的定向扩散来实现的。研究扩散现象及扩散动力学规律可为材料的制备、改性及应用中的许多动力学过程提供有效的控制手段，这对理论研究和实际应用均具有重大意义。本章将重点讨论新能源材料中的一般扩散规律、扩散机制、影响扩散过程的主要因素，以及一些实际应用场景中的扩散现象。

6.1　菲克扩散定律

菲克(Adolf Fick)在研究扩散问题时定义了两种扩散形式。一种是“稳态扩散”，是指在扩散系统中，各类物体的扩散速率不随时间变化，使得任何给定的体积元素在任意时刻流入和流出的物质量相等，导致该点的浓度不随时间而变化($\partial C/\partial t=0$)；另一种是“非稳态扩散”，是指物质浓度在扩散介质中随时间发生变化的扩散($\partial C/\partial t\neq 0$)。只需要建立扩散方程和求出方程的解，就可以研究扩散过程中扩散物质的浓度分布和时间的关系。

6.1.1　菲克第一定律

1858 年，菲克参照傅里叶(Fourier)于 1822 年建立的导热方程，得出描述物质从高浓度区向低浓度区迁移的定量公式。

假设有一单相固溶体，横截面积为 S，浓度 C($C_1>C_2$)不均匀，如图 6-1 所示。

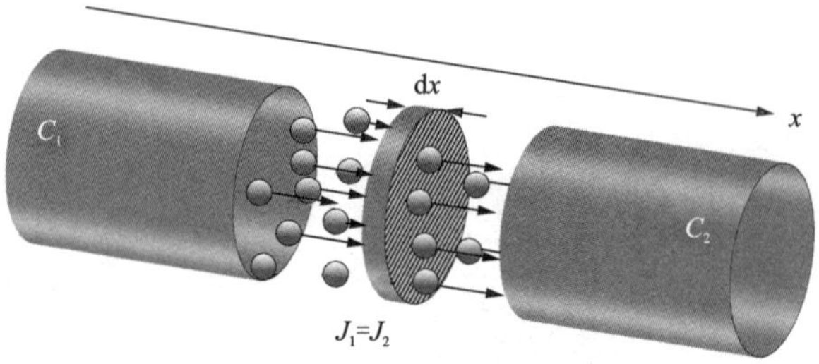

图 6-1 菲克第一定律的推导

在 Δt 时间内，沿 x 轴方向通过 x 处截面所迁移的物质的量 Δm 与 x 处的浓度梯度$\dfrac{\Delta C}{\Delta x}$成正比：

$$\Delta m \propto \frac{\Delta C}{\Delta x} S \Delta t \tag{6-1}$$

即

$$\frac{\mathrm{d}m}{S\mathrm{d}t} = -D\left(\frac{\partial C}{\partial x}\right) \tag{6-2}$$

根据上式引入扩散通量概念，则有

$$J = -D\frac{\partial C}{\partial x} \tag{6-3}$$

式(6-3)即菲克第一定律。式中 J 称为扩散通量，它是单位时间内通过垂直于 x 轴的单位面积的物质的量，常用单位是 kg/(m^2·s)或 mol/(m^2·s)；$\dfrac{\partial C}{\partial x}$是同一时刻沿 x 轴的浓度梯度；D 是比例系数，称为扩散系数，单位为 cm^2/s 或 m^2/s；负号说明扩散方向与浓度梯度方向是相反的。

为表示 x、y、z 方向的扩散通量，菲克第一定律普遍式可写成：

$$\begin{aligned} J_x &= -D_x\frac{\partial C}{\partial x} \\ J_y &= -D_y\frac{\partial C}{\partial y} \\ J_z &= -D_z\frac{\partial C}{\partial z} \end{aligned} \tag{6-4}$$

菲克第一定律说明了尽管材料内部的原子热运动是无序的，但在存在浓度梯度的情况下仍然会导致有序的扩散现象。该定律指出，扩散通量与浓度梯度成正比，且扩散的方向与浓度梯度的正方向相反，即扩散的宏观流动总是从溶质浓度高的地方向浓度低的地方进行。然而菲克第一定律只在稳态扩散的条件下适用，即局限于处理扩散过程中浓度不随时间变化的扩散问题。

Li^+在正负极材料内的扩散是一个重要的传质过程，也是锂离子电池内部电化学反应的重要影响因素，因此 Li^+扩散系数是锂离子电池正负极材料的重要指标，尤其对锂离子电池倍率性能有着重要的意义。

在锂离子电池中，正负极材料的充放电比容量、循环稳定性能和充放电倍率性能等重要特性均与锂离子在电极材料中的脱出和嵌入过程密切相关，而这些过程可以很好地从电化学阻抗谱(EIS)的测量和解析中体现出来。使用小幅度正弦波对电极进行极化，不会引起严重的浓度极化及表面状态变化；同时，扰动与体系的响应近似呈线性关系，扩散速度不同的过程很容易在频率域上分开。在 EIS 高频区域出现的半圆与锂离子通过活性材料颗粒表面的固体电解质界面(SEI)膜的扩散过程相关，在该过程中，锂离子浓度几乎保持不变，属于一维稳态扩散。鉴于锂离子电池的正负极材料大多选用能够脱嵌锂离子的层状化合物，且充放电过程主要步骤是锂离子在正负极材料中的脱出和嵌入，因此测定锂离子在正负极材料中的扩散系数显得尤为关键。一般而言，锂离子电池充放电过程中锂离子的浓度会明显变化，这意味着该扩散行为不属于稳态扩散。因此，为了准确测量锂离子在材料中的扩散系数，研究者除了使用 EIS 以外，还常采用恒电流间歇滴定法(GITT)和循环伏安法(CV)进行评估。

6.1.2　菲克第二定律

如果扩散物质的通量 J 不是一个常数，而是随着时间以及沿 x 轴方向上不同位置的变化而变化，则该情况下流经两个垂直于 x 轴、间距为 dx 的平面 1 和平面 2 上的通量并不相等(图 6-2)。这种现象被称为非稳态扩散，我们实际遇到的大多数重要的扩散都属于这种类型。当扩散处于非稳态，利用式(6-3)不能求出 $C(x, t)$，为便于求出 $C(x, t)$，菲克从物质守恒定律着手，建立了第二个微分方程，即菲克第二定律。

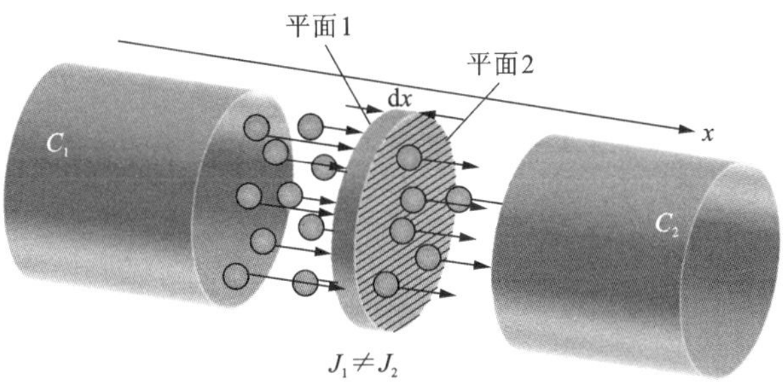

图 6-2　菲克第二定律的推导

以一维方向的非稳态扩散为例，图 6-2 阴影部分展示了由相距 dx 的两个垂直于 x 轴的面所界定的微单元，J_1 和 J_2 分别表示流入微单元和流出微单元的物质扩散通量，由此可知：

(积存的物质量) = (流入的物质量) − (流出的物质量)

通过平面 1 的流量为

$$J_1 = -D\frac{\partial C}{\partial x} \tag{6-5}$$

通过平面 2 的流量为：

$$J_2 = J_1 + \frac{\partial J}{\partial x}dx \tag{6-6}$$

稳态扩散时，$J_2=J_1$，$\frac{\partial J}{\partial x}=0$；非稳态扩散时，$J_2\neq J_1$，$\frac{\partial J}{\partial x}\neq 0$。

设两平面的面积为 S，则物质的累积速率为：

$$J_1S-J_2S=-\frac{\partial J}{\partial x}S\mathrm{d}x \tag{6-7}$$

物质累积速率还可用体积浓度 C 的变化率来表示，在 $S\mathrm{d}x$ 内物质累积速率为

$$\frac{\partial(CS\mathrm{d}x)}{\partial t}=\frac{\partial C}{\partial t}S\mathrm{d}x \tag{6-8}$$

联系式(6-7)则有

$$\frac{\partial C}{\partial t}=-\frac{\partial J}{\partial x} \tag{6-9}$$

将式(6-3)代入，可得

$$\frac{\partial C}{\partial t}=\frac{\partial}{\partial x}\left(D\frac{\partial C}{\partial x}\right) \tag{6-10}$$

这就是菲克第二定律的表达式。如果 D 和浓度无关，则式(6-10)可写为

$$\frac{\partial C}{\partial t}=D\frac{\partial^2 C}{\partial x^2} \tag{6-11}$$

根据以上讨论，扩散是由浓度所引起的，这种扩散称为化学扩散。

对于 x、y、z 三维空间中的扩散，如果介质是各向同性的，则式(6-10)写成

$$\frac{\partial C}{\partial t}=\frac{\partial}{\partial x}\left(D\frac{\partial C}{\partial x}\right)+\frac{\partial}{\partial y}\left(D\frac{\partial C}{\partial y}\right)+\frac{\partial}{\partial z}\left(D\frac{\partial C}{\partial z}\right) \tag{6-12}$$

若 D 与浓度无关，则式(6-12)可写成

$$\frac{\partial C}{\partial t}=D\frac{\partial^2 C}{\partial x^2}+D\frac{\partial^2 C}{\partial y^2}+D\frac{\partial^2 C}{\partial z^2} \tag{6-13}$$

式(6-13)为三维直角坐标系的菲克第一定律。

对于各向异性的介质，各个方向的扩散系数不同，设在 x、y、z 方向上的扩散系数依次为 D_x、D_y、D_z，式(6-13)写成

$$\frac{\partial C}{\partial t}=D_x\frac{\partial^2 C}{\partial x^2}+D_y\frac{\partial^2 C}{\partial y^2}+D_z\frac{\partial^2 C}{\partial z^2} \tag{6-14}$$

根据以上讨论，当 D 与浓度等无关，为常数时，可以将其推广到不同体系下的三维扩散，在直角坐标系下，式(6-14)写成

$$\frac{\partial C}{\partial t}=D\left(\frac{\partial^2 C}{\partial x^2}+\frac{\partial^2 C}{\partial y^2}+\frac{\partial^2 C}{\partial z^2}\right) \tag{6-15}$$

在柱坐标系下，具有柱对称扩散时，式(6-15)写成

$$\frac{\partial C}{\partial t}=\frac{D}{r}\left[\frac{\partial}{\partial r}\left(\frac{r\partial C}{\partial r}\right)\right] \tag{6-16}$$

在球坐标系下，具有球对称扩散时，式(6-15)写成

$$\frac{\partial C}{\partial t}=\frac{D}{r^2}\frac{\partial}{\partial r}\left(r^2\frac{\partial C}{\partial r}\right) \tag{6-17}$$

菲克第二定律以微分形式给出了浓度与空间、时间的关系。对式(6-11)求解，便可得到浓度与空间、时间的解析表达式。而菲克第二定律的解需要根据所讨论的初始条件和边界条件而定。初始条件和边界条件不同，解也不同，因此对于不同的扩散问题，可采用不同的求解方法。

1. 一维无穷长物体的扩散

假设有两根无穷长(一维扩散物体的长度大于 $4\sqrt{Dt}$，则可称之为一维无穷长)、截面一致且成分均匀的材料棒 A 和 B，它们通过加压对接焊接在一起，形成了一个扩散偶。假设 A 的浓度为 C_2，B 的浓度为 C_1，且 $C_2>C_1$。使其在高温下进行适当的扩散处理，其中焊接面垂直于扩散方向的轴线。焊接界面附近的浓度随时间发生改变，而材料两端的浓度不变，不受扩散过程的影响(参见图 6-3)。

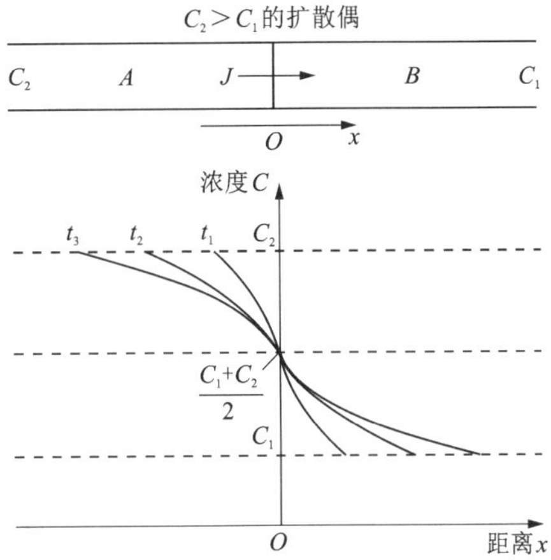

图 6-3　扩散偶及其浓度的分布

假设 D 与浓度无关，把坐标原点($x=0$)选择在焊接面上，此时的初始条件为

$$t=0,\ x>0,\ 则\ C=C_1$$
$$x<0,\ 则\ C=C_2$$

边界条件为

$$t\geqslant 0,\ x=\infty,\ 则\ C=C_1$$
$$x=-\infty,\ 则\ C=C_2$$

可求出经过 t 时间扩散之后，沿轴方向的浓度分布，也就是说可求出满足以上初始条件和边界条件的菲克第二方程的解。

令 $\lambda=x/\sqrt{t}$，代入式(6-11)，则

$$D\frac{\partial^2 C}{\partial x^2}=D\frac{\partial^2 C}{\partial \lambda^2}\left(\frac{\partial \lambda}{\partial x}\right)^2=D\frac{\partial^2 C}{\partial \lambda^2}\times\frac{1}{t} \tag{6-18}$$

$$\frac{\partial C}{\partial t}=\frac{\partial C}{\partial \lambda}\times\frac{\partial \lambda}{\partial t}=-\frac{\partial C}{\partial \lambda}\times\frac{x}{2t^{3/2}} \tag{6-19}$$

于是式(6-11)变换为

$$D\frac{\partial^2 C}{\partial \lambda^2}\times\frac{1}{t}=-\frac{\partial C}{\partial \lambda}\times\frac{x}{2t^{3/2}} \tag{6-20}$$

$$-2D\frac{\partial^2 C}{\partial \lambda^2}=\frac{\partial C}{\partial \lambda}\times\lambda$$

令 $\frac{\partial C}{\partial \lambda}=A\exp(-\alpha\lambda^2)$，代入上式，令 $n=2$，$\alpha=\frac{1}{4D}$，化简后得

$$\frac{\partial C}{\partial \lambda}=A\exp\left(\frac{-\lambda^2}{4D}\right) \tag{6-21}$$

两边积分后，得

$$C=\int_0^{\lambda}A\exp\left(\frac{-\lambda^2}{4D}\right)\mathrm{d}\lambda+B=A\int_0^{\lambda}\exp\left(\frac{-\lambda^2}{4D}\right)\mathrm{d}\lambda+B \tag{6-22}$$

令 $\beta=\frac{\lambda}{2\sqrt{D}}=x/2\sqrt{Dt}$，得

$$C=A\times 2\sqrt{D}\int_0^{\beta}\exp(-\beta^2)\mathrm{d}\beta+B=A'\int_0^{x/2\sqrt{Dt}}\exp(-\beta^2)\mathrm{d}\beta+B \tag{6-23}$$

根据高斯误差积分：

$$\int_0^{\infty}\exp(-\beta^2)\mathrm{d}\beta+B=\frac{\sqrt{\pi}}{2} \tag{6-24}$$

将其应用在初始条件，$t=0$ 时，

$x>0$，则 $C=C_1$，$\beta=\infty$

$x<0$，则 $C=C_2$，$\beta=-\infty$

于是由式(6-23)可得

$$C_1=A'\frac{\sqrt{\pi}}{2}+B \tag{6-25}$$

$$C_2=-A'\frac{\sqrt{\pi}}{2}+B \tag{6-26}$$

由上两式可以求出

$$A'=\frac{C_1-C_2}{2}\cdot\frac{2}{\sqrt{\pi}} \tag{6-27}$$

$$B=\frac{C_1+C_2}{2} \tag{6-28}$$

将式(6-27)和式(6-28)代入式(6-23)得

$$C=\frac{C_2+C_1}{2}-\frac{C_2-C_1}{2}\times\frac{2}{\sqrt{\pi}}\int_0^{\frac{x}{2\sqrt{Dt}}}\exp(-\beta^2)\mathrm{d}\beta=\frac{C_2+C_1}{2}-\frac{C_2-C_1}{2}\mathrm{erf}\left(\frac{x}{2\sqrt{Dt}}\right) \tag{6-29}$$

该式表明了在扩散过程中，扩散偶沿纵向各点在各个时间的浓度分布。假设 B 点的初始浓度为 $C_1=0$，则式(6-29)可写成

$$C=\frac{C_2}{2}\left[1-\mathrm{erf}\left(\frac{x}{2\sqrt{Dt}}\right)\right] \tag{6-30}$$

假设分界处 $x=0$ 处的浓度恒为 C_0，则 $C_0=\frac{C_1+C_2}{2}$。

式(6-30)中 C_2 为已知值，$\mathrm{erf}\left(\frac{x}{2\sqrt{Dt}}\right)=\frac{2}{\sqrt{\pi}}\int_0^{\frac{x}{2\sqrt{Dt}}}\exp(-\beta^2)\mathrm{d}\beta$ 为高斯误差函数，可从专用函数表中查出(见表6-1)。因此，如能测出式(6-29)中的 x、t 和 C，则可求出 D；如能测出 x、t 和 D，则可求出 C。

假设分界处 $x=0$ 处的浓度恒为 C_0，则 $C_0=\frac{C_1+C_2}{2}$

$C_2=2C_0-C_1$，代入式(6-29)

$$C=C_0-\frac{2C_0-2C_1}{2}\mathrm{erf}\left(\frac{x}{2\sqrt{Dt}}\right)$$

$$C-C_0=(C_1-C_0)\mathrm{erf}\left(\frac{x}{2\sqrt{Dt}}\right)$$

$$\frac{C_0-C}{C_0-C_1}=\mathrm{erf}\left(\frac{x}{2\sqrt{Dt}}\right) \tag{6-31}$$

式中：C_0 是组元 1 中扩散物质 A 的物质的量浓度；C_1 是组元 2 中扩散物质 A 的物质的量浓度；C 是经过时间 t 后在组元 2 中距离原界面 x 处的扩散物质 A 的物质的量浓度；t 为扩散时间；x 为扩散距离；D 为扩散物质 A 的扩散系数。

表 6-1　误差函数表 erf(β)

β	erf(β)	β	erf(β)	β	erf(β)	β	erf(β)
0. 00	0. 00000	0. 68	0. 66378	1. 36	0. 94556	2. 04	0. 99609
0. 02	0. 02256	0. 70	0. 67780	1. 38	0. 94902	2. 06	0. 99642
0. 04	0. 04511	0. 72	0. 69143	1. 40	0. 95229	2. 08	0. 99673
0. 06	0. 06762	0. 74	0. 70468	1. 42	0. 95538	2. 10	0. 99702
0. 08	0. 09008	0. 76	0. 71754	1. 44	0. 95830	2. 12	0. 99728
0. 10	0. 11246	0. 78	0. 73001	1. 46	0. 96105	2. 14	0. 99753
0. 12	0. 13476	0. 80	0. 74210	1. 48	0. 96365	2. 16	0. 99775
0. 14	0. 15695	0. 82	0. 75381	1. 50	0. 96611	2. 18	0. 99795
0. 16	0. 17901	0. 84	0. 76514	1. 52	0. 96841	2. 20	0. 99814
0. 18	0. 20094	0. 86	0. 77610	1. 54	0. 97059	2. 22	0. 99831
0. 20	0. 22270	0. 88	0. 78669	1. 56	0. 97263	2. 24	0. 99846
0. 22	0. 24430	0. 90	0. 79691	1. 58	0. 97455	2. 26	0. 99861
0. 24	0. 26570	0. 92	0. 80667	1. 60	0. 97635	2. 28	0. 99874
0. 26	0. 28690	0. 94	0. 81627	1. 62	0. 97804	2. 30	0. 99886
0. 28	0. 30788	0. 96	0. 82542	1. 64	0. 97962	2. 32	0. 99897
0. 30	0. 32863	0. 98	0. 83423	1. 66	0. 98110	2. 34	0. 99906
0. 32	0. 34913	1. 00	0. 84270	1. 68	0. 98249	2. 36	0. 99915
0. 34	0. 36936	1. 02	0. 85084	1. 70	0. 98370	2. 38	0. 99924
0. 36	0. 38933	1. 04	0. 85865	1. 72	0. 98500	2. 40	0. 99931
0. 38	0. 40901	1. 06	0. 86614	1. 74	0. 98613	2. 42	0. 99938
0. 40	0. 42839	1. 08	0. 87333	1. 76	0. 98719	2. 44	0. 99944
0. 42	0. 44747	1. 10	0. 88021	1. 78	0. 98817	2. 46	0. 99950
0. 44	0. 46623	1. 12	0. 88679	1. 80	0. 98909	2. 48	0. 99955
0. 46	0. 48466	1. 14	0. 89308	1. 82	0. 98994	2. 50	0. 99959
0. 48	0. 50275	1. 16	0. 89910	1. 84	0. 99074	2. 60	0. 99976
0. 50	0. 52050	1. 18	0. 90484	1. 86	0. 99147	2. 70	0. 99987

续表 6-1

β	erf(β)	β	erf(β)	β	erf(β)	β	erf(β)
0.52	0.53790	1.20	0.91031	1.88	0.99216	2.80	0.99992
0.54	0.55494	1.22	0.91553	1.90	0.99279	2.90	0.99996
0.56	0.57162	1.24	0.92051	1.92	0.99328	3.00	0.99998
0.58	0.58792	1.26	0.92524	1.94	0.99392	∞	1.00000
0.60	0.60386	1.28	0.92973	1.96	0.99443		
0.62	0.61941	1.30	0.93401	1.98	0.99489		
0.64	0.63459	1.32	0.93807	2.00	0.99532		
0.66	0.64938	1.34	0.94191	2.02	0.99572		

【例 6-1】 假设在锂离子电池高镍三元 $LiNi_{0.8}Co_{0.1}Mn_{0.1}O_2$ 材料表面包覆一层 ZrO_2，然后在高温 800 ℃下热处理，包覆原料 ZrO_2 和 $LiNi_{0.8}Co_{0.1}Mn_{0.1}O_2$ 材料结合表面形成了一个扩散偶，假设 Zr 离子往材料内部扩散，而材料表面的 Li 离子由于浓度差异往包覆层扩散，试分析高温热处理 10 h 后，Zr^{4+} 和 Li^+ 的浓度分布曲线。

【解】 这是一个互扩散问题。要想确定两种元素同时相互扩散时的浓度分布问题，需要利用式(6-31)。

包覆层 Zr^{4+} 向 $LiNi_{0.8}Co_{0.1}Mn_{0.1}O_2$ 正极材料中扩散时：

$$c_1 = 100\% c_{Zr}$$

$$c_0 = 50\% c_{Zr}$$

$$\frac{c_{Zr}-50}{100-50} = \mathrm{erf}(\beta) = \mathrm{erf}\left(\frac{x}{2\sqrt{D_{Zr}\times 10\times 3600}}\right) = \mathrm{erf}\left(\frac{x}{394.47\sqrt{D_{Zr}}}\right)$$

$LiNi_{0.8}Co_{0.1}Mn_{0.1}O_2$ 正极材料中 Li^+ 向包覆层中扩散时：

$$c_1 = 100\% c_{Li}$$

$$c_0 = 50\% c_{Li}$$

$$\frac{c_{Li}-50}{100-50} = \mathrm{erf}(\beta) = \mathrm{erf}\left(\frac{x}{2\sqrt{D_{Li}\times 10\times 3600}}\right) = \mathrm{erf}\left(\frac{x}{394.47\sqrt{D_{Li}}}\right)$$

因此，当知道 800 ℃下不同 Zr^{4+} 和 Li^+ 的扩散系数，用不同的 x 值代入上述各方程中，就可以得到两个元素的浓度分布曲线。如果 Li^+ 向 ZrO_2 包覆层扩散，x 是正值；如果 Zr^{4+} 向高镍三元材料扩散，x 是负值。

在锂离子电池正极材料的制备方法中有一种特殊的湿法嵌锂技术，这种技术巧妙地利用了一维无穷长物体的扩散特性。设定锂盐溶液(例如 LiOH)作为物体 A，其 Li^+ 的浓度为 c_1，而作为物体 B 的羟基氧化物前驱体 $Ni_{0.5}Co_{0.2}Mn_{0.3}OOH$ 材料内部的 Li^+ 的浓度为 c_2，其中 $c_1>c_2$。将 A、B 这两种物质混合后，在设定温度条件下，溶液中的 Li^+ 与前驱体材料中的 H^+ 会发生离子交换反应，在这个过程中，H^+ 从宿主晶格中扩散至溶液中，而 Li^+ 则扩散到宿主晶格中。从热力学的视角分析，这一离子交换过程要求 Li^+ 和 H^+ 克服晶格的能量壁垒，从而使其从晶格中向外或向内扩散。Li^+ 和 H^+ 之间的高浓度差为此项阳离子交换提供了必要的驱动力，促使 Li^+ 扩散进入晶格，形成更稳定的产物。在这一湿法嵌锂反应过程中，如果反应体系满足热力学的要求，Li^+/H^+ 交换就可以顺利进行。通过应用一维无穷长物体扩散模型，我们可以计算出这一反应所需的时间，这包括以下几个步骤：①建立扩散方程。首先，根据反应物的特性和所参与的反应，构建一个恰当的扩散方程。对于一维无穷长的情形，常采用菲克第二定律来描述扩散过程，并确定边界条件。②边界条件的确定。对初始时刻 $t=0$ 的浓度分布以及在边界处的具体浓度或边界条件进行明确定义。③求解扩散方程。基于上述建立的扩散方程和边界条件，计算出随时间变化的反应物浓度分布。这可以通过数值分析方法（如有限差分法或有限元法）或解析解法（如分离变量法）实现。④确定反应所需时间。通过计算得到的浓度分布，我们可以确定达到某一浓度阈值所需的时间，这个阈值可以作为反应完成的标志。⑤考虑反应动力学。在估算反应时间时，也需考虑反应速率和动力学特性。反应速率常常与反应物的浓度有关，故应将扩散过程与反应动力学相结合进行全面考量。综上所述，通过以上步骤和一维无穷长物体的扩散模型，可以估算出特定反应所需的时间。这种方法主要适用于简单的扩散控制反应，对于复杂反应系统的分析，可能需要引入更为复杂的模型和计算手段。

2. 半无限长物体中的扩散

半无限长物体中的扩散过程具有如下特征：表面浓度始终维持恒定，同时材料的长度大于 $4\sqrt{Dt}$（图 6-4）。对锂离子电池正极材料，例如 $LiNi_{0.8}Co_{0.1}Mn_{0.1}O_2$（NCM811）进行 Na 离子掺杂时，将钠盐与正极材料 NCM811 混合均匀，NCM811 材料表面的钠盐在 800 ℃ 下处于熔融状态，如果维持这样的恒温状态，表面的钠离子浓度 c_0 将保持不变，而随着时间的推移，钠离子将会不断地向 NCM811 材料内部扩散，进而嵌入该正极材料晶格中。将钠离子掺杂入 NCM 正极材料的这一过程，便是半无限长物体中扩散的实际示例。

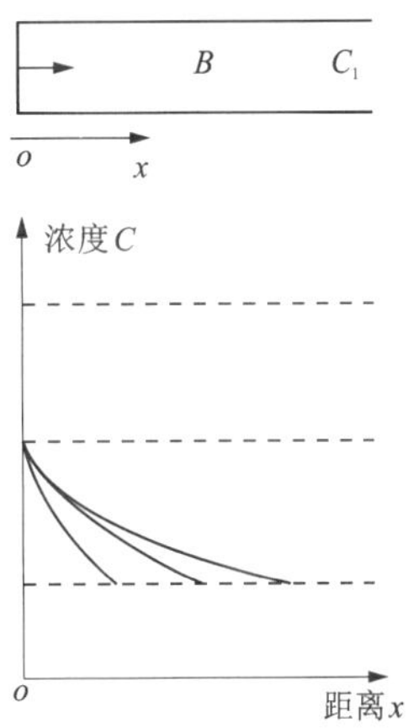

图 6-4　半无限长物体扩散及其浓度的分布

【例 6-2】　本案例探讨对正极材料 $LiNi_{0.8}Co_{0.1}Mn_{0.1}O_2$ 进行 Na 掺杂的过程。正极材料在合成期间由于原料中含有微量 Na 元素，因此得到的纯相材料 $LiNi_{0.8}Co_{0.1}Mn_{0.1}O_2$ 中已自然含有 0.02%Na（质量分数）。为了进一步掺杂 Na，设定处理温度为 800 ℃，正极材料的表面含 Na 量为 0.09%，试计算为使距离表面 0.5 μm 处的钠含量增加到 0.04%，所需要的时间是多少？假定 Na 在 800 ℃时的扩散系数 $D=1.28\times10^{-18}\ m^2/s$。

【解】　在考虑钠离子自正极材料表面向内部扩散的过程中，这一过程可以被视为一个半无限长物体中的一维扩散问题。为了解决此问题，通常采用高斯误差函数的方法进行求解。利用式（6-31）可得：

$$\frac{C_0-C}{C_0-C_1}=\mathrm{erf}(\beta)=\mathrm{erf}\left(\frac{x}{2\sqrt{Dt}}\right)$$

式中：C_0 是表面的钠浓度；C_1 是纯相正极材料中的钠浓度；C 是距表面 x 处在时间 t 时的钠浓度。

我们需要找到时间 t 使得距表面 $x=0.5\ \mu m$ 处的钠质量分数达到 0.04%。

将初始条件代入方程中，我们有

$$\frac{0.09-C(0.5,\ t)}{0.09-0.02}=\mathrm{erf}(\beta)=\mathrm{erf}\left(\frac{5.0\times10^{-7}}{2\sqrt{1.28\times10^{-18}t}}\right)$$

$$\frac{0.09-0.04}{0.09-0.02}=\mathrm{erf}\left(\frac{5.0\times10^{-7}}{2\sqrt{1.28\times10^{-18}t}}\right)$$

$$0.714=\mathrm{erf}\left(\frac{5.0\times10^{-7}}{2\sqrt{1.28\times10^{-18}t}}\right)$$

根据表 6-1 误差函数表 $\mathrm{erf}(\beta)$，得到：$\mathrm{erf}(0.76)=0.71754$，最接近 0.714

因此，$\dfrac{5.0\times10^{-7}}{2\sqrt{1.28\times10^{-18}t}}\approx0.76$

得出 $t\approx23.48$ h

此例题是扩散动力学方程的一个典型应用-求解浓度分布及相关工艺参数确定的问题。如果假定距表面 x 处的含 Na 量，即 c 已知，则 $\mathrm{erf}\left(\dfrac{x}{2\sqrt{Dt}}\right)$是确定值，于是$\dfrac{x}{2\sqrt{Dt}}$也是一个确定值，即 $x\propto2\sqrt{Dt}$。在温度恒定时，D 是常数，因而 Na 掺杂深度与掺杂渗透时间之间为抛物线关系，即 $x\propto\sqrt{t}$。如果被掺杂的材料中无掺杂元素，或者扩散偶的一个组元是纯组元，令 $c_1=0$，并假定浓度 $c=0.5c_0$ 为显著扩散位置，则由式(6-31)可得，$\mathrm{erf}\left(\dfrac{x}{2\sqrt{Dt}}\right)=0.5$，查表 6-1 得，$\dfrac{x}{2\sqrt{Dt}}=0.477\approx0.5$，于是，$x\approx\sqrt{Dt}$，即 $x^2=Dt$。利用此式可以互求发生显著扩散的距离与时间。

6.2 扩散的微观机理

扩散的宏观规律与微观机制之间有着密切的关系，为了深入研究扩散规律，人们提出了各种不同的扩散机制，扩散的宏观表现是物质的定向迁移。其推动力为：浓度梯度、化学位梯度、应力梯度。应特别注意每种扩散机制的不同特点及适用范围。

6.2.1 易位扩散机制

易位扩散模型是原子的扩散通过相邻两原子直接交换位置实现的，如图 6-5 所示，粗箭头表示原子移动方向，细箭头表示原子受力情况。

由于原子几乎是刚性球体，所以一对原子交换位置时，与它们相邻的原子必须退让出合适的空间，这样势必引起交换原子附近的晶格发生强烈的畸变，需要的扩散激活能很大，对交换机制扩散很不利。而且在复合材料中，如果是不同类原子交换，这就意味着两种不同原子的扩散系数必须相等，因此，这种扩散机制很难出现。

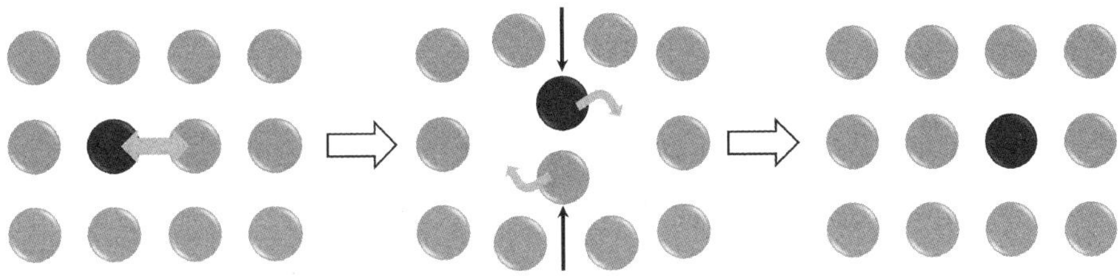

图 6-5　易位扩散机制示意图

6.2.2　间隙扩散机制

原子从一个晶格间隙位置跃迁到另一个晶格间隙位置的扩散，称为间隙扩散。间隙扩散机制适用于间隙固溶体中间隙原子的扩散。其中，发生扩散的主要是间隙原子，点阵上的原子则可以认为是不动的。在间隙固溶体中，尺寸较大的溶剂原子构成了固定的晶体点阵，尺寸较小的间隙原子在固溶体中的扩散是按照从一个间隙位置跃迁到其邻近的另一个间隙位置的方式进行的。

图 6-6(a)中标注了面心立方结构八面体间隙中心的位置，图 6-6(b)是面心立方结构中(100)晶面上的原子排列。图中 1 代表间隙原子原来的位置，2 代表跃迁后的位置。在跃迁时必须同时推开沿途两侧的溶剂原子 3 和 4，从而使晶格发生局部的瞬时畸变，这部分应变能就构成间隙原子跃迁的阻力，这也就是间隙原子跃迁时必须克服的能垒。如图 6-7 所示，间隙原子从位置 1 跃迁到位置 2 必须越过的能垒是(G_2-G_1)，因此只有那些自由能超过 G_2 的原子才能发生跃迁。间隙机制引起晶格形变，间隙原子相对晶格位上原子尺寸越小，间隙扩散越容易发生；反之，间隙原子越大，间隙扩散越难发生。

Li、Na、C、N、H、B、O 等尺寸较小的间隙原子在固溶体中的扩散就是按照从一个间隙位置跃迁到其邻近的另一个间隙位置的方式进行的。

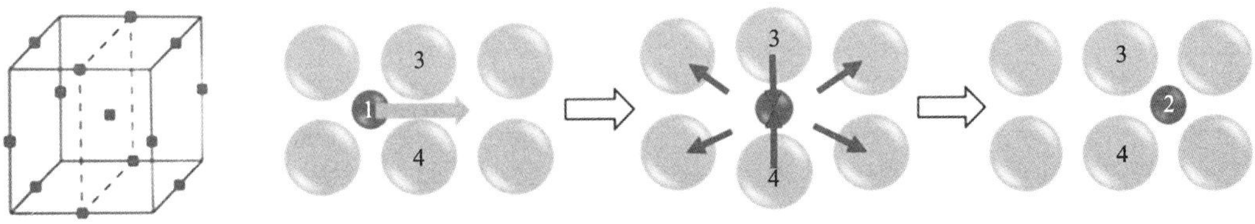

(a) 间隙原子面心立方结构示意图　　(b) 间隙原子跃迁示意图

图 6-6　间隙原子面心立方结构示意图和间隙原子跃迁示意图

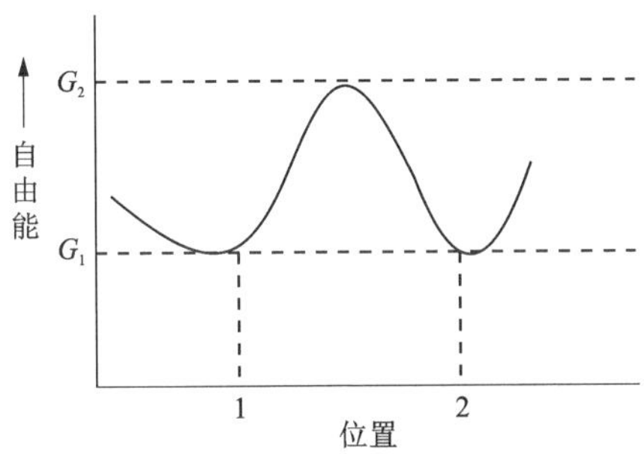

图 6-7　间隙原子跃迁时所需能量示意图

6.2.3 空位扩散机制

在绝对零度以上，晶格中总会存在一些空位，空位在晶格中的随机分布可以使熵增加。如果一个原子落在空位旁边，它就可能迁移到空位中，如图 6-8 所示，同时原子原来的位置变成空位，邻近原子也可能占据这个新形成的空位，使空位继续运动，这就是空位扩散机制。在置换型固溶体中，由于溶剂原子与溶质原子半径相差不大，很难进行间隙扩散，因此主要依靠原子和空位的交换位置来进行扩散。无论是金属体系还是离子化合物体系，空位机制是固体材料中质点扩散的主要机制。在一般情况下离子晶体可由离子半径不同的阴阳离子构成晶格，而较大离子的扩散一般是通过空位扩散机制进行的；置换型固溶体的扩散一般是空位扩散。一个原子与空位交换位置实现空位扩散的条件：①扩散原子附近存在空位；②邻近空位的原子具有较高的能量克服能垒。

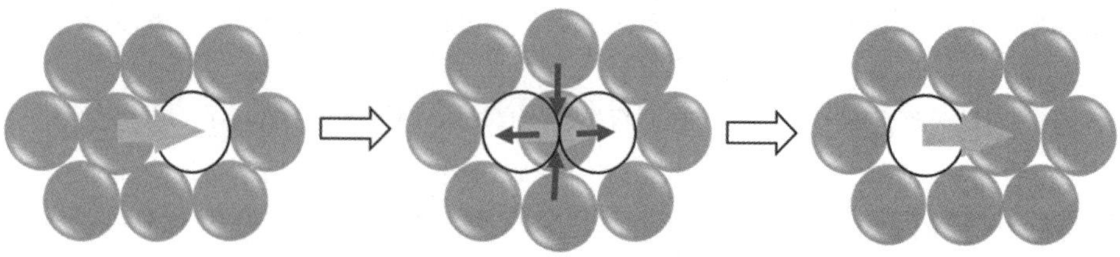

图 6-8 空位扩散机制示意图

空位是热平衡的点缺陷，不同温度下存在不同的空位平衡浓度 C_v，温度越高，空位越多，借助空位扩散的材料，温度越高越有利于扩散。如果空位来源于晶体结构中本征热缺陷，则空位浓度 N_v 为

$$N_v = \exp\left(-\frac{\Delta G_f}{2RT}\right) \tag{6-32}$$

式中：ΔG_f 为空位形成能；R 是气体常数，通常取 8.314 J/(mol·K)；T 为温度。

图 6-9(a)展示了(111)晶面的原子排列，若该面上的位置 4 出现一个空位，则其邻近的位置 3 的原子可能跳入该空位。图 6-9(b)更清楚地反映出原子跳动时周围原子的相对位置

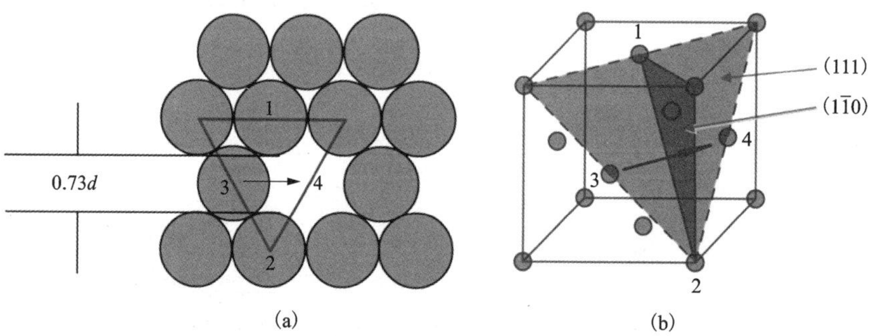

图 6-9 面心立方晶体的空位扩散机制

变化。在原子从(100)面的位置 3 跳入(010)面的空位 4 的过程中，当迁移到画阴影线的(110)晶面时，需要推开包含位置 1 和位置 2 的原子在内的 4 个近邻原子。设原子直径为 d，可以计算出位置 1 和位置 2 原子间的空隙是 $0.73d$。因此，直径为 d 的原子要通过 $0.73d$ 宽的空隙，就需要足够的能量来克服空隙周围原子的阻碍，并引起附近晶格的局部畸变。晶体结构越致密，或者扩散原子的尺寸越大，引起的晶格畸变越大，所需的扩散激活能也越高。在空位扩散机制下，原子进入空位以及空位的形成都需要能量，导致空位扩散激活能远大于间隙扩散激活能。

空位扩散激活能的计算方法如下式：

$$\Delta E=\Delta G_f+\Delta G_m \tag{6-33}$$

式中：ΔE 为置换原子扩散激活能；ΔG_f 为空位形成能；ΔG_m 为空位跃迁激活能。一般来说，空位跃迁的激活能相对较低，但由于晶体中的空位数量有限，因而扩散通量小，远低于间隙扩散的量级。晶体材料中空位的来源不仅是热缺陷，还包括由杂质离子固溶所引入的空位。因为扩散受固溶杂质离子的电价和浓度等外界因素影响，这种扩散称为非本征扩散。然而，随着温度升高，热缺陷增加，非本征扩散会逐渐转变为本征扩散。

6.2.4　其他类型的扩散机制

对于置换型固溶体，人们还提出了几种其他类型的原子跃迁机制。20 世纪 50 年代，Zener 指出，3 个以上原子呈环形转动，循环交换位置。如图 6-10 所示，即通过所谓环形扩散机制，其畸变能比原来两个原子的直接换位机制要低很多，但实际上这种相同状态的质点相互间发生极有规律的迁移的概率是极小的。

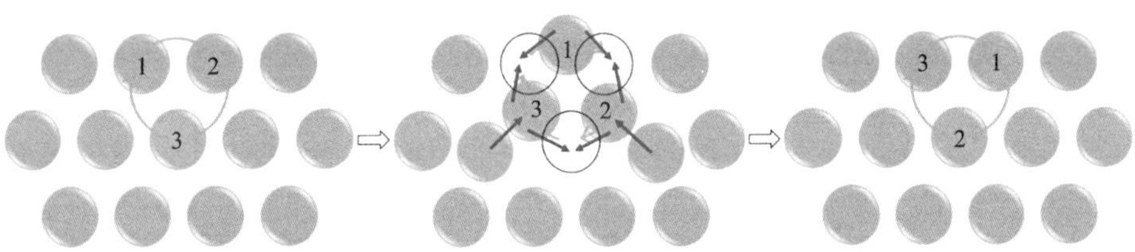

图 6-10　环形扩散机制示意图

图 6-11(a)中如果较大的原子进入间隙位置，例如辐照后形成的缺陷，它的可能运动方式是 1 占据 2 格点，将 2 推入间隙位置，这种方式称为填隙子(interstitial)机制或准间隙机制，Ag 在 AgBr 中的扩散就是如此；也可能出现两个原子共享同一格点的情况，见图 6-11(b)，称之为挤列子(crowdion)机制，形成所谓挤列子迁移机制，如图 6-11(c)所示。显然，上述粒子扩散所需活化能高于间隙扩散机制中粒子扩散所需活化能。

应当指出，上述几种机制一般是针对特定的对象，在特定的条件下起作用，而且往往是作为空位机制、间隙机制的补充。

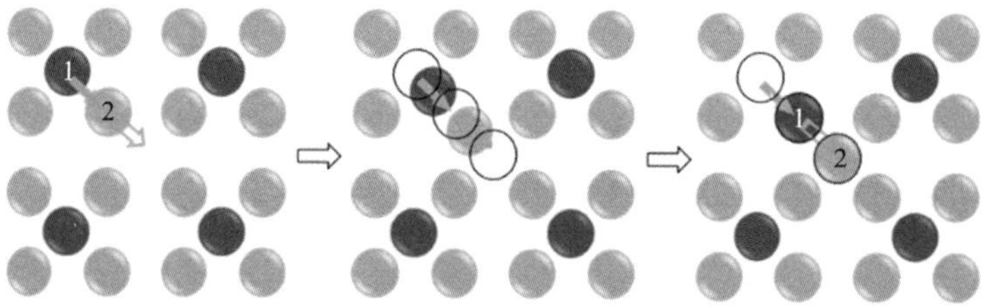

(a) 填隙子机制示意图

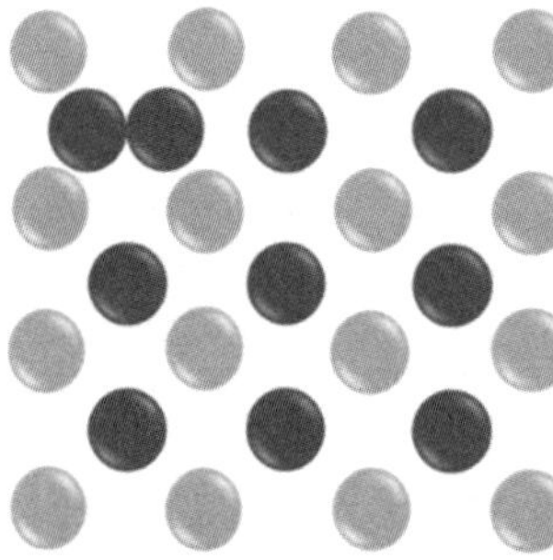

(b) 挤列子机制示意图

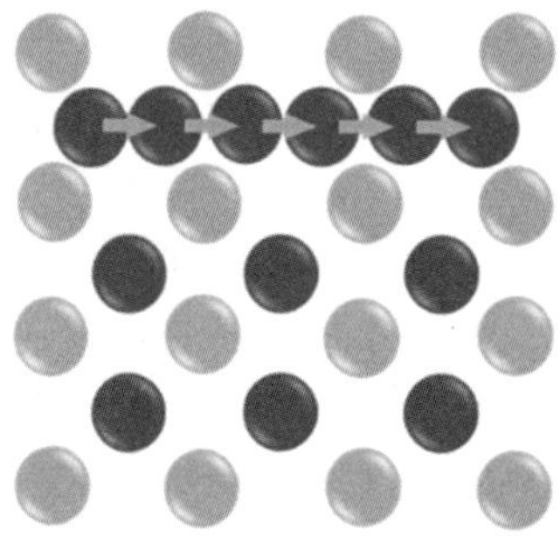

(c) 挤列子迁移机制示意图

图 6-11 填隙子机制与挤列子机制示意图

6.2.5 扩散系数

扩散过程的宏观规律和微观机制表明，扩散始于晶体内部缺陷的形成，随后能量较高的缺陷从一个相对平衡位置迁移到另一个相对平衡位置。基于此，应用缺陷化学和绝对反应速率理论，我们可以确定不同扩散机制下的扩散系数。

本征扩散是由晶体结构中本征热缺陷——肖特基(Schottky)缺陷所引导的质点的迁移过程。当杂质原子通过热扩散进入半导体中，在杂质浓度低于半导体在扩散温度下的空位浓度时，杂质扩散系数可以视为常数，此时的扩散称作本征扩散。本征扩散仅在掺杂浓度较低或扩散温度较高的情况下发生，符合本征扩散条件的区域称为本征扩散区域。在本征扩散区域内，若存在两种不同的杂质同时扩散，则它们的扩散效果是各自独立扩散效果的叠加。本征扩散主要涉及空位扩散和间隙扩散两种机制。在高温下，由热引发的本征缺陷浓度增大至足够多，因此与之相比杂质缺陷浓度可以忽略，导致扩散系数 D 可近似表示为

$$D = D_0 \exp\left(-\frac{Q}{RT}\right) \tag{6-34}$$

式中：$D_0 = \partial a_0^2 \exp\left(\frac{\Delta S_f + \Delta S^*}{R}\right)$，称为频率因子，它描述了原子、分子或离子尝试克服位垒并进行扩散的频率。频率因子通常与扩散过程中的势能垒高度和温度有关。∂表示缺陷的密度，通常是单位体积或单位表面积内的缺陷数；a_0 是晶格常数，是晶体结构中原子间距的平均值；ΔS_f 是形成活化能的熵变，它反映了在扩散过程中固体结构的变化所导致的熵的改变；ΔS^* 是扩散活化能的熵变，表示扩散过程中固体结构和局部环境的变化所带来的熵的改变。$Q = \Delta H_f + \Delta H^*$，称为扩散活化能，其大小等于缺陷形成能和迁移能之和。ΔH_f 表示晶格空位的形成能；ΔH^* 表示扩散过程中克服势垒的能量。R 为气体常数；T 为热力学温度，单位是 K。

【例 6-3】 在制备锂离子正极材料的过程中，为了提高材料性能，选择 W 元素掺杂。若使

W 元素在 800 ℃时扩散进入正极材料表面以下 0.1 μm 深度处需要 1 h，试着计算在 900 ℃时达到同样深度需要多长时间？假设 W 元素在层状正极材料中的扩散活化能为 137522 J/mol。

【解】 在此问题中，我们可以利用扩散方程来计算不同温度下的扩散时间。由式(6-34)知：

$$D=D_0\exp\left(-\frac{Q}{RT}\right)$$

式中：D 是扩散系数，m^2/s；D_0 是预指数因子；Q 是扩散活化能，J/mol；R 是气体常数；T 是温度，K。

在这个问题中，我们可以使用 800 ℃的扩散情况计算 D_0，然后将其应用到 900 ℃的温度下，利用相同的扩散方程来解决问题。

首先，我们需要将温度转换为开尔文温度

$$T_1=800+273.15=1073.15\ \text{K}$$

$$T_2=900+273.15=1173.15\ \text{K}$$

对于简单的扩散问题，采用半无限固体非稳态扩散的近似公式 $x^2=Dt$ 先求出在 T_1 下的扩散系数 D_1。

$$D_1=\frac{x^2}{t_1}=\frac{10^{-14}}{3600}=2.78\times10^{-18}(\text{m}^2/\text{s})$$

接下来计算预指数因子 D_0。

$$D_0=\frac{D_1}{\exp\left(-\frac{Q}{RT_1}\right)}$$

将已知数据 T_1，D_1 代入，

指数部分 $\exp\left(-\frac{Q}{RT_1}\right)=\exp\left(-\frac{137522}{8.314\times1073.15}\right)=\exp(-15.41)=2.03\times10^{-7}$

因此，$D_0\approx\frac{2.78\times10^{-18}}{2.03\times10^{-7}}\approx1.37\times10^{-11}(\text{m}^2/\text{s})$

现在，可以使用扩散方程来计算 900 ℃的扩散时间：

$$D_2=D_0\exp\left(-\frac{Q}{RT_2}\right)$$

指数部分 $\exp\left(-\frac{137522}{8.314\times1173.15}\right)=\exp(-14.10)\approx7.52\times10^{-7}$

所以 $D_2=1.37\times10^{-11}\times7.52\times10^{-7}\approx1.030\times10^{-17}(\text{m}^2/\text{s})$

最后，使用扩散公式 $x^2=Dt$ 求解 t_2

$$t_2=\frac{x^2}{D_2}=\frac{10^{-14}}{1.030\times10^{-17}}\approx970.87\ \text{s}\approx16.18(\text{min})$$

因此，在 900 ℃时，扩散进入正极材料表面以下 0.1 μm 深度处需要约 16.18 min。

本征扩散系数即组元的偏扩散系数，需要测出标记的移动速度才能求出。互扩散是指两种或多种不同材料中的原子、分子或离子在其接触界面处相互交换位置的现象。这种现象通常发生在固体材料、液体材料或固液界面上。互扩散的速率取决于多种因素，包括温度、材料的性质、界面条件等。对于二元置换扩散体系，菲克定律中的扩散系数采用的是互扩散系数，即

$$D=x_B D_A+x_A D_B \tag{6-35}$$

式中：x_A、x_B 为组元 A、B 的摩尔系数；D_A、D_B 为组元的分扩散系数。

锂离子电池在充电的过程中，正极的锂离子脱出，经过电解质的迁移到负极嵌入，在整个过程中，正负极分别处于贫锂态和富锂态，使得电子补偿电荷移动到电势较低的负极，以保证电荷平衡。同理，电池放电过程中，锂离子从负极脱出移动后嵌回正极。在整个充放电过程中，电极材料锂离子脱嵌过程的动力学性质将直接影响锂离子电池容量、能量密度和循环寿命等性能，而锂离子扩散系数(D_{Li^+})是衡量电极材料性能的重要参数。

1. 恒电位间歇滴定法(PITT)

恒电位间歇滴定法(PITT)可以通过控制电极的电位，并监测样品中的电流响应来测量溶液中的氧化还原物质含量。在测试锂离子扩散系数时，通常会使用具有锂离子传导性能的固体材料，如锂离子电池的电解质材料。通过在固体材料表面施加恒定的电压，可以促使锂离子从材料表面进入材料内部，并产生电流信号。根据电流信号的大小和时间变化，可以推断出锂离子在固体材料中的扩散速率，从而计算出扩散系数。总的来说，PITT 技术利用了固体材料中锂离子扩散的特性，通过测量电流信号的变化来确定锂离子在材料中的扩散系数。这种方法可以为锂离子导电材料的设计和优化提供重要的信息，从而改善锂离子电池等设备的性能和稳定性。

PITT 测试方法的建立是基于以下几个假设：①具有简单几何形状(即一维、圆柱或球形)的粒子足够大，有限尺寸效应可以忽略；②物质传输由菲克定律描述，没有梯度能量项；③假设在电压阶跃过程中，扩散系数不随浓度变化而变化，且体积保持不变；④电解质物料足够，在激励电势下能确保截面浓度 C_s 保持不变，直到整个体相的浓度都变为 C_s；⑤假设粒子外(电解液中或电解液颗粒界面)的动力学对电流响应没有影响。

用 Fick 第二定律描述体相的扩散过程：

$$\frac{\partial C_A(x,\ t)}{\partial t}=D\frac{\partial^2 C_A(x,\ t)}{\partial x^2} \tag{Ⅰ}$$

边界条件为：

$$C_A(x,\ 0)=C_0,\ 0\leqslant x\leqslant L,\ t=0 \tag{Ⅱ}$$

$$C_A(0,\ t)=C_s x=0,\ t>0 \tag{Ⅲ}$$

$$\frac{\partial C_A(x,\ t)}{\partial x}=0 \quad x=L,\ t>0 \tag{Ⅳ}$$

其中：x 为离两相界面的距离；C_A 为浓度；D 为化学扩散系数，假设其不随浓度的改变(C_0 到 C_s)而改变，C_0 为初始浓度，C_s 为界面浓度，L 为极片厚度。

解偏微分方程(Ⅰ)、(Ⅱ)、(Ⅲ)、(Ⅳ)，得到的解有两种标准形式：

$$\frac{C_A(x,\ t)-C_0}{C_s-C_0}=\sum_0^{\infty}\left[(-1)^n\left(\mathrm{erfc}\frac{(n+1)L-x}{\sqrt{Dt}}\right)+\mathrm{erfc}\frac{(nL+1)L+x}{\sqrt{Dt}}\right] \tag{Ⅴ}$$

或

$$\frac{C_A(x,\ t)-C_0}{C_s-C_0}=-\frac{4}{\pi}\sum_0^{\infty}\left[\frac{1}{2n+1}\sin\frac{(2n+1)\pi x}{2L}\exp\left(-\frac{(2n+1)^2\pi^2 Dt}{4L^2}\right)\right] \tag{Ⅵ}$$

响应电流与表面浓度的关系如下：

$$I(t)=-z_A FSD\left[\frac{\partial C_A(x,\ t)}{\partial x}\right]_{x=0} \tag{Ⅶ}$$

其中 S 为电极面积；综合式(Ⅴ)、(Ⅵ)、(Ⅶ)忽略(Ⅴ)、(Ⅵ)的高次项，有：

$$当\ t \ll \frac{L^2}{D},\ I(t)=z_A FS(C_s-C_0)\sqrt{\frac{D}{\pi t}} \tag{Ⅷ}$$

$$当\ t \gg \frac{L^2}{D},\ I(t)=\frac{2z_A FS(C_s-C_0)D}{L}\exp\left(-\frac{\pi^2 Dt}{4L^2}\right) \tag{Ⅸ}$$

在每一段激励电压平衡后，假设体相体积不变，那么体相的化学计量改变量：

$$\delta=Vm(C_s-C_0)=\frac{Q}{z_A F n_B} \tag{Ⅹ}$$

$$Q=\int_0^{\infty} I(t)\,\mathrm{d}t \tag{Ⅺ}$$

而极片厚度可以表示为：

$$L=\frac{V_M n_B}{S} \tag{Ⅻ}$$

将式(Ⅹ)、(Ⅺ)、(Ⅻ)代入式(Ⅷ)、(Ⅸ)有：

$$I(t)=\frac{Q\sqrt{D}}{L\sqrt{\pi}}\cdot\frac{1}{\sqrt{t}},\ t \ll \frac{L^2}{D} \tag{XIII}$$

$$I(t)=\frac{2QD}{L^2}\mathrm{e}^{\left(-\frac{\pi^2 Dt}{4L^2}\right)},\ t \gg \frac{L^2}{D} \tag{XIV}$$

当 $t \ll \frac{L^2}{D}$ 时，根据式(XIII)斜率可求 D，

据式(Ⅸ)两边同时求对数后有：

$$\ln[I(t)]=-\frac{\pi D^2}{4L^2}t+\ln\left[\frac{2z_A FS(C_s-C_0)}{L}\right] \tag{XV}$$

当 $t \gg L^2/D$ 时可用式(XV)的斜率来求 D。

结合实验测量的最大电流值和电量变化，可以得出离子扩散系数的表达式：

$$D_{Li^+}=\left\{\frac{[I(t)]_{max}\sqrt{\pi}r}{\Delta Q}\right\}^2 \tag{6-36}$$

式中：t 为测定时间；r 为活性粒子的半径；$\Delta Q=\int_{t=0}^{\infty} I(t)\,\mathrm{d}t$，为平衡时初始电位和末端电位之间转移的电荷数。

经近似和变换，可得式(6-37)、式(6-38)：

$$I(t)=I_0\exp\left(\frac{\pi^2 D_{Li^+}t}{4L^2}\right) \tag{6-37}$$

$$I_0=\frac{2ZFS(c_s-c_0)D_{Li^+}}{L} \tag{6-38}$$

式中：I_0 为电流 I 的初始值；L 为电极上活性物质的厚度；Z 为活性物质的得失电子数；F 为法拉第常数；S 为工作电极的活性物质与电解质接触的电化学活性表面积；c_s 和 c_0 分别为锂离子的初始浓度和跃迁后的浓度。

以 $\ln I-t$ 作图，由线性部分的斜率，可以计算出活性材料中的锂离子扩散系数 D_{Li^+}：

$$D_{Li^+}=\frac{-\mathrm{d}\ln I}{\mathrm{d}t}\cdot\frac{4L^2}{\pi^2}\left(t \gg \frac{L^2}{D_{Li^+}}\right) \tag{6-39}$$

式(6-39)是基于菲克-普朗克方程(Fick's second law)推导出来的，描述了锂离子在固体材料中的扩散过程。菲克-普朗克方程是描述扩散过程中浓度随时间和位置变化的偏微分方程。$\frac{\mathrm{d}\ln I}{\mathrm{d}t}$表示电流的自然对数随时间的变化率，通常是通过实验测量获得的。$\frac{4L^2}{\pi^2}$是扩散系数D_{Li^+}的一个推导形式，通常出现在边界条件已知的情况下。$t \gg \frac{L^2}{D_{Li^+}}$表示时间远大于扩散过程所需的时间，即已经达到了稳态或接近稳态的条件。

PITT可使电化学系统对应的电位扰动相应线性化，也可以在一定程度上克服相变对D_{Li^+}的影响，并且PITT测试只需要L这一个参数，因此PITT在D_{Li^+}的测定上应用较为广泛。

Qu等人选择$LiFePO_4$为正极材料进行PITT测试前，先对实验电池以0.1 mA/cm^2(对工作电极)的电流密度进行一次充放电，对电池材料进行电化学活化，静置12 h，当电池的开路电位在30 min内的变化不超过0.1 mV时，即认为电极基本达到平衡。测试时，对工作电极施加阶跃电位$\Delta E = E_1 - E_2$，阶跃电位控制在30 mV之内，得到电流对时间的计时电流曲线(I-t曲线)，当电流衰减到小于最大阶跃电流的1%时，终止该次阶跃实验。将电池静置一段时间，当电极基本达到平衡，再进行下一次PITT测试。图6-12(a)为$LiFePO_4$在不同的嵌锂

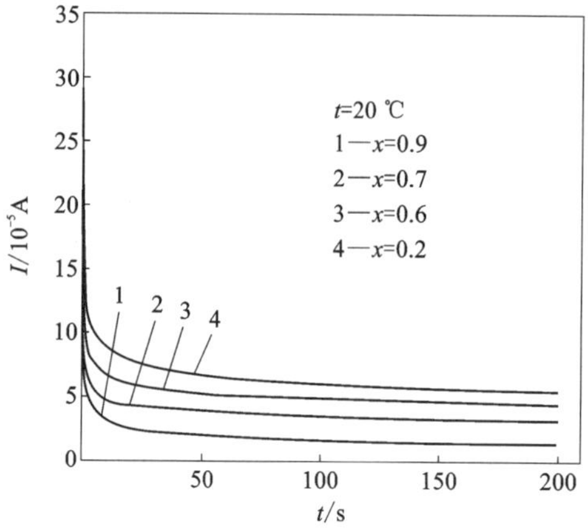

(a) $Li_{1-x}FePO_4$电极的电位阶跃测试的计时电流曲线

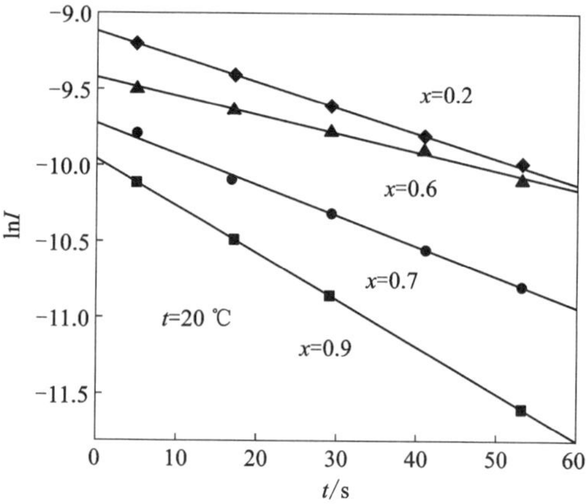

(b) $Li_{1-x}FePO_4$电极的ln$I$-t曲线

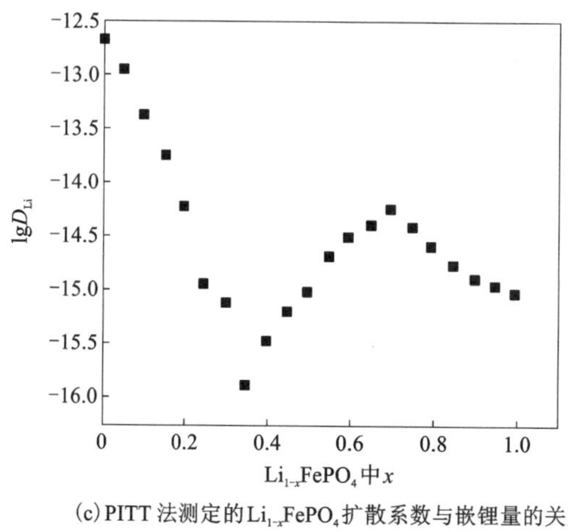

(c) PITT法测定的$Li_{1-x}FePO_4$扩散系数与嵌锂量的关系

图6-12　PITT法测试电极材料锂离子扩散实例

条件下，采用恒电位阶跃的计时电流曲线。如图6-12(b)所示为图6-12(a)在60 s内的$\ln I-t$曲线。电位的阶跃幅度为$\Delta E=30$ mV，电极活性物质的涂层厚度为$L=30$ μm。如图6-12(c)所示为根据式(6-39)和$\ln I-t$曲线的斜率计算出的不同嵌锂条件下的扩散系数，$LiFePO_4$的扩散系数为$10^{-13}\sim10^{-16}$ cm^2/s数量级。

【例6-4】 假设你正在研究$LiFePO_4$正极材料，并希望通过PITT技术来测量电解质中锂离子的扩散系数。在一次PITT实验中，你得到了以下数据：电极活性物质的涂层厚度$L=30$ μm，施加的阶跃电位$\Delta E=30$ mV，电极面积$A=1.2$ cm^2，实验温度$T=298$ K。当嵌锂量为$x=0.2$时，$\ln I-t$曲线的斜率为-0.0133。请根据上述数据，计算嵌锂量为$x=0.2$时正极材料的锂离子的扩散系数。

【解】

根据式(6-39)：$D_{Li^+}=\dfrac{-\mathrm{d}\ln I}{\mathrm{d}t}\dfrac{4L^2}{\pi^2}\left(t\gg\dfrac{L^2}{D_{Li^+}}\right)$

将$\dfrac{-\mathrm{d}\ln I}{\mathrm{d}t}=-0.0113\ \mathrm{s}^{-1}$，$L=3\times10^{-5}$ m带入式(6-39)，得到

$$D_{Li}=\frac{0.0113\times4\times(30\times10^{-6})^2}{\pi^2}\approx4.85\times10^{-12}\ \mathrm{m^2/s}$$

2. 电化学阻抗法(EIS)

电化学阻抗法(EIS)是一项用于测量电化学系统中电荷传输和离子传输过程的技术。它适用于研究电极与电解质界面的动力学行为，涵盖电荷传输速率和离子在电解质中的迁移行为，以确定其扩散系数。具体而言，EIS通过向电化学系统施加交流电信号并记录系统对电压和电流的响应来进行测试。测试锂离子扩散系数时，常将含锂离子导电材料的电池或其他电化学系统作为实验对象。在进行EIS分析时，通常会在电化学阻抗谱中观察到与离子传递相关的特征，比如电解质内的离子传递阻抗和电极表面的电荷传递阻抗。EIS测定锂离子扩散系数的基本原理是锂离子在电解质中的迁移产生的离子传输阻抗。锂离子在电解质中的迁移速度受到电解质性质和温度等多种因素的影响，通过对电解质中的离子传输阻抗进行测量，可以推导出锂离子的迁移速度，进而计算扩散系数。具体推导方式如下：

$$Z=Z_m e^{j\theta} \tag{6-40}$$

式中：Z表示离子传导阻抗；Z_m=电位振幅/电流振幅；θ=电位相位角-电流相位角。

$$Z_m=\frac{\dfrac{I_m RT}{n^2F^2c_0\sqrt{D_0\omega}}}{I_m}=\frac{RT}{n^2F^2c_0\sqrt{D_0\omega}} \tag{6-41}$$

式中：Z_m为电极的电化学阻抗，是在EIS实验中测得的电极的阻抗；I_m为电极上的失效电流，通常是在交流电极化过程的电流响应中测得的最大电流；R为理想气体常数；n为电子转移数，是电化学反应中电子转移的数量；T为开尔文温度；F为法拉第常数；c_0为溶液中电解质的初始浓度；D_0为溶液中电解质的扩散系数；ω为交流电信号的频率。

$$\theta=\omega t-\frac{\pi}{4}-\omega t=-\frac{\pi}{4} \tag{6-42}$$

根据平面电极的半无线扩散阻抗模型可知，Warburg阻抗Z_W可表示为

$$Z_W=\sigma(1-\mathrm{i})\omega^{-\frac{1}{2}}=Z'-\mathrm{i}Z'' \tag{6-43}$$

式中：σ 是与浓度无关的 Warburg 系数；ω 为角频率；Z'为实部阻抗；i 为虚数单位；Z''为虚部阻抗。

若复数平面图是一条通过坐标原点，并与 x 轴呈 45°夹角的直线，则该电极过程一定是由浓差极化控制，这是判断浓差极化的理论依据之一。

对于菲克第二定律，结合 EIS 测试条件的阻抗计算公式和 Butler-Volmer 方程，可得到 Warburg 系数 σ 的计算公式：

$$\sigma=\frac{V_{\mathrm{m}}\left(\frac{\mathrm{d}E}{\mathrm{d}n}\right)}{\sqrt{2}Z_{\mathrm{i}}FS\sqrt{D_{\mathrm{Li^+}}}} \tag{6-44}$$

即

$$D_{\mathrm{Li^+}}=\frac{1}{2}\left[\left(\frac{V_{\mathrm{m}}}{Z_{\mathrm{i}}FS\sigma}\right)\left(\frac{\mathrm{d}E}{\mathrm{d}n}\right)\right]^2 \tag{6-45}$$

式中：V_{m} 为活性物质的摩尔体积；E 为开路电位；n 为活性材料中的嵌锂量；Z_{i} 为扩散离子所带电荷数；S 为极片面积。

Qu 等人选择 $LiFePO_4$ 为正极材料进行电池材料的交流阻抗研究时，频率变化范围为 0.01 Hz~100 kHz，正弦波交流电压扰动信号的幅值为 5 mV。每次进行测试之前，先测试电池的开路电位，当电池的开路电位在 30 min 内的变化不超过 0.1 mV，即认为电极基本达到平衡，可进行材料的电化学阻抗谱测试。如图 6-13(a)所示为 $LiFePO_4$ 在不同嵌锂量条件下的阻抗谱。在嵌锂初始阶段，随着嵌锂量的增加，材料的阻抗增大，达到一定值后，随着嵌锂量的增加，阻抗开始逐渐变小。这是由于在初始阶段，随着嵌锂量的增加，材料的电化学极化增大，阻抗变大，当阻抗达到极大值后，随着电化学过程的进行，材料被逐渐活化，阻抗开始降低。如图 6-13(b)所示为 $LiFePO_4$ 的库仑滴定曲线；图 6-13(c)为锂量为 0.1($x=0.9$)时，Warburg 阻抗实部与角频率平方根的关系图。用 Warburg 阻抗实部对角频率平方根作图，如图 6-13(c)所示，可得到一定嵌锂量条件下的 Warburg 系数 σ，在确定 Warburg 系数 σ 和 $\mathrm{d}E/\mathrm{d}n$ 后，由式(6-45)可求得活性材料的化学扩散系数。由于电极活性物质涂层较薄(30 μm)，因而采用电极的几何表面积代替。采用 EIS 法测定 $D_{\mathrm{Li^+}}$与嵌锂量的关系，如图 6-13(d)所示。由图可知，锂离子在 $LiFePO_4$ 的活性材料中的化学扩散系数的变化范围在 10^{-13} 至 10^{-16} $\mathrm{cm^2/s}$ 之间。与图 6-12 中 PITT 测试得到的趋势相似[$x=1$ 为锂离子完全脱出态，$x=0$ 为锂离子完全嵌入态，图 6-13(d)由右向左看]，曲线中 $D_{\mathrm{Li^+}}$先出现一个极大值，后出现一个极小值，随后随嵌锂量的增加而增大。这可能是电化学活化过程与相间相互转化共同作用的结果。

3. 恒电流间歇滴定法(GITT)

恒电流间歇滴定法(GITT)是目前测定 $D_{\mathrm{Li^+}}$最主要的方法，不仅操作简单，而且数据准确，是测量 $D_{\mathrm{Li^+}}$的标准方法。具体公式如式(6-46)所示：

$$D_{\mathrm{Li^+}}=\frac{4}{\pi}\left(\frac{V_{\mathrm{m}}}{SFz_{\mathrm{i}}}\right)^2\left[\frac{I_{\mathrm{c}}\left(\frac{\mathrm{d}E}{\mathrm{d}\delta}\right)}{\left(\frac{\mathrm{d}E}{\mathrm{d}\sqrt{t}}\right)}\right]^2\left(t\ll\frac{L'^2}{D_{\mathrm{Li^+}}}\right) \tag{6-46}$$

式中：z_{i} 为电子转移数；I_{c} 为外加恒电流；δ 为初始化学计量偏差；L'为扩散距离。

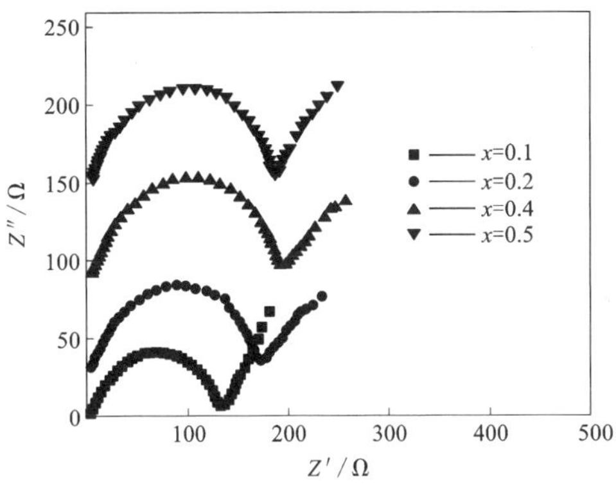

(a) 不同嵌锂量的$Li_{1-x}FePO_4$阻抗谱

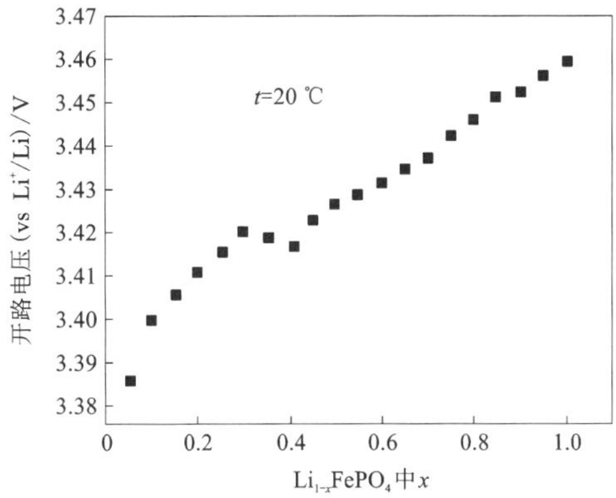

(b) $Li_{1-x}FePO_4$库仑滴定曲线

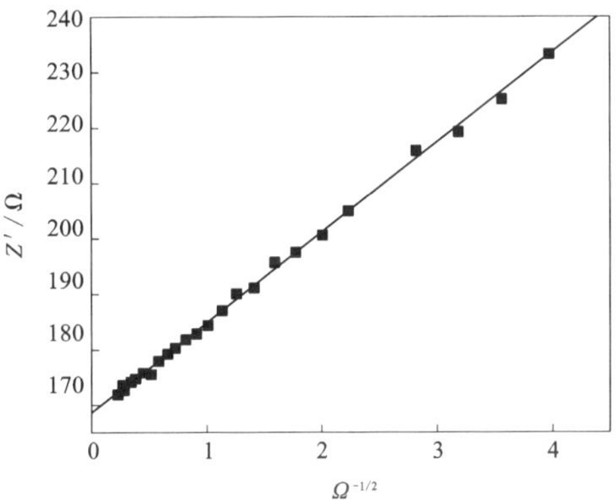

(c) $Li_{0.1}FePO_4$ Warburg阻抗实部与角频率平方根的关系

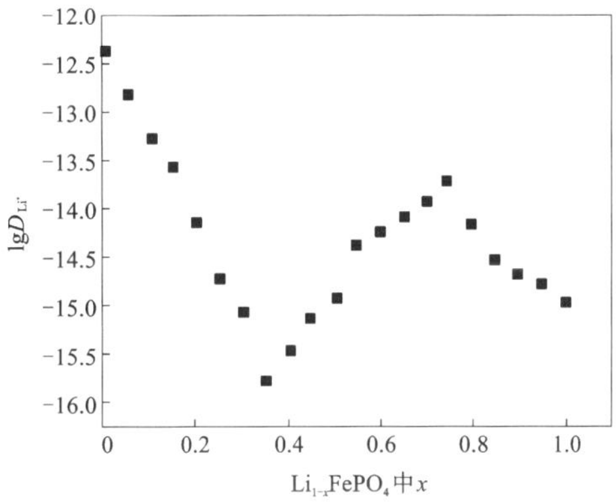

(d) EIS法测定的$Li_{1-x}FePO_4$化学扩散系数与嵌锂量的关系

图 6-13 EIS 法测定电极材料锂离子扩散系数实例

式(6-46)推导过程如下。

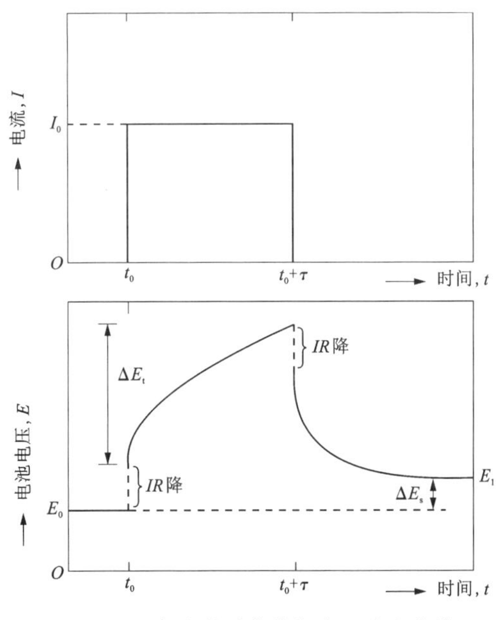

图 6-14 电流激励曲线与电压响应曲线

如图 6-14 所示：假设电极在达到稳态的时候电压为 E_0，在 t_0 时刻对系统施加一个恒定电流 I_0 的激励（激励时间为 τ），对应的电压会有一个快速上升然后下降的过程。ΔE_t 是 I_0 的电流（激励时间 τ）时总的暂态电压改变量，ΔE_s 是经过激励-弛豫后，稳态电压的改变量。

对基本反应：

$$A_yB+\delta A^++\delta e^-\Leftrightarrow A_{y+\delta}B \tag{6-47}$$

电解质-样品界面在 $x=0$ 处，样品厚度为 L。经过时间 τ 的激励，总的化学计量数的改变为

$$\Delta\delta=\frac{I_0\tau}{Z_i\dfrac{m_B}{M_B}F} \tag{6-48}$$

式中：Z_i 为 A^+ 的荷电数；m_B 为 B 的质量；M_B 为 B 的摩尔质量；F 为法拉第常数。

图 6-15 展示了一个典型的 GITT 实验装置，用于研究电化学系统中的扩散和动力学特性。其中，A 表示负极，$A_{y+\delta}B$ 表示正极，流向负极。装置中通过一个电位计（标记为 A°）测量系统的电位差。施加恒定电流 I，系统开始“激励”过程。测量电极间的电位差（E）随时间的变化，可以得到暂态电位变化 ΔE_t，然后电流停止（进入弛豫阶段），使系统达到新的稳态，测量稳态电位变化 ΔE_s。

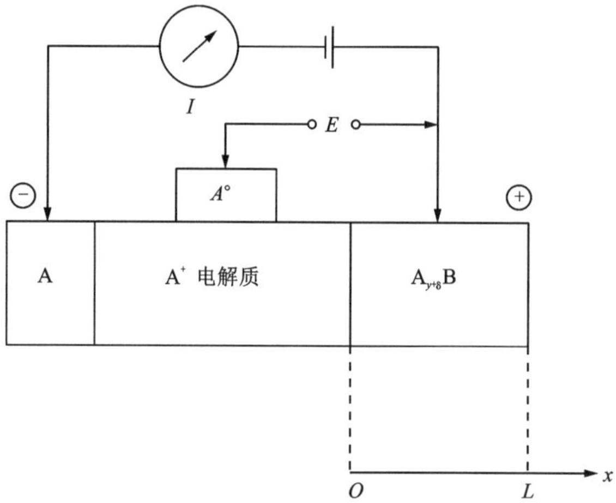

图 6-15　实验原电池排列示意图

利用菲克第二定律有

$$\frac{\partial c_i(x,t)}{\partial t}=D\frac{\partial^2 c_i(x,t)}{\partial x^2} \tag{6-49}$$

初始边界条件：

$$c_i(x,t=0)=c_0(0\leqslant x\leqslant L) \tag{6-50}$$

$$-D\left.\frac{\partial c_i}{\partial x}\right|_{x=0}=\frac{I_0}{Sz_iF}(t\geqslant 0) \tag{6-51}$$

$$\left.\frac{\partial c_i}{\partial x}\right|_{x=L}=0(t\geqslant 0) \tag{6-52}$$

式(6-50)表示初始时刻的本体浓度；

式(6-51)为单位时间内转移的电子总数，必须与该时间内到达电极的 A 表面($x=0$)的流量相等，S 为电极面积；

式(6-52)为半无限条件下，在电极远端 $x=L$ 处的浓度保持不变。

解微分方程(6-49)，在 $x=0$ 处的解析解为

$$c_i(x=0,\ t)=c_0+\frac{2I_0\sqrt{t}}{Sz_iF\sqrt{D}}\sum_{n=0}^{\infty}\left(\mathrm{ierfc}\left[\frac{nL}{\sqrt{Dt}}\right]+\mathrm{ierfc}\left[\frac{(n+1)L}{\sqrt{Dt}}\right]\right) \tag{6-53}$$

其中：

$$\mathrm{ierfc}(\lambda)=\pi^{\frac{-1}{2}}\mathrm{e}^{-\lambda^2}-\lambda+\lambda\cdot\mathrm{erf}(\lambda) \tag{6-54}$$

当 $t\ll\frac{L^2}{D}$时，级数近似为第一项的值。

解微分方程(6-54)，利用拉普拉斯变换得到的解析解为

$$c_{\mathrm{R}}(0,\ t)=c_{\mathrm{R}}^0+\frac{2I_0\sqrt{t}}{z_iFS\sqrt{D\pi}} \tag{6-55}$$

将式(6-53)或(6-54)对$\sqrt{t}$求导，有

$$\frac{\mathrm{d}c_i(x=0,\ t)}{\mathrm{d}\sqrt{t}}=\frac{2I_0}{Sz_iF\sqrt{D\pi}}\left(t\ll\frac{L^2}{D}\right) \tag{6-56}$$

如果忽略激励过程中体相的体积变化，那么

$$\mathrm{d}c_i=\frac{\mathrm{d}\delta}{V_{\mathrm{M}}} \tag{6-57}$$

其中 V_{M} 为摩尔体积。

将式(6-57)代入式(6-56)，引入 $\mathrm{d}E$，有

$$\frac{\mathrm{d}E}{\mathrm{d}\sqrt{t}}=\frac{2V_{\mathrm{M}}I_0}{Sz_iF\sqrt{D\pi}}\cdot\frac{\mathrm{d}E}{\mathrm{d}\delta}\left(t\ll\frac{L^2}{D}\right) \tag{6-58}$$

重排有

$$D=\frac{4}{\pi}\left(\frac{I_0V_{\mathrm{M}}}{SFz_i}\right)^2\left(\frac{\frac{\mathrm{d}E}{\mathrm{d}\delta}}{\frac{\mathrm{d}E}{\mathrm{d}\sqrt{t}}}\right)^2\left(t\ll\frac{L^2}{D}\right) \tag{6-59}$$

当激励电流足够小时，$\Delta E_{\mathrm{s}}=E_1-E_0$ 和 $\Delta\delta$ 将足够小，此时$\frac{\mathrm{d}E}{\mathrm{d}\delta}$可以用$\frac{\mathrm{d}E_{\mathrm{s}}}{\mathrm{d}\delta}$代替，将式(6-48)代入(6-59)有

$$D=\frac{4}{\pi}\left(\frac{m_{\mathrm{B}}V_{\mathrm{M}}}{SM_{\mathrm{B}}}\right)^2\left[\frac{\delta E_{\mathrm{s}}}{\tau\left(\frac{\mathrm{d}E}{\sqrt{t}}\right)}\right]^2\left(t\ll\frac{L^2}{D}\right) \tag{6-60}$$

若激励电流和时间都足够小，极化电压 E 与$\sqrt{t}$呈线性关系，那么$\sqrt{\tau}\left(\frac{\mathrm{d}E}{\sqrt{t}}\right)$就可以用激励过

程中的暂态电压变化量 ΔE_t 表示：

$$D=\frac{4}{\pi\tau}\left(\frac{m_B V_M}{SM_B}\right)^2\left(\frac{\Delta E_s}{\Delta E_t}\right)^2\left(t\ll\frac{L^2}{D}\right) \tag{6-61}$$

至此，求解 D(cm/s)所需参数都能从已知条件获得。式中：τ 为激励电流时间，s；S 为电极面积，cm^2；ΔE_s 为稳态电压改变量，V；ΔE_t 为暂态电压改变量，V；V_M 为电极材料的摩尔体积，cm^3/mol；m_B 为电极材料的质量，g；M_B 为电极材料的摩尔质量，g/mol。

与 EIS 类似，GITT 技术对参数的精确度要求很高，可得到较为准确的锂离子扩散系数测定结果。另外，当温度降低至低温状态时，电荷转移阻抗会增加而双层电容的充电时间会延长，这会导致大量锂离子扩散，随着时间延长，锂离子扩散通量逐渐增加。由此产生的效应超出了标准 GITT 模型对于扩散问题边界的假设，从而在 GITT 的结果中产生偏差。基于这一发现，T. Schied 等研究人员提出了一种新的模型，该模型能够描述在恒流脉冲期间电位的变化，用以改进在低温条件下的 GITT 扩散分析。更进一步，通过在-40 ℃至 40 ℃的温度范围将 GITT 与 EIS 方法相互补充使用，提高低温环境下锂离子扩散系数测定的准确度。

4. 循环伏安(CV)法

循环伏安(CV)法是目前较为常用的电化学技术之一，测定 D_{Li^+}的操作简单，对于数据处理，只需要绘制出 I_p 和 $v^{1/2}$ 的关系曲线，根据下式即可求得 D_{Li^+}。

$$D_{Li^+}=\frac{I_p^2RT}{0.1992F^3S^2c_0^2v} \tag{6-62}$$

式中：I_p 为峰值电流；R 为理想气体常数；T 为温度；v 为扫描速度。其他参数同前。

上式具体推导过程如下。

讨论如下电极反应：

$$\mathrm{O}+ne^- \xleftrightarrow{\text{rev}} \mathrm{R} \tag{6-63}$$

一维扩散即为线性扩散，其扩散方程为

$$\frac{\partial C_i(z,\ t)}{\partial t}=D_i\frac{\partial C_i^2(z,\ t)}{\partial z^2} \tag{6-64}$$

式中：i 代表 O 或 R。采用拉普拉斯变换方法，只是改变边界条件为

$$\frac{c_O(0,\ t)}{c_R(0,\ t)}=\exp\left[\frac{nF}{RT}(E_i-E^{\ominus}-vt)\right]=\lambda(t) \tag{6-65}$$

由拉普拉斯变换解式(6-62)可得

$$\bar{c}_O(z,\ s)=\frac{c_O^*}{s}+B_1\exp\left[-\left(\frac{s}{D_O}\right)^{\frac{1}{2}}z\right] \tag{6-66}$$

$$\bar{c}_R(z,\ s)=B_2\exp\left[-\left(\frac{s}{D_R}\right)^{\frac{1}{2}}z\right] \tag{6-67}$$

当 $z=0$ 时，$\bar{c}_O(z,\ s)=\bar{c}_O(0,\ s)$，$\bar{c}_R(z,\ s)=\bar{c}_R(0,\ s)$，于是求得

$$B_1=\bar{c}_O(0,\ s)-\frac{c_O^*}{s} \tag{6-68}$$

$$B_2 = \bar{c}_R(0,\ s) \tag{6-69}$$

由菲克第一定律，并将其写成象函数表达式：

$$i(s) = nFAD_O\left[\frac{\partial \bar{c}_O(z,\ s)}{\partial z}\right]_{z=0} \tag{6-70}$$

$$= nFAD_R\left[\frac{\partial \bar{c}_R(z,\ s)}{\partial z}\right]_{z=0} \tag{6-71}$$

由上述各式可以求得

$$c_O(0,\ t) = c_O^* - (\pi D_O)^{-1/2}\int_0^t f(\tau)(t-\tau)^{-1/2}\mathrm{d}\tau \tag{6-72}$$

$$c_R(0,\ t) = (\pi D_R)^{-\frac{1}{2}}\int_0^t f(\tau)(t-\tau)^{-\frac{1}{2}}\mathrm{d}\tau \tag{6-73}$$

上式获得的过程在反变换时引用了卷积定理。

令

$$f(\tau) = i(\tau)/nFA \tag{6-74}$$

由式(6-65)、式(6-70)和式(6-71)得到

$$\int_0^t \frac{f(t)}{\sqrt{t-\tau}}\mathrm{d}r = \frac{c_O^*(\pi D)^{1/2}}{1+\xi\theta \mathrm{e}^{-at}} \tag{6-75}$$

式中

$$\xi = \left(\frac{D_O}{D_R}\right)^{1/2} \tag{6-76}$$

令

$$at = \frac{nFvt}{RT} = \frac{nF(E_i - E)}{RT} \tag{6-77}$$

$$\theta = \exp\frac{nF(E_i - E^{\ominus})}{RT} \tag{6-78}$$

$$\tau = z/a \tag{6-79}$$

$$f(t) = g(at) \tag{6-80}$$

式(6-76)变为

$$\int_0^{at}\frac{g(z)\mathrm{d}z}{\sqrt{a}\sqrt{at-z}} = \frac{c_O^*(\pi D_O)^{1/2}}{1+\xi\theta \mathrm{e}^{-at}} \tag{6-81}$$

令

$$g(at) = c_O^*(\pi D_O)^{\frac{1}{2}}a^{\frac{1}{2}}X(at) \tag{6-82}$$

根据式(6-65)和式(6-74)可知：

$$E = E^{\ominus} - \frac{RT}{nF}\ln\xi + \frac{RT}{nF}\ln\xi\theta - \frac{RT}{nF}at \tag{6-83}$$

或

$$(E - E_{\frac{1}{2}})_n = \frac{RT}{F}\ln\xi\theta - \frac{RT}{F}at \tag{6-84}$$

又由式(6-72)、式(6-76)和式(6-78)可得

$$i(t)=nFAc_0^*(\pi D_0 a)^{\frac{1}{2}}X(at) \tag{6-85}$$

由式(6-84)和式(6-85)可知，$X(at)$函数可以通过数值计算得到并以$(E-E_{\frac{1}{2}})$与$\pi^{\frac{1}{2}}X(at)$关系来表示。

利用CV法来测定锂离子扩散系数得到的是充放电过程中的平均扩散系数，但由于过程中浓度变化较大，基于该技术确定扩散系数的可靠性较差。此外，CV只能快速而粗略地估计扩散系数的数量级。因此，很多研究者为了实验的完整性，多采用CV辅助观察氧化还原峰，以研究电化学反应机理，锂离子扩散系数则联合其他方法(如EIS)计算。

除此之外，测定D_{Li^+}还有容量间歇滴定法(CITT)、电位阶跃法(PSCA)、电流脉冲弛豫法(CPR)和电位弛豫法(PRT)等。根据实际情况选择合适的D_{Li^+}测定方法，是扩散动力学研究的关键步骤。

6.3 多元体系中的扩散

在实际的物理和化学过程中，一般同时存在着几种离子进行扩散。如，CoO和NiO在高温下相互接触时，Co^{2+}会扩散到NiO晶格中，同时Ni^{2+}也会扩散到CoO晶格中，如果采用菲克定律求解它们的扩散通量J，则公式中的扩散系数就不能采用Co^{2+}和Ni^{2+}的自扩散系数，因为此时扩散是在氧基质中由两种离子同时进行的。按照菲克定律应有$J_{Co^{2+}}=\tilde{D}\dfrac{dC_{Co^{2+}}}{dx}$，$J_{Ni^{2+}}=\tilde{D}\dfrac{dC_{Ni^{2+}}}{dx}$。式中$\tilde{D}$是存在化学位梯度时的扩散系数，称为相互扩散系数(或有效扩散系数、化学互扩散系数、综合扩散系数等)，可用热力学方法求出。下面分别介绍多元体系的分扩散系数和互扩散系数。

6.3.1 能斯特-爱因斯坦公式

设μ_1、μ_2分别表示多元系统中距离为δ_x的任意两点1和2的化学位。设$\mu_1>\mu_2$，这时1 mol i组元从1点扩散到2点时系统自由焓的变化可写成如下级数：

$$\Delta G=\mu_1-\mu_2=\frac{\partial\mu}{\partial x}\delta_x+\frac{\partial^2\mu}{\partial x^2}\frac{\delta x^2}{2!}+\cdots \tag{6-86}$$

在一级近似条件下可仅取第一项，即

$$\Delta G=\mu_1-\mu_2=\frac{\partial\mu}{\partial x}\delta_x \tag{6-87}$$

$\dfrac{\partial\mu}{\partial x}$是力的单位，也称化学位梯度，故作用在$i$组元的1个粒子上的扩散推动力$f_i$以及在$f_i$作用下的粒子平均迁移速度$v_i$分别为

$$f_i=-\frac{1}{N_A}\frac{\partial\mu_i}{\partial x} \tag{6-88}$$

$$v_i=-\frac{B_i}{N_A}\frac{\partial\mu_i}{\partial x} \tag{6-89}$$

式中：B_i 为单位作用力作用下的平均迁移速度，称为绝对迁移速率；N_A 为阿伏伽德罗常数；μ_i 为 i 组元的化学位。

若 i 组元的粒子浓度为 c_i，则扩散通量 J_i 为

$$J_i=-c_i\frac{B_i}{N}\frac{\partial\mu_i}{\partial x} \tag{6-90}$$

因为化学位是温度、压力以及外部因素(如电场、应力场等)的函数，所以对于等温、等压下的理想溶液系统，有

$$\mu_i=\mu_0+RT\ln a_i \tag{6-91}$$

式中：μ_0 为 i 组元折合到 1 mol 纯物质的自由焓；a_i 为 i 组元的活度。

活度系数 $\gamma_i=\dfrac{a_i}{c_i}$，代入式(6-90)得

$$J_i=-c_i\frac{B_i}{N}RT\frac{\partial}{\partial x}\ln a_i=-c_i\frac{B_i}{N}RT\frac{\partial}{\partial x}(\ln\gamma_i+\ln c_i)=-B_ikT\left(1+\frac{\partial\ln\gamma_i}{\partial\ln c_i}\right)\frac{\partial c_i}{\partial x} \tag{6-92}$$

与菲克第一定律$\left(J_i=D_i\dfrac{\partial c_i}{\partial x}\right)$比较得

$$D_i=B_ikT\left(1+\frac{\partial\ln\gamma_i}{\partial\ln c_i}\right) \tag{6-93}$$

其中括号部分称为扩散系数的热力学因子，对于理想溶液或纯组分，$\gamma_i=1$，热力学因子亦等于 1，则

$$D_i=D_i^*=B_ikT \tag{6-94}$$

其中 D_i 和 D_i^* 分别是 i 组元在多元系统中的分扩散系数和自扩散系数。式(6-94)也称能斯特-爱因斯坦公式。它表明扩散系数直接与原子迁移度 B_i 成比例。

在多元系中扩散的特点是各组元有自己的分扩散系数，并服从能斯特-爱因斯坦公式。对于二元系，有

$$D_1=D_1^*\left(1+\frac{\partial\ln\gamma_1}{\partial\ln c_1}\right) \tag{6-95}$$

$$D_2=D_2^*\left(1+\frac{\partial\ln\gamma_2}{\partial\ln c_2}\right) \tag{6-96}$$

根据溶液热力学中的吉布斯-杜安方程可得

$$\frac{\partial\ln\gamma_1}{\partial\ln c_1}=\frac{\partial\ln\gamma_2}{\partial\ln c_2} \tag{6-97}$$

则

$$\frac{D_1}{D_1^*}=\frac{D_2}{D_2^*} \tag{6-98}$$

可见在多元系中，分扩散系数的差异只取决于自扩散系数的差异。

6.3.2 柯肯达尔效应

过去人们认为，在置换型固溶体中，原子扩散的过程是通过溶剂与溶质原子直接换位进行的。假如这样，原始扩散界面将不会发生移动，两个组元扩散速率也应该相等，但是实际情况并非如此。能斯特-爱因斯坦公式从理论上也证明了多元系统中各粒子具有各自的分扩散系数。随后的柯肯达尔效应就是从实验上验证了能斯特-爱因斯坦公式的正确性。

斯密吉斯加斯(Smigeiskas)和柯肯达尔用实验证明了互扩散过程中组元扩散系数不同及置换型扩散的空位机制。1947 年，他们进行了如图 6-16 所示的实验。在长方形的 α 黄铜(70%Cu+30%Zn)棒上敷上很细的钼丝作为标记，再在黄铜上镀铜，将钼丝包裹在黄铜与铜中间。这种布置有下述特点：黄铜与铜构成扩散偶；高熔点金属钼丝仅仅作为标志物，在整个过程中不参与扩散；黄铜的熔点比铜低；扩散组元为铜和锌，二者构成置换型固溶体。在 785 ℃下保温，使锌和铜发生互扩散，相对于钼丝来说，显然锌向外、铜向内扩散。保温 1 天，两层钼丝向内移动了 0.015 mm。保温 56 天，两层钼丝向内移动了 0.124 mm。

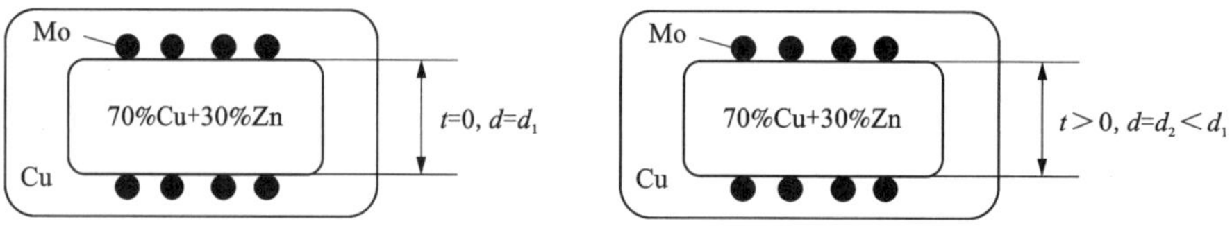

图 6-16 柯肯达尔实验

如果铜、锌的扩散系数相等，相对于钼丝进行等原子的交换，由于锌的原子尺寸大于铜，扩散后外围的铜点阵常数增大，而内部的黄铜点阵常数缩小，这两个效应都会使钼丝向内移动。但如果点阵常数的变化是钼丝移动的唯一原因，那么移动的距离只应该有观察值的 1/10 左右。实验结果只能说明，扩散过程中锌的扩散流要比铜的扩散流大得多。铜、锌扩散速率的差别是钼丝内移的主要原因。而且还发现标志面移动的距离与时间的平方根成正比，见图 6-17。后来发现，这种现象在合金系统及一些氧化物系统普遍存在。多元系统中各组元扩散速率不同而引起的扩散偶原始界面向扩散速率快的一侧移动的现象，称为柯肯达尔效应(Kirkendall effect)。在扩散过程中，标志物总是向着含低熔点组元较多的一侧移动。相对而言，低熔点组元扩散快，高熔点组元扩散慢，正是这种不等量的原子交换造成了柯肯达尔效应。柯肯达尔效应应用于合成中空/介孔纳米结构，广泛用于各种纳米中空/介孔球的合成，可以作为固态物质中相互扩散现象的描述。利用柯肯达尔效应制备中空材料是利用了核层和壳层物质的相互扩散，由于扩散速率的不同而生成空心结构(图 6-17)，柯

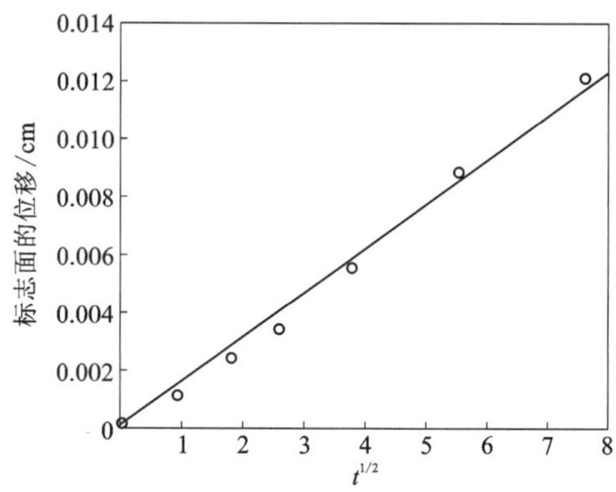

图 6-17 柯肯达尔效应引起标志面的位移与时间的关系

肯达尔效应控制形貌是热力学和动力学协同控制的结果。

传统上，人们认为空心结构的形成主要源于持续的体积扩散过程，该过程初期会形成微小缺陷，随后这些缺陷逐渐扩大，最终发展成空洞。体积扩散描述的是原子、分子或离子通过晶体的晶格空隙移动的一种扩散过程，这种扩散不是仅限于表面，而是穿透晶体的整体体积，通常发生在晶体的内部，扩散物质主要是通过跳跃到邻近的空位来移动。体积扩散的速率受到晶体结构、扩散物质的性质以及温度等多种因素的影响。然而，随着对空心结构形成机制研究的深入，我们发现它同时涉及体积扩散和表面扩散两个过程。表面扩散指的是原子、分子或离子沿着材料表面移动的过程，它通过扩散物质在表面的吸附和解吸附来进行。这种扩散一般发生在材料表面，像是晶体外表或者固液界面等，其速率受到表面吸附能、表面扩散系数以及温度等因素的控制。正如图 6-18 中所展示的那样，空心结构的形成可以分解为两个主要过程：初期是由于核心材料 A 的外部扩散速率显著高于壳层 AB 的内扩散速率，从而形成了扩散通量差 J_A，在核层 A 与壳层 AB 之间积累形成空穴缺陷，随后这些空穴缺陷逐渐扩大形成空洞。考虑到表面扩散系数通常远大于体积扩散系数多个数量级，这一过程的扩散速率主要由表面扩散控制。如果核心材料 A 与外层壳层 B 形成固溶体等复杂结构，核心材料 A 的外扩散速率将显著地大于壳层 AB 的内扩散速率，这进一步促进了空穴的扩大。

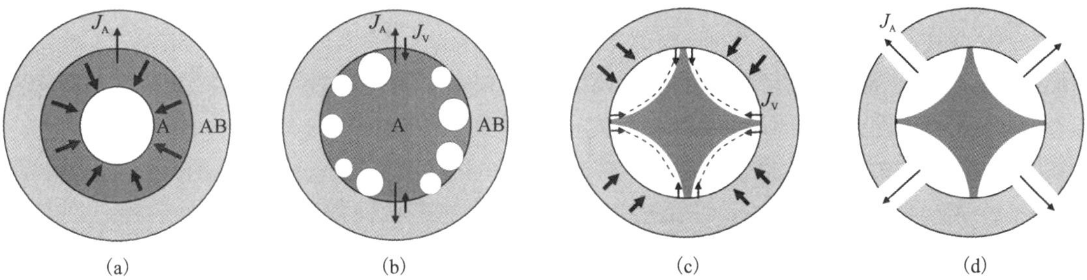

图 6-18　柯肯达尔效应制备空心球示意图

如图 6-19 所示，利用柯肯达尔效应，制备了具有空心多孔球形结构的正极材料。首先进行前驱体制备，即将金属盐溶解在去离子水中，得到金属盐溶液；将金属盐溶液和碱液同时加入反应器中，通过调整反应器中的 pH 调整前驱体的形貌结构。一般情况下，反应过程中控制 pH 恒定不变，得到致密球形前驱体，再经高温烧结得到致密球形正极材料；然而，在反应过程中控制前半段 pH 相对较低，后半段 pH 相对较高，即可得到内核疏松壳层致密的前驱体，从而使得后续烧结过程中，氧通过致密壳层扩散至内核的速度小于内核的金属元素扩散至壳层的速度，由此制备了空心多孔结构的正极材料。此过程即为利用柯肯达尔效应制备空心结构材料的经典案例。

He 等研究员通过共沉淀法并经煅烧得到了三种不同结构的富锂锰层状氧化物（$Li[Li_{0.2}Mn_{0.54}Ni_{0.13}Co_{0.13}]O_2$），包括常规小颗粒、固体球形颗粒以及新型空心球形颗粒。首先，采用共沉淀法合成了 $Mn_{0.54}Ni_{0.13}Co_{0.13}(CO_3)_{0.8}$ 的前驱体。在去离子水中溶解所需量的 $MnSO_4 \cdot H_2O$、$NiSO_4 \cdot 6H_2O$ 和 $CoSO_4 \cdot 7H_2O$。以碳酸钠水溶液为沉淀剂，碳酸氢铵水溶液为螯合剂(常规小颗粒 0.5 mol/L、固体球形颗粒 0.3 mol/L 和空心球形颗粒 0.8 mol/L)。在连续搅拌的 50 L 罐式反应器中，在空气气氛下缓慢混合，沉淀过程中，混合溶液的温度和

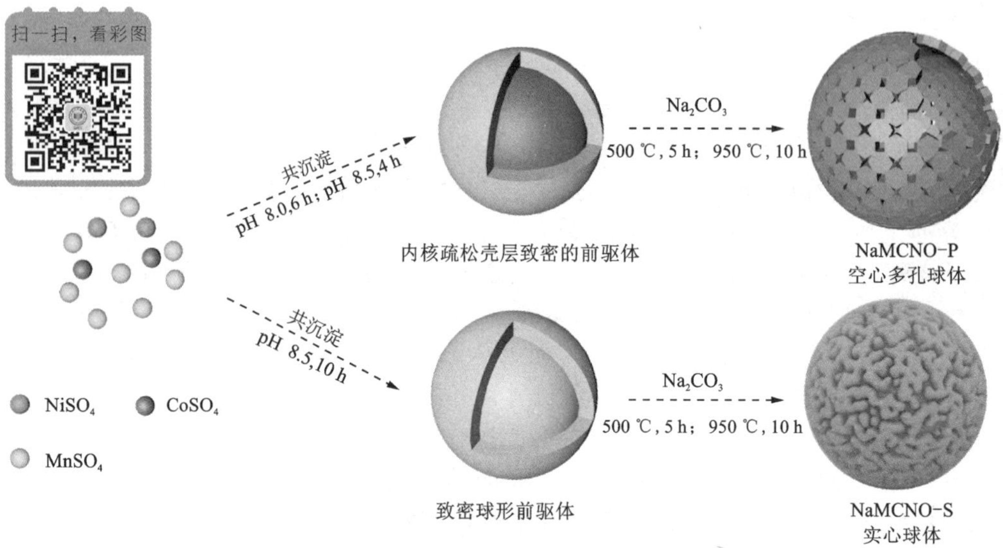

图 6-19　共沉淀法制备空心多孔正极材料示意图

pH 分别保持在 50~55 ℃和 8.0~8.5(常规小颗粒 55 ℃、8.5，固体球形颗粒 50 ℃、8.5，空心球形颗粒 55 ℃，前半段为 8.0，后半段为 8.5)。碳酸盐前驱体与碳酸锂的摩尔比为 $n_{Li}/n_{Mn+Ni+Co}=1.56$。将混合物在 500 ℃下先退火 6 h，950 ℃下在空气中退火 16 h，然后淬火至室温得到了三种结构(常规小颗粒、固体球形颗粒和新型空心球形颗粒)的富锂锰层状氧化物($Li[Li_{0.2}Mn_{0.54}Ni_{0.13}Co_{0.13}]O_2$)。上述空心结构的形成遵循柯肯达尔效应，该特殊形貌对于提高材料的电化学性能十分有效。

6.3.3　达肯方程

达肯对柯肯达尔效应做了进一步的研究。他引入了两个平行的坐标系：一个是固定坐标系 x，y；一个是坐落在晶面上和晶面一起运动的动坐标系 x'和 y'，如图 6-20 所示。他同时采用了两个扩散系数 D_A、D_B，分别表示组元 A 和 B 的分扩散系数。实验中测得的是综合扩散系数，常以 $\tilde{D}$ 表示。

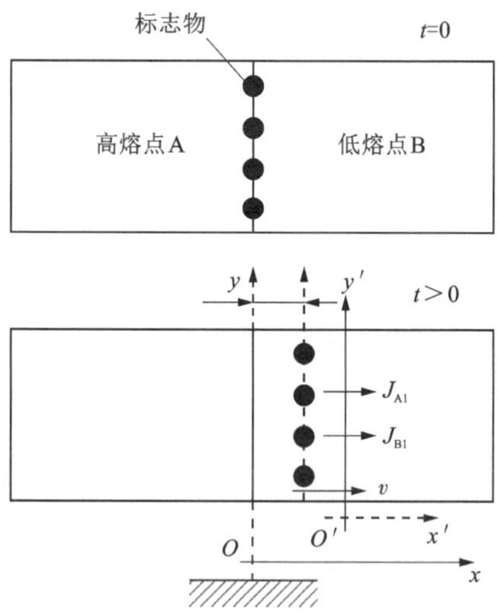

图 6-20　达肯实验

在推导 $\tilde{D}$、D_A、D_B 关系时，假设在扩散过程中，晶格常数不变，晶体中各点的密度不变，横截面积不变，分扩散是相对于动坐标而言的。

相对于动坐标，A、B 的分扩散通量分别为 J_{A1}、J_{B1}：

$$J_{A1}=-D_A\frac{\partial c_A}{\partial x} \tag{6-99}$$

$$J_{B1}=-D_B\frac{\partial c_B}{\partial x} \tag{6-100}$$

由于 $J_{B1}>J_{A1}$，高熔点一侧有流体静压力，则各晶面连同动坐标系会沿 x 方向平移，相对于固定坐标系，增大了方向相同的两个附加通量 vc_A 和 vc_B。所以对固定坐标系，总通量为

$$J_A=J_{A1}+vc_A=-D_A\frac{\partial c_A}{\partial x}+vc_A=-\tilde{D}\frac{\partial c_A}{\partial x} \tag{6-101}$$

$$J_B=J_{B1}+vc_B=-D_B\frac{\partial c_B}{\partial x}+vc_B=-\tilde{D}\frac{\partial c_B}{\partial x} \tag{6-102}$$

式中：v 为 x 处晶面的平移速度；c_A、c_B 为 x 处 A、B 组元的浓度；$\tilde{D}$ 为综合扩散系数，亦称相互扩散系数或有效扩散系数。

式(6-101)、式(6-102)后面等号成立的依据为菲克第一定律。

根据扩散中晶格各点密度不变的条件，有

$$c_A(x)+c_B(x)=\text{const} \tag{6-103}$$

所以

$$\frac{\partial c_A}{\partial x}=-\frac{\partial c_B}{\partial x} \tag{6-104}$$

为了求出 $\tilde{D}$、D_A、D_B 三者之间的关系，式(6-101)、式(6-102)、式(6-104)联立并消去 v 得

$$(c_AD_B+c_BD_A)\frac{\partial c_A}{\partial x}=\tilde{D}(c_A+c_B)\frac{\partial c_A}{\partial x}$$

$$\frac{c_A}{c_A+c_B}D_B+\frac{c_B}{c_A+c_B}D_A=\tilde{D}$$

即

$$N_AD_B+N_BD_A=\tilde{D} \tag{6-105}$$

式中：N_A、N_B 分别为 A、B 组元在合金中的摩尔分数。可见，综合扩散系数不代表一种原子的扩散系数，一般情况下 $\tilde{D}\neq D_A\neq D_B$，只有当样品中 A(或 B)很少时，才有 $\tilde{D}\approx D_A$(或 $\tilde{D}\approx D_B$)。

由式(6-101)、式(6-102)，利用 $J_A=-J_B$，得晶面(亦即柯肯达尔标志面)的迁移速度：

$$v=(D_B-D_A)\frac{\partial N_B}{\partial x}$$

$$v=(D_A-D_B)\frac{\partial N_A}{\partial x} \tag{6-106}$$

式(6-105)、式(6-106)合称为达肯方程。式中 D_A、D_B 分别是组元 A、B 在浓度梯度下的扩散系数，称为分扩散系数(亦称偏扩散系数)；$\tilde{D}$ 为综合扩散系数(亦称化学扩散系数或互扩散系数)。由式(6-105)可知，对 $\tilde{D}$ 影响大的是摩尔分数小的组元。如果 $D_A=D_B$，则原始界面的迁移速度 $v=0$，这说明原始界面的移动正是由两个组元的分扩散系数不同所引起的。

对于固定坐标系菲克定律的理解，其通量为纯扩散性流动和整体迁移的综合。

$$J_A=-\tilde{D}\frac{\partial c_A}{\partial x}$$

$$J_B = -\widetilde{D}\frac{\partial c_B}{\partial x} \tag{6-107}$$

式(6-107)正是人们经常采用的菲克定律。

当 A-B 二元系中一组元的浓度极低时，体系的互扩散系数与浓度极低组元的本征扩散系数近似相等。1948 年，达肯针对二元扩散偶初始界面上标记会发生移动的现象，即柯肯达尔效应，推导出了本征扩散系数与互扩散系数的关系式。

在 A-B 二元系中，假定扩散后组元的偏摩尔体积不发生改变，A 和 B 的本征扩散系数可由达肯方程得出：

$$\widetilde{D} = x_B D_A + x_A D_B \tag{6-108}$$

$$v_m = (D_A - D_B)\frac{\partial x_A}{\partial x} \tag{6-109}$$

式中：x_A、x_B 为组元 A、B 的摩尔系数；D_A、D_B 为组元的本征扩散系数；v_m 为标记的移动速率；$\frac{\partial x_A}{\partial x}$为某一位置组元 A 浓度曲线处斜率。标记速率 v_m 可以由标记的位移求出，表达式为

$$v_m = \frac{dx_m}{dt} = \frac{x_m}{2t} \tag{6-110}$$

在扩散偶体系中，互扩散系数与本征扩散系数的关系可以用达肯方程来描述，已知组元的扩散浓度轮廓时，结合标记的移动即可得出本征扩散系数。

6.4 扩散过程的影响因素

扩散是一个基本的动力学过程，对材料制备、性能及显微结构形成以及材料使用过程中性能衰减起着决定性的作用。因此，掌握影响扩散的因素对深入理解扩散理论以及应用扩散理论解决实际问题具有重要意义。通常，扩散系数可作为表征扩散的一个参量。它不仅与扩散结构，也与扩散介质和外部条件有关。因此可以认为扩散系数是决定扩散速度的重要参量。扩散系数可用阿伦尼乌斯方程表示为

$$D = D_0 \exp\left(-\frac{Q}{RT}\right) \tag{6-111}$$

式中：D_0 为频率因子；Q 为扩散活化能；T 为绝对温度。该式表明，扩散系数取决于温度和活化能。而扩散活化能受到扩散物质和扩散介质性质以及杂质和温度等因素的影响。

在锂离子电池充电过程中，Li^+从正极活性物质中脱出，正极材料颗粒表面 Li^+浓度降低，使颗粒内部与表面间出现浓度差异，致使 Li^+产生颗粒由内向外的固相扩散。同时，由颗粒表面电化学反应生成的 Li^+进入电解液中，溶液相中界面区域的局部浓度升高，使溶液相内部产生浓度差异，导致 Li^+产生从内向外的扩散与迁移。而在负极区域，由于负极颗粒与电解液中的 Li^+发生电化学反应，消耗了溶液相中的 Li^+，使溶液相局部 Li^+浓度降低，产生浓度差异，导致 Li^+在溶液相中产生由外向内的扩散与迁移。同时，在负极颗粒表面发生电化学反应，嵌入 Li^+，使颗粒内部出现浓度差异，导致 Li^+在颗粒内部产生从外向内的固相扩散。在隔膜处，由于正极与负极过程导致的浓度差异，该区域的 Li^+产生从正极到负极的扩散与

迁移，放电过程则与上述过程相反。因此锂离子的扩散对于电池的性能十分重要。

6.4.1　扩散介质对扩散的影响

1. 晶体结构类型的影响

扩散介质的晶体结构越致密，原子结合能越高，从而导致原子扩散路径变窄，扩散系数减小，使得扩散过程变得更为困难。在不同结构的晶体中，由于致密度、配位数、晶面间距、溶解度(表现为浓度梯度)、空位形成能这些因素相互作用扩散系数发生变化。具有较强对称性的晶体种类，各向异性扩散现象相对较弱。例如，$LiFePO_4$(聚阴离子结构)拥有较密集的晶体结构和一定孔隙度，使得锂离子在晶格中的扩散较为艰难，导致扩散速率较低。相反，$LiCoO_2$(层状结构)具有相对开放的晶体结构，便于锂离子的快速扩散，使它的扩散速率相对较高。电解液作为锂离子电池中正负极材料的传导媒介，起着至关重要的作用。电解液的成分一般包括有机溶剂、电解质盐以及必要的添加剂。溶剂化作用显著地影响锂离子在电解质中的扩散行为以及在电极表面的脱嵌反应。锂盐的溶解度与溶剂的介电常数密切相关，介电常数越大，则锂盐的溶解能力越强。对锂盐而言，较大的阴离子更有利于电解液的离子导电性及其本身的溶解性，因为大阴离子分散负电荷的能力更强，有助于阻止阳离子的配对。同时，电解液的黏度同样对离子扩散移动产生显著影响，黏度越小，则离子的迁移越顺畅。

晶体结构决定了原子在空间中的排序，排序越紧密，原子间的结合力越强，相应的扩散激活能也就越大，而扩散系数相对较小。例如，在锂离子电池的三元正极材料中，随着镍含量升高，虽然容量增加，但材料在电池循环过程中从立方向单斜相的转变也会更迅速，这会影响锂离子的扩散系数，从而对其电化学性能产生影响。如高镍含量的材料 $LiNi_{0.8}Co_{0.1}Mn_{0.1}O_2$，循环前是典型的 $R\bar{3}m$ 层状材料，锂离子沿着 C 轴进行脱嵌，此时锂离子扩散系数为 $1.87\times10^{-13}\ cm^2/s$，循环 100 圈后，层状结构转变为盐岩石状的 Fm3m 相，锂离子扩散系数减小到 $5.65\times10^{-14}\ cm^2/s$。同理，在 $LiFePO_4$ 中的锂离子扩散系数要比在 $FePO_4$ 中的大 1~2 个数量级，这主要是由于 $LiFePO_4$ 脱锂后，氧原子构成几乎是密堆六方形分布，为锂离子移动提供的自由体积较小，不利于扩散的进行，因而扩散系数减小。

以上讨论的都限于原子(或缺陷)通过晶格扩散或体积扩散。然而，在实际情况中，晶体表面、晶界和位错等结构特征中的原子拥有比晶格内部原子更高的位能，因此这些区域的原子扩散所需的活化能相对较低，相应的扩散系数也较大。这使得晶界、表面和位错成为原子或缺陷快速扩散的路径，对扩散速度产生显著影响。

2. 晶体结构缺陷的影响

(1)表面与界面的影响

表面是材料与外部环境相互作用的关键区域，表面缺陷很大程度上影响材料的扩散行为。例如，晶体表面的缺陷容易成为扩散的起点，促使原子更易于从晶体内部进入表面层，或者反向进入内部，从而加速或减缓诸如吸附、溶解和析出的过程，并进而影响材料的反应速率和性能。界面则是两种晶体或晶体与非晶体间的交界区域，界面缺陷会引入额外的原子不匹配和结构失序，结果可能是限制扩散或导致扩散非均匀性。例如，晶界可能会阻碍原子自由在晶体内部的扩散而导致扩散路径的改变。反之，界面缺陷也可能促进某些扩散过程。

考虑到沿界面扩散的通量 J 可以用下式表示：

$$J=-Df_e\frac{\partial C}{\partial x} \tag{6-112}$$

此处，f_e 是对一个已知扩散结构中，扩散界面占总面积的有效分数。对纯体积扩散 $f_e=1$。如有界面扩散参与，情况就不一样了。如图 6-21 所示，表面扩散发生在厚度为 δ 的区域内，其中 $f_e=\frac{2\delta}{r}$。因 δ 值通常为 0.5 nm 左右，故对 $r=10^{-2}$ 的棒，$f_e=10^{-7}$。尽管在高温时，界面扩散系数较体积扩散系数一般约大 10^4，但是，相比之下，通过表面的扩散量仍只占少部分（10^{-3} 左右）而可忽略。只有当该试棒或晶粒尺寸小到 10 μm 以下，表面扩散和体积扩散相差不大。

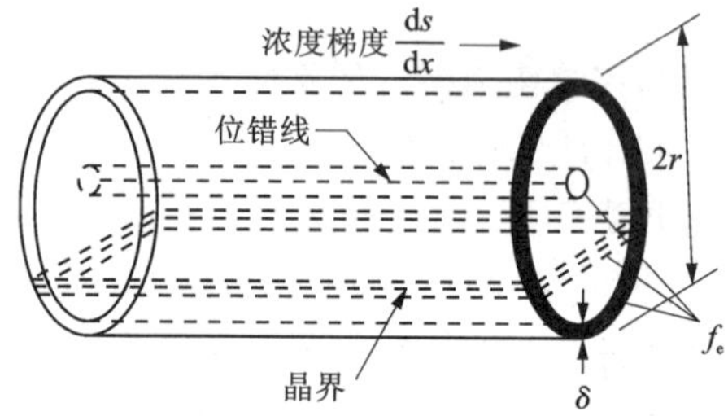

图 6-21　在晶体表面、晶界和位错线扩散时，有效扩散面积示意图

晶界扩散是材料扩散行为中较为复杂的一种类型，它会对晶界性质、晶粒尺寸、织构变化以及杂质分布产生显著的影响。例如，有研究通过将 Ni^{2+} 在 MgO 的双晶界和多晶材料中进行扩散的实验，以探索晶界对扩散行为的影响。实验表明，晶粒越小，扩散深度和浓度越大，说明晶界扩散行为随晶粒尺寸减小而变得更加显著。利用示踪原子实验测量晶格内和晶界处的等效浓度扩散可以发现，晶界原子的扩散距离较长，速率较快。这是由于晶界处原子排列不规则，晶格畸变较大，从而导致扩散加速。晶界的存在会显著影响材料中原子或分子的扩散速率，主要体现在以下几个方面：①扩散路径的增加。晶界的存在增加了扩散路径的数量，使得扩散物质更容易穿过晶界区域，从而加快了整体的扩散速率。②扩散障碍的引入。晶界区域的原子排列通常不规则，存在着局部应变和缺陷，这些缺陷对扩散过程构成了一定的障碍，降低了扩散速率。③晶界扩散的特殊机制。在晶界区域，扩散原子或分子可能会经历不同的扩散机制，如集体扩散、蠕变扩散等，这些特殊的扩散机制会影响晶界处的扩散速率。

（2）位错的影响

位错是晶体内部原子排列出现异常的位置，可以视作断裂线或平面。位错破坏了晶体的周期性排列，造成了局部结构的失序。位错能够指导扩散原子向特定方向移动。

位错对扩散的效应，一般仅在温度相当低时才能觉察到。如图 6-21 所示的位错线，其 $f_e=\frac{2\delta}{r}$。若 $r=10^{-2}$ m，则 $f_e=10^{-5}$，当位错密度高达 10^7 条，则 $f_e=10^{-8}$。所以高温时沿位错线扩散通量是很小的。但位错扩散系数和自扩散系数之比是随温度降低而增大的。只有当温度较低，位错密度足够大时，位错扩散才能比体积扩散影响更大。

（3）点缺陷的影响

在电极材料中引入不同类型和尺寸的点缺陷是改善电池电化学性能的一种有效手段。这些缺陷可以促进离子扩散并提供额外的存储空间。通过调整材料的成分和合成过程，可以有效控制正极材料中点缺陷的数量和类型，从而提高材料的固相扩散能力。例如，在富锂锰基正极材料 $Li_{1.2}Ni_{0.13}Co_{0.13}Mn_{0.54}O_2$ 中掺杂 Na^+，通过引入点缺陷显著增强了锂离子的扩散能力和电化学性能。通过拉曼光谱和高分辨透射电子显微镜(HRTEM)对这些缺陷的存在进行了验证，结果显示这些缺陷在防止材料发生由有序相向无序相的转变过程中有“钉扎效应”。同时，缺陷结构中的锂离子扩散更加活跃，这种现象被称为“激活效应”。最终，这些因素共同显著提升了正极材料的电化学性能。Na^+的均匀掺杂及其引发的缺陷结构为提高电化学性能提供了一种有效策略，进一步证明了缺陷工程是提升富锂锰基正极材料固相扩散能力和循环稳定性的有效方法。

6.4.2　扩散粒子的影响

一般情况下，扩散相与扩散介质性质的差异越显著，扩散系数通常就越高。原因在于当扩散介质原子周围的应力场发生变形时，容易产生空位并降低扩散活化能，进而增强扩散能力。因此，扩散原子与介质原子间的性质差异越大，就会造成更强烈的应力场变形，导致更大的扩散系数。

从原子层面看，当原子移动到新位置时，需要推开沿途原子，造成晶格的局部畸变。换句话说，原子键必须被部分破坏才能完成迁移。因此，原子之间的键力越强，扩散过程中所需的激活能(Q 值)越高。同时，反映原子键合能的宏观参数，如熔点、熔化热、升华热和膨胀系数等，通常与扩散激活能呈正相关关系。在相同电荷条件下，离子半径越大，运动时遇到的空间位阻越大；电荷越多的离子与晶格的库仑作用越强，电导率则越低。例如，Ca_2C-ML 材料是一种新型的碱金属离子二次电池负极材料，在 Ca_2C-ML 中，锂、钠和钾碱金属离子的扩散势垒分别为 0.027、0.059 和 0.028 eV。多孔石墨炔可应用于金属离子电池和金属硫电池中，Li 和 Na 在多孔石墨炔中的扩散势垒分别为 0.28 eV 和 0.32 eV。二维硅-硼二元化合物(B_2Si)可作为碱金属离子电池的柔性负极材料使用，Li/Na/K 在这种金属单分子膜中的扩散势垒分别为 0.26、0.14 和 0.09 eV。

6.4.3　外在因素的影响

外在因素的影响主要是温度的影响。扩散是一个热激活过程，扩散系数与温度之间存在一个指数关系。随着温度的升高，扩散系数会急剧增大。这是因为高温下原子通过热波动获得足够的能量越过能量势垒进行扩散，同时高温也增加了空位的浓度，有利于扩散过程的进行。在没有杂质干扰的情况下，随着温度的升高，空位扩散成为主导机制；而当温度降低时，扩散过程主要通过晶界、位错和表面进行。因此，温度通过改变扩散机理和空位浓度，从而影响扩散系数(D)。扩散的本质是原子、离子或分子的无规则热运动，因此锂离子在材料中的扩散过程与温度的关系很密切，温度越高，扩散速度越快，且服从阿伦尼乌斯公式：

$$D_{\mathrm{GITT}}=D^0\exp\left(\frac{\Delta H}{K_{\mathrm{B}}T}\right) \tag{6-113}$$

式中：D^0 为指前因子；ΔH 为扩散活化焓；K_{B} 为波尔兹曼常数；T 为热力学温度，K。

通过阿伦尼乌斯公式拟合得到的 $LiNi_{0.8}Co_{0.1}Mn_{0.1}O_2$ 的锂离子扩散系数随温度变化的情况如图 6-22 所示：

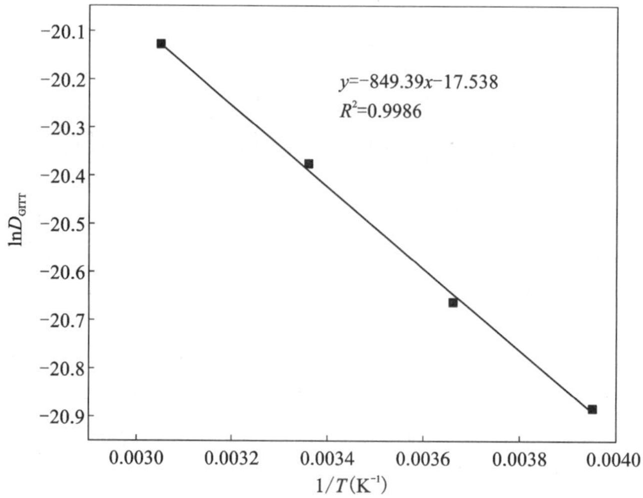

图 6-22　lnD_{GITT} 与 1/T 的关系曲线

从图 6-22 中可知，lnD_{GITT} 与 1/T 呈线性关系，拟合得到的表达式如下所示：

$$\ln(D_{GITT})=\frac{-849.39}{T}-17.538 \tag{6-114}$$

由式(6-114)计算得到的锂离子在正极活性物质中扩散系数的活化能为 7.061 kJ/mol。活化能为正，说明锂离子扩散系数随着温度的上升而增大，同时，较低的活化能壁垒有利于锂离子在活性物质中快速扩散。随着温度的升高，20 ℃下的 $LiFePO_4$ 和石墨的全电池中锂离子扩散系数比起在-10 ℃下大 1 个数量级左右。在石榴石型固态电池中，测得在八面体和四面体位置的扩散系数分别为 10^{-13} cm^2/s 和 10^{-16} cm^2/s 左右，且均随着温度升高，扩散系数呈增大的趋势。

6.5　新能源材料中的固相扩散

6.5.1　材料制备过程的固相扩散

固相扩散在新能源材料的制备中扮演着关键角色，显著影响材料的结构和性能。本节将通过案例分析，深入探讨固相扩散在新能源材料制备中的应用及其重要性。遵循弗里克定律，固相扩散过程中的扩散通量与浓度梯度成正比，与扩散路径长度成反比。在新能源材料的生产过程中，通过调控不同元素的扩散速率，可以有效控制材料的微观结构及其性能，提升其在能源领域的应用表现。固相扩散的微观机理包括晶格缺陷、晶界扩散等。了解这些微观机理有助于优化材料的制备流程，提升扩散效率，从而提高材料的能源转换效率。

如图 6-23 所示，以富锂锰基材料的包覆改性为例，将硝酸锆通过湿化学法包覆在 $Li_{1.2}Mn_{0.54}Ni_{0.13}Co_{0.13}O_2$ 颗粒表面，并在空气气氛下 500℃高温处理 5 小时。经过高温煅烧后，得到 ZrO_2 包覆 $Li_{1.2}Mn_{0.54}Ni_{0.13}Co_{0.13}O_2$ 颗粒。对这种颗粒的横截面进行 TEM 发现，高温下，基体中的锂离子和表面包覆的 Zr 化合物通过固相扩散在材料表面反应，形成了 L_2ZrO_3 保护

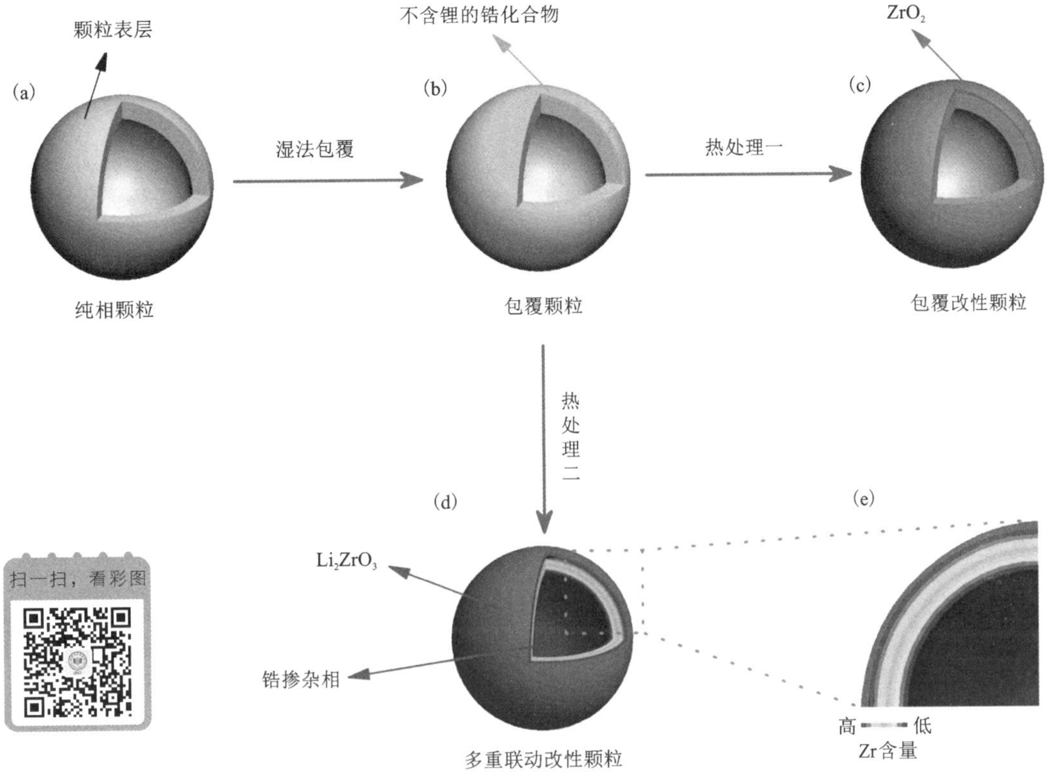

图 6-23　材料改性过程中的扩散行为

层。对颗粒截面的 EDS 分析发现，通过高温热处理，表面的 Zr 元素也从外层扩散进入富锂锰基材料的主体结构中，并形成了梯度分布。这一过程中，Zr^{4+} 通过固相扩散逐步替代了富锂锰基材料中的部分 Mn^{4+}、Co^{3+} 和 Ni^{3+}，最终形成了更加稳定的晶体结构。这一现象体现了固相扩散在材料改性过程中的重要作用，是固相扩散的一个典型实例。

以 NCM811 材料的合成为例，通过优化热处理制度控制元素的扩散行为，可以优化其电化学性能。在 NCM811（$LiNi_{0.8}Co_{0.1}Mn_{0.1}O_2$）材料的合成过程中，首先将前驱体 $Ni_{0.8}Co_{0.1}Mn_{0.1}(OH)_2$ 与碳酸锂（Li_2CO_3）混合，然后在氧气气氛下进行高温煅烧处理，这个过程中，高温条件促进了 Li^+、Ni^{2+}、Co^{3+} 和 Mn^{4+} 的固相扩散，使得锂离子能够有效地嵌入过渡金属氧化物的晶格中，最终形成高度有序的层状结构。通过对煅烧过程中的温度和时间进行精确控制，可以进一步优化固相扩散的速率和深度。例如，适当提高煅烧温度或延长煅烧时间，可以增强锂离子的扩散，减少材料中不希望的元素混合占位现象，从而提高层状结构的完整性和材料的稳定性。因此，在 NCM811 材料的合成过程中，固相扩散不仅是实现元素均匀分布的关键驱动力，还在形成稳定的层状结构、减少 Li/Ni 混合占位现象，以及优化材料的电化学性能方面起到重要作用。通过对固相扩散机制的深入理解和精确控制，可以大幅提升 NCM811 材料的电化学性能，充分展现其作为高性能正极材料在锂离子电池中的应用潜力。

固相扩散作为新能源材料制备过程中的重要现象，对材料的结构和性能具有重要影响。深入理解弗里克定律、扩散微观机理，并结合具体案例分析，有助于优化新能源材料的制备工艺，提高材料在能源领域的应用性能，推动新能源技术的发展和应用。

6.5.2　电极反应中的固相扩散

在锂离子电池的电化学反应中，固相扩散是一个关键过程，它直接影响电池的能量输出和循环寿命。锂离子电池的工作原理包括电荷转移、相变、新相的生成以及锂离子在正负极之间的迁移。锂离子在固体材料中的扩散，是决定电池电化学性能的基础问题之一。

1.锂离子电池充放电过程中的固相扩散模型

锂离子电池的充放电过程可以通过以下的原理图来描述。电池由正极、负极和电解质组成。充电时，锂离子从负极(通常为石墨或锂金属)脱出，通过电解质迁移至正极(如 $LiCoO_2$、$LiFePO_4$ 等)，同时电子通过外部电路流向正极。放电时，锂离子从正极迁移回负极，同时电子通过外部电路回流至负极。

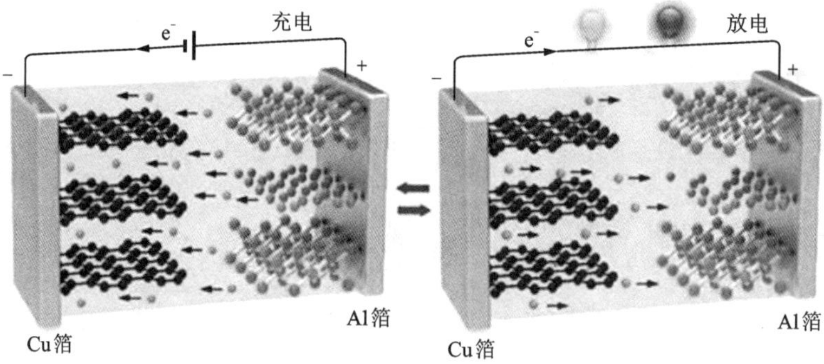

图 6-24　锂离子电池充放电模型

(1)正极材料中的扩散：在这一过程中，锂离子需要在电极材料的晶格中进行固相扩散。在多晶材料中，锂离子可以通过晶格空位、晶界等途径扩散，而在单晶材料中，锂离子主要通过晶格间隙进行传输。不同材料中的扩散路径和机制对锂离子的迁移行为有重要影响。例如：在 $LiFePO_4$ 中，锂离子的扩散路径为一维通道结构，沿着晶格中的特定方向迁移；在 $LiCoO_2$ 中，锂离子的扩散则是二维的，能够在晶格的平面内自由移动；而在 $LiMn_2O_4$ 中，锂离子可以在三维结构中扩散，具有更高的自由度。这些扩散路径的不同，直接影响到电池的充放电速率和循环稳定性。

(2)电解质中的扩散：在使用液态电解质的电池中，会在电极表面形成一层或多层的固态电解质膜(SEI)，锂离子的传输需穿过这层膜。而全固态电池则使用固态材料作为电解质，电解质可以是多晶或非晶材料，以及它们的复合体，其内部结构会显著影响锂离子的扩散行为。研究表明，固态电解质中存在的结构缺陷，如单壁锂阱等，可能会对离子电导率产生显著影响。

(3)负极材料中的扩散：负极材料通常由石墨、硅基材料或锂金属等组成。在充放电过程中，锂离子在负极材料中的扩散机制同样至关重要。以石墨负极为例，锂离子在石墨层间的扩散主要通过固相扩散完成，这种扩散行为受到石墨层间距和层间相互作用力的影响。在硅基材料中，锂离子的嵌入和扩散会引起材料的体积变化，因此硅基材料的结构设计需要考虑到缓冲体积变化的机制，以维持材料的结构完整性并提高循环寿命。对于锂金属负极，锂离子的扩散主要发生在金属晶格中，扩散行为会影响锂枝晶的形成与生长，这是影响电池安全性和寿命的关键因素。因此，在设计高性能负极材料时，必须深入理解并优化锂离子的固相扩散过程，以提高电池的整体性能。

2. 扩散系数与电导率的关系

锂离子在固体中的扩散主要基于扩散系数和离子电导率来进行描述，对于其输送行为可以使用菲克第一定律和菲克第二定律进行解读。离子的扩散输送是在化学势梯度的作用下发生的宏观扩散或者迁移行为。当一个外电场加到材料上时，电流会在一定时间内达到一个稳态直流值，通常可以通过在电场存在时的带电粒子数和它们的迁移速率来表示稳态过程。电流密度 j_i 与迁移速度 v_i 之间的关系如下：

$$j_i = n_i z_i v_i e \tag{6-115}$$

电导率的定义为

$$\sigma = \frac{j}{\nabla \varnothing} \tag{6-116}$$

式(6-116)中 $\varnothing$ 未考虑到任何畸变的电场强度。

材料的实际电导率由多种载流子贡献而来，有 $\sigma = \sum \sigma_i$，迁移数为 $t_i = \frac{\sigma_i}{\sigma}$

迁移数是指各种可动的导电粒子在导电过程中的导电份额。电极材料通常对于电子和离子迁移数的比值没有严格要求，而电解质的电子迁移数应小于1%，对于离子迁移数则希望比较高。结合能斯特–普朗克方程，可以得到扩散系数与迁移数之间的关系为；

$$D_i = u_i RT \tag{6-117}$$

式(6-117)中 u_i 为离子迁移率。

习　题

1. 名词解释(并比较异同)：

(1)稳态扩散和非稳态扩散；

(2)易位扩散、间隙扩散和空位扩散。

2. 什么是扩散？在离子晶体中有几种可能的扩散机制？氧化物晶体中哪种扩散是主要的，为什么？

3. 扩散系数与哪些因素有关？为什么可以认为浓度梯度大小基本上不影响 D 值？但浓度梯度大则扩散得快，又如何解释？

4. 试从结构和能量的观点解释为什么 $D_{表面} > D_{晶面} > D_{晶内}$。

5. 解释活性能和浓度梯度在固相扩散中的作用。

6. 解释固相扩散中的“拐点效应”以及它与固体微观结构的关系。

7. 固相扩散在材料制备和相变中的应用与意义是什么？

8. 试利用公式 $D = \alpha^2 P\Gamma$，解释各个因素对扩散的影响。

9. Ni板与Ta板中有0.05 mm厚MgO板作为阻挡层，1400 ℃时 Ni^+ 通过MgO向Ta中扩散，此时 Ni^+ 在MgO中的扩散系数为 $D = 9 \times 10^{-12}\ cm^2/s$，Ni的点阵常数为 3.6×10^{-8} cm。问每秒钟通过MgO阻挡层在 $2\ cm^2 \times 2\ cm^2$ 的面积上扩散的 Ni^+ 数目，并求出要扩散出1 mm厚的

Ni 层需要的时间。

10. 把 P 原子扩散到单晶硅中的掺杂工艺是制备 N 型半导体的常用方法。若将原来的每 107 个 Si 原子中含有 1 个 P 原子的 1 mm 厚的硅片，通过扩散掺杂处理后使其表面达到每 107 个 Si 原子中含有 400 个 P 原子，试分别按原子百分数/cm^3、原子数/cm^3 的表示方法计算浓度梯度。硅的晶格常数为 5.4307 Å。

11. 一个均匀固体棒的两端分别暴露在含有氧气的气氛中和真空中，固体棒的初始长度为 10 cm，氧气在固体中的扩散系数为 2×10^{-6} cm^2/s。如果氧气的浓度在气氛中保持为 10^{-4} mol/cm^3，多长时间后固体棒的两端氧气浓度差会减小到 10^{-5} mol/cm^3？

12. 假设对锂离子高镍三元 $LiNi_{0.8}Co_{0.1}Mn_{0.1}O_2$ 材料进行材料表面 Li_2ZrO_3 包覆，在高温 1000 ℃的情况下，包覆原料 ZrO_2 和 $LiNi_{0.8}Co_{0.1}Mn_{0.1}O_2$ 材料结合表面形成了一个扩散偶，假设 Zr 离子往材料内部扩散，而材料表面的 Li 离子由于浓度差异往包覆层扩散，试分析扩散处理 5 h 后，Zr 和 Li 的浓度分布曲线。

13. 设有一正极材料与 ZrO_2 包覆层界面构成了一个扩散偶，在 500 ℃扩散处理 2 h 后，得到厚度为 0.1 μm 的过渡带。试着求当正极材料 $Li_{1.2}Mn_{0.54}Ni_{0.13}Co_{0.13}O_2$ 掺杂不同含量 Mg 元素后，其锂离子的扩散通量是多少？

已知不同含量 Mg 掺杂 $Li_{1.2}Mn_{0.54}Ni_{0.13}Co_{0.13}O_2$ 材料的扩散系数如表 6-2 所示。

第 7 章　固相反应

1993 年，美国化学家 Arthur Bellis 等在其作品 *Teaching General Chemistry*, *A Materials Science Companion* 中指出："许多固体合成实验致力于通过加热固体混合物以获得具有一定计量比、均一的颗粒度和理化性质的纯净样品。这些实验依赖于固体内部或颗粒间原子或离子的扩散速率。固态中的扩散速率远低于气态或液态，因此，为了在合理的时间内完成反应，高温环境通常是必需的。"传统上，固相化学反应合成所得产品为热力学上稳定的产物，而某些介稳态的中间产物通常仅在较低温度下稳定。在高温下，这些介稳态产物会分解或重组为热力学稳定的产物。因此，为了获得介稳态固相反应产物，选择合适的扩散材料并降低反应温度变得十分重要。

固相反应过程是高温条件下无机固体材料的一种典型物理化学现象，涉及合金、传统硅酸盐材料、各类新型无机材料以及新能源材料生产的基本过程，这些过程直接关系到材料的生产效率、产品质量和使用寿命。与其他反应形式相比，固相反应不需要使用溶剂，具有高选择性、高产率，且工艺流程简单等特点，已成为制备新型固体材料的重要技术。新能源材料的合成和应用中广泛利用了固相反应，例如大多数新能源正极材料，如钴酸锂、磷酸铁锂、镍钴锰酸锂的烧结制备过程。烧结温度、时间以及原料颗粒的大小均会影响固相反应的速率，从而影响材料的电化学性能。因此，本章将重点讨论固相反应机理及其热力学和动力学关系。

7.1　固相反应简介

广义上，固态物质作为反应物直接参与化学反应的动力学过程，同时在此过程中，在固态内部或外部存在使反应得以持续进行的传质过程。所以广义地说，凡是有固态物质参与的化学反应都可称为固相反应。狭义上，固相反应指的是固态物质之间的化学反应，生成新的固态产物。本章将深入探讨固相反应涉及的热力学、过程动力学、传质机制与路径、反应条件以及影响反应的控制因素等内容。

7.1.1　固相反应特征

尽管在较低温度下固相质点也能进行扩散，但因扩散速率极慢，反应过程难以观察。随着温度的升高，扩散速率显著增大，在特定条件下可以观察到明显的化学反应。基于单纯的固相体系研究结果，泰曼认为固相反应有如下特征：①非均相反应，固相相互接触是先决条件。②固态物质间的反应是直接进行的，气相或液相没有或不起重要作用。③固相反应开始温度远低于反应物的熔点或系统的低共熔温度，通常相当于一种反应物开始呈现显著扩散作用的温度，此温度称为泰曼温度或烧结温度。(4)当反应物之一存在多晶转变时，则转变温度通常也是反应开始明显进行的温度，这一规律也称为海德华定律。

泰曼的观点长期以来一直为学术界所普遍接受。但随着生产和科学实验的进展，人们也发现了许多问题。金斯特林格等人通过研究多元、复杂体系发现：在高温下进行固相反应的条件下，部分固相物质与液相或气相物质之间可能存在相平衡，某些固相反应物可转换为气相或液相，然后通过颗粒外部扩散到另一固相的非接触表面，从而完成固相反应过程。因此，液相或气相也能作为固相反应过程的一部分参与其中，并对反应过程产生重要影响。这些发现揭示固相反应具有如下共同特征。

1. 非均相反应体系

固相反应是固相与固相、固相与液相，或者固相与气相之间进行的反应。固相体系大都由微米、亚微米大小尺寸的固相颗粒组成，固相颗粒之间，以及固相颗粒与液相或者气相之间存在明显的界面，因此，固相反应体系属于非均相反应体系。参与固相反应的固相颗粒必须和固相颗粒、液相、气相等进行相互接触，这是固相反应的反应物之间发生化学反应和进行物质运输的前提条件。

2. 反应开始温度

固相反应的开始温度与固相物质的物理化学性质相关。由于固态物质间强大的作用键力，反应活性通常较低，故反应速率慢，在低温下化学性质不活跃。固相反应一般需在高温下进行，开始温度通常与内部明显扩散作用开始的温度一致，被称为泰曼温度或烧结温度。

3. 反应过程

固相反应通常为非均相反应，至少包括界面上的化学反应和物质扩散迁移两个主要过程。首先，在两相界面上发生化学反应(如属纯固体颗粒体系，则在颗粒间的接触点或面上进行化学反应)，形成一定的产物层；随后反应物通过产物层扩散迁移，使反应持续进行至平衡。因此，固相反应往往涉及多个物相体系，其中的化学反应过程和扩散过程同时进行，反应过程的控制因素较为复杂，不同阶段的控制因素也千变万化。固相反应可认为是一种多相、多过程、多因素控制的复杂反应过程。

4. 固相反应速率

首先，和一般的化学反应一样，影响固相反应速率最重要的因素是反应温度。其次，由于反应发生在非均一体系内，传质与传热过程都对反应速率有重要影响。另外，当反应进行时，反应物和产物的物理化学性质将会发生变化，并导致反应体系温度和反应物浓度分布及物性的变化。因此，固相反应的热力学参数和动力学速度将随反应进行程度的不同不断地发生变化。

5. 反应中间产物

固相反应的另一个显著特点是固相反应产物的阶段性。反应开始生成的最初反应产物，随着反应的进行，会不断地演变，最后达到高温下系统平衡态的最终反应产物，两者可能不相同。一般地，最初反应产物可以与原始反应物继续反应，生成中间产物。中间产物也可以与最初产物进行反应，或者是不同阶段的中间产物之间继续发生一系列反应，最后才形成平衡状态的最终产物。即固相反应的产物不是一次生成的，而是经过最初产物、中间产物、最终产物等几个阶段，而这几个阶段又是相互交叉和连续的。

7.1.2 固相反应分类

固相反应可以从不同的角度进行分类，不同的分类方式之间可能存在交集。

(1)按物质状态分：纯固相反应、有液相参加的反应、有气相参加的反应等；

(2)按反应性质分：加成反应、交换反应、热分解反应等；

(3)按反应机理分：化学反应速率控制过程、扩散控制过程、化学反应速率和扩散混合控制过程。

7.2 固相反应机理

尽管固相反应种类繁多、反应机理存在较大差异，但通常它们都有一些共同点。固相反应一般由相界面上的化学反应和固相内的物质迁移两大过程构成。从反应的过程看，固相反应一般包括扩散、生成新化合物、化合物晶体长大和晶体结构缺陷修复等反应阶段，这些阶段是连续的，并有交叉。在这些反应阶段的反应进行的同时，还伴随体系物理化学性质的变化。

7.2.1 相界面上的化学反应机理

在加热合成材料的过程中，加热到不同的温度会有不同的反应产物。为了综合分析各种性质随反应温度变化的规律，一般将整个反应过程分为三个阶段。以下以三元材料高温固相反应为例。

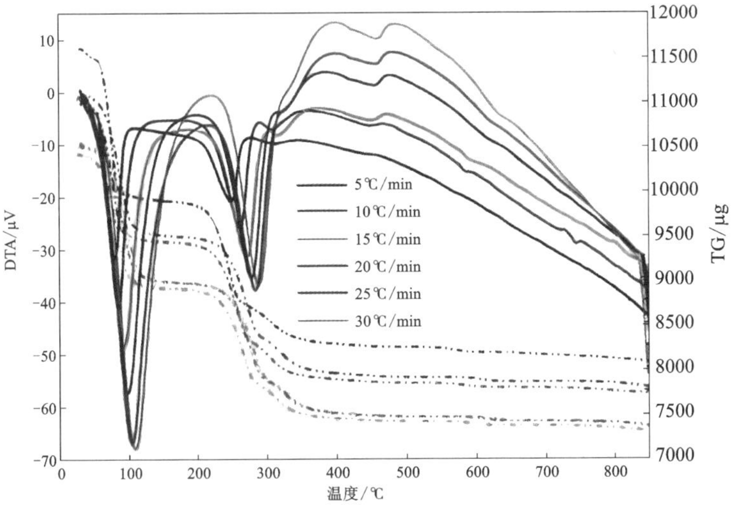

扫一扫，看彩图

图 7-1 不同扫描速率的 $LiOH+NCA(OH)_2$ 的热重/差热(TG/DTA)分析图

如图 7-1 所示，根据 LiOH+NCA(OH)$_2$ 的 TG/DTA 结果得出，整个反应过程按以下顺序进行。

原始状态：$Ni_{0.815}Co_{0.15}Al_{0.35}(OH)_2+LiOH \cdot H_2O+O_2$

第一阶段：混合接触产生表面效应。

从室温至 150 ℃发生 $LiOH \cdot H_2O$ 脱去结晶水的反应：

$$LiOH \cdot H_2O(s) \longrightarrow LiOH(s)+H_2O(g)$$

LiOH 的熔化温度在 470 ℃左右，沸点 925 ℃，在 1625 ℃完全分解。但是在过渡金属氧化物存在的情况下，由于过渡金属离子的催化作用，其在 500 ℃左右开始分解，发生下面的反应：

$$2LiOH(s) \longrightarrow Li_2O+H_2O$$

Li_2CO_3 分解，Li_2CO_3 的分解温度为 1310 ℃，但是在过渡金属氧化物存在的情况下，由于过渡金属离子的催化作用，其在 500 ℃左右开始分解，发生下面的反应：

$$Li_2CO_3 \longrightarrow Li_2O+CO_2$$

三元前驱体分解成氧化物(250~400 ℃)：

$$M(OH)_2(s) \longrightarrow MO(s)+H_2O(g)$$

第二阶段：化学反应和新相生成。

Li_2O、$Ni_{0.80}Co_{0.15}Al_{0.05}O$ 与氧气进行反应。三元材料高温制备过程中固相化学反应发生在 450 ℃至 800 ℃之间。500 ℃之后锂盐分解成氧化物 Li_2O，共沉淀的三元前驱体也分解成氧化物 MO，随后发生如下反应：

$$0.5Li_2O+MO+0.25O_2 \longrightarrow LiMO_2$$

反应过程中通入了一定压力的氧气。在高温条件下 Li_2O 与 MO 的晶粒界面发生反应，生成层状化合物 $LiMO_2$，该反应首先在晶粒界面或界面附近的反应物晶格中生成 $LiMO_2$ 晶核，实现这步是相当困难的，因为生成的晶核与反应物结构不同。因此成核反应需要反应物界面结构重新排列，包括结构中阴、阳离子键的断裂和重新结合。Li_2O 晶格中的 Li^+ 从 Li_2O 晶格中脱出，扩散进入 MO 晶格中的氧八面体的八面体空位。高温有利于晶核的生成，决定这个反应的控制步骤为 Li^+ 和 M^{2+} 在晶格中的扩散。

第三阶段：晶体成长和结构缺陷矫正。

在此阶段，已形成的 $LiMO_2$ 晶核会继续增长为更大的晶体。与此同时，晶体结构中可能出现的缺陷，在高温下通过材料内部原子或离子的重新排列和扩散，得到矫正或最小化。这一过程对于确保最终产品的性能十分关键，因为材料的结构完整性直接影响其电化学性能和稳定性。

7.2.2 不同反应类型及其机理

对于众多的固相反应，通常可按反应物质的相形态或反应形式加以分类研究。显然，不同类型的反应，其历程和机理会有差异。

1. 加成反应

加成反应是固相反应的一个重要类型，其一般形式是 A+B→C，其中 A、B 为任意单质或化合物。当化合物 C 不溶于 A 或 B 中任一相时，在 A、B 两层间就形成产物层 C。当 C 与 A

或 B 之间部分或完全互溶时，则在初始反应物中生成一个或两个新相。当 A 与 B 形成成分连续变化的产物时，则在反应物间可能形成几个新相。

如锂离子电池中，负极的嵌锂反应就是一个加成反应：

$$C_6+xe^-+xLi^+ \rightleftharpoons Li_xC_6 \tag{7-1}$$

在以锂空气电池为代表的金属空气电池中，金属负极在放电过程中与氧气发生反应，形成金属氧化物或金属超氧化物薄膜，可视为典型的造膜反应。

$$2Li+O_2 \rightleftharpoons Li_2O_2$$

2. 置换反应

置换反应是另一类重要的固态反应，其反应通式为

$$A+BC \longrightarrow AC+B \tag{7-2}$$

$$AB+CD \longrightarrow AD+BC \tag{7-3}$$

$$ABX+CB \longrightarrow CBX+AB \tag{7-4}$$

这时反应物必须在两种产物层中扩散才能使反应继续进行，并将形成不同的反应物与生成物的排列情况。如反应式(7-4)，当 AD 与 AB 固溶，但不与别的相固溶时，而且仅 D 与 B 通过扩散迁移进行反应，由于 B 与 D 是分别由 AB 和 CD 通过产物层向 CD 和 AB 方向扩散的，故其产物层将排列成(B、D)A|BC|CD；对于仅是由 A 与 C 扩散的情况，反应物与产物不形成固溶体时，产物层将排列成 AB|BC|AD|CD。可见，产物层排列取决于反应物的扩散组元、产物与反应物的固溶性等。对于三组分以上的多元系统，产物层的排列就更复杂。

湿法嵌锂可以被理解为一种置换反应的特例，其中锂离子被嵌入正极材料的晶格结构中，从而取代原有的金属离子。以下是湿法嵌锂过程中置换反应的具体示例：首先，我们需要准备正极材料的前驱体。这通常涉及将金属盐(如钴盐)与氢氧化物或碳酸盐等反应，生成相应的金属氢氧化物或碳酸盐沉淀。制备好的前驱体置于含有锂离子的溶液中。在这个过程中，置换反应发生了，其中锂离子(Li^+)逐渐取代了原先晶格结构中的其他金属离子(如钴离子)。这一置换反应是湿法嵌锂的关键步骤。

$$NiOOH+LiOH \longrightarrow LiNiO_2+H_2O$$

完成置换反应后，样品需要进行热处理，以促进锂离子在正极材料中的扩散和稳定嵌入。热处理通常在一定的温度下进行，以确保反应的完全性和最终产物的稳定性。

3. 相转变反应

相转变反应的特点是反应仅在一个固相内进行，反应物或生成物不必参与迁移；反应通常是吸热的，在转变点附近比热值会异常增大。对于一级相变，熵变是不连续的；对于二级相变则是连续的。由此可见，传热对相转变反应速率有着决定性影响。石英的多晶转变反应是硅酸盐工业中最常见的实例。而锂离子电池充放电过程中，在正极材料的氧化物脱锂过程中，层状相会变成尖晶石相，最后变为无序的岩盐相。该反应仅在一个固相中进行相变。

4. 热分解反应

这类反应常伴有较大的吸热效应，并在某一狭窄范围内迅速进行，热分解反应伴有分解产物的扩散过程。在锂离子电池中，$LiPF_6$ 是目前电解液中最为常用的锂盐，将 $LiPF_6$-EC/EMC 进行加热，发现在 255 ℃时出现显著的放热峰，研究认为 255 ℃的放热峰是 $LiPF_6$，分解

生成的 PF_5 活性极高，同 EC/EMC 反应释放大量热量。从这个角度分析，电解液中的 $LiPF_6$ 带来了额外的不稳定热源，带来电池安全风险。另外，锂离子电池正极材料合成过程中的前驱体和锂盐也会发生热分解反应。

5. 插层反应

插层反应在新能源材料领域十分常见，在电池充放电过程中，石墨负极通过插层反应来实现锂离子的嵌入和脱出，从而实现能量的存储与转换。插层反应对电池性能影响比较大，所以单独列出进行详细说明。

1）插层反应对晶体结构的要求

插层反应涉及在材料现有的晶体相结构中加入额外原子或离子，并伴随氧化还原反应同时发生。此反应要求晶体结构具备一定程度的开放性，允许外界原子或离子的进出从而改变晶体的结构和组成，进而生成新晶体材料。此过程通常呈现以下特征：①反应可逆，能通过化学或电化学手段进行；②反应局部进行，对主体结构的影响较小；③候选离子或电子在插入主体中具有显著的迁移能力，使其成为电子或离子混合导体的候选材料。例如，通过将天然石墨与强酸和强氧化剂反应制得氧化石墨烯（GO），强酸小分子穿插进入石墨层间，再经过超声分散和还原剂处理，去除氧化石墨烯表面含氧基团如羧基、环氧基和羟基，制备得到石墨烯。同理，由于石墨具有平面环状的层状结构，其层间可插入各种碱金属离子、卤素离子及氨和胺等。插入操作扩大了层间距，而其逆反应则会使层间距恢复原状。局部离子交换法是一种用于特定部位材料离子交换的制备技术，常应用于具有特殊结构材料或功能材料的合成，如梯度结构材料或局部掺杂材料。该法基于溶液中目标离子和离子交换介质（如树脂或膜）间的相互作用原理，通过离子交换介质实现地点特定的离子交换。湿法嵌锂的原理就是利用离子交换法。

2）插层复合原理和分类

插层复合法是制备 MXene 纳米片的方法之一。首先通过刻蚀剂处理 MAX 相材料，制得表面含有多种负电荷官能团（例如—OH、—F、—O 等）的 MXene。而对于制备 MXene 纳米片所使用的插层剂而言，要么本身就是带正电荷的离子，要么在水溶液中能够解离出带有正电的阳离子基团（例如 TMAOH 在水溶液中会解离成 TMA^+ 和 OH^- 两个部分）。因此，这些插层剂能靠电静力吸引穿透 MXene 层间，削弱 MXene 层间相互作用力并增大层间距。

插层复合法主要分为插层聚合和聚合物插层两种形式。选用的插层剂需满足：①便于渗透到层状结构中，显著扩大层间距；②插层剂分子与聚合物单体或高分子链间需有较强的物理或化学相互作用。

3）氧化还原法制备石墨烯

氧化还原法制备石墨烯基于插层剥离技术，目的是破坏石墨共轭结构并在层间引入含氧官能团（如羟基、酮基、醚键等），从而减弱层间范德华力以制得氧化石墨；继而经过超声分离并采用还原剂（热还原、微波还原、电化学还原等方法亦可）还原，最终获得还原氧化石墨烯（图 7-2）。

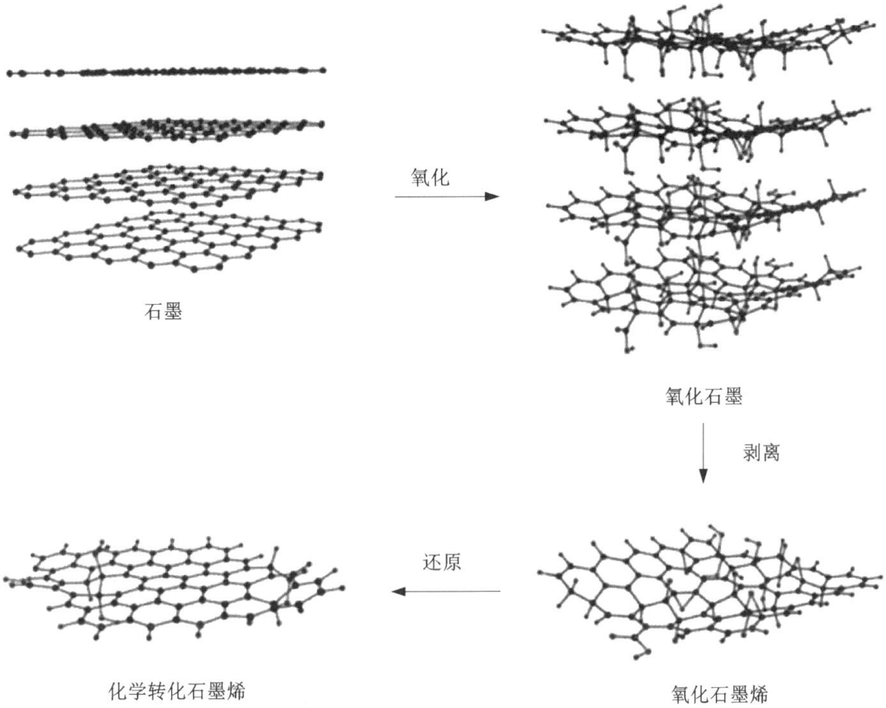

图 7-2　氧化还原剥离示意图

7.3　固相反应动力学

固相反应始于反应物的粒子之间接触并混合，这些反应物粒子在表面互相作用产生一层薄而有众多结构缺陷的新相。这个新相接着会发育成新晶体结构。当在两个反应性颗粒间形成的产物层增厚到一定程度时，反应的进一步进行将依赖于至少一种反应物通过这层产物层的扩散。这一物质传输过程可能经由晶格内部、表面、晶界、位错或者晶体裂纹等多种路径进行。在这个过程中，控制反应速率的因素超越了化学反应本身，反应物中新相的晶体缺陷调整速率、晶粒生长速度，以及系统中物质和能量的传输速率同样起着重要作用。在所有这些环节中，最慢的一环将对整个反应速率产生决定性的制约。

7.3.1　固相反应一般动力学关系

如图 7-3 所示，A 和 B 的化学反应历程生成了物质 C。反应开始于反应物粒子之间的接触与混合，并在表面上发生化学反应以形成一层薄薄的、含有大量结构缺陷的新相；之后，发生产物新相的结构调整和晶体生长。然而，对于更广泛的固相反应来说，由于反应体系中可能参与的气相或液相，传质过程经常可在这些气相或液相中进行。气相或液相的存在在固相反应中可能发挥关键作用，有时可以对固相反应的动力学造成显著影响。因此，我们可将固相反应定义为固体直接参与并经历化学变化的过程，且至少在固体的内部或外部有一个步骤控制了整个反应过程。

现以金属空气电池，金属氧化过程为例，建立整体反应速率与各阶反应速率间的定量关系。

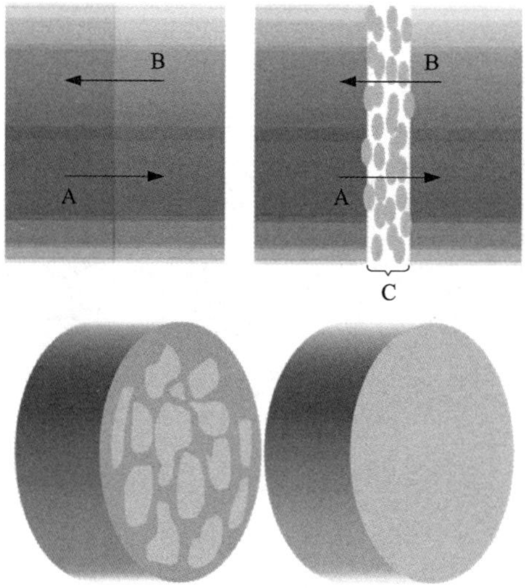

图 7-3　固相物质 A、B 化学反应过程的模型

假设反应依图 7-4 所示模式进行，其反应方程式为

$$M(s)+\frac{1}{2}O_2(g)\longrightarrow MO(s) \tag{7-5}$$

反应经 t 时间后，金属 M 表面已形成厚度为 δ 的产物层 MO。进一步的反应将由氧气 O_2 通过产物层 MO 扩散到 M-MO 界面和金属氧化反应两个过程组成。根据化学反应动力学一般原理和扩散第一定律，单位面积界面上金属氧化速率 V_p 和氧气扩散速率 V_d 分别有如下关系：

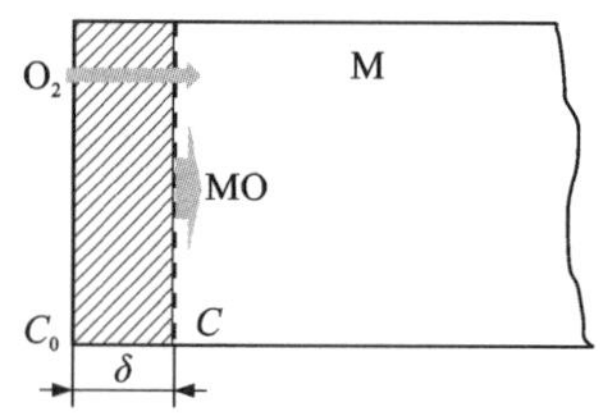

图 7-4　金属 M 表面氧化反应模型

$$V_p=\frac{dQ_p}{dt}=K_pC \tag{7-6}$$

$$V_d=\frac{dQ_d}{dt}=D\frac{dC}{dx}=D\frac{C_0-C}{\delta} \tag{7-7}$$

式中：$\frac{dQ_p}{dt}$为单位时间内反应消耗的氧气量；$\frac{dQ_d}{dt}$为单位时间内扩散到 MO 界面的氧气量；C_0 和 C 分别为金属介质 M 和 MO 界面上的氧气浓度。

对于任何固相反应，经过一段时间后，只可能出现如下三种情况：

(1)反应速率等于扩散速率，$V_p=V_d$。此时，反应量等于扩散量，在反应界面上反应物浓度保持不变。

(2)反应速率远远大于扩散速率，$V_p>V_d$。反应物扩散到反应界面上就立刻被反应掉，这样在反应界面上，就有 $C=0$。

(3)扩散速率远远大于反应速率，$V_p<V_d$。最终会使得反应界面上的浓度 C 趋近于 C_0。

一般，当反应速率与扩散速率大致相当时，反应可以达到平衡状态。因为，若 $V_p\geqslant V_d$，则 C 逐渐减小，到一定程度后，C_0-C 增大，V_d 增大，最终达到 $V_p=V_d$；反之，若 $V_p\leqslant V_d$，则 C 逐渐增大，到一定程度后，C_0-C 减小，V_d 减小，最终达到 $V_p=V_d$。当反应过程达到平衡，

即反应量等于扩散量的时候（$V_p=V_d$），则有

$$K_pC=D\frac{C_0-C}{\delta} \tag{7-8}$$

即

$$C=C_0/\left(1+\frac{K_p\delta}{D}\right) \tag{7-9}$$

则固相反应速率为

$$V=K_pC=\frac{1}{\frac{1}{K_pC_0}+\frac{\delta}{DC_0}} \tag{7-10}$$

由上述方程式可以发现影响固相反应速率的关键步骤有如下三种情况：

(1) 当扩散速率远大于化学反应速率时，$K_p \ll D/\delta$，有

$$V=K_pC_0=V_{p(max)}，(C=C_0) \tag{7-11}$$

此时，整个固相反应过程速度由界面上的化学反应速率控制。

(2) 当扩散速率远小于化学反应速率时，$K_p \gg D/\delta$，则 $C=0$，有

$$V=\frac{D(C_0-C)}{\delta}=D\frac{C_0}{\delta}=V_{d(max)} \tag{7-12}$$

此时，整个固相反应过程由通过产物层的扩散速率控制。

(3) 当扩散速率和化学反应速率相当时，有

$$V=K_pC=\frac{1}{\frac{1}{K_pC_0}+\frac{\delta}{DC_0}}=\frac{1}{\frac{1}{V_{p(max)}}+\frac{1}{V_{d(max)}}} \tag{7-13}$$

此时，整个固相反应过程由化学反应和扩散混合控制。

由此可见，由扩散和化学反应构成的固相反应过程，其整体反应速率的倒数为扩散最大速率的倒数和化学反应最大速率的倒数之和。若将反应速率的倒数理解成反应的阻力，则式(7-13)将具有与大家所熟悉的串联电路欧姆定律相似的形式：反应的总阻力等于各环节分阻力之和。这一类同对于研究复杂反应过程有着很大的便利。例如，当固相反应不仅包括化学反应、物质扩散，还包括结晶、熔融、升华等物理化学变化过程，且当这些单元过程间又以串联模式依次进行时，那么固相反应的总速率应为

$$V=1/\left(\frac{1}{V_{1max}}+\frac{1}{V_{2max}}+\frac{1}{V_{3max}}+\cdots+\frac{1}{V_{nmax}}\right) \tag{7-14}$$

式中：V_{1max}，V_{2max}，V_{3max}，…，V_{nmax} 分别代表构成反应过程各环节的最大可能速率。

因此，为了确定过程总的动力学速率，确定整个过程中各个基本步骤的具体动力学关系往往十分困难，故需抓住问题的主要矛盾才能使问题比较容易地得到解决。例如，若在固相反应环节中，物质扩散速率较其他各环节都慢得多，则由式(7-14)可知反应阻力主要来源于扩散过程。此时，若其他各项反应阻力较扩散阻力可忽略不计，则总反应速率将几乎完全受控于扩散速率。

7.3.2　化学反应速率控制过程

如果在某一固相反应体系中，化学反应速率最慢，则此时固相反应的速率主要由接触界

面上的化学反应速率所控制。

1. 化学反应速率通式

对于一个均相的二元系统，假设反应式为 $mA+nB = xD+yE$，其化学反应速率为 $V=K_R C_A^m C_B^n$。式中，C_A 为反应物 A 的浓度；C_B 为反应物 B 的浓度；K_R 为反应速率常数。

若反应过程中只有一个反应物浓度可变，则

$$V=K_n C^n \tag{7-15}$$

假设经过时间 t 的反应后，有 X 部分反应物已被反应掉，剩下未反应的反应物应为 $(C-X)$，则化学反应速率：

$$V=-\frac{d(C-X)}{dt}=K_n(C-X)^n \tag{7-16}$$

根据初始条件（$t=0$ 时，$X=0$），对上述方程积分：

$$\int_0^X \frac{dX}{(C-X)^n}=\int_0^t K_n dt \tag{7-17}$$

得到

$$\frac{1}{(n-1)}\left[\frac{1}{(C-X)^{n-1}}-\frac{1}{C^{n-1}}\right]=K_n t \tag{7-18}$$

式中：n 为反应级数。

2. 反应级数及反应速率公式

由方程（7-18），结合不同反应级数（取 0、1、2 时分别对应零级反应、一级反应和二级反应）讨论相应的反应速率公式。

1）零级反应

对于零级反应，$n=0$，则有

$$X=K_0 t \tag{7-19}$$

2）一级反应

对于一级反应，$n=1$，直接根据方程中 $n=1$ 积分：

$$\int_0^X \frac{dX}{C-X}=\int_0^t K_1 dt \tag{7-20}$$

可得

$$\ln\frac{C-X}{C}=-K_1 t \tag{7-21}$$

即

$$C-X=C\exp(-K_1 t) \tag{7-22}$$

3）二级反应

对于二级反应，$n=2$，则有

$$\frac{1}{C-X}-\frac{1}{C}=K_2 t \tag{7-23}$$

即

$$\frac{X}{C(C-X)}=K_2 t \tag{7-24}$$

3. 转化率为变量的反应速率公式

1) 简化模型

多数的固相反应都是在界面上进行的非均相反应，故反应颗粒之间的接触面积 F 在描述固相反应速率时也要加以考虑。对于二元系统的非均相反应，考虑接触面积 F 后的反应速率方程：$V=K_nFC_A^mC_B^n$。当只有一个反应物可变时，反应式简化为 $V=K_nFC^m$。式中的接触面积 F 将随反应进程而不断变化。

材料制备过程中所用的原料大多为颗粒状，大小不一，形状复杂。随着反应的进行，反应物的接触面积也将不断变化，所以要准确求出接触面积及其随反应过程的变化是很困难的。

为简化起见，设反应物颗粒是半径为 R_0 的球体或半棱长为 R_0 的立方形粉体，经时间 t 后，每个颗粒表面形成的产物层厚度为 x，反应物与反应产物量的变化用质量百分比（%）表示。假设反应物与反应产物间体积密度相近，则反应物与反应产物的质量变化可以用体积变化（体积百分比）表示，并定义转化率 G 为

$$G=\text{反应产物量}/\text{反应物总量}$$

则有

$$G=\frac{V-V_1}{V}=\frac{\frac{4}{3}\pi R_0^3-\frac{4}{3}\pi(R_0-x)^3}{\frac{4}{3}\pi R_0^3}=\frac{R_0^3-(R_0-x)^3}{R_0^3} \tag{7-25}$$

式中：V 为反应物总体积；V_1 为反应后残余体积。由方程（7-24）可得

$$R_0-x=R_0(1-G)^{1/3}$$

即

$$x=R_0[1-(1-G)^{1/3}] \tag{7-26}$$

2) 反应速率通式

对于半径为 R_0 的球体，相应于每个颗粒的反应表面积 F' 与转化率 G 的关系为

$$F'=4\pi R_0^2(1-G)^{\frac{2}{3}} \tag{7-27}$$

若系统中有 N 个颗粒，则总表面积 F：

$$F=NF'=N4\pi R_0^2(1-G)^{\frac{2}{3}} \tag{7-28}$$

由于 $N=\frac{1}{\frac{4}{3}\pi R_0^3\gamma}$，其中 γ 为反应物的表观密度，则有

$$F=\frac{3}{\gamma R_0}(1-G)^{\frac{2}{3}}=A(1-G)^{\frac{2}{3}} \tag{7-29}$$

其中，常数 $A=\frac{1}{\gamma R_0}$。对于半棱长为 R_0 的立方体，$F'=24R_0^2(1-G)^{\frac{2}{3}}$。

考虑反应接触界面面积的变化，化学反应速率可表示为

$$-\frac{\mathrm{d}(C-X)}{\mathrm{d}t}=FK_n(C-X)^n \tag{7-30}$$

将该式作一定的变化得到

$$-\frac{\mathrm{d}C\left(1-\frac{X}{C}\right)}{\mathrm{d}t}=FK_nC^n\left(1-\frac{X}{C}\right)^n \tag{7-31}$$

而 $G=X/C$，则

$$\frac{\mathrm{d}G}{\mathrm{d}t}=FK_n'(1-G)^n \tag{7-32}$$

式中：$K_n'=K_nC^n$。

3）零级反应的速率

（1）球形颗粒

对于零级反应，$n=0$，则有

$$\frac{\mathrm{d}G}{\mathrm{d}t}=FK_0'=K_0'A(1-G)^{\frac{2}{3}}=K_0''(1-G)^{\frac{2}{3}} \tag{7-33}$$

由初始条件（$t=0$ 时，$G=0$），则对上式积分可得

$$\int_0^G\frac{\mathrm{d}G}{(1-G)^{\frac{2}{3}}}=\int_0^t K''_0\mathrm{d}t \tag{7-34}$$

解得

$$F_0(G)=1-(1-G)^{\frac{1}{3}}=K_0''t \tag{7-35}$$

（2）圆柱状颗粒

若是圆柱状颗粒，则有关系式

$$F_0(G)=1-(1-G)^{\frac{1}{2}}=K_0''t \tag{7-36}$$

（3）平板状颗粒

若是平板状颗粒，则有关系式

$$F_0(G)=G=K_0''t \tag{7-37}$$

4）一级反应的速率

对于一级反应，$n=1$，则有

$$\frac{\mathrm{d}G}{\mathrm{d}t}=K_1''F(1-G)=K_1'A(1-G)^{\frac{5}{3}}=K_1''(1-G)^{\frac{5}{3}} \tag{7-38}$$

积分可得

$$F_1(G)=[(1-G)^{-\frac{2}{3}}-1]=K_1''t \tag{7-39}$$

7.3.3 扩散速率控制过程

在固相反应中，通常情况下，与化学反应所需的时间相比，扩散速率较为缓慢。尤其是当反应进行一段时间之后，由于产物层的逐渐增厚，扩散阻力上升，导致扩散速率的降低。因此，在绝大多数的固相反应案例中，物质通过产物层的扩散过程常常扮演着决定性的控制角色。由此，研究并理解扩散速率对于固相反应来说变得极为关键。菲克定律为描述固相反应中的扩散动力学奠定了基础理论框架。在固体材料中，由于缺陷处的扩散速率相对较快，固体内部的物质转移往往通过缺陷进行，因此，影响晶体中缺陷状态的任何因素，包括晶体本身的缺陷特性，材料颗粒的分散性、形态以及界面的特征等，都可以对扩散过程产生根本

性的影响。从材料科学的视角来考察，围绕受扩散控制的固相反应动力学已有大量的研究展开。理论分析通常从建立不同的物质结构模型出发，并以此为基础，结合各种前提假设，推导出一系列扩散动力学的相关方程。接下来将讨论一些经典的扩散模型及其对应的动力学速率方程。

1. 抛物线方程

此方程源于平板扩散模型。图 7-5 展示了一个平板模型的结构图。如图所解释的那样，设定两个平板状的物质相接触并发生扩散，形成了厚度为 x 的 AB 化合物层。随着时间的推移，物质 A 穿过 AB 化合物层扩散到 B 边界，并在那里继续参与反应。如果该界面上的化学反应速率明显快于 A 通过 AB 产物层的扩散速率，那么该固相反应的速率就是由扩散过程所控制。

如图所示，假设经过时间 $\mathrm{d}t$ 后，通过 AB 层迁移的 A 质量为 $\mathrm{d}m$，平板间接触面积为 S，浓度梯度为 $\mathrm{d}c/\mathrm{d}x$，根据菲克定律，则

$$\frac{\mathrm{d}m}{\mathrm{d}t}=DS\frac{\mathrm{d}c}{\mathrm{d}x} \tag{7-40}$$

由图可知，a 点处 A 浓度为 100%，b 点处 A 浓度为 0%，上式可以写成

$$\frac{\mathrm{d}m}{\mathrm{d}t}=DS\frac{1}{x} \tag{7-41}$$

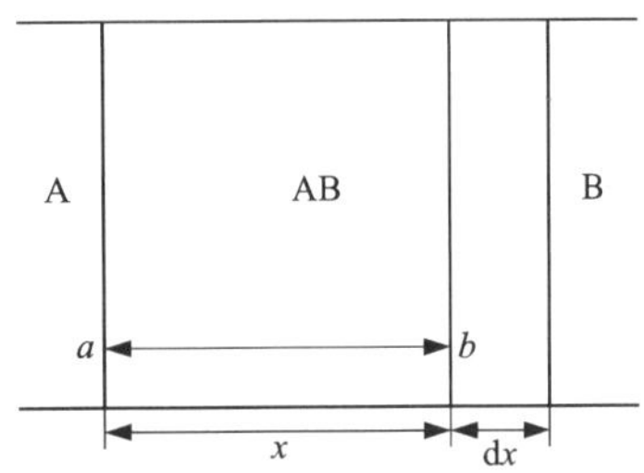

图 7-5　平板扩散模型

考虑到 $\mathrm{d}m$ 物质流扩散到 AB-B 界面后，形成了体积为 $S\mathrm{d}x$ 的 AB 层，因此 A 物质迁移量 $\mathrm{d}m\propto S\mathrm{d}x$，故有

$$\frac{\mathrm{d}x}{\mathrm{d}t}=K_{\mathrm{p}}'D\frac{1}{x} \tag{7-42}$$

其中，K_{p}' 为一常数。积分后可得

$$F_{\mathrm{p}}(G)=x^2=2K_{\mathrm{p}}'Dt=K_{\mathrm{p}}t \tag{7-43}$$

上式即为抛物线方程的积分式，表明反应产物厚度（x）与反应时间（t）的平方根成正比。然而，该方程假设了平板间的接触面积 S 是一个常数。因此，它最大的一个缺陷是忽略了反应物接触面积是随时间变化的，这使得方程的准确性和适用性受到了限制。

2. 杨德尔方程

许多材料的生产中通常采用粉体材料作原料。在此过程中，粒子间反应接触的表面积经常是动态变化的。因此，利用简单的平板模型来描述大量粉末颗粒之间反应层厚度的变化通常较为复杂。为了解决这一问题，杨德尔在抛物线方程的基础上，采用"球形模型"推导了一个修正的动力学方程。相应的扩散结构模型如图 7-6 所示。在推导动力学方程的过程中，杨德尔作出了以下几个假设：

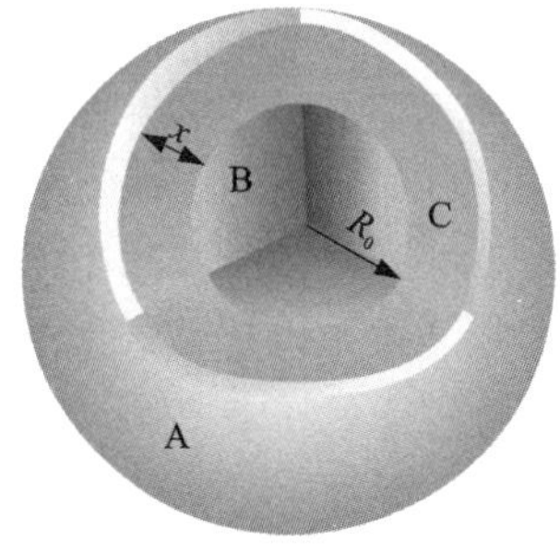

图 7-6　杨德尔方程的扩散模型

（1）反应物 B 是半径为 R_0 的等径球体；

（2）反应物 A 作为扩散相，总是将 B 颗粒包裹起来，并且 A、B 与产物 C 完全接触，反应

从表面向核心进展；

（3）A 在产物层的浓度梯度为线性分布，且其扩散的横截面积是恒定的。

根据以上假设，可获得如下的各种参数：

反应物颗粒初始体积为 $V_1=\frac{4}{3}\pi R_0^3$；

未反应部分体积为 $V_2=\frac{4}{3}\pi(R_0-x)^3$；

产物体积为 $V=\frac{4}{3}\pi[R_0^3-(R_0-x)^3]$。其中，$x$ 为产物层厚度。

令以 B 物质为基准的转化率为 G，则

$$G=\frac{V}{V_1}=\frac{R_0^3-(R_0-x)^3}{R_0^3}=1-\left(1-\frac{x}{R_0}\right)^3 \tag{7-44}$$

可得

$$\frac{x}{R_0}=1-(1-G)^{\frac{1}{3}} \tag{7-45}$$

即

$$x=R_0[1-(1-G)^{\frac{1}{3}}] \tag{7-46}$$

代入抛物线方程，得

$$x^2=R_0^2[1-(1-G)^{\frac{1}{3}}]^2=K_p t \tag{7-47}$$

则

$$F_y(G)=[1-(1-G)^{\frac{1}{3}}]^2=\frac{K_p}{R_0^2}t=K_y' t \tag{7-48}$$

将上式微分，可获得

$$\frac{dG}{dt}=\frac{K_y(1-G)^{\frac{2}{3}}}{1-(1-G)^{\frac{1}{3}}} \tag{7-49}$$

式中：$K_y=\frac{3DK_p}{R_0^2}=c\exp\left(-\frac{Q}{KT}\right)$，其中 Q 是活化能。

杨德尔方程虽然是建立在抛物线方程基础之上，但是在它的推导中假定了扩散横截面积保持不变，这导致了方程预测的结果与实际反应状况之间可能存在较大的偏差。在实际的反应过程中，仅当转化率 G 相当低时，产物层的外表面积与内表面积的比值才会趋近于 1，这样的产物层表面才能近似看作是一个平面。此外，杨德尔方程还假设了反应物 A、B 与产物 C 之间有着完全的接触，但实际上如果形成的产物体积较消耗的反应物体积小，这个条件便得不到满足，同样，这也意味着仅当 G 相当小的情况下，这个近似才是适用的。因此，只有转化率 G 较低，即产物层厚度与 B 颗粒半径的比值（x/R_0）较小时，杨德尔方程才能较好地适用于实际的反应。然而，随着反应的进行，转化率增大，杨德尔方程与实验数据之间的偏差会逐渐增大。正是基于这样的原因，后来的研究者对杨德尔方程进行了修正，以更准确地描述在不同转化率下的动力学行为。

3. 金斯特林格方程

金斯特林格(Ginsterlinger)对杨德尔方程进行了重要修正，以打破原方程只适用于反应程度不高的情况的局限性。金斯特林格指出，在实际反应中，随着反应的进行，生成的产物层应视为一个球面而不是平面，这一点在反应程度高的、转化率高的情况下尤为明显。因此，金斯特林格方程修改了杨德尔方程中关于扩散截面积保持不变的假设，提出了新的扩散模型来更准确地描述实际情况，如图 7-7 所示。

图 7-7 表示了 A 与 B 反应生成 AB 的反应体系结构。A 是反应的扩散相，B 是半径为 R_0 的球形颗粒，沿整个表面进行反应。A 与 B 反应生成的产物 AB，其厚度随着反应的进行不断增加。假设 A 向 A-AB 界面的扩散所遇到的阻力远小于其透过 AB 层的扩散阻力，这意味着在 A-AB 界面上 A 的浓度可以认为是恒定的，即等于 C_0，而在 B-AB 界面上 A 的浓度则为零。这种假设设定了两个重要的边界条件：

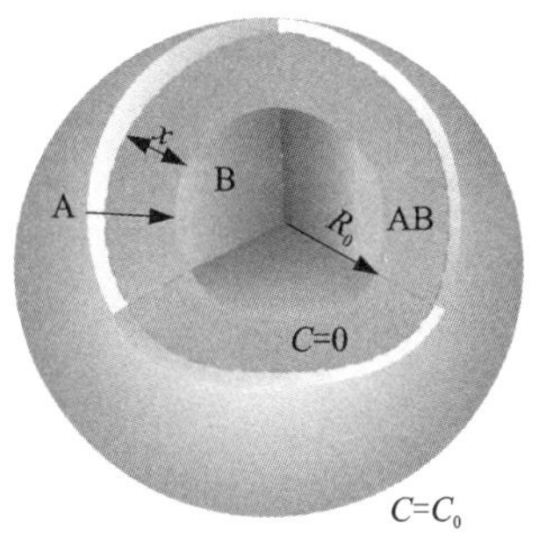

图 7-7　金斯特林格固相反应模型

A-AB 界面：$C_A = C_0$(保持不变)。

B-AB 界面：$C_A = 0$。

金斯特林格还引入了一个比例系数 $\varepsilon=\rho n/\mu$，用以量化反应过程。其中 ρ 为产物 AB 的比重；μ 为产物 AB 的分子量；n 是按化学计量计算的反应系数，表示与 1 mol B 反应所需 A 的物质的量。(ρ/μ 表示产物 AB 单位体积的物质的量，ε 表示生成单位体积 AB 所需的 A 的物质的量)。

根据体积 $\mathrm{d}x \cdot S$(S 为界面面积)中 A 的原子的数量应该等于时间 $\mathrm{d}t$ 中扩散经过面积为 S 的界面的原子数，则有

$$\mathrm{d}x \cdot S \cdot \varepsilon = J \cdot S \cdot \mathrm{d}t \tag{7-50}$$

即

$$\frac{\mathrm{d}x}{\mathrm{d}t}=\frac{J}{\varepsilon}=\frac{D}{\varepsilon}\left(\frac{\partial C}{\partial r}\right)_{r=R_0-x} \tag{7-51}$$

由于粒子是球形的，产物两侧界面上 A 浓度不变，故随产物层增厚，A 在层内的浓度分布分别是 r 和时间 t 的函数，其过程为一不稳定的扩散：

$$\frac{\mathrm{d}C_{(r,\ t)}}{\partial t}=D\left(\frac{\partial^2 C}{\partial r^2}+\frac{2}{r}\ \frac{\partial C}{\partial r}\right) \tag{7-52}$$

该反应具有如下的初始及边界条件：

$$\begin{gathered}
r=R_0,\ t>0,\ C_{(R_0,\ f)}=C_0,\\
r=R_0-x,\ t=0,\ C_{(R_0-x)}=0\\
\frac{\mathrm{d}x}{\mathrm{d}t}=\frac{J}{\varepsilon}=\frac{D}{\varepsilon}\left(\frac{\partial C}{\partial r}\right)_{r=R_0-x}\\
t=0,\ x=0
\end{gathered} \tag{7-53}$$

为简化起见，可考虑近似地将不稳定球形扩散问题归结为一个等效的稳定扩散。在等效

扩散条件下，球表面 A 的浓度为 C_0，AB 层厚度为任意 x 时，单位时间内通过该层的 A 物质量 $M(x)$ 不随时间变化，而只与 A 有关。

则

$$D\frac{\partial C}{\partial r}4\pi r^2=M(x) \tag{7-54}$$

即

$$\frac{\partial C}{\partial r}=\frac{M(x)}{4\pi r^2 D} \tag{7-55}$$

在 $r=R_0-x$ 和 $r=R_0$ 之间积分：

$$C_0'=-\frac{M(x)}{4\pi D}\frac{1}{r}\bigg|_{R_0-x}^{R_0}=\frac{M(x)}{4\pi D}\frac{x}{R_0(R_0-x)} \tag{7-56}$$

故有

$$M(x)=\frac{C_0'R_0(R_0-x)\cdot 4\pi D}{x} \tag{7-57}$$

则得到

$$\left(\frac{\partial C}{\partial r}\right)_{r=R_0-x}=\frac{C_0'R_0(R_0-x)}{cr^2}=\frac{C_0'R_0(R_0-x)}{x(R_0-x)^2}=\frac{C_0'R_0}{x(R_0-x)} \tag{7-58}$$

将上式代入可得到

$$\frac{\mathrm{d}x}{\mathrm{d}t}=\frac{K_J'R_0}{x(R_0-x)} \tag{7-59}$$

式中：$K_J'=DC_0'/\varepsilon$。积分后可得

$$x^2\left(1-\frac{2}{3}\frac{x}{R_0}\right)=K_Jt \tag{7-60}$$

上式当 x 很小时简化为：

$$x^2=2K_Jt\text{（抛物线方程）}$$

将 $x=R(1-\sqrt[3]{1-G})$（杨德尔方程）代入：

$$x^2\left(1-\frac{2}{3}\frac{x}{R}\right)=2K_Jt$$

得

$$1-\frac{2}{3}G-(1-G)^{\frac{2}{3}}=\frac{2K_Jt}{R^2}=F_J(G)$$

$$F_J(G)=1-\frac{2}{3}G-(1-G)^{\frac{2}{3}}=K_Jt \tag{7-61}$$

4. 卡特方程（亦称 Valensi-Carter 方程）

无论是杨德尔方程还是金斯特林格方程，在推导时都没有考虑反应物和生成物之间的摩尔体积差别，但实际上该差别可能存在。卡特对此进行了修正。卡特方程的扩散结构模型如图 7-8 所示，原始半径为 r_0 的 A 组分球状颗粒，在表面上有很细的粉末反应，此反应的速度由扩散过程控制。

r_1 为反应一段时间后组分 A 的半径，当 G 从 $0\to1$ 时，r_1 从 $r_1\to0$；r_2 为反应一段时间后，未反应的组分加上反应产物层的球半径；r_2 为 $G=1$ 时，即组分 A 全部反应后的全部产物的半径。显然，产物体积与反应物 A 的体积不一样；Z 为消耗一个单位体积的组分 A 所生成的产物的体积，即等价体积比。这样有如下的关系式：

$$r_2^3=r_1^3+Z(r_0^3-r_1^3)=Zr_0^3+r_1^3(1-Z) \tag{7-62}$$

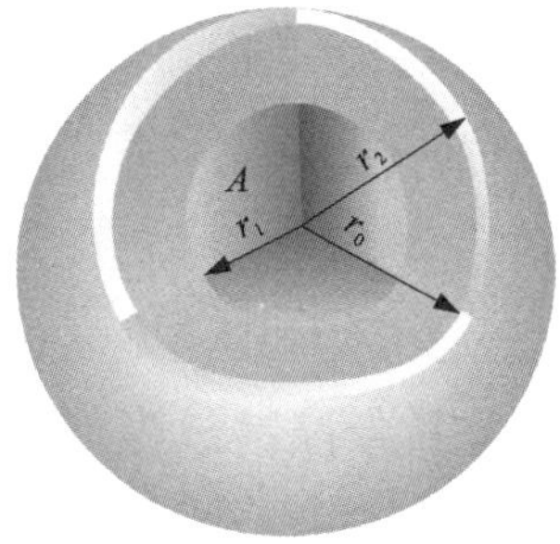

图 7-8　卡特固相反应模型

因为 $G=\dfrac{r_0^3-r_1^3}{r_0^3}$，则有

$$r_1=(1-G)^{\frac{1}{3}}r_0 \tag{7-63}$$

时间 t 时，剩余 A 的数量 Q_A 为

$$Q_A=\frac{4}{3}\pi r_1^3 \tag{7-64}$$

则有

$$\frac{dQ_A}{dt}=\frac{4}{3}\pi 3r_1^2\frac{dr_1}{dt} \tag{7-65}$$

而 Q_A 的变化速度又等于以扩散方式通过厚度为 r_2-r_1 的球外壳的流量，则

$$\frac{dQ_A}{dt}=\frac{4\pi Kr_1r_2}{r_2-r_1} \tag{7-66}$$

式中：K 为反应速率常数。该式适用于稳态扩散。

上述讨论的情况下，扩散层通过半径不同的每一个球壳的物质流量是相等的，即反应物 A 的变化量 dQ_A/dt 等于扩散通过产物层的量，故有

$$4\pi r_1^2\frac{dr_1}{dt}=\frac{4\pi Kr_1r_2}{r_2-r_1} \tag{7-67}$$

则有

$$r_1\frac{dr_1}{dt}=-\frac{Kr_2}{r_2-r_1} \tag{7-68}$$

则 $r_1\left(1-\dfrac{r_1}{r_2}\right)dr_1=-Kdt$，把 r_2 代入有

$$\left\{r_1-\frac{r_1^2}{[Zr_0^3+r_1^3(1-Z)]^{\frac{1}{3}}}\right\}dr_1=-Kdt \tag{7-69}$$

将上式从 $r_0\to r_1$ 积分，得到

$$[(1-Z)r_1^3+Zr_0^3]^{\frac{2}{3}}-(1-Z)r_1^2=Zr_0^2+2(1-Z)Kt \tag{7-70}$$

将式代入，得到

$$F_c(G)=[1+(Z-1)G]^{\frac{2}{3}}+(Z-1)(1-G)^{\frac{2}{3}}-Z=K_ct \tag{7-71}$$

式中：$K_c=\dfrac{2(1-Z)K}{R_0}$。

卡特方程是一种经验性动力学方程，它是基于实验数据对反应速率和反应物浓度之间关系的经验总结而得出的。卡特方程描述了化学反应速率与反应物浓度之间的关系。它提供了一种简单的数学模型，可用于定量描述反应速率是如何随着反应物浓度变化而变化的。卡特方程通常适用于液相或气相中的简单化学反应体系。对于复杂的反应体系或表面反应等，可能需要更复杂的动力学方程。

7.3.4 混合控制过程

当整个反应中各种过程的速度都相当，而不能忽略时，情况就较复杂。这时很难用一个简单的方程对反应过程进行描述，只能根据不同情况，用一些近似式表示。

如当化学反应速率和扩散速率都不能忽略时，可用下列的经验公式估计：

$$\frac{dx}{dt}=K_G/t \tag{7-72}$$

积分后得到

$$x=K_G\ln t \tag{7-73}$$

在许多情况下，随着反应条件的改变，某一固相反应可能从一个速度控制范围转变到另一个速度控制范围。如果用速度或速度常数对固相反应温度倒数（$1/T$）作图，所得的直线若在某处出现转折，则此转折就意味着控制速度的机制发生改变。相应地，某段直线对应区间属于一种特定的动力学速度控制范围。

【例 7-1】 由 NiO 和 LiOH 粉末反应生成 $LiNiO_2$ 材料，过程为扩散控制，扩散活化能为 209 kJ/mol，750 ℃下，1 h 完成 20%，求 800 ℃下，4 h 和 10 h 各完成多少？（试用杨德尔方程计算）

【解】 如果用杨德尔方程来描述 NiO 和 LiOH 粉末反应生成 $LiNiO_2$，经计算得到合理的结果，则可以认为此反应是由扩散控制的化学反应过程。

由杨德尔方程，得

$$[1-(1-G)^{\frac{1}{3}}]^2=K_{1023}t$$

$$[1-(1-0.2)^{\frac{1}{3}}]^2=K_{1023}\times 1$$

$$K_{1023}=0.005138/h$$

因为 $Q=\left(\frac{RT_1T_2}{T_2-T_1}\right)\ln\frac{K_{1073}}{K_{1023}}$，

$$209\times 10^3=\left[\frac{8.314\times 1073\times 1023}{1073-1023}\right]\ln\left[\frac{K_{1073}}{0.005138}\right]$$

$$K_{1073}=0.016147/h$$

故在 800 ℃下反应 4 h 时，由杨德尔方程得

$$[1-(1-G_1)^{\frac{1}{3}}]^2=K_{1073}\times 4$$

$$G_1=58.51\%$$

在 800 ℃下反应 10 h 时，由杨德尔方程得

$$[1-(1-G_2)^{\frac{1}{3}}]^2=K_{1073}\times 10$$

$$G_2 = 78.60\%$$

所以，在 800 ℃下反应 4 h 能完成 58.50%，反应 10 h 能完成 78.60%。

7.4　固相反应的影响因素

固相反应代表了一类重要的非均相体系化学及物理变化过程。为了精确调控这些过程，不仅需要掌握其基础理论，例如反应过程和动力学方程，还需要深入理解多种影响因素。固相反应的影响因素众多而且复杂，涵盖了从反应物的化学组成到反应条件的一系列因素。具体来说，固相反应受到两大类因素的影响：内在因素和外部条件。内在因素，包括晶体结构及缺陷、物质的化学反应性以及界面能量状态，与材料本质相关。外部条件，包括温度、气相介质的压力、应用的电压以及对样品的机械处理(例如，粉碎或预混)和反应时间。值得注意的是，外部条件可进一步影响内在因素，比如，通过掺杂、机械粉碎、加热或在特定气氛中进行反应等预处理手段，可以改变材料的内部结构和缺陷，进而影响能量状态。

7.4.1　内部因素的影响

1. 化学组成

化学组成对固态反应的影响不容忽视，它关系到反应物的活性和稳定性以及反应产物的形成。以下是化学组成对固相反应的影响：不同的反应物之间的化学组成可能会影响反应的速率和选择性。例如，在合金制备过程中，通过改变合金成分可以调节晶体结构和扩散速率，从而影响固态反应的进程。另外，添加剂和掺杂物的引入可能会改变反应速率和产物性质。例如，催化剂的添加能提升反应速率和产物选择性。反应物的纯度同样影响反应过程，杂质存在可能导致反应速率降低和产物纯度下降。若反应物之间的物质交换涉及溶液阶段，溶解度将直接决定反应速率和产物形成。综上所述，化学组成对固相反应的影响是多方面的，涉及反应物的活性、反应路径的选择、产物的纯度等方面，因此在设计和控制固相反应过程中需要考虑化学组成的影响。

以下例子说明反应物的物质的量比可以直接影响反应的进行和产物的生成。在反应物的物质的量比变化时，可能会出现不同的反应路径和产物组成。图 7-9 是不同锂含量合成 $Li_xNi_{0.6}Co_{0.2}Mn_{0.2}O_2$ 样品的 XRD 图，其中锂源与前驱体的物质的量比分别为 $1:X$(X= 1.05, 1.10, 1.15)，其衍射峰与 PDF 卡片#09-0063 大致相符，没有明显的杂质峰，合成产物都属于典型的 α-$NaFeO_2$ 型结构。图 7-9(b)、(c)为不同锂含量合成 $Li_xNi_{0.6}Co_{0.2}Mn_{0.2}O_2$ 样品的 XRD 局部放大图，扫描范围为 38°~39°和 64°~66°。可以看出，三种配锂量均表现出明显的(006)/(012)峰和(018)/(110)峰分裂。随着锂含量的增大，$Li_xNi_{0.6}Co_{0.2}Mn_{0.2}O_2$ 样品的晶体结构并没有改变。在 $Li_xNi_{0.6}Co_{0.2}Mn_{0.2}O_2$ 三元正极材料中 Ni 主要以+3 价存在，由于 Ni^{3+} 的半径(0.069 nm)与 Li^+的半径(0.076 nm)相近，部分 Ni^{3+}容易占据 Li^+的 3a 位置，造成阳离子混排。I_{003}/I_{104} 与 Li 位上混杂的 Ni^{3+}的数量成反比，该比值反映了正极材料中阳离子混排的程度。I_{003}/I_{104} 越大，阳离子混排程度越低。由此可以看出，配锂量的增加会提高阳离子混排的程度。

矿化剂是固相反应中常用的物质。一般在反应过程中起到加速或减缓反应速率，或者控制反应方向的作用的物质称为矿化剂。矿化剂对固相反应产生影响的作用机理有以下几种可能性：

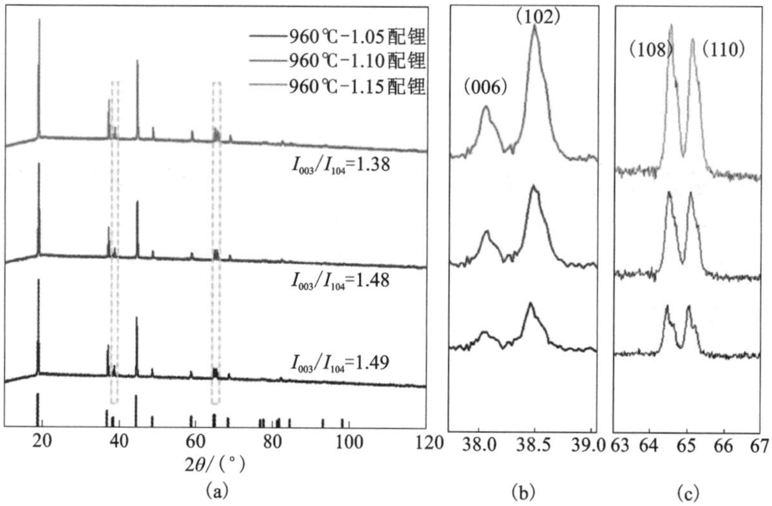

扫一扫，看彩图

图 7-9　不同锂含量合成 $Li_xNi_{0.6}Co_{0.2}Mn_{0.2}O_2$ 样品的 XRD 图(a)、38°~39°局部放大图(b)和 64°~66°局部放大图(c)

(1)与反应物形成固溶体，使其晶格活化；

(2)与反应物形成低共熔物，使物系在较低温度下出现液相，加速扩散和对固相的溶解作用；

(3)与反应物形成某种活性中间体而处于活化状态；

(4)通过矿化剂离子对反应物离子的极化作用，促使其晶格畸变和活化。

在制备 $LiCoO_2$时，常使用氧化钴(Co_3O_4)和碳酸锂(Li_2CO_3)为原料，通过高温固相反应制备。在这个过程中，矿化剂通常被引入以提高反应的速率和产率，以及优化产物的晶体结构。例如，钼酸铵$(NH_4)_2MoO_4$ 可以作为一种矿化剂添加到反应体系中。钼酸铵在高温下分解释放出氧化钼(MoO_3)，它可以与氧化钴和碳酸锂反应生成 $LiCoO_2$。钼酸铵作为矿化剂进行添加可以促进反应的进行，有助于形成均匀、纯净的产物，并且可能影响产物的颗粒大小和晶体结构。

2. 反应物颗粒尺寸及均匀性

固态反应通常发生在非均相体系中，其中扩散过程起着至关重要的作用。因此，颗粒尺寸大小直接影响固态反应的速率。

(1)物料颗粒尺寸越小，比表面积越大，增大了反应界面和扩散界面，导致反应产物层变薄，从而提高了反应速率。

(2)随着颗粒尺寸的减小，键强度分布曲线趋于平坦，弱键数量增加，导致反应和扩散能力增强。这一现象可通过威尔表面学说进行解释，即更小的颗粒尺寸有助于加快反应速率，反之则会减慢。

(3)颗粒尺寸对反应速率的影响在各种动力学方程中都有体现，其中杨德尔方程表明，反应速率常数 K 与颗粒半径 R_0 的平方成反比。这意味着当颗粒半径减小时，反应速率常数将按平方关系增大。

由于颗粒大小对固相反应速率影响极大，因此将固体物料进行研磨粉碎，以增大固体物质的比表面积，并使晶粒表面及内部产生严重缺陷，这是增强质点活性和促进固相反应的有效方法。

除了反应物颗粒大小本身，颗粒间相对尺寸差异也会显著影响反应速率。研究显示，在由扩散控制的过程中，如果覆盖物（扩散占优势的组分）和被覆盖物的颗粒半径都较小，扩散组分的扩散面积相对增大，从而加强扩散过程和提高反应速率。

通过使用如行星球磨和等离子体辅助球磨等方法，可有效处理氧化铁和碳酸锂等前驱体，以得到更小、表面积更大的粉末。这些预处理过的前驱体，在高温固相反应制备磷酸铁锂（$LiFePO_4$）材料时更易于扩散和反应，因此可以显著提高反应速率。通过调节球磨参数条件，科研团队进一步提高了反应效率和产物质量。

3. 固体的缺陷及晶格活性

研究发现，同一物质在不同的结构状态下，其反应活性有显著差异。一般而言，晶体结构越稳定，晶格能越高，其质点的可动性越小，相应地，反应活性也越低。完美晶体的反应性较小，因此容易发生反应的部位通常是晶体结构的缺陷处，如点阵缺陷，这些位置的能量相对较高。固体的缺陷类型包括从原子尺度的点缺陷、位错到微观水平的晶界和位错网络等体缺陷。原子水平的缺陷对固相反应的发生和机理有重要影响，因为物质传输过程受缺陷的分布和性质制约。此外，根据海德华定律，在物质的相变温度附近，其晶格可动性显著增强，这会导致晶格变得更为松弛和活化。新形成的晶格状态具有更高的活性，这对固态反应有利。物质在经历多晶转变时，同样能促进固相反应，因为在结构转变过程中，晶体从一种结构形态改变为另一种形态，打破了原有的稳定。此时，晶格内部质点的位置重排，结合力大幅度减弱，晶格因此处于激活状态。

7.4.2　外部因素的影响

1. 温度

温度对于固相反应速率的影响是不言而喻的。根据控制固相反应机制的不同，固相反应速率常数 K 与温度 T 的关系呈现如下不同的变化规律：

（1）当固相反应过程由化学反应速率控制时，根据阿伦尼乌斯方程式，反应速率常数与温度之间有如下关系：

$$K_R = A\exp\left(-\frac{Q}{RT}\right) \tag{7-74}$$

式中：碰撞系数 A 为概率因子 ρ 和反应物质点碰撞数目 Z_0 的乘积；Q 为反应活化能。

（2）若固相反应过程由扩散速率控制，由各扩散公式可知，反应速率常数 K 与扩散系数 D 成正比。已知扩散系数 D 与温度 T 之间关系如下：

$$D = D_0\exp\left(-\frac{Q}{RT}\right) \tag{7-75}$$

式中：Q 为活化能；并且 $D_0 = \alpha\nu a_0$，决定于质点在晶格位置上的本征振动频率 ν 和质点间的平均距离 a_0。随着温度的升高，扩散系数 D 增大。

因此，固相反应速率常数与温度的关系可统一写成

$$K_S = C\exp\left(-\frac{Q}{RT}\right) \tag{7-76}$$

式中：常数 C 与 Q 根据反应的控制过程不同而具有不同的物理意义及数值。

一般而言，活化能越大，温度对反应速率的影响就越显著。由于扩散活化能通常低于化学反应活化能，因此，在由扩散速率控制的阶段，反应速率对温度的敏感性较小。相反，在化学反应速率控制阶段，反应速率对温度的依赖性显著增强。通常情况下，温度每升高10 ℃，化学反应的速率平均会增大2~3倍。例如，赖江洪等人对不同温度下通过高温固态反应制备 $LiNi_{1/3}Co_{1/3}Mn_{1/3}O_2$ 正极材料的影响进行了研究。结果表明温度会影响高温固相反应速率，进而影响材料的颗粒粒径以及均一性，其中，在850 ℃温度下，合成的材料颗粒均匀、粒径分布窄，能吸附更多电解液，锂离子传输路径更短，充放电时电池极化较小，电化学性能良好，首次充放电比容量达到了124.2 mA·h/g，50次循环后的容量保持率达到95.2%。

图7-10展示了使用碳酸锂和氢氧化锂作为锂源，在不同烧结温度下合成的 $LiNi_{0.5}Co_{0.2}Mn_{0.3}O_2$ 正极材料扫描电子显微镜（SEM）图。其中（a）~（e）分别代表碳酸锂为锂源，在700 ℃、800 ℃、900 ℃、1000 ℃、1100 ℃下合成的材料。显微图像揭示了烧结温度对材料微观形貌的显著影响：在700 ℃至900 ℃的范围内，材料颗粒直径在5~15 μm，表面不光滑，并伴随许多小颗粒，大颗粒的形成可能是小颗粒熔融汇聚的结果；随着烧结温度上升至1000 ℃和1100 ℃，颗粒直径进一步增大，表面粗糙、尖锐，特别是在1100 ℃下，颗粒尺寸有所减小，且球形形貌不再明显。（f）~（i）则代表氢氧化锂作为锂源，在700 ℃、800 ℃、900 ℃和1000 ℃下的SEM图。这些图像与前者有相似之处，颗粒大小为2~15 μm，800 ℃时可以观察到较为理想的球形颗粒；然而在1000 ℃时，大量小颗粒开始汇聚成大颗粒，颗粒的边缘更加清晰。整体来看，SEM图清楚显示出随着温度升高，材料表面形貌受到影响，过高的烧结温度可能导致材料致密性过度增强。因此，烧结温度是影响材料微观结构及其性能的一个重要参数。

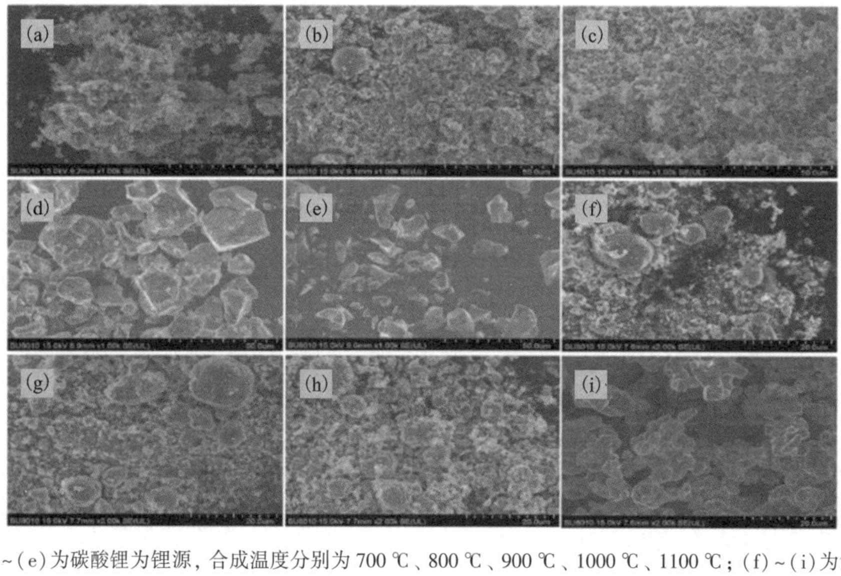

（a）~（e）为碳酸锂为锂源，合成温度分别为700 ℃、800 ℃、900 ℃、1000 ℃、1100 ℃；（f）~（i）为氢氧化锂为锂源，合成温度分别为700 ℃、800 ℃、900 ℃、1000 ℃。

图7-10　不同温度和锂源下合成的 $LiNi_{0.5}Co_{0.2}Mn_{0.3}O_2$ 材料的SEM图

2. 压力

压力是固相反应受影响的关键外部因素之一。在纯固相合成过程中，压力的增加可以显著改善粉末颗粒间的接触状况。具体而言，增加压力可减小粉料颗粒之间的距离，增大它们的接触面积，从而促进固相反应速率的增大。在固相反应中若涉及液相或气相，压力变化将直接影响反应物或产物的密度，并进一步作用于整个反应过程。

3. 气氛

反应气氛通过改变固体表面的吸附特性，可以调控表面反应活性。具体而言，气氛能够显著影响那些能形成非化学计量比化合物的固相反应。它直接改变晶体表面缺陷的浓度及其扩散速率，进而影响固相反应的速度和方向。以三元正极材料为例，随着镍含量的增加，为了使镍离子达到价态的转变至三价，必须保证充分的氧化条件。在空气中进行烧结可能达不到使镍充分氧化到三价的程度，因此，含镍量较高的材料通常在富氧环境中进行烧结，这样做能保证价态的提升，从而获得理想的化学特性。

7.5　新能源材料中的固相反应

固相反应，作为化学反应的一种基本类型，在新能源材料、化工过程以及环境保护等领域都有广泛的应用。本节将重点介绍固相反应在新能源材料中的应用。

7.5.1　正负极材料的制备

在锂离子电池正负极材料的制备中发挥了关键作用。通过合理设计和控制固相反应条件，可以优化材料的性能，从而提升电池的整体性能。如磷酸铁锂（$LiFePO_4$）等材料的制备常采用高温固相反应。在制造过程中，金属氧化物和锂源化合物会经历固相反应，进而在高温条件下生成所需要的正极材料。负极合成过程中，将金属氧化物、碳源或其他前驱体粉末按照一定比例混合。将混合后的粉末置于高温炉中进行煅烧，一般温度在数百至上千摄氏度不等。煅烧过程中，固相反应发生，形成目标化合物。

【例7-2】　在锂离子电池的正极材料制备过程中，常采用高温固相反应的方法制备 $LiFePO_4$。假设要制备 $LiFePO_4$，原料包括 Fe_2O_3、Li_2CO_3 和 $NH_4H_2PO_4$，其中 Fe_2O_3 和 $NH_4H_2PO_4$ 的质量比为 2∶1，Li_2CO_3 为锂源。试问：若反应温度为 800 ℃，反应时间为 10 h，求制备过程中反应物的质量变化情况。

【解】

根据反应条件，首先确定化学反应的化学方程式。Fe_2O_3、Li_2CO_3 和 $NH_4H_2PO_4$ 反应生成 $LiFePO_4$。根据化学反应平衡的法则，可以写出反应方程式：

$$Fe_2O_3+Li_2CO_3+NH_4H_2PO_4 \longrightarrow LiFePO_4+\text{其他产物}$$

根据题目给出的 Fe_2O_3 和 $NH_4H_2PO_4$ 的质量比为 2∶1，假设 Fe_2O_3 的质量为 m，那么 $NH_4H_2PO_4$ 的质量为 $m/2$。Li_2CO_3 的质量可以根据化学方程式的配比确定，即 Li_2CO_3 的质量为 $m/3$。

根据反应物的摩尔质量，可以计算出 Fe_2O_3、Li_2CO_3 和 $NH_4H_2PO_4$ 的摩尔数。

根据化学方程式中的配比，可以计算出 Fe_2O_3、Li_2CO_3 和 $NH_4H_2PO_4$ 在反应中的摩尔比例。

根据摩尔比例，可以确定 $LiFePO_4$ 的摩尔数，进而计算出 $LiFePO_4$ 的质量。

根据反应前后反应物的质量差，可以计算出反应过程中 Fe_2O_3、Li_2CO_3 和 $NH_4H_2PO_4$ 的质量变化情况。

7.5.2 固相反应在二次电池充放电过程中的应用

锂离子电池的充放电过程是插层反应在固相反应中的典型应用，整个过程涉及锂离子在电极材料内部的可逆嵌入和脱嵌。这一过程充分体现了固相反应在现代能源存储技术中的关键作用。

锂离子电池的电极材料通常为层状结构的化合物，如正极材料中的氧化钴锂（$LiCoO_2$）和负极材料中的石墨（C_6）。这些材料的层状或隧道状晶体结构允许锂离子在其中可逆地嵌入和脱出，而这一过程正是锂离子电池充放电的核心机制。

锂离子电池的充放电过程充分展示了插层反应作为固相反应的应用。通过锂离子的可逆插层和脱嵌，锂离子电池实现了能量的存储和释放。这种基于固相插层反应的机制，不仅使锂离子电池具有较高的能量密度和长寿命，而且推动了可充电电池技术的发展，为现代便携电子设备和电动汽车的普及奠定了基础。

7.5.3 固相反应在氢能应用领域的应用

电解水制氢是利用电能将水分解为氢气和氧气的过程，这是氢能生产中非常重要且清洁的一种方法。在这个过程中，固相反应的应用主要体现在电解水的催化剂材料上，这些材料通常是固态，并且起到加速电化学反应的作用。

常用于阳极的固相催化剂包括铱氧化物（IrO_2）、钌氧化物（RuO_2）等。这些材料在固态下能够有效催化水的氧化反应，促进氧气的生成。在固相催化剂的表面，水分子吸附在催化剂的活性位点上，发生氧化反应生成氧气。在这个过程中，固相催化剂不仅要具备高导电性，还需要具备化学稳定性，能够耐受高电压和腐蚀性环境。

电解水制氢作为一种清洁的制氢技术，固相反应的应用在其中起着至关重要的作用。通过固态催化剂材料的设计与优化，可以显著提升电解水的效率，并推动氢能技术的可持续发展。固相催化剂的研究与应用不仅关系到氢气的高效生产，也为未来能源体系的低碳转型提供了重要支持。

习　题

1. 固相反应与通常所指的均相化学反应相比，有何主要特点？
2. 纯固相反应在热力学上有何特点？为什么固相反应有气体或液体参加时，范特霍夫规则就不适用了？
3. 归纳起来，固相反应中相界面上的化学反应通常包括哪三个过程？
4. 加入少量矿化剂可促进固相反应加速进行，其原因有哪四个？
5. 总的来说，影响固相反应的因素有哪些？
6. 固相反应一般由哪两个过程构成？
7. 试比较杨德尔方程、金斯特林格方程的优缺点及适用条件。

8. 试分析影响固相反应的主要因素。

9. 解释热处理在金属合金中的应用，以及其中涉及的固相反应原理。

10. 化学反应的速率与化学组成有关。请分析两个不同化学组分的固相反应速率如何比较和解释。

11. 固相反应和液相反应在反应机理和影响因素方面有何不同?

12. 对于固相反应 $A+2B \longrightarrow C$，在特定温度下，反应的速率常数为 $K=0.02\ L/(mol \cdot s)$。如果初始浓度为 $[A]=0.1\ mol/L$，$[B]=0.3\ mol/L$，求 $t=100\ s$ 时反应物 A 和 B 的浓度。

13. 对于固相反应 $CaCO_3 \longrightarrow CaO+CO_2$，已知反应焓变 $\Delta H=178\ kJ/mol$。计算在 1000 K 下反应的平衡常数 K。

第 8 章　相变

8.1　概述

相变是指物质由一种状态转变为另一种状态的过程，通常涉及不同有序结构之间或有序与无序结构之间的相互转化。在相变过程中，相互作用导致物质呈现有序和井然的状态，而热运动则会引起无序和混乱。广义上，相变应包括相变过程前后相组成发生变化的情况；而狭义上，相变仅限于同一组成下的两相之间的结构变化。举例来说，锂离子电池材料的晶体结构、化学组成、结晶度、固液态均是相变所能表现出的性质。在锂离子电池相关材料(如电极和电解质材料)合成制备的过程中，由前驱体材料逐渐转变为目标产物会发生一系列相变。这一过程通常伴随着其他相的消失或产生，会对材料最终的纯度、均匀性和结晶度产生影响，因此确定材料在不同条件制备时的相变及相结构生长行为是实现材料可控制备的基础。

8.1.1　相变的概念

相变是由自由能变化引起的相结构的转变，是物质从一种相转变为另一种相的过程。从前面的相图学习中，了解到每一个相都有一个相对应的热力学平衡条件，当条件改变至一定程度不能维持其相平衡后，旧相就有向新相转变的趋势，与此同时，旧相会发生性质上的突变。这些突变主要表现在以下三个方面：

(1)从一种结构转变成另一种结构。比如水的固态、液态和气态之间的转变；金刚石与石墨之间的转变；锂离子电池正极材料 $LiFePO_4$ 充放电过程中 $LiFePO_4$ 和 $FePO_4$ 的相互转变等。

(2)化学成分的不连续变化。比如固溶体的脱溶分解；锂离子电池正极材料 $LiCoO_2$ 的脱锂、嵌锂过程等。

(3)物理性质的变化。比如顺磁性与抗磁性之间的转变，在锂离子电池中，钴酸锂正极材料完全放电时 Co^{3+} 的 d 电子的抗磁态到充电时 Co^{4+} 的 d^5 离子的顺磁态的转变。

8.1.2　相变的分类

1. 按热力学特征分类

热力学中处理相变问题就是在不同的外界条件下，研究各个相的能量状态所发生的变化。由于它不涉及微观上具体的原子间结合力和相对位置的改变，因而难于解释相变机理，但宏观上热力学的结论却是普遍适用的。基于相变前后热力学函数的变化，可将相变分为一

级相变和 n 级相变。其中，n 级相变是指系统热力学函数在相变点有$(n-1)$阶连续导数，但 n 阶导数不连续。接下来主要介绍一级相变和二级相变。

1）一级相变

一级相变表示系统的热力学函数在相变点是连续的，然而在该点的一阶导数却是不连续的。系统发生一级相变时，热力学函数（如自由能 G 和化学势 μ）相等，热力学函数的一阶导数不相等，即

$$G_1=G_2,\ \mu_1=\mu_2 \tag{8-1}$$

$$\left(\frac{\partial G_1}{\partial T}\right)_p\neq\left(\frac{\partial G_2}{\partial T}\right)_p,\ \left(\frac{\partial G_1}{\partial p}\right)_T\neq\left(\frac{\partial G_2}{\partial p}\right)_T \tag{8-2}$$

$$\left(\frac{\partial \mu_1}{\partial T}\right)_p\neq\left(\frac{\partial \mu_2}{\partial T}\right)_p,\ \left(\frac{\partial \mu_1}{\partial p}\right)_T\neq\left(\frac{\partial \mu_2}{\partial p}\right)_T \tag{8-3}$$

由于

$$\left(\frac{\partial G}{\partial T}\right)_p=-S;\ \left(\frac{\partial G}{\partial p}\right)_T=V \tag{8-4}$$

即一级相变时 $S_1\neq S_2$，$V_1\neq V_2$，因此，在一级相变发生时，熵（S）和体积（V）会经历不连续的变化，相变的过程中伴随着相变潜热和体积变化。一级相变是相当普遍的现象，例如晶体的升华和熔化，液体的汽化和凝固，以及晶体中的多数晶型转变都被归类为一级相变。

2）二级相变

系统发生二级相变时，热力学函数（如自由能 G 和化学势 μ）相等，热力学函数的一阶导数也相等，由上可知：

$$G_1=G_2,\ \mu_1=\mu_2,\ S_1=S_2,\ V_1=V_2 \tag{8-5}$$

即系统发生二级相变前后的熵和体积无突变，但热力学函数的二阶导数不相等：

$$\left(\frac{\partial^2 G_1}{\partial T^2}\right)_p\neq\left(\frac{\partial^2 G_2}{\partial T^2}\right)_p,\ \left(\frac{\partial^2 G_1}{\partial p^2}\right)_T\neq\left(\frac{\partial^2 G_2}{\partial p^2}\right)_T,\ \frac{\partial^2 G_1}{\partial p\partial T}\neq\frac{\partial^2 G_2}{\partial p\partial T} \tag{8-6}$$

将式（8-6）中的$\partial G/\partial T$ 对温度进行求导（等压下）：

$$\left(\frac{\partial^2 G}{\partial T^2}\right)_p=\left(-\frac{\partial S}{\partial T}\right)_p \tag{8-7}$$

在压力不变时，将热力学基本方程 $\mathrm{d}H=T\mathrm{d}S+V\mathrm{d}p$ 的两边同时对温度求导，得

$$\left(\frac{\partial H}{\partial T}\right)_p=T\left(\frac{\partial S}{\partial T}\right)_p \tag{8-8}$$

因为$(\partial H/\partial T)_p$ 为定压比热容 c_p 的定义式，故式（8-8）可改写为

$$\left(\frac{\partial S}{\partial T}\right)_p=\frac{c_p}{T} \tag{8-9}$$

将式（8-9）代入式（8-7），得

$$\left(\frac{\partial^2 G}{\partial T^2}\right)_p=\left(-\frac{\partial S}{\partial T}\right)_p=-\frac{c_p}{T} \tag{8-10}$$

结合式（8-6）中的第一个不等式可知，系统发生二级相变前后的定压比热容不相

等：$c_{p1} \neq c_{p2}$。同理可得，$\beta_1 \neq \beta_2$ 和 $\alpha_1 \neq \alpha_2$，其中 $\beta = -\frac{1}{V}\left(\frac{\partial V}{\partial p}\right)_T$ 为系统的等温压缩系数，$\alpha = \frac{1}{V}\left(\frac{\partial V}{\partial T}\right)_p$ 为系统的等压膨胀系数。

在二级相变中，两个相的自由能、化学势、熵和体积相等，即不存在相变潜热，体积变化是连续的。然而，相较于定压比热容、等压膨胀系数和等温压缩系数，这些性质在二级相变时并不相等，即在定压比热容、等压膨胀系数和等温压缩系数的变化中存在不连续性。由于这类相变中热容随温度的变化在相变温度 T_0 时趋于无穷大，如图 8-1 所示，因此根据 C_p-T 曲线表现出 λ 的形状，被称为 λ 相变，其相变点则被称为 λ 点或居里点。一般来说，合金中的有序-无序转变、抗磁性-顺磁性转变和超导态转变都属于二级转变。

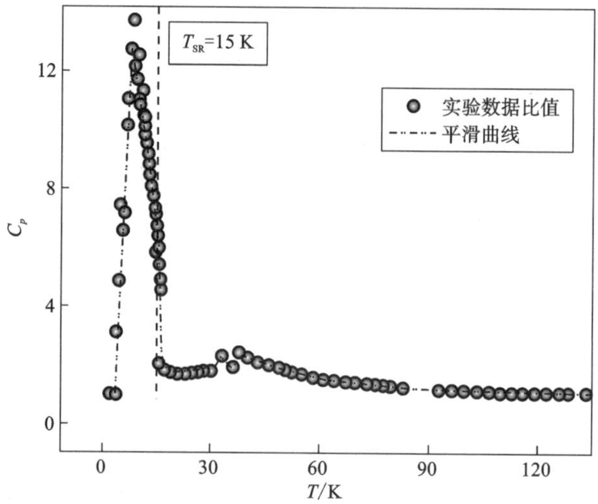

图 8-1　比热容 c_p 随温度 T 的变化曲线

尽管热力学分类方法比较严格，但并非所有相变都能明确划分。许多一级相变也具有二级相变的特征，因此有些相变实际上是混合型的。例如钙钛矿材料 $BaTiO_3$ 的相变具有二级相变特征，然而它也具有较小的相变潜热。

2. 按相变方式分类

吉布斯(Gibbs)将相变过程分为两种不同方式：一种是形核-长大型相变；另一种为连续型相变。

1)形核-长大型相变

这种类型的相变先形成新相核心，然后其他原子往核心扩散而使核心长大成为晶体，直至新相晶体形成。因而，该相变是由程度高、范围小的浓度起伏开始的。由于形核是在母相的局部区域(如晶界、位错区域)，所以从动力学观点看，这种相变是不均匀的。且在转变时，新相与旧相间有不连续的分界面。许多相变都是通过形核-长大过程进行的，如溶液中的结晶等。

三元前驱体的制备大多都是采用溶液共沉淀法，即让 Ni、Co、Mn 的硫酸盐溶液与氢氧化钠溶液反应，生成镍钴锰氢氧化物沉淀。上述镍钴锰氢氧化物的制备就是典型的形核-长大型相变过程，即先形成细小的晶核，通过调节 pH 等条件，使得晶核逐渐向外生长并生成粒径较大的镍钴锰氢氧化物。

2）连续型相变

连续型相变也称斯皮诺达型相变，这种相变无须形核，在母相各处同时发生而且是均匀的。其主要特征为：新相与旧相间无明显的分界面，相与相间的晶体结构相同而化学组成不同。它是由程度低、范围大的浓度起伏开始的，或者说是由组成起伏引起的热力学不稳定而产生的。这种类型相变相较于形核-长大型相变少见，如部分有序-无序转变属于此类相变。所有永磁合金中均存在斯皮诺达型相变，除此之外，Cu-Al 合金脱溶形成的 G-P 区（在若干原子层范围内的溶质原子聚集区称为 Guinier-Preston 区，简称 G-P 区）也经历了斯皮诺达型相变。

3. 按质点迁移特征分类

根据相变时质点迁移的特征，可将相变划分为两个主要类型：扩散型和无扩散型。

扩散型相变依赖于原子或离子的扩散。这类相变种类繁多，包括晶型转变，熔体中的析晶，气-固、液-固相变，以及有序-无序转变。此外，原子在固体中的扩散比在液体、气体中难，故在固相中的扩散型相变所需温度较高。

锂离子电池材料石墨负极锂的嵌入、脱出过程（$LiC_6 \longleftrightarrow C_6+Li^++e^-$），实质上也是一种扩散型相变。随着 Li^+ 的嵌入和脱出的扩散行为发生，石墨 C_6 会逐渐形成 LiC_{12} 的中间相，最后形成高 Li^+ 浓度的 LiC_6 相。其中 LiC_{12} 的晶体结构在较大的 Li 浓度范围内能够有连续的晶体结构转变，表明其更像是一种固溶体结构。不仅如此，大部分的正极材料，如层状钴酸锂、层状镍酸锂、尖晶石型锰酸锂均和石墨负极一样是扩散型相变。

无扩散型相变是通过切变方式快速推进相界面的过程，主要包括低温下发生的纯金属（例如 Zr、Ti、Co 等）同素异构转变，以及一些合金（如 Fe-C、Fe-Ni、Cu-Al 等）中的马氏体转变。

4. 按物质状态分类

一般物质有固态、液态和气态三种状态。物质在这三者之间的转变皆是相变，如水的蒸发和液化，金属的熔化和凝固等。

如今商业化的高镍单晶三元材料在高温固相法合成中，通常会加入烧结助剂来降低体系的熔点，使反应物成为熔融液态，进而增大反应区域，提高反应效率。此过程中就涉及助熔剂由固相到液相的转变，其作用是使整个体系所需的反应温度降低。又如研究很深入的锂硫电池的硫正极的制备，也涉及从固相至液相再至固相的相变。硫碳复合正极的制备，通常需要将升华硫（固）灌入多孔导电碳中，以提升整个体系的导电性，而固固接触的反应程度有限，所以研究者们会将升华硫升温至液态使之具有一定的流动性，此时的固液接触可以更大程度上使之与导电碳复合，以获得性能优异的硫碳正极。

5. 按化学键变化分类

根据原子的配位结构及化学键的变化，将相变分为位移型和重建型。

位移型：相变过程中，大部分的化学键不断裂，仅有分子间的结合力和范德华力等弱键会断裂，原子的移动和近邻化学键的畸变会引起配位原子数目的改变，此过程称为位移型相变。

重建型：相变过程中，原结构中的化学键断裂并重组，形成一种与之前不同的结构。比如物质的气液固之间的转变就属于重建型相变。

在锂离子电池中，重建型相变很常见。如聚环氧乙烷(PEO)基固态电解质通过与锂离子不断地络合再解络来传输锂离子的过程[图 8-2(a)]。再如转换型正极材料 FeF_2 在充放电过程中的相变，也是重建型相变。即在充放电过程中始终存在着 FeF_2、Fe 和 LiF 三相，发生着 FeF_2 到 Fe 和 LiF 之间的相互转化，如图 8-2(b)所示。此外，锂硫电池在充放电反应过程中，也涉及多种化学物质的生成和反应，对应着多种化学键的断裂和重组，也属于重建型相变。从升华硫 $S_8 \to Li_2S_8 \to Li_2S_6 \to Li_2S_4 \to Li_2S_2 \to Li_2S$ 的这一系列氧化还原反应的过程中，经历了 S_8 的开环成长链，再从长链到短链，最后形成 Li_2S 的化学反应，每一步都经历了化学键的断裂和重组。

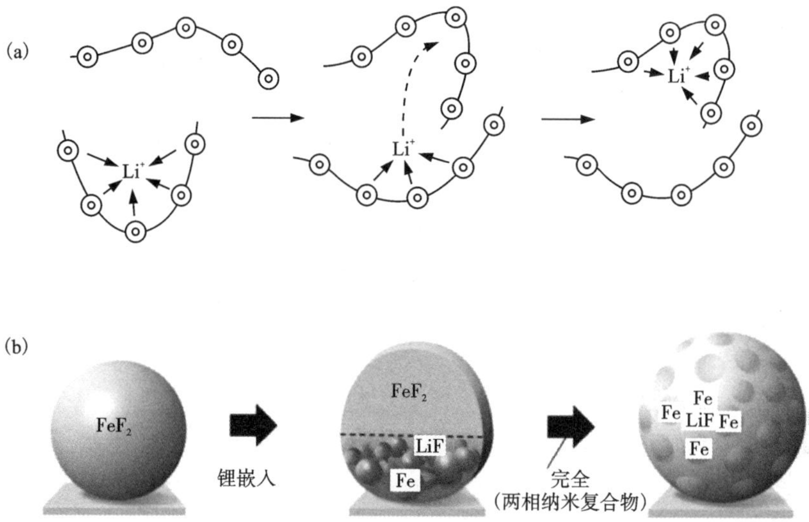

扫一扫，看彩图

图 8-2　锂离子沿 PEO 链的运动机制(a)和 FeF_2 嵌锂过程的相变情况(b)

8.1.3　相变的意义

人们在很早以前就发现了相变，但那时还没有“相变”这个概念。古希腊时期，早有先贤观察到海水会蒸发成雾气进入大气，形成云后又以雨水的形式入海，从而提出“世界是由水组成的”。水可以变成冰、汽、雪。其实水蒸气也是一种温室气体，其温室效应是 CO_2 的几倍。但由于水蒸气在大气环境下会发生相变而变成雨水降落，故空气中的水蒸气不会累积。

对相变的深入研究是随着采矿、冶金行业的出现开始的。爱尔兰科学家 Thomas Andrews 研究了 CO_2 的压力、温度和体积之间的关系，他提出了著名的临界温度和临界压力的概念，说明液态和气态之间的转变是连续的。在许多多晶材料的应用中，为了使其获得某些性能，可以在制备材料时改变晶型进而改变相应的性能，特别是钢铁领域中，珠光体、马氏体等相的应用尤为典型。

在电池材料中，正极材料、负极材料和固态电解质的研究都涉及相变，其中正极材料和固态电解质比较常见。如正极材料 $LiFePO_4$ 在充放电过程中发生的两相反应 $LiFePO_4$－

Li^+-e^- ══ $FePO_4$(充电)和 $FePO_4+Li^++e^-$ ══ $LiFePO_4$(放电)，仅存在 $LiFePO_4/FePO_4$ 两相，且在充放电时，$LiFePO_4$ 或 $FePO_4$ 在反应未尽时，电压平台会持续，直至相变反应完全后，平台消失，如图 8-3 所示。相类似的还有锂硫电池，其氧化还原反应过程较磷酸铁锂电池更复杂，充放电过程会出现两个电压平台，分别对应着两个不同的相变反应(图 8-4)，属于一级相变。

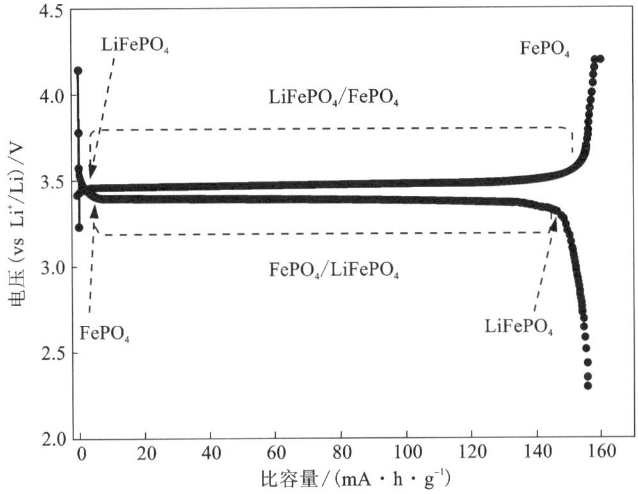

图 8-3　磷酸铁锂的充放电曲线

与 $LiFePO_4$ 有电压平台的两相相变特征不同，层状高镍正极在充放电时并不会出现电压平台，而是一条有斜率的斜坡状曲线，图 8-5 展示了层状高镍正极电压随充放电进程的变化关系，其发生氧化还原反应时，并不是两相的转化，而是以固溶体形式进行锂离子的脱嵌，属于二级相变。

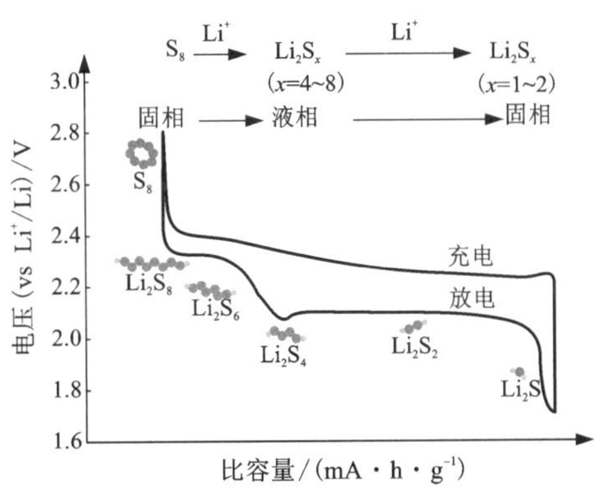

图 8-4　锂硫电池的充放电曲线

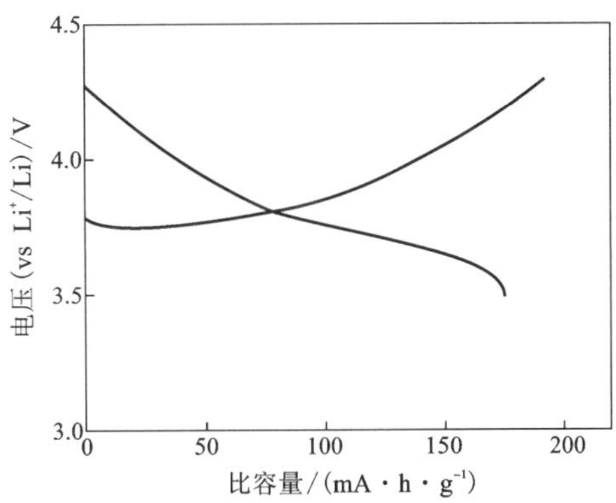

图 8-5　层状高镍正极材料的充放电曲线

除了电极材料在充放电过程中的相变，还应注意到界面处的离子传输与相变。石榴石型固态电解质 $Li_{6.75}La_3Zr_{1.75}Ta_{0.25}O_{12}$(LLZTO)与正极材料间的固-固接触阻碍了界面处的 Li^+ 传输，导致电池阻抗增大和容量衰减，所以当前利用高温烧结的方法将正极和LLZTO烧结在一起，此高温过程中可能会有元素相互扩散形成新的相，影响Li^+的传输。层状$LiCoO_2$正极在900 ℃下与LLZTO接触时表现出良好的稳定性。而对于$LiNiO_2$或高镍三元正极，LLZTO中La的扩散会导致La_4NiLiO_8杂质相的形成。富锰$LiMn_2O_4$尖晶石和层状$LiNi_{1/3}Mn_{1/3}Co_{1/3}O_2$正极在高温下与LLZTO接触时会发生Li的扩散并生成Li_2MnO_3和$La_2Zr_2O_7$。$LiNi_{0.6}Mn_{0.2}Co_{0.2}O_2$和含有$Li_2MnO_3$的$Li_{1.2}Ni_{0.15}Mn_{0.55}Co_{0.1}O_2$与LLZTO表现出良好的相稳定性，有望成为与LLZTO匹配的正极材料。

除此之外，许多过渡金属氧化物正极在充放电过程中生成的相会表现出顺、抗磁性，而正极材料的磁性可以帮助理解原材料以及充放电过程中过渡金属的电子结构和局域结构的有序与无序变化。但是在反应过程中容易出现不利于反应的相变，要尽量减弱其影响。由此可见，相变对材料的结构、性能和工艺均有着重要的影响。

8.2 相变驱动力

8.2.1 相变驱动力的概念

相变驱动力是指在定压定温条件下，由母相（α相）生成单位体积的新相（β相）时引起的系统吉布斯自由能的变化量ΔG，由$\Delta G_{相变}$、$\Delta G_{表面}$和$\Delta G_{应变}$三部分组成。即

$$\Delta G=\Delta G_{相变}+\Delta G_{表面}+\Delta G_{应变} \tag{8-11}$$

其中$\Delta G_{相变}$为相变过程中母相转变为新相所需要的功，$\Delta G_{表面}$和$\Delta G_{应变}$分别为出现新相时增加的表面能和应变能。只有$\Delta G<0$时相变才能进行，即需$(\Delta G_{表面}+\Delta G_{应变})<|\Delta G_{相变}|$。

从热力学的观点上看，相变过程总是朝着吉布斯自由能减小的方向进行，且ΔG愈负，该相变过程的驱动力愈大。

8.2.2 相变的外界条件

1. 温度条件

通过热力学了解到，在等温等压条件下有

$$\Delta G=\Delta H-T\Delta S \tag{8-12}$$

在平衡条件下，$\Delta G=0$，有$\Delta H-T\Delta S=0$，即

$$\Delta S=\Delta H/T_0 \tag{8-13}$$

式中：T_0为相变的平衡温度；ΔH为相变热。

在任意温度T的不平衡条件下，则有

$$\Delta G=\Delta H-T\Delta S\neq 0 \tag{8-14}$$

设ΔH与ΔS不随温度而变化，则将式(8-13)代入上式有

$$\Delta G=\Delta H-\frac{T\Delta H}{T_0}=\Delta H\frac{T_0-T}{T_0}=\Delta H\frac{\Delta T}{T_0} \tag{8-15}$$

通过上述方程可以推导出，在相变过程中要使其自发进行，必须满足$\Delta G<0$，即$\Delta H\frac{\Delta T}{T_0}<0$。

(1)如果相变过程放热(例如结晶过程、凝聚过程等)，即 $\Delta H<0$，要使 $\Delta G<0$，则须 $\Delta T>0$，即 $T_0>T$，这意味着在相变过程中，系统的实际温度必须比理论相变温度低(过冷)，确保相变是自发进行的。

(2)如果相变过程吸热(例如熔融、蒸发等)，即 $\Delta H>0$，要使 $\Delta G<0$，则须 $\Delta T<0$，即 $T_0<T$，这表明在相变过程中，系统的实际温度必须比理论相变温度高(过热)，确保相变自发进行。

由此可知，相变驱动力可以表示为过冷度(或过热度)的函数，因此相平衡理论温度与系统实际温度之差即为该相变过程的推动力。而且过冷度(或过热度)越大，相变驱动力越大，越有利于相变的进行。

【例 8-1】 一块质量为 1000 g 的冰在 0 ℃被加热至 65 ℃，求在这个过程中冰的熔化所对应的吉布斯自由能变化。[冰的熔化焓 $\Delta H=334$ J/g，冰的熔化熵 $\Delta S=0.5$ J/(g · K)]

【解】 质量为 1000 g 的冰焓变能量为 $\Delta H=334$ J/g×1000 g=334000 J。

由 $\Delta G=\Delta H-T\Delta S=334000\ \text{J}-(0+273)\ \text{K}\times1000\ \text{g}\times0.5\ \text{J/(g}\cdot\text{K)}=334000-136500=197500$ J，所以，在这个过程中，冰的熔化所对应的吉布斯自由能变化为 197500 J。

2. 压强条件

由热力学可知，在恒温可逆、非体积功为零时，有

$$\mathrm{d}G=V\mathrm{d}p \tag{8-16}$$

对 1 mol 理想气体而言

$$\Delta G=\int_{p1}^{p2}V\mathrm{d}p=\int_{p1}^{p2}\frac{RT}{p}\mathrm{d}p=RT\ln p_2/p_1 \tag{8-17}$$

当过饱和蒸气压为 p 的气相凝聚成液相或固相(其平衡蒸气压为 p_0)时，则

$$\Delta G=RT\ln p_0/p \tag{8-18}$$

要使相变能自发进行，必须有 $\Delta G<0$，即 $p>p_0$，表明系统的饱和蒸气压 p 大于平衡蒸气压 p_0 时，气相方能自发凝聚成液相或固相。过饱和蒸气压差 $p-p_0$ 为相变推动力，差值越大，推动力越大。

3. 浓度条件

对溶液而言，可以用浓度 c 代替压力 p，即

$$\Delta G=RT\ln c_0/c \tag{8-19}$$

同理，要使溶液自动结晶，必须有 $\Delta G<0$，即 $c>c_0$，表明系统需要一定的过饱和度才能自主结晶。过饱和度差 $c-c_0$ 为相变的推动力，差值越大，推动力越大。

【例 8-2】 在 25 ℃下，将 0.1 mol/L 的 1 L NaCl 水溶液浓缩至 0.5 L，求在这个过程中体系的吉布斯自由能变化。(气体常数 $R=8.314$ J/(mol · K)，标准状态下吉布斯自由能 $\Delta G^{\ominus}$ 为 0)

【解】 由题可知浓缩前 $c_0=0.1$ mol/L，浓缩后 $c=0.2$ mol/L。

而 $\Delta G=\Delta G^{\ominus}+RT\ln(c/c_0)$。

所以 $\Delta G=0+[8.314\ \text{J/(mol}\cdot\text{K)}\times298\ \text{K}\times\ln(0.2/0.1)]=1717$ J/mol。

4. 光照条件

相变过程还受到光的影响，光化学相变也应用在一些非常规热能存储上。光可以诱导材料发生固液相变，即光致分子异构前后材料的两种聚集态展示出不同的固液相变行为。

例如，具有独立相变特性的异构体有反式(trans)和顺式(cis)两种形态，两者可以在光能的作用下相互转化。初始状态稳定的trans态通过吸收高于其熔点温度的热能发生固液相变；紫外光照射激活trans-cis异构转化，将trans液体转化为cis液体，实现光化学分子异构储能。

还有在电子领域研究较多的二氧化钒红外材料，可以在激光脉冲的作用下实现绝缘体至金属的超快转变。激光辐射激发了某种特定的声子模，从而引发原子的相干性运动，进而引发相变。在新能源电池领域里，光(紫外、红外、可见光、电子束、激光和化学荧光等)还常被用作合成聚合物固态电解质的光引发剂。光引发剂在吸收光的能量后，分解为自由基或者阳离子。以自由基形式为例，分子内共价键不断拉长、弱化、断裂，形成初级自由基，由于自由基的不断传递，将小分子的单体连接成大分子聚合物，此过程即不断发生相变反应。原位固化的电解质同时具有电解液的高离子电导率和固态电解质的高强度和刚度的特点，该类型电解质有望应用于下一代二次电池。

8.3 晶核的形成与长大

8.3.1 液相形核与长大

析晶过程的第一步就是晶核的形成，主要分为均相形核和非均相形核。晶核的形成与稳定存在与否，极大影响着相变的发生。以新能源领域为例，锂金属负极存在的锂枝晶问题严重限制了其应用。锂在锂负极表面的生长包括锂的形核与长大阶段，这两个阶段对后续锂的沉积形态有很大影响。因此，理解锂从形核到早期生长阶段的规律是抑制锂枝晶形成，推进锂金属电池、无锂负极电池实用化的关键所在。

1. 均相形核

均相形核是指在过饱和溶液中，组成沉淀物质的离子(又称构晶离子)，由于静电作用而缔合，自发形成晶核的过程。溶质分子析出后，它们有规律地排列在一定的晶格中。这一过程与表面分子间的化学键的变化密切相关，因此可被视为一个表面化学反应过程。在相变驱动力 ΔG 或过冷度 ΔT、过饱和度 ΔC 的作用下，晶核开始形成，一开始半径非常小，近似看作球形，此时可以利用Kelvin公式近似表示晶体的溶解度和晶核溶解度之间的关系：

$$RT\ln\frac{E_r}{E}=K\frac{1}{r} \tag{8-20}$$

其中，E_r 为半径为 r 的晶核溶解度，E 为大晶粒的溶解度。由公式(8-20)看出晶核溶解度的对数和晶核的半径呈反相关关系，说明当晶核半径达到一定的数值后，晶核的溶解度才会变得足够小，晶核才能够在体系中稳定存在。

在过饱和溶液中，均相形核时，吉布斯自由能变化主要由新界面的形成导致的界面能增加 ΔG_s(作为相变的驱动力)和溶液过饱和度降低引起的吉布斯自由能减少 ΔG_v(作为相变的阻力)引起。

$$\Delta G=\Delta G_s+\Delta G_v \tag{8-21}$$

其中，ΔG_s、ΔG_v 和 ΔG 都是晶核半径 r 的函数(图8-6)。随着半径的增加，ΔG 先减小后增大，当 $r=r^*$ 时，ΔG 出现最大值 ΔG_k，r^* 为晶核的临界半径。当 $r\geqslant r^*$ 时，晶核溶解和长大的过程为吉布斯自由能减小的过程，能够自发进行。对于简单的无机物结晶过程，r^* 一般在

10^{-7} mm 至 10^{-5} mm 之间。影响临界半径 r^* 的因素有以下几点：

(1) 固–液界面张力较小的体系，r^* 和晶核形成消耗的能量都较小，有利于溶液中晶核的自发形成；

(2) 过饱和度大的溶液，晶核易于自发形成；

(3) 形核后密度较大的晶体，晶核易于自发形成。

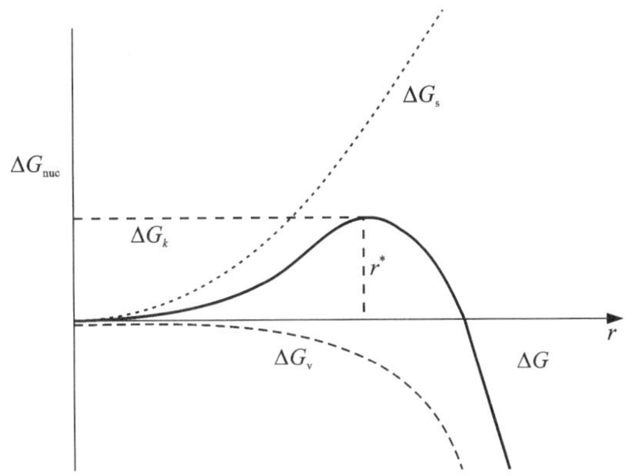

图 8–6 形核过程中自由能的变化

在单位体积过饱和溶液中具有临界尺寸 r^* 的粒子数 n_k 与形核所需势垒的关系表示为

$$n_k = n\exp[-\Delta G_k/(RT)] \tag{8-22}$$

$$\Delta G_k = \frac{16}{3}\frac{\pi n\gamma^3}{\left(\frac{\Delta T}{T_0}\Delta H\right)^2} = \frac{16}{3}\frac{\pi n\gamma^3 T_0^2}{\Delta T^2 \Delta H^2} \tag{8-23}$$

式中：n 为单位体积晶核数；ΔT 为过冷度；ΔG_k 为形核势垒。当形成球形晶核时：

$$n_k = n\exp\left\{-\frac{16}{3}\frac{\pi\sigma_{s-1}^3 M^2}{\rho^2 (RT)^3 [\ln S/S_0]^2}\right\} \tag{8-24}$$

临界晶核在母液中形成后，体相中不断有原子或分子转移到晶核上以稳定现有的晶核，人们用形核速率 I_v 来描述这一过程。晶核形成速率不仅受到母相中每单位体积的晶核数量 n_k 的影响，还取决于单位时间内母相中原子向晶核上转移的速率 ν。它们之间的关系可表示为

$$I_v = \nu n_i \cdot n_k \tag{8-25}$$

其中，n_i 表示晶核附近的原子数，$\nu = \nu_0 \exp(-\Delta G_m/RT)$，$\nu_0$ 表示原子的振动频率，ΔG_m 为原子或分子跃迁新旧界面的迁移活化能。则 I_v 可以表示为

$$I_v = \nu_0 n_i n\exp\left(-\frac{\Delta G_k}{RT}\right)\exp(-\Delta G_m) \tag{8-26}$$

影响形核速率的主要因素包括：过饱和度和温度（图 8–7）。过饱和度增大，单位体积内形核的晶核数目增加，形核速率增大；当温度下降时，式(8–26)的 ΔG_m 可以被忽略，式(8–23)中 $\Delta G_k \propto \frac{1}{\Delta T^2}$ 使得形核速率 I_v 会随着温度的降低而增大，即形核势垒降低，从而形核速率增大。一旦 I_v 达到最大值，随着温度的继续下降，ΔT 增大，液相的黏度上升，ΔG_m 也相应增加，导致质点迁移速率下降，最终导致形核速率减缓。温度升

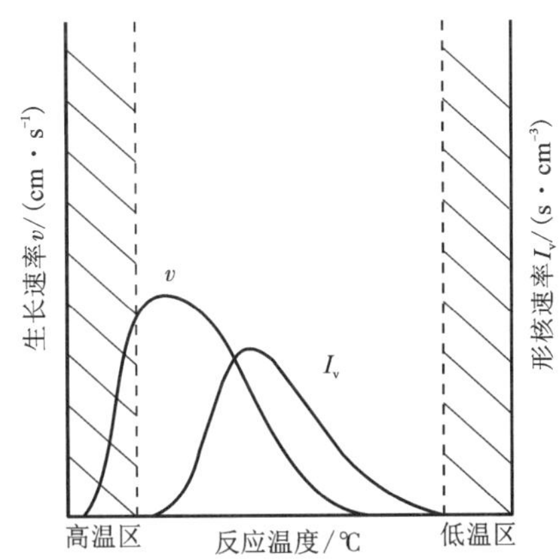

图 8–7 温度对形核速率及晶体生长速率的影响

高有利于原子的迁移，单位时间内由体相中向晶核表面迁移的原子数目增加，但部分物质的溶解度会随着温度的增加而增大，不利于晶核的形成。因此，只有在合适的过冷度下才能达到最大形核速率。

2. 非均相形核

非均相形核是指利用杂质或其他固相表面形成晶核，此时所需的能量远小于均相形核，因此非均相形核更容易发生。

如图 8-8 所示，M 为形核基底，在基底上形成了新相晶核 S，形成的晶核呈球冠状，半径为 r，接触角为 θ，晶核形成一个体积为 V 的球冠状颗粒，此时自由能变化为

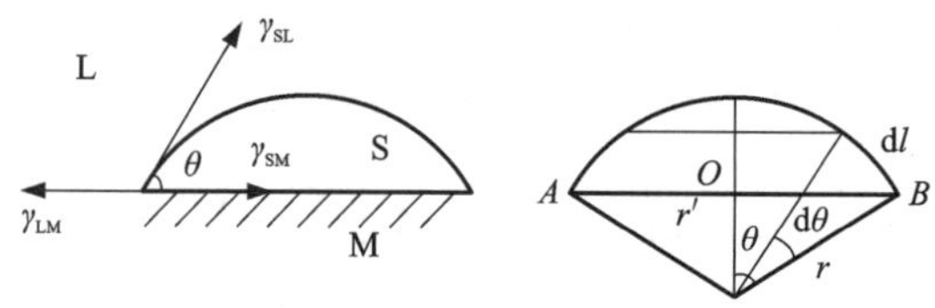

(a) 非均相形核的三相接触角（小于90°）示意图　(b) 非均相形核的三相接触角的数学分析图

图 8-8　非均相形核的球帽模型

$$\Delta G_s = -V_0\Delta G_V + \gamma_{LS}A_{LS} + \gamma_{MS}A_{MS} - \gamma_{LM}A_{LM} \tag{8-27}$$

式中：$\gamma_{LS}A_{LS}$ 为液晶与晶核间界面能；$\gamma_{MS}A_{MS}$ 为晶核与基质间界面能；$\gamma_{LM}A_{LM}$ 为液晶与基质间界面能。

其中，液晶与晶核间表面积为

$$A_{LS} = \int_0^{\theta} 2\pi r^2 \sin\theta \mathrm{d}\theta = 2\pi r^2(1-\cos\theta) \tag{8-28}$$

晶核与基质间表面积为

$$A_{MS} = \pi(r\sin\theta)^2 = \pi r^2\sin^2\theta \tag{8-29}$$

球冠颗粒的体积为

$$V = \pi R^3\left(\frac{2-3\cos\theta+\cos^3\theta}{3}\right) \tag{8-30}$$

根据杨氏方程，当 L、S、M 的表面张力达到平衡时：

$$\gamma_{LM} = \gamma_{LS}\cos\theta + \gamma_{MS} \tag{8-31}$$

根据上式得到非均相形核的形核势垒：

$$\Delta G_k^* = \frac{1}{3}\pi\frac{4n\gamma^3}{\Delta G_v^2}(2-3\cos\theta+\cos^3\theta) = \Delta G_k\frac{(2+\cos\theta)(1-\cos\theta)^2}{4} \tag{8-32}$$

ΔG_v 为溶液过饱和度降低引起的吉布斯自由能变化。当 $\theta=0$ 时，$\Delta G_k^*=0$，此时形核不需要外界再提供能量，基质已为系统提供了较多的能量。当 $\theta=\pi$ 时，$\Delta G_k^*=\Delta G_k$，此时为均相形核，表示基质的存在对核的形成无影响。一般 θ 在 0 至 π 之间，因此 $\Delta G_k^*<\Delta G_k$，表明非均相形核的形核势垒一般小于均相形核。在锂金属电池中，锂金属形核初期就属于非均相形核。

3. 二次形核

二次形核又称次级形核，指的是过饱和溶液在界稳区内受到搅拌、外来物质、电磁波辐射等外界因素诱发而形成晶核，当晶体之间或晶体与其他固体物接触时晶体表面破碎生成晶核，以及附着于晶体表面上的颗粒在剪切力的作用下成为晶核。其中，接触形核所需要的能量和动力学级数极低，因此过饱和度对形核影响较小，碰撞的晶体也不会造成宏观上的磨

损，是工业结晶中最简便的方法。

二次形核的速率表示为

$$I_v = K_b M_T^k N^j G^i \tag{8-33}$$

式中：K_b 为二次形核速率常数；M_T 为悬浮密度；N 为能量输入项；G 为晶体的生长速率；k，j，i 为实验测量的动力学参数，一般地，$0.4<k\leqslant 2$，$0<j\leqslant 4$，$0.5<i\leqslant 3$。

在实际应用中，控制二次形核主要有以下措施：

(1) 选择合适的形核速率；

(2) 对溶液进行预处理，例如加热、过滤等，减少体系中可能成为晶核的颗粒；

(3) 慢搅拌以减少晶体的机械碰撞；

(4) 将符合要求的晶粒及时取出，避免参与二次形核；

(5) 溶液各处维持一定的过饱和度；

(6) 及时对含较多小晶核的母液进行过滤或加热，以消除细小的晶核（工业中称为细消）。

4. 晶体的生长理论

晶核达到临界尺寸后，母体中的原子或分子不断沉积到晶核上去，晶体半径逐渐增大，该过程称为晶体生长过程。晶体的生长速率受到过冷度和过饱和度的影响。

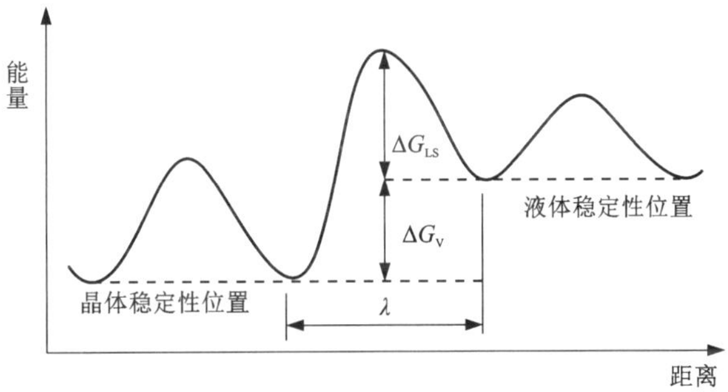

图 8-9　固-液界面的自由能

假设原子或分子从液相到固相的迁移活化能为 ΔG_{LS}，液体与晶体自由能的差值为 ΔG_V。如图 8-9 所示，从固相到液相所需的活化能为 $\Delta G_V+\Delta G_{LS}$。界面层厚度为 λ，界面质点数为 n。单位时间内质点由液相到固相的迁移速率：

$$Q_{LS} = n\nu_0 \exp\left(-\frac{\Delta G_{LS}}{RT}\right) \tag{8-34}$$

单位时间内质点由固相到液相的迁移速率：

$$Q_{SL} = n\nu_0 \exp\left(-\frac{\Delta G_{LS}+\Delta G_V}{RT}\right) \tag{8-35}$$

因此，质点从液相到固相的净迁移速率：

$$Q = Q_{LS} - Q_{SL} = n\nu_0 \exp\left(-\frac{\Delta G_{LS}}{RT}\right)\left[1-\exp\left(-\frac{\Delta G_V}{RT}\right)\right] \tag{8-36}$$

其中，$\nu=\nu_0\exp\left(-\frac{\Delta G_{LS}}{RT}\right)$，表示质子从液相迁移到固相的频率因子。

晶体生长速率 v 表示单位时间内晶体生长的线性长度，由式(8-15)和(8-36)，有

$$v=Q\lambda=\lambda n\nu\left[1-\exp\left(-\frac{\Delta G_v}{RT}\right)\right]=\lambda n\nu\left[1-\exp\left(-\frac{\Delta H\Delta T}{T_0RT}\right)\right] \quad (8-37)$$

如图 8-10 所示，晶体生长速率与成核速率均与温度有关。

当过冷度 ΔT 很小时：

$$\exp\left(-\frac{\Delta H\Delta T}{T_0RT}\right)\approx 1-\frac{\Delta H\Delta T}{T_0RT} \quad (8-38)$$

$$v\approx\lambda n\nu\left(\frac{\Delta H\Delta T}{T_0RT}\right)\approx\lambda n\nu\,\frac{\Delta H\Delta T}{T_0^2R} \quad (8-39)$$

说明在过冷度很小时，生长速率与过冷度成正比。当过冷度 ΔT 很大时：

$$1-\exp\left(-\frac{\Delta H\Delta T}{T_0RT}\right)\approx 1 \quad (8-40)$$

$$v\approx\lambda n\nu \quad (8-41)$$

此时晶体的生长速率只与质点的迁移有关，受到质点通过界面扩散速率的控制。

析晶需要将晶核的形成和晶体的生长结合起来分析，通常用总结晶速率来描述这一过程，即析出晶体的体积分数和结晶时间的关系。由物相 α 到新相 β 的稳定区，经过时间 t 后，体系中剩余体积 V_α 的物相 α，析出体积为 V_β 的新相 β，单位时间内生成 β 的粒子数为 $n_t=V_\alpha I_v\mathrm{d}t$。随着时间的增加，β 粒子的半径逐渐增大，设单位时间内半径的增长速率为 v，那么单位时间内 β 粒子的体积变化为

$$\mathrm{d}V_\beta=V_\beta n_t=\frac{4\pi}{3}r^3V_\alpha I_v\mathrm{d}t=\frac{4\pi}{3}v^3t^3V_\alpha I_v\mathrm{d}t \quad (8-42)$$

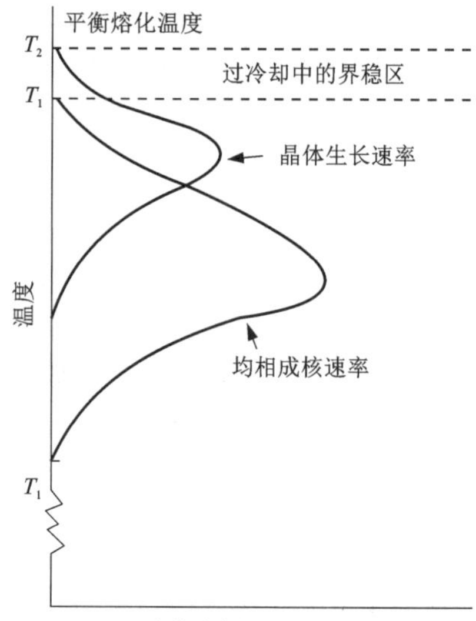

图 8-10　温度对形核与晶体生长的影响

相变初期，形成的晶核半径极小，$V_\alpha=V-V_\beta\approx V$，则

$$\mathrm{d}V_\beta\approx\frac{4\pi}{3}v^3t^3VI_v\mathrm{d}t \quad (8-43)$$

那么总结晶速率为

$$\frac{V_\beta}{V}=\frac{4\pi}{3}v^3I_v\int_0^t t^3\mathrm{d}t=\frac{\pi}{3}v^3t^4I_v \quad (8-44)$$

随着时间的增加，β 粒子的体积无法忽略不计，此时的总结晶速率为

$$\frac{V_\beta}{V}=1-\exp\left(-\frac{\pi}{3}v^3t^nI_v\right)=1-\exp(-Kt^n) \quad (8-45)$$

式中：n 为阿弗拉米指数；K 为形容新相形核和生长速率的系数。当 $I_v \propto \frac{1}{t}$ 时，$n \in [3, 4]$；当 $I_v \propto t$ 时，$n>4$。上式描述了晶体的形核与生长过程：一开始的诱导期，新相的形核速率 I_v 较大，新相长大速率 v 次之，为后续相变的发生创造条件；接下来的自动催化期，由于已经存在大量的晶核，此时以 v 为主，总结晶长大速率急剧增大；后期过饱和度减小，总结晶速率增长变缓，相变转化率接近 100%。

在经历最初的诱导期后，对于母相中其他的质点会选择在晶核上的何种位置进行堆砌，近年来人们相继推出有关晶体生长的一些模型理论。

1) 完整光滑界面生长模型

1927 年，W. Kossel 提出了一种完整光滑的界面生长模型，认为晶体是理想完整的，并且固体相与流体相之间发生突变，使得界面没有任何凹凸不平的现象。图 8-11 为该模型的示意图。根据质点（原子、离子或分子）间距离的大小，晶核上有三种典型位置供其他母相质点来堆砌：位置 1（三面凹角）有 3 个最邻近质点，故新质点在此受到的吸引力最大；位置 2（二面凹角）有 2 个最邻近质点，新质点在此受到的吸引力比位置 1 小；新质点在位置 3 只被 1 个最邻近质点吸引。该理论认为，在一个正在生长的晶面上最佳生长位置是三面凹角位，其次是两面凹角位，平坦面最不容易生长。理想的晶体生长方式是：先在三面凹角上生长成一行，此时三面凹角消失，再在两面凹角处生长一个质点，从而形成三面凹角，如此重复下去。但是，实际晶体生长不可能达到这么理想的情况，也可能一层还没有完全长满，另一层又开始生长了，即阶梯状生长。

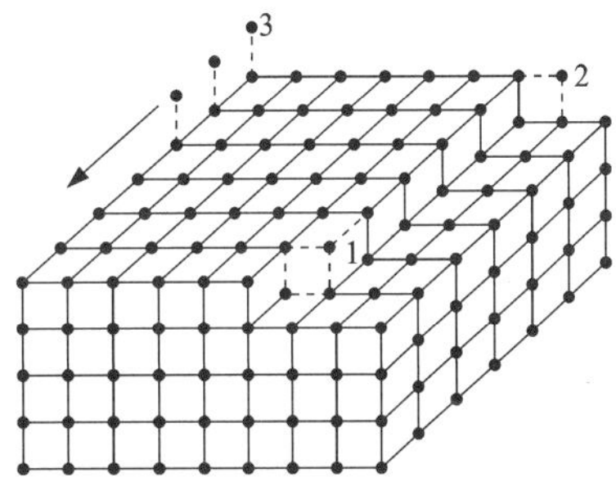

图 8-11　完整光滑界面生长模型示意图

2) 阶梯状生长模型

该模型认为晶体在生长时，质点不是一个一个地附加到晶核上的，而是一块一块地附着到晶核上，也就是一次沉积在一个晶面上的物质层厚度可达几万或几十万个原子层。浓度高、温度低，则物质层越厚。而且，物质层也不是一层一层地堆砌，而是一层未堆完，新的一层又开始了，结果导致晶体表面呈不平坦的阶梯状，如图 8-12 所示。许多晶体存在晶面条纹即是阶梯状生长模型的有力证明。

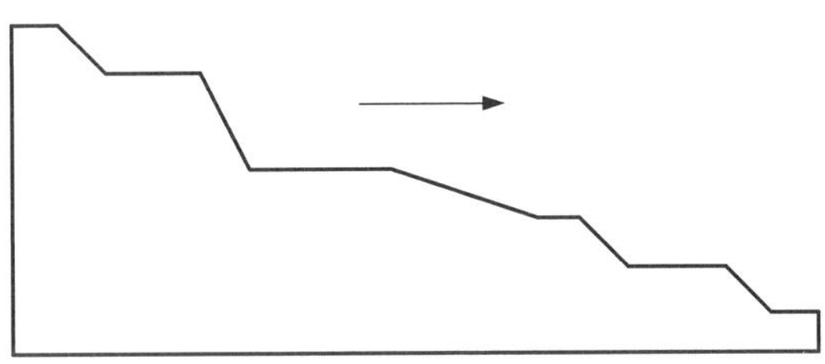

图 8-12　晶体阶梯状生长的剖面图

3)螺旋生长模型

弗兰克(Frank)于 1949 年提出了螺旋位错生长机制。二维晶核的形成需要克服一定的能垒。在之前的讨论中已经提到，晶核大小达到临界值时才会达到稳定状态。而过饱和度低于临界过饱和度时，虽然质子无法在光滑的晶面上堆砌，但晶体仍有较快的生长速率。在低过饱和度的情况下，没有足够的能量越过能垒形成二维晶核，因此晶体以螺旋位错产生的台阶生长，即螺旋生长机制，如图 8-13 所示。在晶体生长界面上螺旋位错露头点所出现的凹角及其延伸所形成的二面凹角可作为晶体生长的台阶源，促进光滑界面上的生长，位错的出现，在晶体的界面上形成了一个永不消失的台阶源。晶体将围绕螺旋位错露头点旋转生长。

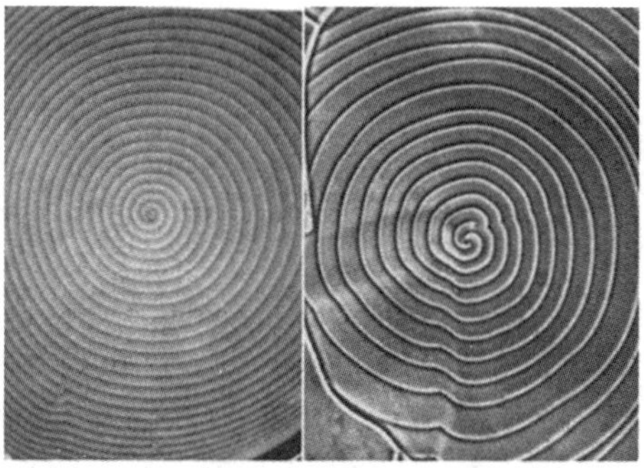

图 8-13　晶体的螺旋生长模型

5. 锂枝晶的形核与长大

1)锂枝晶产生原因

在锂金属电池的充电和放电过程中，锂金属负极表面不断经历锂的沉积和剥离。在每个充放电循环中，将发生锂的形核，并且初始形核位置将显著影响连续锂沉积的行为。金属锂负极表面凹凸不平，存在许多突起，导致突起处的电子电荷分布变多，导致更多的 Li^+ 被吸引而发生沉积，最终形成锂枝晶。

2)锂枝晶的形核与长大机理(4 个模型)

先驱研究者通过不断地研究和总结，已经构建了多个有关锂枝晶形核和生长的模型。这些模型从不同角度为研究人员提供了更深刻理解锂电池中锂枝晶形成的工具，有利于调控锂的均匀沉积，有效避免锂枝晶的生长造成的安全问题。目前主要用以下 4 个模型来描述锂枝晶从形核到生长的过程，分别是：非均相形核模型、表面形核和扩散模型、空间电荷模型和 SEI 模型。

(1)非均相形核模型

锂沉积的第一阶段可以被视为非均相形核。锂离子在集流体上得到电子后开始沉积。根据式(8-32)可推导出，锂原子在基底上沉积的临界吉布斯自由能 ΔG 表示为

$$\Delta G=\frac{16}{3}\frac{\pi\gamma_{ne}^{3}}{\Delta G_{v}^{3}}\frac{(2+\cos\theta)\sin^{4}\left(\dfrac{\theta}{2}\right)}{(1+\eta)^{2}} \tag{8-46}$$

式中：γ_{ne} 为表面张力；ΔG_v 为溶液过饱和度降低引起的吉布斯自由能；θ 为晶核与基底间的夹角；η 为临界过电位；r 为曲率半径。相比式(8-32)，式(8-46)引入了临界过电位 η 进行修正，适用于分析锂枝晶的非均匀形核模型。依据图 8-14 的锂沉积示意图，θ 与 ΔG 呈反比关系。θ 越小，ΔG 越大，导致 η 越小。在这种情况下，非均相形核过程更容易发生，从而能够实现较为均匀的锂沉积形貌。因此，在为锂电池选择适当的负极集流体时，需要满足两个要求：首先，集流体表面应平整均匀；其次，集流体应具备一定的亲锂性。研究者们研究了在不同衬底上锂的非均相形核过程，一种是 Mg、Zn、Ag 和 Au，它们在金属锂中具有一定的

溶解性。另一种是在金属锂中不溶解的 C、Si、Sn、Cu。当 Cu 和 Au 同时存在于集流体表面时，锂原子更倾向于沉积在 Au 上，说明亲锂性的基底对于锂的形核更好(图 8-15)。

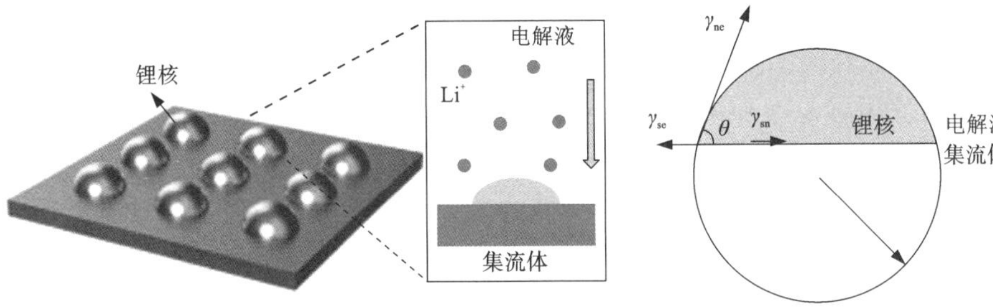

图 8-14　锂沉积示意图

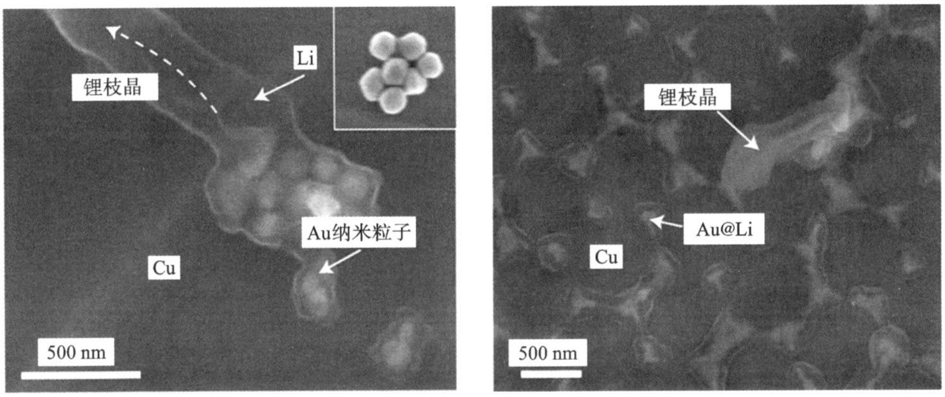

图 8-15　锂在 Cu 和 Au 同时存在于集流体时，优先在 Au 上沉积

(2)表面形核和扩散模型

在热力学方面，锂金属容易形成枝晶结构，然而，与锂金属电池相比，一些基于金属(例如镁)的二次电池并没有表现出不稳定和无序沉积的迹象。比较锂和镁的沉积行为有助于深化对抑制无序沉积的理解。密度泛函理论(DFT)对真空/金属界面上的锂和镁电镀的研究表明，Mg—Mg 键比 Li—Li 键更强，这表明镁更倾向于以高维结构沉积，而不是形成一维树枝状晶须。表面扩散过程对沉积行为也至关重要。通过对 Li、Na 和 Mg 进行理论计算，发现 Mg 具有最低的扩散障碍，因此更倾向于形成平滑的表面生长。最重要的是，界面上原子的流动性对树枝状沉积与否有很大影响。减少表面扩散障碍和提高表面迁移率对于均匀的锂沉积是非常有用的。

实际上，由于金属锂比较活泼，它很容易与电解液发生反应，生成 Li_2CO_3、LiF、Li_2O 等无机产物和 $ROCO_2Li$、ROLi 等有机产物。这些产物逐渐沉积在锂金属表面。其中，Li_2CO_3 具有较低的表面能和较高的表面扩散势垒，当钝化层中该组分含量较高时，锂离子更倾向于集中在某一点形核而不是均匀形核，因此更容易生成锂枝晶。LiF 相反，具有高的表面能和低的表面扩散势垒。锂离子穿过 LiF 需要高的形核能，有助于锂的均匀沉积。因此，根据表面能和扩散势垒来筛选合适的 SEI 组分有利于调控锂的均匀沉积。

(3)空间电荷模型

研究者对负极的离子分布状态进行了微观研究，提出了空间电荷模型。当锂在负极沉积时，负极处的锂离子浓度下降，这时正极侧的锂离子将会通过隔膜迁移到负极表面。此时，电池系统内不同位置的锂离子浓度将存在显著差异，导致在负极和电解液交界面形成强烈的空间电场，从而导致枝晶的生成。为了更深入地理解由空间电荷引起的树枝状金属锂的形核过程，研究者对使用稀电解质的对称电池的静电势和离子浓度分布进行了计算。如图 8-16 所示，电池中定义了区域Ⅰ(准中性区域)和区域Ⅱ(空间电荷区域)。在区域Ⅰ，主体电解质占据了电池的较大部分区域，离子转移主要受到扩散的支配。而在区域Ⅱ，它只占据了靠近电极表面的一小块区域，离子的转移受到电场迁移的支配，此区域电位明显低于负极电位。因此在稀电解液中，将存在一个空间电荷层，它推动金属锂沉积物的快速增长。空间电荷现象在非水性液体电解质中经常被观察到，而提高阳离子电导率/迁移数或锚定阴离子可以有效减少因空间电荷引起的锂枝晶的生长。

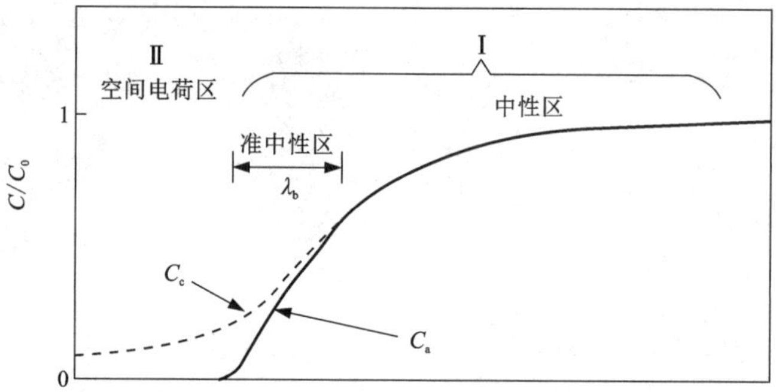

图 8-16　充电时电解液中离子浓度分布图

(4)SEI 模型

锂负极与电解液反应的产物在负极表面会形成 SEI 膜。SEI 膜往往由多种分解产物构成且不均匀，因此各处的离子电导率不同。这将导致锂离子更倾向于沉积在原有的沉积物上。当沉积物生长到一定长度时，SEI 膜将会被刺穿，而新露头的锂表面又会形成一层 SEI 膜。电极表面的不均匀会加剧锂枝晶的生长。在 SEI 模型中，锂枝晶的生长过程被分为四个不同的阶段，见图 8-17：

阶段Ⅰ：球形锂核出现在锂表面，此阶段 SEI 膜的短程固态传输扩散有限，锂核沿着与生长时间平方根成比例的直径生长。SEI 膜钝化了锂表面，锂离子扩散需要穿过 SEI 膜，因此锂的沉积速率逐渐降低。

阶段Ⅱ：锂枝晶开始从根部生长，并将最初形成的锂推离电极。同时，观察到树枝状锂的长度迅速增加，而宽度几乎保持不变。

阶段Ⅲ：晶须被新形成或不断增厚的 SEI 覆盖，生长速率显著降低。

阶段Ⅳ：锂晶须上形成扭结，将其分成两段。当一个线段的长度和宽度增加时，另一个线段的长度保持不变。

因此，锂金属表面形成的 SEI 膜可以显著影响锂枝晶的根部与尖端的生长模式，在锂金属电极中起着非常关键的作用。

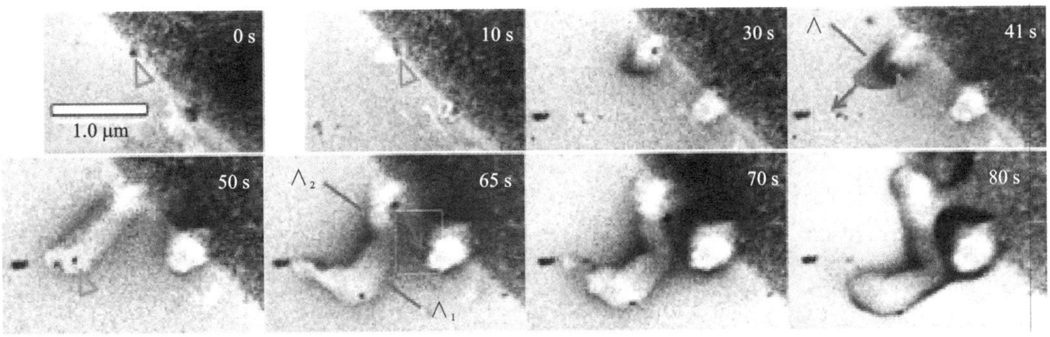

(a)

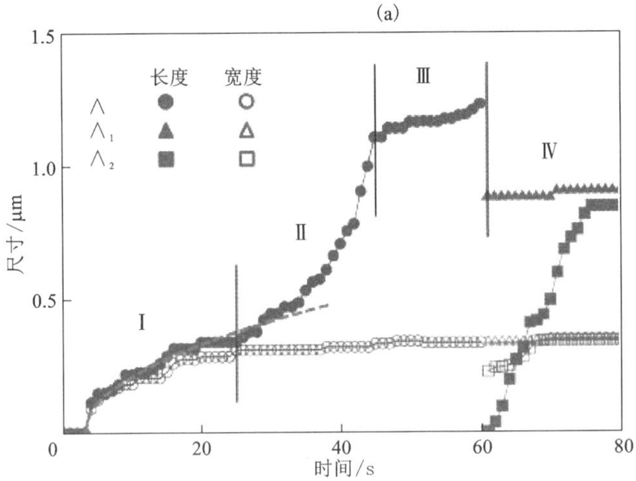

(b)

扫一扫，看彩图

Λ、Λ1 和 Λ2 是三种不同类型的树突，Λ 是原始树突，Λ_1 和 Λ_2 是 60 s 时从 Λ 衍生出来的树突。

图 8-17 单个锂枝晶生长的时间演变(a)和四个生长阶段中锂枝晶的长度和宽度(b)

3)锂枝晶的形核时间(Sand's time 模型)

设想在稀溶液中只存在锂离子和一种阴离子，当锂发生沉积时，系统中的阳离子将迅速减少，直至耗尽，导致负极表面出现强烈的电场。在这种情况下，大量锂离子将被吸附在负极表面，形成锂枝晶。Sand's time 模型就用来描述形成枝晶的临界时间：

$$T=\pi D\left[\frac{C_0 e Z_c(\mu_a+\mu_c)}{2J\mu_a}\right]^2 \tag{8-47}$$

式中：D 为扩散系数；C_0 为阳离子的初始浓度；e 是电子电荷量；Z_c 为阳离子电荷数；μ_a 和 μ_c 分别代表阴、阳离子的迁移数；J 为电流密度。锂枝晶形成时间与电流密度成反比。因此，当电流密度过大时，锂离子来不及扩散，只集中沉积在某一区域，锂枝晶更容易产生。基于上述公式，可以采用以下几种策略来延长锂的形核时间：

①提高初始阳离子浓度 C_0。例如最近被提出的高浓度电解质，通过提高电解质中锂盐的含量，能够实现锂的均匀沉积。

②降低局部电流密度 J。在相同的表观电流密度下，使用三维集流体或导电主体结构提高电极的比表面积，可以有效降低局部电流密度，有利于无枝晶状沉积行为。

③增加阳离子迁移数。阳离子的迁移数是由 μ_a 和 μ_c 的比值决定的。因此，高的阳离子

迁移数可以增加 Sand's time。尽管上述提出的变化是相互关联的，但它们对锂金属沉积的积极影响在很大程度上得到验证。全面了解和发展锂形核与生长的理论，有助于控制沉积行为，实现锂金属负极的均匀沉积。

【例 8-3】 锂金属电池由于其较高的工作电压和高比容量而广受关注。现有一锂金属电池体系，正极为 LCO，负极为锂金属，电解液为 1 mol/L $LiPF_6$(溶剂为体积比 1 : 1 的 EC/DEC)，以 5 mA/cm^2 的电流进行充电。试用 Sand's time 模型计算电池多久会开始长枝晶。已知扩散系数为 $2.3\times10^{-10} cm^2/s$，锂离子迁移数为 0.42。

【解】 由 $\mu_a+\mu_c=1$，$\mu_c=0.42$ 可知，$\mu_a=0.58$。

此外由题可知 $J=5\ mA/cm^2$，$D=2.3\times10^{-10} cm^2/s$，电子电荷量为 1.6×10^{-19}，锂离子初始浓度 $C_0=1$ mol/L，$Z_c=1$。

将上述数据代入 Sand's time 模型计算枝晶形成的临界时间的公式：

$$T=\pi D\left[\frac{C_0 e Z_c(\mu_a+\mu_c)}{2J\mu_a}\right]^2$$

可得 $T=5.5\times10^{-55}$ s，即 5.5×10^{-55} s 就开始形成枝晶。

8.3.2 固相形核与长大

1. 固相晶核形成

相较于液相形核，固相形核除了考虑体积自由能的变化 ΔG_v 及表面能的变化 $\Delta\sigma$ 外，还需要考虑弹性应变能 ΔG_E 及缺陷能的变化 ΔG_d 对形核的影响。当 $\Delta G_d=0$ 时，核将均匀形成，成为均匀形核；当 $\Delta G_d>0$ 时，核将在能提供 ΔG_d 的缺陷处形成，称为非均匀形核。根据研究可知，固态相变与液态结晶过程类似，很少发生均匀形核。

1) 均匀形核

均匀形核时，系统自由能的总变化为

$$\Delta G=-V\Delta G_v+\Delta\sigma+V\Delta G_E \tag{8-48}$$

假设晶核为球形，系统自由能的总变化为

$$\Delta G=-\frac{4}{3}\pi r^3\Delta G_v+4\pi r^2\cdot\sigma+\frac{4}{3}\pi r^3\Delta G_E \tag{8-49}$$

临界晶核半径：

$$r^*=\frac{2\sigma}{\Delta G_v-\Delta G_E} \tag{8-50}$$

临界形核能：

$$\Delta G^*=\frac{16\pi\sigma^3}{3(\Delta G_v-\Delta G_E)^2} \tag{8-51}$$

形核率：

$$I=C\exp\left(-\frac{\Delta G^*+Q}{RT}\right) \tag{8-52}$$

固态原子的扩散激活能 Q 较大，固态相变的弹性应变能又进一步增大了形核能 ΔG^*。由于固相中原子扩散激活能较大，应变能又抵消了一部分相变驱动力，因此在过冷度相同的条件下，固态相变中的形核率比凝固时小得多，亦即固态相变的均匀形核更难实现。

2) 非均匀形核

在固相中存在各类晶体缺陷，包括晶界、层错、位错、空位等。若在晶体缺陷处发生形核，随着核的形成，缺陷将逐渐消失。这时，缺陷所携带的能量将被释放，供形核过程，从而使得临界形核功下降。因此，在缺陷处，核的形成变得更为容易。若晶核在母相中某些区域择优地不均匀分布，则称为非均匀形核。固相的非均匀形核分为晶界形核、位错形核和空位形核。

非均匀形核时，系统自由能的总变化为

$$\Delta G=-V\Delta G_{\mathrm{v}}+\Delta\sigma+V\Delta G_{\mathrm{E}}-\Delta G_{\mathrm{d}} \tag{8-53}$$

(1) 晶界形核

多晶体中两个相邻晶粒的边界存在界面；三个晶粒的共同交界是一条线，叫作界棱；四个晶粒交于一点，构成一个界隅。界面、界棱和界隅都不是几何意义上的面、线和点，它们都占有一定的体积。如图 8-18 所示，界面、界棱和界隅都可以提供其所储存的畸变能来促进形核。

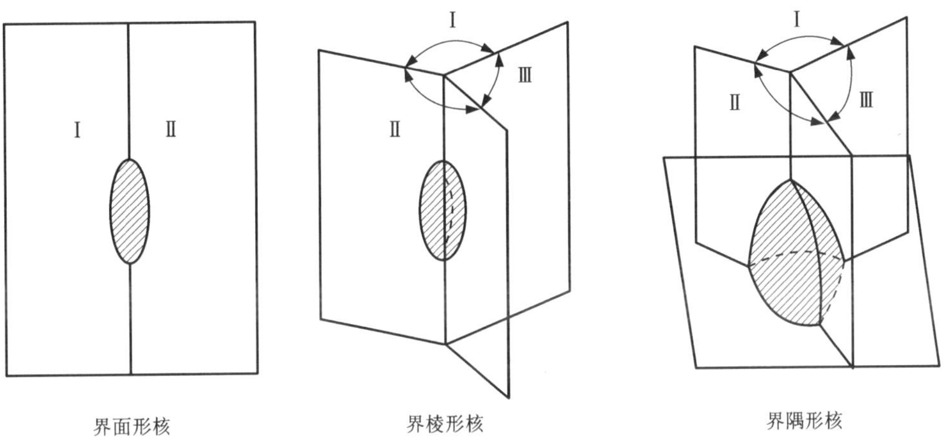

图 8-18　三种形核方式

在界面形核时，只有一个界面可供晶核吞食；在界棱形核时，有三个界面可供晶核吞食；在界隅形核时，被晶核吞食的界面有六个。所以，从能量角度来看，界隅提供的能量最大，界棱次之，界面最小；从需要的形核功来看，界隅需要的形核功最少，界棱次之，界面最大，但是都小于均匀形核需要的形核功；从三种形核方式所占的晶核体积分数来看，界面反而居首位，界隅最小。

(2) 位错形核

位错可通过多种方式促进形核：

①新相可在位错线上形核，利用形核位置处位错线消失释放的能量作为相变的驱动力，降低形核能；

②新相形成时，位错并不消失，而是附着在新相界面上，成为半共格界面的位错部分，补偿了位错，降低了界面能，从而降低形核能；

③溶质原子在位错线上偏聚，提高溶质含量，有利于满足新相形成的成分条件，使新相晶核更容易形成；

④位错线可作为扩散的短路通道，减小扩散激活能，从而加速形核过程；

⑤位错分解形成由两个分层错组成的扩散位错，使其层错部分作为新相的核胚，有利于形核。

位错形核规律：

①位错易在刃型位错上形核；

②位错伯氏矢量越大，越易形核；

③晶核易在位错结与位错割阶处形成；

④由于位错的影响，核易于在某些惯习面上形成，这一影响将随 ΔG_v 的增大而减小。

有人估计，当相变驱动力很小，而新、母相之间的界面能约为 2×10^{-5} J/cm^2 时，均匀形核的形核率仅为 10^{-70}/(cm^3·s)；如果位错密度为 10^8/cm^2，则由位错促进的形核率可达约 10^8/(cm^3·s)。可见，当晶体中存在较高的位错密度时，以均匀形核进行的固态相变是非常罕见的。

(3)空位形核

空位可通过加速扩散过程或释放自身能量提供的形核驱动力来推动形核。另外，空位群也可以聚集形成位错，从而促进形核。空位对形核的促进作用已被很多实验证实。例如，在过饱和固溶体脱溶分解的情况下，当固溶体从高温快速冷却下来，与溶质原子被过饱和地保留在固溶体的同时，大量的过饱和空位也被保留下来，它们一方面促进溶质原子扩散，另一方面又作为沉淀相的形核位置而促进非均匀形核，使沉淀相弥散分布于整个基体中。

2. 固相晶核长大

1)新相长大机制

新相晶核的长大，实质上是界面向母相方向的迁移。固态相变类型不同，其晶核长大机制也不同。对于同素异构转变和马氏体相变等固态相变，新相和母相的成分相同，晶核增长时无须传质过程，界面附近的原子只需进行短程扩散，甚至可以完全不需要扩散就使新相晶核长大；而对于共析相变和脱溶转变等固态相变，由于新相和母相的成分不同，新相晶核的长大必须依赖于溶质原子在母相中进行长程扩散，只有在界面附近的成分符合新相的要求时，新相晶核才能够长大。因此，在发生这类相变时，必然伴随着传质过程。

母相向新相转变时，必然产生相界面，根据界面两侧的点阵是否连续或匹配，相界面被分为共格界面、半共格界面和非共格界面。

新相与母相晶体结构相同且点阵常数相近使得界面两侧的点阵连续或近似连续，或两者在晶体结构与点阵常数存在差异的情况下，因特定的晶体学平面而使两相原子之间完全匹配，这种界面被称为共格界面，如图 8-19 所示。

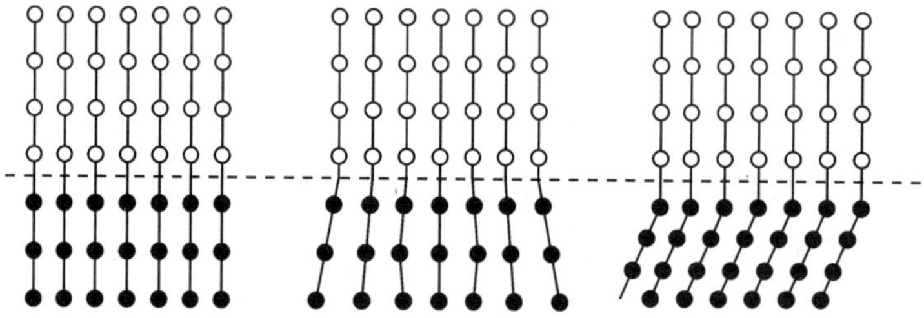

图 8-19　共格界面示意图

当母相和新相晶体结构差异较大时，相界面处将产生刃型位错，以此弥补点阵的不匹配，这种相界面两侧的晶格点阵并不完全对应的界面称为半共格界面[图 8-20(a)]。点阵失配度 δ 常被用来表示界面两侧点阵的匹配程度，在无应力状态下，对于 β 和 γ 两相：

$$\delta=\left|\frac{a_{\beta}-a_{\gamma}}{a_{\gamma}}\right| \tag{8-54}$$

式中：a_{β} 为 β 相的点阵常数；a_{γ} 为 γ 相的点阵常数。

对于半共格界面，点阵失配度一般在 0.05 至 0.25 范围内。此外，还存在非共格界面[图 8-20(b)]，非共格界面两侧的晶体结构存在显著差异，母相和新相的原子匹配度很低，点阵失配度一般大于 0.25。

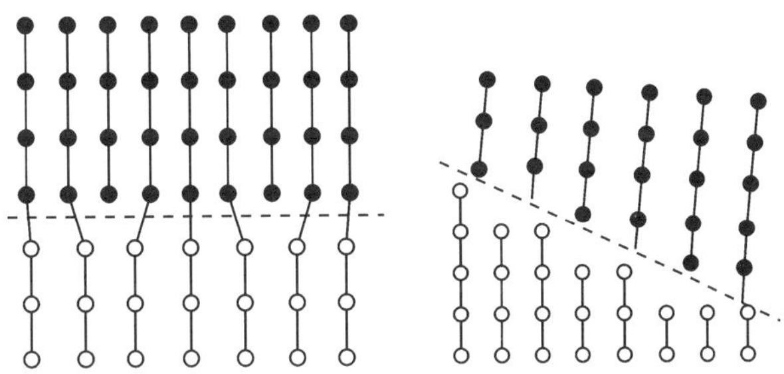

图 8-20　半共格界面(a)和非共格界面(b)

位向关系是指两晶体的空间位置关系，如果新相的晶核与母相之间存在一定的晶体学位向关系，那么在生长过程中它将继续保持这种位向关系。此外，新相的生长机制与晶核的界面结构密切相关。实际上，新相晶核与母相完全匹配、形成完全共格界面的情况极为罕见，大多数情况下是形成半共格和非共格两种类型的界面。这两种界面有着不同的迁移机制。

(1) 半共格界面的迁移

由于半共格界面的界面能低，在生长过程中，界面通常保持为平面。例如，如图 8-21 所示，在马氏体相变中，晶核的增加是通过半共格界面上母相一侧的切变完成的。这种过程的特点是大量原子沿某一方向进行有规律的小位移，位移距离小于一个原子间距，同时保持原有的相邻关系不变。这样的晶核增长过程也被称为协同型增长或位移式增长。

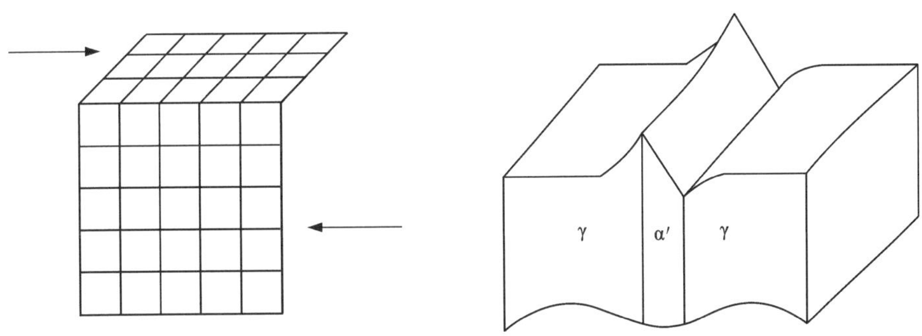

图 8-21　切变造成协同型长大和马氏体相变的表面倾动示意图

除了上述的切变机制之外，还可以通过半共格界面上的界面位错运动来实现界面法向的迁移，从而促使新相晶核的长大。图 8-22(a)展示了一个平坦的界面，界面位错位于同一平面上，其刃型位错的伯氏矢量 ***b*** 与界面平行。在这种情况下，如果要使界面沿法线方向移动，就需要界面位错进行攀移，但在没有外力作用或温度不够高的情况下，这是难以实现的。因此，这种情况限制了界面的迁移，从而妨碍了晶核的长大。

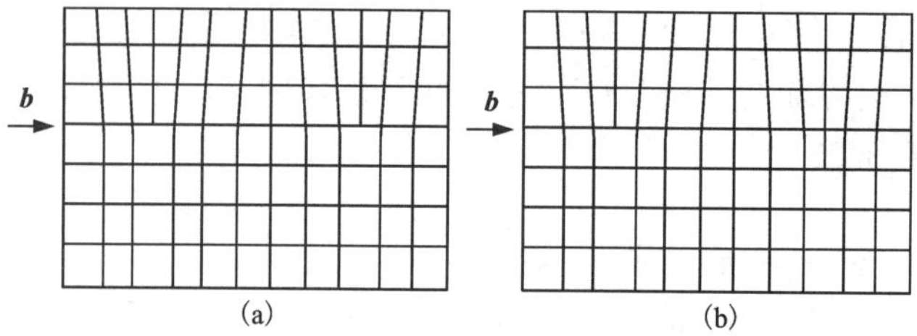

图 8-22　半共格界面的可能结构

然而，如图 8-23 所描绘的情形，界面位错分布在阶梯状的界面上，相当于刃型位错的伯氏矢量 ***b*** 与界面呈一定角度。在这种情况下，位错的滑移运动使得台阶能够跨越界面并在侧向迁移，导致界面沿法线方向推进，从而推动新相的长大。这种晶核增长方式被称为阶梯式长大。

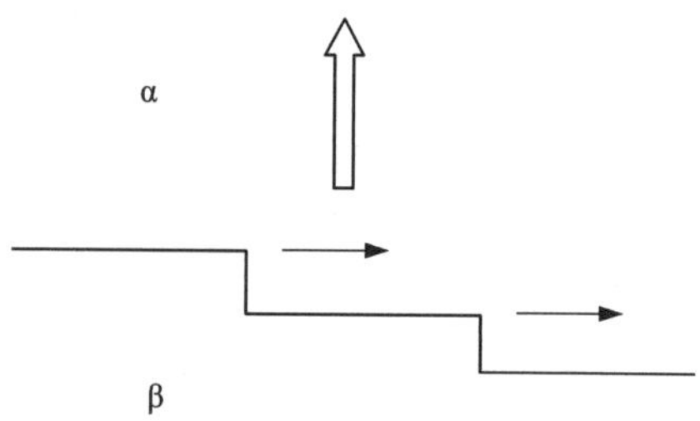

图 8-23　晶核以阶梯方式长大示意图

(2)非共格界面的迁移

在许多情况下，新相晶核与母相之间形成非共格的界面，该界面处原子排列混乱，形成了不规则排列的过渡薄层。在这种界面上，原子的移动并非协同进行，即没有确定的先后次序，相对位移的距离也不同，并且相邻原子之间的关系也可能发生变化。这样的界面在任何位置都可以接受或释放原子，随着母相原子不断向新相转移，界面本身沿法线方向推进，从而促使新相逐渐增加，如图 8-24(a)所示。

但也有人认为，在非共格界面的微观区域中也可能呈现阶梯状结构，这种阶梯平面是原子排列最密的晶面，阶梯高度约相当于一个原子层，通过原子从母相阶梯端部向新相阶梯发生侧向移动，从而引起界面垂直方向上的推移，使新相长大，如图 8-24(b)所示。

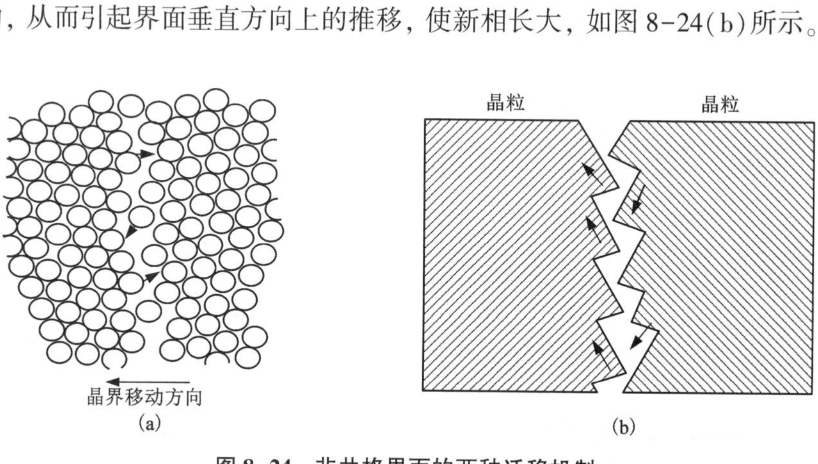

图 8-24　非共格界面的两种迁移机制

非共格界面的相变是通过界面扩散进行的，因此这种相变又称为扩散型相变。应该指出，固态相变不一定都属于单纯的扩散型或无扩散型。例如，钢中贝氏体相变，既有扩散型相变特征，又有无扩散型相变特征；也可以说，既符合半共格界面的迁移机制，又有溶质原子的扩散行为。

2) 新相长大速率

新相长大速率与界面的迁移速率密切相关。对于无扩散型相变，例如马氏体转变，由于界面迁移是通过点阵切变完成的，不涉及原子扩散，因此其长大激活能为零，导致新相长大速度较快。而对于扩散型相变，由于界面迁移需要依赖原子的扩散，因此新相的长大速度相对较慢。扩散型相变可分为两种：一种是新相长大时无成分变化，另一种是新相长大时涉及成分的变化。

(1) 无成分变化的新相长大

当新相 α 和母相 γ 的成分相同时，新相长大被看成相界面的移动，其实质是两相界面附近原子的短程扩散。界面迁移速率 u 见下式：

$$u=\lambda v_0\left[1-\exp\left(-\frac{\Delta G_{\gamma\to\alpha}}{kT}\right)\right]\cdot\exp\left(-\frac{\Delta G}{kT}\right) \tag{8-55}$$

新相的增长速率与新相和母相的自由能差成正比，但实际上，这两相的自由能差是过冷度或温度的函数。因此，随着温度的降低，新相的增长速率会加快。增长速率取决于原子越过相界的激活能 ΔG，对于非共格界面，ΔG 值等于晶界扩散激活能；而对于半共格界面，可以近似认为大致等于原子在母相中的激活能(实际略小)。因此，越过非共格界面的激活能远小于越过半共格界面的激活能。

当过冷度很小时，两相自由能差极小。界面迁移速率：

$$u=\frac{\lambda v_0}{k}\left(\frac{\Delta G_{\gamma\to\alpha}}{T}\right)\cdot\exp\left(-\frac{\Delta G}{kT}\right) \tag{8-56}$$

界面迁移速率 u 与两相的自由能差成正比，随着温度降低，两相的自由能差增大，新相长大速率增大。

当过冷度很大时，界面迁移速率：

$$u=\lambda v_0\exp\left(-\frac{\Delta G}{kT}\right) \tag{8-57}$$

界面迁移速率 u 取决于 ΔG，新相长大速率随温度降低而先增后减。新相长大速度与温度的关系如图 8-25 所示。

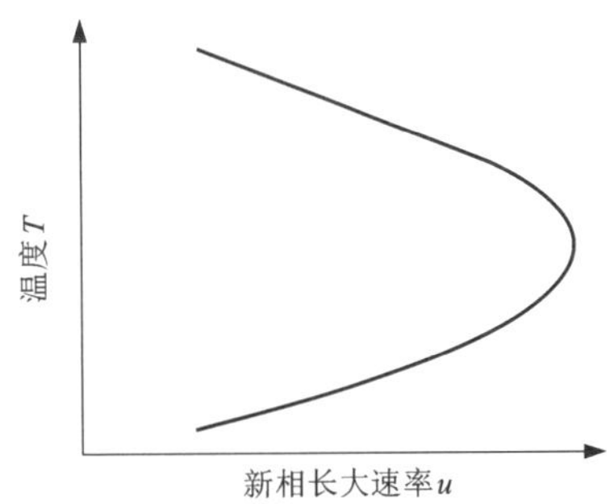

图 8-25 新相长大速率与温度的关系

(2) 有成分变化的新相长大

当新相 α 和母相 γ 的成分不同时，新相的长大必须通过溶质原子的长程扩散来实现，故其长大速率受扩散过程所控制。

生成新相时的成分变化有两种情况，见图 8-26：

①新相 α 中溶质原子的浓度 C_α 低于母相 γ 中的浓度 C_∞；

②新相 α 中溶质原子的浓度 C_α 高于母相 γ 中的浓度 C_∞；

在特定的转变温度下，相界面上新相 α 和母相 γ 的成分由平衡状态图所决定。由于在相

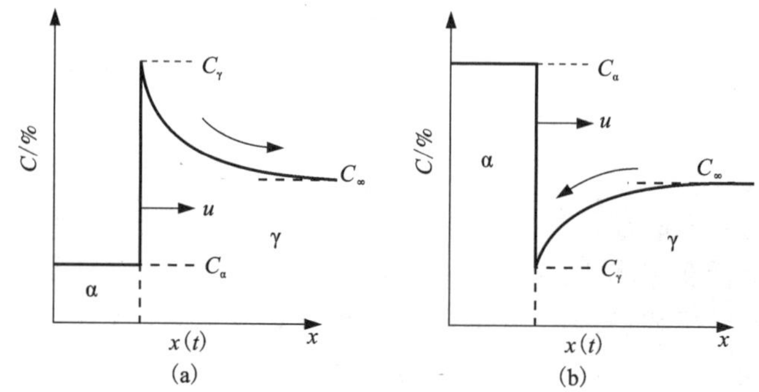

图 8-26　新相生成过程中溶质原子的浓度分布

界面附近的母相 γ 中存在一定的浓度梯度，这种梯度的推动将导致溶质原子在母相内扩散。这样一来，相界面上的浓度平衡就会被破坏。为了重新建立相界面上的浓度平衡，必须通过相间扩散来推动新相的长大。因此，新相的长大过程涉及溶质原子从相界面扩散到母相内远离相界的区域，或者从母相内远离相界的区域扩散到相界处。在这种情况下，相界面的长大速度将受溶质原子扩散速度的控制，也就是说，新相的长大速率取决于原子的扩散速率。

设 γ 和 α 的相界面为一平面，在 dt 时间内相界面向 γ 相一侧推移 dx 距离，则新增加的 α 相单位界面面积所占体积内所需的溶质量为$|C_\gamma - C_\alpha|\mathrm{d}x$。由菲克第一定律可知：

$$|C_\gamma - C_\alpha|\mathrm{d}x = J\left(\frac{\partial C_\gamma}{\partial x}\right)_{x_0}\mathrm{d}t \tag{8-58}$$

$$u = \frac{\mathrm{d}x}{\mathrm{d}t} = \frac{J}{|C_\gamma - C_\alpha|}\left(\frac{\partial C_\gamma}{\partial x}\right)_{x_0} \tag{8-59}$$

这表明新相的长大速率 u 与扩散系数 J 和相界面附近母相中的浓度梯度成正比，而与两相在相界面上的平衡浓度差$|C_\gamma - C_\alpha|$成反比。

随着温度的下降，扩散系数 J 急剧减小，因此，新相的增长速率也随之减缓。另外，当温度保持不变时，新相的增长速率随时间的推移而变化，这是因为随着晶核的增长，浓度梯度将逐渐减小。

3. 单晶正极材料的固相形核与长大

商业化的锂离子电池正极材料为层状氧化物，一般为多晶三元 $LiNi_{0.6}Co_{0.2}Mn_{0.2}O_2$（NCM622）和钴酸锂（LCO）正极材料。多晶正极材料是微米级的二次颗粒，通常由许多一次纳米颗粒组成。在电极压制的过程中，次级颗粒的坍塌可能导致正极与电解质之间的接触面积增加，从而有可能形成正极固态电解质膜和阳离子混合层等电阻性层，进而增大电荷转移的电阻。在电化学循环过程中，次级颗粒内部的初级颗粒在充放电过程中由相变而引起的较大残余应力容易导致微裂纹的产生，进而影响电池的热稳定性和循环寿命。此外，材料内部的初级颗粒粒径较小，结构相对不完整，在高压充放电条件下，难以控制界面副反应，容易发生结构坍塌。

相较而言，单晶正极材料为微米级颗粒，它们不是由许多初级粒子组成的次级粒子，而是每个“次级粒子”仅由一个微米级初级粒子组成。单晶材料具有较高的机械强度，使其在压实过程中不容易破碎，并能够达到较高的压实密度，即使在电极压制过程之后，单晶正极的形态也可以稳定地保持。在电池循环期间，单晶颗粒比表面积小，与电解液接触面积小，副反应小；在单晶颗粒内部，没有晶界存在，因此在多次充放电循环后，不会发生晶间破裂，从而能够保持其原始形状。这种形态的稳定性有助于阻止电阻层的连续形成，因而保障了电化学特性的稳定性。图 8-27 为单晶和多晶的扫描电镜图，可以看出多晶为一次颗粒聚集而成的二次球，而单晶则为单独的较大的一次颗粒。

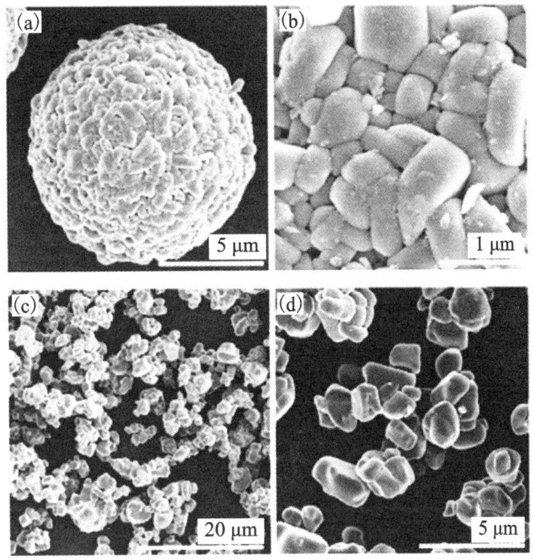

图 8-27 多晶(a, b)和单晶(c, d)正极材料扫描电镜图

虽然单晶正极材料具有较多优点，但是它们的合成通常比多晶材料更复杂，而且没有标准的单一合成方法。以下将分为 3 个部分进行讨论。

1)单晶合成理论

(1)单相系统中的晶粒长大

作为单晶合成的基础步骤——煅烧过程也是复杂和“多步骤”的，为了理解其中的晶粒生长机制，首先要分析最简单的生长机制。这是一个涉及固体-固体生长的步骤，其中层状结构已经大部分形成，晶粒生长是主要过程。图 8-28 显示的是被二次气相包围的多晶材料中晶粒生长的示意图，以及这种类型的模型系统的扫描电镜图像。

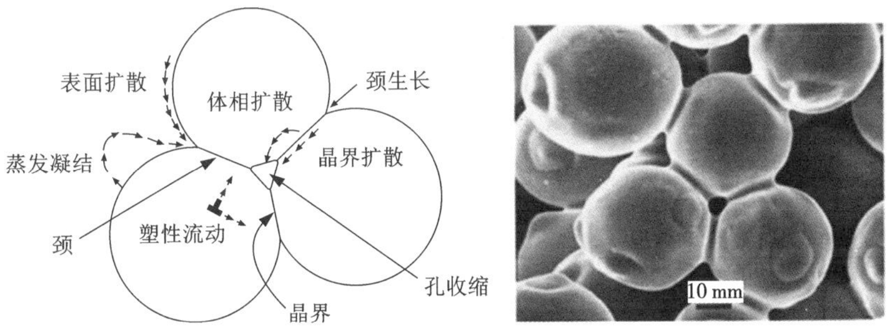

图 8-28 二次气相包围的多晶材料中晶粒生长的示意图及其扫描电镜图

最初，相邻的初级晶粒会发生颈缩来形成晶界，有些晶粒可能具有相似的晶体取向并迅速融合或团聚，但大多数随机取向晶粒则不能。这些晶粒之间可以通过蒸发和凝结或沿着颗粒表面的扩散形式发生质量传递，但固体之间的晶粒生长通常以晶界迁移为主导。在这种机制中，一个粒子中的原子跳过晶界到达相邻的粒子，该过程的速率 v_B 可以用如下等式描述：

$$v_B = -M_B \Delta P \Delta P \cong gr\left(\frac{1}{G_1}-\frac{1}{G_2}\right)M_B \cong \frac{f_a a^4}{k_B T}\exp\left[\frac{-E_A}{R_g T}\right] \tag{8-60}$$

式中：G_1 和 G_2 为相邻晶粒的尺寸；g 为几何项；E_A 为激活能；f_a 为原子振动的频率；a 为跳跃原子；R_g 和 k_B 分别为气体常数和玻尔兹曼常数。

由式(8-59)可知，晶界的长大速率等于其迁移率乘以驱动力。驱动力与相邻晶粒 G_1 和 G_2 之间的尺寸差有关。较大的晶粒倾向于消耗较小的晶粒以降低表面能 γ。驱动力由几何项 g 调节，该几何项 g 与晶体形态有关。迁移率项包含经典的阿伦尼乌斯关系，与温度 T 以及激活能 E_A 有关，其中迁移率随温度指数变化。原子振动的频率 f_a 和跳跃原子 a 的大小也起作用。必须指出，这些方程是模型系统导出的，只应考虑定性值。

虽然式(8-59)描述了单个晶粒边界的生长速率，但每个晶体可能有许多不同生长速率的边界。根据式(8-60)，多晶材料中竞争的晶界迁移可以描述从起始尺寸 R_0^n 开始的平均晶粒半径 R。

$$R^n - R_0^n = K_t K \propto \exp\left[\frac{-E_A}{R_g T}\right] \tag{8-61}$$

在理想系统中，指数因子 n 为 2，但通常接近 3。从上述等式中可以得到晶粒生长对温度的指数关系。此外，晶粒径向生长速率小于线性生长速率，因此更大的颗粒更难生长。如 500 nm 的颗粒需要 10 h 才能生长，1 μm 需要 80 h，2 μm 需要 640 h，以此类推。这有助于解释为什么微米级单晶的生长如此困难，以及为什么增加煅烧时间对合成单晶影响很小。通过式(8-60)和(8-61)可以发现促进晶粒生长的一些其他方法。在迁移速率术语中，原子大小基本上由目标组成决定，无法调整。振动频率是键长的函数，键长仅与结构强弱相关，并且只包括迁移率的线性项。同时，跳跃或等同于键断裂的活化能高度依赖键强，并且该活化能项以指数方式影响迁移速率。金属—氧键的强度随着 Co<Ni<Mn 的不同而不同，与 Mn—O 相比，Ni—O 较低的键强度降低了键断裂的平均活化能，因此，增强了高镍(即低锰)化合物的晶界迁移和晶粒生长。活化能的降低最明显的结果是晶粒生长温度的降低，这甚至适用于多晶高镍正极。然而，还有一种二阶效应。活化能较低的合成过程对温度的变化也比较敏感。因此，高镍单晶材料合成时的温度变化较小。在高镍、低锰层状氧化物中，较低的键强增强了过渡金属在颗粒内的扩散。与低镍正极相比，高镍正极在较低的温度下可以达到适当的结晶度。然而，这也可能意味着在高镍正极中，温度对团聚和阳离子混排的影响也更大。因此需要研究镍含量对单晶合成的影响。同时，不含锰的 LCO 层状氧化物的结合强度最低，形成相的温度最低，在多种因素的协同作用下，单晶 LCO 易于一步形成。

(2)两相系统中的晶粒长大

液相的存在会对晶粒生长产生巨大影响，这发生在合成的早期阶段，此时锂前驱体尚未分解，在体系中会产生熔盐。液相的主要结果是熔盐介导的生长机制。与固体-固体晶粒生长一样，这种机制导致大颗粒生长而小颗粒收缩，从而降低表面能。然而，这种熔盐介导的生长不是通过晶界迁移，而是通过溶解和重结晶。这通常被称为奥斯特瓦尔德熟化，对此推导出定量方程如下：

$$R^3 - R_0^3 = K_t K \propto \frac{\gamma c V^2 D}{R_g T} \tag{8-62}$$

$$R^2-R_0^2=K_tK\propto\frac{\gamma cV^2K}{R_gT}k\propto\exp\left[\frac{-E_A}{R_gT}\right] \tag{8-63}$$

式中：c 为溶解度；V 为摩尔体积；D 为扩散常数。对于高固体含量，该方程的准确性有限，用于熔盐合成是有争议的，但是仍然可以得出许多相似之处。奥斯特瓦尔德熟化从根本上改变了晶粒生长行为。尽管蒸发成气相的速度很慢，但氧化物在熔盐中的溶解度很高，其扩散系数比固相中的扩散系数高许多倍。另外，熔盐可以填充对于原子跳跃和晶界迁移而言过大的粒子间隙，从而增加有效接触面积。随着盐含量的提高，固-固界面的比例降低且生长速率提高。但是，过多的盐含量会增加颗粒之间的距离，减缓其生长。在这些条件下的生长为扩散受限，这种体系遵循公式(8-62)。

另一种可能性是界面控制生长，其中生长动力学由重结晶控制，遵循公式(8-63)。一种常见的重结晶机制包括表面吸附，沿着表面扩散到台阶，沿台阶扩散到纽结，最后到该纽结处渗入。基于这种机理，通常认为光滑的切面由于其台阶和扭结部位的密度低而生长得更慢。

熔盐合成具有复杂的温度依赖性。在两相体系中晶粒的生长涉及许多步骤(溶解、液体扩散、吸附、表面扩散、结晶)，每个步骤都有自己的温度依赖性。溶解和再结晶需要活化因子，可以用阿伦尼乌斯关系来描述。扩散率对温度有很强的次指数依赖。一般来说，较高的温度更有可能促进扩散控制的晶粒生长。盐的选择对晶粒生长动力学有很大影响。不同的熔盐具有不同的溶液性质，影响离子的溶解度和难溶性。溶液环境也会影响表面能量，这仍然是晶粒生长的驱动力。在界面控制下，不同的溶剂化能可以改变过渡金属离子的溶解活化能和再结晶活化能，从而改变过渡金属离子的生长速率。盐的选择对晶粒生长的热力学也有影响，特别是，某些方面可能优先在溶液环境中稳定下来，允许多面粒子的增长。

2)不同单晶合成方法中的固相形核与长大

图 8-29 为单晶合成主要方法，主要有高温单步煅烧、多步煅烧和熔盐辅助煅烧。

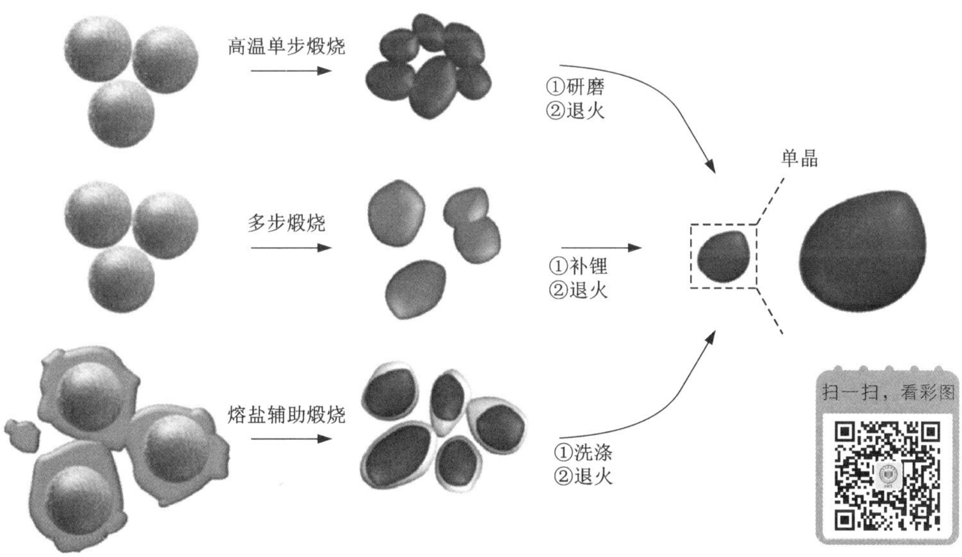

图 8-29　单晶合成主要方法

（1）高温单步煅烧和退火

提高单晶形貌最有效的方法是提高煅烧温度，这可以促进离子迁移，从而提高晶粒生长速度。随着温度升高，锂挥发越来越严重，此时必须添加过量的锂源来抵消锂的高温挥发。较高温度和较高盐含量促进了颗粒的团聚，使二次颗粒内部的晶粒长大扩展到二次颗粒之间的晶粒长大，由优化煅烧温度和锂含量制备单晶 $LiNi_{0.5}Co_{0.2}Mn_{0.3}O_2$ 的 SEM 图（图 8-30），可以看出，只有温度适中才能烧出尺寸较大的单晶，温度太高或太低都会出现很严重的团聚现象。此外，锂含量高一些有助于形成单晶，锂含量低了会生成团聚的二次球。

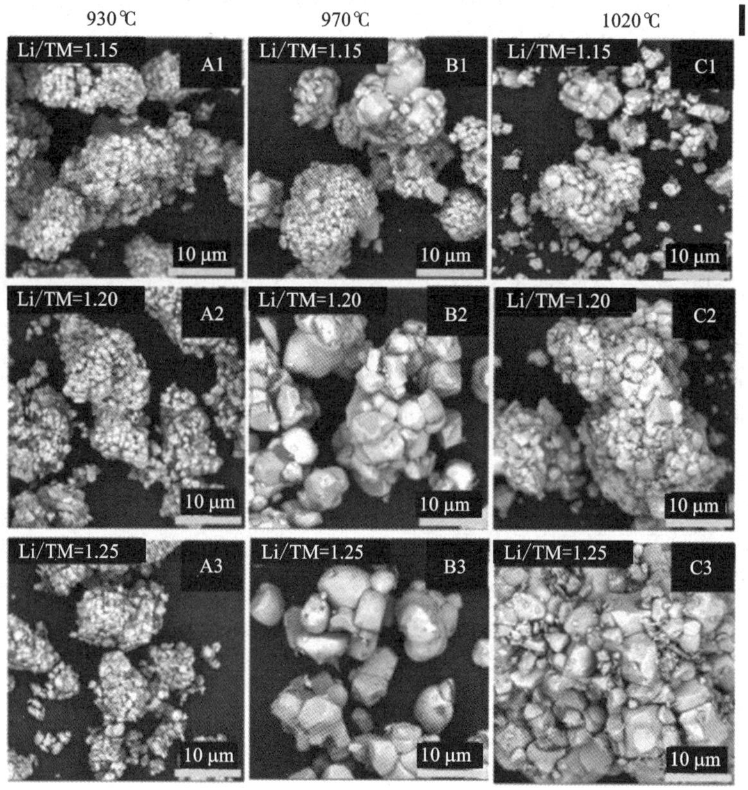

图 8-30　优化煅烧温度和锂含量制备高温单晶 $LiNi_{0.5}Co_{0.2}Mn_{0.3}O_2$ 的 SEM 图

高温单步煅烧会产生具有高残留锂含量和显著阳离子混排的团聚材料。研磨和清洗可以解决这些问题，但会往正极材料表面引入缺陷。如果研磨过度，或二次颗粒结合过于强烈，则可能导致颗粒开裂或碎裂。另外，过量锂会形成大量残留的锂化合物，通常以氢氧化锂和碳酸锂的形式存在，这会使电池循环阻抗增大并带来产气问题。处理这个问题的一种方法是增加煅烧后的洗涤步骤，水可以洗涤低镍材料，但高镍材料对湿度敏感，水会从晶格中提取锂，造成结构损坏。退火可以修复表面缺陷和体相中的阳离子混排，还可使球磨中脱落的碎片被熔回，显著提高容量和延长循环寿命。

（2）多步煅烧

研磨或洗涤（或两者）后退火是减轻高温单晶合成不利影响的有效方法。如图 8-31 所示为通过研磨后再退火制备 $LiNi_{0.6}Co_{0.2}Mn_{0.2}O_2$ 单晶材料的 SEM 图。然而，这并不是唯一可用方

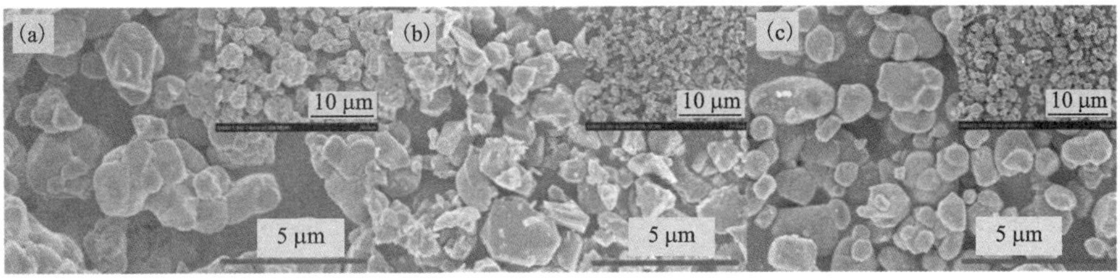

图 8-31　经过高温煅烧(a)、球磨(b)和退火(c)后的单晶 $LiNi_{0.6}Co_{0.2}Mn_{0.2}O_2$ 的 SEM 图

法。如图 8-32 所示，研究者通过多步高温煅烧，没有一个样品出现单步高温合成中所出现的结块现象，说明多步煅烧可以优化晶粒生长和晶体结构，得到具有良好粒度和低阳离子混排的高镍单晶材料。多步骤煅烧形成的晶体比仅用一个高温步骤可能形成的晶体大得多。

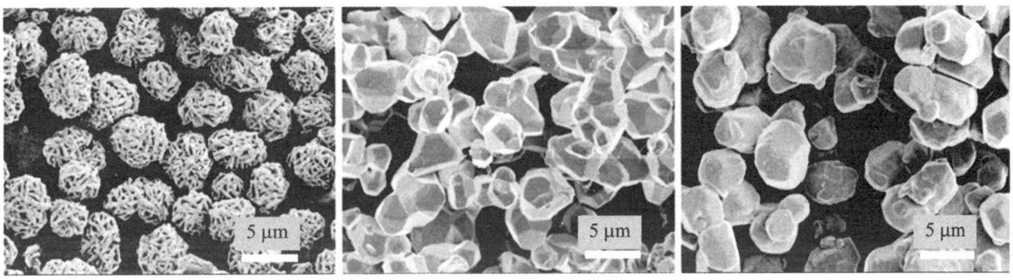

(a) 共沉淀物前驱体　(b) 在 1000 ℃下与 35%的锂进行第一步煅烧后　(c) 在 900 ℃下与剩余的锂进行第二步煅烧后

图 8-32　多步合成单晶 $LiNi_{0.33}Co_{0.33}Mn_{0.33}O_2$ 的 SEM 图

(3)熔盐合成

熔盐合成即在煅烧期间将大量的盐添加到前驱体中，其质量高达前驱体本身质量的几倍，所选盐必须稳定且熔点足够低，溶液性质合适。在熔盐中，原子会溶解并易于扩散，这能为晶体生长提供额外的途径，进而降低煅烧温度，从而减少阳离子混排和颗粒团聚，但是要求煅烧后洗涤以去除多余盐。熔盐合成使团聚和阳离子混排程度较低。前驱体材料中的初级颗粒经过分裂，几乎以独立的方式生长。此现象归因于溶解-重结晶机制，即在高温条件下，多晶二次颗粒分裂，使一次颗粒暴露。随着温度的升高和保温时间的延长，一次颗粒逐渐增大并出现结晶面，最终形成单晶，过程如图 8-33 所示。用 KCl 盐煅烧的颗粒几乎是圆形的，有许多不同的晶面。用 NaCl 盐煅烧的颗粒几乎是完美的八面体且颗粒生长得更快。适当选择熔盐可以调整生长速率，并优先形成特定的晶面。

3)材料晶粒尺寸的计算

粉末材料的 XRD 衍射光谱由一系列具有一定宽度的衍射峰构成，每个衍射峰下面都有一定的面积。如果将衍射峰简单地视为一个三角形，那么峰的面积等于峰高乘以半高处的宽度，这个半高处的宽度被称为“半高宽”。随着晶粒尺寸的增大，半高宽逐渐变窄。可以通过谢尔方程来计算晶粒的尺寸，即

图 8-33　$LiNi_{0.6}Co_{0.2}Mn_{0.2}O_2$ 单晶熔盐合成过程中初级颗粒的溶解和再结晶的 SEM 图

$$D=\frac{K\lambda}{\beta\cos\theta} \tag{8-64}$$

式中：K 为常数，$K=0.89$ 或 0.94，但实际应用中一般取 $K=1$；λ 为 X 射线的波长，nm；β 为实测样品衍射峰半峰高宽度或者积分宽度，rad；θ 为半衍射角，rad；D 为晶粒尺寸，nm，其物理含义是垂直于衍射方向的晶块尺寸，$D=md$，其中 d 是垂直于(hkl)晶面方向的晶面间距，而 m 表示晶块在该方向上所包含的晶胞数量。由于不同晶面的 d 值不同，而且不同方向上晶胞数量 m 不同，因此不同(hkl)晶面测量出的 D 值也会有差别。因此，通过测量不同衍射面的峰形，可以计算出不同晶面方向上的尺寸(D)和该方向上的晶胞数量(m)。这一方法在样品的晶粒形状不规则(各个方向上的大小不一致)时，显得特别有意义。在计算晶粒尺寸时，通常选用低角度的衍射线，当晶粒尺寸较大时，也可以使用较高衍射角的衍射线。当晶粒尺寸在 30 nm 左右时，计算结果较为准确，谢尔方程适用范围为 1～100 nm。超过 100 nm 的晶粒尺寸不能通过谢尔方程来计算。尺寸超过 100 nm 的晶粒通常采用 TEM、SEM 或 OM 来计算统计平均值。

8.4　固态相变

8.4.1　固态相变的热力学原理

热力学函数常用于研究某一系统在平衡态时的状态以及变化趋势，因此对认识固态相变的原理和解决相变问题具有重要的指导意义。热力学第一定律描述了系统发生变化时内能、功以及热量的相互转化关系，详见第 4 章。固态相变必然遵守热力学第一定律。

根据热力学第二定律可知，孤立系统自发地朝着熵增的方向演变，直到系统达到热力学平衡状态。实际的固态相变系统并非孤立的，相变过程还伴随着环境熵值的变化，因此固态相变自发地朝着系统熵变与环境熵变总和增大的方向进行。

8.4.2　固态相变的特点

1. 相界面

母相向新相转变时，会产生相界面，根据界面两侧的点阵是否连续或匹配，相界面被分为共格界面、半共格界面和非共格界面。

2. 相变阻力

相变时，系统的总自由能变化由新相和母相的自由能之差 ΔG_1、产生相界面时增加的界面能 ΔG_2 以及新相与母相间产生的弹性应变能 ΔG_3 构成，可表示为

$$\Delta G=\Delta G_1+\Delta G_2+\Delta G_3 \tag{8-65}$$

ΔG_2 和 ΔG_3 是固态相变时的主要阻力。

界面能的大小主要影响形核的阻力，原子总倾向于在界面能低的地方形核。新相和母相的界面能与界面两侧点阵的匹配度呈负相关。因此，在相同的条件下，共格界面表现出最低的界面能。

不同的相间必然存在点阵类型或点阵常数的差别，对于共格界面，相界面附近需要产生晶格畸变以实现完全共格；对于半共格界面，同样需要形成刃型位错以保持点阵匹配。此外，还有非共格界面。在固态相变过程中，晶格畸变使晶体内能增加从而引起弹性应变能改变。显然，在上述三种相界面中，弹性应变能 ΔG_3 存在以下关系：

$$\Delta G_{3\,共格}>\Delta G_{3\,半共格}>\Delta G_{3\,非共格}$$

界面能和弹性应变能对相界面的结构和新相的形状起决定性作用，两者间一般存在一个主导因素，且主要受母相过冷度大小的影响。当母相过冷度大时，临界形核功小，晶胚形核率高，相应的新相临界晶核尺寸小，两相间的界面积更大，此时界面能起主导作用，界面处的原子倾向于共格以减少界面能，且新相晶核呈球状。当母相过冷度小或两相体积比大时，弹性应变能起主导作用，两相界面处原子易发生错配，此时新相晶核多呈盘状或片状，以使界面的相对应变能最小。对于非共格界面，点阵错配产生的弹性应变能几乎为零，体积比差引起的弹性应变能起主要作用，新相晶核的形状与弹性应变能的关系曲线如图 8-34 所示。

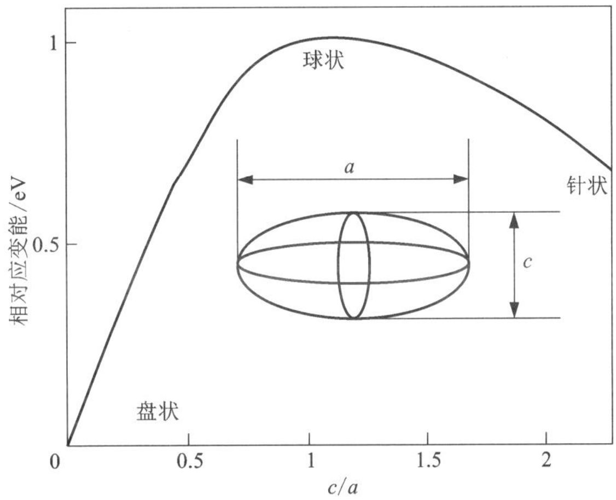

a 表示新相晶核的赤道直径，*c* 表示新相晶核的南北极直径。

图 8-34　新相晶核形状与弹性应变能的关系

3. 原子的扩散

在新相与母相成分不同的情况下，相变过程中必然存在某些组元的扩散。与液相相比，固相中原子的排列更加紧密，因此原子的迁移更加困难。当系统温度较高时，固态相变速度随着过冷度的增大而提高。作为相变的驱动力，过冷度并非越大越好，当系统温度降到一定程度时，由于原子的迁移速率显著下降，原子的扩散成为相变的速率控制步骤。此时，进一步增大过冷度反而会抑制相变。

4. 过渡相

当新相与母相的晶体结构相差巨大或体积比值过大，以及扩散型相变在低温条件下受到抑制时，固态相变系统倾向于形成过渡相，以减小固态相变的阻力。比如，$LiIO_3$ 从 α 型向 β 型转变过程中存在 γ 过渡相；Al-Zn-Mg 合金在脱溶过程中，先形成 η′过渡相再形成稳定的

η 相(Zn_2Mg)。过渡相是介于新相和母相之间的亚稳相，其晶体结构和化学成分更接近于母相。过渡相稳定性较差，会自发地转变为吉布斯自由能更低的新相。

5. 非均匀形核

固相中存在位错、空位、晶界和亚晶界等各种缺陷。由于这些缺陷周围能量较高且分布很不均匀，具有很大的能量起伏、结构起伏和成分起伏，原子扩散速度快且相变应力易被松弛，因此固态相变常以这些缺陷为形核点，进行非均匀形核。对于点、线和面缺陷，面缺陷能量最高，线缺陷能量次之，点缺陷能量最低，因此非均匀形核常在相界和晶界优先进行，通过释放界面能减小形核功。

6. 位向关系和惯习现象

固态相变时，新相与母相间往往存在相互平行的晶面或晶向，以使两相界面的界面能最低。例如，铁在发生从 γ 型到 α 型的同素异构转变时，存在$(111)_{\gamma}//(110)_{\alpha}$和$[\bar{1}10]_{\gamma}//[\bar{1}11]_{\alpha}$的位向关系，当界面是共格界面或半共格界面时，新相和母相必然存在一定的位向关系。反之未必如此，在相变初期，新相与母相可能存在一定的位向关系，但随着新相的不断生长，可能造成弹性应变能增大，由于共格界面和半共格界面的界面能较小，因此很难继续维持原本的界面结构。

固态相变通常按阻力最小方向进行，因此新相多沿着特定的晶向在母相的特定晶面上生长，这个晶向称为惯习方向，这个晶面称为惯习面，这种现象即为惯习现象。例如，含碳量(质量分数)为 0.4%的碳钢从奥氏体转变成铁素体的过程中，惯习面为奥氏体的(111)面。随着新相的生长，相界面的界面能或弹性应变能发生改变，为减小相变阻力，新相倾向于沿着减小相变阻力的方向生长，由此产生了惯习方向和惯习面。由于新相会沿着惯习方向躺卧在母相特定晶面上，这进一步说明了新相与母相存在位向关系。

8.5 相变的应用

在新能源材料合成、电化学反应等过程中，经常可以观察到锂离子电池的相变现象。理解这些相变现象对于设计更理想的材料和促进电池的整体发展至关重要。例如，如果知道烧结温度或成分等相变条件，可以设计和制备更优良的电池材料。知道电化学循环过程中的物相变化也有利于在电化学反应过程中选择更稳定的电解液。下面就典型的正负极材料制备和充放电过程中发生的相变进行简要介绍。

8.5.1 材料制备过程中的相变

烧结温度会直接影响 $LiCoO_2$ 的晶体结构，进而影响其电化学性能。以低温预处理后高温固相烧结合成 $LiCoO_2$ 为例，在低温预烧时，形成的 $LiCoO_2$ 是无序结构，Co 和 Li 的排布不规则，有位错现象；高温烧结完成之后 Co 与 Li 的分布规则有序，位错现象消失，形成层状的 $LiCoO_2$。有研究表明在较低温度下会得到尖晶石和层状结构共存的 $LiCoO_2$，在较高温度下获得层状结构的 $LiCoO_2$。

也有研究发现固相法合成 $LiFePO_4$ 过程中 $LiFePO_4$ 相在 200 ℃时开始形成，在 300 ℃左右得到纯相的 $LiFePO_4$。当 $LiFePO_4$ 样品在 400 ℃以上烧结时，开始出现 Fe_2P 和 Fe_3P 的混合物杂质相。

高镍三元正极材料是一种使用广泛的正极材料，其制备过程中材料物相变化是很复杂的，了解烧结过程中各种物质的变化有助于制备纯相的高镍三元正极材料。图 8-35 显示的是将氢氧化物前驱体[TM(OH)$_2$]和锂盐在不同温度下烧结 10 h 后产物的 XRD 图。最靠近底部的是氢氧化物前驱体的特征峰，显示出六方相结构。当逐渐升高温度时，氢氧化物前驱体与锂盐发生锂化反应，材料的结构会由六方相(H)逐渐转化为层状相(L)。可以看出，温度在 180 ℃时，开始出现层状相。随着煅烧温度的进一步升高，氢氧化物相被不断消耗，层状相逐渐增多。在 300 ℃时，六方相完全转变为层状相，此后继续升高温度没有进一步的相变，但晶体结构逐渐有序化并且结晶度增加。

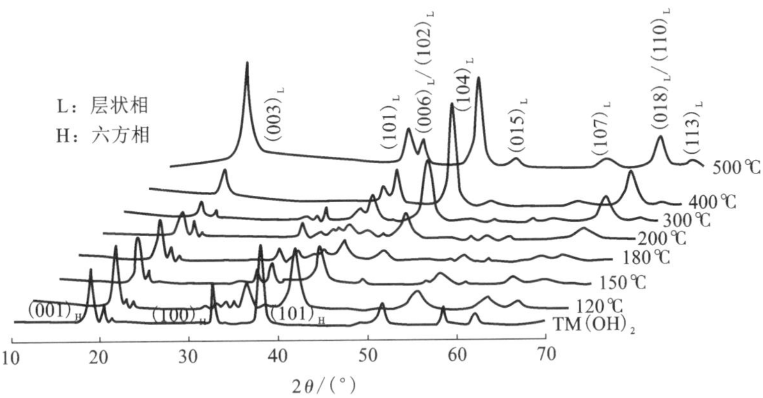

图 8-35　高镍三元正极材料在不同温度下烧结产物的 XRD 图谱

8.5.2　材料充放电过程中的可逆相变

锂离子二次电池的材料在充放电过程中的相变大都是可逆的，下面以主流的几款锂离子电池正负极材料为例介绍充放电过程中的可逆相变，包括层状氧化物 $LiNiO_2$ 基正极、橄榄石型 $LiFePO_4$、硫正极材料、石墨和硅负极在充放电循环过程中的相变。

1. 层状材料充放电过程中的可逆相变

层状氧化物正极材料在充放电过程中的相变情况与其充放电的截止电压有关，在较低或适中的充电截止电压下(即脱锂程度较低)其相变几乎是可逆的。以 $LiNiO_2$ 为例，如图 8-36 所示，在充电时原始的 $LiNiO_2$ 首先经历固溶反应直至层间锂的 x 到 0.8 左右时，观察到电压平台，此后在电压大约为 3.7 V 时发生从六方相(H1 相)逐步到单斜结构(M 相)的相变。该材料在进一步的脱锂过程中保持单斜对称性，直到生成 $Li_{0.4}NiO_2$。然后，在电压约为 4 V 时，它表现出另一种变化，即在锂中 x=0.40 和 0.36 之间的 M 到 H2 的相变。H2 相保持到 x=0.26。最后，在 x=0.26~0.16 时的高荷电状态范围与约为 4.2 V 的一阶 H2-H3 相变相关。放电过程可以看作充电的逆过程。

2. 聚阴离子型材料充放电过程中的可逆相变

聚阴离子型正极材料的代表是 $LiFePO_4$，对 $LiFePO_4$ 的深入研究，了解其相变的基本行为，将有利于其改性技术的发展，如纳米晶化、金属离子掺杂等。$LiFePO_4$ 在充放电过程中经

历着 $LiFePO_4$ 和 $FePO_4$ 相互转变的相变过程，这是高度可逆的。在实验的基础上，科学家们提出了多种宏观模型来解释 $LiFePO_4$ 与 $FePO_4$ 相变的机理，包括收缩核模型、多米诺级联模型和相场模型等。但这些模型在某些方面相互矛盾，其有效性仍存在争议。$LiFePO_4$ 的相变在早期被认为是一个两相过程，即存在一个确定的 $LiFePO_4$/$FePO_4$ 相界面。一般认为避免大量的结构重排和体积变化是实现高速率相变的关键，因此理论上 $LiFePO_4$ 倍率性能很差。然而，纳米 $LiFePO_4$ 在电池中可以以较高的倍率循环，这意味着两相机制存在一定问题。这个问题近年来逐渐得到解决，目前认为，在电化学反应中可以形成非平衡固溶体，绕过形核步骤，即固溶体机制取代两相机制可以促进 $LiFePO_4$ 的高速率相变。固溶过程与两相过程最显著的区别在于相界面。图 8-37 中，固溶机制中存在一个固溶体，其中 Li 浓度呈梯度分布，故又称“扩散控制”的离子输运过程。两相机制中存在明显的相界面。$LiFePO_4$ 的相变机制可能与材料性质和环境有关，如材料粒径、锂脱嵌速率等。

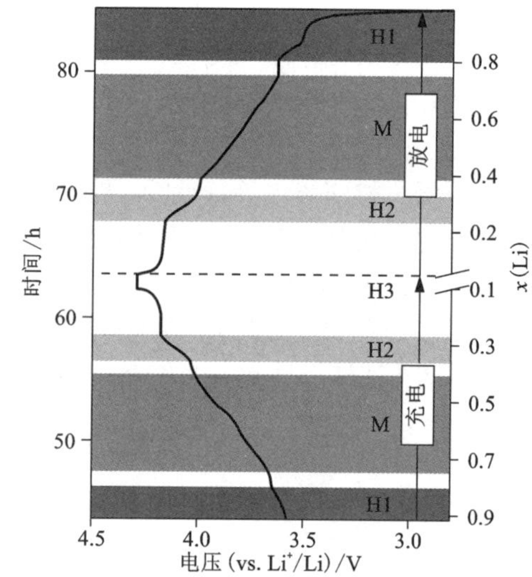

图 8-36　$LiNiO_2$ 层状正极材料在充放电过程中的相变情况

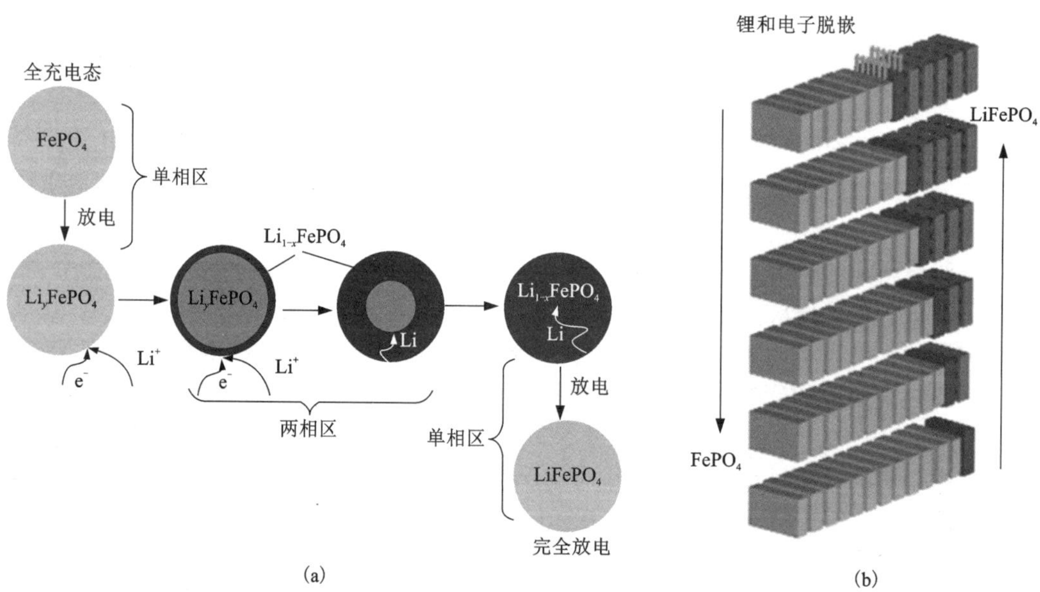

图 8-37　两相收缩核模型和相边界运动的图解(a)和 $LiFePO_4$ 晶体中锂嵌入/脱出的“多米诺级联”机制的分层图解(b)

3. 其他类型材料充放电过程中的可逆相变

图8-38表示锂硫电池中的S正极和锂金属负极之间的电化学反应机理：其可以描述为在放电过程中发生的固体(S_8)—液体(链状多硫化物)—固体(Li_2S_2/Li_2S)相变化。在具体的相变过程中，放电阶段首先涉及固体硫的锂化，形成一系列中间的长链多硫化锂($S_8 \to Li_2S_8 \to Li_2S_6 \to Li_2S_4$)。这种长链物质在醚基电解质中易于溶解。在进一步的锂化过程中，剩余的硫将长链多硫化物分解为短链硫化物($Li_2S_4 \to Li_2S_2 \to Li_2S$)，而$Li_2S$在溶解性方面较差，部分生成固态物质，沉淀到电极上。总体来看，在放电过程中，锂硫电池的内部材料经历了固—液—固状态的转变。这与传统锂电池在整个放电过程中主要涉及锂离子的转移有显著的不同。在循环过程中，中间长链多硫化物(Li_2S_4至Li_2S_8)的溶解不仅会带来活性硫的损失，而且会在正负极之间穿梭引发穿梭效应进一步恶化电池性能。

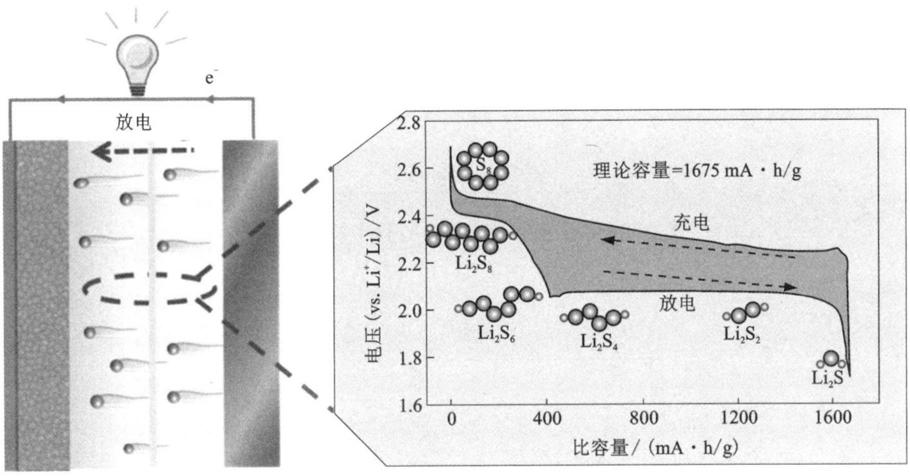

图8-38　锂硫电池反应机理及充放电过程中的相变

现代锂离子电池是在石墨负极的基础上发展起来的，在充电的过程中Li^+从正极晶格结构中脱出，经过电解液扩散到石墨负极的表面，然后嵌入石墨结构中，X射线衍射、中子衍射等都显示，随着Li^+嵌入石墨结构中的数量增加，会形成LiC_{12}化合物，Li浓度继续增加，最后形成LiC_6化合物，整个过程分很多步实现，目前的研究显示完成LiC_6嵌入的过程可以分为4个阶段或者8个阶段。相关研究表明，石墨嵌锂过程[图8-39(a)]，首先在较低的Li浓度下形成了稀疏状态2物相，随着Li的数量增加，开始转变为有序LiC_{12}，然后随着Li的增加，物相转变为超密集LiC_{12}与伪状态1物相的混合结构，最后转变为超密集LiC_{12}结构与LiC_6混合结构。在Li脱出石墨的过程中[图8-39(b)]，首先由LiC_6物相和超密集状态2物相转变为稀疏锂层状态1物相和有序LiC_{12}的混合结构，然后随着Li的进一步脱出，转变为有序LiC_{12}，最后随着Li浓度的进一步降低，最终转变为稀疏状态1物相。

硅被认为是有潜力的下一代负极材料，因为它具有最高的理论比容量(4200 mA · h/g)，而且对环境无害，自然资源丰富等。硅负极材料的充放电过程通过硅与锂的合金化和去合金化相变来实现(图8-40)，即在嵌锂过程中，硅与锂会反应形成一系列Li_xSi_y合金相(如$Li_{12}Si_7$、$Li_{14}Si_{16}$、$Li_{13}Si_4$、$Li_{13}Si_4$、$Li_{22}Si_5$等)，脱锂时Li_xSi_y合金相会逐步释放出锂最终回到原始的硅。

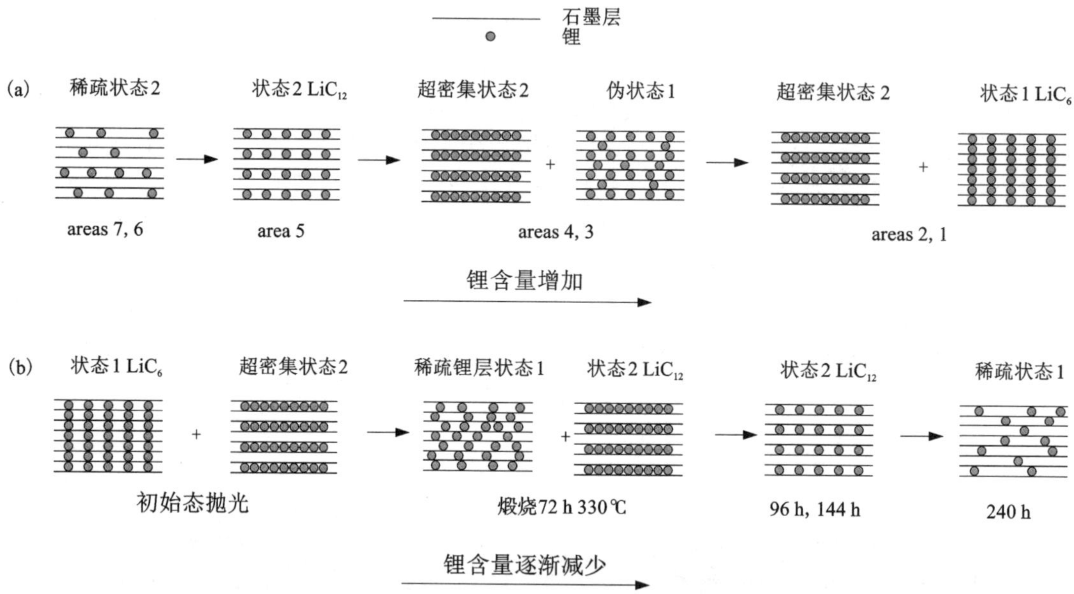

图 8-39 石墨负极充放电过程中的物相变化

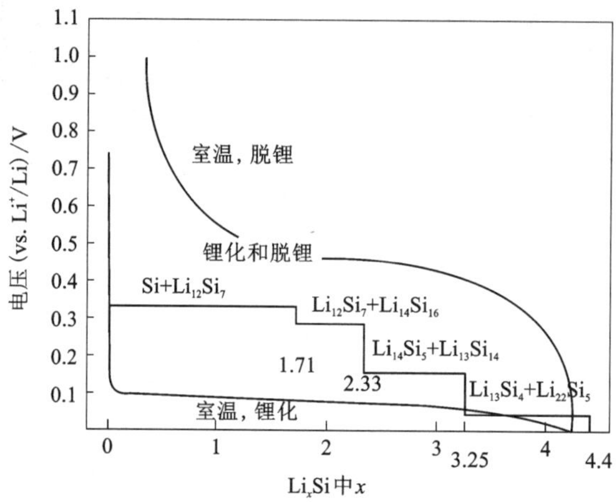

图 8-40 硅负极充放电过程中的物相变化

8.5.3 材料充放电过程中的不可逆相变

对于理想的锂离子电池系统，循环周期中的容量平衡在每次循环中都保持不变，初始容量是固定的。然而，在实际情况中，这一情况要复杂得多。任何能够生成或消耗锂离子或电子的副反应都可能导致电池容量平衡的改变。一旦电池的容量平衡状态发生变化，这种变化就是不可逆的，并且可能通过多次循环逐渐累积，对电池性能造成严重影响。

不可逆相变在充放电过程中是不可避免的，了解过程中的不可逆相变情况有助于对电池体系进行改性，进而抑制不可逆相变的发生，最终提升电池性能。

高镍三元正极材料在电化学循环中会经历由层状相→尖晶石相→岩盐相的转变，一般在少量脱锂/嵌锂时以上过程是可逆的，在大量脱锂时以上过程会逐渐变得不可逆。如图 8-41 所示，在 4.3 V 的截止电压下的低脱锂/嵌锂循环后，高镍三元正极材料除表面区域变成了岩盐相，其余区域均保持了良好的层状结构。而在 4.6 V 的高截止电压下循环后，由于高镍三元正极材料大量脱锂产生严重的不可逆相变，材料几乎都变成了不具有电化学活性的岩盐相。

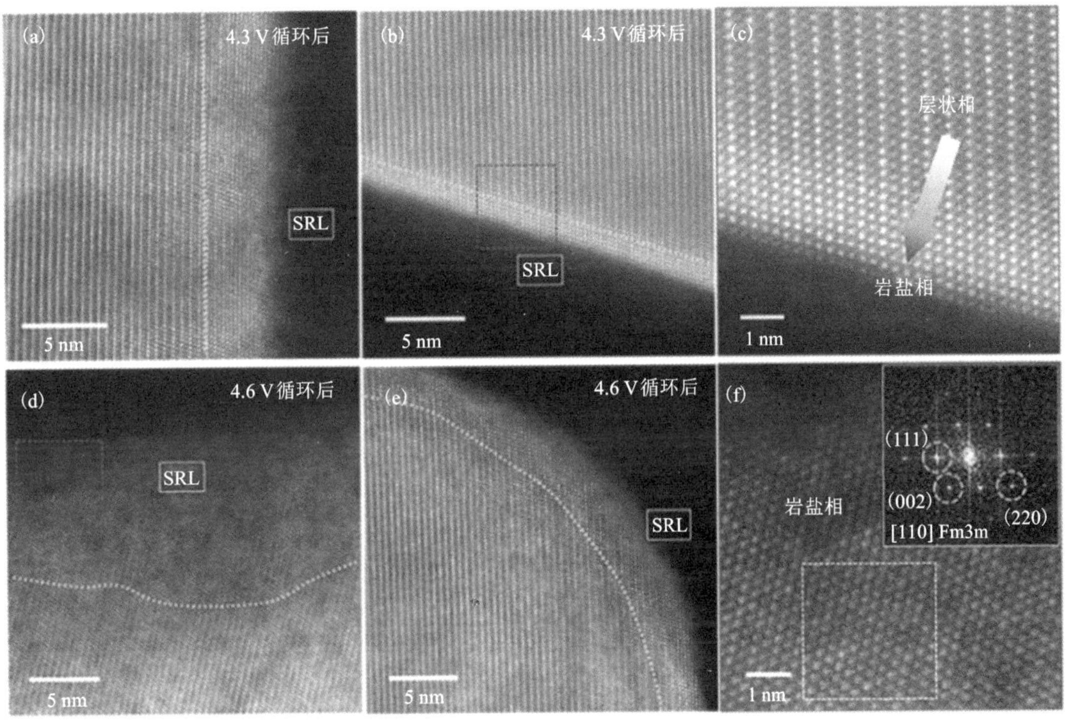

图 8-41　低电压[(a)~(c)]和高电压[(d)~(f)]循环后正极材料的 HAADF-STEM 表征

尖晶石 $LiMn_2O_4$ 在中国资源丰富、价格低廉且热稳定性较好，因此成为电池正极的主要材料。然而，在高温环境下的储存以及电池充放电循环过程中，$LiMn_2O_4$ 正极的容量会发生衰减，这主要由以下因素导致：首先，在高电压条件下(通常高于 4.0 V)，电解液会发生电化学反应；其次，$LiMn_2O_4$ 材料中的 Mn 在电解液中溶解，导致歧化反应，破坏了正极材料的晶相结构。此外，采用 $LiMn_2O_4$ 正极和碳负极的锂离子电池在充放电过程中，随着锂离子的嵌入和脱出，可能导致 $LiMn_2O_4$ 的晶格常数变化，并在立方晶系和四方晶系之间发生相变。由于锂离子在正极材料内部的扩散速率较小，当电位约为 4 V 时，锂离子聚集在 $LiMn_2O_4$ 表面，发生姜-泰勒效应，导致结构扭曲和转变，从而引起电池容量的衰减。$LiCoO_2$ 在锂离子电池正极材料中的应用具有显著优势。主要表现在它能够可逆地实现锂离子的嵌入和脱离，同时具备较大的锂离子扩散系数、可逆插入量以及结构变化程度。因此，$LiCoO_2$ 对于提高锂电池的充放电电流具有关键作用。此外，该材料的结构稳定，锂离子的脱嵌可逆性较好，有效地保障了充放电的库仑效率和电池的使用寿命。研究人员发现，$LiCoO_2$ 体系的容量衰减主要受到正极界面阻抗的增大和负极容量损失的影响。同时，研究者还观察到，随着循环次数的增加，正极、负极的容量损失相较于全电池容量损失逐渐减少。然而，活性锂离子迁移能力的降低对电池整体容量衰减产生更大的影响。近 200 次循环后，虽然正极材料未发生相变，但 $LiCoO_2$ 层状结构的规整程度下降，锂离子和钴离子的混排现象增加，导致锂离子难以有效脱嵌，进而导致电池容量衰减。此外，增大放电倍率会促进锂、钴离子的混排，导致 $LiCoO_2$ 原有的六方晶型转变为立方晶型，引发锂离子电池的容量衰减。

此外，电池材料的过度充放电会导致严重的不可逆相变。当正极活性物质与负极活性物质的比例过低时，正极过度充电的风险就增加。过度充电会导致容量损失，主要是因为电化学惰性物质(例如 Co_3O_4、Mn_2O_3 等)的生成，破坏了电极之间的容量平衡，而且这种容量损失是不可逆的。如 $LiCoO_2$ 过充时发生如下不可逆反应：$Li_yCoO_2 \rightarrow (1-y)/3[Co_3O_4+O_2(g)]+yLiCoO_2(y<0.4)$。

在石墨负极发生过充时，锂离子容易还原并沉积在负极表面。沉积的锂包覆在负极表面，阻碍了锂的嵌入，导致放电效率下降和容量损失。其原因主要有：可循环锂量减少；沉积的金属锂与溶剂或支持电解质发生反应，形成 Li_2CO_3、LiF 或其他产物；金属锂通常形成于负极与隔膜之间，可能阻塞隔膜的孔隙，增大电池的内阻；锂的性质很活泼，易与电解液反应而消耗电解液，从而导致放电效率降低和容量的损失。

习　题

1. 请根据热力学特征将相变进行分类并分别描述其特点。

2. 从热力学的观点看，相变过程总是朝着吉布斯自由能减小方向进行，且 ΔG 愈负，该相变过程的驱动力愈大。请问相变的驱动力(外界条件)有哪些？

3. 什么叫均相形核和非均相形核？晶核剂对结晶过程的临界晶核半径 r^* 有什么影响？

4. 请阐述锂金属基底上锂的形核和长大情况。

5. 试分析过冷度对形核、晶体生长、析晶范围和晶粒尺寸等的影响。

6. 根据界面两侧的点阵是否连续或匹配，相界面被分为哪几类？在相同的条件下，哪种界面表现出最高的界面能，其原因是什么？

7. 在何种情况下，界面能对相界面的结构和新相的形状起决定性作用？

8. 请概括单晶和多晶高镍正极材料的优缺点并设计实验合成高镍单晶材料。

9. 单晶三元正极材料相比多晶有着许多优势，但单晶材料合成更复杂，请举例说明合成单晶材料的方法。

10. 请举例说明新能源材料中的有利相变和有害相变，并展开说明对材料带来的影响。

11. 请简要描述锂硫电池的硫正极在充放电过程中发生的相变，并阐明限制锂硫电池进一步发展的主要问题。同时，请说明目前采取的策略和方法是如何有效克服这些问题的。

12. 相变在新能源材料中很常见，请举 2~3 个例子，说明如何利用相变来提升新能源材料的性能。

参考文献

[1] 陆佩文. 无机材料科学基础[M]. 武汉：武汉工业大学出版社，1996.
[2] 余永宁. 材料科学基础[M]. 北京：高等教育出版社，2006.
[3] 潘金生，仝健民，田民波. 材料科学基础[M]. 北京：清华大学出版社，2011.
[4] 刘东亮，邓建国. 材料科学与基础[M]. 上海：华东理工大学出版社，2016.
[5] 毛卫民. 材料的晶体结构原理[M]. 北京：冶金工业出版社，2007.
[6] 小威廉・卡丽斯特，大卫・来斯威什. 材料科学与工程基础[M]. 4 版. 北京：化学工业出版社，2016.
[7] 张平民. 工科大学化学(上册)[M]. 长沙：湖南教育出版社，2002.
[8] 陆佩文. 无机材料科学基础[M]. 武汉：武汉理工大学出版社，2005.
[9] 靳正国. 材料科学与基础[M]. 2 版，天津：天津大学出版社，2015.
[10] B. K・伐因斯坦著. 吴自勤等译. 晶体学基础：对称性和结构晶体学方法[M]. 北京：中国科学技术大学出版社，2011.
[11] 张联盟. 材料科学基础[M]. 2 版. 武汉：武汉理工大学出版社，2008.
[12] 李洪桂. 冶金原理[M]. 2 版. 北京：科学出版社，2018.
[13] 王常珍. 冶金物理化学研究方法[M]. 4 版. 北京：冶金工业出版社，2013.
[14] 马建丽. 无机材料科学基础[M]. 重庆：重庆大学出版社，2008.
[15] W H Meyer. Polymer Electrolytes for Lithium-Ion Batteries[J]. Advanced Materials, 1998, 10(6): 439.
[16] Chu F, Wang M, Liu J, et al. Low concentration electrolyte enabling cryogenic lithium-sulfur batteries [J]. Advanced Functional Materials, 2022: 2205393.
[17] Padhi A K, Nanjundaswamy K S, Masquelier C, et al. Effect of structure on the Fe^{3+}/Fe^{2+} redox couple in iron phosphates[J]. Journal of Electrochemical Society, 1997, 144(8): 2581-2586.
[18] Yu C, Choi J, Han J, et al. Phase stability of garnet solid-electrolyte interfacing with various cathodes in all-solid-state batteries[J]. Journal of The Electrochemical Society, 2022, 169: 020520.
[19] Hao-Wen Liu, Wen-Hao Liu, Zhao-Jun Suo, et al. Unifying the order and disorder dynamics in photoexcited VO_2[J]. Proceedings of the National Academy of Sciences, 2022, 119(28): e2122534119.
[20] Li Z, Yu R, Weng S, et al. Tailoring polymer electrolyte ionic conductivity for production of low-temperature operating quasi-all-solid-state lithium metal batteries[J]. Nature Communications, 2023, 14: 482.
[21] Kai Yan, Zhenda Lu, Hyun-Wook Lee, et al. Selective deposition and stable encapsulation of lithium through heterogeneous seeded growth[J]. Nature Energy, 2016, 1: 16010.
[22] 邱晓光，刘威，刘九鼎，等. 金属锂负极的形核机制与载体修饰[J]. 物理化学学报，2021，37(1)：11.
[23] D Gunceler, K Letchworth-Weaver, R Sundararaman, et al. The importance of nonlinear fluid response in joint density-functional theory studies of battery systems[J]. Modelling and Simulation in Materials Science and Engineering, 2013, 21: 074005.
[24] J N Chazalviel. Electrochemical aspects of the generation of ramified metallic electrodeposits[J]. Physical Review A, 1990, 42: 7355-7367.

[25] F A Soto, Y Ma, J M Martinez de la Hoz. Formation and growth mechanisms of solid-electrolyte interphase layers in rechargeable batteries[J]. Chemistry of Materials, 2015, 27: 7990-8000.

[26] A Kushima, K P So, C Su, et al. Liquid cell transmission electron microscopy observation of lithium metal growth and dissolution: Root growth, dead lithium and lithium flotsams [J]. Nano Energy, 2017, 32: 271-279.

[27] M Rosso, T Gobron, C Brissot, et al. Onset of dendritic growth in lithium/polymer cells[J]. Journal of Power Sources, 2001, 97: 804-806.

[28] Langdon J, Manthiram A. A perspective on single-crystal layered oxide cathodes for lithium-ion batteries [J]. Energy Storage Materials, 2021, 37: 143-160.

[29] Li J, Li H, Stone W, et al. Synthesis of single crystal $LiNi_{0.5}Mn_{0.3}Co_{0.2}O_2$ for lithium ion batteries[J]. Journal of the Electrochemical Society, 2017, 164(14): A3529.

[30] Huang B, Yang X, Xu G, et al. Boron-doped single crystal $LiNi_{0.6}Mn_{0.2}Co_{0.2}O_2$ with improved electrochemical performance for lithium-ion batteries[J]. Ionics, 2019, 25: 5819-5827.

[31] Li F, Kong L, Sun Y, et al. Micron-sized monocrystalline $LiNi_{1/3}Co_{1/3}Mn_{1/3}O_2$ as high-volumetric-energy-density cathode for lithium-ion batteries[J]. Journal of Materials Chemistry A, 2018, 6(26): 12344-12352.

[32] Qian G, Zhang Y, Li L, et al. Single-crystal nickel-rich layered-oxide battery cathode materials: Synthesis, electrochemistry, and intra-granular fracture[J]. Energy Storage Materials, 2020, 27: 140-149.

[33] Delmas C, Fouassier C, Hagenmuller P. Structural classification and properties of the layered oxides [J]. Physica B+C, 1980, 99(1-4): 81-85.

[34] Van der Ven A, Aydinol M K, Ceder G, et al. First-principles investigation of phase stability in Li_xCoO_2 [J]. Physical Review B, 1998, 58(6): 2975.

[35] Bianchini M, Roca-Ayats M, Hartmann P, et al. There and back again—the journey of $LiNiO_2$ as a cathode active material[J]. Angewandte Chemie International Edition, 2019, 58(31): 10434-10458.

[36] 高健，吕迎春，李泓. 锂电池基础科学问题(Ⅲ)[J]. 储能科学与技术，2013，2(3)：250-266.

[37] 赖春艳，雷铁轲，蒋宏雨，等. 锂离子电池 NCM 三元正极材料的研究进展[J]. 上海电力学院学报，2020，36(1)：6.

[38] 李西尧，赵长欣，李博权，等. 锂硫电池复合正极研究进展(英文)[J]. 电化学，2022，28(12)：28-40.

[39] De Biasi L, Schiele A, Roca-Ayats M, et al. Phase transformation behavior and stability of $LiNiO_2$ cathode material for Li-ion batteries obtained from in situ gas analysis and operando X-ray diffraction [J]. ChemSusChem, 2019, 12(10): 2240-2250.

[40] Li H, Zhang N, Li J, et al. Updating the structure and Electrochemistry of Li_xNiO_2 for $0 \leqslant x \leqslant 1$ [J]. Journal of the Electrochemical Society, 2018, 165(13): A2985.

[41] Drüe M, Seyring M, Rettenmayr M. Phase formation and microstructure in lithium-carbon intercalation compounds during lithium uptake and release[J]. Journal of Power Sources, 2017, 353: 58-66.

[42] Lyu Y, Wu X, Wang K, et al. An overview on the advances of $LiCoO_2$ cathodes for lithium-ion batteries [J]. Advanced Energy Materials, 2021, 11(2): 2000982.

[43] Ohzuku T, Ueda A, Nagayama M, et al. Comparative study of $LiCoO_2$, $LiNi_{1/2}Co_{1/2}O_2$ and $LiNiO_2$ for 4 volt secondary lithium cells[J]. Electrochimica Acta, 1993, 38(9): 1159-1167.

[44] Laubach S, Laubach S, Schmidt P C, et al. Changes in the crystal and electronic structure of $LiCoO_2$ and $LiNiO_2$ upon Li intercalation and de-intercalation [J]. Physical Chemistry Chemical Physics, 2009, 11(17): 3278-3289.

[45] Liu Z, Yu A, Lee J Y. Synthesis and characterization of $LiNi_{1-x-y}Co_xMn_yO_2$ as the cathode materials of secondary lithium batteries[J]. Journal of Power Sources, 1999, 81-82: 416-419.

[46] Xu G-L, Liu X, Daali A, et al. Challenges and strategies to advance high-energy nickel-rich layered lithium transition metal oxide cathodes for harsh operation [J]. Advanced Functional Materials, 2020, 30(46): 2004748.

[47] Zheng S, Hong C, Guan X, et al. Correlation between long range and local structural changes in Ni-rich layered materials during charge and discharge process[J]. Journal of Power Sources, 2019, 412: 336–343.

[48] Saroha R, Gupta A, Panwar A K. Electrochemical performances of Li-rich layered-layered Li_2MnO_3–$LiMnO_2$ solid solutions as cathode material for lithium-ion batteries[J]. Journal of Alloys and Compounds, 2017, 696: 580–589.

[49] He W, Guo W, Wu H, et al. Challenges and recent advances in high capacity li-rich cathode materials for high energy density lithium-ion batteries[J]. Advanced Materials, 2021, 33(50): 2005937.

[50] Kim J H, Myung S T, Yoon C S, et al. Comparative study of $LiNi_{0.5}Mn_{1.5}O_{4-\delta}$ and $LiNi_{0.5}Mn_{1.5}O_4$ cathodes having two crystallographic structures: Fd3m and P4332 [J]. Chemistry of Materials, 2004, 16(5): 906–914.

[51] Zhang W-J. Structure and performance of $LiFePO_4$ cathode materials: A review[J]. Journal of Power Sources, 2011, 196(6): 2962–2970.

[52] Yao J, Bewlay S, Konstantionv K, et al. Characterisation of olivine-type $LiMn_xFe_{1-x}PO_4$ cathode materials [J]. Journal of Alloys and Compounds, 2006, 425(1): 362–366.

[53] 郭培民，赵沛. 用双参数模型估算复合氧化物的标准熵[J]. 钢铁研究学报，2006，18(9)：17–20.

[54] 郭培民，赵沛. 双参数模型估算复合氧化物的标准生成焓[J]. 钢铁研究学报，2007，19(5)：25–28.

[55] 钟竹前，梅光贵. 电位–pH 图在湿法冶金中的应用[J]. 有色金属(冶炼部分)，1979(3)：28–36.

[56] Chen X, Fan B, Xu L, et al. An atom-economic process for the recovery of high value-added metals from spent lithium-ion batteries[J]. Journal of Cleaner Production, 2016, 112: 3562–3570.

[57] Deng S, Chen Y, Kolliopoulos G, et al. Thermodynamic and experimental analysis of Ni–Co–Mn carbonate precursor synthesis for Li-rich cathode materials[J]. Ionics, 2020, 26(6): 2747–2755.

[58] Fan E, Li L, Wang Z, et al. Sustainable recycling technology for li-ion batteries and beyond: Challenges and future prospects[J]. Chem Rev, 2020, 120(14): 7020–7063.

[59] Jing Q, Zhang J, Liu Y, et al. E–pH diagrams for the Li–Fe–P–H_2O system from 298 to 473 K: thermodynamic analysis and application to the wet chemical processes of the $LiFePO_4$ cathode material[J]. The Journal of Physical Chemistry C, 2019, 123(23): 14207–14215.

[60] Le H H, Ghali E. Interpretation des diagrammes E–pH du systeme Fe–H_2O en relation avec la fragilisation caustique des aciers[J]. Journal of Applied Electrochemistry, 1993, 23: 72–77.

[61] Li L, Li Y, Li L, et al. Thermodynamic analysis on the coprecipitation of Ni–Co–Mn hydroxide[J]. Metallurgical and Materials Transactions B, 2017, 48(5): 2743–2750.

[62] Li L, Li Y, Xu C, et al. E_h–pH diagrams from 333.15 to 453.15K for lithium-titanium composite oxides and their synthesis in aqueous solution[J]. Hydrometallurgy, 2014, 142: 131–136.

[63] Li Y J, Li L, Su Q Y, et al. Thermodynamic analysis of Li–Ni–Co–Mn–H_2O system and synthesis of $LiNi_{0.5}Co_{0.2}Mn_{0.3}O_2$ composite oxide via aqueous process[J]. Journal of Central South University, 2019, 26(10): 2668–2680.

[64] Yao Y, Zhu M, Zhao Z, et al. Hydrometallurgical processes for recycling spent lithium-ion batteries: A critical review[J]. ACS Sustainable Chemistry & Engineering, 2018, 6(11): 13611–13627.

[65] Xiao Y, Turcheniuk K, Narla A, et al. Electrolyte melt in filtration for scalable manufacturing of inorganic all-solid-state lithium-ion batteries[J]. Nat. Mater., 2021, 20: 984–99.

[66] Tan K, Reddy M, Rao G, et al. High-performance $LiCoO_2$ by molten salt ($LiNO_3$: LiCl) synthesis for Li-ion batteries[J]. Journal of Power Sources, 2005, 147: 241–248.

[67] Junchao Z, Zhuo Y, Pengbo W. et al. Multiple linkage modification of lithium rich layered oxide

$Li_{1.2}Mn_{0.54}Ni_{0.13}Co_{0.13}O_2$ for lithium ion battery [J]. ACS Applied Materials & Interfaces, 2018, 10: 31324-31329
[68]李鹏飞. 硬质合金刀具切削筒节材料刀屑接触区元素扩散特性研究[D]. 哈尔滨：哈尔滨理工大学, 2018.
[69]杨晓勇. 核材料中点缺陷扩散动力学系数的第一性原理研究[D]. 绵阳：中国工程物理研究院, 2016.
[70]计红军. 超声楔形键合界面连接物理机理研究[D]. 哈尔滨：哈尔滨工业大学, 2008.
[71]Huggins W W A R A. Determination of the kinetic parameters of mixed conducting electrodes and application to the system Li_3Sb[J]. The Electrochemical Society, 1977, 124: 1569-1578.
[72]李东刚. 异质金属体系扩散行为和界面反应的强磁场控制研究[D]. 沈阳：东北大学, 2009.
[73]王松博. 基于氧缺陷和金属缺陷调控的高效光催化剂研究[D]. 天津：天津大学, 2017.
[74]盛凯旋. 石墨烯组装体的制备及其电化学应用研究[D]. 北京：清华大学, 2013.
[75]路士杰. 锂离子电池高镍三元单晶正极材料的制备及电化学性能研究[D]. 长沙：中南大学, 2021.